中国石油科技进展丛书（2006—2015年）

深井超深井石油钻机及配套装备

主　编：石　林
副主编：方太安　刘瑞华　熊育坤

石油工业出版社

内 容 提 要

本书详细介绍了2006—2015年期间中国石油陆地深井超深井钻井装备和工具方面取得的进展，重点阐述了8000m钻机和9000m四单根立柱钻机的设计理念和所采用的新装备、新工艺、新方法，对9000m四单根立柱钻机结构件进行了优化与仿真分析。同时系统地介绍了深井超深井钻井装备和钻井工具的创新内容及现场应用情况，包括超深井顶驱及其下套管装置、新型五缸钻井泵、钻机管柱自动化处理系统、深井超深井钻井工具等。

本书可供从事钻井装备与工具设计、制造、现场管理和操作的工程技术人员参考，也可作为石油高等院校相关专业的教学参考书籍。

图书在版编目（CIP）数据

深井超深井石油钻机及配套装备 / 石林主编 . —北京：石油工业出版社，2019.5

（中国石油科技进展丛书 . 2006—2015年）

ISBN 978-7-5183-3111-6

Ⅰ.①深… Ⅱ.①石… Ⅲ.①油气钻井－深井钻井－钻机 Ⅳ.① TE922

中国版本图书馆 CIP 数据核字（2019）第 031526 号

出版发行：石油工业出版社
　　　　　（北京安定门外安华里2区1号　100011）
　　　网　址：www.petropub.com
　　　编辑部：（010）64523535　图书营销中心：（010）64523633
经　销：全国新华书店
印　刷：北京中石油彩色印刷有限责任公司

2019年5月第1版　2019年5月第1次印刷
787×1092毫米　开本：1/16　印张：28
字数：680千字

定价：224.00元
（如出现印装质量问题，我社图书营销中心负责调换）
版权所有，翻印必究

《中国石油科技进展丛书（2006—2015年）》
编委会

主　任：王宜林

副主任：焦方正　喻宝才　孙龙德

主　编：孙龙德

副主编：匡立春　袁士义　隋　军　何盛宝　张卫国

编　委：（按姓氏笔画排序）

于建宁　马德胜　王　峰　王卫国　王立昕　王红庄
王雪松　王渝明　石　林　伍贤柱　刘　合　闫伦江
汤　林　汤天知　李　峰　李忠兴　李建忠　李雪辉
吴向红　邹才能　闵希华　宋少光　宋新民　张　玮
张　研　张　镇　张子鹏　张光亚　张志伟　陈和平
陈健峰　范子菲　范向红　罗　凯　金　鼎　周灿灿
周英操　周家尧　郑俊章　赵文智　钟太贤　姚根顺
贾爱林　钱锦华　徐英俊　凌心强　黄维和　章卫兵
程杰成　傅国友　温声明　谢正凯　雷　群　蔺爱国
撒利明　潘校华　穆龙新

专家组

成　员：刘振武　童晓光　高瑞祺　沈平平　苏义脑　孙　宁
高德利　王贤清　傅诚德　徐春明　黄新生　陆大卫
钱荣钧　邱中建　胡见义　吴　奇　顾家裕　孟纯绪
罗治斌　钟树德　接铭训

《深井超深井石油钻机及配套装备》编写组

主　　编：石　林
副 主 编：方太安　刘瑞华　熊育坤
编写人员：

周志雄	刘江涛	李显义	刘满康	吴昌亮	唐春晓
江　文	谭锦曦	王　飞	李虎平	杨秀英	王　博
曾兴昌	王耀华	张宏英	谢宏峰	周家齐	罗西超
杨晓光	赵　博	李才良	任建民	乔晓峰	黄衍福
韩　兴	田中兰	王定亚	邢新元	陈新欣	吴　威
冯江鎏	方义平	丁铁恒	吕　娟	李　红	吕　永
吴　江	李静莎	左卫东	李　杨	金　玲	孙一迪
武秋冬	吴英文	杨　锰	宋海涛	徐遵宏	马　英
李子良	于　桐	李　博	段　娟	张　忠	许　超
张鹏飞	贺大元	黄　军	刘　科	代计永	郭秀琴
金　艺	武思佳	张吉喆			

序

习近平总书记指出，创新是引领发展的第一动力，是建设现代化经济体系的战略支撑，要瞄准世界科技前沿，拓展实施国家重大科技项目，突出关键共性技术、前沿引领技术、现代工程技术、颠覆性技术创新，建立以企业为主体、市场为导向、产学研深度融合的技术创新体系，加快建设创新型国家。

中国石油认真学习贯彻习近平总书记关于科技创新的一系列重要论述，把创新作为高质量发展的第一驱动力，围绕建设世界一流综合性国际能源公司的战略目标，坚持国家"自主创新、重点跨越、支撑发展、引领未来"的科技工作指导方针，贯彻公司"业务主导、自主创新、强化激励、开放共享"的科技发展理念，全力实施"优势领域持续保持领先、赶超领域跨越式提升、储备领域占领技术制高点"的科技创新三大工程。

"十一五"以来，尤其是"十二五"期间，中国石油坚持"主营业务战略驱动、发展目标导向、顶层设计"的科技工作思路，以国家科技重大专项为龙头、公司重大科技专项为抓手，取得一大批标志性成果，一批新技术实现规模化应用，一批超前储备技术获重要进展，创新能力大幅提升。为了全面系统总结这一时期中国石油在国家和公司层面形成的重大科研创新成果，强化成果的传承、宣传和推广，我们组织编写了《中国石油科技进展丛书（2006—2015年）》（以下简称《丛书》）。

《丛书》是中国石油重大科技成果的集中展示。近些年来，世界能源市场特别是油气市场供需格局发生了深刻变革，企业间围绕资源、市场、技术的竞争日趋激烈。油气资源勘探开发领域不断向低渗透、深层、海洋、非常规扩展，炼油加工资源劣质化、多元化趋势明显，化工新材料、新产品需求持续增长。国际社会更加关注气候变化，各国对生态环境保护、节能减排等方面的监管日益严格，对能源生产和消费的绿色清洁要求不断提高。面对新形势新挑战，能源企业必须将科技创新作为发展战略支点，持续提升自主创新能力，加快构筑竞争新优势。"十一五"以来，中国石油突破了一批制约主营业务发展的关键技术，多项重要技术与产品填补空白，多项重大装备与软件满足国内外生产急需。截至2015年底，共获得国家科技奖励30项、获得授权专利17813项。《丛书》全面系统地梳理了中国石油"十一五""十二五"期间各专业领域基础研究、技术开发、技术应用中取得的主要创新性成果，总结了中国石油科技创新的成功经验。

《丛书》是中国石油科技发展辉煌历史的高度凝练。中国石油的发展史，就是一部创业创新的历史。建国初期，我国石油工业基础十分薄弱，20世纪50年代以来，随着陆相生油理论和勘探技术的突破，成功发现和开发建设了大庆油田，使我国一举甩掉贫油的帽子；此后随着海相碳酸盐岩、岩性地层理论的创新发展和开发技术的进步，又陆续发现和建成了一批大中型油气田。在炼油化工方面，"五朵金花"炼化技术的开发成功打破了国外技术封锁，相继建成了一个又一个炼化企业，实现了炼化业务的不断发展壮大。重组改制后特别是"十二五"以来，我们将"创新"纳入公司总体发展战略，着力强化创新引领，这是中国石油在深入贯彻落实中央精神、系统总结"十二五"发展经验基础上、根据形势变化和公司发展需要作出的重要战略决策，意义重大而深远。《丛书》从石油地质、物探、测井、钻完井、采油、油气藏工程、提高采收率、地面工程、井下作业、油气储运、石油炼制、石油化工、安全环保、海外油气勘探开发和非常规油气勘探开发等15个方面，记述了中国石油艰难曲折的理论创新、科技进步、推广应用的历史。它的出版真实反映了一个时期中国石油科技工作者百折不挠、顽强拼搏、敢于创新的科学精神，弘扬了中国石油科技人员秉承"我为祖国献石油"的核心价值观和"三老四严"的工作作风。

《丛书》是广大科技工作者的交流平台。创新驱动的实质是人才驱动，人才是创新的第一资源。中国石油拥有21名院士、3万多名科研人员和1.6万名信息技术人员，星光璀璨、人文荟萃、成果斐然。这是我们宝贵的人才资源。我们始终致力于抓好人才培养、引进、使用三个关键环节，打造一支数量充足、结构合理、素质优良的创新型人才队伍。《丛书》的出版搭建了一个展示交流的有形化平台，丰富了中国石油科技知识共享体系，对于科技管理人员系统掌握科技发展情况，做出科学规划和决策具有重要参考价值。同时，便于科研工作者全面把握本领域技术进展现状，准确了解学科前沿技术，明确学科发展方向，更好地指导生产与科研工作，对于提高中国石油科技创新的整体水平，加强科技成果宣传和推广，也具有十分重要的意义。

掩卷沉思，深感创新艰难、良作难得。《丛书》的编写出版是一项规模宏大的科技创新历史编纂工程，参与编写的单位有60多家，参加编写的科技人员有1000多人，参加审稿的专家学者有200多人次。自编写工作启动以来，中国石油党组对这项浩大的出版工程始终非常重视和关注。我高兴地看到，两年来，在各编写单位的精心组织下，在广大科研人员的辛勤付出下，《丛书》得以高质量出版。在此，我真诚地感谢所有参与《丛书》组织、研究、编写、出版工作的广大科技工作者和参编人员，真切地希望这套《丛书》能成为广大科技管理人员和科研工作者的案头必备图书，为中国石油整体科技创新水平的提升发挥应有的作用。我们要以习近平新时代中国特色社会主义思想为指引，认真贯彻落实党中央、国务院的决策部署，坚定信心、改革攻坚，以奋发有为的精神状态、卓有成效的创新成果，不断开创中国石油稳健发展新局面，高质量建设世界一流综合性国际能源公司，为国家推动能源革命和全面建成小康社会作出新贡献。

2018年12月

丛书前言

石油工业的发展史，就是一部科技创新史。"十一五"以来尤其是"十二五"期间，中国石油进一步加大理论创新和各类新技术、新材料的研发与应用，科技贡献率进一步提高，引领和推动了可持续跨越发展。

十余年来，中国石油以国家科技发展规划为统领，坚持国家"自主创新、重点跨越、支撑发展、引领未来"的科技工作指导方针，贯彻公司"主营业务战略驱动、发展目标导向、顶层设计"的科技工作思路，实施"优势领域持续保持领先、赶超领域跨越式提升、储备领域占领技术制高点"科技创新三大工程；以国家重大专项为龙头，以公司重大科技专项为核心，以重大现场试验为抓手，按照"超前储备、技术攻关、试验配套与推广"三个层次，紧紧围绕建设世界一流综合性国际能源公司目标，组织开展了50个重大科技项目，取得一批重大成果和重要突破。

形成40项标志性成果。（1）勘探开发领域：创新发展了深层古老碳酸盐岩、冲断带深层天然气、高原咸化湖盆等地质理论与勘探配套技术，特高含水油田提高采收率技术，低渗透/特低渗透油气田勘探开发理论与配套技术，稠油/超稠油蒸汽驱开采等核心技术，全球资源评价、被动裂谷盆地石油地质理论及勘探、大型碳酸盐岩油气田开发等核心技术。（2）炼油化工领域：创新发展了清洁汽柴油生产、劣质重油加工和环烷基稠油深加工、炼化主体系列催化剂、高附加值聚烯烃和橡胶新产品等技术，千万吨级炼厂、百万吨级乙烯、大氮肥等成套技术。（3）油气储运领域：研发了高钢级大口径天然气管道建设和管网集中调控运行技术、大功率电驱和燃驱压缩机组等16大类国产化管道装备，大型天然气液化工艺和20万立方米低温储罐建设技术。（4）工程技术与装备领域：研发了G3i大型地震仪等核心装备，"两宽一高"地震勘探技术，快速与成像测井装备、大型复杂储层测井处理解释一体化软件等，8000米超深井钻机及9000米四单根立柱钻机等重大装备。（5）安全环保与节能节水领域：

研发了 CO_2 驱油与埋存、钻井液不落地、炼化能量系统优化、烟气脱硫脱硝、挥发性有机物综合管控等核心技术。（6）非常规油气与新能源领域：创新发展了致密油气成藏地质理论，致密气田规模效益开发模式，中低煤阶煤层气勘探理论和开采技术，页岩气勘探开发关键工艺与工具等。

取得 15 项重要进展。（1）上游领域：连续型油气聚集理论和含油气盆地全过程模拟技术创新发展，非常规资源评价与有效动用配套技术初步成型，纳米智能驱油二氧化硅载体制备方法研发形成，稠油火驱技术攻关和试验获得重大突破，井下油水分离同井注采技术系统可靠性、稳定性进一步提高；（2）下游领域：自主研发的新一代炼化催化材料及绿色制备技术、苯甲醇烷基化和甲醇制烯烃芳烃等碳一化工新技术等。

这些创新成果，有力支撑了中国石油的生产经营和各项业务快速发展。为了全面系统反映中国石油 2006—2015 年科技发展和创新成果，总结成功经验，提高整体水平，加强科技成果宣传推广、传承和传播，中国石油决定组织编写《中国石油科技进展丛书（2006—2015 年）》（以下简称《丛书》）。

《丛书》编写工作在编委会统一组织下实施。中国石油集团董事长王宜林担任编委会主任。参与编写的单位有 60 多家，参加编写的科技人员 1000 多人，参加审稿的专家学者 200 多人次。《丛书》各分册编写由相关行政单位牵头，集合学术带头人、知名专家和有学术影响的技术人员组成编写团队。《丛书》编写始终坚持：一是突出站位高度，从石油工业战略发展出发，体现中国石油的最新成果；二是突出组织领导，各单位高度重视，每个分册成立编写组，确保组织架构落实有效；三是突出编写水平，集中一大批高水平专家，基本代表各个专业领域的最高水平；四是突出《丛书》质量，各分册完成初稿后，由编写单位和科技管理部共同推荐审稿专家对稿件审查把关，确保书稿质量。

《丛书》全面系统反映中国石油 2006—2015 年取得的标志性重大科技创新成果，重点突出"十二五"，兼顾"十一五"，以科技计划为基础，以重大研究项目和攻关项目为重点内容。丛书各分册既有重点成果，又形成相对完整的知识体系，具有以下显著特点：一是继承性。《丛书》是《中国石油"十五"科技进展丛书》的延续和发展，凸显中国石油一以贯之的科技发展脉络。二是完整性。《丛书》涵盖中国石油所有科技领域进展，全面反映科技创新成果。三是标志性。《丛书》在综合记述各领域科技发展成果基础上，突出中国石油领先、高端、前沿的标志性重大科技成果,是核心竞争力的集中展示。四是创新性。《丛书》全面梳理中国石油自主创新科技成果,总结成功经验,有助于提高科技创新整体水平。五是前瞻性。《丛书》设置专门章节对世界石油科技中长期发展做出基本预测,有助于石油工业管理者和科技工作者全面了解产业前沿、把握发展机遇。

《丛书》将中国石油技术体系按 15 个领域进行成果梳理、凝练提升、系统总结,以领域进展和重点专著两个层次的组合模式组织出版,形成专有技术集成和知识共享体系。其中,领域进展图书,综述各领域的科技进展与展望,对技术领域进行全覆盖,包括石油地质、物探、测井、钻完井、采油、油气藏工程、提高采收率、地面工程、井下作业、油气储运、石油炼制、石油化工、安全环保节能、海外油气勘探开发和非常规油气勘探开发等 15 个领域。31 部重点专著图书反映了各领域的重大标志性成果,突出专业深度和学术水平。

《丛书》的组织编写和出版工作任务量浩大,自 2016 年启动以来,得到了中国石油天然气集团公司党组的高度重视。王宜林董事长对《丛书》出版做了重要批示。在两年多的时间里,编委会组织各分册编写人员,在科研和生产任务十分紧张的情况下,高质量高标准完成了《丛书》的编写工作。在集团公司科技管理部的统一安排下,各分册编写组在完成分册稿件的编写后,进行了多轮次的内部和外部专家审稿,最终达到出版要求。石油工业出版社组织一流的编辑出版力量,将《丛书》打造成精品图书。值此《丛书》出版之际,对所有参与这项工作的院士、专家、科研人员、科技管理人员及出版工作者的辛勤工作表示衷心感谢。

人类总是在不断地创新、总结和进步。这套丛书是对中国石油 2006—2015 年主要科技创新活动的集中总结和凝练。也由于时间、人力和能力等方面原因,还有许多进展和成果不可能充分全面地吸收到《丛书》中来。我们期盼有更多的科技创新成果不断地出版发行,期望《丛书》对石油行业的同行们起到借鉴学习作用,希望广大科技工作者多提宝贵意见,使中国石油今后的科技创新工作得到更好的总结提升。

2018 年 12 月

前 言

"十二五"期间,中国石油一批重大核心技术装备成功研发,降低了钻井综合成本,大幅度提升了中国石油钻井装备及其配套设备超深井钻井能力,为钻井技术持续创新提供了装备保障,增强了深井超深井钻井安全、优快钻井综合应用能力与管理水平,核心竞争力不断提高。这些成果已在塔里木、川渝、渤海湾及海外等地区得到推广应用,创造了重大的经济与社会效益,成为油气田超深井钻井作业的首选钻井装备。其中最主要的是 8000m 深井超深井钻机和 9000m 四单根立柱深井超深井钻机获得突破,钻井技术与装备正朝着实时化、信息可视化、自动化、智能化、集成化和低成本方向发展。

为了全面、系统地反映 2006 年以来尤其是"十二五"期间中国石油深井超深井钻井装备的发展和创新成果,根据中国石油天然气集团公司科技管理部的部署,由中国石油集团工程技术研究院有限公司牵头编写了《深井超深井石油钻机及配套装备》。本书是《中国石油科技进展丛书(2006—2015 年)》专著分册之一,系统总结了 8000m 超深井钻机和 9000m 四单根立柱超深井钻机及其配套装备,包括管柱自动化处理装置、高压钻井泵、高温高压井下钻井工具等方面取得的成果和形成的特色装备、工具与技术,介绍了在深井超深井钻井装备及其配套技术研发中形成的新理念和新思路,进一步理清了深井超深井钻井装备、钻井工具、自动化管柱处理系统今后发展的方向和趋势。

本书分为七章和附录,由中国石油集团工程技术研究院有限公司牵头,宝鸡石油机械有限责任公司、塔里木油田分公司和渤海钻探工程公司等单位参与编写。其中中国石油集团工程技术研究院有限公司负责第一至第四章、第六章和附录的编写,宝鸡石油机械有限责任公司负责第五章和第七章的编写工作,塔里木油田分公司和渤海钻探工程公司负责现场试验的各种资料的整理。初稿完成后请瞿尚江、邹连阳、李雪辉对技术内容进行审查,提出很多非常好的修改意见,最后,根据集团公司科技管理部的要求由罗超、马家骥终审把关,在此对审稿专家表示衷心的感谢。

本书在编写过程中参阅了大量的中外文资料,得到了中国石油天然气集团公司科技管理部给予的关心和指导,石油工业出版社提出了许多好的编写建议,在此一并表示感谢。

由于编者水平有限,书中难免有不妥之处,敬请广大读者批评指正。

目 录

第一章　绪论 ········· 1
第一节　超深井钻井装备面临的挑战与进展 ········· 1
第二节　管柱自动化处理系统面临的挑战及进展 ········· 4
第三节　超深井钻井工具面临的高温高压挑战及进展 ········· 5
参考文献 ········· 6

第二章　8000m 超深井钻机 ········· 7
第一节　总体技术方案 ········· 7
第二节　高承载能力井架和底座 ········· 17
第三节　大钩载提升系统 ········· 36
第四节　转盘及转盘驱动装置 ········· 71
第五节　高压钻井液循环系统 ········· 78
第六节　动力与控制系统 ········· 107
参考文献 ········· 171

第三章　四单根立柱超深井钻机 ········· 172
第一节　总体技术方案 ········· 172
第二节　主要设备 ········· 178
第三节　四单根立柱受力分析及其大位移控制 ········· 199
第四节　二层台仿真分析 ········· 208
第五节　井架及底座仿真分析 ········· 218
第六节　现场试验 ········· 239
第七节　工业化应用 ········· 246
参考文献 ········· 251

第四章　顶驱及其下套管装置 ········· 253
第一节　DQ80BSC 顶驱 ········· 253
第二节　顶驱下套管装置 ········· 287
第三节　工业化应用及前景 ········· 300

参考文献 ··· 303

第五章　QDP-3000 五缸钻井泵 ·· 304
　　第一节　概述 ··· 304
　　第二节　结构与原理 ·· 311
　　第三节　钻井泵技术创新 ·· 327
　　第四节　QDP-3000 钻井泵试验 ·· 333
　　第五节　工业化应用及技术发展方向 ··· 337
　　参考文献 ··· 339

第六章　超深井钻井工具 ·· 340
　　第一节　高温螺杆钻具 ··· 340
　　第二节　耐高温高压随钻震击器 ··· 352
　　第三节　油气钻井用液力推进器 ··· 363
　　第四节　冲击式井下工具 ·· 371
　　参考文献 ··· 375

第七章　钻机管柱自动化处理系统 ·· 376
　　第一节　概述 ··· 377
　　第二节　陆地钻机管柱自动化处理系统 ·· 380
　　第三节　海洋钻井平台管柱自动化处理系统 ·· 388
　　第四节　Idriller 集成司钻控制系统 ·· 397
　　第五节　自动化工具的集成应用技术 ··· 403
　　第六节　工业化应用效果及前景 ··· 406
　　参考文献 ··· 407

附录　超深井钻机安全操作技术 ·· 408

第一章 绪 论

"十二五"以来,我国陆地深井超深井规模开发的重点主要集中在塔里木盆地、准噶尔盆地和柴达木盆地等地区,这些地区地质条件极其复杂,巨厚砾石层、复合盐膏层、多压力系统、高温高压等复杂地质相互交替出现,地层可钻性差、起下钻频繁、劳动强度增大、作业效率低、作业危险性高、事故多发,导致钻井速度显著下降,钻井周期长[1]。在塔里木山前地区一口6000m井的钻井周期长达16个月,远超其他地区,钻井成本急剧增加,超深井钻井成本已占勘探开发总投入的55%~80%,直接影响到油气田勘探开发的速度和效益。因此,提高深井超深井钻井作业效率,实现效益发展,成为油气生产企业迫切需要解决的难题。

第一节 超深井钻井装备面临的挑战与进展

国内一般把井深超过6000m的井称之为超深井。超深井钻井钻遇的地层结构较复杂,普遍存在地层压力系统多、裸眼段长、井壁稳定性条件复杂等问题[2],导致钻完井周期一般都很长,要求钻井设备具有可靠性高、承载能力强、能够及时处理井下事故等综合处理能力。在高温、高压作用下,超深井钻井会经常换钻头、处理井下事故等作业时频繁起下钻,严重制约了钻井效率的提高,因此,降低钻井作业成本、保障钻井作业安全、缩短钻井周期、提高钻井作业效率是超深井钻井作业当前和今后一个时期面临的挑战[3]。

一、国外超深井钻井装备现状

近年来,国外超深井钻机发展非常迅速,以美国NOV公司和挪威MHWirth公司为代表的钻机制造商生产的超深井陆地钻机技术比较先进,它们基本都采用交流变频驱动或液压驱动,主要技术特点如下。

1. 绞车功率大、提升能力强

随着交流变频技术的发展,大功率变频调速技术的成功应用,国外超深井钻机配置的绞车主要是交流变频驱动。美国NOV公司生产的钻机绞车包括交流电动链条传动绞车、单速交流电机驱动齿轮绞车、双速交流电机驱动齿轮绞车、直流电驱动链条传动绞车、柴油机链条传动绞车5种。绞车功率范围为2983~5220kW,主刹车采用液压盘刹,辅助刹车为能耗制动刹车。绞车大多配备自动送钻系统,采用电子司钻和液压盘式刹车。

挪威MHWirth公司的陆地超深井钻机绞车均为齿轮传动,主要包括单速、双速和多速三种类型,绞车功率为3000~3750hp。单速绞车的主刹车为液压盘式刹车,辅助刹车以电动机能耗制动刹车为主,3000hp单速绞车的最大提升载荷可达5376kN(12绳),最大钩速为1.25m/s(10绳)。双速及多速绞车主刹车采用液压盘式刹车,辅助刹车采用WN72型电磁涡流刹车。3300hp双速绞车的最大提升载荷可达8890kN(16绳),最大钩速为1.02m/s。3750hp多速绞车最大提升载荷可达7940kN(14绳),最大钩速为1.50m/s。与美国 NOV 公司的绞车一样,挪威 MHWirth 公司的绞车也都集成了自动送钻系统,最大送钻速度为 80m/h。

2. 钻井泵功率大、压力高

美国 NOV 公司的高压三缸钻井泵主要有 P 系列泵、FD 系列泵以及 F 系列泵等三种,其中 P 系列泵和 FD 系列泵用于超深井钻井,最大功率为 1640kW（2200hp）,工作压力为 51.7MPa（7500psi）。

挪威 MHWirth 公司也可生产全系列三缸高压钻井泵,采用齿轮传动,多为交流变频驱动。适用于超深井的钻井泵功率为 2000hp 和 2200hp,工作压力分别为 51.7MPa（7500psi）和 68.9MPa（10000psi）,噪声小于 85dB。钻井泵优质系列产品都配备有完全集成的、独有专利的液压快速释放系统。

3. 转盘开口直径大、承载能力强

美国 NOV 公司和挪威 MHWirth 公司的超深井钻机转盘根据驱动方式可分为液压驱动和电驱动,开口尺寸范围从 $27\frac{1}{2}$in 至 $75\frac{1}{2}$in,其中开口尺寸超过 $49\frac{1}{2}$in 的转盘基本都采用液压驱动。美国 NOV 公司的液压转盘额定静负荷高达 12500kN,而挪威 MHWirth 公司的液压转盘额定静负荷则高达 15000kN,采用液压马达直接连接旋转齿轮的驱动方式,取消了传动系统,转盘尺寸更小、重量更轻、成本也更低,而且还可集成各种类型铁钻工导轨。

4. 其他主要配套设备齐全、成熟

国外各大公司基本都有自己的超深井钻机关键配套设备,配套的顶驱非常先进。美国 NOV 公司的 TDS-1000 型顶驱,其最大提升能力为 9070kN,而用于海洋超深井的 TDX-1500 型顶驱的最大提升能力可达 13650kN。挪威 MHWirth 公司的 TD 1500 型超深井顶驱的最大提升能力也高达 13560kN,输出功率 2600hp,钻井扭矩为 204kN·m。该公司的 DDM-1000 型液压顶驱的最大提升能力为 9070kN,输出功率 2300hp,钻井扭矩为 118 kN·m。CANRIG 公司 Canrig1275E 型顶驱,最大提升能力 7350kN,输出功率可达 1350hp。这些型号的顶驱多采用交流变频电驱动,且均为成熟产品。配套的顶驱下套管装置也都有成熟产品,美国 NOV 公司的 CRT500 型的顶驱下套管装置最大额定承载能力为 4540kN,套管外径范围为 $4\frac{1}{2}$~14in,而 CANRIG 公司的超深井钻机顶驱下套管装置最大承载能力为 6800kN,套管外径范围为 $9\frac{5}{8}$~20in。

二、国内超深井钻井装备现状

随着我国油气勘探开发不断向新探区和深部发展,超深井数量不断增加,钻井过程中遇到的井下复杂事故频发,尤其是塔里木盆地山前这一复杂地质构造地区,一直是中国乃至世界钻井界的难题,直接影响到油田的勘探开发速度和钻井成本。据统计,6000m 以上超深井占塔里木山前地区钻井总数的 90% 以上,迫切需要钻深能力更强、承载能力更大、钻井成本更低、安全性更好的超深井钻机[4]。国内超深井钻井装备与国外先进装备存在较大差距,主要体现在以下几个方面。

1. 绞车不能满足提高钻井效率要求

目前国内超深井钻机的绞车仅有宝鸡石油机械有限责任公司生产的 2983kW 单速链传动交流变频绞车,其最大提升能力为 6750kN,最大钩速为 1.5m/s。由于交流变频调速过程需要反应时间，绞车加速和减速过程较长，使得绞车在设计最大钩速运行的时间短，起下钻效率低。由于系统的响应速度无法满足更高的送钻速度，国内自动送钻系统送钻速度最高仅为50m/h，从而导致自动送钻钻井效率低。

2. 钻井泵部件可靠性不高

国内生产的超深井钻井泵主要有 F-1600HL、F-2200HL 型和 QDP-3000 五缸钻井泵（五缸泵适用于海上钻井）。QDP-3000 五缸钻井泵额定输入功率为 2237kW（3000hp），冲程 300mm，最大排出压力为 51.9MPa（对应缸套直径 130mm），最大排量为 76.34L/s（对应缸套直径 180mm）；F-2200HL 型钻井泵最大功率为 1640kW，最高工作压力为 52MPa，最大排量为 77.65L/s。这些钻井泵的空气包、阀岛、缸套等部件的可靠性有待进一步提高。

3. 转盘质量和尺寸大

与国外先进的液压驱动转盘相比，国内的超深井钻机转盘主要是电驱动，同时还需要配备转盘传动系统，总体质量和占用的钻台空间都比较大。目前，国内用于超深井的转盘有 $\phi 952.5$mm（$37\frac{1}{2}$in）、加重型 $\phi 952.5$mm（$37\frac{1}{2}$in）和 $\phi 1257.3$mm 等几种，加重型的承载能力可达 6750kN，开口尺寸不变。

4. 顶驱等配套设备有待完善

目前，国内北京石油机械厂已生产最大钩载 6750kN 和 9000kN 的交流变频电驱动顶驱，其中，DQ120BSC 顶驱装置采用了西门子 S7300 PLC 可编程控制器、PROFIBUS-DP 现场总线控制、光纤通信、远程监控、人机操作界面（HMI）等诸多先进技术对系统进行全面智能控制，使整机智能化程度和可靠性明显提高。满足超深井、复杂井的钻井要求，其所特有的背钳技术、双负荷通道技术以及光机电液信息技术一体化的综合性能，使其性能更先进，质量更可靠，作业更安全。但与国外先进顶驱产品相比，国内顶驱产品还需在增大扭矩，提高顶驱功率和可靠性，减小顶驱体积，提升作业效率等方面下功夫。

三、中国石油"十二五"超深井钻机技术进展

中国石油组织所属科研机构、设备制造厂、钻探企业和油田公司等单位，充分利用国家对技术创新的鼓励和对科技攻关重大专项大力扶持的优势，组成了包括中国石油集团工程技术研究院、北京康布尔石油技术发展有限公司、宝鸡石油机械有限责任公司、塔里木油田分公司和渤海钻探工程有限公司在内的联合研发团队，对超深井钻井装备所面临的问题进行了系统攻关，成功研制出 8000m 超深井钻机和 9000m 四单根立柱超深井钻机及其配套设备，形成了一系列具有自主知识产权的重大装备和提速提效工具，支撑了塔里木盆地山前、四川盆地等地区的油田开发，为我国向高难度超深井的勘探与开发迈出了坚实的一步。

1. 8000m 超深井钻机

目前，塔里木油田山前地区设计井深一般都在 6000m 以上，特别是在一些地质构造复杂的区块，下套管层数多，套管重量普遍超过 4500kN，7000m 钻机 4500kN 的承载能力已无法满足钻完井作业要求。而 9000m 钻机应用于该地区作业，在相同钻井工况下富裕能力过大，钻机日费成本高，无法实现降本增效的目的，迫切需要承载能力大，钻井成本更低、综合性价比更高的超深井钻机。为此，联合研发团队推出了国内首台功率大、承载

能力强、性能好、自动化程度高的8000m超深井钻机。

8000m钻机应用了多项自主创新技术，全新设计了最大承载能力为5850kN的钻机井架和底座，在8000m钻机上采用了5850kN钩载的天车和游车，配套了全新设计的大功率绞车，有效解决了绞车提升能力和钩速相互制约的设计问题，可满足大吨位套管深下需求。

8000m钻机的成功研制，使得深井、超深井井身结构设计的选择空间更大，井身开次可从7000m井的五开次优化为四开次套管加一开次尾管，最底层尾管的尺寸由7000m钻机的127mm（5in）增加到了139.7mm（$5^1/_2$in），254mm（10in）以上的大套管下深可达6000m以上，不仅满足超深井对大口径、大吨位套管深下和高压钻井作业的要求，而且解决了塔里木山前等地区7000m钻机大套管深下承载能力不够与常规9000m钻机使用成本过高之间的矛盾，大幅降低了钻机的日费成本，同时还填补了国内钻机系列的空白。与常规9000m钻机相比，节省设备采购成本约20%，减少钻井生产运行费用37%，已成为塔里木油田超深井钻井作业的首选钻机，在塔里木山前地区得到了规模化应用，呈现出广阔的市场前景。

2. 9000m四单根立柱超深井钻机

塔里木山前地区事故多发，起下钻频繁，钻井周期长，周期长的达700多天，远超其他地区的钻井周期。为了解决上述问题，满足超深井钻井要求、提高钻井速度、减少钻井事故、降低钻井综合成本、节能降耗，联合研发团队首次提出了四单根立柱钻井工艺，突破了四单根长管柱、超高井架作业技术瓶颈，研制了国际首台陆地四单根立柱9000m超深井钻机（以下简称四单根立柱钻机）。它的研制成功在我国石油钻井装备研发史上具有里程碑式的意义。

四单根立柱钻机是我国专门针对塔里木山前地区复杂超深井量身打造的利器，与传统的三单根立柱钻机相比，起下钻时高速运行区段加长，停顿频次降低，因钻具停顿引发井下复杂事故的几率减少，提速增效显著。按照钻深7000m推算，使用四单根立柱钻机钻井，起下钻大约需要180次，比三单根立柱钻机的246次减少30%，大幅减少了起下钻时间和钻井周期。

用四单根立柱钻机钻井，因接立柱次数减少，钻井管柱在井下连续运动的时间更长，使得其在砾岩层、盐膏层及岩盐与砾岩夹层钻井中应用效果显著。现场资料统计表明，四单根立柱钻机作业井眼轨迹变化的区间范围要明显小于同区块常规三单根立柱钻机，井眼闭合距的控制也优于常规钻机。四单根立柱钻机在砾岩层、盐膏层等非压实地层作业时，井眼轨迹控制的效果更好，井径更加规则。

第二节 管柱自动化处理系统面临的挑战及进展

国外在管柱自动化处理系统的研发方面起步早，技术成熟，海洋钻井管柱自动化处理系统种类齐全，技术更为成熟。英国石油公司研制的陆地轻型自动化钻井系统，其核心是管柱自动化处理系统，该系统的每个工作单元都能够处理长8.5~13.7m、直径73~339.7mm的管柱，通过操作员的一个工作座椅就可控制自动化钻机的所有功能。法国Forasol公司研制的FORAMATIC2自动化钻机，采用液压顶驱、无转盘、大钳、卡瓦及二层台等，整个钻机只需 3 人操作，可实现钻杆自动操作和自动化钻井作业。美国 NOV 公司研发的全自动钻杆操作系统仅需 2 人在控制房内分别负责钻机的自动钻井作业和钻柱自动排放作业。这些钻机配套的自动化管柱处理设备和钻机集成控制技术已经成熟。

经过几十年的引进、消化吸收、跟踪模仿，我国钻井管柱自动化处理装备在系列化与可靠性等方面取得了很大进步，但在自动化、智能化方面与世界先进国家相比仍有较大差距[5]。目前我国钻机常用的管柱处理作业基本还是借助常规猫道与坡道，气动绞车、液压钻杆钳以及套管钳等机械化工具，在人力辅助配合下完成的。随着陆地钻机机械化、自动化、智能化需求的日益提高，依靠人力辅助简易机械化工具已不能满足"提速、提素、提质"的需求。

近年来，虽有些自动化单元设备逐步投入现场工业试验，诸如钻台机械手、动力猫道机、铁钻工等，但还没有实现将钻机自动化控制系统与现有司钻控制系统融为一体。截至 2015 年，我国陆地钻井投入工业应用的自动化管柱处理系统的集成度不高，还不能像国外管柱自动化处理系统那样完全实现真正意义上的全自动化。随着钻井深度的不断增加，在钻具处理方面的劳动强度越来越大、效率更低、作业危险性更高、安全作业的风险增大，这些因素构成了我国石油行业向自动化、智能化领域进军的动因。

我国在"十二五"期间研发的陆地钻机管柱处理系统主要包括悬持式、推扶式和复合式管柱处理系统等，这些系统主要由动力猫道、缓冲机械手、铁钻工、液压式翻转吊卡、气动/弹簧指梁二层台、动力卡瓦等自动化工具与对应的自动井架工、二层台机械手及其配套的液压系统、集成控制系统、副司钻房等组成，可实现钻井管柱作业的自动化作业。海洋钻井平台管柱自动化处理系统主要研发了主管吊机、水平动力猫道、轨道式铁钻工等自动化工具。

这些钻机管柱自动化处理系统的工业化应用表明，在大幅减轻现场作业人员劳动强度、降低人工成本、缩短钻井周期以及在安全和环保方面的效果十分显著。具有如下特点：（1）减轻现场作业人员的劳动强度；（2）二层台实现无人值守，钻台只需 1 人手持控制手柄即可完成管柱的自动化处理，每个班组可节省 2～3 人；（3）装备的自动化控制程度提高显著，实现了副司钻房远程控制、钻台手柄遥控、装备本地手动控制组成的三级控制系统。尤其是 Idriller 集成司钻控制系统集集成化和信息化于一体，配置有三级急停、智能防碰、权限互锁和安全互锁等功能，实现了对设备和人员的多重保护，大幅提升了现场作业人员和设备的安全性。

第三节　超深井钻井工具面临的高温高压挑战及进展

随着钻井深度的增加，井下温度、压力明显增加，钻井难度增大，迫切需要耐高温高压钻井工具和提速提效工具[6]。NOV、Schlumberger、Weatherford、Baker Hughes 和 Halliburton 等国外主要钻井工具供应商的耐高温高压井下钻井工具技术较为成熟，在密封、防腐、耐高温材料及加工制造工艺等方面均处于国际领先水平[7]，美国、德国、加拿大等国家研制的井下冲击工具，在现场已经取得很好的效果。而国内部分钻井工具耐高温高压性能较差、密封易失效、寿命短，钻进过程中钻压不易施加、遇卡阻时震击效果差，旋冲和扭力冲击工具虽然在现场应用效果不错，但还存在压降过大、关键件寿命偏短等问题。

为改变这种现状，满足超高温、超高压、超深"三超井"的钻井作业和提速提效需求，打破国外产品的垄断局面，形成自己独有的产品和技术，中国石油在"十二五"期间开展了耐高温螺杆钻具、耐高温高压随钻震击器、液力推进器、井下冲击工具等一系列钻井工具的研发，这些井下工具不仅有效解决了超深井中"超高温、超高压"密封件易失效、钻压不易施加到钻头、震击效果差、钻速低等问题，而且可以实现旋转和冲击联合作用下的"体积破岩"，能有效延长钻头使用寿命，提高机械钻速、降低钻井成本。

参 考 文 献

[1] 汪海阁, 葛云华, 石林. 深井超深井钻完井技术现状、挑战和"十三五"发展方向 [J]. 天然气工业, 2017, 37（4）：1-8.

[2] 张金成, 牛新明, 张进双. 超深井钻井技术研究及工业化应用 [J]. 探矿工程（岩土钻掘工程）, 2015, 42（1）：3-11.

[3] 曾义金, 刘建立. 深井超深井钻井技术现状和发展趋势 [J]. 石油钻探技术, 2005, 33（5）：1-5.

[4] 罗超, 龚惠娟. 国内超深井钻机技术现状与发展建议 [J]. 石油机械, 2007, 35（1）：45-47.

[5] 常玉连, 等. 钻修井作业中管柱处理系统的技术发展 [J]. 石油机械, 2012, 40（1）：87-90, 94.

[6] 刘清友, 等. 深井、超深井高温高压井下工具研究 [J]. 天然气工业, 2012, 25（10）：73-75.

[7] 李萌, 等. 螺杆钻具的前沿技术 [J]. 石油机械, 2011, 39（9）：19-22, 46.

第二章　8000m超深井钻机

塔里木山前地区设计井深一般都在6000m以上，特别是在一些地质构造复杂的区块，下套管层数多，套管重量普遍超过5500kN，7000m钻机的承载能力已无法满足钻完井作业要求。而9000m钻机应用于该地区作业，钻机日费成本高，无法实现降本增效，迫切需要钻深能力更强、承载能力更大、钻井成本更低、性价比更高的超深井钻机。为此，中国石油天然气集团公司组织北京康布尔石油技术发展有限公司、中国石油集团钻井工程技术研究院、宝鸡石油机械有限责任公司、渤海钻探工程有限公司和塔里木油田分公司组成联合研发团队，为塔里木油田山前作业区量身研制出新型8000m超深井钻机（ZJ80DB交流变频驱动和ZJ80D直流驱动钻机）。作为建设"新疆大庆"的关键装备，能够满足塔里木山前下入大吨位套管和高压钻井的需要，是一种经济实用、性价比高、性能先进的新型钻机。

8000m超深井钻机的井架有效高度为48m，与常规9000m超深井钻机井架有效高度相当。钻机应用了多项自主创新技术，并首次采用了5850kN钩载的天车、游车，配套了大功率绞车（交流变频钻机采用2700hp绞车）等，钻机整体结构紧凑、重量轻、操作安全。钻机配套的2200hp或1600hp高压钻井泵（F-2200HL或F-1600HL），能实现大排量、高泵压钻进。

第一节　总体技术方案

钻机采用4台或5台CAT 3512B柴油发电机组作为主动力，发出总功率为4800kW（4台）或6000kW（5台）、电压为600V、频率为50Hz的交流电，经交流变频单元（VFD）或直流SCR系统分别驱动绞车、转盘和钻井泵的交流变频电动机或直流电动机。

钻机游动系统为7×8绳系结构，采用顺穿绳方式。提升设备最大负荷能力为5850kN。提升系统配备有TC585天车、YC585游车、DG675大钩和SL450H（ZJ80DB）或SL675（ZJ80D）两用水龙头。

钻机底座分为前后台，前高后低，前台为新型旋升式结构，后台用于安装绞车和配重水箱；井架为前开口K型井架，其大腿固定在底座左右基座上。井架及底座均在低位安装，利用绞车动力起升，底座起升载荷小，钻机整体稳定性高。

一、配套原则

（1）钻机配套依据"性能先进、工作可靠、运移方便、运行经济"的原则，满足超深井钻井工艺要求。主要设备及部件（井架、底座、绞车、游车、天车、转盘等部件）符合API规范要求[1]。

（2）塔里木山前地区环境温度为-20～+50℃，超深井钻机钻井周期相对较长，即使冬季也需要进行连续作业，为适应在该地区连续作业，要求钻机具备较好的耐低温性能。

（3）对钻机结构件和游吊系统等设备按环境温度 –20～+50℃进行设计和制造，通过合理的选材并辅以适当的制造工艺提高其耐低温性能，关键措施是选择在低温下有较高冲击功的原材料，从根本上提高钻机适应低温环境的能力。

（4）在整个钻台周围设置了保温墙，以提高钻台操作区环境温度，保证运转设备控制元件的灵敏性和可靠性，同时在绞车润滑油箱和转盘减速箱处预留了电加热器位置。

（5）钻机满足湿度小于或等于85%（+20℃时），海拔小于或等于1500m的环境条件。

（6）钻机配套电气系统符合IEC和相关国家标准要求，尤其是防爆区域电气设备，按照API RP 14FZ和API RP 500等相关规范进行安装和布置。电控系统要求在环境温度为 –35～+50℃，湿度小于或等于90%（+20℃）下可靠、稳定运行，系统停机率低于千分之一（指影响钻进的故障时间）。

（7）所有接插件与电缆的连接处具有密封、防水功能。

（8）钻机具有较好的防沙、耐高温、防寒、防爆、防渗漏和防腐性能。

（9）钻机及配套设备符合中国石油HSE相关规定的要求。

二、主要技术参数

8000m超深井钻机主要技术参数见表2–1。

表2–1　8000m超深井钻机主要技术参数

序号	名称	技术参数
1	名义钻深［127mm（5in）钻杆］	8000m
2	最大钩载	5850kN
3	最大钻柱重量	2700kN
4	绞车额定功率	交流：2000kW（2720hp） 直流：1600kW（2175hp）
5	绞车挡数	交流变频驱动：Ⅱ+ⅡR 无级调速 直流电动机驱动：4正4倒无级调速
6	游动系统绳系	7×8
7	钻井钢丝绳直径	$1\frac{1}{2}$in（φ38mm）
8	提升系统滑轮外径	φ1524mm（60in）
9	水龙头中心管通径	φ102mm（4in）
10	钻井泵型号及台数	F-2200 HL 3台或F-1600HL 3台
11	转盘开口名义直径	φ952.5mm（$37\frac{1}{2}$in）
12	转盘挡数	交流：Ⅰ+ⅠR 交流变频电动机驱动无级调速 直流：2+2R挡无级调速
13	井架形式及有效高度	K型　48m
14	底座形式及钻台高度	旋升式 10.5m

续表

序号	名称	技术参数
15	转盘梁底面高度	9m
16	电控传动方式	交流：AC-DC-AC 全数字变频 直流：AC-SCR-DC 直流调速
17	柴油发电机组型号	CAT 3512B/SR4B
18	机组台数×输出功率	4（或5）×1714kV·A
19	发电机功率	1200kW
20	柴油机转速	1500r/min
21	发电机型号及参数	SR4B 600V 50Hz cosΦ=0.7 无刷励磁
22	辅助发电机组台数×功率	1×400kW 1500r/min 400V 50Hz 3相
23	主电动机台数×功率	交流变频钻机配置电动机： 2×1000kW（绞车、连续）1×800kW（转盘、连续）6×900kW（钻井泵、连续） 直流钻机配置电动机： 2×800kW（绞车、连续）1×800kW（转盘、连续）6×800kW（钻井泵、连续）
24	输入电压、频率	600V（AC）50Hz
25	输出电压、电流、频率	交流控制：0～600V；0～150Hz（可调） 直流控制：0-750V DC 可调；1150A，DC（连续）
26	MCC 系统	600V/400V/230V 50Hz
27	自动送钻系统	变频电动机 400V 1×45kW
28	高压管汇	$\phi 102mm \times 70MPa$
29	固控系统有效容积	$\geqslant 550m^3$
30	气源及净化系统	配2台电动螺杆压缩机组（每台容积流量至少5.6m^3/min，额定排气压力为1.0MPa，最大排气压力为1.06MPa）、1台微热再生式再生干燥机、1台冷启动空气压缩机、2个2.5m^3储气罐及全套管线、阀门等

三、交流和直流电驱动钻机技术方案

交流变频和直流驱动钻机分别采用 VFD 和 SCR 电控系统对钻机进行控制。直流电驱钻机配备的是 SCR 电控系统，具有调速性能好、范围大，启动、制动转矩大，易于快速启动、停车，过载能力强，能承受较频繁的冲击负荷，但功率利用率低；交流变频钻机配备的是 VFD 电控系统，与 SCR 系统相比，VFD 电控系统节能，可以实现高效、连续、精确的无级调速，易实现电动机的正反转及高频率的起停动作，运行和维护成本低，但总体制造成本高[2]。

1. 交流电驱动钻机技术方案

钻机采用4台或5台CAT 3512B柴油发电机组作为主动力,发出总功率为4800kW(4台)或6000kW(5台)、电压为600V、频率为50Hz的交流电,经变频单元(VFD)转换为交流电分别驱动绞车、转盘和钻井泵的交流变频电动机。绞车由2台1000kW的交流变频电动机驱动,经两台两挡齿轮减速箱减速后驱动绞车滚筒。绞车配有1台45kW独立自动送钻装置,布置在绞车右侧。转盘采用独立电动机驱动方式,由一台800kW的交流变频电动机经Ⅰ挡齿轮箱驱动,装有钳盘式惯刹。3台F-2200HL钻井泵各由2台900kW交流变频电动机驱动(根据用户要求,有配3台F-1600HL钻井泵各由1台1200kW交流变频电动机驱动的)。

(1)井架为前开口K型结构。井架支腿固定在底座左、右基座上,底座为旋升式结构,井架及底座均在低位安装,利用绞车动力整体起升,不但实现了井架、司钻控制房、司钻偏房及台面井口工具低位安装、整体起升,还实现了井架支脚及绞车均布置在低位,使得底座起升载荷小,钻机整体稳定性高。

(2)底座前台布置有转盘、转盘驱动装置,钻台面左侧前方布置1台8t液压绞车,右侧前方布置1台50kN气动绞车、2台160kN伸缩式液压猫头、1台50kN旋转液压猫头、司钻控制房、左/右司钻偏房及井口工具。

(3)绞车布置在后台,为两挡无级变速,由两台功率1000kW(1360hp)、转速0~2600r/min交流变频电动机驱动。主刹车采用液压盘式刹车,辅助刹车采用交流变频电动机能耗制动,液压盘刹配双刹车盘,最大提升钩速在14绳时可达到1.7m/s。绞车减速箱为两挡气动换挡,采用齿轮传动,齿轮和减速箱轴承润滑采用强制润滑方式。绞车所有部件均安装在一个底座上,构成一个独立的运输单元。绞车所有控制(电、气、液)均集中在司钻控制房内。

(4)绞车配有自动送钻装置,由1台45kW的ABB交流变频电动机提供动力,经1台立式齿轮减速机和主减速箱减速后驱动滚筒实现自动送钻功能。

(5)钻机游动系统为7×8绳系结构,采用顺穿绳方式。提升设备最大负荷能力为5850kN。提升系统配备有TC585天车、YC585游车、DG675大钩和SL450H(80DB)或SL675(80D)两用水龙头,并首次将φ38mm压实股钻井钢丝绳应用到超深井钻机上。这种钢丝绳金属密度大,抗冲击能力强,载荷能力是未压实股的1.3倍以上,抗磨损性更好。

(6)钻机配置集电、液、气控制,显示与监视,通信及人机界面(触摸屏)一体化等技术于一体,采用人性化设计的司钻控制房,司钻坐在控制房可对钻机实现全面监控。

(7)转盘采用ZP375Z转盘,由1台800kW交流变频电动机经齿轮箱一对锥齿轮副实现减速,使转台获得一定范围内的转速和扭矩输出,且ZP375Z转盘与普通ZP375转盘的通用易损件可以互换。

(8)钻机采用高压钻井液循环系统,配3台F-1600HL或F-2200HL高压钻井泵装置及1套高压钻井液循环管汇。水龙头、钻井泵额定工作压力为52MPa(7500psi),高压管汇及水龙带额定工作压力为70MPa(10000psi)。每台钻井泵由两台900kW交流电动机驱动;泵的缸套和活塞采用电动喷淋泵冷却、润滑;泵组的灌注系统分别由3台灌注泵构成,整体成橇。

（9）固控系统配有10个液罐和一个药品罐，总容量为729m³，有效容积552m³（不含沉砂仓），装机总功率1200kW。固控系统采用五级钻井液净化控制，罐面设备包括5台振动筛、1台真空除气器、1台除泥除砂清洁器、2台离心机、加重泵、补给泵、灌注泵、剪切泵、搅拌器、钻井液枪等设备。

（10）钻机配备的气源系统安装在柴油发电机房内，可提供经干燥处理的气源，处理量7.2m³/min，可完成如下功能：盘刹控制、气动旋扣器控制、转盘电动机控制、自动送钻控制、绞车主电动机控制、送钻电动机控制、防碰释放控制、绞车左/右减速箱换挡、锁挡/解锁控制、转盘惯刹控制、游车防碰（三种）控制和故障显示及报警等。

（11）钻机在油罐区配有各种油罐、泵及管线。

（12）钻机所配备的柴油发电系统由5台柴油发电机组控制柜组成，用以控制4～5台CAT3512B柴油发电机组并网运行，向交流母排输出600V、50Hz的交流电压，为交流母排上的交流变频单元提供动力。单台柴油发电机组容量为1714kV·A、有功功率为1200kW。每台柴油发电机控制柜对柴油发电机组的速度和电压进行精准的控制，多台机组间进行均衡的负荷分配和自动并车，并精确地显示机组运行时的各项数据。

（13）交流母排上的600V交流电源，经整流单元整流后，转换成810V DC直流电，输出到公共直流母排上，再由9台逆变单元将直流母排上的810V DC直流电转换成电压0～600V、频率0～150Hz连续可调的交流电，驱动交流变频电动机。交流变频调速控制系统采用西门子S120全数字矢量交流变频调速装置，将固定频率交流电变换成频率可调的交流电，实现对钻机绞车、转盘、钻井泵及自动送钻交流变频电动机的速度、扭矩控制。交流变频调速装置采用"一对一"的方式驱动交流变频电动机。变频驱动系统具有输入电压失压、过流过载、短路等保护和故障报警指示等功能。

（14）MCC系统采用GCS标准型开关柜集中对井场的钻台、钻井泵房、钻井液循环灌区、油罐区、水罐等区域的设备和交流电动机提供电源和配电控制，并给井场提供照明电源。MCC抽屉式开关柜不仅可靠性高，便于维修，可以在系统不断电的情况下对损坏电器进行部分维修，还具有电动机过电流、欠电压、缺陷、漏电和三相不平衡等保护功能。

（15）钻机控制系统以西门子PLC（S7-300）为控制核心，通过现场总线与工控机、变频器传动设备、司钻控制系统、气控阀岛系统通信及连接，实现钻机电、气、液的控制、显示、存储与记录的一体化。PLC控制系统采用两套S7-300冗余备份，可有效提高系统的可靠性。

（16）钻台上配有司钻控制房，房内所装的智能化司钻操作系统集机、电、液、气、计算机及通信、人机工程等技术于一体，实现了设备的控制、参数的显示与记录以及各位置的实时监视与通信。通过司钻控制台上的人机界面和硬件操作开关，不仅能控制钻井泵、绞车、转盘、自动送钻等主要设备的启停，还能实时显示钻井参数、发电机柜参数、电气系统参数、变频柜及钻台传感器的数据采集、控制和报警、故障显示等。

（17）井场电路系统是将发电机房提供的电能通过电控房集中供电，为井场内的钻台区、井控区、泵房区、固控区、水罐区、油罐区、井场营房等区域所有电气设施及井场照明提供电源，从而保证用电设备和照明的安全运行。井场电路在满足各种电气设施不同的用电要求外，还满足井场防爆、防护、接地和安全用电以及便于快速拆装的要求。

（18）钻机配有工业监视系统，采用标准化系统和接口、模块化硬件，由摄像、显示、控制3部分组成。该系统采用6点防爆摄像机和1台15in彩色液晶监视器,六画面分割及切换,可存储200小时的录像资料,实行多工位实时监控,其中二层台、泵房摄像机带云台。

(19)井场配有可燃及有毒有害气体监测系统,该系统可实施对钻井作业中可能出现的可燃及有毒有害气体(硫化氢、甲烷等)的监控与报警。气体监测系统通过对井口、钻台、振动筛、循环罐、司钻房附近各监测点处可燃及有毒有害气体进行监测,并按设定值进行报警。

(20)钻机布置满足防爆、安全以及钻井工程与设备安装、拆卸、维修方便的要求。

(21)与钻机相关的HSE设施和措施:

① 油气井井口距离高压线及其他永久性设施不小于75m,距民宅不小于100m,距铁路、公路不小于200m,距学校、医院和大型油库等人口密集性、高危场所不小于500m。

② 距井口30m以内的所有电气设备(如电机、开关、照明灯具、仪器仪表、电气设备以及插接件、各种电动工具等)符合防爆要求,防爆选用符合GB 3836.1的要求。

③ 油罐安装位置应根据井场地形、环境等因素来确定,一般摆放在左侧,距井口不小于30m,距发电房不小于20m,距井控放喷管线不小于5m。

④ 井场相关设施满足防喷、防毒、防爆、防火、防冻要求。

⑤ 所有金属构架和带电设备均接地,多设备共用底座时,先等电位连接再接地。接地电阻不大于4Ω。

⑥ 严禁未切断动力源和控制源检修设备。

⑦ 检修电动钻机时,电动机主回路必须处于断电状态并挂牌上锁,确保安全。

⑧ 在钻井泵、高压管汇和水龙带附近不允许非工作人员停留。

⑨ 严禁钻机超速、超载荷运行。严禁违反操作规程使用钻机的任何部分。

2. 直流电驱动钻机技术方案

钻机采用4~5台CAT3512B柴油发电机组作为主动力,发出的600V、50Hz交流电经SCR柜整流后变为0~750V直流电,分别驱动为绞车、转盘和钻井泵提供动力的串励直流电动机;绞车由2台800kW电动机驱动;转盘由1台800 kW电动机独立驱动;3台F-1600HL钻井泵各由2台800 kW电动机驱动。

(1)钻机采用K型、前开口式井架和新型旋升式底座。底座前高后低,绞车低位安装,低位工作。井架、底座采用两次穿绳,利用绞车动力先起升井架,后起升底座,所有台面设备均低位安装,随底座一次起升到位。

(2)JC80D绞车由两台800 kW直流电动机驱动,经输入轴并车,链条箱传递动力。绞车主刹车为水冷液压盘式刹车,辅助刹车为水冷式电磁涡流刹车。绞车所配自动送钻装置由1台45kW(61hp)的交流变频电动机提供动力,经1台立式齿轮减速机减速后,通过链条驱动传动轴、滚筒轴,实现自动送钻。

(3)钻机游动系统为7×8结构,钢丝绳采用顺穿方式。提升设备最大负荷能力为5850kN。提升系统配有TC585天车、YC585游车、DG675大钩和SL675两用水龙头,和交流变频钻机一样,采用ϕ38mm压实股钻井钢丝绳。

(4)转盘采用ZP375Z转盘,由1台800kW直流电动机经齿轮箱一对锥齿轮副实现减速,使转台获得一定范围内的转速和扭矩输出。

（5）钻机采用高压钻井液循环系统，配 3 台 F-1600HL 高压钻井泵装置及 1 套高压钻井液循环管汇。水龙头、钻井液泵额定工作压力为 52MPa（7500psi），高压管汇及水龙带额定工作压力为 70MPa（10000psi）。

（6）钻机配钻井液固控系统，包括钻井液循环罐和钻井液净化设备，钻井液罐有效容积不小于 550m³。固控系统能够保证钻井液配制、加重、筛分、循环、控制和储备等工作顺利进行；能满足 8000m 钻井工艺的要求，具有耐高温、防爆、防渗漏、防腐、防雨等功能，满足沙漠地区作业需求。

（7）液、气系统硬管线采用无缝钢管，接头、三通等连接件采用可靠的钢制件，球阀为不锈钢；钻台区所有液、气、电管线均采用管线槽，走向规范、布局合理、牢固可靠。

（8）气源系统提供经干燥处理的气源，处理量为 7.2m³/min，为下述功能提供气源：盘刹控制、气动旋扣器控制、转盘电动机控制、自动送钻控制、绞车主电动机控制、送钻电动机控制、防碰释放控制、绞车左/右减速箱换挡、锁挡/解锁控制、转盘惯刹控制、游车防碰（三种）控制和故障显示及报警等。

（9）钻机配置集电、液、气控制，显示与监视，通信及人机界面（触摸屏）一体化等技术于一体，采用人性化设计的司钻控制房，司钻坐在控制房可对钻机实现全面监控。

（10）电传系统采用一对二控制方式，AC-SCR-DC 传动。SCR 系统以西门子 PLC（S7-300）为控制核心，通过现场总线将数字化设备组成 PROFIBUS-DP 网络，实现 5 台发电机控制柜、5 台整流柜、智能远程司钻监控、电子防碰等控制系统间的高速通信。智能化司钻操作系统具有机、电、液、气操作和运行监控、故障报警与显示等功能，并且具有应急操作模式。

（11）柴油发电系统由 5 台控制柜组成，用以控制 4～5 台卡特 3512B 柴油发电机组并网运行，向交流母排输出 600V、50Hz 的交流电压，为交流母排上的 SCR 柜提供动力，单台柴油发电机组容量为 1714kV·A、有功功率为 1200kW。每台柴油发电机控制柜对柴油发电机组的速度和电压进行精准的控制，多台机组间进行均衡的负荷分配和自动并车，并精确的显示机组运行时各数据项。

（12）直流控制系统由 5 台 SCR 整流柜组成，分别将 600V 交流电压整流成 0～750V 连续可调的直流电压，并通过对各柜中直流接触器的逻辑控制，切换成不同的指配关系，分别驱动钻井泵、绞车和转盘。绞车和转盘电动机具有正反转功能。转盘电流可在 50～1000A DC 范围内任意调节。绞车和钻井泵均由两台电动机驱动，运行时负荷均衡，转速同步。

（13）MCC 系统采用 GCS 标准型开关柜集中对井场的钻台、钻井泵房、钻井液循环灌、油罐、水罐等区域的设备和交流电动机提供电源和配电控制，并给井场提供照明电源。MCC 抽屉式开关柜不仅可靠性高，可以在系统不断电的情况下维修损坏的电器，还具有电动机过电流、欠电压、缺相、漏电和三相不平衡等保护功能。

（14）钻机电控系统以西门子 PLC（S7-300）为控制核心，通过现场总线与工控机、变频器传动设备、司钻控制系统、气控阀岛系统通信及连接，实现对钻机电、气、液的控制以及显示、存储与记录的一体化。系统采用单 PLC 控制加旁路应急控制系统，当 PLC 供电单元、通信总线、主站 CPU、硬件或软件引起故障时，通过切换司钻控制台上 PLC/旁路选择开关，可以由旁路接管过来，继续驱动钻机的主要设备在应急状态下运行（如绞车、转盘和钻井泵）。

（15）钻机司钻房内所配智能化司钻操作系统集机、电、液、气、计算机及通信、人机工程等技术于一体，可实现设备的控制、参数的显示与记录以及各位置的实时监视与通信。通过司钻控制台上的人机界面和硬件操作开关，不仅能控制钻井泵、绞车、转盘、自动送钻等主要设备的启停，还能实时显示钻井参数、发电机柜参数、电气系统参数、变频柜及钻台传感器的数据采集、控制和报警、故障显示等。

（16）井场电路系统是将发电机房提供的电能通过电控房集中供电，为井场内的钻台区、井控区、泵房区、固控区、水罐区、油罐区、井场营房等区域所有电气设施及井场照明提供电源，从而保证用电设备、照明的安全运行。井场电路在满足各种电气设施不同的用电要求外，还满足井场防爆、防护、接地和安全用电以及便于快速拆装的要求。

（17）钻机配有工业监视系统，采用标准化系统和接口、模块化硬件，由摄像、显示、控制3部分组成。该系统采用6点防爆摄像机和1台15in彩色液晶监视器，六画面分割及切换，可存储200小时的录像资料，实行多工位实时监控，其中二层台、泵房摄像机带云台。

（18）井场可燃及有毒有害气体监测系统是对钻井作业中可能出现的可燃及有毒有害气体（硫化氢、甲烷等）的监控、报警。气体监测系统通过对井口、钻台、振动筛、循环罐、司钻房附近各监测点处可燃及有毒有害气体进行监测，并按设定值进行报警。

（19）钻机布置满足防爆、安全以及钻井工程及设备安装、拆卸、维修方便的要求。所有模块均适合铁路、公路运输，绞车、电控房控制在铁路二级超限内。

四、钻机井场布置

钻机的井场布置应根据钻机类型和钻井施工特点，合理确定钻井设备安装位置及各设备间的距离。注意节约用地、方便施工，确保安全生产、有利环境保护。

钻机所有设备布置满足防爆、防火、防冻、环保和井控要求。

8000m钻机井场分为以下区域布置：钻台区、泵房区、钻井液循环及水罐区、动力/电控区、油罐区，营房区一般布置在井场的上风口处。钻机井场总体布置见图2-1。

1. 钻台区

钻台面左侧前方布置1台80kN液压绞车，右侧前方布置1台50kN气动绞车，气动绞车采用法兰固定方式。2台160kN液压伸缩猫头布置在钻台后侧井口中心线左右两侧。猫道前端安装1台50kN气动绞车，采用螺栓连接。

钻台两侧各配一座10000mm×2800mm×2800mm的司钻偏房。

左偏房分为三间（带走道）：一间作为钻工休息房，留有井场电路电缆线出入接口，墙体为保温结构；一间摆放液压站，面向钻台一侧为可拆卸对开门；另一间为敞开式，留提升机接口，端头为通往地面梯子通道。

右偏房分为两间，一间为钻工休息房，另一间为工具间。

2. 泵房区

泵房区布置有3台F-2200HL或3台F-1600HL泵以及泵橇和钻井液管汇等。钻井泵的布置应方便检修和维护，安全阀的放喷管线到罐面有一定的坡度，所有高压软管安装安全绳。

第二章 8000m超深井钻机

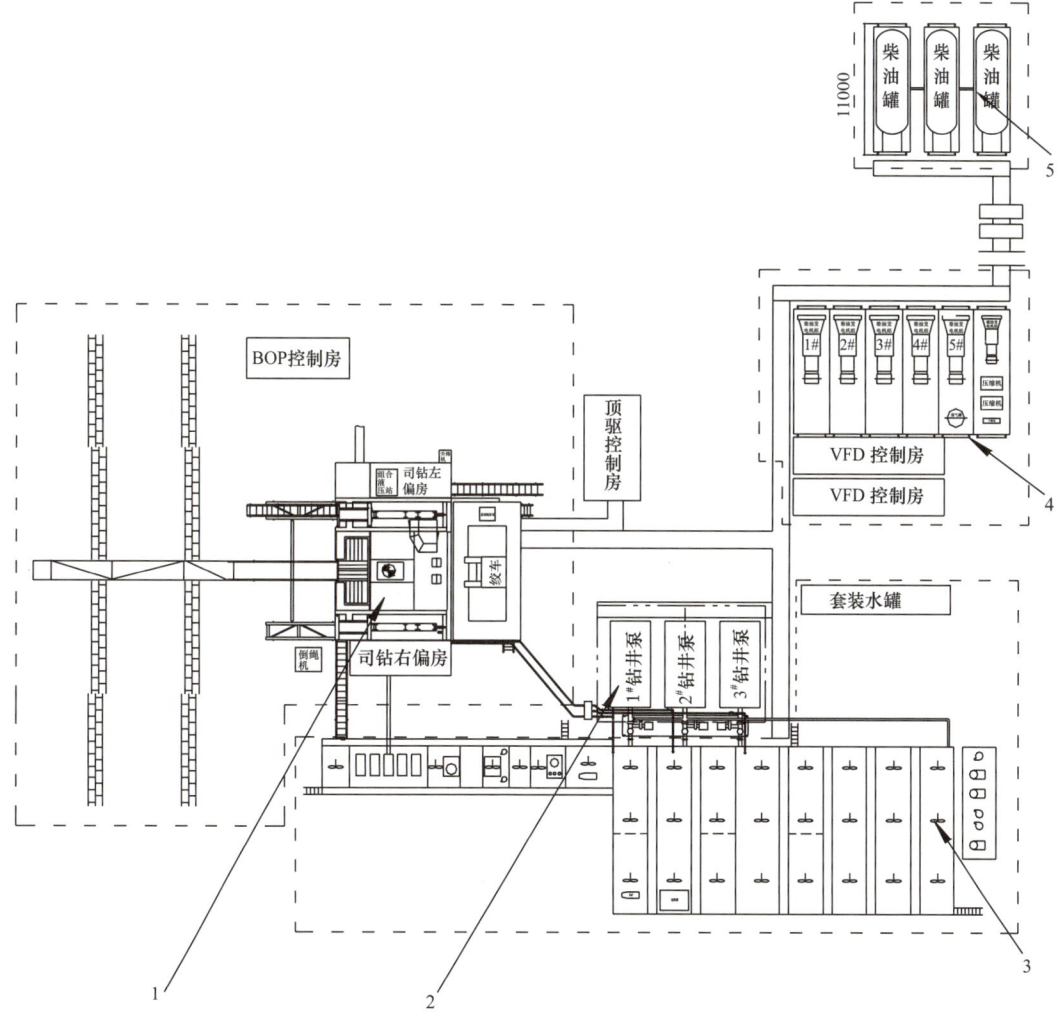

图 2-1 钻机井场总体布置图
1—钻台区；2—泵房区；3—钻井液处理区；4—动力/电控区；5—油罐区

3. 钻井液循环及水罐区

钻井液循环及水罐区包括钻井液循环罐、钻井液净化设备及水罐等。根据井场情况，钻井液循环罐区布置在井场右侧，距离井口中心线距离为11~18m，从振动筛依次向后布置真空除气器、一体化清洁器、高低速离心机钻井液净化设备。钻井液返浆管线（高架钻井液槽）安装有一定坡度并满足录井等工艺要求。

4. 动力/电控区

动力/电控区平行布置的4栋或5栋主柴油发电机房和1栋辅助发电机房形成一个整体机房，交流电动机配2栋VFD/MCC房，与机房垂直靠齐摆放；直流电动机配1栋SCR/MCC房，与机组房垂直靠齐摆放，无功补偿房与发电机房对齐。机房和VFD/SCR房距井口不少于30m。

气源系统的2台电动螺杆压缩机组、1台微热再生式再生干燥机、1台冷启动空压机和气罐等均安装在辅助发电机房内。

5. 油罐区

油罐区包括各种油罐、泵及管线。油罐区距离井口应大于 30m，距离发电房的距离一般不少于 20m。

6. 井场营房

井场现场生产用营房布局应根据井场面积和地理环境条件，因地制宜、合理布局的原则进行。野营房应布置在距离井场 50m 外的上风区。

7. 油、气、水、电

各区域之间油、气、水、电等连接管线全部铺设在管线槽内，上钻台管线槽采用折叠式，方便安装和运输。

8. BOP 远程控制台

BOP 远程控制台放置在钻台左侧距井口不少于 25m；压井管汇在底座的左侧旁，节流管汇和钻井液气分离器安装在一号罐的左侧和前端。

五、钻机新技术

8000m 新型钻机在设计、制造及配套等方面体现了多项技术创新成果。

（1）钻机设计源于标准高于标准。采用 127mm（5in）钻杆，钻深 8000m，设计高于标准，钻机提升钻柱能力明显增强。

（2）全新设计了最大承载能力为 5850kN 的井架和底座。井架采用 K 型结构，有效高度为 48m，井架支脚在低位基座上，依靠绞车动力整体起放；底座为前高后低旋升式结构，前台工作高度 10.5m，后台底座用于安装绞车。底座起升采用平行四边形原理，实现了高台面设备的低位安装，同时底座设计吸收了新型旋升式结构底座的优点，实现了井架的低位安装，增强了钻机的整体稳定性；井架和底座的承载能力经过应力分析和校核后，优化了部分结构设计和设备安装。如钻台面设备、司钻偏房、转盘等附件低位安装，采用绞车动力，利用大钩通过绳系使底座从低位整体起升到工作位置，减少了设备安装强度和高位安装的安全风险，可实现快速拆装。

（3）研制了新型 JC80DB 绞车和 JC80D 绞车。一是优化绞车传动结构，绞车采用机械换挡和电机无级调速相结合的传动设计模式，扩展了调速范围，增强了绞车的提升能力，同时也提高了绞车钩速，有效解决了绞车提升能力和钩速不匹配问题，传动比及扭矩满足提起最大钩载 5850kN 的要求，其中 JC80DB 绞车在 14 绳系时最大提升钩速可达 1.7m/s；二是加长滚筒长度，提高其缠绳容量；三是采用一体化绞车设计，减少了现场安装难度，重量轻、便于整体运输。

（4）采用 ZP375Z 加强型转盘。ZP375Z 转盘不仅可以与普通 ZP375 转盘的通用易损件进行互换，而且其扭矩和承载能力与 ZP495 转盘相当，大大提高了转盘的工作能力。

（5）天车和游车为全新设计。根据 API SPEC 8C 规范的设计和制造要求，通过对现有游车结构优化设计，研制了新型 5850kN 的天车和游车，既满足了 5850kN 的井架、底座配套设备要求，又有效地减轻了游吊系统设备的重量。

（6）采用高压钻井泵满足高压喷射钻井需要。钻机配套的 F-2200HL 或 F-1600HL 高压钻井泵，额定工作压力均为 52MPa，在塔里木山前油气井钻井作业中，可以实现 35MPa 以上高压喷射钻井，大大提高了钻机的机械钻速。根据塔里木油田工业试验数据显示，一开钻井可以提高机械钻速105.4%～190%，二开钻井提速85%～108.6%，5000m以上深井和超深井段，高压喷射钻井比单纯使用"PDC钻头+螺杆钻具"的钻速提高40%左右。

（7）采用高压钻井液循环系统。钻机配1套高压钻井液循环管汇，钻井泵压力为52MPa，高压管汇及水龙带额定工作压力为70MPa（10000psi），满足超深井高压钻井需要。

（8）首次应用压实股钻井钢丝绳。在井架高度不变、游吊系统绳系增加情况下，为了解决绞车滚筒缠绳容量不足的问题，8000m钻机选用面接触的压实股钢丝绳。钢丝绳结构金属密度大，抗冲击能力是未压实股的1.3倍以上；抗磨损性更好。压实股钢丝绳最外层为扁平状，钢丝绳与滑轮绳槽接触面积增加，减少了钢丝绳与轮槽之间的接触应力和相互机械磨损，也减少切滑大绳次数；承载能力强，安全系数高。压实股钢丝绳承载能力是普通钢丝的1.2～1.5倍，这种钢丝绳不仅达到了不改变钢丝绳直径就可提高承载能力的目的，而且钢丝绳的重量也减轻了不少。在相同承载能力要求下，可以采用更小直径的钢丝绳，降低绞车滚筒盘绳容量，从而可减轻绞车重量和体积。此外，这种钢丝绳抗疲劳性能是同型号普通钢丝绳的1.2倍以上，钢丝绳的寿命也因此而延长。

（9）采用集成化司钻座椅。为了使司钻在不用大幅度移动身体的情况下对钻机进行操作，依据人机工程学原理及司钻操作的实际情况，司钻控制台采用集成化的司钻操作座椅，在司钻座椅左右扶手上就可以方便地操作各种控制按钮和手柄，集绞车调速、换挡以及自动送钻、盘刹和猫头等的控制于一体，集成化程度高。

第二节 高承载能力井架和底座

井架和底座作为石油钻机的主要部件，在钻井作业中既要满足承受静、动载荷的要求，又要符合相关钻井设备的安装与连接要求，在日益追求钻井综合效益最大化的情况下，对井架、底座的设计和制造提出了更高的要求[3,4]。在8000m超深井钻机井架和底座设计中，不仅要考虑其承载能力及设备连接等基本因素，同时结合超深井钻机的特点，还要综合考虑其使用的方便性、对环境的适应性、加工制造及运输的可行性等因素。

8000m钻机比7000m钻机名义钻深增加了1000m，增幅为14.3%，而最大钩载由4500kN增加到5850kN，增幅30%，钩载增长幅度大于钻深增长幅度，这就是说在使用同样规格钻具的情况下，8000m钻机具有更大的钩载储备系数，或者说在同样的储备系数下，8000m钻机可使用更大规格的钻具。因此，作为钻机的主要承载件，在超深井钻机井架、底座设计中，充分考虑了钩载的增加幅度明显高于钻深增长幅度这一因素，与7000m钻机相比，8000m钻机对井架、底座结构件的承载能力重新进行了加强和优化。

一、井架

井架是钻机的主要承载部件之一，是用来安放天车，悬挂游动系统（包括顶驱系统）、吊钳、吊卡、大钳等提升设备和工具，起下钻具，排放立根、下套管等的钢架结构[5]。

1. 主要技术参数

钻机配套的JJ585/48-K型井架的主要技术参数见表2-2，表2-3为7000m、8000m、9000m和9000m四单根等深井和超深井钻机井架的主要技术参数对照表。

表 2-2　JJ585/48-K 型井架的主要技术参数

序号	型号	JJ585/48-K
1	井架形式	K 型
2	最大钩载（7×8 绳系，满立根，风速 16.5m/s）	5850kN
3	有效高度（钻台面至天车梁底面）	48m
4	顶部开挡（正面/侧面）	2.6m/2.4m
5	底部开挡（正面）	10m
6	二层台安装高度	24.5m，25.5m，26.5m
7	二层台立根容量（$5\frac{1}{2}$in 钻杆，28m 立根）	8000m（286 柱）
8	结构安全级别	E2/U2
9	井架抗风能力	
10	操作工况（满钩载，满立根）	≤16.5m/s
11	预期风暴工况（无钩载，无靠放立根）	≤38.6m/s
12	非预期风暴工况（无钩载，靠满立根）	≤30.7m/s
13	起放井架	≤16.5m/s
14	配套天车	TC585-3

表 2-3　几种深井和超深井钻机井架的主要技术参数

序号	型号	JJ450/45-K	JJ585/48-K	JJ675/48-K	JJ675/57-K	JJ900/52-K
1	最大钩载，kN	4500	5850	6750	6750	9000
2	钢丝绳尺寸，mm	38	38	45	42	48
3	井架高度，m	45	48	48	57.5	52
4	底座开挡，m	10	10	10	10	10
5	二层台高度，m	24.5，25.5，26.5	24.5，25.5，26.5	24.5，25.5，26.5	34.5，35.5	24.5，25.5，26.5
6	辅助二层高度，m	—	—	—	16，17.3	—
7	质量，kg	103614	115230	162000	208786	206000

2. 结构及性能

8000m 钻机的井架为 K 型结构，主要由井架主体、二层台、套管扶正台、油管台、起升装置、笼梯总成等组成，同时还配有立管台、登梯助力机构、防坠落装置、死绳固定器、死绳稳定器、井架起升液压缓冲装置、大钳平衡重及吊钳滑轮等辅助装置。井架结构见图 2-2。

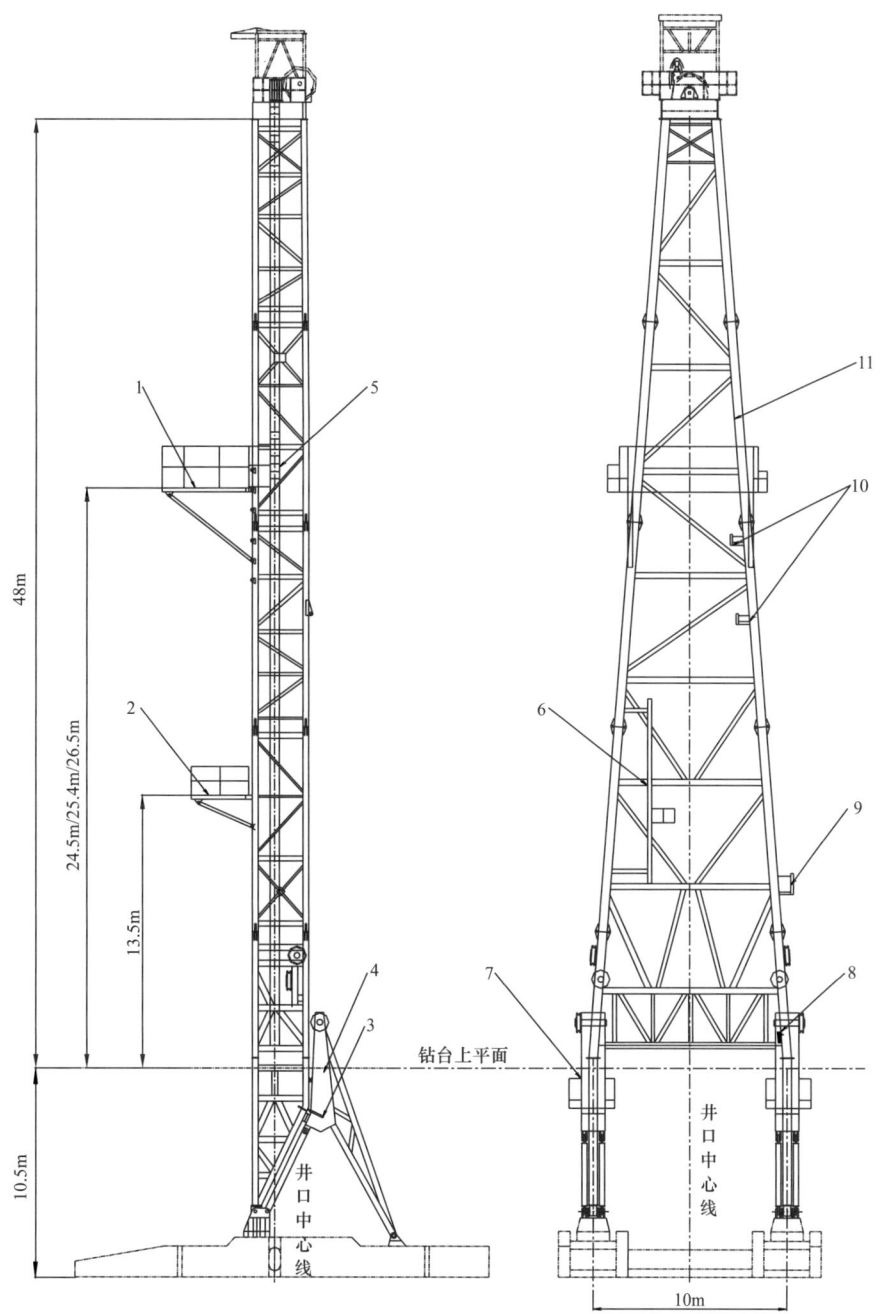

图 2-2 井架结构示意图

1—二层台；2—油管台；3—液压缓冲装置；4—人字架；5—笼梯总成；6—套管扶正台；7—人字架安装平台；
8—死绳固定器；9—平台；10—立管操作台；11—井架主体

井架主体由井架体和人字架组成，其中井架体由六段 12 单片组成，每段井架均由左、右两片组成，两片之间用背横梁、斜拉杆以及销轴和安全别针组成一个前开口型钢架结构，段与段之间采用单双耳板和销轴连接。

井架各构件均设置有独立的平衡吊装耳板，方便吊装和安装。

井架支脚在底座低位后基座上，采用低位水平安装，人字架起升方式，依靠绞车的动力，通过快绳、大钩及起升三角架等拉动起升大绳，实现井架由水平位置起升到垂直位置。井架起升时为了能够使井架平稳地靠放在人字架上，同时下放井架时又能使井架重心前移，从而依靠井架本身自重下落，人字架上装有液压缓冲装置，通过液压缸的伸缩来实现。

井架起升到位后，井口前后左右找正均通过增减位于钻台面上井架立柱间的钢垫片来进行，校正后的井架正面和侧面均应保证天车中心对转盘中心偏差不大于20mm。

K型井架的主要特点：主体结构一般由4~6段组成，各段结构之间采用单双耳板和销轴连接。在地面或接近地面水平安装，整体起升下放到位，采用分段运输。为了便于起下钻，方便安装、拆卸立根，井架大门侧为敞开、截面为K型不封闭结构。井架两侧为单片结构，大门对侧通过背扇钢架、背横梁和拉杆等将左/右单片结构连接在一起。运输时将钢架及拉杆拆除，节省运输空间，方便运输。其结构形式稳定，承载能力较大，广泛应用于陆地钻机。

人字架分左人字架和右人字架，其功能是起放井架和支撑井架（图2-3）。

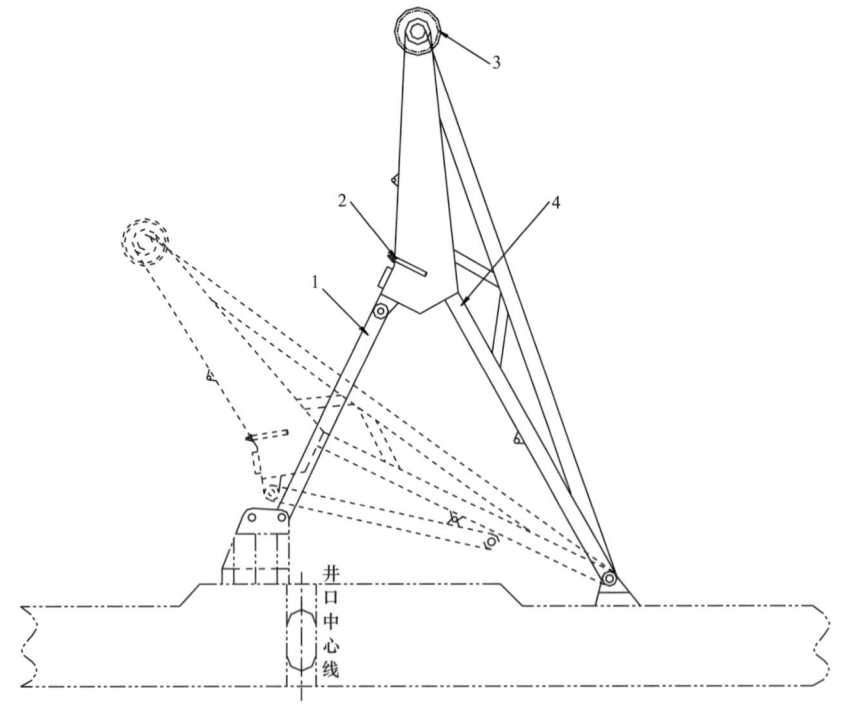

图 2-3 人字架结构图

1—人字架前腿；2—缓冲液压缸；3—起升滑轮；4—人字架后腿；
井架人字架前后腿显著位置打"左""右"标记

3. 配套设施

井架配套设施主要包括二层台、套管扶正台、死绳固定器、液压缓冲装置、起升装置、登梯助力器机构、逃生装置、防坠落装置及挡风墙等。

1)二层台

二层台是供井架工接送起下的钻具和支撑钻杆立根上端的平台。二层台通常在井架上有两、三个不同高度的安装位置(24.5m,25.5m,26.5m),以适应不同长度立根操作的需要。

二层台由台体、操作台、挡杆架(指梁)、内栏杆、支撑杆、挡风墙(或高围栏)、安全门(自闭式门)、逃生门和导绳轮等组成,其结构如图2-4所示。

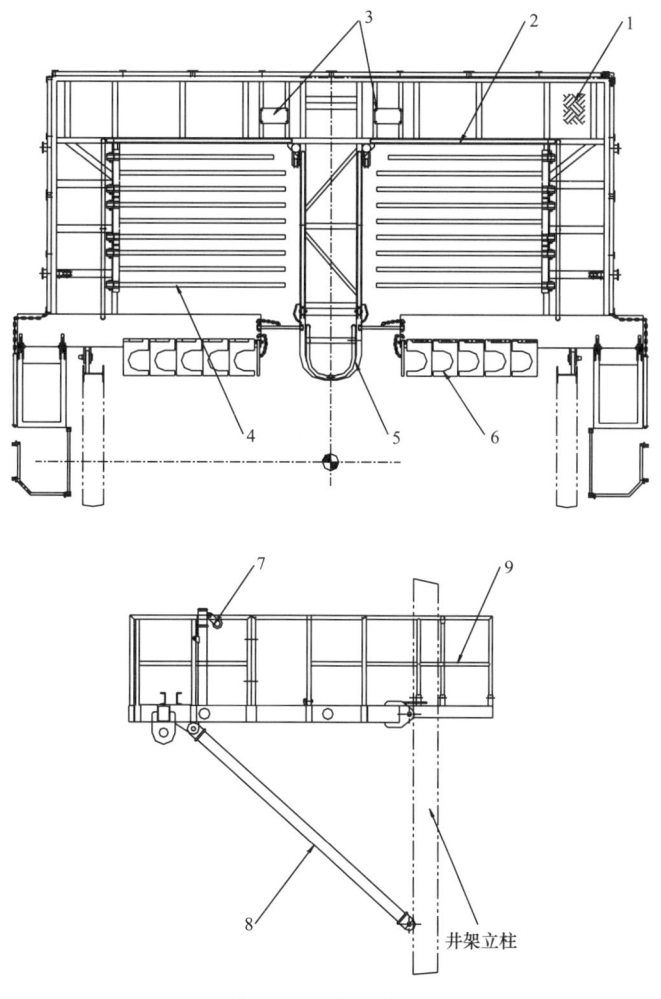

图 2-4 二层台结构图

1—台体;2—内栏杆;3—气动绞车座;4—挡杆架;5—操作台;6—钻铤卡板;
7—导绳轮;8—支撑杆;9—挡风墙(或高围栏)

钻机二层台上配置有两套挡杆架(指梁),分别适应 $5\frac{1}{2}$in 钻杆和 5in 钻杆的排放。挡杆架可向上翻起,便于起升井架前穿钻井钢丝绳。挡杆架末端设有挡住钻杆的环链,同时每件挡杆架均装了安全绳,防止挡杆架(指梁)坠落。二层台的三面设3m高的挡风墙,用于防风、防砂,挡风墙采用方钢管框架结构,外侧表面使用镀锌板(或彩钢板)通过铆接、螺栓安装在方钢管上,挡风墙底部采用栏杆插框结构形式安装在二层台体外侧。二层台还配有逃生门和逃生装置。

逃生门为外开门式结构，位于二层台左右两侧，台体外面有逃生小台，供井架工逃生时使用。台体与二层台主体、门体与挡风墙有可靠的连接，同时均安装了安全绳，井架工在紧急情况下可以借此逃生，满足HSE防坠落要求。

二层台上配有2台5kN气动绞车及气路管线，是井架工靠放钻具时的助力工具。气动绞车为远程遥控，操作者可随身携带一个装有三位四通手动阀的控制手柄，控制气动绞车的正反转，操作方便灵活。气动绞车不工作时，制动系统的制动气缸处于制动状态。

二层台台体两侧装有导向柱，导向轮安装在导向柱上，用于二层台面上的气动绞车绳索通过导向轮后能有效地避免与井架部件发生干涉现象。

2）套管扶正台

套管扶正台（图2-5）是下套管作业时，钻台工将套管与井口对正（对扣）作业的可升降式操作平台。作业时，气动套管扶正台控制手柄由操作者随身携带，对可调套管扶正台的升降架实施可控升降，待升降架调到合适位置后，对套管对扣（接口）扶正进行调节，可有效地防止锥度及牙型小的套管在对扣时损坏。

（1）套管扶正台有以下功能和特点：

① 正常作业条件下不会打开；

② 可安全地固定在支座上；

③ 当其安全保护起作用时，可确保有足够的支承能力。

（2）套管扶正台防滑，装有栏杆、踢脚板，同时还装有2套安全锁定装置来保证安全，要求如下：

① 正常情况下，操作手柄在空挡时一套锁定装置发挥作用；

② 提升机构出现故障时另一套锁定装置发挥作用；

③ 另外还有一套控制装置来确保上升或者下降。

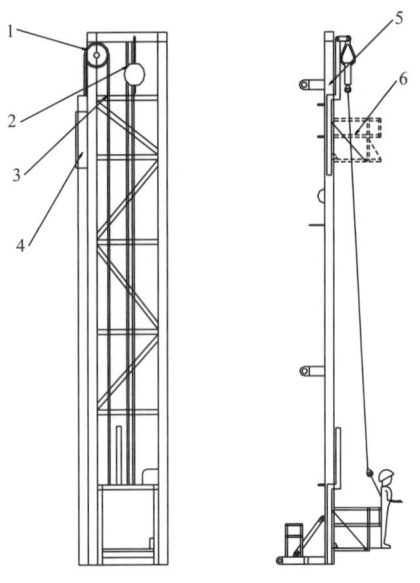

图2-5 套管扶正台示意图

1—滑轮；2—1t环链气动葫芦；3—钢丝绳；4—平衡重；5—导轨；6—升降台总成

3）死绳固定器

死绳固定器是固定游动系统钢丝绳死绳端，并将记录的钻具悬重和钻压变化传输给司钻操作台的装置，由死绳固定器主体和传感器两部分组成。它除了起固定钻井钢丝绳的作用外，还具有将死绳拉力转换为液体压力的能力。死绳固定器主体主要包括绳轮、安装座、绳卡和销轴等零件，其主要功能是将大绳锁定并在锁定端给出拉力信号。传感器是信号转换工具，可将死绳拉力信号通过膜片转化为液压信号。死绳固定器示意图如图2-6所示。

死绳固定器安装在井架右大腿内侧，距钻台面的高度以适合进行倒大绳操作为宜。

4）液压缓冲装置

液压缓冲装置是依靠液压阻尼对作用在其上的物体进行缓冲减速至停止，起到一定缓冲保护作用的装置。起升时为了能够使井架平稳地靠放在人字架上，同时下放井架时又能使井架重心前移，依靠井架本身自重下落，在左右人字架上各装有一套液压缓冲装置，通过左右支腿上的液压缸的伸缩及缓冲制约来实现对井架的控制。井架液压缓冲装置原理图如图2-7所示。

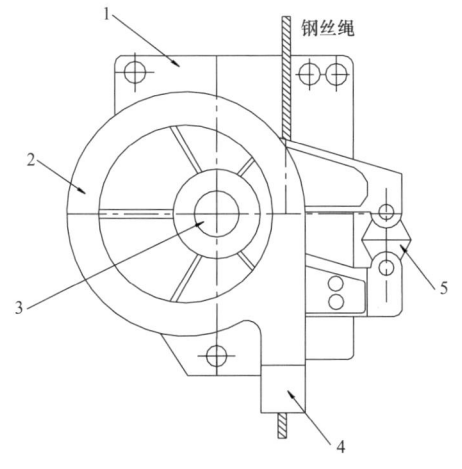
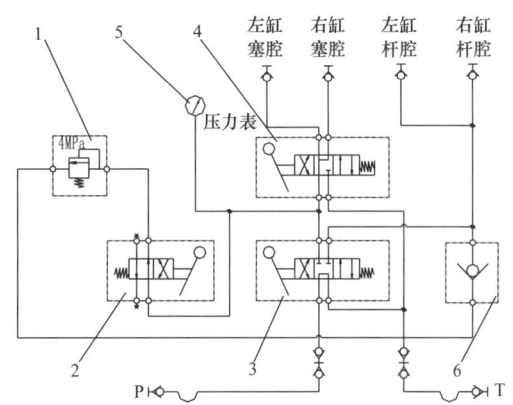

图2-6　死绳固定器示意图

1—安装座；2—绳轮；3—销轴；4—绳卡；5—传感器

图2-7　井架液压缓冲装置原理图

1—溢流阀；2—二位手动换向阀（压力调整阀）；
3—三位手动换向阀（伸/缩控制阀）；
4—三位手动换向阀（左缸/右缸控制阀）；
5—压力表；6—单向阀；P—接16MPa液压源供油口；
T—接液压源回油口

底座液压缓冲装置同样使用该装置，使用时分别将底座左右两件缓冲液压缸液压管线分别接入该装置的相对应的接头即可实现此功能。

5）起升装置

井架起升装置由起升大绳、起升三角架、高支架、低支架和游车、大钩支架等组成，用来将井架从低位水平位置起升到垂直工作位置。井架起升大绳在起升完成后悬挂在井架左右中上段横撑两内侧的悬绳器上。井架起升装置结构简图如图2-8所示。

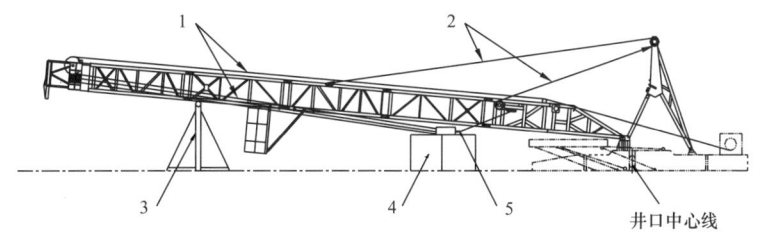

图2-8　井架起升装置结构简图

1—钻井钢丝绳；2—起升大绳；3—高支架；4—游车大钩支架；5—起升三角架

6）登梯助力机构

登梯助力机构是为井架工方便、省力地攀爬上二层台及天车台而设置的。井架工登梯时，身上系着安全带，通过导绳滑轮及配重平衡器，在钢丝绳上滑动，使登梯省力且安全。登梯助力机构结构简图如图2-9所示。

7）逃生装置

逃生装置是操作人员在二层台上遇到紧急情况时迅速逃至地面的装置。逃生装置的绷绳一端固定在井架二层台前立柱上，另一端固定在地面上，当遇到紧急情况时，二层台上的操作者可手持逃生器，沿二层台至地面的绷绳迅速滑至地面安全逃生，逃生装置结构如图2-10所示。

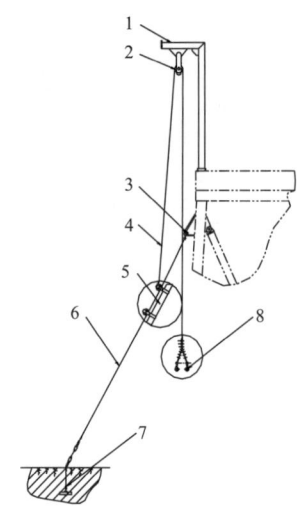
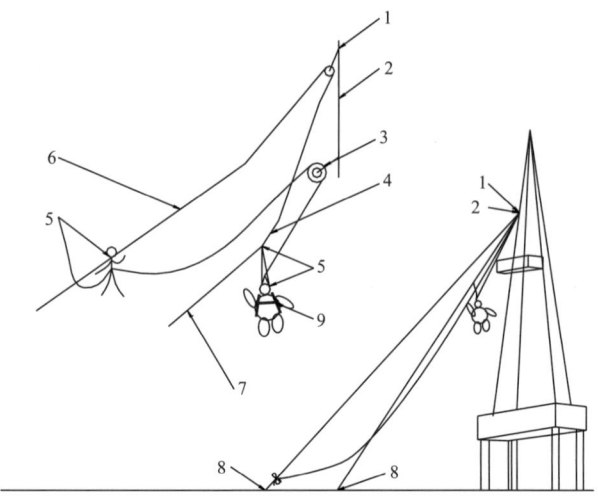

图2-9　登梯助力机构结构简图

1—导绳轮支架；2—导绳滑轮；3—固定耳板和卸扣；
4—悬挂钢丝绳；5—平衡配重块；6—固定绳；
7—地锚；8—多功能安全带

图2-10　逃生装置结构图

1，2—悬挂体；3—RG10D缓降器；4—导向绳；
5—手动控制器ABS-12；6，7—上（下）拉绳；
8—地锚（逃生落地点）；9—多功能安全带

逃生装置的构成及功能如下。

悬挂体：用于导向绳和缓降器的安装固定，且保护缓降器位于整套装置的上固定点与井架通过绳套固定。

RG10D缓降器：通过调节绕过缓降器的限速拉绳上的两个手动控制器，使限速拉绳上、下运动，自动保持下降速度均匀。

导向绳：引导下滑路径，承担载荷，上连悬挂体，下连地锚。

手动控制器ABS-12：手动调节下滑速度。

上（下）拉绳：又叫限速拉绳，绕过缓降器连接两个手动控制器，限制下滑速度。

地锚（逃生落地点）：固定导向绳的下端，埋入地下，地锚顶部距地面应超过10cm。

多功能安全带：保持人体的均匀受力，舒适安全，与手动控制器上的两挂钩相连。

井架工在工作时要随时穿着多功能安全带，当遇到紧急情况时迅速把手动控制器上的两个承重挂钩挂在安全带腰间的两个连接环处（当两个承重挂钩与两个连接环连接，并锁紧后方可解开身上的安全绳锁扣，这样可以保证逃生前连接过程中的安全），一只手抓住手动控制器的手柄，刚开始时，把手柄旋转到即将关紧位置，以免突然下降，造成下滑者有恐惧感。当连接承重挂钩的钢丝绳绷紧时，旋转手柄使手动控制器处于打开位置，手动控制器会顺着导向绳匀速滑下，快要到达落地点时，应旋转手柄减慢速度防止造成人与地面猛烈接触，到达地面后打开手动控制器上的两个承重挂钩即可。此时下面的一个手动控制器将被上拉绳拉到井架二层台处，为下一次逃生做好准备，达到多人连续逃生的目的。每次使用完毕后，要把下面手动控制器的红色信号板卡在制动块和导向块中间，以防止有人随意把手动控制器锁紧，致使上面的手动控制器不能正常下滑。处在上部的手动控制器的信号板应及时取下。

8）防坠落装置

防坠落装置是操作人员上、下井架时的一种安全保护装置。主要由双保险挂钩、D型扣、防坠器连接绳及安全带组成。

9）其他配套设备

（1）井架左右两侧配笼梯，均通向天车台，并配有登梯助力器和井架工防坠落装置。

（2）井架两侧配大钳平衡重及滑轮。

（3）配双立管，在立管鹅颈管处设立管台，便于拆卸水龙带的活接头。

（4）井架配备满足照明线路、气路、电视监视线路、电子防碰等设施。

4. 技术特点

（1）在塔里木山前地区，7000m钻机满足不了6500m超深井下套管的钻井工况要求，而用9000m钻机钻井，钻进工况下处于大马拉小车的状态，设备投资大，钻井日费高，浪费大。8000m钻机的研制投产，在我国钻机标准中补充了一个新的型号系列，相应配套的井架承载能力为5850kN，除满足塔里木山前地区相应超深井钻井工况要求外，还比用9000m钻机钻井节省成本。

（2）8000m钻机井架构件采用了Q345D低温材料，这种材料具备强度高、韧性好，低温环境下抗冲击性能好[6]。适应塔里木山前地区最寒冷季节 -20℃左右环境温度，满足该地区超深井钻井周期相对较长的钻井工况。

（3）8000m钻机井架的左/右中下段和左/右下段之间，增设了左/右短节。左/右短节的上端与左/右中下段立柱采用单双耳板通过销轴连接，左/右短节下端安装连接板与井架左/右下段上端的安装连接板用螺栓连接，左/右短节下端安装连接板与井架左/右下段上端安装连接板之间设置有不同厚度调整钢片，用以调整井架垂直度。这种结构在井架搬迁时，井架左/右下段与左/右中下段可整体运输，之间的连接螺栓无须拆卸，特点是既解决了以前井架搬迁时因左/右井架下段与左/右中下段连接螺栓卸掉后调整钢片易丢失的缺点，也节省井架安装时需重新反复选择安装调整钢片耗时费力的问题。井架搬家时拆卸、安装较快捷。

5. HSE设施及措施

1）井架主体

（1）未经许可，不允许在井架上焊接、钻孔，碰弯或损坏的构件必须修理，丢失的构件不能随意代替，应向制造厂进行咨询。

（2）井架在承受最大钩载以及起升、下放操作时，环境温度应高于 -18℃（0℉）。如要在低于此温度下使用，必须对材料的低温性能予以确认，并采取必要的防护措施。

（3）在低温条件下钢材的物理性质会改变，低温下起升和下放井架有增加事故的可能性。可通过严密控制检查程序、精心调度和操做来成功地完成低温操作。这样可在起升与下放作业中减少损坏和冲击载荷。下列推荐做法可供参考：

① 尽可能把井架起升和下放作业安排在一天中最暖和的时候进行，并要考虑风速等

因素。

②使用任何实用且易行的方法来加热井架某些部分，如用高压蒸汽或热风机来加热井架及基础之间的连接处。

③收紧和放松井架起升钢丝绳若干次，以保证所有部分均可自由运动。

④预热发动机，并检查全部机械功能的可靠性，保证不会发生导致井架突然制动或振动的设备故障。井架一旦开始移动，就应缓慢、平稳而持续不间断地进行下去。

⑤当环境温度低于-10℃（14℉）时，不应进行焊接作业。焊接零件温度低于0℃（32℉）时，通常用来制造井架的所有钢材均需预热。即使材料温度高于0℃（32℉），有些钢材，如中碳钢或厚度大于20mm的普通钢仍需要预热，并保持最小的道间（层间）温度。当无法判断构件的材质时，焊接之前要与井架制造厂进行核对。

（4）在超过260℃（500℉）的环境下，应检查构件影响区域是否挠曲变形。当温度超过钢种的临界温度时，应由有资格的人员对热影响区进行检查。

（5）井架梯子配置了静态防坠落钢丝绳（安全防坠落系统），绳索固定在梯子下端，全身式安全带通过防坠落滑套与绳索相连。

（6）井架照明灯、辅助滑轮配备防坠安全绳。

（7）井架上所有卸扣均为四件套结构（提环、螺栓、螺母和别针）。

（8）井架上的钢丝绳均标识有系列号或编号及安全工作载荷。

（9）井架逃生装置用钢丝绳远离井架梯子，与逃生平台和逃生门不会产生干涉现象。逃生钢丝绳上端锚定在二层台上方井架本体前立柱的专用耳板上，锚定点安装方式为座板可拆卸式的"U"形螺栓结构，专用耳板焊接在座板上，焊缝经无损检测，承载能力为15kN，满足二层台三个不同的安装高度的要求；钢丝绳在逃生门上方穿过，且不会与井架上任何附件有干涉现象，以免影响逃生装置的使用。

（10）悬挂用钢丝绳和起升用耳板均标有安全工作载荷标识（SWL）。

（11）井架上所有管线和照明灯电缆均使用钢制夹子（带橡胶耐磨套）固定，杜绝采用扎带固定电缆和管线，防止因塑料扎带老化破损带来的安全隐患。

2）二层台

（1）二层台上左、右侧井架笼梯出口处装有进入二层台的可自动向外关闭的自动安全门，以防井架工从二层台坠落。

（2）二层台上配有井架工安全带（腹部式），安全带后部有"D"形环与安全绳连接。

（3）二层台上装有井架工逃生装置，此装置的固定点与带座或系绳的防坠落装置相连接，满足井架工快速安全逃生要求。

（4）在舌台后高于1.8m的位置配置的两套防坠落装置固定耳板，供两个人同时在二层台上进行操作。

（5）安装在二层台上的防坠落装置采用了标准的四件套卸扣连接到吊耳上[额定载荷达2268kgf（5000lbf）]。

（6）二层台后部立柱上耳板（防坠落）标有安全工作载荷标识，满足安全吊装目视管理要求。

3）套管扶正台

（1）套管扶正台提升点装有专用吊耳，耳板经磁粉探伤，满足安全使用要求。

（2）套管扶正台和护栏上装有安全链或安全绳索，满足防坠落要求。

（3）套管扶正台装有上、下限位装置，可防止出现重大事故。

（4）套管扶正台使用前进行过 1.25 倍安全工作载荷的测试，在许用载荷范围内的安全能得到保障。

（5）套管扶正台上端配有井架工防坠落装置固定耳板，满足防坠落要求。

二、底座

底座是用于支撑和固定钻机井架、绞车、转盘和其驱动装置，以及钻台机械化工具、钻井工具，安置司钻房、司钻偏房、机具液压站等，并承受大钩载荷、旋转载荷和立根载荷，为钻井作业以及井口装置的安装、吊移、维护空间提供操作场所的钢架结构平台[7]。

1. 主要技术参数

（1）8000m 钻机底座技术参数如下：

底座形式及钻台高度	旋升式10.5m（34.5ft）
钻台面积	13.8m（长）×11.9m（宽）
转盘梁底面高度	9m（29.5ft）
最大额定静钩载	5850kN（1290klbf）
最大转盘载荷	5850kN（1290klbf）
额定立根载荷	3630kN（800klbf）
额定静钩载与额定立根载荷的最大组合	9480kN（2090klbf）
最大转盘载荷与额定立根载荷的最大组合	9480kN（2090klbf）
结构安全级别	E2/U2

（2）几种深井和超深井钻机的底座主要技术参数见表2-4。

表2-4 几种深井和超深井钻机的底座主要技术参数

序号	型号	DZ450/10.5-X	DZ585/10.5-X	DZ675/12-X	JJ675/12-X6	JJ900/12-X
1	钻台高度，m	10.5	10.5	12	12	12
2	转盘梁底面高度，m	9.08	9	10	10.4	10
3	最大转盘载荷，kN	4500	5850	6750	6750	9000
4	额定立根载荷，kN	2200	2700	3250	3250	4320
5	井架底座跨距，m	10	10	10	10	10
6	质量，kg	147800	212000	245000	292867	265000

2. 结构与特点

底座由底座主体（基座、上座、立柱、立根台、转盘梁和后台底座、配重水箱等）与坡道、猫道、斜梯、旋转斜梯、低位后台斜梯、安全滑道、栏杆总成、铺台总成、低位绞车后台、BOP吊装移运导轨总成、BOP液压移动装置、储气罐及其支架、电缆铺设槽、防风和保温设施等附件组成。底座结构如图2-11所示。

底座主体由前台和后台组成，为前高后低旋升式结构，前台分为上、中、下三层，上

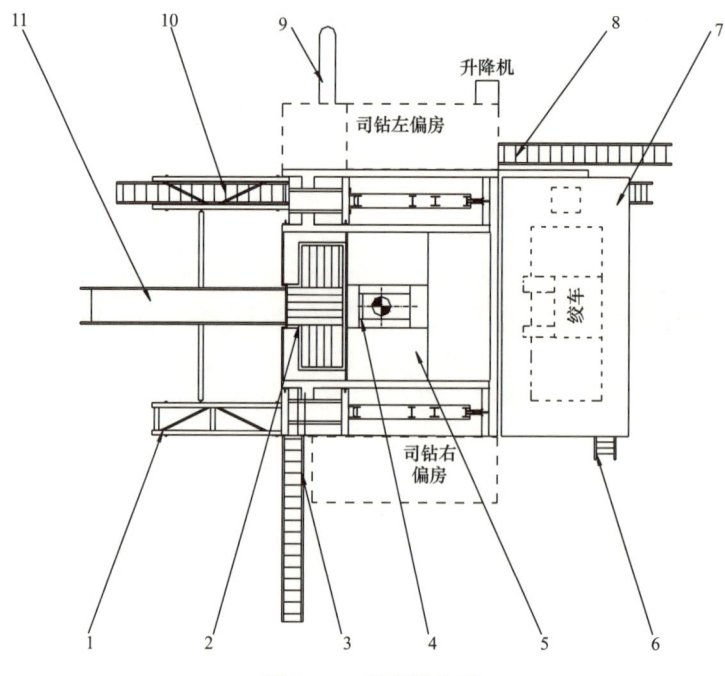

图 2-11 底座结构图

1—底座基座；2—立根台；3—右前斜梯；4—转盘梁；5—铺台总成；6—低位后台斜梯；
7—后台底座；8—后台斜梯；9—安全滑道；10—前台斜梯；11—坡道

层为钻台面部分，由左、右上座与它们之间的连接构件通过单双耳座（板）及销轴连接组成，连接构件主要有立根台、后大梁和转盘梁等。下层为底座基座部分，由左前基座、左中基座与左后基座、右前基座、右中基座与右后基座、后台底座（与左右后基座连接，用于安装绞车，该底座内设有冷却循环水系统配重水箱）分别通过单双耳座（板）及销轴连接成左、右两个部分，这两部分再与它们之间的连接构件组成整个底座的基础。左、右两个部分之间的连接构件有连接梁、连接架和斜撑等。中间层为支撑部分，位于上、下层之间，起支撑钻台面和起放底座的作用，分别由前立柱、后立柱、斜立柱等组成，用销轴与上、下层连接。底座主体结构如图 2-12 所示。

底座前台、后台除梯子、坡道及逃生滑道外，均装有栏杆，净高 1.2m，栏杆采用方钢管制造，挡脚板高 200mm，其余封齐[8]。

钻台面上布置有转盘、司钻房、司钻左右偏房以及各种机械化工具（包括一台 50kN 气动绞车、一台 80kN 液压绞车、两台 160kN 伸缩式液压猫头、一台 50kN 液压旋转猫头、一套液压钻杆动力钳和一套液压套管动力钳等）。钻台面及井口机械化工具布局如图 2-13 所示。

钻台左前外侧配有逃生滑道，用于紧急情况下逃生使用。钻台四周配置有三架梯子：右侧前端、前左侧、后左端梯子均为直梯，前左侧和后左端梯子前后方向布置，后左端梯子布置在左偏房后端，右侧前端梯子朝固控罐方向布置。

底座中基座后端内分别安装有两个 $2m^3$ 储气罐，为钻台面和猫道处司钻房、井口机械化工具（气动绞车、液气大钳、水龙头风动悬扣器等）提供稳定和足量的净化气源，气源压力范围为 0.7~0.9MPa。

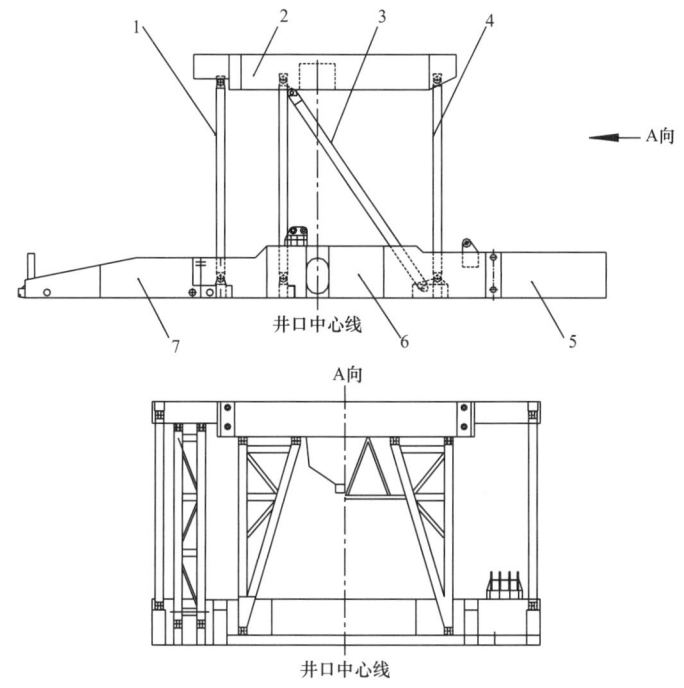

图 2-12 底座主体结构图

1—前立柱;2—上座;3—斜立柱;4—后立柱;5—后基座;6—中基座;7—前基座

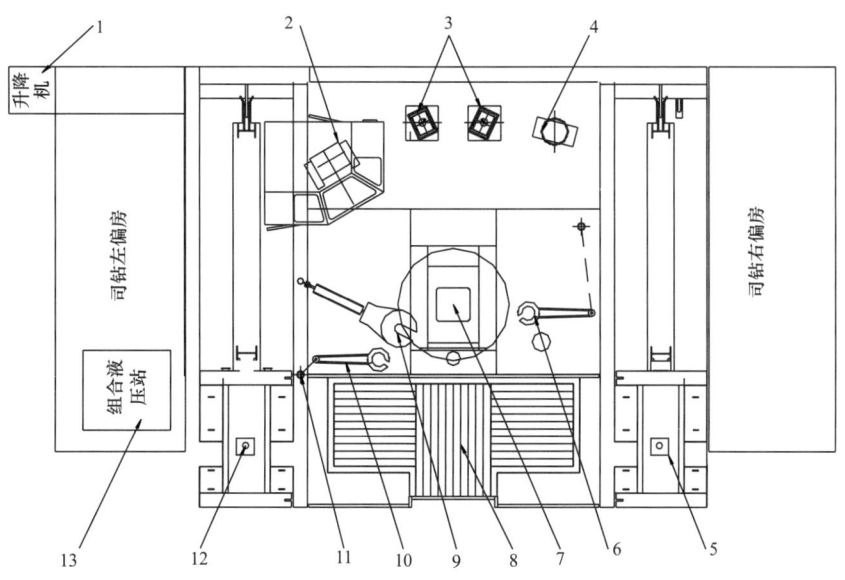

图 2-13 钻台面及井口机械化工具布局示意图

1—升降机;2—司钻房;3—160kN 液压伸缩猫头;4—50kN 液压旋转猫头;5—50kN 气动绞车;6—吊钳;7—转盘;8—立根台;9—液气大钳;10—吊钳;11—吊钳尾绳桩;12—80kN 液压绞车;13—组合液压站

钻台下方装有 BOP 移动装置导轨,导轨上装有 600kN 吊装能力的液动防喷器移动装置,用于安装井口防喷器组(BOP)。

目前对于中深井钻机底座普遍采用两种起升方式：弹弓式和旋升式。

弹弓式底座（又称双升式底座）是根据平行四边形机构的运动原理，利用钻机绞车的动力通过游吊系统拉动底座起升大绳或通过专配动力拉动底座起升绳系，使底座及台面设备从低位整体起升到工作位置而设计的。这种结构的底座其优点在于可实现全部高台面工作设备的低位安装，同时因井架、人字架支脚及绞车均安装在钻台面上，使得钻台面以下结构比较简洁，但其主要缺点是绞车等设备及井架、人字架支脚均安装在钻台面，整机的重心较高，钻井时整体稳定性相对较差。另外，起升底座时井架及绞车均随之升起，因而底座起升载荷相对较大，这一点在超深井钻机中表现得更为突出。

传统的旋升式底座结构在保留弹弓式底座平行四边形机构运动原理的同时，克服了弹弓式底座稳定性相对差的缺点，其特点在于井架、人字架支脚均安装于底座的下基座中，绞车在钻台面低位安装，随底座起升后高位工作，保留了弹弓式底座可使钻台面构件及司钻偏房、司钻控制房、转盘等全部设备一次低位完成安装并整体起升的优点，又兼有传统旋升式底座结构稳定性好的优点，为中深井钻机底座的优选结构。

鉴于8000m超深井钻机井架、底座及钻机其他部件质量、尺寸普遍较大，因而将钻机底座分为前台、后台两个部分。前台底座为高钻台底座，工作高度10.5m；后台底座放置绞车，工作高度1.5m，其起升方式采用了一种新型旋升式结构，井架底座的结构形式有机结合了弹弓式底座与传统旋升式井架、底座结构。其特点在于井架、起升人字架在底座基座上，绞车的安装和工作均位于底座后台低位底座上，不随钻台前台起升。依据平行四边形原理，钻机底座前台由绞车通过游吊起升系统拉动底座起升大绳将其由低位整体起升至工作位置，前台既保留了弹弓式底座可使钻台面构件及钻台面全部设备一次低位完成安装并整体起升的特点，又兼有传统旋升式底座结构稳定性好的优点。底座起升示意图见图2-14。

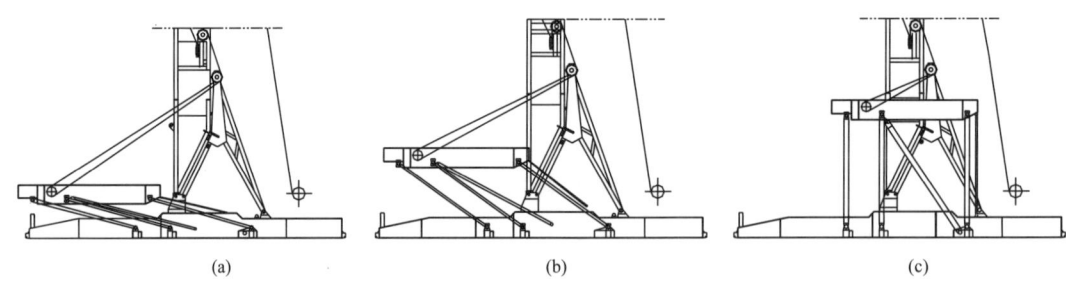

图2-14　底座起升示意图

3. 配套设施

1）坡道、猫道和排管架总成

坡道是用于向钻台面拉运钻杆、钻铤、套管、井口工具等设备而提供的滑道，与猫道和地面排管架组成一套钻具排放和移运系统。坡道的滑道为瓦楞形结构，带一高一低两个可翻转钻杆的停放台，分别安装在坡道两侧，满足支撑停放单根钻具要求。坡道大门装有两个钻杆防护立柱，采用5in钻杆制造，与钻台面底板连接，设3条防护链，立柱高度1.8m，用于坡道上钻具拉运、吊装到钻台面时起到缓冲作用。同时大门坡道防护链外侧配置有内开式或推拉式安全栏杆，栏杆高度均为1.2m，防止正常作业时操作人员从钻台坠落。

猫道靠钻台端与大门坡道底部相连。猫道由两节组成，通过单双耳板和销轴联结为一体。猫道设计为倒"U"形结构（下部不封闭），便于运输时翻转后上方可摆放管线、工具等物品。猫道表面铺设厚平滑钢板，有利于钻具在表面滑动，猫道远离钻台的另一端设有滑轮柱与钻杆缓冲装置及50kN气动绞车，气动绞车采用螺栓固定在猫道主结构上。

排管架共一套，数量为12件，高度为1100mm，与猫道上平面齐平，每两件连接为一组，分别垂直于猫道两侧等距对称放置。钻杆排放架采用钢管制成等边三角形结构，可通用互换。

2）梯子

梯子是操作人员上、下钻台的设施。底座配有三架梯子：后侧左边设有一斜梯，前左端设有一斜梯，右侧前端的斜梯另一端搭在钻井液罐上。梯子均为钢制结构，踏板采用专用的钢格栅板结构，表面呈锯齿形，起防滑作用，同时在梯子上下端第一踏板处喷涂有荧光反光黄色漆，夜间行走时可起到安全警示作用。梯子宽度均为800mm，并配可拆卸插框式栏杆扶手，供工作人员上、下钻台时使用。梯子与钻台面的搭接处用单双耳座和销轴连接。

3）安全滑道

安全滑道是操作人员在遇到紧急情况时迅速撤离钻台面的逃生装置。底座左前端设有安全滑道，滑道与地面成45°夹角，入口处配安全链，滑道涂装为醒目的橘黄色（国际上通行的逃生和救生颜色）。当发生险情时，操作人员可从钻台上沿安全滑道滑到地面缓冲沙坑处，达到迅速逃离危险地带实现救生的目的。

4）液压缓冲装置

液压缓冲装置是依靠液压阻尼对作用在其上的物体进行缓冲减速至停止，起到一定程度的保护作用的装置。底座起升时，为了能够使底座平稳地起升到位，同时下放底座时又能使底座重心前移，从而依靠底座本身自重下落，在左右上座内设有2套液压缓冲装置，通过上座内液压缸的伸缩推动及缓冲制约来实现对底座起升的控制。底座液压缓冲装置与井架液压缓冲装置的液压源同为机具液压站，其原理相同，原理见井架液压缓冲装置原理图（图2-7）。

5）挡风墙和遮阳棚

为了改善在恶劣气候环境中钻井作业时的工作条件，钻台面四周安装有与偏房同样高的挡风墙。挡风墙采用钢结构作为骨架，外蒙皮用1.5mm厚瓦楞钢板，强度好。挡风墙块与块之间采用螺栓活连接，挡风墙与钻台面连接采用插框式连接固定方式，具有安装、拆卸快捷、方便，强度高，稳定性好的特点。钻台底座下也安装有挡风墙。

绞车顶部的遮阳棚利用挡风墙和遮阳棚用钢材结构的骨架，将底座下部和底座后台周围全部包裹在内。墙体为保温彩钢板，强度好。挡风墙块与块之间采用螺栓活连接，具有安装、拆卸快捷、方便，强度高，稳定性好等特点。

6）司钻房

司钻房安装在钻台左侧中后部，离井口中心3m区域之外，符合API RP 500《石油设施电气设备安装一级0区、一区和二区划分的推荐作法》要求。房体底橇采取多点减震橡胶块支撑结构，有效减轻了钻台工作振动对房体的影响。司钻房内装有控制系统、钻井仪表和监控系统,集电、液、气、计算机及通信、人机工程技术于一体。房体为多边形结构,房体内外为不锈钢墙体。为满足室内设备安装环境要求,改善司钻工作环境,墙体中间装有保温隔热层。司钻不锈钢操作台正前面(司钻操作台正前面对井口转盘中心)、左右侧、顶部均装有钢化夹胶玻璃,前面装有不锈钢防碰防护栏,顶部有不锈钢防护网,满足司钻房玻璃防碰、防砸要求,房体有两道向外能开启的不锈钢自闭式门(带杠杆式门锁),既满足司钻正常操作的要求,又便于在紧急情况下司钻逃生。司钻房内安装有双制式防爆空调、电加热器、防爆照明和应急照明灯具、对外喊话扩音系统。门体和墙体具有较好的密封和隔音效果。

7)司钻偏房

司钻偏房为两栋独立的房体,分别安装在钻台左右两侧的支房架上,房体采用底橇上定位销轴和耳座孔安装定位和限位。钻台左右侧三组支房架均采用可折叠结构形式,使用单双耳座和销轴连接,解决了搬家运输时不拆卸和运输超限问题。左右偏房均低位安装在支房架上,随底座起升到高位。

左偏房分为三间:底部有电缆槽,便于安装电缆和各种液、气管线。一间为安全通道,设在左后部,为敞开式,留提升机接口,端头为通往地面梯子的通道。一间为仪表和钻工休息间,其内装有洗眼台、防爆排气扇、防爆单冷空调和防爆灯,并留有井控台的摆放位置,控制面板向钻台面外露。墙体为岩棉保温结构,设外开门带杠杆式门锁,满足应急逃生要求。左偏房靠钻台前部一间用于放置机具液压站。面向钻台一侧为钢制卷闸门,其房顶采用可掀盖拆卸式结构,满足吊装液压站要求,其余为封闭式墙体,设有防爆排气扇和窗户,以便通风。

右偏房分为两间:修理间和工具摆放间。修理间三面封闭,配工具柜和钳工台,面对钻台为推拉门。工具摆放间三面为墙,另增加 10mm 厚的钢板围墙,高为 1200~1400mm,面向钻台为可卸外开式活动门。配 2 盏防爆灯,并设有工具固定放置位置。

司钻偏房均配有防爆配电盘、2 盏防爆灯、1 台换气扇和 2 只灭火器,留有井场电路电缆出入口和上房顶梯子的位置。

8)机具液压站

ZKYZ-1800 机具液压站(图 2-15)是专门为 8000m 超深井钻机配套的,安装在钻台面左偏房液压间内,它为井架和底座的液压缓冲液压缸、液气大钳、套管钳、液压猫头、防喷器移动装置等提供液压源,是钻机液压系统的关键设备。

液压站采用上置式结构,即油箱在上部,电动机、泵总成在下方,油箱为开式油箱。油箱设有清洗口及放油口,放油口处设一球阀,并带直径 1in 胶管倒刺接头,底部设接油盘及放油丝堵,油箱为不锈钢材料。

该液压站采用双泵双电动机作为动力源,额定压力为 16MPa,两套泵组可同时或单独使用。单独使用时两套泵组互不干涉;同时使用时通过两单向阀并车。液压站具有给油箱加油和自循环过滤油箱中油液功能,装有油温、油位、油污报警装置和风冷装置。风冷装置包括散热器、冷却风扇总成、管线接头等。液压站回油、卸荷回油及加油滤油回油均可经风冷装置或直接回油箱。

技术参数:

油泵最大流量(双泵)   120L/min×2

系统额定压力	16MPa
电动机功率	2×37kW，380V/50Hz
油箱有效容积	1800L
系统滤油精度	30μm
电加热器功率	2×3kW
风冷器电动机功率	0.75kW /400V/ 50Hz
外形尺寸（最大）	2000mm × 1800mm × 1980mm
重量	净重：2500kg 加油重量：4100kg

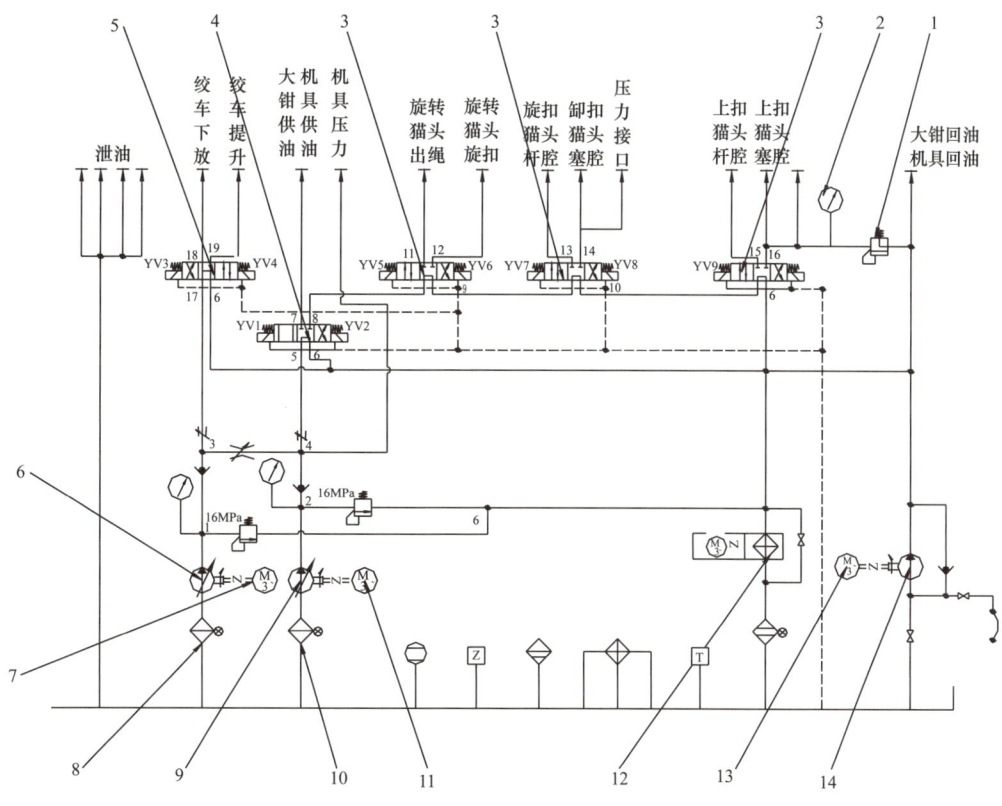

图 2-15 ZKYZ-1800 液压站液压原理图
1—溢流阀；2—压力表；3—电液阀（G型）；4—电流阀（G型）；5—电磁阀（H型）；
6—柱塞泵；7，11，13—电动机；8，10—吸油过滤器；9—柱塞泵；
12—冷却器；14—齿轮泵

9）井口机械化工具

钻台上下布置有各种机械化工具，主要用于钻进接单根、起下钻、下套管作业中上卸螺纹，以及吊装防喷器等，包括50kN气动绞车、80kN液压绞车、160kN伸缩式液压猫头、50kN液压旋转猫头、液压钻杆动力钳、液压套管动力钳、吊钳和液压防喷器移动装置等。这些机械化工具由气或液压驱动，采用电、液或气控制方式，可大幅度地降低钻井工人的手动操作强度，节省钻井时间，提高钻井效率和上卸扣质量。

（1）气动绞车：在钻台面前面井口中心线右侧安装有一台50kN气动绞车，由钻台工手动操作。绞车带手动和断气刹车,采用梯形螺纹与底座上座连接,方便紧固和快速拆卸。绞车滚筒上缠绕的吊装钢丝绳经天车架下右前方悬挂的 50kN 辅助导向滑轮引向钻台面,用于吊装钻台面工具和单根钻具。绞车还装有消音器和排污收集装置,有效的解决了绞车噪声和排污问题。

(2)液压绞车:钻台面左侧前方布置有 1 台 80kN 液压绞车,采用法兰螺栓连接固定方式,绞车滚筒上缠绕的吊装钢丝绳经天车架下左前方悬挂的辅助导向滑轮引向钻台面,用于吊装钻台面工具和单根钻具。液压绞车液控系统安装有双向液压锁和调压溢流阀,吊装重物时具有悬停和过载保护功能,司钻在司钻房内操作时可实现远程安全、准确而迅速地控制。

(3)液压伸缩式猫头:两台 160kN 伸缩式液压猫头布置在钻台后侧井口中心线左右两侧,通过双耳座和销轴连接在左右上座的后梁上,最大额定工作压力为 16MPa,由液压软管线、液控阀组箱通过司钻来操控。钻井时,液压伸缩猫头通常与吊钳配套使用,用于钻杆、钻铤和套管等的上卸螺纹作业。由于采用液压驱动,和机械猫头相比,不但可减轻钻井工人的劳动强度,降低钻井成本,更重要的是可确保钻井工人的人身安全。

(4)液压动力钳:液压套管动力钳和液压钻杆动力钳安装在钻台面转盘中心线左侧,钳尾的移运伸缩气缸连接在尾绳桩上,悬吊动力钳的钢丝绳一端连接在钳上的升降液压缸上,另一端经天车架下后排辅助导向滑轮向下连接在大钳尾绳桩顶部耳板上,其液压源由机具液压站提供(最大额定工作压力为 16MPa)。动力钳由钻台工操作,下套管时,使用套管动力大钳上卸螺纹,正常钻井时,换上液压动力大钳上卸钻具螺纹。

(5)吊钳:吊钳为左右两套,分为内钳和外钳,安装在转盘井口中心两侧,钳体与吊杆销子连接,钳体通过吊杆上端吊环悬于井架左右中上段上,与井架上的导向滑轮、大钳平衡组成一套完整的系统。它与液压伸缩猫头配套使用,用于钻杆、钻铤、套管等的上卸螺纹(主要用于需要大扭矩的紧扣和绷扣),为了满足不同钻具尺寸上卸螺纹的要求,可通过更换扣合钳并变换各扣合台肩或孔眼来改变扣合尺寸。吊钳与液压钻杆动力钳可互为备用。

(6)液压旋转猫头:50kN 液压旋转猫头安装在钻台后面,井口中心线右侧,液压伸缩猫头右侧,由液压阀件、液压马达、液压制动器、行星减速器、卷筒和机架等部件组成。工作时,液压旋转猫头与液压伸缩猫头和吊钳配套使用,当液压伸缩猫头完成大扭矩的紧扣前和绷扣后,利用拉动旋转猫头卷筒上和钻具上同时缠绕的纤维绳,以及纤维绳的缠绕旋向,实现钻具的快速上卸螺纹。

(7)猫道气动绞车:猫道前端装有 1 台 50kN 气动绞车(带手刹和脚刹),采用螺栓连接在猫道底橇上,与坡道、吊装钢丝绳、猫道上导向滑轮组成吊装移运系统,用于向钻台面上下拉运钻杆、钻铤、套管等设备。

(8)井口液动防喷器移动装置:井口液动防喷器移动装置安装在钻台转盘梁下方、对称于井口中心两侧的导轨上,安装方向与坡道相同,主要用来吊装单个防喷器或防喷器组,最大吊装能力为 600kN。该装置由左、右导轨,左、右防喷器移动装置,液压操纵箱,液压软管线,管线吊架(安装在右导轨中间外侧)等组成,其动力源由钻台机具液压站提供。主要具有如下特点:

① 防喷器移动装置采用 3 倍增距结构设计,具有油缸行程短、起吊高度大的优点,

与相同起吊高度的液压防喷器移动装置比较，具有重量轻、外形尺寸小的特点。

② 防喷器移动装置的操纵、控制是由操作人员在液压操纵箱上完成的。操作人员通过液压操纵箱可完成同步或单独起升、下放，同步前移、后移，有限分离距离（最大分离距离小于或等于1m）的分别前移、后移和悬停。

③ 防喷器移动装置安装、拆卸时需连接或分离的液压胶管，均采用快速接头连接，并对快速接头配有防尘塞或防尘帽，不仅便于安装、拆卸，同时确保了胶管内部的清洁，同时可防止液压油污染地面。

④ 防喷器移动装置为全液压控制，不会产生电火花，具有防爆功能。

9）其他配套设备

底座的钻台面平齐（包括转盘、立根盒），转盘四周加防滑垫。钻台面四周的栏杆采用方钢管，钻台正大门为80mm×80mm，其余为50mm×50mm，高为1200mm，中间设两个横隔，四周加设200mm高挡脚板，梯子入口处配安全链。

钻台面配B型吊钳尾绳桩2个，用于连接B型吊钳（亦称吊钳）尾部安全绳，上卸螺纹时，通过吊钳安全绳的限位，防止意外打滑崩脱时击伤人员和设备。吊钳分别安装在钻台面前部井口中心线两侧，左侧尾绳桩安装在井架左段前立柱旁，右侧尾绳桩安装在钻台右侧中后部，液压伸缩猫头右侧，尾绳桩座均焊接在左右上座内侧的主梁上，通过套筒和销轴连接。尾绳桩上有不同高度的销轴孔，可以调节不同的安装高度来满足吊钳尾绳的安装高度。

在井架左段内侧，司钻房前部，装有液气大钳尾绳桩，用于液气大钳尾部移运气缸的固定和实现大钳运行时的反扭矩功能。

转盘井口中心前铺台有一个小鼠洞，用于停放单根钻具和方钻杆接单根使用；转盘右侧和井架左侧之间设置有大鼠洞，起下钻作业时，用于停放方钻杆或水龙头。在钻机停用时，为保证人员安全，鼠洞、转盘上面均加装了防滑的盖板，防止人员踏空跌落。

4. 技术特点

（1）底座设计吸收了传统旋升式底座结构的优点，采用平行四边形机构，实现了人字架、井架和绞车等高台面设备的低位安装。依靠绞车动力整体起升，方便安装并节省吊装设备，避免高位吊装安全风险。

（2）底座整体重心较低，受力状况较好。井架、人字架支脚和底座立柱支脚作用在底座基座上，其载荷可直接传递到底座基座和基础面上。

（3）底座起升载荷较小。当井架和人字架支脚低位布置在底座基座上，且绞车安装在低位底座上，底座起升仅需起升底座台面和台面其他设备及司钻房和司钻偏房等，无须再一同起升井架和绞车，相对于传统的旋升式底座起升方式其起升载荷明显减小。

（4）绞车安装在低位左右后基座上，减少了安装难度和吊装安全风险，减低了钻台整体起升质量，使高位钻台面宽敞、操作视线良好。同时降低了钻台面噪声。

（5）底座采用前、后台底座结构形式，前台台面高（10.5m），空间大，满足深井钻机对井口安装防喷器高度的要求，并可使钻井液回流管有足够的回流高度。后台底座较低（1.5m），适应于安装较重的主绞车及其传动机组。后台还装有软化水箱，可为绞车盘式刹车装置刹车盘的冷却、水冷式电磁涡流刹车和钻台面的冲洗提供水源，同时还起到了底座配重作用，增加了钻机的整体稳定性。

5. HSE 设施及措施

（1）底座承受载荷时，不能拆卸其主体上任何承重的构件和连接件；未经专业管理部门的允许，不得在底座主体主要受力构件上钻孔、割孔及焊接。

（2）在超过260℃（500℉）的环境下，应检查构件影响区域是否会产生挠曲变形。当温度超过钢材的临界温度时，应由有资质的人员对热影响区进行检查。

（3）底座在承受最大转盘载荷以及起升下放操作时，环境温度应高于−18℃（0℉）。如在低于此温度下开展上述作业，必须对材料的低温性能予以确认，并采取必要的防护措施。下列推荐做法可供参考：

① 尽可能把底座起升和下放作业安排在一天中最暖和的时候进行，充分利用太阳照射的优势，并要考虑风速诸因素。

② 使用任何实用且易行的方法来加热底座关键部位，如用高压蒸汽或热风机来加热底座及基础之间的连接处。

③ 收紧和放松底座起升钢丝绳若干次，以保证所有部分均可自由运动。

④ 预热发动机，并检查全部机械功能的可靠性，保证不会发生导致井架底座突然制动或振动的设备故障。井架底座一旦开始移动，就应缓慢、平稳且不间断地进行下去。

⑤ 当环境温度低于−18℃（0℉）时，不应进行焊接作业。焊接零件温度低于0℃（32℉）时，通常用来制造底座的所有钢材均需预热。有些钢材即使材料温度高于0℃（32℉），仍需要预热，并保持最小的道间（层间）温度，如中碳钢或厚度大于20mm的普通钢。

（4）钻台下井眼中心处装有钻井液收集伞，用以收集钻台面接缝处流下的水泥浆，防止钻井液漏失污染环境。

（5）钻台下工作台（用于连接电缆和管线）装有防坠落设施和栏杆。栏杆入口处设安全链。

（6）钻台四周边装有护栏，各梯子入口处设安全防护链。

（7）构件上重要耳板和吊装点都有安全工作载荷标识。

（8）底座销子的抗剪销和别针齐全，栏杆与插座插接牢固。

（9）为保障钻台下方安装的BOP移运装置检修操作人员安全，转盘梁下方合适位置装有操作人员安全绳悬挂耳板，耳板标有安全工作载荷标识。

（10）绞车安装在后台低位底座上，绞车工作时产生的噪声离高位钻台的距离更大，降低了钻台面噪声污染，改善了操作人员工作环境。

（11）井架、底座及其配套实施，如照明及应急系统以及司钻房和偏房电器设备：照明灯具、换气扇、空调、开关、接线盒、电控柜、监控系统、仪表系统、通信系统等均采取了相应的措施，满足钻台面的防爆要求。

第三节 大钩载提升系统

与7000m钻机相比，8000m钻机的钩载由4500kN增加到5850kN，钩载的增加幅度明显高于钻深增长幅度，为此，钻机配套了与大钩载相适应的提升系统，提升能力显著增大，很好地解决了提升能力增加而钻机相关设备尺寸、质量及配套功率变化不大的问题；

同时也提高了绞车钩速，有效地解决了绞车提升能力和钩速相互制约的设计问题。

（1）8000m 钻机提升系统采用 7×8 绳系，钻井最大绳数为 14。与 7000m 钻机 6×7 绳系相比，尽管钩载增加很大，但快绳的拉力增加不大，绞车所需输出功率也增加不大。

（2）8000m 钻机提升系统使用直径为 $\phi38mm$ 的钢丝绳，可以减小天车、游车滑轮的直径（滑轮尺寸与 ZJ70 钻机的完全相同），减轻了天车、游车、绞车的质量；同时，采用 $\phi38mm$ 的钻井钢丝绳，与 7000m 钻机相比，在保持绞车滚筒直径不变的情况下，只是适当增加绞车滚筒的长度，就解决了 8000m 钻机绞车滚筒盘绳容量不足的问题。

（3）优化绞车传动结构，绞车采用机械换挡和电动机无级调速相结合的传动设计模式，扩展了调速范围，增强了绞车的提升能力，同时也提高了绞车钩速，有效地解决了绞车提升能力和钩速相互制约的问题。

一、TC585 天车

天车是安装在井架顶部的定滑轮组，通过钻井钢丝绳与游车组成一套滑轮系统，是钻机提升系统的固定部分。它通过绞车和游动系统来完成起下钻杆、下套管、悬挂钻具以及井架、底座的起升和下放等作业，承受最大钩载和快绳、死绳的拉力，并把这些载荷传递到井架和底座上。当钩载一定时，游动系统绳数（钻井绳数）越多，单根钻井钢丝绳的拉力越小，即快绳的拉力越小，从而可使钻机绞车在满足各种钻井作业（起下钻、下套管、钻进、悬挂钻具）工况的前提下，尽量降低绞车的输入功率，减少发动机组的配备功率。8000m 钻机采用与 7000m 钻机相同的游吊系统钢丝绳和滑轮，只是增加了 1 套天车 – 游车滑轮组，滑轮组的绳系由 6×7 增加为 7×8，从而提高了钻机整体设备提升负荷的能力。

1. 主要技术参数

TC585 天车是遵循美国石油学会 API SPEC 4F 和 API SPEC 8C 规范设计和制造的，其主要技术参数见表 2-5，表 2-6 为深井和超深井天车的技术参数。

表 2-5　TC585 天车技术参数

序号	型号	TC585
1	最大载荷	5850kN（650ton）
2	适用钢丝绳直径	38mm（$1\frac{1}{2}$in）
3	外形尺寸（长×宽×高）	3760mm×2980mm×2550mm
4	滑轮外径	1524mm（60in）
5	导向轮外径	1524mm（60in）
6	滑轮宽度	104mm
7	主滑轮数	7 个
8	导向轮数	1 个
9	有效绳数	14 绳
10	起重架最大载荷	75 kN

续表

序号	型号	TC585
11	辅助滑轮外径 × 个数	400mm（15⁵/₈in）×2个
12	辅助滑轮外径 × 个数	356mm（14in）×2个
13	辅助滑轮适用的钢丝绳直径	19mm（3/4in）
14	理论质量	11730kg
15	配套井架型号	JJ585/48-K$_1$井架

表2-6 深井和超深井天车主要技术参数

序号	型号	TC450	TC585	TC675	TC675-3	TC900
1	最大钩载，kN	4500	5850	6750	6750	900
2	钢丝绳尺寸，mm	38	38	45	42	48
3	滑轮外径，mm	1524	1524	1524	1400	1829
4	滑轮数	7	8	8	8	8
5	外形尺寸（长×宽×高），mm	3410×2753×2420	3760×2980×2550	4650×3340×2702	4650×3340×2702	4217×3606×3146
6	质量，kg	11105	12100	13750	11730	18000

2. 结构与原理

TC585天车是8000m钻机的重要部件，是专门为8000m钻机配套而设计的，由天车台、主滑轮、导向轮（快绳轮）、辅助滑轮、天车起重架、防碰装置及挡绳架、围栏、避雷针座等部件组成（图2-16）。

1）天车台

天车台为焊接结构件，上部台面装有主滑轮组轴承座和快绳轮轴承座，用来安装主滑轮和快绳轮；下部座板通过螺栓与井架上段顶板相连，同时分别在天车两个对角的座板上分别配有与井架顶板相连的两个定位销安装孔，方便天车定位安装。天车台四周配备1.2m高围栏，围栏底部设200mm踢脚板，井架工从笼梯出口通过井架围栏进入天车台处装有自闭式安全门。天车台底部前后主横梁还装有辅助滑轮（图2-16）。

2）主滑轮

主滑轮总成用来承载整个游吊系统重量及大钩载荷，由主轴、支座、7个滑轮、轴承等组成。每个滑轮均设有1副轴承，轴端设有加注润滑脂的油杯，可方便向轴承内加注润滑脂。滑轮外缘有挡绳架，可防止钢丝绳从滑轮槽内窜出，主滑轮总成装有护罩。

3）导向滑轮

导向滑轮由轮轴、支座、滑轮、轴承等组成。轴端设有油杯，可方便地向轴承座内加注润滑脂。滑轮上还装有挡绳架，可防止钢丝绳脱出滑轮槽。

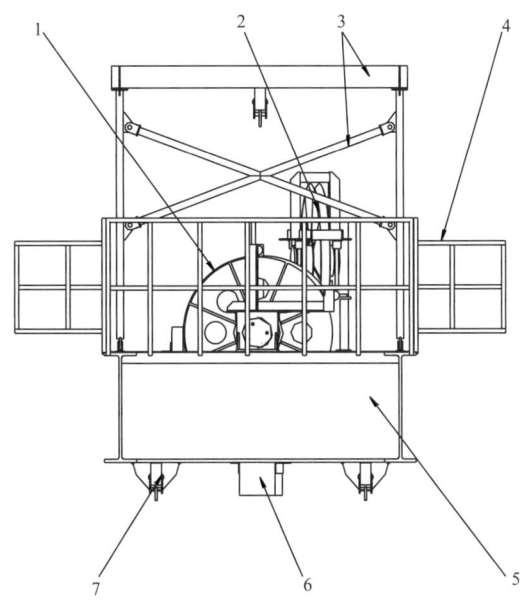

图 2-16 TC585 天车结构示意图

1—主滑轮；2—导向轮；3—起重架立柱；4—围栏；5—天车台；6—防碰装置；7—辅助滑轮

4）辅助滑轮

天车上装有 4 个辅助滑轮，用于起吊或悬挂重物，滑轮轴端均设有油杯。辅助滑轮总成可分别用于钻台面两台 50kN 气动绞车起吊重物、钻杆及悬吊液气大钳等。

5）天车起重架

天车起重架供维修天车用，为桁架式结构，桁架式天车起重架最大起重量为 75kN。

3. 配套设施

天车配套设施包括：避雷装置、高空障碍指示灯、登梯助力机构、防坠落装置和防碰缓冲块等。

1）避雷装置

石油钻机作业场所处于平原、戈壁、沙漠等旷野地带，且高度都超过 30m，在雷雨天很容易遭受雷击。钻井作业时，大部分工作人员都在钻台、钻井液循环罐面上，遭遇雷击的风险高；再加上井架等钢结构件通常与钻机所有的电气设备外壳做等电位连接，如果井架防雷做得不好，雷击电磁脉冲和雷电波有可能会对钻机的供配电、仪表及通信等系统造成危害，这会严重影响正常钻井作业。因此，在钻机的井架上配有一套安全可靠的防雷系统。

避雷装置安装在天车顶部（图 2-17）。其技术规格为：接闪针材料为不锈钢，尺寸为 $\phi 14mm \times 270mm$；通流量为 300kA（10/350 μs）；提前接闪时间 $\Delta TB = 45\mu s$；幅值衰减率不小于 82%；陡度衰减倍率不小于 35；限流阻抗值不大于 2Ω；抗风等级为 12 级。

避雷装置是为钻机免遭雷击而配置的 HSE 设施。

2）高空障碍指示灯

钻机高度达 55m，按照航空管理规定，在天车顶部配备了高空障碍指示灯。在夜间或光线昏暗的天气情况下，应当开启航标灯，起警示作用。

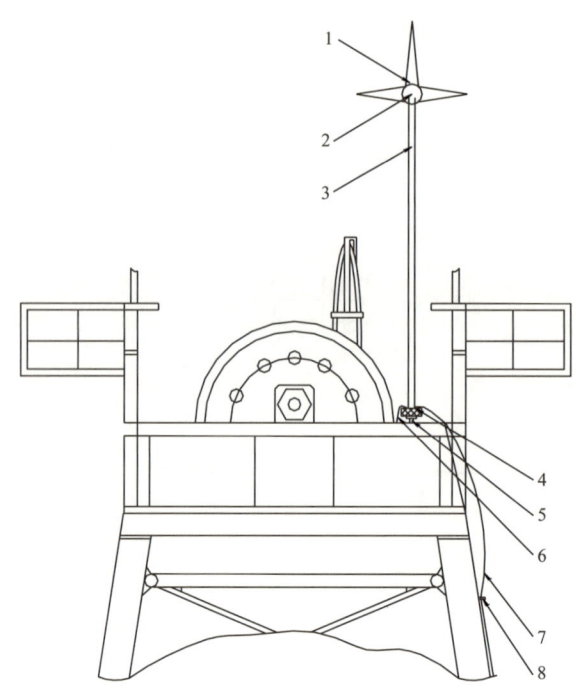

图 2-17 避雷针安装示意图

1—接闪针;2—触发器;3—避雷针管;4—绝缘连接管;5—管座;6—连接电缆;7—接地引线;8—绝缘卡箍

高空障碍指示灯是为井架配置的 HSE 设施。

3)登梯助力机构

天车配备了登梯助力机构(图2-9),用于井架工从钻台面攀爬井架直梯至天车台整个过程中起助力作用。登梯助力机构一般由地锚、高强螺栓、花篮螺栓、导向钢丝绳、配重砂筒、U 型环、牵引钢丝绳、双保险挂钩、吊带组成。

4)防坠落装置

天车配有两套防坠落装置(图 2-18),分别安装在天车台面的左右出入口梯子的上部,作用是在攀爬井架或维护保养天车前,攀爬人员将防坠落装置的挂钩挂在腰部的安全吊带上,可防止攀爬过程中发生人员坠落事故,一般由防坠落主体、U 型环或钢丝绳套、尼龙绳组成。防坠落装置上部挂环悬挂于天车防坠落耳板处,防坠落装置的下部挂环悬挂操作人员安全带处。

防坠落装置是防止作业人员攀爬井架过程中,从高处坠落的 HSE 设施。

图 2-18 防坠落装置示意图

5)防碰缓冲块

天车底部装有防碰块(图2-16),其作用是当游车电子防碰系统和重锤防碰装置、过圈防碰装置都失效出现游车顶撞天车时,避免发生刚性碰撞,可起到缓冲作用,减轻碰撞，防止天车变形或更严重的事故。防碰缓冲块可选用木块或橡胶块。

为防止游车失控撞击天车，防碰块碎落砸伤钻台作业人员，对防碰块采取了相应的HSE 措施：用铁皮或钢丝网包住防碰块，再配以安全绳。

4. 技术特点

（1）相对 ZJ70/4500 钻机而言，ZJ80/5850 钻机钩载增加了 1350kN，在保证提升能力的前提下，既不能使绞车结构外形尺寸增加过大，又要考虑绞车的输入功率增加不要太多。故将天车主滑轮由 6 个增加到 7 个，提升系统最大绳系由 6×7 增加到 7×8（图 2-19）。ZJ80 钻机与 ZJ70 钻机相比，尽管载荷增加了 30%，快绳的拉力只增加了 11.5%，绞车输入功率的增加量明显减少。

（2）ZJ80 钻机提升系统采用直径为 $\phi 38mm$ 的钻井钢丝绳，与 ZJ70 钻机相比，在保证绞车滚筒直径不变的情况下，只适当增加滚筒的长度，就解决了滚筒的容绳量，避免了绞车滚筒尺寸和质量增加过大的问题。

（3）ZJ80 钻机使用直径 $\phi 38mm$ 的钻井钢丝绳，有利于钻井钢丝绳的通用。目前，我国已投入使用的 ZJ70 钻机的数量相当大，其使用的钻井钢丝绳直径均为 $\phi 38mm$。因此，ZJ80 钻机所使用的钻井钢丝绳可与 ZJ70 钻机的通用。

（4）辅助滑轮侧板的下部设有穿装安全绳的孔，可有效地固定安全绳，避免风动绞车起吊钢丝绳上下游动时与安全绳产生干涉和缠绕现象。

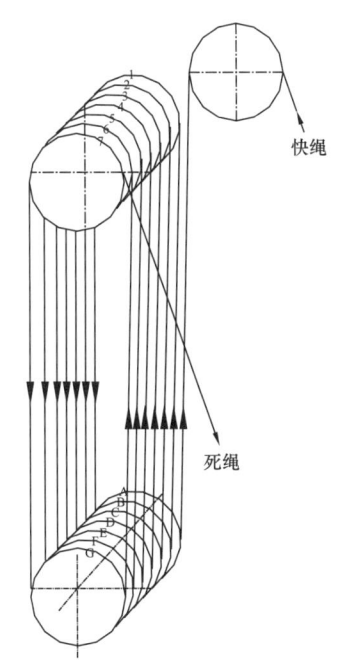

图 2-19 天车滑轮绳系示意图

5. HSE 措施

除上述配套设施中提及的 HSE 设施外，还为天车所有需要做安全防护的部件提供了相应的安全防护或设施：

（1）天车所有辅助滑轮配备了安全绳，可防止滑轮和悬吊物坠落。

（2）天车台配备了踢脚板、护栏、自闭式安全门，可有效防止工具、人员从天车台面跌落。

（3）天车上所有螺栓配备了开口销，栏杆配备了安全别针，确保所有附件满足高空落物管理要求，可有效防止高空落物。

二、YC585 游动滑车

YC585 游动滑车（简称为游车）是石油钻机提升系统的组成部分，由滑轮组、滑轮轴、侧板等零部件构成，借助钻井钢丝绳与天车组成一套滑轮系。它通过绞车和天车的组合，与大钩、吊环等配套使用，可以完成起下钻杆、下套管、悬挂钻具，以及井架、底座的起升等作业，可以承受最大钩载的拉力。

1. 主要技术参数

YC585 游车主要技术参数见表 2-7，深井和超深井游车主要技术参数对照表见表 2-8。

表2-7 YC585游动滑车技术参数

序号	型号	YC585
1	额定载荷，kN	5850（650ton）
2	滑轮数	7
3	滑轮直径，mm	1524（60in）
4	适用钢丝绳直径，mm	38（$1\frac{1}{2}$in）
5	外形尺寸（长×宽×高），mm	2952×1600×908
6	质量，kg	7872

表2-8 深井和超深井游动滑车技术参数

序号	型号	YC450	YC585	YC675	YC675	YC900
1	最大钩载，kN	4500	5850	6750	6750	9000
2	钢丝绳直径，mm	38	38	45	42	48
3	滑轮直径，mm	1524	1524	1524	1400	1829
4	滑轮数	6	7	7	7	7
5	外形尺寸（长×宽×高），mm	3110×1600×840	2952×1600×908	3410×1600×1150	3088×1476×1482	3830×1905×1235
6	质量，kg	8300	7872	10805	9883	15000

2. 结构与原理

YC585游动滑车是8000m钻机提升系统的主要部件，是为8000m钻机配套而专门研制的，主要由吊梁、滑轮、滑轮轴、左侧板组、右侧板组、侧护板、提环、提环销等组成，结构示意图如图2-20所示。

位于游车顶部的吊梁用吊梁销连接在侧板组的上部，吊梁上设有吊装孔，用于游动滑车及其下部连接件的吊装及倒大绳等作业。吊装孔可以安全地吊装游动滑车及下部连接件，其承载的总载荷不得超过350kN。

YC585游动滑车设计有7个滑轮，每个滑轮各自由双列圆锥滚子轴承支承在滑轮轴上，每个轴承都有单独的润滑油道，可通过安装在滑轮轴两端的油杯分别加注润滑脂。所有滑轮槽均按照API 8C规范加工制造，滑轮与轴承可与配套天车的滑轮和轴承互换。为最大限度地提高滑轮槽的抗磨损能力，其表面都经过淬火处理。

游车的提环由两个提环销连接在两侧板组上。提环与大钩连接部分的接触表面半径符合API规范。提环销的一端用开槽螺母固定，并用开口销锁定，摘挂大钩时可以拆掉游动滑车的任一个或两个提环销。

为防止钻井液与污染物进入游动滑车内部，游动滑车两侧设有侧护板。侧板组上焊有下护板，以防钢丝绳跳槽，确保钢丝绳工作的可靠性。

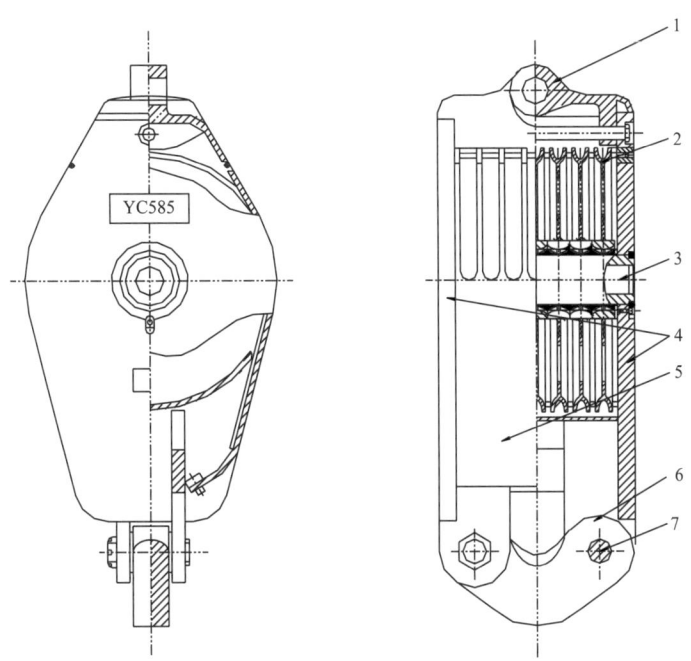

图 2-20 游动滑车结构示意图
1—吊梁；2—滑轮；3—滑轮轴；4—左右侧板组；5—护罩；6—提环；7—提环销

3. 技术特点

（1）根据 API SPEC 8C 规范设计和制造要求，通过对现有游车结构优化，研制了 5850kN 游车，这种新型游车既满足 5850kN 对井架、底座配套设备的要求，又有效地减轻了游车的重量。

（2）ZJ80 钻机提升系统采用直径为 ϕ38mm 的钻井钢丝绳，与 ZJ70 钻机相比，在保持绞车滚筒直径不变的情况下，只是适当增加绞车滚筒的长度，就可以解决 8000m 钻机绞车滚筒盘绳容量不足的问题。

（3）8000m 钻机使用直径 ϕ38mm 的钻井钢丝绳，有利于钻井钢丝绳的通用。目前，我国已投入使用的 7000m 钻机的数量相当大，其使用的钻井钢丝绳直径均为 ϕ38mm。因此，8000m 钻机所使用的钻井钢丝绳可与 7000m 钻机的互换。

（4）8000m 钻机提升系统使用直径 ϕ38mm 的钢丝绳，游动滑车的滑轮设计为 7 个，提升系统最大绳系为 7×8，钻井最大绳数为 14。与 7000m 钻机相比，8000m 钻机尽管载荷增加了，但因提升系统滑轮数增加，钻井绳快绳的拉力增加不大，绞车所需输出功率也增加不大。

（5）游车按环境温度 $-20\sim+50$℃进行设计和制造，适应塔里木山前地区冬天低温天气工作环境；在 $-45\sim-20$℃环境温度采用保温措施后，仍可以继续工作。

4. HSE 设施与措施

（1）游动滑车提环销均配备了开口销，以防止螺母松扣后坠落砸伤钻台工作人员。

（2）游动滑车表面采用黄黑相间色，提高了游动滑车的辨识度，以便游动滑车下行过程能有效警示钻台工。

（3）必须按照相关标准定期对承载件进行无损检测。避免游动滑车长期使用产生裂纹缺陷而导致安全事故。

（4）定期检查滑轮边沿是否破损，以免滑轮边沿破损后出现钢丝绳跳槽现象，甚至损坏钢丝绳。发现这种危险现象时，应更换破损的滑轮。更换滑轮时应核实新滑轮的材质是否具有能承受预定负荷足够的强度。

（5）定期检查滑轮槽的磨损状态，以免滑轮槽表面产生波纹状的沟槽损坏钢丝绳。发现这种危险迹象时，应将轮槽重新修复或更换滑轮。在更换滑轮时，应核实新滑轮的材质是否具有能承受预定负荷足够的强度。

（6）游车承受最大载荷时，其温度应不低于 -20℃；如果要在低于此温度情况下使用，必须对材料的低温性能予以确认，并按相关要求采取必要的保温防护措施。

三、DG675 大钩

DG675 大钩是石油钻机提升系统的重要设备之一，悬挂于游车的下面。它与天车、游车、吊环等配套使用，在钻井作业中的主要作用是起下钻具、悬持钻柱、下套管，遇卡钻或遇阻时提拔钻柱，在解卡破阻排除事故时，能承受 2 倍最大钻柱质量的静载荷。

1. 主要技术参数

DG675 大钩主要技术参数见表 2-9，深井和超深井大钩主要技术参数对照表见表 2-10。

表 2-9　DG675 大钩技术参数

序号	型号	DG675
1	最大钩载，kN	6750
2	弹簧工作行程，mm	220
3	主钩口开口尺寸，mm	234
4	副钩口开口尺寸，mm	230
5	钩身旋转半径，mm	640
6	外形尺寸（长×宽×高），mm	3730×1210×975
7	质量，kg	7300

表 2-10　深井和超深井钻机大钩基本参数

序号	型号	DG450	DG675	DG900
1	最大钩载，kN	4500	6750	9000
2	弹簧行程，mm	200	220	250
3	钩口尺寸，mm	220	234	305
4	外形尺寸（长×宽×高），mm	2960×890×880	3730×1210×975	4150×1135×1090
5	质量，kg	3520	7300	10500

2. 结构与原理

8000m 钻机本应配套 DG585 大钩，由于要重新开模具，制造成本高，从生产成本和功用上考虑，最后选择配套了 DG675 大钩（采用 9000m 钻机配套的大钩）。DG675 大钩主要由制动机构总成、操纵杆、安全舌总成、提环、提环座、提环销、上衬套、内弹簧、外弹簧、上筒体、下筒体、下衬套、挡臂、钩体、钩杆、止动环、锁环、轴承等组成，其结构见图 2-21。大钩的钩体、提环、提环座等为承载件，均采用特种合金钢材料制成，具有较高的承载能力。

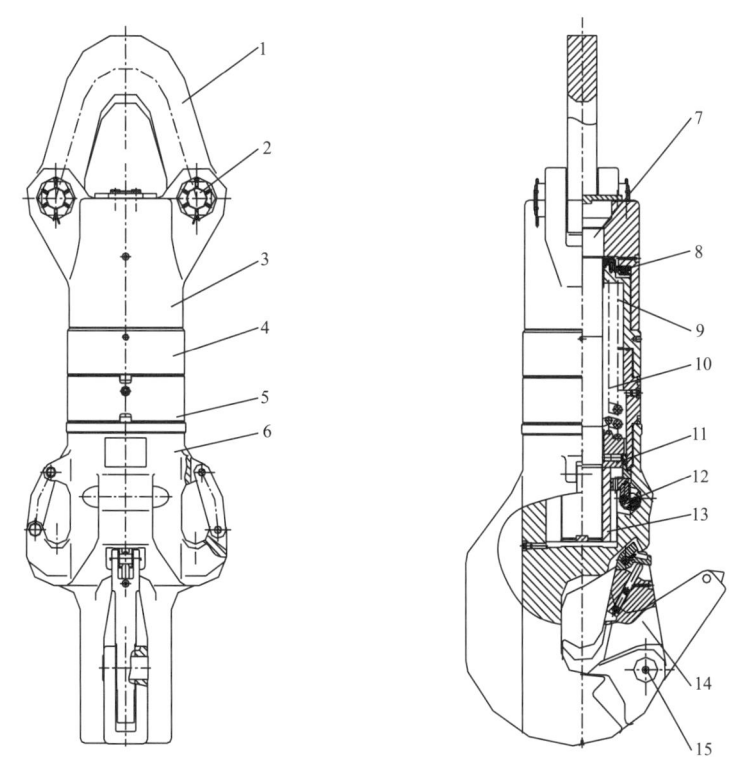

图 2-21 大钩结构图

1—提环；2—提环销轴；3—提环座；4—上筒体；5—下筒体；6—钩体；7—钩杆；8—摩擦盘；
9—外弹簧；10—内弹簧；11—轴承；12—制动机构；13—钩杆螺母；14—安全锁舌；15—销轴

提环与提环座采用销轴连接，筒体与钩体采用左旋螺纹连接，钩杆与提环座固定在一起，使钩体与筒体可绕钩杆回转或沿钩杆上下运动。筒体内装有内、外弹簧，起钻时，能使立根松扣后向上弹起。同时，筒体内特殊的结构，使筒体和钩身空腔内的机油具有良好的液力缓冲功能，从而又可以消除卸扣后钻杆的反弹振动，使钻杆接头螺纹不受损坏。

大钩的制动装置（图 2-22）：大钩的筒体上端装有摩擦定位装置，大钩空载或提升空吊卡时，摩擦盘与提环座之间的环形面相接触，借助弹簧在环形面之间产生的摩擦力，来阻滞钩身的随意转动，以免吊卡转动，便于井架工操作吊卡；当悬挂钻杆柱时，摩擦盘与提环座脱开，不再有摩擦力，钩身可任意转动，防止游车转动，避免钢丝绳打扭。

大钩的制动机构可将钩身在 360° 范围内每隔 45° 锁住。把"止"端的手把向下拉时，钩身锁住，不能转动；把"开"端的手把向下拉时，解除制动，钩身可任意转动。

钩舌装有闭锁装置，水龙头提环挂入后，钩身可自动闭锁，避免水龙头提环脱出。

轴承采用推力滚子轴承，靠筒体和钩身空腔内的机油润滑。

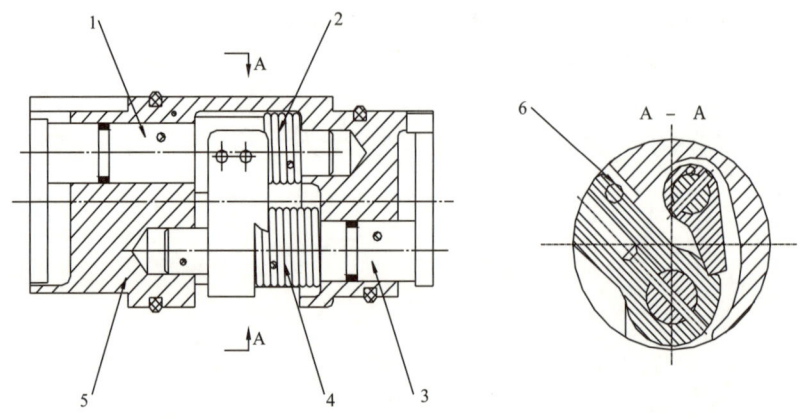

图 2-22 大钩制动机构
1—掣子轴；2—掣子轴弹簧；3—制动轮轴；4—制动轮轴弹簧；5—壳体；6—制动轮

3. 技术特点

（1）钩体、提环、提环座等均采用特种合金钢材料制成，具有足够的强度，并采用推力滚子轴承，承载能力大，工作可靠性高。

（2）钩身能灵活转动，上扣、卸扣方便。

（3）大钩弹簧行程足以补偿上\卸钻杆间的距离。

（4）钩口和侧钩的闭锁装置安全可靠、闭启方便。

（5）大钩有缓冲减震功能，拆卸立根时的冲击小。

4. HSE 设施与措施

（1）钩舌设有闭锁装置，水龙头提环挂入后，钩身自动闭锁，以避免水龙头提环脱出而发生设备损毁与人身伤害事故。

（2）提环销轴两端的螺母及开口销安装必须牢靠，以免螺母脱落而发生损坏设备与人身伤害事故。

（3）副钩上的螺栓必须拧紧，以免螺栓松脱而发生意外事故。

（4）经常检查安全舌的掣子是否灵活可靠，以保证闭锁装置安全可靠。

（5）确保摩擦盘、安全销、顶杆、掣子的润滑良好，以免因润滑不好而引起设备使用寿命降低或损坏。

（6）使用前，悬挂轻微载荷，用手转动钩身是否灵活，保证大钩工作的可靠性。

（7）检查制动机构的"开"和"关"是否灵活、可靠，保证大钩工作的可靠性。

（8）保证筒体内润滑机油油质和油位，使设备具有良好的润滑条件，以免因润滑条件不好而引起设备寿命降低或损坏。

（9）大钩在水平及垂直位置时，检查各密封处是否漏油，确保密封可靠，防止润滑油泄漏污染环境。

（10）提环、提环座、钩体、钩杆等零件承载部位应按相关标准定期进行无损检测。避免大钩长期使用产生裂纹缺陷带来安全隐患。

（11）钻井时，用操作杆将制动装置"止"端的手把向下拉，使钩身锁住以防水龙头回转，导致钢丝绳打扭。

（12）起下钻和起放井架时，用操作杆将制动装置"开"端的手把向下拉，使钩身能够转动，以防止钢丝绳打扭发生事故。

（13）大钩承受的最大载荷应在不低于 $-20°C$ 下使用，如果在低于此温度下使用时，必须对材料低温性能予以确认，并采取必要的保温防护措施。

四、SL675 水龙头

8000m 钻机的水龙头没有采用 DG585 大钩，其原因与 DG675 大钩相同，由于要重新开模具，制造成本高，从生产成本和功用上考虑，最后选择配套了 SL 675 水龙头（9000m 钻机配套的水龙头）。

SL675 水龙头（图 2-12）是钻机的重要组成部分，其上部直接与提升系统的大钩相连接，下部通过钻杆与转盘连成一体。作业时，既要和上部的游车、大钩保持相对静止状态，又要能带动钻杆实现旋转运动，同时，其内部通道还要输送高压钻井液，具体功能如下：

（1）悬挂钻柱：钻柱的整个重量都由水龙头中心管承载；

（2）连接功能：水龙头上的提环与大钩相连，水龙头下部通过钻柱将整个游吊系统与转盘连接起来；

（3）输送高压流体：通过水龙头上的鹅颈管与井下钻具构成高压钻井液的输入通道；

（4）旋扣功能，在钻井作业过程中用于接单根或旋开方钻杆。

1. 主要技术参数

SL675 水龙头主要技术参数见表 2-11，深井和超深井钻机水龙头主要技术参数对照表见表 2-12。

表 2-11　SL675 水龙头主要技术参数

型号	SL675
最大静负荷，kN	6750
最高转速，r/min	300
最高工作压力，MPa	52
中心管内径，mm	102
接头螺纹有两种	$8\frac{5}{8}$in REG LH 和 $6\frac{5}{8}$in REG LH
和中心管接	$8\frac{5}{8}$in REG LH
和方钻杆接	$6\frac{5}{8}$in REG LH
鹅颈管接头与水龙带联接螺纹	5in LP（API std 5B）
气动马达型号	FMS-20
额定转速，r/min	2800
功率，kW	14.7
额定气压，MPa	0.6~0.8

续表

型号	SL675
空气消耗量（自由空气），m³/min	17
进气管线	Rc1$\frac{1}{2}$in
额定旋扣转速，r/min	80
最大旋扣转矩，N·m	3000
水龙头外形尺寸（长×宽×高），mm	3775×1406×1240
理论质量（不包括空气管线），kg（lb）	6923（15263）

表2-12 深井和超深井钻机水龙头主要参数

序号	型号		SL450	SL675
1	最大静载荷，kN		4500	6750
2	最高转速，r/min		300	300
3	最高工作压力，MPa		35	52
4	中心管通径，mm		75	102
5	接头螺纹	接中心管	7$\frac{5}{8}$in REG LH	8$\frac{5}{8}$in REG LH
		接方钻杆	6$\frac{5}{8}$in REG LH	6$\frac{5}{8}$in REG LH
6	外形尺寸（长×宽×高），mm		3035×1098×1110	3775×1406×1240
7	质量，kg		3060	6923

2. 结构原理

SL675水龙头（图2-23）主要由旋转部分、固定部分、密封部分和旋扣部分组成。旋转部分由中心管和接头组成，固定部分由壳体、上盖、下盖、鹅颈管、提环和提环销6部分组成。密封部分由冲管总成和上下油封组成。旋扣部分由气动马达、齿轮、单向式气控摩擦离合器等组成。

（1）旋转部分：旋转部分主要承担着钻柱在钻井过程中的扶正及定位作用，同时具有能够承受钻杆柱在旋转中的抗扭和悬吊钻杆自身质量的功能，由中心管和接头组成。中心管是中心通孔零件，承受钻柱的全部重量和内部的钻井液压力，上端与冲管总成连接，下端与接头连接，中部坐在主轴承上，两端有轴承扶正，上扶正轴承还具有防止中心管上移的功能。它的上端装有橡胶伞，可防止钻井液浸入水龙头体内。中心管和接头之间还装有接头密封圈，可防止高压钻井液冲坏螺纹，同时也起密封作用。

（2）固定部分：由壳体、上盖、下盖、鹅颈管、提环和提环销六部分组成。提环由两个提环销与壳体连接，使水龙头悬挂在大钩上。壳体既是承载零件，又是润滑和冷却主轴承和扶正轴承的油池。它的上部和下部分别与上盖和下盖连接，外侧面还装有缓冲器以免在钻井过程中吊环撞击外壳。上盖内装有防跳（扶正）轴承和两个骨架式油封，这两个骨架式油封安装方向相反，以免内部的油漏出，外面的钻井液和其他脏物侵入。上盖的顶部法兰面上固定有鹅颈管，鹅颈管一端与冲管总成连接，另一端通过活接头与水龙带连接（焊接）。下盖内装有下扶正轴承，它的下部还装有两个骨架式油封，用以密封水龙头壳体内的油。

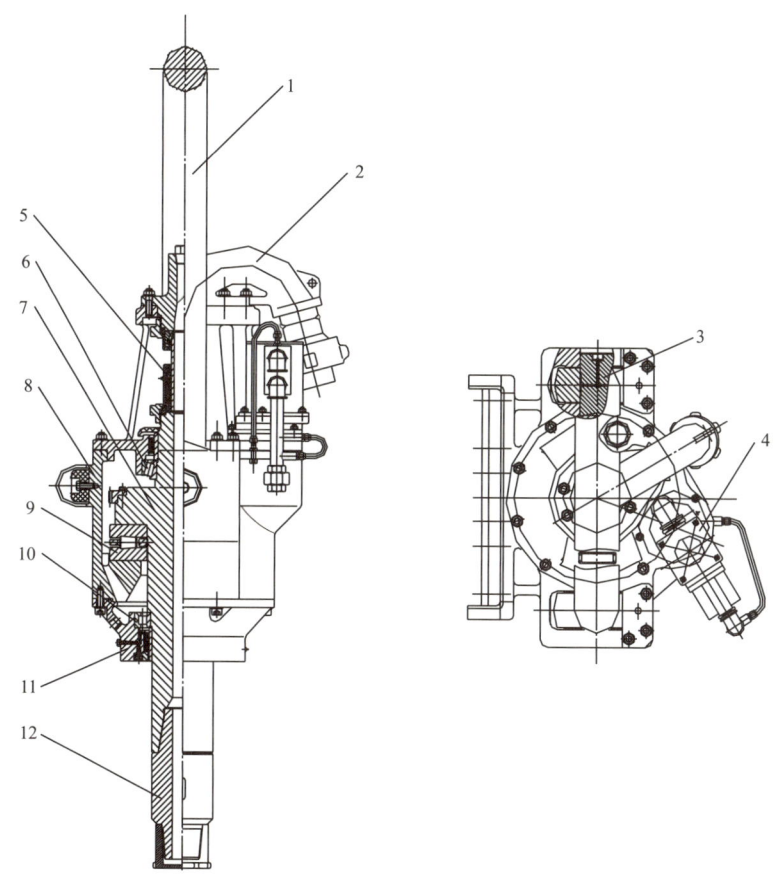

图 2-23　SL675 水龙头结构示意图

1—提环；2—鹅颈管；3—提环销；4—旋扣部分；5—冲管总成；6—防跳（扶正）轴承；
7—中心管；8—壳体；9—主轴承；10—下扶正轴承；11—下盖；12—保护接头

（3）密封部分：密封部分由冲管总成和上、下油封组成。冲管总成是密封高压钻井液的重要部件，采用自封式密封和快速拆卸结构，与鹅颈管和中心管连接，形成钻井液通道。当冲管和密封装置磨损而需要更换时，只需将上、下螺母旋开，则可将整个装置从一侧取出，不需拆卸鹅颈管和水龙带，更换简便，在钻井过程中可随时停钻更换。

（4）旋扣部分：主要由气动马达、齿轮、单向式气控摩擦离合器等组成。工作时，由气动马达带动两对齿轮，经二级变速，将扭矩传递给中心管，起到接单根或方钻杆的作用。

旋扣器的正反转功能：压缩空气经过空气过滤器、油雾器、二位三通气控阀到气动换向阀，气动换向阀与 2+2 排挡气开关配合实现正、反转的换向动作，改变气动马达的旋转方向，从而达到正、反转的目的（图 2-24）。2+2 排挡气开关的手柄 I 的两个位置可以使二位三通气控阀芯动作，达到断开或接通气源与工作气的功能，2+2 排挡气开关的手柄 II 的两个位置控制旋扣器的正转和反转。

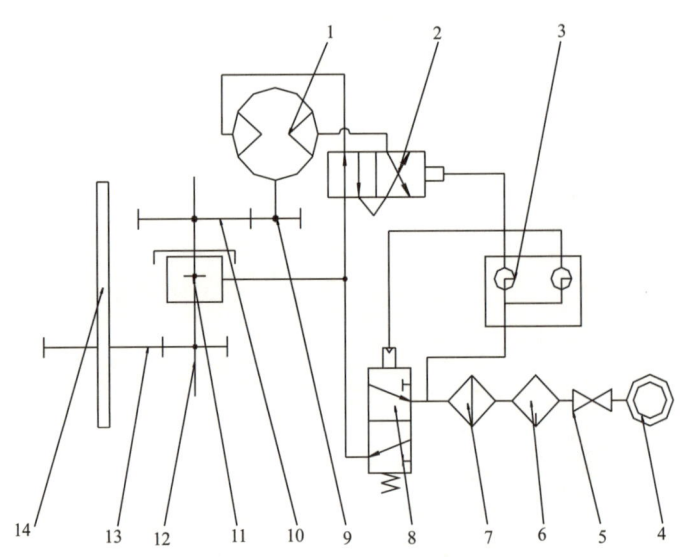

图 2-24 气动旋扣器控制原理图

1—气源；2—截止阀；3—空气过滤器；4—油雾器；5—二位三通气控阀；6—中心管；7—大齿圈；8—齿轮轴；9—摩擦片式离合器；10—大齿轮；11—小齿轮；12—气动马达；13—气动换向器；14—2+2 排挡气开关

当气动马达的叶片和单向摩擦离合器的内、外摩擦片磨损需要更换时，拧开螺栓，卸下气动马达和气动换向阀，取出传动系统，即可更换。当气动马达及传动系统拆卸后，将气动马达及传动系统与上盖连接处用盖板和垫片盖上，用螺栓固定，即可当作普通水龙头使用。

3. 技术特点

1）对水龙头的轴承及中心管进行了综合性结构优化

SL675 型水龙头采用重型推力轴承、圆柱滚子轴承和单列圆锥滚子轴承的组合形式，有效地分散了水龙头的载荷。主轴承选用可以承受很大轴向拉力载荷的进口重型推力滚子轴承，并对中心管与其安装平面、安装位置及配合精度等方面进行了综合性结构优化设计，其体积小、承载能力大、可靠性高。

2）密封装置的材料和结构都有很大改进

水龙头在中心管旋转工作状态下要承受 52MPa 的工作压力，如何提高密封装置寿命，一直是水龙头研究的一个技术难点。SL675 型水龙头除了在材料配比选型上做了改进外，还按照 Y 型液压自封式密封结构原理，采用浮动冲管、Y 型液封密封装置和快卸结构，利用水龙头内旋转（冲管随中心管一起旋转）、外固定形式和冲管主密封盒倒置式结构，有效地保证了密封效果，提高了密封件的使用寿命，同时还可实现快速拆卸。

3）具有良好密封性能的冲管密封

冲管密封装置的工作条件十分恶劣，为了防止钻井液浸入水龙头体内，在冲管两端建立了由冲管总成、橡胶伞和上下油封组成的低压密封；冲管下部与中心管是相对转动的过渡衔接处，由冲管密封盒与多层密封圈组成高压密封，它的唇部在钻井液压力作用下可始终贴住冲管外壁，工作过程中即使在密封圈不断磨损的情况下，仍能靠钻井液压力胀开唇部而很好地密封，可有效防止钻井液从此处刺漏。该装置还可润滑冲管外壁，减轻冲管磨损，能够方便拆卸和快速更换。

4）提环结构适应大载荷

常规提环采用等截面、非等效应力的设计方法，这种形式的提环设计制造难度虽然较小，但由于应力分布的不均匀性，容易导致应力集中，使局部受到损坏。提环由两个提环销与壳体连接，水龙头通过它悬挂在大钩上。虽然提环截面小，但由于工作时要承受全部钻柱质量和由卡钻引起的附加力等，因此对其安全性要求很高。SL675型水龙头通过有限元分析，按照不同截面对应等应力的设计方法，不仅有效改善了提环的受力结构，保证了水龙头在提升载荷过程中的安全可靠性能，而且减轻了提环质量。

5）提高了关键零部件的承载能力

SL675型水龙头除了对主要承力件如提环、提环销、中心管、壳体、接头等在材料选用及材料成分配比上进行多次对比和试验，还对部分关键零件结构做了改进，如中心管螺纹设计有卸荷槽，主壳体和中心管关键承力点的型面采用大圆弧平滑曲面过渡等，有效提高了各零件的承载能力，降低了零件局部应力集中，确保整个水龙头结构的合理性和承载能力的提升。

6）水龙头固定部分全部采用高强度合金钢

水龙头的固定部分主要由壳体、上盖、下盖、鹅颈管、提环和提环销等组成，壳体既是承载零件，又是润滑和冷却主轴承及扶正轴承的油池，它的上部和下部分别与上盖和下盖连接。固定部分全部采用高强度合金钢制造而成，并对其化学成分、金相组织和力学性能进行了全面试验分析。同时应用有限元分析技术，优化设计了各个零件的结构，在保证整体强度和刚性的前提下，质量最轻。

7）方便维修

气动马达及传动系统，用螺栓和螺母固定在上盖下端法兰的上平面上，它是旋扣的重要部件。旋扣系统除了用于旋扣外，还可方便整体更换气动马达叶片及传动系统。当气动马达的叶片和单向式摩擦离合器的内、外摩擦片磨损而需要更换时，拧开螺栓，卸下气动马达和气动换向阀，取出传动系统，即可更换。即使气动马达及传动系统出现故障，将其整体拆卸后，用盖板将上盖连接处安装固定，即可当作普通水龙头使用，可有效降低钻井作业故障率。

4. HSE设施与措施

工作时，气动旋扣器气管线的螺栓有可能松脱，若掉下会导致人身伤亡事故，安装时使用管夹将旋扣器气管线与水龙带管线固定在一起，并设置安全链。

五、绞车

绞车是钻机重要的提升设备，在石油钻井过程中，不仅担负着起下钻具、下套管、控制钻压、处理事故、提取岩心筒、试油等各项作业，同时还担负着井架及钻机前台起升和下放任务[9]。绞车设计遵循SY/T 5532—2010《石油钻机用绞车》标准。

8000m绞车分为直流电驱动绞车和交流变频电驱动绞车，安装在钻机后台低位底座上。

1. JC-80D绞车

1）主要技术参数

JC-80D绞车主要技术参数见表2-13，几种深井与超深井钻机绞车主要技术参数对照表见表2-14。

表 2-13　JC-80D 绞车主要技术参数

额定输入功率	1600kW（2175hp）
直流电动机台数 × 功率	2 × 800kW
最大快绳拉力	553kN
钢丝绳直径	38mm
挡数	Ⅳ正、Ⅳ倒（无级调速）
开槽滚筒尺寸（直径 × 长度）	770mm × 1635.5mm
刹车盘尺寸（外径 × 厚度）	1520mm × 76mm
自动送钻装置电动机	45kW
外形尺寸（长 × 宽 × 高）	7613mm × 3221mm × 3216mm
质量	58000kg

表 2-14　几种深井与超深井钻机绞车主要技术参数

序号	型号	JC-70D	JC-70DB	JC-80D	JC-80DB	JC-90DB	JC-90DB$_3$	JC-120DB
1	额定输入功率，kW	1470	1470	1600	2000	2200	2200	4400
2	最大快绳拉力，kN	487	487	553	553	640	640	851
3	钻井钢绳直径，mm	38	38	38	38	45	42	48
4	滚筒尺寸，mm	770 × 1310	770 × 1434	770 × 1635.5	770 × 1631.5	1060 × 1840	1060 × 2055	1320 × 2312
5	辅助刹车	FDWS70	能耗制动	DWS80	能耗制动	能耗制动	能耗制动	能耗制动
6	外形尺寸（长 × 宽 × 高），mm	7370 × 4335 × 3216	7920 × 3208 × 2880	7613 × 3221 × 3216	7700 × 3231 × 2530	10680 × 3200 × 3120	10882 × 3250 × 3116	12000 × 3350 × 3260
7	质量，kg	55809	53891	58000	46360	82000	84266	111000

2）结构与原理

JC-80D 绞车为内变速、墙板式、全密闭、链条传动的一体式三轴直流电驱动绞车，如图 2-25。主要由电动机、绞车主体、链传动装置、换挡机构、自动送钻装置、液压盘刹装置、辅助刹车（电磁涡流刹车或伊顿刹车）、气控系统和润滑系统等组成。

JC-80D 绞车（见图 2-25）由两台 800kW 直流电动机（绞车 A、B 电动机、风机加滤沙装置）经联轴器、输入轴并车，功率合流后通过两挂链条输出到传动轴形成两个挡位，两副链轮传动的传动比相异，因而在传动轴上形成两个速度；传动轴与滚筒轴之间的两挂链条又形成两个挡位，因此绞车共产生 4（2×2）个高低不同的挡位（见图 2-26）。倒挡通过电动机反转实现。此外，绞车配置的自动送钻装置由一台 45kW（61hp）交流变频电动机提供动力，经一台卧式齿轮减速机减速后经过离合器和链条与传动轴相连，驱动传动轴、滚筒轴，实现自动送钻功能。自动送钻减速箱的传动比相对较大，有显著的降速增扭矩效果。输入轴与传动轴之间采用机械静态换挡，传动轴与滚筒轴之间采用气胎离合器动态换挡。

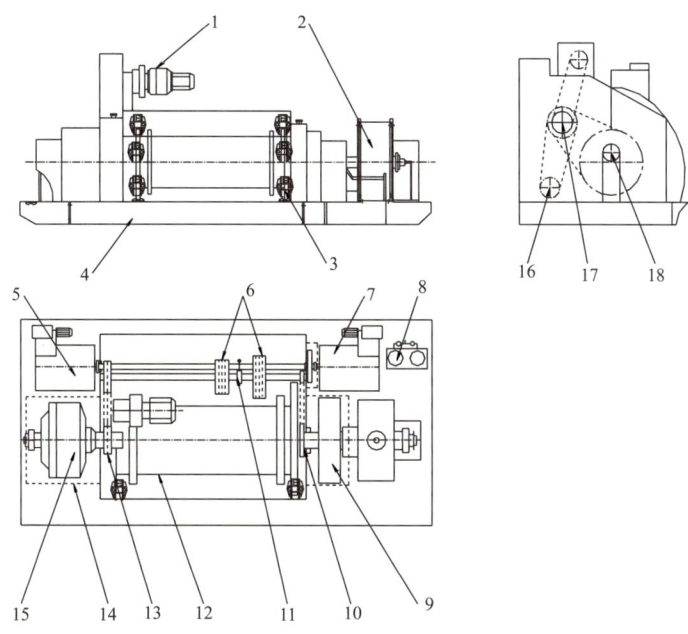

图 2-25 JC-80D 绞车结构图

1—自动送钻装置；2—电磁涡流刹车；3—盘式刹车装置；4—绞车底橇；5—直流主电动机 A；6—链轮；
7—直流主电动机 B；8—绞车润滑油系统；9—绞车高速离合器；10—高速端链轮；11—绞车换挡机构；12—滚筒；
13—低速端链轮；14—离合器护罩；15—低速离合器护罩；16—输入轴；17—传动轴；18—滚筒轴

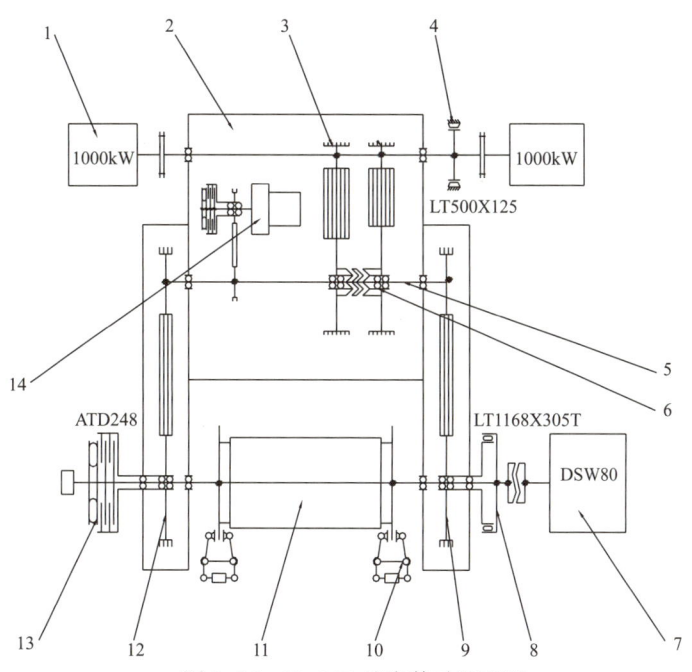

图 2-26 JC-80D 绞车传动原理图

1—直流主电动机；2—传动轴；3—Ⅰ/Ⅱ挡链轮；4—惯性刹车；5—中间轴；6—换挡机构；
7—电磁涡流刹车装置；8—高速离合器；9—高速端链轮；10—主刹车；11—滚筒轴；
12—低速段链轮；13—低速离合；14—自动送钻装置

绞车主刹车为液压盘式刹车，配双刹车盘，设常闭、常开刹车钳；自动送钻装置置于绞车上部，由一台交流变频电动机提供动力，经一台齿轮减速机减速后驱动滚筒实现自动送钻功能。绞车滚筒为整体开里巴斯槽式滚筒，并配有过圈防碰系统。绞车的所有控制（电、气、液）均集中在司钻控制房内。

绞车的构成可以按功能划分，也可以按结构划分。

（1）从功能看，JC-80D 绞车构成主要分为支撑部分、传动部分、提升部分、控制部分、润滑部分。

① 支撑部分：承担着绞车各传动件及相关零部件等的定位、支撑和安装功能，主要包括绞车架、绞车底座、盘刹支架、链条箱等。

② 传动部分：主要包括联轴器、输入轴、中间轴、滚筒轴总成、传动链轮、自动送钻装置等。

③ 提升部分：具有起放井架、起下钻具、下套管及起吊重物等功能，是绞车的核心部件，主要部件为滚筒轴总成，由滚筒体、轮毂、刹车鼓、轴承座、轴、链轮体和 ATD248 推盘离合器及 LT1168×305T 气胎离合器等组成。

工作时，滚筒轴由绞车传动轴输入动力，通过高速离合器或低速离合器的挂合，带动滚筒转动。通过滚筒轴的正反转，钢丝绳在滚筒上缠绕或退绳，从而实现起升或下放钻具。滚筒轴高速端通过齿式离合器与辅助刹车相连。下钻时，通过辅助刹车产生的反向力矩控制下放速度，减少主刹车力。

④ 控制部分：用于控制绞车运转及调速，主要包括司钻房、液压盘式刹车、辅助刹车、离合器及电气路阀件、液压和气路管线、盘式液压站等。绞车主刹车采用液压盘式刹车，液压系统采用双油源双回路加蓄能器供油系统，盘刹管线采用防止误插拔设计（管线接头为大小头，不能互换），增加了安全提示和操作规程标牌。电磁刹车设有断电、水位低、流量和超温报警，在司钻电控箱上设置报警指示器。气路控制采用电控气模式。

⑤ 润滑部分：主要包括独立驱动的电动油泵、滤油器、油杯、油路及管线、喷油嘴等，用于绞车各运转部位轴承、链轮、链条等的润滑。整台绞车分机油润滑和黄油润滑两个部分。

（2）绞车按结构划分，主要由绞车架、输入轴总成、中间轴总成、滚筒轴总成、防碰天车装置、液压盘式刹车装置、辅助刹车、自动送钻装置、气控系统和润滑系统等。

① 绞车架：绞车架为墙板式焊接结构，能准确定位并支撑滚筒轴、输入轴、传动轴、自动送钻装置。绞车底座主梁均采用焊接工字钢，底座四角配有起吊桩（吊装管）用以起吊绞车。

绞车架上的各传动链条均为密闭链条传动箱，各气控管线及油水管线均在底座内部布置，在需要检修处均有活动盖板。

② 输入轴总成：输入轴总成（图 2-27）由一个八排链轮 $Z=26$ 和一个八排链轮 $Z=23$ 及两个齿式联轴器、惯性刹车等组成。两台 800kW 直流电动机面对面安装在输入轴两端，电动机与输入轴之间采用鼓形齿联轴器连接。两个输入链轮用于驱动绞车的中间轴。

输入轴上设有惯刹离合器。当电动机动力摘掉后，惯刹离合器可快速刹住电动机轴，方便进行换挡操作。

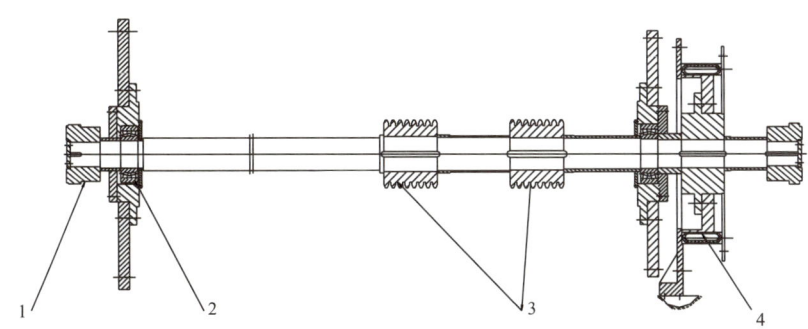

图 2-27 JC-80D 绞车输入轴总成示意图

1—输入轴联轴器；2—输入轴轴承座总成；3—输入链轮；4—惯性离合器

③ 中间轴总成：连接输入轴和滚筒轴的中间轴，可将动力传递给滚筒轴，并可实现动力分配。中间轴（图 2-28）由左右轴承座、四排链轮（$Z=23$）、链轮Ⅴ（$Z=32$）、双排链轮Ⅱ（$Z=54$）、空套八排链轮Ⅲ（$Z=54$）、空套链轮Ⅳ（$Z=84$）等组成。空套链轮Ⅲ、Ⅳ分别由输入轴上的两个链轮驱动，通过换挡机构控制齿式离合器与空套链轮Ⅲ、Ⅳ的挂合，可使中间轴实现两种速比。自动送钻的动力通过链轮Ⅱ传给中间轴。

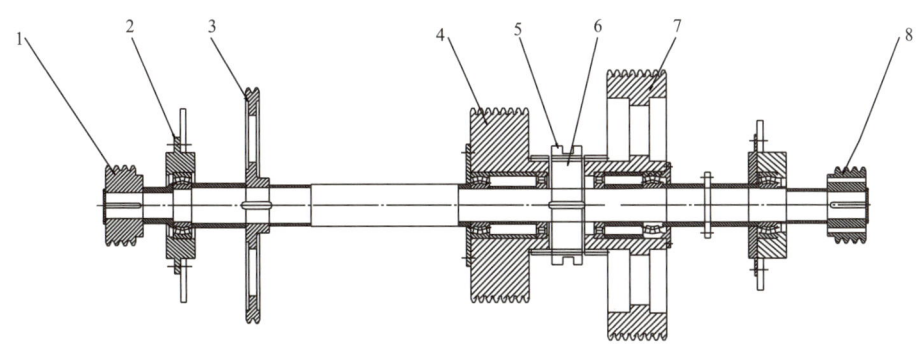

图 2-28 JC-80D 绞车中间轴总成示意图

1—链轮Ⅰ；2—轴承座总成；3—自动送钻链轮Ⅱ；4—空套链轮Ⅲ；5—换挡齿轮；
6—内齿圈；7—空套链轮Ⅳ；8—链轮Ⅴ

④ 滚筒轴总成：滚筒轴总成是绞车的核心部件，由滚筒体、轮毂、刹车鼓、轴承座、轴、链轮体和推盘离合器及气胎离合器等组成。滚筒体为铸焊件，其表面为整体加工而成的里巴斯绳槽，可保证钢丝绳（$\phi 38mm$，$1\frac{1}{2}in$）缠绕时排列整齐，避免相互间的挤压。滚筒体右侧设有绳窝，用于安装快绳绳卡。

工作时，滚筒轴（图 2-29）由绞车传动轴输入动力，通过高速离合器或低速离合器的挂合，带动滚筒体转动。滚筒上缠有钻井钢丝绳，通过滚筒的正反转，钢丝绳在滚筒上缠绕或退绳，实现起升或下放钻具以及钻进。滚筒两侧配置可拆卸式耐磨盘，可防止减缓钢丝绳缠绳时对轮毂两侧的磨损。注意：正常钻井或起下钻时，当游吊系统在下始点，滚筒上允许缠绳量为 10~14 圈（美国钻井手册标准规定 6~9 圈）。

滚筒轴低速端轴头设有水气仪表装置，用于安装编码器来获取滚筒转速信息。滚筒轴两端的导气接头一端安装在水气仪表装置上，另一端安装在高速轴端，其功能是为离合器供气、为刹车盘冷却提供进水和回水。

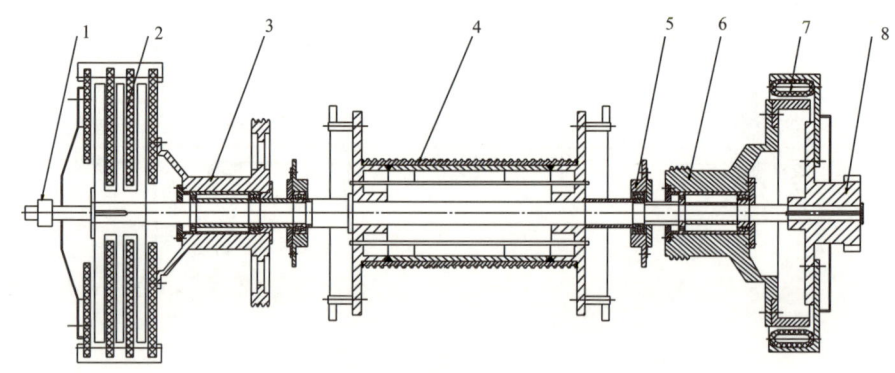

图 2-29 JC-80D 绞车滚筒轴总成示意图

1—水气仪表装置；2—低速离合器；3—低速空套链轮；4—滚筒体；5—滚筒轴承座；
6—高速空套链轮；7—高速离合器；8—齿式离合器

滚筒轴高速端通过齿式离合器与辅助刹车相连。下钻时，通过辅助刹车产生的反方向力矩，可控制下放速度，减少主刹车力。

滚筒轴内设有冷却水循环水道，用于冷却液压盘刹装置刹车盘。冷却循环路线：冷却水箱→离心式水泵→供水管线→绞车底座中的进水管线→滚筒轴水气仪表装置的进水口→滚筒轴进水水道→滚筒体的进水管线→刹车盘进水口→刹车盘水道→刹车盘回水口→滚筒体的回水管线→滚筒轴回水水道→水气仪表装置的回水口→绞车底座中的回水管线→冷却水箱。

在滚筒高速离合器上配有事故螺栓。当钻机气路或离合器出现故障时，可穿上事故螺栓，它将离合器与摩擦毂连为一个刚性体来传递动力，作为应急之用，确保滚筒工作。

注意：在滚筒高速离合器使用事故螺栓时，切不可挂合滚筒低速离合器，应在滚筒高低速控制阀上挂警示牌，严禁操作，否则会造成设备损坏，严重时会造成重、特大人员伤亡事故！

ZJ80D 钻机采用的是直径为 ϕ38mm 的钢丝绳，其绞车滚筒直径和缠绳长度分别为 ϕ770mm 和 1635.5mm。绞车滚筒里巴斯绳槽尺寸见表 2-15。

表 2-15 钻机绞车滚筒里巴斯绳槽尺寸

钻机规格	槽距, mm	槽深, mm	绳槽直径, mm
ZJ70D，ZJ70DB	38.89	11.4	41
ZJ80D，ZJ80DB	38.89	11.4	41
ZJ90D，ZJ90DB	45.9	13.5	48.6

⑤ 防碰天车装置：天车防碰天车装置的作用是当游车系统上到限定位置时，通过限位装置作用，使绞车滚筒紧急刹车，游动系统停止上升，防止碰撞天车，确保安全。ZJ80D 钻机的天车防碰天车装置采用三套独立的冗余防碰系统：一种是安装在井架上段限制游车上升位置的钢丝绳防碰装置；第二种为游车数显防碰装置；第三种是绞车防碰过圈阀装置。三种装置联合使用，互为备份，确保钻井安全（有关三种防碰装置的具体内容请参见司控房小节的内容）。

⑥ 液压盘式刹车装置：液压盘式刹车装置为机、电、液一体化产品，作为绞车的主刹车，是绞车乃至整个钻机的重要部件，主要由液压源（液压站）、液压操控部分（操纵台）和液压制动执行机构等组成，盘式刹车装置的工作流程和液压系统原理分别参见图2-30。

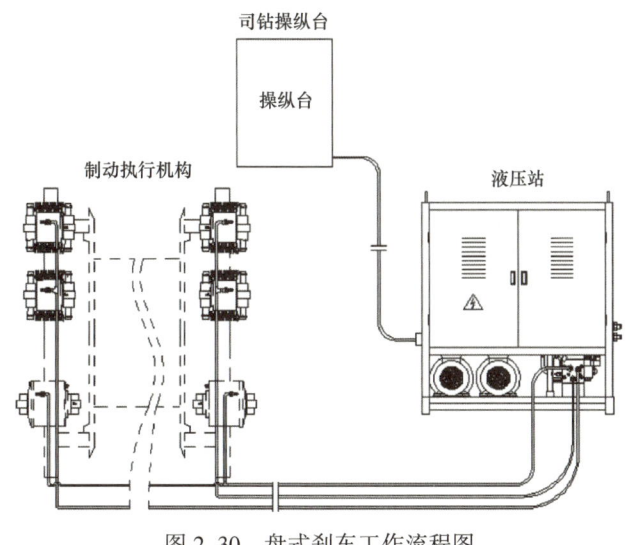

图 2-30 盘式刹车工作流程图

液压站作为动力源为刹车执行机构各制动钳提供必要的液压力；操纵单元是动力控制机构，通过操纵控制机构可以控制制动钳的离合。制动钳是动力执行机构，分为工作钳和安全钳，为绞车提供大小可调的刹车力矩。液压盘式刹车装置具有工作制动、紧急制动、驻车制动和断电自动刹车等功能，与防碰天车装置联动还可实现防止游车碰撞天车的功能。

液压站：包括油箱组件、泵组、控制块总成、加油组件、电控箱和操纵阀组等。其液压原理参见图2-15和图2-31。

操纵单元：包括电子刹把、驻刹车开关、紧急刹车按钮和防爆电控箱。电控箱内包括空气开关、电源、放大器等电器元件。

液压制动钳：包括浮式杠杆开式钳（工作钳）和浮式杠杆闭式钳（安全钳），参见图2-32盘式刹车示意图。

浮式杠杆开式钳：当向钳缸供给压力油时，液压力推动活塞右移，活塞与缸体通过上销轴分别推动左右钳臂的上端向外运动，刹车块在杠杆的作用下向内运动，从而将刹车块压在刹车盘上，利用相互间的摩擦力对刹车盘实施制动。当进入钳缸液压油的压力减小至零，活塞与缸体通过安装在左右上销轴端部的回位弹簧向内运动，刹车块向外运动与刹车盘脱离接触，刹车钳松刹。开式钳的刹车力来源于液压力，且液压油的压力越高，刹车力越大。

浮式杠杆闭式钳：当向钳缸供给压力油时，液压力推动活塞右移压缩碟簧，同时拉动左右钳臂的上端向内运动，带动刹车块与刹车盘脱离接触，刹车钳松刹。当钳缸泄油时，碟簧力推动活塞左移，通过钳臂使刹车块压紧在刹车盘上，产生的摩擦力实施刹车。可见，闭式钳的刹车力来源于碟簧的弹力。

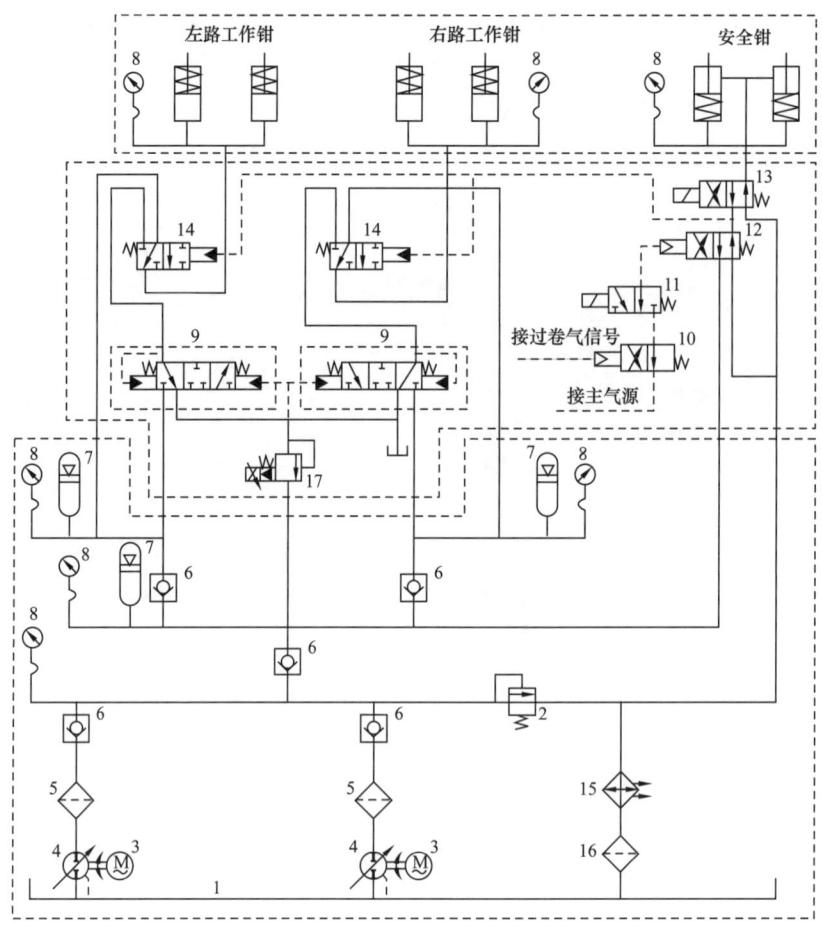

图 2-31　液压系统原理图

1—油箱；2—安全阀；3—电动机；4—油泵；5—吸油过滤器；6—单向阀；7—蓄能器；8—压力表；9—继动阀；
10，12—气控换向气阀；11—紧急制动阀；13—驻车制动阀；14—液控换向阀；15—冷却器；
16—回油过滤器；17—比列阀

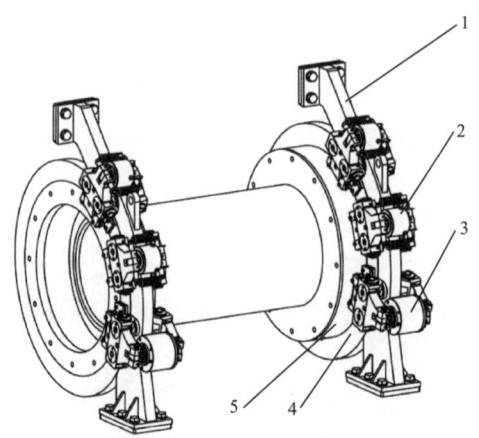

图 2-32　盘式刹车示意图

1—钳架；2—开式钳；3—闭式钳；4—刹车盘；5—连接环

绞车液压盘式刹车装置具有以下 5 种功能：

a. 工作刹车功能。拉动电子刹把，输出两个电信号经电控箱放大器放大后控制两个电磁比例阀，电磁比例阀输出相应压力值的液压油进入左/右路工作钳，实现工作刹车。随着电子刹把的角度改变，可调节工作钳对制动盘的正压力，开式钳的刹车力也相应改变，当电子刹把角度最大时，开式钳的制动力也达到最大。将电子刹把推回至原始位置，开式钳油缸压力为零，开式钳松刹。这样即可为主机提供大小可调的刹车力矩，满足送钻及起下钻等不同工况的要求。

b. 驻车刹车功能。驻刹车开关是一个转换开关，用来控制驻刹车电磁换向阀的通电或断电。转换开关到"刹"位为断电，闭式钳刹车；转换开关到"松"位为通电，闭式钳松刹。控制的基本原则是断电刹车。解除驻车制动时，必须先拉动"电子刹把"刹住载荷，然后将转换开关转到"松"的位置，松开闭式钳。操作驻车制动，使安全钳刹车，继而可以调整工作钳与刹车盘的间隙。

c. 紧急刹车功能。紧急刹车为一个按钮式转换按钮，控制电磁换向气阀通电与断电。按下按钮，电磁换向气阀断电，系统处于紧急刹车状态；旋转提起按钮，电磁换向气阀通电，解除紧急制动状态。解除紧急刹车时，只有先拉动"电子刹把"刹住载荷，才可旋转提起按钮，不然无法解除紧急制动。紧急刹车时，开式钳和闭式钳全部参与刹车。紧急制动一般在遇到紧急情况、停机或司钻离开操作位置时才使用。

d. 过圈防碰保护功能。由于操作失误或其他原因，当大钩提升重物上升到某位置，应该刹车而未刹车时，天车附近处安装的气动行程阀（或绞车上安装的过卷阀）由于外力碰撞而动作，使气路接通，由过圈防碰阀输出的气信号控制气控换向，切断气源，工作钳和安全钳全部参与刹车，实现紧急制动。

e. 断电自动刹车功能。当系统突然停电时，盘刹液压站的蓄能器起作用，使系统刹车装置自动刹车，此时，开式和闭式刹车钳会同时抱住刹车盘，以防发生事故。

⑦ 辅助刹车：辅助刹车是配合盘式刹车（主刹车）调整钻压和钻井速度，以及在起升或下放井架底座时控制运行速度的装置，该刹车可对下放的钻具或下放中的井架底座产生可调的非摩擦式的制动，使其平稳下放。根据用户要求辅助刹车可选用电磁涡流刹车也可配置伊顿刹车，从制造成本经济角度考虑，用户通常选用电磁涡流刹车。而伊顿刹车的可靠性高，制造成本也较高，用户在有特殊要求情况下也采用该配置。

DWS80 型水冷式电磁涡流刹车是专门为 ZJ80D 直流电驱动钻机而设计的辅助刹车装置，由刹车主体、可控硅整流装置及司钻开关等三部分组成。它是一种将钻具下钻时产生的巨大机械能转换成电能，又将电能转换为热能的非摩擦式能量转换装置。这种能量的转换及强有力的制动过程，是通过电磁感应原理完成的，没有任何磨损件。制动时产生的巨大热量，通过循环水介质带出涡流刹车装置，适用环境温度为 –45～+50℃ 的油田钻井工况要求，工作可靠，寿命长，维护简单。其结构示意图如图 2–33 所示。司钻通过调节开关手柄位置来调节激磁线圈直流电流的大小，可调节刹车的制动扭矩大小，达到控制钻具的下放速度。

几种深井、超深井用电磁涡流刹车的主要技术参数见表 2–16。

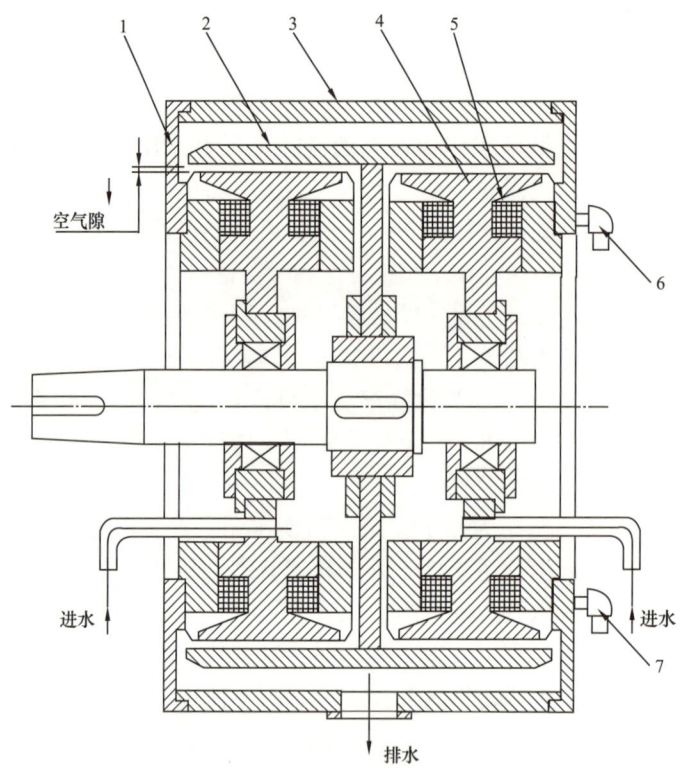

图 2-33 电磁涡流刹车结构示意图

1—端盖；2—转子；3—机座；4—定子；5—激磁线圈；6—上呼吸器；7—下呼吸器

表 2-16 几种电磁涡流刹车主要技术参数

指标 \ 型号	DWS50	DWS70	DWS80
适用钻井深度, m	5000	7000	8000
额定制动扭矩, N·m	80000	115000	130000
适用井深, m	5000	7000	8000
线圈个数	4	4	4
绝缘等级	H	H	H
最大励磁功率, kW	16	24	25
冷却水量, L/min	285	560	700
质量, kg	7856	12500	13000

⑧ 自动送钻装置：自动送钻装置主要由 45kW 交流变频电动机、减速机、推盘离合器、轴头压板及电、气控管线等零部件组成，其中推盘离合器的结构简单，操作容易。挂合时，通过旋转接头向气囊内充气即可，分离时，只需截断气源，快速放气即可。操作时禁止在离合器未完全啮合或未完全脱开的情况下打滑运行；如离合器内有任何异常震动，都应进行调整。自动送钻装置如图 2-34 所示。

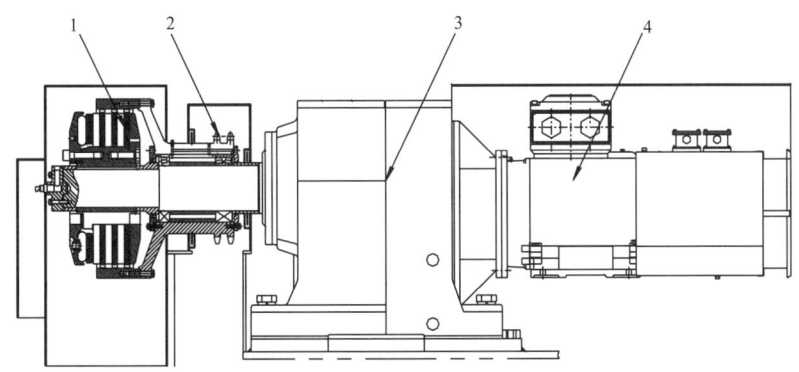

图 2-34 JC-80D 绞车自动送钻装置
1—推盘离合器；2—链轮；3—减速箱；4—送钻电机

自动送钻装置在绞车中的功用主要有两个：一是当主系统发生故障时，该系统可进行应急操作，能提升最大钻柱重量；二是送钻时由数字化变频拖动系统设定恒扭矩，反拖滚筒，自动调速和保护，可以实现恒压稳速送钻的目的。

⑨ 气控系统：气控系统是绞车控制系统的重要组成部分，可实现如下功能：

a. 控制滚筒高速、低速离合器的挂合或脱开。

b. 控制自动送钻离合器的挂合、脱开，并实现主电动机和送钻电动机的互锁。

c. 当防碰过圈阀动作后可使盘刹刹车。

d. 当游动系统超过设限高度后，液压盘刹装置自动刹车。

e. 传动轴上齿式离合器的挂合、脱开及锁挡；司钻房远程控制。

f. 控制输入轴惯刹离合器的挂合、脱开。

g. 断电时，在辅助刹车不能工作的情况下，控制液压盘刹系统，实现自动刹车。

h. 用于井场气喇叭的报警，低压报警器可在气压过低时报警。

⑩ 润滑系统：

JC-80D 绞车的润滑可分为润滑油润滑和润滑脂润滑两种。

绞车所有传动链条（四排 2in 链条 2 副，八排 $1\frac{1}{2}$in 链条 2 副，双排 $1\frac{3}{4}$in 链条 1 副）及传动轴轴承均为润滑油强制润滑。润滑油润滑为一个独立润滑系统，由固定在绞车底座右后方的电驱动齿轮泵、吸油过滤器、溢流阀、压力表等组成。润滑油池位于底座内，润滑油泵经吸油过滤器吸入润滑油，输出压力润滑油至绞车各润滑点。为保证油路系统内部压力恒定（压力可自由调定），管路上设有压力表和节流阀以及压力传感器等。通过调节溢流阀，可将润滑系统压力设定在 0.2～0.6MPa（29～87psi）范围内，保证设备各润滑点得到充分的润滑油。此外，油箱安装有电加热装置，在环境温度低时可接通此加热装置，对油箱内的润滑油进行润滑。

绞车传动轴轴承为润滑油润滑，其余轴承均为润滑脂润滑。此外，联轴器、辅助刹车装置拨叉、刹车钳、导气龙头、水气仪表装置、水气葫芦及自动送钻装置等部分的润滑也均为润滑脂润滑。

3）主要技术特点

（1）绞车滚筒体铸焊而成，滚筒体设有里巴斯绳槽。绳槽整体加工而成，可保证钢丝绳（ϕ38mm，$1\frac{1}{2}$in）缠绕时排列整齐，避免相互间的挤压，可有效延长钢丝绳的使用寿命。滚筒体右侧设有绳窝，用于快绳绳卡的安装，拆卸方便。

（2）采用一体化绞车结构。8000m钻机JC-80D直流驱动绞车为新型一体式结构形式，绞车所有部件均安装在一个底座上，和常规7000m直流驱动绞车主体与绞车动力机组采用分体式相比，结构紧凑、质量轻，减少了现场安装难度，节约了安装和拆卸搬家时间，便于整体吊装和运输。

（3）绞车采用机械换挡和电动机无级调速相结合的传动模式设计，扩展了调速范围，增强了绞车的提升能力，同时也提高了绞车钩速，有效地解决了绞车提升能力和钩速不匹配的问题。JC-80D绞车在7×8绳系时最大提升钩速可达1.5m/s。

（4）解决了滚筒容绳量的问题。ZJ80D钻机与ZJ70D钻机一样使用直径$\phi38$mm的钢丝绳，由于提升系统的绳系改为7×8，而常规7000m钻机使用6×7绳系，在井架有效高度仍然不变的情况下，需要增加滚筒容绳量。如果增大滚筒直径，会带来绞车整体高度尺寸增大问题。经对比分析后，采用保持滚筒直径不变，适当加长滚筒长度的方案，有效解决了滚筒缠绳量、缠绳层数增加和滚筒整体尺寸需加大的问题（8000m钻机绞车滚筒长度由7000m钻机的1246.60mm增加至1635.50mm）。

（5）JC-80D绞车离合器首次采用新结构，即低速端离合器采用推盘离合器，而高速端仍采用通风式气胎离合器的组合结构形式，解决了常规直流绞车高、低速离合器均采用气胎离合器结构形式带来的体积庞大的问题，彻底解决了绞车低速端传递大力矩导致气胎离合器直径和体积增大的问题，减小了绞车整体体积。

（6）采用SCR驱动与控制，绞车功率、转速调节范围宽，结构简单，便于维护。

（7）绞车不需要设计倒挡，倒挡可以通过绞车直流电动机（绞车左侧电动机）的反转来实现，简化了机械结构形式。

（8）采用高性能的电控盘刹系统，结构紧凑，刹车能力大，工作安全可靠。电控盘式刹车装置刹车力矩调节范围大、制动效能稳定、耐热衰退性能好、制动灵敏、操作省力。电控盘式刹车装置应用了液压领域先进的电液比例控制技术，使盘式刹车装置具有更高的动态灵敏响应特性，可大大减少溜钻事故。电控盘式刹车装置另一个显著优点就是液压阀件及胶管不进入司钻房，节约了司钻房空间，减少了由于液压油的泄漏对司钻房造成的污染。

（9）采用独立的自动送钻装置，可实现全钻井过程的自动送钻。立式高位安装的自动送钻电动机和减速箱，有效节省了占地面积和空间，使台面更加宽敞和畅通。

2. JC-80DB绞车

1）JC-80DB绞车主要技术参数

JC-80DB绞车主要技术参数见表2-17。

表2-17 JC-80DB绞车主要技术参数

额定输入功率，kW（hp）	2000（2720）
变频电动机台数×功率，kW	2×1000
最大快绳拉力，kN	553
钢丝绳直径，mm	38

续表

挡数	正Ⅱ挡、倒Ⅱ挡（无级调速）
开槽滚筒尺寸（直径 × 长度），mm	770 × 1631.5
刹车盘尺寸（外径 × 厚度），mm	1520 × 76
自动送钻装置电动机，kW	45
外形尺寸（长 × 宽 × 高），mm	7700 × 3231 × 2530
质量，kg	46360

2）结构与原理

JC-80DB 绞车采用交流变频电驱动，全数字矢量控制，实现无级调速，利用变频装置的能耗制动功能实现变频电动机的四象限运行，是一种交流变频单轴齿轮传动绞车，主要由交流变频电动机、减速箱、液压盘刹、滚筒、绞车架、自动送钻装置、气控系统、润滑系统等单元组成（图 2-35）。绞车所有部件均低位安装在钻机底座后台低位处的底座上，构成一个独立的运输单元。

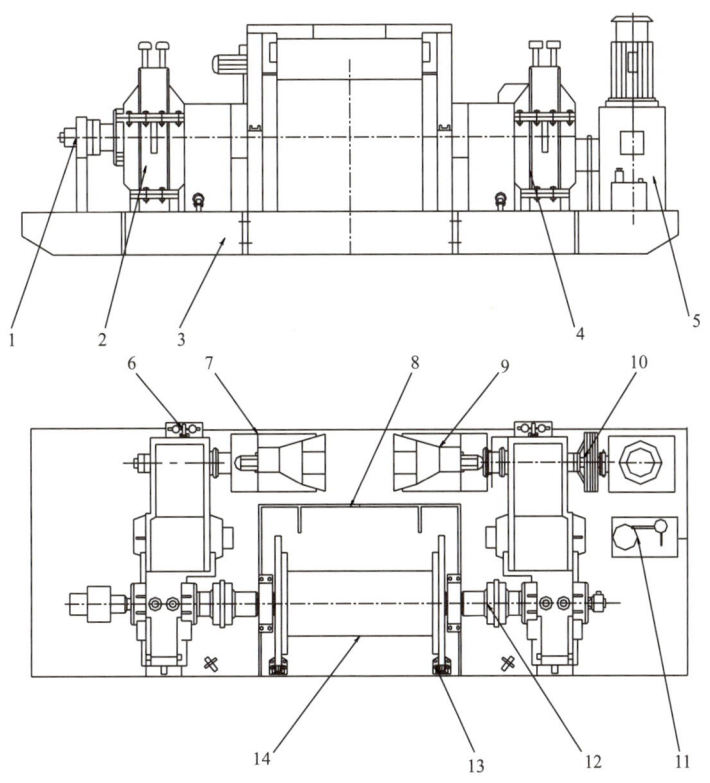

图 2-35 JC-80DB 绞车结构示意图

1—仪表装置；2—左主减速箱；3—绞车底橇；4—右减速器；5—自动送钻装置；6—减速器换挡机构；7—交流变频主电动机 A；8—绞车支架；9—交流变频主电动机 B；10—自动送钻离合器；11—机油润滑系统；12—联轴器；13—液压盘刹装置；14—滚筒轴总成

绞车由两台功率为 1000kW（1360hp）、转速为 0～2600r/min 的交流变频电动机驱动，分别经一台二级齿轮减速箱减速后，驱动绞车滚筒。绞车为两挡无级变速（如图2-36所示），其速度大小通过控制交流变频系统来实现。绞车的主刹车采用液压盘式刹车，配双刹车盘；辅助刹车采用交流变频电动机能耗制动。

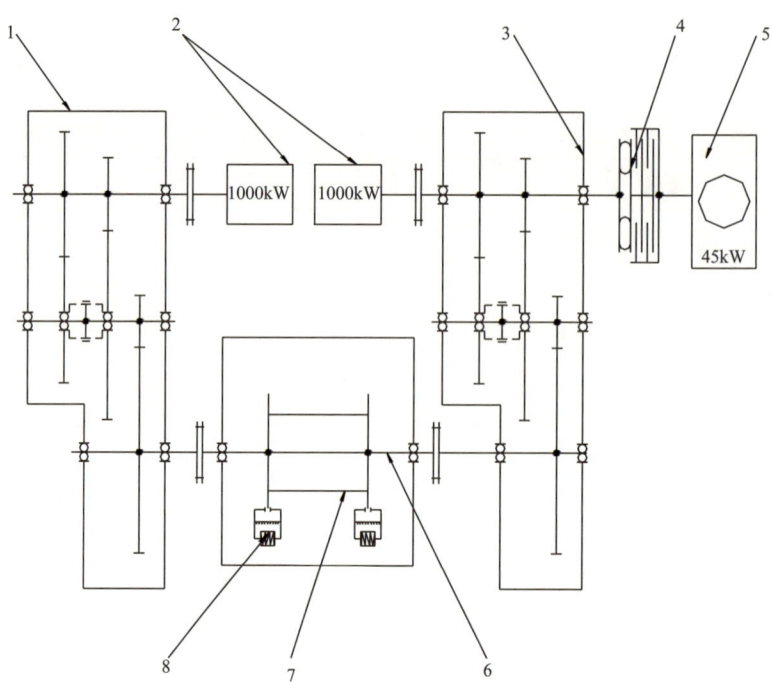

图2-36 JC-80DB绞车传动原理图
1—两挡减速器（左）；2—交流变频主电动机；3—两挡减速器（右）；
4—推盘式离合器；5—自动送钻装置；6—滚筒轴；7—滚筒；8—主刹车装置

（1）绞车架。JC-80DB绞车架为焊接结构，能准确定位并支撑电动机、滚筒轴、齿轮减速箱、自动送钻装置等。绞车架可分为绞车架主体和底座两大部分。绞车架主体为型钢组焊框架式外封板结构，墙板内侧用槽钢等组焊成整体骨架。绞车底座主梁均采用了焊接工字钢结构，滚筒体下方用钢板封底，避免油污等滴漏。底座上设有绞车起吊用的吊耳，利用卸扣进行吊装。底座前方右侧设有油箱，用于储存齿轮减速箱润滑油。另外，各气控管线和油水管线均在底座内部布置，在需要检修处均设有活盖板等。

（2）滚筒轴总成。绞车为单滚筒轴形式，滚筒采用两瓣式槽体。滚筒总成是绞车的关键部件，它由滚筒轴、滚筒体、连接盘、轴承座、轴、键等件组成。滚筒总成通过左轴承座和右轴承座固定在主墙板上，左、右轴承座与主墙板各采用M36的螺栓紧固。滚筒体上带有里巴斯绳槽，绳槽为两瓣式结构，与滚筒体拼接组焊而成，可保证钢丝绳缠绕时排列整齐。滚筒体右侧设有绳窝，用于安装钢丝绳及其绳卡。

（3）齿轮减速箱。JC-80DB绞车配备三轴式两挡减速箱，绞车滚筒两侧各配一台减速箱（图2-37绞车左减速箱总成），右减速箱输入轴另一端伸出，作为自动送钻的输入端。齿轮减速箱的箱体采用整体铸造结构，各齿轮均采用大模数硬面齿轮，齿轮及轴承采用强制润滑。润滑系统配单泵系统，设置润滑系统油压传感器，一旦润滑系统油压出现异常，由钻机电气控制系统首先发出报警信号，保证减速箱安全运行。

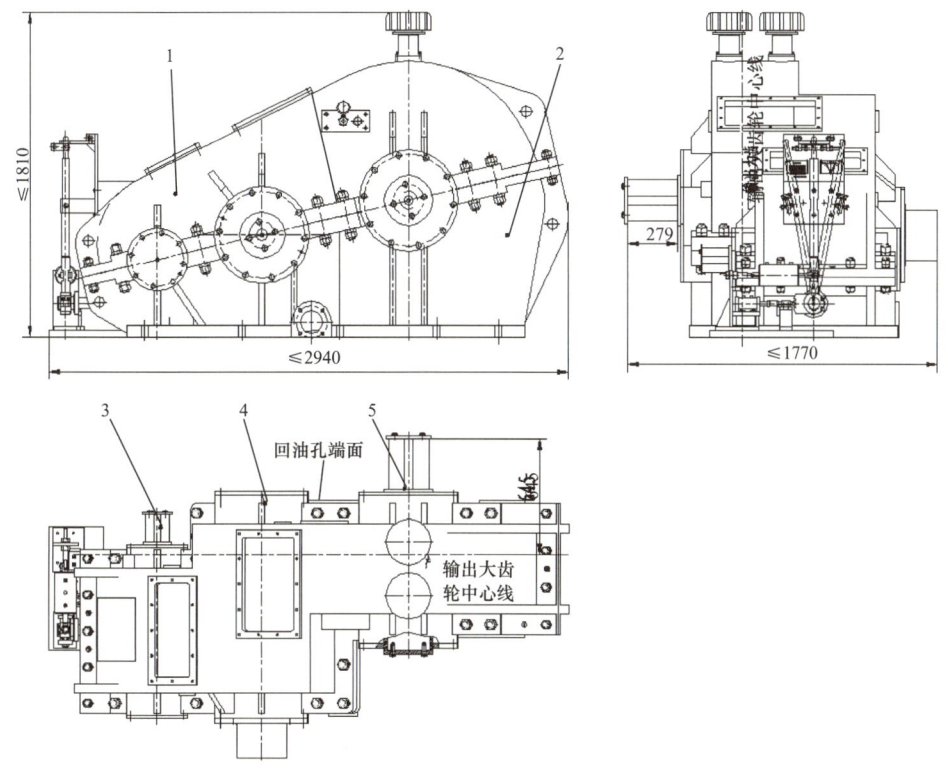

图 2-37 绞车左减速箱总成
1—箱盖；2—箱体；3—输入轴；4—中间轴；5—输出轴

使用单电动机时，如果减速箱挂在一挡上，另一台减速箱可挂在一挡或空挡上；如果减速箱挂在二挡上，另一台减速箱可挂在二挡或空挡上。当使用双电动机时，两台减速箱必须同时挂在一挡或同时挂在二挡上，禁止两个减速箱挂在不同的挡位操作。挂挡信号检测和反馈由安装在减速箱换挡手柄旁的行程开关和电控系统实现。

齿轮减速箱基本参数：

减速箱一挡传动比　　　　　$i=5.418$
减速箱二挡传动比　　　　　$i=10.424$
额定输入转速　　　　　　　$n=800 \text{r/min}$
最大输入转速　　　　　　　$n_{max}=2600 \text{r/min}$
额定输入扭矩　　　　　　　$T=11920 \text{N} \cdot \text{m}$
最大输入扭矩　　　　　　　$T_{max}=1.2 \times 14304 \text{N} \cdot \text{m}$（持续 1 分钟）

（4）自动送钻装置。自动送钻装置由 45kW/50Hz 交流变频电动机通过立式减速机、离合器等驱动绞车滚筒轴实现送钻，安装在绞车右齿轮减速箱输入端的另一侧。自动送钻装置（图 2-38）有两个功能：一是当绞车出现故障时，自动送钻装置可进行应急操作，用来提升最大钻柱重量，或起升、下放井架和底座；二是自动送钻时由数字化变频系统驱动电动机，通过电控系统设定恒转矩或恒转速，反拖滚筒，自动调整转矩或转速，实现恒钻压/恒钻速自动送钻。送钻速度为 0.1～36m/h；钻压误差小于 5kN。电动机调速范围大，可适应不同钻井工况的送钻速度。自动送钻装置和绞车主电动机还具有互锁功能，仅当绞车左、右减速箱处于Ⅰ挡时，离合器才能挂合，否则离合器无法挂合。

（5）液压盘式刹车。液压盘式刹车作为绞车的主刹车，是保证绞车乃至整个钻机工作安全可靠的关键部件，主要由液压控制部分和制动执行两部分组成。

液压控制部分由液压站和盘刹操纵台组成，液压站是执行机构的液压动力，操纵机构是动力控制环节；制动执行部分直接连接和控制滚筒的运动，由刹车钳、钳架、刹车盘三部分组成，其中刹车钳分为常开钳和常闭钳两种形式。液压盘式刹车与防碰天车装置联动可实现防止游车碰天车的功能。

在钻具提升过程中，如需液压盘式刹车动作，在主电动机工作，送钻小电动机不工作时，则必须控制主电动机零速悬停后，再控制盘刹刹车，最后断电（停车）；如果送钻小电动机工作，主电动机不工

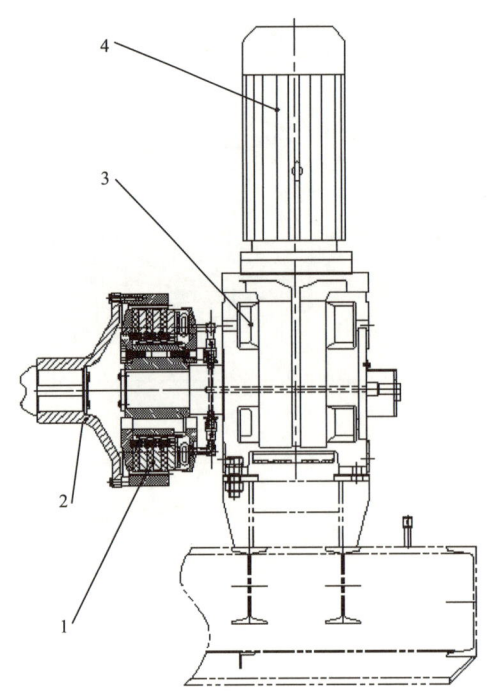

图 2-38　JC-80DB 自动送钻装置
1—齿式离合器；2—挂合气缸；3—减速机；4—送钻电动机

作，则必须控制小电动机悬停后，再控制盘刹刹车，最后摘开绞车自动送钻离合器。

（6）过圈阀天车防碰装置。绞车配有过圈阀防碰，防碰过圈阀为气控阀，安装在滚筒上方绞车架的滑槽内。当游车上升到设限高度（距天车梁下平面6.2m处）处，此时防碰过圈阀拨杆紧贴钢丝绳。当游车继续上升超过设限高度时，钢丝绳触碰过圈阀的拨杆，防碰过圈阀换向，通过气控系统控制液压盘式刹车，实现紧急刹车，防止游车碰撞天车事故的发生。

每班交接班前，应先将过圈阀顶杆压一下，试验过圈阀是否正常工作。每次使用后，滚筒挂合前必须按下防碰释放阀，使盘刹刹车松开，并将过圈阀顶杆扳至垂直位置。

（7）气控系统。气控系统是绞车控制系统的重要组成部分。交流变频钻机绞车气控系统主要包括自动送钻离合控制、过圈防碰控制两部分。绞车控制阀箱内的电磁阀由旋钮和按钮开关或触摸屏控制。所有控制信号经PLC逻辑运算后输出到相应的电磁阀，控制各执行组件充气与放气。绞车的所有控制（电、气、液）均集中在司钻控制房内。

（8）推盘离合器。推盘离合器是控制自动送钻电动机动力的离合机构，其结构简单，操作容易。在需要挂合时，通过旋转接头向气囊内充气即可；需要断开时，只需截断气源即可。在操作时需注意禁止在离合器未完全啮合或未完全脱开的情况下打滑；对离合器内的任何异常震动都应进行调整。

（9）润滑系统。减速箱机油润滑系统主要由机油润滑油泵（电动机功率11kW）、滤油器（过滤精度180μm）、电加热管、吸油和回油管线及各种管线接头等组成。润滑泵安装在绞车底座上，加热器安装在绞车底座内，通过自动电加热装置实现对绞车油温的控制。

绞车滚筒体主轴承、鼓齿联轴器和盘刹装置的钳缸等采用油脂润滑；送钻减速箱的齿

轮和轴承为独立润滑体系,其齿轮和轴承采用飞溅润滑;绞车减速箱所有轴承和齿轮均采用强制喷油润滑。齿轮箱每次在运转前,应首先启动绞车电动机油润滑油泵。

为保证油路系统内部压力恒定(压力可自由调定),管路上设有压力表和节流阀以及压力传感器等。通常情况下,泵站出油口压力设置调定在 0.2～0.6MPa 范围内,左右减速箱压力为 0.1～0.4MPa,当压力低于 0.1MPa 时,通过系统压力传感器和二次仪表控制主刹车系统,使电控系统报警,提醒司钻注意,以免压力过低导致减速箱因缺油而损坏。

3)技术特点

(1)两台电动机、两台减速箱对称布置,绞车减速箱为两挡气动换挡,采用齿轮传动,优于链条传动和皮带传动,结构紧凑,占用空间小,效率高,运行维护成本低,更加适合石油钻井恶劣的工作环境。

(2)绞车为单滚筒形式,整体体积小、质量轻。变频电动机调速性能优越,加上齿轮箱二级减速,省去了绞车内部换挡机构,使得绞车本身的体积和质量大为减小。

(3)滚筒里巴斯绳槽采用整体加工、分瓣焊接的结构设计,可保证钢丝绳(ϕ38mm,$1\frac{1}{2}$in)缠绕时排列整齐,避免相互间的挤压,有效延长钢丝绳的使用寿命。轮毂侧板进行过特殊热处理,增加了轮毂侧板的耐磨性,在保证有效缠绳的情况下,维修更加方便。滚筒体右侧设有绳窝,用于快绳绳卡的安装。

(4)采用能耗制动刹车。变频电动机在零速时也能输出额定扭矩,可实现钻具悬停。利用钻机在下钻作业中,游动系统的悬重通过滚筒拖动绞车主电动机反转,使其进入"发电"状态;变频系统提供 DC 母线上挂接的制动单元及制动电阻,将势能转化为热能以实现对重力负载的定量、定位的自动控制;PLC 工控机通过对采集的数字信号分析"感知"游动系统的悬重,控制主电动机反转的速度,使钻具以设定的速度平稳安全地下放。

(5)减速箱设空挡和工作挡位,提高了绞车的运行经济性,并使绞车维护更加方便。

(6)绞车不需要设计倒挡,倒挡可以通过绞车交流变频电动机的反转来实现,简化了机械结构形式。

(7)采用主电动机 + 独立电动机组合送钻方式实现自动送钻,可实现全钻井过程的自动送钻。

(8)传动密封均采用机械式密封,密封可靠。

3. 配套设施

1)排绳器

排绳器是安装在绞车滚筒上部或上方的引导钻井钢丝绳整齐排列在滚筒上的装置。绞车工作时如果钢丝绳排列不整齐,钢丝绳就会相互挤压,降低钢丝绳的使用寿命,特别是遇到紧急刹车情况更是如此。长期这样会导致钢丝绳磨损,过卷防碰装置的工作也不能得到保证,带来一系列事故隐患。

8000m 钻机的排绳器布置在绞车滚筒的前上方、安装于钻机底座后部的专用支架上,如图 2-39 和图 2-40 所示。一组滚轮体在支架钢丝绳上、夹着钻井钢丝绳,随着滚筒上缠绳位置的左右变化,引导和稳定钢丝绳有规则地排列在滚筒体上而不发生大的跳动,从而有效地保护钢丝绳。

2)加热器

绞车底座内设有自动电加热器,当油箱的油温过低时自动对润滑油进行加热,以保证绞车在低温环境下润滑系统能正常工作。

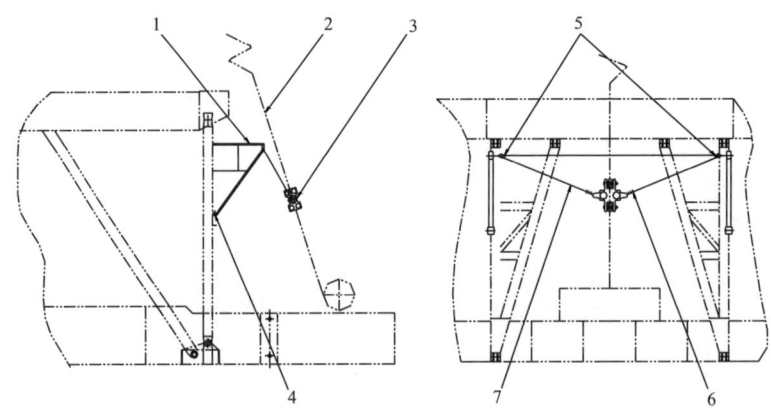

图 2-39 排绳器的安装位置示意图

1—排绳器安装支架；2—钻井钢丝绳；3—排绳器；4—销轴；5—导向葫芦；6—钢丝绳绳卡；7—连接钢丝绳

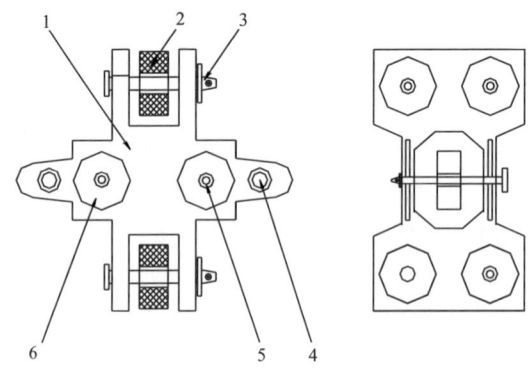

图 2-40 绞车排绳器结构示意图

1—排绳器支架；2—滚轮（Y 轴向共四件）；3，5—滚轮销轴；4—牵引钢丝绳连接销轴；6—滚轮（X 轴向共两件）

4. 8000m 钻机绞车技术创新

（1）JC-80DB 绞车和 JC-80D 绞车一样，均为全新开发设计研制。

① 解决了 8000m 钻机对配套绞车最大快绳拉力的要求。在 7000m 钻机基础上，增加了游动系统滑轮数量及绳系，相应地降低了对绞车快绳拉力载荷值的要求。

② 优化绞车传动结构。绞车采用机械换挡和电动机无级调速相结合的传动模式设计，扩展了调速范围，增强了绞车的提升能力，同时也提高了绞车钩速，有效地解决了绞车提升能力和钩速不匹配相互制约的设计问题，传动比及扭矩满足提起最大钩载 5850kN 的要求，其中 JC-80DB 绞车在 14 绳系时最大提升钩速可达 1.7m/s，JC-80D 绞车在 14 绳系时最大提升钩速可达 1.5m/s。

③ 在保持绞车滚筒直径不变的前提下，适当增加滚筒长度，解决滚筒缠绳容量不够的问题。

④ 采用一体化绞车设计，减少现场安装难度，节约搬安时间，同时绞车质量轻，便于整体运输。

（2）8000m 钻机上采用了新型的压实股钻井钢丝绳。

8000m 钻机选用了强度更高、直径为 ϕ38mm 的 $6\times K26WS$-IWRC 压实股钢丝绳。所

谓压实股钢丝绳,是指钢丝绳外层经过模拔、轧制或锻打等变形加工后,钢丝绳的形状和股的尺寸发生改变,而钢丝的金属横截面积保持不变的钢丝绳。由于压实股钢丝绳与轮槽的接触面积大、比压小、磨损小,与相同直径的钢丝绳相比的破断拉力更大,强度更高、韧性更好。压实钢丝绳一般具有良好的抗磨和抗挤压性能,但其弯曲疲劳寿命会由于压实加工而降低。

ϕ38mm 直径的压实股钢丝绳,其参考质量为 736kg/100m。当钢丝绳公称抗拉强度级别为 1770MPa 时,其最小破断拉力达到 1120kN。而直径为 38mm 的普通股钻井钢丝绳,其参考质量为 602kg/100m,当钢丝绳公称抗拉强度级别为 1770MPa 时,其最小破断拉力仅为 910kN。8000m 钻机选用压实股钢丝绳有以下优点:

① 增加了钢丝绳的抗磨损性,提高了钢丝绳寿命。

② 可以减小天车、游车滑轮直径,减轻天车、游车、绞车的质量。在 8000m 钻机上,游动系统滑轮尺寸与 7000m 钻机的完全相同。

③ 解决了游动系统绳系增加给绞车滚筒缠绳容量不足带来的问题(在井架高度不变情况下,由普通 7000m 钻机 6×7 绳系改为 8000m 钻机的 7×8 绳系,增加了滚筒缠绳量)。相同承载能力要求下,可以采用更小直径的钢丝绳,降低绞车滚筒盘绳容量,从而减轻绞车质量和体积。

5. HSE 设施和措施

(1)主电动机与自动送钻电动机具有互锁保护功能。在钻机运行过程中,主电动机和自动送钻电动机不能同时启动,具有互锁功能。也就是主电动机运行时自动送钻电动机不能启动,离合器不能挂合,以保护电动机和滚筒。同样,自动送钻离合器挂合后主电动机也不能启动,防止误操作带来的设备损坏。

(2)绞车在换挡时,必须进行锁挡,并观察锁挡压力显示与气源压力是否一致。如压力显示不一致,表明齿式离合器未挂合到位,需重新进行换挡操作。如果挂不成功,机构没有锁定,则气压建立不起来,司钻就不应使绞车带负荷工作。机械换挡时必须停车。

(3)系统装有润滑油低油压报警、低气压报警、失电报警、冷却水异常报警和电动机风机异常报警等。可模拟润滑系统的温度和压力,冷却系统的温度、水位和流量,以及电动机风机未启动等非正常工况,检验报警装置的动作灵敏性和准确度。

(4)应确保各传动件连接可靠,离合器、换挡机构应可靠灵敏,不得处于半离合、半挂挡状态。否则将造成传动件损毁,可能会导致游吊系统砸向钻台和溜钻事故。

(5)ZJ80D 绞车滚筒高速离合器上配有事故螺栓。当钻机离合器发生故障或压缩空气压力过低等原因又无法立即维修时,可安装上事故螺栓,将离合器与摩擦毂连为一个刚性体来传递动力,作为应急之用,确保滚筒工作。在滚筒高速离合器使用事故螺栓时,严禁挂合滚筒低速离合器,应在滚筒高低速控制阀上挂警示牌。

(6)绞车内的阀岛箱容易积水,造成气控阀件损坏,同时造成环境污染,应在阀箱底部打排水孔,或者在阀箱上做防护罩。

(7)8000m 钻机的防碰天车装置采用三套独立的冗余防碰系统:一种是安装在井架上段限制游车上升位置的钢丝绳重锤防碰装置;一种是绞车防碰过圈阀装置;还有一种为游车数显防碰装置。三种装置联合使用,互为备份,确保钻井安全。任一种装置防碰信号触发后,气控系统就会摘去滚筒高低速离合器,并使液压盘刹刹车,同时停止绞车动力。

① 数显防碰装置：数显防碰装置可实现游车高度指示及防止游车上碰天车和下砸转盘，具有均匀减速和预设位置急停功能。可以指示游车大钩从钻台 0m 至钻台以上 50m 高度内任意位置的高度并进行报警，自动对绞车实行制动。工作时，滚筒轴编码器将游车的高度转换成滚筒旋转量，以脉冲输出进行处理，送至数显操作盘显示。当游车运行到设定的预警高度时，系统会自动减速，而当游车继续运行，到达系统设定的紧急高度时，系统自动发出报警，如司钻未刹车，系统会自动刹车，使游动系统停止上升，以防止发生游车碰撞事故。当游车向下运行到设定的预警高度时，系统会自动报警并刹车，防止游动系统下碰转盘。

② 钢丝绳重锤防碰：钢丝绳重锤防碰器安装在井架大腿附近，距天车台底部 6~6.5m 处有一根横贯井架中央、直径为 $\phi 7mm$ 的钢丝绳，经过导向轮沿井架向下延伸至井架后面人字架下部，与天车防碰器相连。当游动系统运行至防碰高度带动横贯井架中央的防碰钢丝绳向上运行时，钢丝绳被向上提起，会将天车防碰阀的下拉销拉脱，防碰器内的防碰阀在弹簧作用下复位而导通，发出信号给电控系统 PLC，PLC 断开阀岛盘刹控制阀的信号，盘刹刹车，同时系统自动使绞车速度给定为零，从而使游动系统停止上升。

③ 过圈防碰：过圈防碰装置由过圈防碰阀实现。过圈防碰阀安装于滚筒上部横梁上，当游车上升至防碰高度时，滚筒快绳在滚筒上超过预设圈数，将过圈阀触杆碰歪，触动过圈阀导通，压缩空气经过圈防碰阀迅速传至压力开关，发出信号给电控系统 PLC，断开阀岛盘刹控制阀，盘刹控制阀关闭排气，盘刹刹车，同时系统自动使绞车速度给定为零，从而使游动系统停止上升。

（8）液压盘式刹车作为绞车的主刹车，是绞车乃至整个钻机的核心部件，主要由液压控制和液压制动两部分组成。液压控制部分由液压站和盘刹操纵台组成，作为动力源和动力控制机构，为制动钳提供必需的压力油。制动钳是动力执行机构，分为工作钳和安全钳，可为绞车提供大小可调的刹车力矩。液压盘式刹车具有工作制动、紧急制动、驻车制动等功能，还可以与防碰天车装置联动，防止游车碰撞天车。

（9）当电动机正常工作时，不得挂合输入轴惯刹离合器，否则会造成设备损坏！电动机启动前，应检查惯刹离合器是否已经脱开。

（10）钻机装有绞车断电、钻机电控系统故障、钻机气压过低、润滑油压过低或过高等保护装置。

（11）钻机下放钻具，特别在下放较重的钻具时，需与电磁涡流刹车或能耗制动配合使用。即：必须利用盘式刹车和辅助刹车的组合能力来安全下放钻柱和套管，任何时候都不允许将钻具自由下降，必须连续减速，以保证操作的安全性，减少制动负荷。不利用辅助刹车控制负载下降，可能会引起控制失灵，造成财产损坏、人身伤害甚至死亡事故。起下钻时，要自始至终保持辅助刹车与绞车相连。

（12）绞车盘刹驻车制动只有安全钳参与制动。司钻操作驻车制动"释放/刹车"手柄时，盘刹安全钳释放，安全钳导入液压油，安全钳的压力表指针最大（7MPa）；司钻操作驻车制动"释放/刹车"至"刹车"位置时，盘刹安全钳刹车，安全钳液压油排出，此时安全钳的压力表指针最小，即可实现安全钳制动，防止大钩下落。司钻可以通过安全钳的压力变化或游动系统的速度来观察刹车是否正常。为了确保安全钳油缸内碟簧有足够的弹力，每 12 个月必须更换一次碟簧组，而且必须是成组更换。

（13）在维修盘刹液压站或管线之前，一定要先停泵，并卸掉蓄能器的压力，否则，可能会造成人身伤害。司钻离开司钻位置时，需用卡瓦悬持重负载，严禁运用盘式刹车悬持重负载。

（14）绞车在运转过程中，护罩必须固定牢靠，窗盖封严，严禁在运转过程中开启护罩加注润滑脂或润滑油，以免发生人身伤害事故。

（15）绞车A、B电动机的风机装有滤沙防护装置。

（16）操作自动送钻装置时，禁止在离合器未完全啮合或未完全脱开的情况下打滑运行；如离合器内有任何异常震动，都应进行调整。

第四节 转盘及转盘驱动装置

转盘及转盘驱动装置是钻机的重要旋转设备之一，其主要功能为：在钻井和修井过程中，转动井内钻具，为钻柱提供必要的扭矩和转速；下套管或起下钻时，承受井内套管柱或钻杆柱重量；用转盘钻进或处理事故时用于旋转钻柱；涡轮或螺杆钻具钻进时承受钻柱上的反作用力矩；定向钻井时用于调整和控制井下钻头的方位。

钻机转盘在扭转、冲击、振动、钻井液腐蚀等条件下工作，转盘必须具有足够的承载、抗扭、抗震和抗腐蚀的能力，其承载能力应等于或大于钻机的最大钩载。普通7000m钻机采用5in钻杆，转盘的最大静载荷设计为5850kN，比7000m钻机最大静钩载能力4500kN大一个型号。而8000m钻机可以采用$5\frac{1}{2}$in钻杆，钻井更深，需要的扭矩和承载能力更大（最大静载为5850kN）。为了确保转盘在冲击、扭转等共同作用下的承载能力，在钻机配套时，8000m钻机的转盘也按照7000m钻机的优配要求，选用了大一型号的转盘，即ZP375Z增强型转盘。其承载能力可达到6750kN，安全系数大大提升。

8000m钻机采用ZP375Z加强型转盘，与普通ZP375转盘相比其传递扭矩和静承载能力大大增强；转盘驱动装置采用齿轮减速器，结构紧凑、传动效率高、使用寿命长、维护方便。满足8000m钻机载荷大、钻井工况恶劣的使用要求。

1. ZP375Z转盘及转盘驱动装置主要技术参数

1）转盘的主要技术参数

最大静载荷　　　　　　　　6750kN
通孔直径　　　　　　　　　952.5mm（$37\frac{1}{2}$in）
最高转速　　　　　　　　　300 r/min
转台最大工作扭矩　　　　　45000 N·m
齿轮传动比　　　　　　　　3.62

2）电动机主要技术参数

（1）ZJ80D钻机转盘驱动装置直流电动机的主要参数：

直流电动机型号　　　　　　YZ08
电动机输入功率　　　　　　800kW
电动机额定转速　　　　　　970r/min
电动机额定扭矩　　　　　　7876N·m

（2）ZJ80DB钻机转盘驱动装置交流变频电动机主要参数：

交流变频电动机型号	YJ13X6
输入功率	800kW
额定输入转速	741r/min
额定扭矩	10303N·m

3）齿轮减速器技术参数

（1）ZJ80D钻机转盘驱动装置齿轮减速器技术参数：

齿轮减速器挡数	2挡
输入功率	800 kW
传动比	Ⅰ挡为1.094，Ⅱ挡为2.068
中心距	400mm
额定输入转速	970r/min
最高输入转速	1500r/min
额定输入扭矩	11000N·m
最大输入扭矩	15000N·m
工作噪声	80dB
最高允许油温	80℃
润滑方式机	油喷油润滑+飞溅润滑

（2）ZJ80DB钻机转盘驱动装置齿轮减速器技术参数：

齿轮减速器挡数	1挡
输入功率	800 kW
传动比	1.5
中心距	400mm
额定输入转速	741r/min
最高输入转速	1253r/min
额定输入扭矩	10324N·m
最大输入扭矩	15500N·m（持续90s）
工作噪声	80dB
最高允许油温	80℃
润滑方式	机油喷油润滑+飞溅润滑

4）几种深井和超深井钻机的转盘主要技术参数（见表2-18）

表2-18 深井和超深井钻机的转盘主要技术参数

序号	型号	ZP375	ZP375Z	ZP495
1	开孔直径，mm	952.5	952.5	1257.3
2	最大静载荷，kN	5850	6750	9000
3	最大工作扭矩，N·m	32362	45000	64400
4	齿轮传动比	3.56	3.62	4.0883

续表

序号	型号	ZP375	ZP375Z	ZP495
5	最高转速，r/min	300	300	300
6	外形尺寸（长×宽×高），mm	2468×1810×718	2468×1810×718	3015×2254×819
7	质量，kg	7970	9504	11260

2. 结构与原理

ZP375Z 加强型转盘工作时，电动机水平轴方向的旋转动力经齿轮减速器减速后传递给转盘输入轴的一对锥齿轮副并把水平轴旋转运动改变为垂直方向的旋转运动，使转盘转台驱动井下钻具旋转，给钻杆和钻头传递转速和扭矩，主要由主补心装置、转台装置、锥齿轮副、输入轴总成、锁紧装置、底座、上盖等零部件组成。转盘总成的结构如图 2-41 所示。

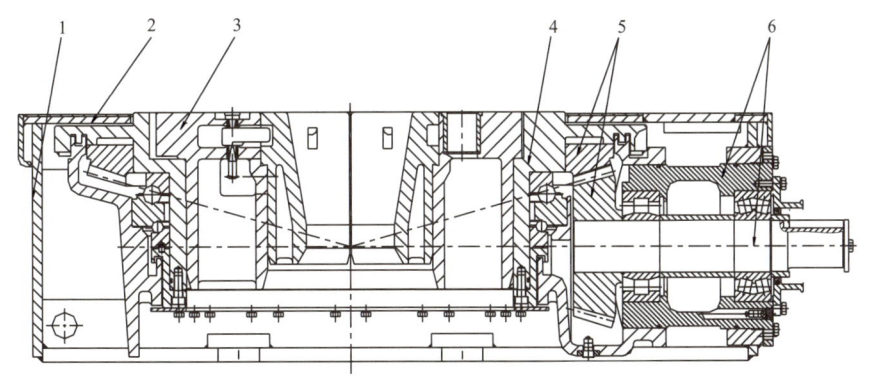

图 2-41 转盘结构图

1—底座；2—上盖；3—转台装置；4—主补心装置；5—锥齿轮副；6—输入轴总成

（1）主补心装置为剖分式结构，与转台、补心装置均采用制动块相连。主补心内孔装入不同规格的补心装置后可使滚子补心进行钻井作业或下套管作业。

（2）转台装置是转盘用以输出转速和扭矩的旋转件，主要由大锥齿圈、转台、主轴承、下座圈等零件组成。转台装置由主轴承支承在底座内，并用钩头螺栓将主轴承中座圈与底座相连。大锥齿圈与转台紧配合装在一起，主轴承采用主辅一体式结构的角接触推力球轴承，既可承受最大钻柱和套管柱负荷，也可承受钻井和起下钻时来自井下向上的冲击负荷，结构更为紧凑。

（3）锥齿轮副采用螺旋锥齿轮，大小锥齿轮均由高合金钢经锻造、调质热处理制造而成，锥齿轮副的啮合间隙可由主轴承下部和输入轴总成轴承套法兰端的垫片来调整。

（4）输入轴总成是转盘动力的输入部件，为筒式结构，由轴承套、轴承、输入轴、小锥齿轮等零件组成。输入轴由一个向心短圆柱滚子轴承和一个向心球面滚子轴承支承在轴承套内，该轴总成装于底座内，输入轴的轴端直径，键槽各尺寸均符合 API SPEC 7K 中 5 号轴头的规定。

（5）锁紧装置是制动转台的装置。用转盘钻井时应在开启位置，用顶驱钻井、动力钻具钻井或特殊作业时锁定转台以承受反扭矩。提起操纵杆将左或右揳子送入转台的凹槽内，操纵杆手柄靠井眼方向为制动状态，靠输入轴方向为开启状态。

（6）底座是采用铸焊结构的刚性矩形壳体，上盖是用花纹钢板焊接而成的矩形面板，用内六角螺钉固定在底座上，可承受最大静负荷，其内腔有润滑油池，在底座内设有左、右两个曲拐式锁紧装置，可将转台在正、反两个转向锁住，以适应采用井下钻具钻井或特殊钻井作业时承受反扭矩的需要。

（7）转盘的润滑：齿轮、轴承采用润滑油飞溅润滑；锁紧装置的销轴采用脂润滑。

转盘的转台与底座之间的动密封采用迷宫式密封，输入轴与轴承盖之间的动密封采用弹簧骨架密封圈密封，其余静密封均采用"O"形密封圈密封。

3. 转盘驱动装置

转盘驱动装置是将动力传递给转盘的设备，驱动转盘做旋转运动。8000m钻机采用独立整体式电驱动结构，传动方式为齿轮传动，ZJ80D为直流电动机驱动，ZJ80DB为交流电动机驱动。8000m钻机转盘驱动装置独立驱动的控制不受绞车挡位的影响，控制方便，速度调节范围较宽。

8000m钻机的转盘驱动装置主要由电动机、万向轴、两挡齿轮减速器（直流电驱动钻机）或一挡齿轮减速箱（交流变频电驱动钻机）、转盘总成、惯性刹车装置、转盘梁、铺台、润滑系统及控制部分等组成。其结构示意如图2-42所示。

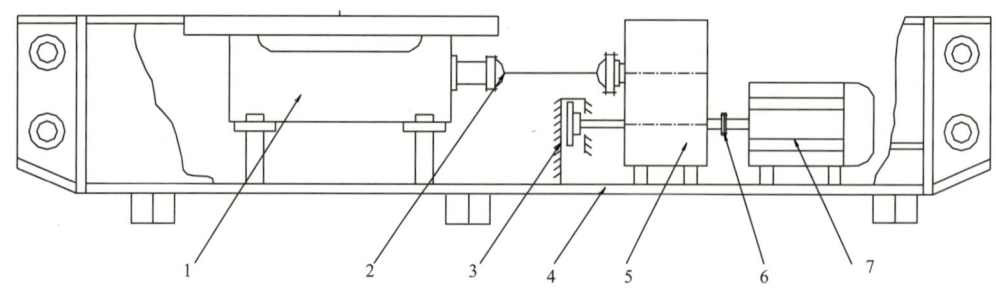

图2-42 转盘驱动装置示意图

1—转盘总成；2—万向轴；3—惯性刹车装置；4—转盘梁；5—齿轮减速箱；6—鼓形齿联轴器；7—交/直流电动机

转盘驱动装置电动机通过联轴器将动力输入两挡齿轮减速器（直流电驱动钻机）或一挡齿轮减速器（交流变频电驱动钻机）输入轴，减速后减速器输出轴经万向轴将动力传递给转盘输入轴，再经转盘的一对螺旋锥齿轮减速并以90°改变旋转方向，从水平旋转运动改变为垂直方向旋转运动来驱动钻具旋转。作用是将电动机的能量减速增矩后，给井内钻具提供一定的转速和足够大的扭矩。

转盘驱动装置整体沉于钻台面下，整个装置安放在转盘梁上，构成一个独立的运输单元。转盘电动机上方为整体铺台，装有滤沙装置的进风管引至钻台外安全区域位置，司钻房内配有转盘kN·m扭矩表。交流变频电动机驱动的可同时显示转盘扭矩和转速。

图2-43和图2-44是ZJ80D和ZJ80DB转盘驱动装置驱动原理示意图。

1）电动机

目前，8000m钻机都采用电驱动方式，ZJ80D钻机转盘驱动装置采用直流电动机驱动，ZJ80DB钻机转盘驱动装置采用交流变频电动机驱动，两种主电动机都配有强制冷却通风用的风机组。

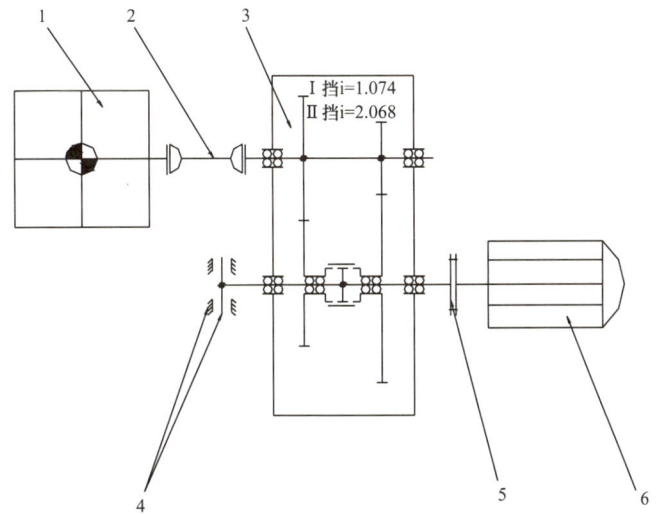

图 2-43 ZJ80D 转盘驱动装置驱动原理示意图

1—ZP375Z 转盘；2—万向轴（输出端）；3—两挡齿轮减速器；4—钳盘式刹车装置；
5—联轴器（输入端）；6—800 kW 直流电动机

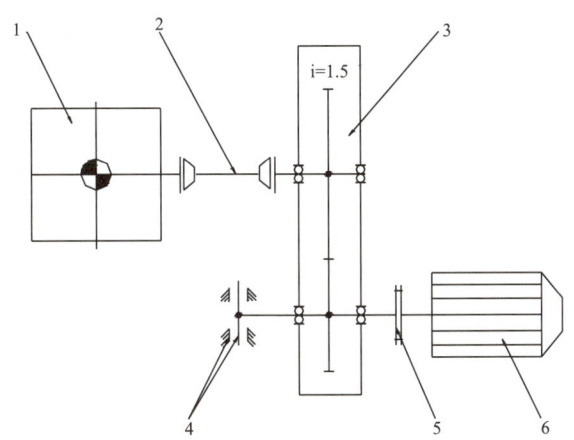

图 2-44 ZJ80DB 转盘驱动装置驱动原理示意图

1—ZP375Z 转盘；2—万向轴（输出端）；3—一挡齿轮减速器；
4—钳盘式刹车装置；5—联轴器（输入端）；6—800kW 交流变频电动机

2）齿轮减速器

减速器是转盘驱动装置中的主要动力传动部件，8000m 钻机转盘驱动装置采用的是齿轮减速器。它主要件由箱体、输入轴、输出轴、主动齿轮、从动齿轮、换挡机构等。

电动机的动力通过联轴器传到减速器输入轴，经主动齿轮和从动齿轮把动力传到减速器的输出轴。直流电驱动钻机减速器设有两挡，可将电机动的转速用两种转速比减速，以满足转盘不同转速的钻井工况需求。图 2-45 是 ZJ80D 钻机转盘驱动装置齿轮减速器的传动示意图。

交流电驱动钻机减速器是 1 个挡，减速比为 1.5。图 2-46 是 ZJ80DB 钻机转盘驱动装置齿轮减速器的结构示意图。

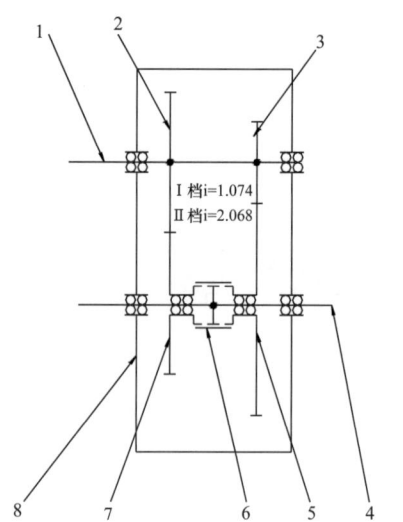
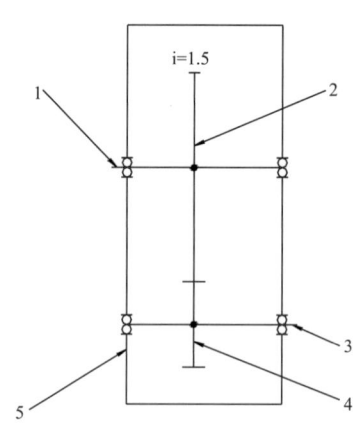

图 2-45 ZJ80D 钻机转盘驱动装置齿轮减速器传动示意图

1—输出轴；2—输出轴Ⅰ挡齿轮；3—输出轴Ⅱ挡齿轮；4—输入轴；5—输入轴Ⅱ挡齿轮；6—齿轮箱换挡机构；7—输入轴Ⅰ挡齿轮；8—齿轮箱体

图 2-46 ZJ80DB 钻机转盘驱动装置齿轮减速器传动示意图

1—输出轴；2—输出轴齿轮；3—输入轴；4—输入轴齿轮；5—齿轮箱体

3）惯性刹车装置

转盘惯性刹车装置设置在齿轮减速箱的输入轴上，其作用是在转盘需要迅速停转时，能够迅速安全制动转盘，防止转盘随着钻柱的惯性倒转而造成钻具卸扣。转盘惯刹刹车力矩满足转盘处理各类复杂工况的要求，转盘扭矩过大时，转盘惯刹能给转盘一个较大反制动力矩，完全能制动转盘倒转，同时具备断电刹车保护功能。

8000m 钻机转盘的惯性刹车装置采用的是钳盘式刹车，主要由加力泵、刹车盘、刹车钳、液气管线等组成。图 2-47 是钳盘式刹车结构与安装示意图。

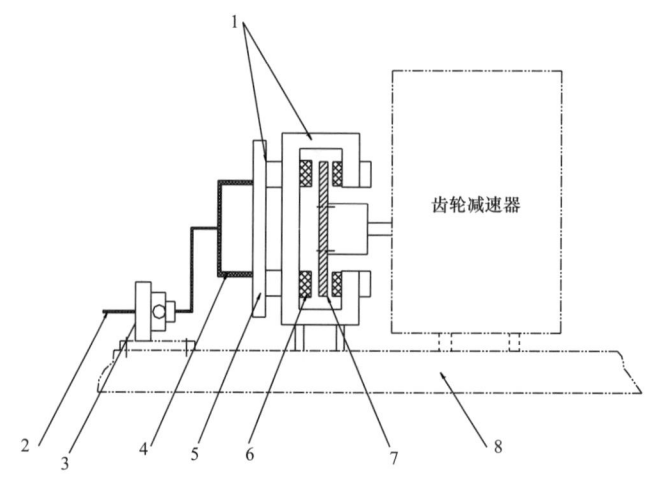

图 2-47 钳盘式刹车装置结构示意图

1—刹车钳架；2—气管线；3—加力泵；4—液压油管线；5—刹车液压缸；6—刹车摩擦片；7—刹车盘；8—转盘梁

刹车盘安装在齿轮减速器的输入轴上,刹车钳固定在齿轮减速器的箱体底座上,加力泵用液压管线与刹车钳连接,控制阀(电磁阀)安装在司钻房内,其动力采用钻机气源驱动,即电控气动,气压驱动液动控制方式。其作用是钻机转盘停转过程中,能够迅速安全制动转盘。

工作时,司钻操作人员操作电磁控制阀通过钻机气源向加力泵充气,加力泵内油缸活塞推动液压油,液压油推动刹车钳内的活塞,活塞推动刹车钳夹紧刹车盘而进行力矩制动。当释放气压时,在钳架复位弹簧力的作用下,液压油回流,刹车钳松开。图2-48为钳盘式刹车工作原理图。

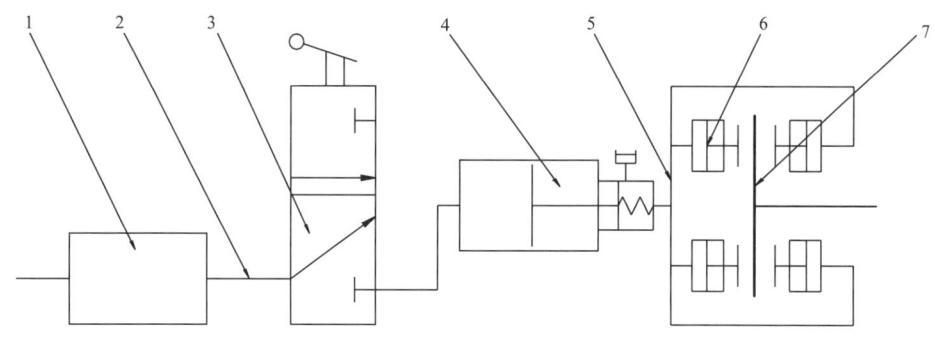

图2-48 钳盘式刹车工作原理图
1—气源;2—供气管线;3—控制阀;4—加力泵;5 刹车钳;6—钳缸;7—刹车盘

惯性刹车装置的主要技术参数:额定气压为0.78MPa,工作介质为空气、耐高温合成制动液,加压泵压力增比1:18,活塞行程50mm。

4. 技术特点

(1)相对ZP375转盘而言,8000m钻机使用的ZP375Z转盘具有以下技术特点:

① 锥齿轮副采用螺旋锥齿轮,传动平稳,接触应力小,承载能力大。大小锥齿轮均用高合金钢制造,且齿轮经表面强化热处理,具有承载能力更强,齿面耐磨性更好的特点。

② 底座采用高强度的钢铸焊接结构,承载能力更强。

(2)8000m钻机的转盘驱动装置采用齿轮减速器和钳盘式刹车,与采用链条减速器和气胎式刹车的转盘驱动装置相比,有以下特点:

① 齿轮减速器一级圆柱齿轮传动的效率可达99%,传动效率高。

② 齿轮传动具有结构紧凑特点。相同条件下,齿轮传动所需的空间尺寸较小。

③ 齿轮传动比稳定。链条传动运转时不能保持恒定的瞬时传动比,磨损后易发生跳齿。因此与链条传动相比,齿轮传动比更稳定。同时改变了由于链条长期运行,磨损后更换使用维护成本高的缺点。

④ ZJ80钻机转盘驱动装置的钳盘式刹车,利用气动、液压原理设计,避免了气胎式刹车气囊充气量大、响应时间长,反应滞后的缺点。

⑤ ZJ80钻机转盘驱动装置的钳盘式刹车,采用液压实施刹车力,具有制动力矩大、刹车能力强、响应迅速,可靠性强等特点。

⑥ 钻机采用ZP375Z加强型转盘,转盘扭矩和静承载能力增大。

⑦ ZP375Z 转盘可以与普通 ZP375 转盘的通用易损件进行互换。

5. HSE 设施与措施

（1）钻井过程中，转盘面上避免不了有漏失的钻井液、油污，为保护工作人员防止摔倒而受到伤害，转盘面非旋转区配有防滑垫。

（2）钻井过程中，特别是起下钻时，转盘面上避免不了有漏失的钻井液、油污，为避免漏失的钻井液和油污对环境造成污染，转盘四周配有接钻井液和污油的回收导流槽。

（3）钻机在安装和拆卸时，为防止工作人员失足踩到转盘中心孔中而受到伤害，转盘中心孔配备安全盖，供安装、拆卸时将转盘孔盖上。

（4）转盘装置主电动机接线箱设有检修锁。检修转盘驱动装置或相关设备时，检修锁应锁上并挂上检修警示牌，以免转盘装置误操作被启动造成人员伤害事故。

（5）顶驱钻井、动力钻具钻井、起下钻作业或特殊作业时，配置了转盘锁紧装置，上述工况下转盘处于制动状态，以防转盘旋转引起事故或造成人员伤害。

（6）转盘驱动装置的电气设备配有接地设施，以防电气设备漏电造成工作人员触电伤亡。

（7）转盘驱动装置设置有整体专用吊装管，并标记有最大安全工作载荷标识，保证了设备安装运输吊装时的安全要求。

第五节 高压钻井液循环系统

8000m 钻机高压钻井液循环系统配 3 台 F-1600HL 或 F-2200HL 高压钻井泵及 1 套高压钻井液循环管汇。水龙头、钻井泵额定工作压力为 52MPa，高压管汇及水龙带额定工作压力为 70MPa。

高压钻井泵对应的缸套直径 $\phi120 \sim \phi190$mm，选用 $\phi190$mm 直径的缸套，可获得大排量；选用高压缸套和柱塞结构，即采用 $\phi140$mm 以下直径的缸套和柱塞组合，可获得更高工作压力和泵冲数，以满足不同钻井工况的需要。缸套直径为 $\phi120$mm 时，其额定工作压力达到 52MPa，能满足超深井钻井过程中采用高压钻井液钻头喷射破碎岩石的钻井工艺要求，有利于钻头破碎岩石、延长钻头寿命、提高钻速[10]。

8000m 钻机的固控系统配有 10 个钻井液罐和一个药品罐，总容量为 729m³，有效容积 552m³（不含沉砂仓），装机总功率 1200kW。固控系统采用五级钻井液净化控制，罐面设备包括 4 台振动筛、一台真空除气器、一台除泥除砂清洁器、两台离心机（中速离心机和高速变频离心机各一台），满足超深井钻井过程中钻井液储备及处理要求。

一、钻井泵组

钻井泵组由底座、钻井泵、电动机、传动装置（窄 V 带和皮带轮、皮带张紧装置、护罩等）、润滑装置、喷淋系统、灌注系统（单独配置成橇）等配套组成（图2-49）。注：F-1600HL 钻井泵组与 F-2200HL 钻井泵组结构相似，不再重复介绍。

泵组电动机底座通过螺栓与泵底座连接，泵组的灌注系统与泵底座整体成橇，灌注泵安装在泵组底座的左侧（从钻井泵液力端向动力端看去），采用漂台形式安装。

钻井泵组用 2 台电动机时，电动机通过轴上小皮带轮直接用窄 V 皮带组来驱动钻井泵工作；用1台电动机时，电动机通过万向联轴器驱动传动装置小皮带轮，通过窄V皮带组驱动钻井泵工作。皮带轮中心距可用皮带张紧装置丝杠来调节。

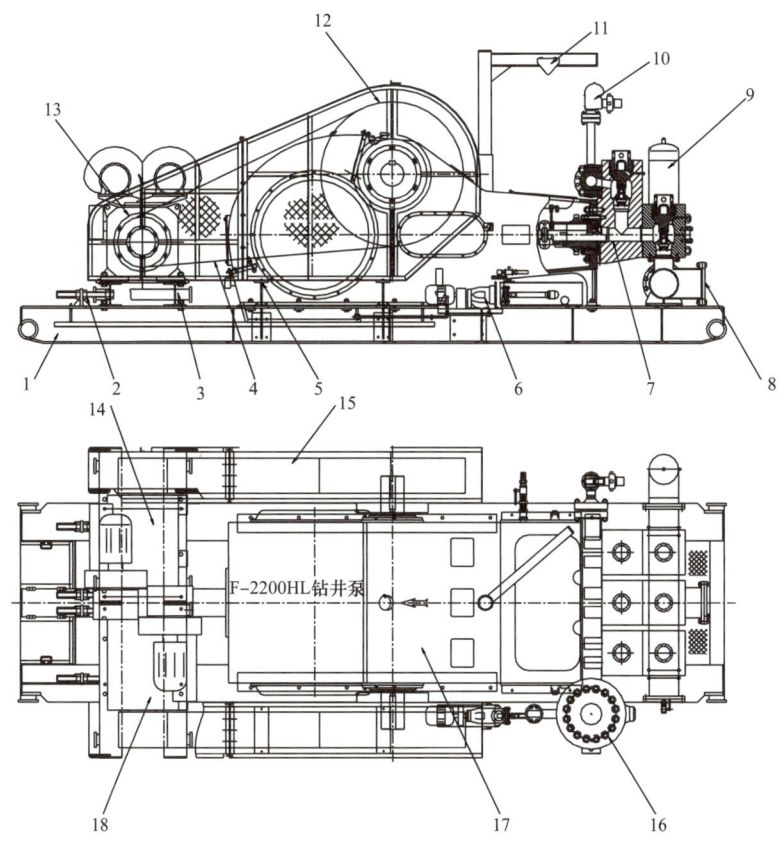

图2-49　F-2200HL钻井泵组结构图

1—泵组大底座；2—皮带张紧装置；3—主电动机动力机底座；4—联组窄V带；5—皮带护罩底座；6—喷淋系统；7—液力端总成；8—吸入管汇；9—吸入空气包；10—安全阀；11—50kN 吊装装置；12—大皮带轮；13—小皮带轮；14—主电动机（A）；15—皮带护罩；16—排出空气包；17—F-2200HL钻井泵；18—主电动机（B）

1. 主要技术参数

随着现代钻井工艺的发展，大排量、超高压喷射钻井技术的应用越来越广泛。用户可根据钻井工艺的实际需要在8000m钻机上配套F-1600HL钻井泵或配套F-2200HL钻井泵。下面是两种泵的主要技术参数。

（1）F-1600HL钻井泵主要技术参数：

钻井泵型号　　　　　　　　　F-1600HL
额定功率　　　　　　　　　　1193kW（1600hp）
冲程　　　　　　　　　　　　304.8mm（12in）
额定冲数　　　　　　　　　　120次/min
最大排出压力（ϕ120mm缸套）　52MPa
最大缸套直径　　　　　　　　ϕ190mm
齿轮速比　　　　　　　　　　4.206∶1
阀腔尺寸　　　　　　　　　　API-7[#]

泵吸入口法兰　　　　　　　　　12in 泵组为 12in 法兰
排出口　　　　　　　　　　　　$5\frac{1}{8}$in-10000psi 法兰

（2）F-2200HL 钻井泵的主要参数：

钻井泵型号　　　　　　　　　　F-2200HL
额定功率　　　　　　　　　　　1640kW（2200hp）
冲程　　　　　　　　　　　　　356mm（14in）
额定冲数　　　　　　　　　　　105 次 /min
最大排出压力（130mm 缸套）　　52MPa
最大缸套直径　　　　　　　　　ϕ230mm
阀腔尺寸　　　　　　　　　　　API-8$^{\#}$
齿轮速比　　　　　　　　　　　3.5122∶1
泵吸入口法兰　　　　　　　　　12in 泵组为 12in 法兰
排出口　　　　　　　　　　　　$5\frac{1}{8}$in-10000psi 法兰

（3）3 种深井和超深井钻井泵的主要参数对照见表 2-19。

表 2-19　3 种深井和超深井钻井泵的主要参数对照表

序号	型号	F-1600	F-1600HL	F-2200HL
1	额定功率，kW	1193	1193	1640
2	冲程，mm	305	305	356
3	额定冲数，（次 /min）	120	120	105
4	最大排出压力（MPa）/缸套直径（mm）	34.5/130	52/120	52/130
5	最大缸套直径，mm	180	190	230
6	齿轮速比	4.206∶1	4.201∶1	3.5122∶1
7	外形尺寸（长×宽×高），mm	4875×3292×2900	5475×3160×3144	5740×3212×3217
8	质量，kg	27020	30500	44000

2. 结构及原理

钻井泵是钻井液循环系统的核心设备，它将动力机的机械能转化成钻井液的液压能，以一定的压力和流量进入井中的钻具，从钻头水眼中喷出破岩，然后从钻具与井壁之间环形空间返回到地面[11]。8000m 超深井钻机配套的钻井泵额定工作压力为 52MPa，输送的钻井液除起到冷却钻头、携带岩屑、保护井壁、平衡地层压力的作用外，还能满足超深井钻井过程中钻头喷射破碎岩石的钻井工艺要求。

8000m 钻机的钻井泵为卧式三缸单作用泵，主要由动力端、液力端、排出空气包、吸入空气包、安全阀等组成。图 2-50 是 F-2200HL 钻井泵外形图。

工作时，电动机通过传动装置驱动动力端小齿轮轴（输入轴），小齿轮轴驱动曲轴做圆周运动，曲轴上的连杆带动十字头，通过中间拉杆带动液力端的活塞（柱塞）作往复运动来改变液压缸的容积。液力端吸入时，活塞使阀腔容积增加，阀腔内压力降低，排出阀关闭，钻井液罐中的钻井液在大气压力下或通过钻井液灌注泵的作用使吸入阀打开进入阀腔；排出时，活塞使阀腔容积变小，钻井液压力增加使吸入阀关闭，排出阀打开泵送钻井液。图2-51是泵的工作原理图。

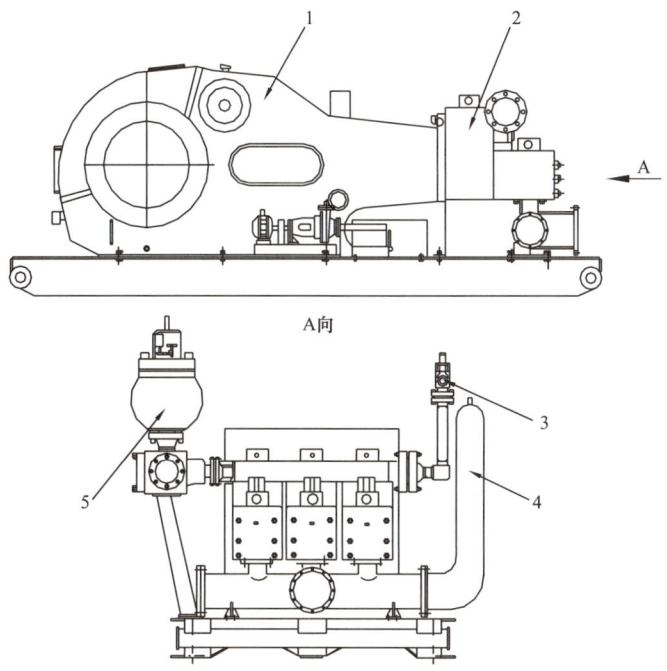

图 2-50　F-2200HL 钻井泵外形图
1—动力端；2—液力端；3—安全阀；4—吸入空气包；5—排出空气包

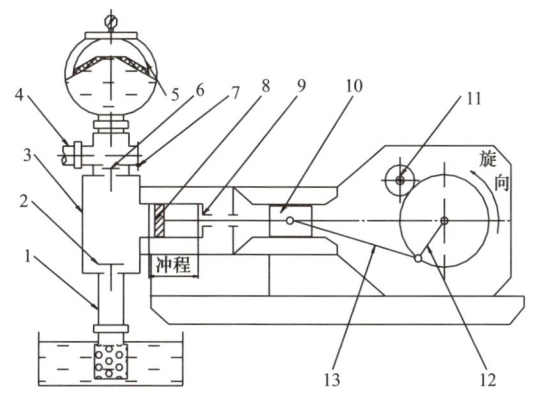

图 2-51　泵工作原理图
1—吸入管；2—吸入阀；3—液压缸；4—排出管；5—排出空气包；6—排出阀；7—排出五通；
8—活塞；9—缸套；10—十字头；11—主动轴；12—曲轴；13—连杆

1）动力端

动力端用来传递动力和转换运动方式，为液力端提供合适的动力。其结构由机架、小齿轮轴、曲轴、轴承、连杆、十字头、中间拉杆等组成。

（1）机架是钢板焊接件，刚性好、强度高。其他部件均安装在机架上，为保证制造精度，机架在加工前经消除应力处理。机架内设有必要的油池和油路，供润滑冷却之用。另外，机架上安装有小吊车，供安装、维修保养时吊装缸套、柱塞等重物之用。

（2）小齿轮轴为合金锻钢，在轴上加工有无退刀槽人字齿轮，采用中硬齿面，运转平稳，效率高，寿命长。在轴颈处装有内圈无挡边的单列向心圆柱滚子轴承，便于装拆检修。轴的两端外伸，两端均可安装皮带轮或链轮。

（3）曲轴为铸造合金钢偏心轴。曲轴上安装大齿圈、连杆和轴承等。大齿圈是与小齿轮轴上齿轮啮合的无退刀槽人字齿，大齿圈内孔与曲轴为过盈配合，并用螺栓和防松螺母紧固。曲轴通过两副双列向心球面滚子轴承安装在机架上，轴承外圈装有轴承套以保护机架轴承座孔。

（4）连杆大头轴承为单列短圆柱滚子轴承，分别安装在曲轴的三个偏心轴拐上，连杆小头通过双列长圆轴滚子轴承，分别安装在各十字头销上。

图 2-52 为曲轴与连杆结构图。

（5）十字头、十字头导板采用铸铁，具有良好的耐磨性、减震性，且使用寿命长。钻井泵采用上、下导板结构，在下导板处加垫片可调节同心度，在上导板处加垫片可调整间隙。图 2-53 为十字头和十字头导板示结构意图。

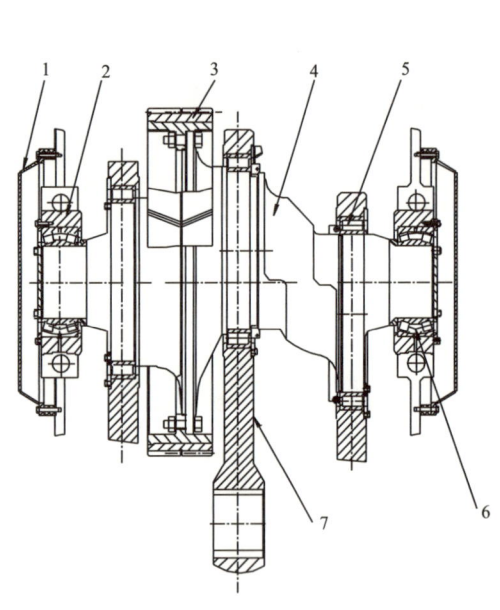

图 2-52 曲轴与连杆结构图

1—主轴承端盖；2—主轴承套；3—大齿圈；
4—空心曲轴；5—偏心轮轴承；6—主轴承；7—连杆

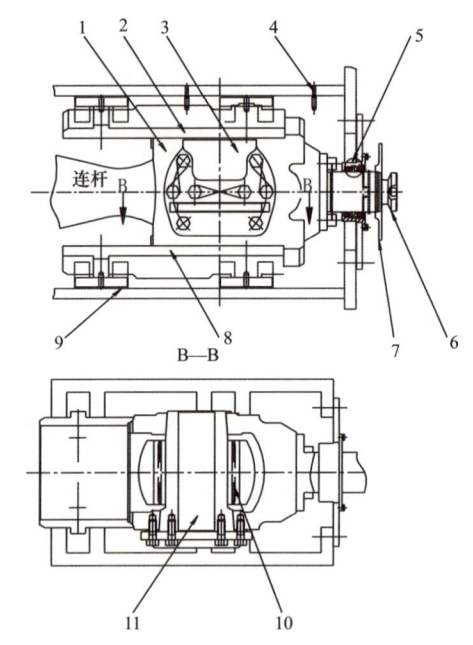

图 2-53 十字头和十字头导板结构示意图

1—十字头；2—上导板；3—十字头销挡板；
4—润滑油管接头；5—填料盒密封盒总成；6—中间拉杆；
7—挡泥板；8—下导板；9—固定板；10—十字头轴承；
11—十字头销

十字头与中间拉杆采用螺栓连接，在十字头与中间拉杆连接处有销孔配合，以保证十字头与中间拉杆在一条轴线上。为了便于装拆，十字头销与十字头采用锥度配合连接。在大端用压板将十字头销压紧，按规定扭矩值上紧螺栓。

2）液力端

液力端用来将机械能转变为液体内能，以输送钻井液。其结构分别由液压缸、阀总成、缸套、活塞、吸入管、排出管等构成。液压缸由三个可以互换的吸入液压缸和三个排出液压缸组成，吸入液压缸内装有吸入阀体、阀座、阀弹簧，排出液压缸内装有排出阀体、阀座、阀弹簧。吸入和排出阀体和阀座均可以互换。图2-54是"L"形液力端结构示意图。

（1）液压缸：液压缸的结构形式为"L"形，用合金钢锻造制成，"L"形液压缸具有耐压能力高，阀总成更换方便的优点。共有3个吸入液压缸和3个排出液压缸，吸入液压缸与排出液压缸用螺栓连接，吸入阀装在吸入液压缸内，排出阀装在排出液压缸内，吸入阀和排出阀可以通

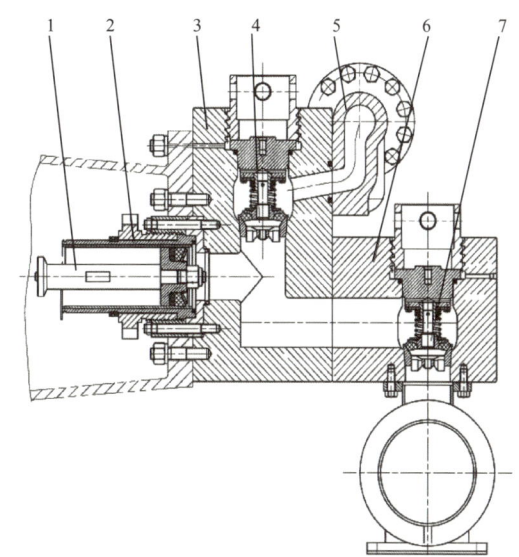

图 2-54 "L"形液力端结构图
1—活塞；2—缸套；3—排出液压缸；4—排出阀；
5—排出管；6—吸入液压缸；7—吸入阀

过阀盖孔装拆。吸入液压缸安装在排出液压缸的下方，其下面是吸入管汇，吸入空气包安装在吸入管上。排出液压缸用螺栓与机架相连，液压缸的上方装有排出管汇，排出管汇一端安有安全阀，另一端装有排出五通总成，五通总成内装有排出滤网，上面装有压力表、排出空气包。

（2）缸套：泵使用优质双金属缸套，内套用耐磨高含量铬铸铁制造，硬度达60～65HRC，耐磨、耐腐蚀，内孔表面粗糙度小。缸套内孔直径有多种规格，在不同的钻井排量和压力要求下，应选用不同内径的缸套。缸套从机架上方、排出液压缸后部装入并用缸套压盖压紧在排出液压缸上。采用了柱塞密封结构和活塞缸套结构，当泵的工作压力小于或等于35MPa时，适合使用与活塞相配的缸套；当泵的工作压力高于35MPa，使用与柱塞配套的缸套（表2-20和表2-21）。

表 2-20　F-1600HL 钻井泵缸套孔径与压力参数表

缸径，mm	190	180	170	160	150	140	130	120
压力，MPa	20.7	23.1	25.9	29.2	33.2	38.1	44.2	51.9
压力，psi	3005	3345	3750	4235	4820	5530	6415	7500

表 2-21　F-2200HL 钻井泵缸套孔径与压力参数表

缸径，mm	230	220	210	200	190	180	170	160*	150*	140*	130*
压力，MPa	19.0	20.8	22.8	25.1	27.9	31.0	34.8	39.3	44.7	51.3	52.0
压力，psi	2760	3015	3310	3645	4040	4505	5050	5700	6485	7445	7500

* 当工作压力超过35MPa时，使用柱塞结构。

（3）活塞：活塞由活塞芯、皮碗、压板、卡簧组成，活塞与活塞杆由圆柱面配合和密封件密封，并用带防松圈的锁紧螺母压紧，紧固该螺母后既能防止螺母松动又能起到密封的作用。泵工作压力小于等于 35 MPa 时，有 $\phi150$、$\phi160$、$\phi170$、$\phi180$、$\phi190$ 五种规格活塞可选用（参见表 2-20），相应的泵工作压力用相对应的活塞。

（4）柱塞：柱塞的密封由 V 型密封和 YX 型密封组合而成，柱塞润滑油由配油环下部进入，上部排出，通过调节压盖压紧程度来调整密封松紧。柱塞与中间拉杆采用卡箍连接。柱塞适用于高泵压，当泵工作压力大于 35 MPa 时，就要换上柱塞。柱塞有 $\phi120$、$\phi130$、$\phi140$ 共三种规格可供选用（参见表 2-21），不同的工作压力选用不同的柱塞。

（5）活塞杆：活塞杆与中间拉杆采用卡箍连接，其连接处由销孔配合，以保证活塞杆与中间拉杆在一条轴线上。

（6）阀总成：阀总成分为吸入阀和排出阀总成两种，吸入阀和排出阀能够互换通用。当工作压力小于或等于 35MPa 时，使用普通阀（F-1600HL 泵使用 API 7#，F-2200HL 泵使用 API 8#）；当工作压力大于 35MPa 时，分别使用高压阀（API 7H 或 API 8H）。阀盖与液压缸之间用锯齿型螺纹连接，以压紧阀盖密封圈。

3）空气包

为防止泵的吸入腔发生水击现象和减少泵排出口压力波动，在钻井泵的排出管汇和吸入管汇处分别设有排出空气包和吸入空气包。

（1）排出空气包：排出空气包安装在钻井泵的排出管汇上，为气囊式结构形式。由壳体、胶囊、压盖、连接螺栓、压力表罩等组成，其作用是补偿钻井泵排出钻井液的排量波动引起的压力脉冲变化，尽量消除排出管汇排出钻井液的压力波动影响，防止水击现象。

图 2-55 为排出空气包结构示意图。空气包的胶囊内需按照规定充入一定压力的气体，才能有效起到缓冲作用，其内只能充入氮气或空气，不允许充入氧气、氢气等易燃、易爆气体。

三缸单作用活塞钻井泵排出钻井液时，会产生一定的脉冲值。一定频率的液体脉冲一是会使钻井泵产生共振，甚至无法工作，二是会引起井中的钻柱产生振动，使钻具连接存在可靠性风险，降低钻井液携带岩屑的能力，甚至导致井壁坍塌和漏失。因此，钻井泵的排出管汇都安装有排出空气包。

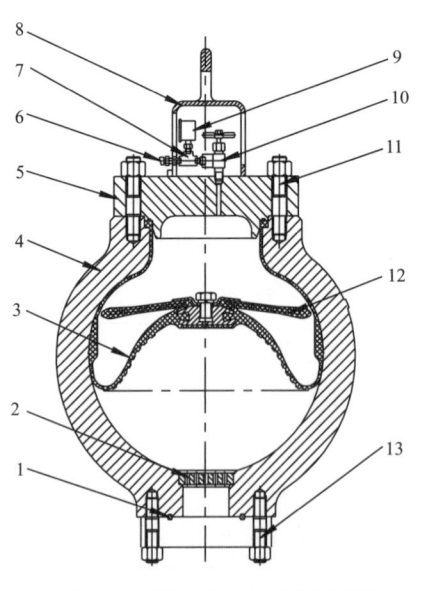

图 2-55　排出空气包结构示意图

1—垫环；2—底塞；3—气囊总成；4—外壳总成；5—压盖；
6—排气阀；7—三通；8—压力表罩；9—抗震压力表；
10—直角截止阀；11—压盖螺栓；12—平衡盘；13—螺栓

（2）吸入空气包：吸入空气包设置在钻井泵的吸入管汇上，作用是减少液压缸吸入口的压力变化，提高泵的吸入能力，防止水击现象。F-1600HL 和 F-2200HL 钻井泵吸入空气包结构均为无气囊的罐式结构形式。

4）剪切式安全阀

安全阀主要由法兰、阀体、活塞杆、缓冲垫、锁簧、安全罩、剪销板、剪切销、销轴、挡圈、活塞总成组成（图2-56）。

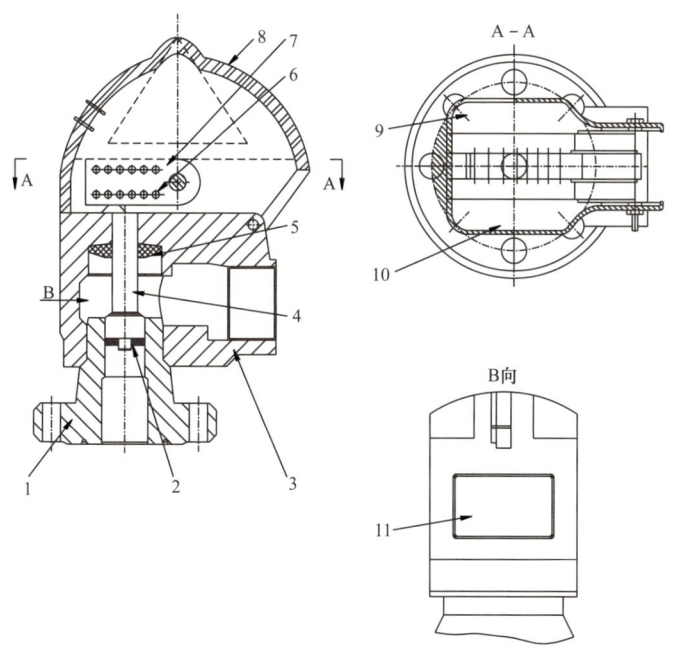

图 2-56　剪切式安全阀结构

1—法兰；2—活塞总成；3—阀体；4—活塞杆；5—缓冲垫；6—剪切销；
7—剪销板；8—安全罩；9，10—标牌（放喷压力设定刻度）；11—铭牌

安全阀设置在排出管汇的一侧、高压滤网的另一侧。当钻井泵液力端排出钻井液的压力超过安全阀设定的工作压力时，活塞受到此压力后经活塞杆将力量传到剪切板，剪断剪切销，此时活塞上升，迅速放空部分钻井液释压，保证系统设备安全。在剪切板处刻有每级工作压力的标记，调节压力时，只需按所给压力把安全销钉插入相应的孔内即可。销钉板只能插一个销钉或两个销钉，这要根据缸套的压力级别确定。

3. 配套设备

高压钻井泵组除钻井泵主体外，还包括一些配套设施，如电动机、传动装置、窄V皮带张紧装置、喷淋泵系统、润滑系统和灌注系统等，这些配套设施在钻井泵组中起着不同的作用，是钻井泵的重要组成部分。

1）电动机

钻井泵组有用1台电动机驱动的，也有用2台电动机驱动的。驱动电动机的选用根据供电方式确定，有用直流电动机，也有用交流变频电动机。ZJ80D钻机的F-1600HL钻井泵的2台主电动机是直流电动机，ZJ80DB钻机的F-2200HL钻井泵组的2台主电动机是交流变频电动机。

（1）ZJ80D钻机的F-1600HL钻井泵主电动机（直流）主要技术参数：

额定功率　　　　　800kW

额定转速　　　　　970r/min

（2）ZJ80DB 钻机 F-1600HL 钻井泵主电动机（交流变频），主要技术参数：
额定功率　　　　800kW
额定转速　　　　741r/min
（3）ZJ80DB 钻机 F-2200HL 钻井泵 2 台主电动机（交流变频），主要技术参数：
额定功率　　　　900kW
额定转速　　　　1100r/min

2）传动装置

传动装置上的小皮带轮轴用两副双列向心球面滚子轴承支承，通过球笼式万向轴与电动机相连，钻井泵通过固定螺栓固定在泵组底座上，传动底座与泵组底座也由螺栓固定。图 2-57 是传动装置示意图。

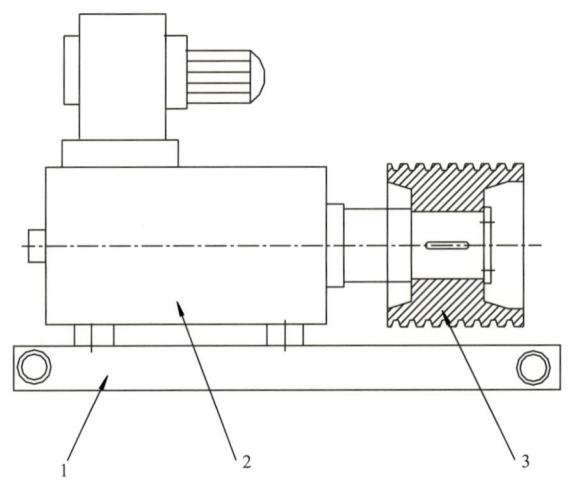

图 2-57　传动装置示意图
1—传动底座；2—主电动机；3—皮带轮

传动装置是泵组的核心部分，其安装调整精度的高低，直接影响泵组的使用性能和寿命。安装时先将小皮带轮轴、轴承、轴承座等组装在一起，装到传动底座上与电动机通过万向轴连接起来。通过调整轴承座与底座间的垫片，保证万向轴的两端处于水平并同心位置，用定位销定位后再用连接螺栓紧固即可，最后将传动装置吊放在泵组底座上，并用螺栓固定。

3）窄 V 带张紧装置

泵工作一段时间后，传动窄 V 带会因为塑性变形和磨损而松弛，使泵的传递能力下降，同时加快 V 带的磨损。因此要经常检查并调整窄 V 带的张紧力，保证泵工作性能的稳定。

为了保证钻井泵的正常工作，泵组设有调节丝杠式皮带张紧装置。电动机底座安装在泵组传动底座上，通过调节张紧装置的丝杆来改变皮带轮中心距，以调整皮带的张紧力，可使钻井泵可靠工作。

4）喷淋泵系统

喷淋系统由喷淋泵、电动机、水箱、喷管等组成，其作用是在泵的运行过程中对缸套、活塞及密封进行冲洗、冷却和润滑，以提高其使用寿命。喷淋系统组成如图 2-58 所示。

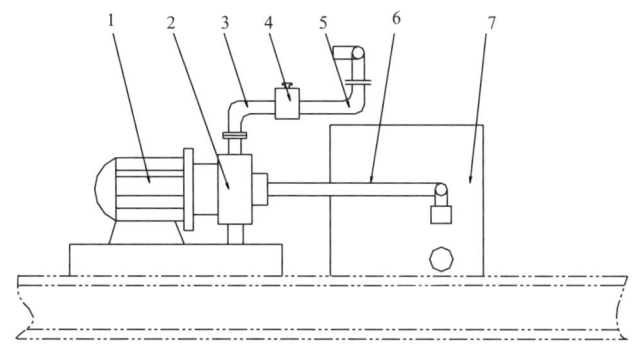

图 2-58　喷淋系统示意图

1—电动机；2—离心泵；3—排出管；4—节流阀；5—排出软管；6—吸入管；7—水箱

喷淋泵用离心泵由交流电动机带动，使用的冷却清洗液是 90% 清水加 10% 的 JH-1 型水基润滑冷却剂，搅拌均匀即可。喷管固定在缸套上方的机架上，活塞运动时喷洒冷却清洗液。

5）润滑系统

钻井泵的润滑系统一般采用内藏方式，即将润滑齿轮油泵及过滤器等设置在机泵架后方的油池内，润滑油齿轮泵靠曲轴大齿圈带动。动力端的齿轮、轴承、十字头等部位采用强制润滑和飞溅润滑相结合的双重润滑方式。这种润滑方式的特点是泵工作时润滑系统工作，泵停止工作时，润滑系统停止工作。但其缺点是当泵低速工作时，润滑齿轮油泵由于泵速低，油泵泵压不够，不能充分供给润滑油。特别是当泵长时间放置再启动时，要先给十字头部位供给充足的润滑油，再启动钻井泵，内藏式润滑泵很难做到。因此，本钻机的钻井泵组设置有单独由交流电动机直接驱动的外置润滑齿轮油泵。

（1）飞溅润滑系统。在控制液流的飞溅润滑系统中，由大齿轮把油从油池内带上来，当大小齿轮啮合时，油被飞溅到各油槽和机架油腔中，油甩入油槽中就直接通过油管流到两个小齿轮轴的轴承中。

（2）压力润滑系统。钻井泵的压力润滑系统装有润滑油泵，如图 2-59 所示。在该系统中，通过吸入滤清器将滤过的油流进油泵，然后排入分油器和喷嘴。同时也进入主轴承油管和十字头腔分油器，此分油器把油分配到十字头、十字头轴承和活塞拉杆上。压力表装在机架后墙板上，用以指示分油器里的压力。

外置式润滑齿轮油泵设置在机架外部，齿轮油泵通过独立交流电动机驱动，可以保持相对恒定的润滑流量和泵压，同时便于检查维护。润滑油泵电动机随钻井泵主电动机的风机一起启动运转，通过电控系统检测系统油压，如有异常就会报警，提示及时维护。图 2-60 为外置式电动齿轮油泵的流程示意图。

6）灌注系统

L 型液压缸相对于直立式液压缸吸入性能较差，为了改善钻井泵的吸入性能，避免因吸入口压力过低而出现吸入量不足和水击现象，在钻井泵吸入口设有灌注系统。灌注系统在钻井泵的吸入方面起着重要的作用，已成为钻井泵必不可少的配套设施。

灌注系统主要由灌注泵、底座、蝶阀、相应的管汇等组成，灌注泵由专门的交流电动机驱动，安装在泵的吸入管汇上（图 2-61）。

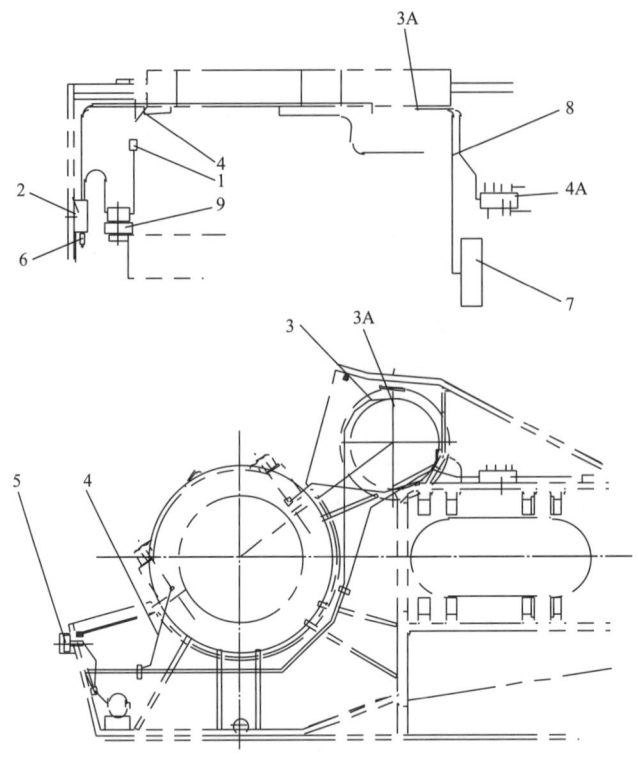

图 2-59 压力润滑系统示意图

1—滤清器；2—分油器；3—油管；3A—喷嘴；4—主轴承油管；4A—分油器；
5—压力表；6—安全阀；7—油槽；8—油管；9—润滑泵

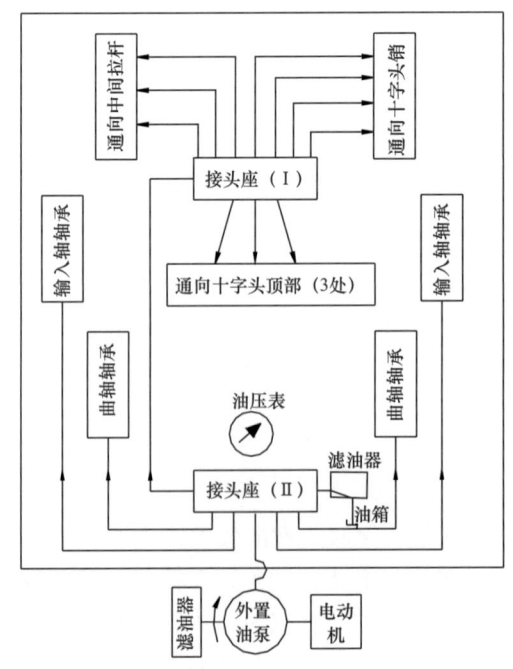

图 2-60 外置式电动齿轮油泵的流程示意图

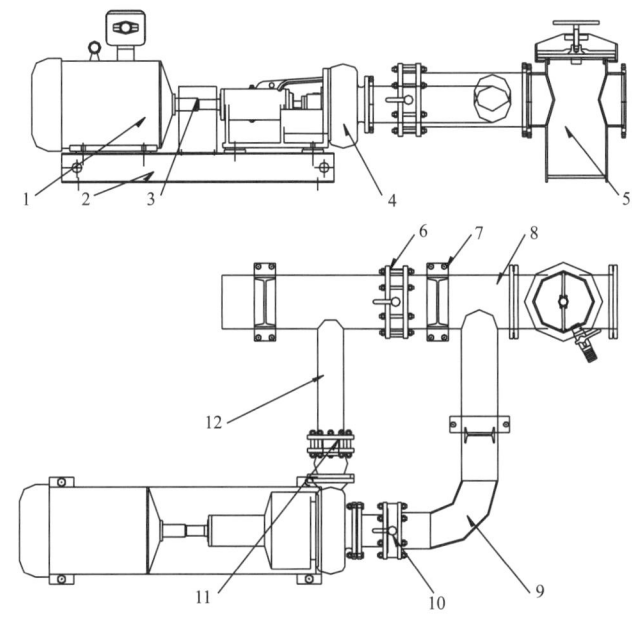

图 2-61　灌注系统安装示意图

1—交流电动机；2—砂泵底座；3—联轴器；4—SB6in×8in J—55kW 砂泵；5—12in 吸入滤网；
6—12in 对夹式衬胶碟阀；7—管汇支座总成；8—吸入短节；9—8in 吸入弯管；
10—8in 对夹式衬胶碟阀；11—6in 对夹式衬胶碟阀；12—6in 排出短接

4. 技术特点

伴随着钻井技术的进步，钻井泵正朝着大功率、大排量和高压力的方向发展。国内厂家研制出的 F-1600HL 型高压钻井泵，采用与 F-1600 钻井泵相同的动力端，通过改变液力端结构，使输出钻井液压力达到 52MPa。经过多年来的实践，该型钻井泵完全能够满足国内外高压钻井市场的需要，具有如下技术特点：

（1）F-1600HL 钻井泵可选缸套直径范围大。F-1600 钻井泵对应的缸套直径范围为 $\phi140\sim\phi180$mm，而 F-1600HL 钻井泵对应的缸套直径范围为 $\phi120\sim\phi190$mm。选用 $\phi190$mm 直径的缸套，可获得大排量；选用高压缸套和柱塞结构，即采用 $\phi140$mm 以下直径的缸套和柱塞组合，可获得更高工作压力和泵速（冲次），满足不同钻井工况的需要。缸套直径为 $\phi120$mm 时，其额定工作压力达到 52MPa，满足超深井钻井过程中采用喷射破碎岩石的钻井工艺要求，有利于钻头破碎岩石，延长钻头的钻进寿命、增加进尺数。

（2）F-1600HL 钻井泵对液力端结构做了改进。F-1600 钻井泵的液压缸为整体液压缸，即吸入液压缸和排出液压缸为一整体。而 F-1600HL 钻井泵的液压缸为分体液压缸，吸入液压缸是安装在排出液压缸上的独立体，缸的内腔呈"L"形结构，这使得泵的安装、拆卸和维护更加方便。

（3）F-1600HL 钻井泵的额定工作压力从 F-1600 钻井泵的 35MPa（5000psi）提高到 52MPa（7500psi），有利于在深井和超深井中进行喷射钻井。

① F-1600 钻井泵采用的是缸套加活塞结构，而 F-1600HL 采用了高压缸套和柱塞结构，柱塞结构可大幅提高泵压和泵的冲次。

②提高了液力端所有重要零部件的承载能力,统一按额定工作压力52MPa(7500psi)进行设计、制造和试验。这些零部件包括:高压排出管汇、五通、排出空气包、安全阀、抗震压力表以及相关联的法兰、螺栓、密封和支座等。同时,对液力端低压系统的吸入管路、吸入空气包等也做了更改。

(4)F-1600HL钻井泵的液力端无插板、定位盘、缸盖堵头、下阀杆导向器、缸盖和缸盖法兰等零件,吸入液压缸阀盖、阀总成、阀杆导向器等均与排出液压缸的相应零部件通用,安装固定方式一样,都由阀盖固定。因此,F-1600HL钻井泵的液力端的制造加工工艺更简单、维修保养时安装拆卸更方便。图2-62和图2-63分别是F-1600钻井泵和F-1600HL钻井泵的液力端结构图。

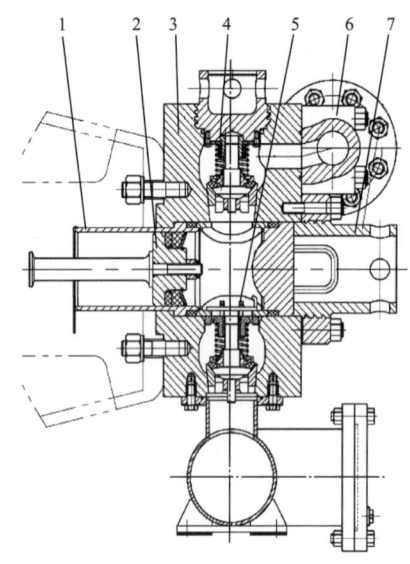

图2-62　F-1600钻井泵液力端结构图
1—缸套;2—活塞;3—液压缸;4—排出阀
5—吸入阀;6—排出管;7—缸盖

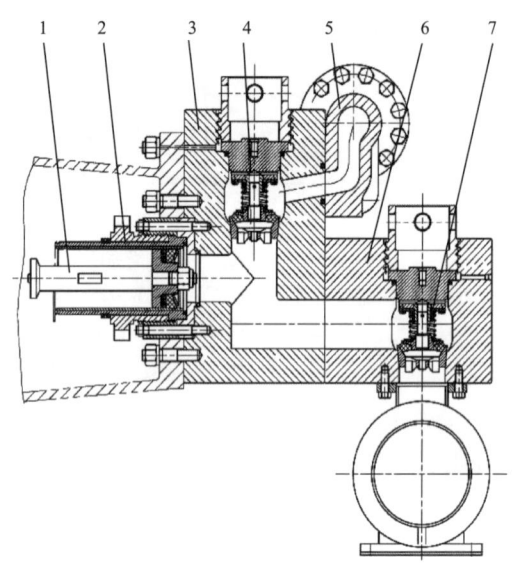

图2-63　F-1600HL钻井泵液力端结构图
1—活塞;2—缸套;3—排出液压缸;4—排出阀
5—排出管;6—吸入液压缸;7—吸入阀

(5)液力端各高压密封处设有报警溢流孔,如密封损坏,液体会渗出,起到报警作用。

5. HSE设施与措施

(1)钻井泵最大工作压力高达52MPa,一旦发生超压现象,其结果可能是机毁人亡,为此在泵的排出端设有安全阀。当泵工作压力超过设定值时,安全阀及时放喷卸压,起安全保护作用。为防止安全阀的安全销飞出伤人,安全阀上配置有安全护罩并锁定牢靠,钻井泵运行时,禁止打开安全阀上的安全罩,以免造成意外的人身伤害。

(2)为防止安全阀放喷管线在放喷时可能出现松脱或飞出现象,引起机械事故或人员伤亡事故,同时便于钻井液容易流向固控罐内,不淤积在管线内,放喷管线与水平方向之间具有不小于3°的向下倾角,管线在弯曲处的角度设计为不小于135°,延伸至固控罐上放喷管线采用固定管夹固定,同时,在放喷管线两端安装了安全绳或安全链。

(3)工作压力大于34.5MPa(5000psi)的钻井泵,阀盖、缸套、耐磨盘等部位设置有密封观察孔，应经常检查这些观察孔是否有溢出液体，并及时更换相应的密封圈。观察孔处设置有弯头，弯头的出口朝向下方，以避免高压液流溢出时伤害到操作人员。

（4）为防止泵阀件损坏后被排出的高压钻井液泵送到高压管汇和钻具内而产生意想不到的事故，排出管汇出口装有高压过滤装置。

（5）为防止杂物进入钻井泵的液压缸内影响泵的正常工作，在钻井液循环罐的吸入罐到钻井泵吸入管之间装有低压过滤装置。

（6）在主电动机电气接线箱处装有电气检修锁定按键，当检修和维护保养设备时挂牌上锁，以保证工作人员和电气设备的安全。

（7）为防止电气设备漏电伤害工作人员，所有电气设备（主电动机、风机电动机、电气接线箱、灌注泵电动机、喷淋泵电动机、润滑油泵电动机等）都安装了可靠的接地线，泵组底座也设置了接地线桩和等电位桩。

（8）钻井泵动力端油池及后盖密封部位、泵输入轴伸出部位、中间拉杆密封部位等出现渗油、漏油情况，会造成环境污染。泵组采用带排污球阀且底部全封闭的底座，同时进行定期检查维护，确保各部位的密封可靠，污物及时被排出。

（9）为防止固定螺栓松动，采取了十字头销压板螺栓穿装防松铁丝措施。

（10）更换阀总成或缸套活塞（或柱塞）时，为避免钻井液漏失污染环境，配备了钻井液收集槽及容器。

（11）泵的拉杆箱上部设有金属网护罩，泵启动前应检查护罩是否处于正确的关闭状态，防止操作人员检查时从拉杆护罩处掉入泵箱体内而导致人身伤亡事故。

（12）定期检查旋转运动件部位的安全护罩是否有效防护，旋转运动件上的紧固件是否牢固可靠，防止旋转运动件上的紧固件出现松动和脱落甚至飞出导致人身伤亡事故。

（13）拆卸空气包盖或更换空气包气囊前，必须先将空气包气囊内的气体排尽，以免残余气体膨胀导致人身伤亡事故。

（14）给空气包充气时仅能使用氮气或空气，禁止使用氧气或氢气等易燃易爆气体，以免造成空气包爆炸和人身伤害事故。

（15）更换缸套活塞时，必须确保电动机和钻井泵处于断电和关闭状态，按下主电动机接线箱检修锁定开关或关掉电动机控制柜断路器，防止造成人员伤害事故。

（16）钻井泵工作过程中，人员检查液力端时不要久留，以防泵内高压液体刺漏造成人身伤害。

（17）检查钻井液管汇上所有阀门是否处于正确状态。

（18）安全阀内应安装安全销钉，其放喷压力应略高于所装缸套的额定压力。

二、高压管汇

钻井液高压循环管汇简称高压管汇，是用来输送高压流体介质的承压管件，是高压喷射钻井的主要设备之一。它将钻井泵排出的钻井液，通过高压阀门组控制，输入到钻具内腔，从钻头喷嘴喷出产生高压射流，实现高压喷射钻井；同时，也可实现放空、灌注钻井液等钻井作业。

1. 主要技术参数

8000m 钻机配套高压管汇主要技术参数如下：

公称通径　　　　　102mm
壁厚　　　　　　　19mm
最大工作压力　　　70MPa（10000psi）
强度试验压力　　　105MPa（15000psi）
适用温度　　　　　−35～+121℃

2. 结构与原理特点

8000m 钻机配套的钻井液高压循环管汇系统主要由地面管汇和钻台右侧的 H 型立管管汇构成。地面管汇由地面阀门组、高压管线和转换三通等组成；立管管汇主要由立管线、立管阀门组、鹅颈管、水龙带和压力表等组成。地面管汇为双通道，闸阀组与底座间采用减震软管连接；地面阀组配用一根软管连接阀组与固控钻井液罐的软管相连。钻台侧采用双立管 H 型结构，闸阀集中在钻台上方。管汇公称通径为 ϕ102mm。高压管汇示意图如图 2-64 所示。

高压管汇最高工作压力为 70MPa，刚性管线材质为合金钢。管汇整体结构能实现快速装卸，密封件选用"O"形橡胶密封圈。管路连接使用高压双球面活接头，活接头材质采用高强度合金钢。

地面阀门组牢固安装在底座上，用螺栓紧固，然后整体放在水泥基础面上。地面硬管线采用管卡固定，地面高压软管的两端用安全链（绳）与相连接的硬管线接头卡牢，做到防跳、防磨。

地面管线与立管线连接处设置转换三通，采用滤清器结构，用以排污、排渣、放空等。

立管阀门组设计为一边 5 个出口，除压力表用 API 法兰连接外，其余均采用 FIG1502 活接头连接。阀门组为一个整体 H 型结构（5 个出口），固定于钻台面以上井架前立柱上。阀门符合 API SPEC 6A 标准，采用金属密封结构的 FIG 1003 活接头连接，用金属卡子固定。

高压管汇上的弯头、三通、四通、鹅颈管均为锻件，要求在使用前均经过无损检测。

钻机配置 2 根符合 API SPEC 7K 标准要求的高压水龙带，额定工作压力为 70MPa，一根长 19m，另一根长 23m。19m 水龙带用于水龙头进行钻井作业，23m 水龙带用于顶驱钻井作业。水龙带两端通过活接头分别与井架立管上的鹅颈管和水龙头的鹅颈管牢固连接。水龙带两端分别使用安全链（绳）、管卡和四件套 D 型卸扣与鹅颈管牢固相连，以防水龙带脱落发生意外伤害事故。

高压管汇上预留空气钻井接口，带阀门。

3. 技术特点

（1）8000m 钻机配套的钻井液高压循环管汇最高工作压力 70MPa，能满足喷射钻井工艺的要求。

（2）采用双立管结构，工作时一备一用，增加了钻井过程中的可靠性，既满足转盘钻井工艺要求，也满足顶驱钻井工艺要求。

4. HSE 设施及措施

（1）所有高压软管与硬管连接部分配安全链（绳），以防高压软管脱落而发生人身意外伤害事故。

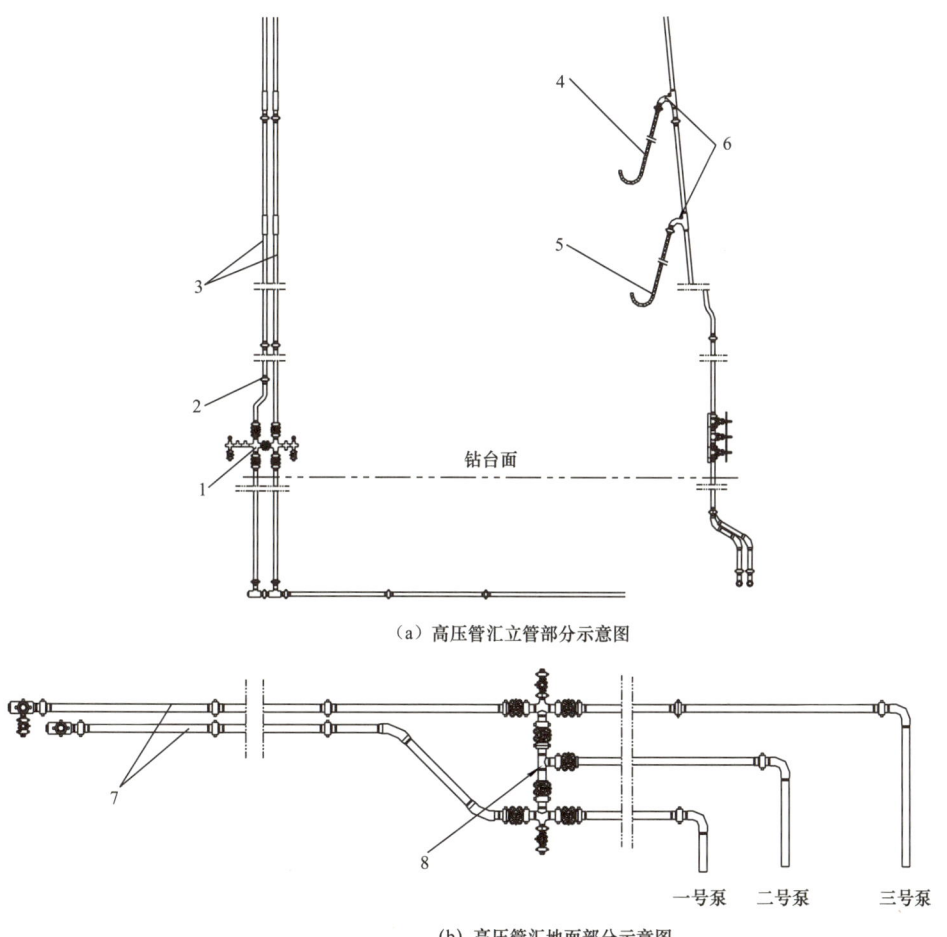

图 2-64 高压管汇示意图

1—钻台闸阀组；2—4in 活接头；3—立管；4—23m 水龙带；5—19m 水龙带；6—鹅颈管；7—地面管汇；
8—地面闸阀组；9—抗震压力表；10—4in 闸阀；11—2in 闸阀；12—管汇三通；13—管汇四通

（2）水龙带两端分别使用安全链（绳）和四件套 D 型卸扣，通过管卡与鹅颈管牢固相连，以防水龙带脱落发生意外伤害事故。安全链（绳）长度以不妨碍水龙带运动为宜，同时安全链的破断拉力不得小于API 7K标准要求的72.5kN。

（3）未经专门机构或原制造商许可，不得在高压管汇上进行焊接。

（4）管汇的最高工作压力不超过铭牌所标注的额定压力，以免过压而产生设备损坏和人员伤害事故。

（5）运输和储存时，管汇上裸露的螺纹应涂上防锈油，并套上相应的螺纹保护套，防止生锈或损坏。

（6）管汇密封部位渗漏时，应及时跟换密封件，以免高压液体伤害工作人员。

（7）刚性管线、管件和阀门的壁厚应大于出厂壁厚的80%；否则，应更换新件，以免因强度不够而出现人员伤害事故。

（8）按照相关标准要求定期检查管汇的刚性管线、软管、钻台阀门组、地面阀门组、过滤器、鹅颈管等所有部件，以免管汇高压因管件缺陷而发生意外伤害事故。

三、钻井液固相控制系统

钻井液固相控制系统是用来控制和调节钻井液固相含量，改善和保证钻井液性能的系统。由钻井液罐、振动筛、除气器、除砂器、除泥器、离心机、搅拌器、储液罐、砂泵、混合漏斗和电动机等设备组成，简称固控系统。

1. 主要技术参数

钻井液固相控制系统的技术参数分为钻井液罐、罐面设备和接口尺寸。

1）钻井液罐

8000m钻机配套固控系统由10个钻井液罐组成。

1号罐基本尺寸（mm）	长×宽×高=14000×3000×2400（含底座高度）
2~10号罐基本尺寸（mm）	长×宽×高=12000×3000×2400（含底座高度）
1号罐底座尺寸（mm）	长×宽×高=14600×3020×308
2号罐底座尺寸（mm）	长×宽×高=12600×3020×308
3~10号罐底座尺寸（mm）	长×宽×高=13400×3020×308
药品罐（2.5m³）（mm）	长×宽×高=1800×1800×1100
总有效容积（m³）	552
系统最大处理量（m³/h）	240
装机总功率（kW）	约1200（不含照明）
总质量（kg）	约220 000（不含钻井液）

2）设备的技术参数

8000m钻机固控系统设备及其主要技术参数见表2-22。

表2-22 固控设备及其主要技术参数

序号	设备名称	技术参数	数量，台
1	S340-1振动筛	单筛最大处理量180m³/h，有防钻井液飞溅装置	4
2	ZLCQ-240真空除气器	处理量：240m³/h	1
3	除砂除泥一体机	除砂、除泥处理量：各不小于300m³/h	1

续表

序号	设备名称	技术参数	数量,台
4	GLW/BP450-1250N 高速变频离心机及供液泵	滚筒最高转速:2500r/min 最大处理量:40m³/h	1
5	LW600-945NA 卧螺沉降离心机及供液泵	滚筒最高转速:1600r/min 最大处理量:60m³/h	1
6	砂泵	泵出口直径:6in 泵进口直径:8 in 电动机功率:75kW/50Hz	2
7	加重泵	泵出口直径:6 in 泵进口直径:8 in 电动机功率:75kW/50Hz	2
8	灌注泵	泵出口直径:6 in 泵进口直径:8 in 电动机功率:75kW/50Hz	3
9	剪切泵及漏斗	泵出口直径:5 in 泵进口直径:6 in 电动机功率:55kW/50Hz	1
10	补给泵	泵出口直径:5 in 泵进口直径:6 in 电动机功率:25kW/50Hz	2
11	DN150 喷射漏斗	处理量:200m³/h	2
12	钻井液搅拌器	电动机功率:15kW/50Hz	29
13	钻井液搅拌器	电动机功率:7.5kW/50Hz	1
14	药品罐	容积:2.5m³	1
15	钻井液枪	工作压力:6MPa	29
16	循环罐	总容积:729m³ 有效容积:552m³	10
17	座岗房	2500mm×2500mm×2500mm	1

3)接口尺寸

井口中心至1号罐内侧罐壁的直线距离为16000mm,至1号罐前端罐壁水平距离为5700mm,钻台至罐区梯子搭接到1号罐面,伸进罐面300mm。

井口中心至3号罐前端罐壁距离12000mm。

井口中心至一号钻井泵中心距离为24000mm,三台钻井泵的中心距离5000mm,钻井泵吸入法兰(12in)至罐壁距离为5655mm,至地面中心高为598mm。

2.结构及性能

固控系统的布局形式常见的有Ⅰ型、Ⅱ型、"L"形、"刀"形布置。8000m钻机固控系统采用"刀"形布置,系统平面布局图如图2-65所示。钻井液储罐的布局满足钻井泵吸入口与钻井液吸入罐的连接安装，井口钻井液返回管线与振动筛的连接安装，整体布局合理，满足钻井液固控设备工艺流程的要求。

固控系统的主要作用是对钻井液中的固相颗粒进行净化、筛分、透析，从而使钻井液的密度、黏度等性能参数满足钻井工艺的要求。由于不同地层产生的钻屑颗粒不同，任何一种设备都不可能完全清除掉所有的固相颗粒，而需要各级固控设备配套使用来完成。其基本原理是：从井口返出的钻井液通过高架管线按顺序进入振动筛、除气器、除砂器、除泥器、离心机五级设备逐级处理后，完成钻井液的净化。当遇加重、剪切作业时，净化好的钻井液通过加重、剪切后进入固控系统的吸入仓，以备钻井泵使用。整个循环系统的罐与罐、仓与仓之间通过吸入管汇的底部阀既能隔开，又能连通，最后通过钻井泵再泵入井内。固控系统布局图如图2-65所示。

固控系统除配备有振动筛、除气器、除砂清洁器、离心机等净化设备和钻井液罐及药品罐外，还配有高架管路（从井口到振动筛）、井口补给管路、钻井泵吸入管路、钻井液枪管路、加重泵加重管路、罐底连通管路、清水管路、剪切泵剪切管路等管汇，以及补给装置、剪切装置（含加料漏斗）、加重装置、离心机供液泵、砂泵、搅拌器、钻井液枪等辅助设备。从井口至振动筛的高架管路还设有录井小池（高度1000mm，留有横梁），可以满足气测、捞砂样和观察油气显示等录井工艺的要求。此外，整个罐面还配有走道、梯子，罐面四周装有栏杆等安全防护装置。

3. 配套设施

钻井液固相控制系统的配套设施主要包括振动筛、真空除气器、除砂器、除泥器、离心机、搅拌器、钻井液枪、剪切泵和加重泵、补给泵、清水管线等。

1）振动筛

振动筛是整个固控系统的重要组成部分，从井口出来的钻井液全部进入振动筛，主要用来清除0.5mm以上的颗粒。

（1）主要技术参数：

筛框	4张筛网结构
筛网面积	$4 \times 1.2 \times 0.7 = 3.4 m^2$
可调筛箱角度	出口向下倾斜1°，出口向上倾斜3°
运动轨迹	平动直线运动
振动加速度	7g（出厂设置）
水平速度	0.33m/s
处理量	$240 m^3/h$
外形尺寸（长×宽×高）	3027mm×1756mm×1350mm
质量	2100kg

（2）结构与原理。

振动筛由电动机、底座、激振器、筛箱、筛网、偏心块、轴承和隔振弹簧等部分组成。8000m钻机配套4台S340系列细目振动筛。S340-1振动筛为单联直线振动筛，它的振动系统包括两个振动器和一个安装振动器的支撑管。振动器内装有偏心块，旋转时产生圆振动力。当两个振动器朝相反的方向旋转时，产生一个作用在筛箱上的合成直线力，直线振动力通过筛箱的质心，沿整个筛箱产生直线运动。这种运动将沿着筛框输送固相，

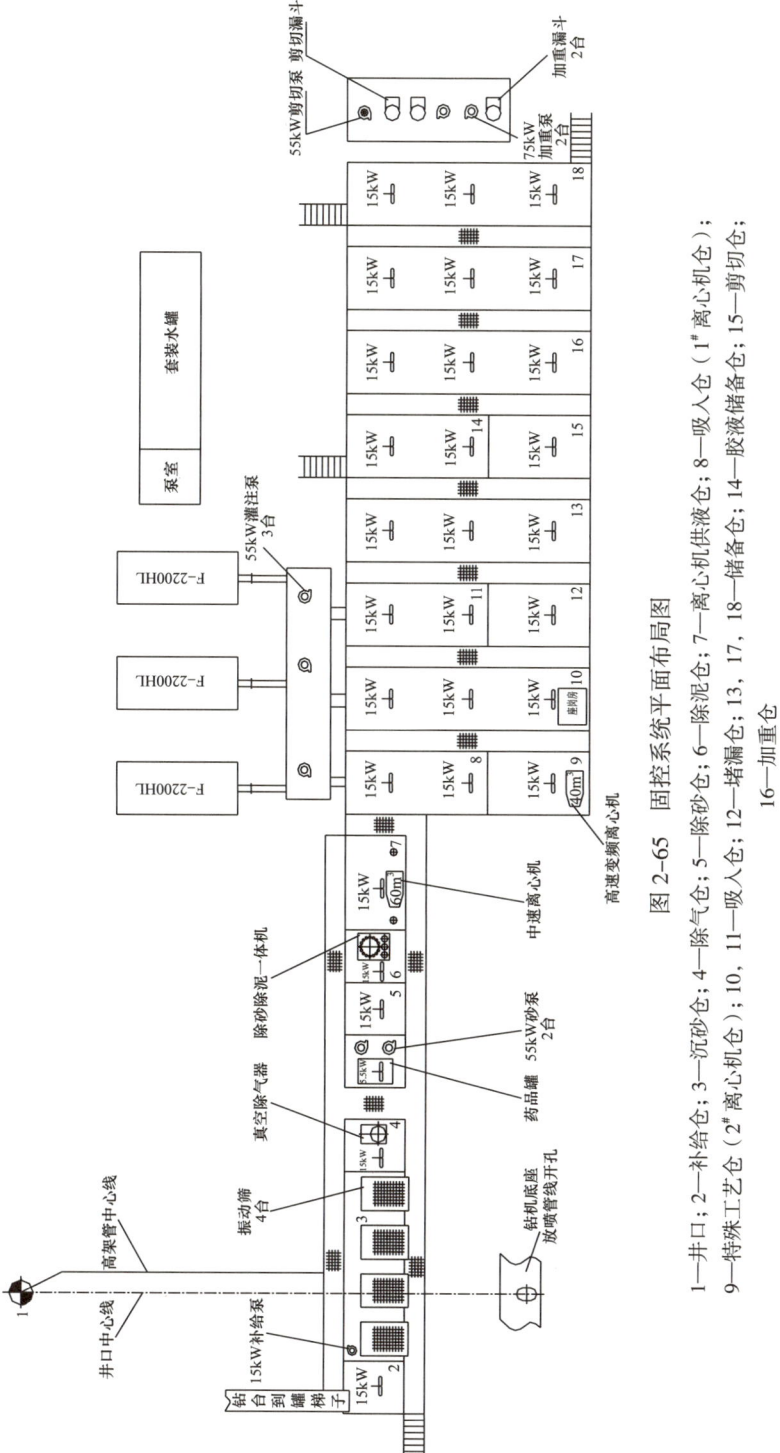

图 2-65 固控系统平面布局图

1—井口；2—补给仓；3—沉砂仓；4—除气仓；5—除砂仓；6—除泥仓；7—离心机仓；8—吸入仓（1#离心机仓）；9—特殊工艺仓（2#离心机仓）；10，11—吸入仓；12—堵漏仓；13，17，18—储备仓；14—胶液储备仓；15—剪切仓；16—加重仓即使出口向上也可以排出到筛框末端。筛箱的运动经过精心设计,在复杂的钻井条件下仍然有最佳的工作性能。S340-1振动筛的振动轨迹如图2-66所示。

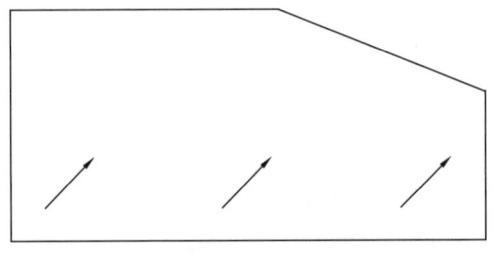

图2-66　S340-1振动筛的振动轨迹示意图

振动筛工作时,电动机带动由偏心轮(偏心块)等部件组成的振动器旋转,振动器使筛架在振击力作用下产生高频振动,从而使得筛箱带着筛网做简谐振动,从井口出来的钻井液通过漏斗进入振动筛的筛箱内,受到筛网的作用力做抛掷运动,钻井液中小于筛网孔径的颗粒和液体从筛网孔通过,流入振动筛下面的储液罐中,大于筛网孔径的颗粒从筛网出口排出到岩屑收集罐,从而达到固液分离的目的。普通振动筛的工作原理图如图2-67所示。

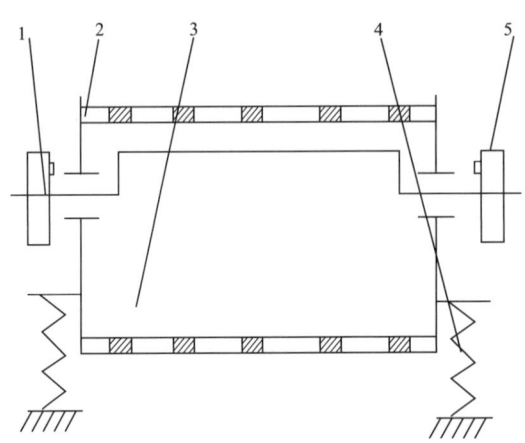

图2-67　普通振动筛的工作原理图
1—偏心块;2—轴承;3—筛箱;4—隔振弹簧;5—偏心轮

(3)技术特点:

①S340-1直线振动筛相比平动椭圆振动筛,结构简单、振动平稳。

②S340-1直线振动筛是一种细目振动筛。振动筛在钻井液进入循环系统之前去除了大部分钻屑,提高了下游固控设备的净化性能。

③S340-1直线振动筛采用4张筛网,筛网面积大,处理量比3张筛网的大30%,适用于深井钻机。

(4)HSE设施及措施:

①当振动器安装并接线后,不允许在筛箱上进行焊接,避免导致振动器绕组和轴承损坏。

② 接电源前,必须先将每个筛箱两侧的运输固定装置完全松开,旋转 90°后紧固在底座上,避免损坏振动筛。

③ 当钻进过程中遇到难筛分的泥岩层时,泥层会糊在筛网上面不动,这时必须用水冲洗。切忌使用铁锹,以避免铲破筛网。

④ 振动筛关机前,先用清水或水蒸气把筛面、筛槽冲洗干净,空载 1~2min 后,再关闭电源。严禁用铁铲直接清除振动筛上的固相。

2)真空除气器

从井中返出的钻井液经振动筛处理后,钻井液从固控罐的沉砂仓进入真空除气器,经真空除气器处理后的钻井液不仅可以保证钻井液性能相对稳定,防止井喷、井涌事故,确保钻井安全,而且能保证旋流器的正常工作,是探井、超深井和含气油井、欠平衡井工程不可缺少的设备。

真空除气器是专门用来清除钻井液中的气体的,其处理能力可达到全流量处理。除气器必须置于振动筛之后砂泵之前来处理钻井液。因为钻井液中含有气体时,离心砂泵将产生气蚀,使砂泵性能下降,产生噪声和振动,寿命缩短,严重时会使砂泵无法工作或损坏。

(1)主要技术参数:

处理量　　　　　　　　240m³/h
真空度　　　　　　　　280~350mmHg 柱
真空泵电机功率　　　　2.2kW
主电动机功率　　　　　15kW
除气器转速　　　　　　970r/min
除气效率　　　　　　　≥95%

(2)结构与原理。

真空除气器主要由主电动机、罐体、钻井液进出口、底座、清洗管、电动机控制箱、排气口、气水分离器、出气管、真空泵及电动机组成(图 2-68)。真空除气器利用真空泵的抽吸作用,在真空罐内形成负压,钻井液在大气压的作用下,通过吸入管进入旋转的空心轴,再由空心轴四周的窗口,呈喷射状甩向罐壁,在碰撞、真空抽吸及气泡分离器的作用下,浸入钻井液中的气泡破碎,逸出的气体通过真空泵排往安全地带,除气后的钻井液则由于自重进入排空腔,经旋转的叶片排到除砂仓。

(3)技术特点:

① 利用真空泵的抽吸使钻井液进入真空罐内,从钻井液中逸出的气体又被抽出真空罐外,真空泵在此起了两种不同的作用。

② 这种真空泵在工作过程中,始终处于等温状态下,适用于易燃易爆的气体抽吸,具有较高的安全可靠性。

③ 钻井液通过转子的窗口高速射向四壁,钻井液中的气泡破碎彻底,除气效果较好。

④ 气水分离器的结构能保证水、气有效分离,并能滤去杂物,保证排气管始终畅通。另外,还可循环向真空泵内供水,节约用水。

⑤ 在钻井液无气侵的情况下,将吸入管伸入钻井液罐内,可作为大功率搅拌器使用。

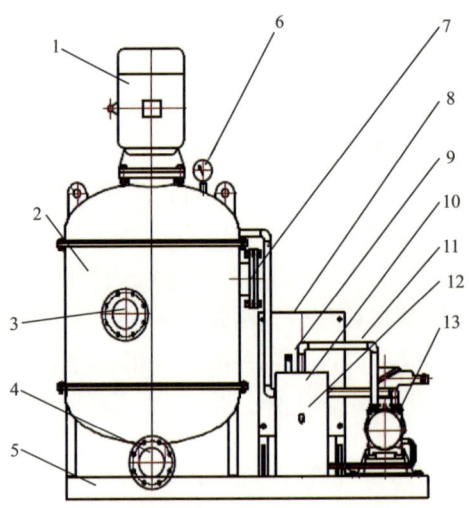

图 2-68 真空除气器示意图

1—主电动机；2—罐体；3—钻井液出口；4—钻井液进口；5—底座；6—真空表；7—清洗管；
8—电动机控制箱；9—排气口；10—气水分离器；11—出气管；12—溢流口；13—真空泵及电动机

（4）HSE 设施及措施：

① 真空泵安装好后，要先检查电动机与真空泵的旋转方向，真空泵及主电动机护罩上均标有旋转箭头标记，应与其方向一致，绝对禁止反向旋转。

② 冬天使用后，及时放掉气水分离器及泵内的积水，防止冻裂。

③ 配置一条足够长的软胶管，将除气器排出的气体排至燃烧管线内。

④ 工作环境温度高于 30℃时，要随时检查真空表，当真空度小于 0.3 时应及时更换气水分离器中的水，保持水温不超过 35℃。

3）除砂除泥一体机

除砂除泥一体机作为钻井液处理设备安装在真空除气器之后，它包含除砂器和除泥器，其安装顺序为振动筛→真空除气器→除砂器→除泥器。除砂器和除泥器都是由一组水力旋流器和一个处理旋流器底流并回收钻井液的小型超细网目振动筛组成。除砂器用来清除 30~90μm 的固相颗粒；除泥器用来清除 10~30μm 的固相颗粒。

除砂器、除泥器是按旋流器的锥筒口内径不同来区分的，旋流器的锥筒口内径在 150~300mm 的被称为除砂器；锥筒口内径在 100~150mm 的被称为除泥器；锥筒口内径在 150mm 以下的称为微型旋流器。除砂器、除泥器和微型旋流器除了分离固体颗粒的大小不同，还有用途不同：除砂器和除泥器主要用来清除钻井液中的岩屑颗粒，微型旋流器一般用来回收钻井液中的膨润土。

（1）主要技术参数。

① 立式除砂器：

型号　　　　　　DSX-10-3 3 个旋流筒

尺寸（in）　　　W76×L44×H88

重量（lb）　　　1300

② 环型除泥器：

型号　　　　　　D-RND-CM-4-16（800 GPM）16cone

尺寸（in）　　　　　　W76 3/16 × L80 × H76 3/8
重量（lb）　　　　　　2500

（2）结构和原理。

旋流器由进浆管、锥筒、溢流管等主要部分组成，旋流器结构示意图如图 2-69 所示。钻井液通过进浆管进入旋流器圆锥形漏斗里，在离心力的作用下被甩向筒壁。不同质量的颗粒受到的离心力不同，大颗粒受到的离心力大，先到达筒壁，锥筒中心出现负压，锥筒中部细小颗粒受到空气压力的作用，被挤压到溢流管中排出来，而较大颗粒的固相随着离心力的减小，顺着旋流器筒壁下移到底流管被排出来，从而完成了钻井液的固液分离，旋流器工作原理图如图 2-70 所示。

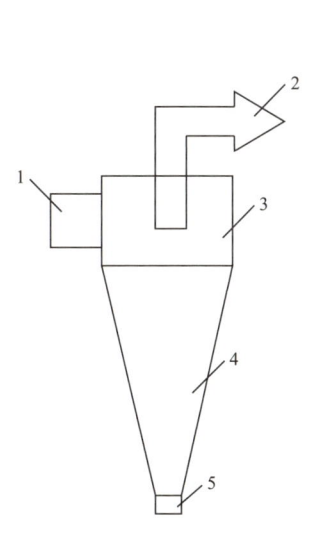

图 2-69　旋流器结构示意图　　　　图 2-70　旋流器工作原理图
1—进浆管；2—溢流管；3—圆柱蜗壳；4—锥体；5—底流管　1—内旋流；2—溢流口；3—盖下流；4—外旋流；5—底流口

8000m 钻机配置的是 Derrick 立式除砂器和环型除泥器（也可以配置直列式除泥器）。Derrick 立式除砂器配置 10in 聚亚安酯旋流筒，每个旋流筒在适当的压力下流量为 500gal/min（1gal/min= 0.27276m^3/h），能分离 40μm 以上的固体。环型除泥器包括 4in 旋流筒和一个安装在专用橇上的下部沉液池组成。环型除泥器的管汇环型排列，直列式除泥器的管汇直线排列，但每个旋流筒上均有一个关闭阀，在 75ft 压头下处理能力均为 50gal/min，能除去钻井液中 10～74μm 的泥砂。

（3）技术特点：

① Derrick 4in 除砂除泥一体机的旋流筒用轻质、耐磨的聚亚胺酯材料制成，具有良好的耐流体冲刷和抗腐蚀性能，具有使用寿命长和易于维护的特点。

②每个旋流筒进口处的阀关闭后，可以方便地拆卸和检修单个的旋流筒而不影响其他旋流筒的使用。

③ Derrick 4in 旋流筒使用寿命是其他普通旋流筒的两倍。

（4）HSE设施及措施：

① 接通电源，要先检查电动机与皮带轮的旋转方向，电动机及皮带轮护罩上均标有旋转箭头标记，应与其方向一致，绝对禁止反向旋转。

② 除泥器、除砂器使用完后，应彻底清洗筛网，严禁用铁锹铲或用其他硬物刮筛网。

4）离心机

离心机是最后一级钻井液固相控制设备，主要用来清除钻井液中 2～10μm 的固相物质，使钻井液的密度、黏度等指标达到使用要求。离心机一方面可以用来清除无用的细小颗粒，另一方面可以用来回收钻井液中的有用固相——重晶石。

（1）主要技术参数（表 2-23）。

表 2-23 离心机主要技术参数

型号	GLW/BP450-1250N 高速离心机	LW600-945NA 卧螺沉降离心机
最大处理量，m^3/h	40	60
最小分离点，μm	2	5～7
最高转速，r/min	2500	1600
分离因素	2250	860
主机功率，kW	37	45
辅机功率，kW	7.5	7.5
供液泵功率，kW	7.5	7.5
长径比	2.78	1.58
外形尺寸（长×宽×高），mm	2900×1600×950	2770×1880×1700
质量，kg	3670	3500

（2）结构与原理。

离心机主要由电动机、滚筒（转鼓）、差速器和螺旋输送器组成，其结构原理如图 2-71 所示。待处理的钻井液通过进料口进入离心机，钻井液在螺旋输送器的轴筒内被加速，然后进入滚筒内被再次加速，由于离心力的作用，钻井液在滚筒内被分离，滚筒和输送器旋转转速差使得不同密度的钻井液被分离，液体从滚筒大端流出，固体在螺旋推进器的作用下被送往小端，从滚筒小端的底流口流出。

差速器实际上是一个二级行星齿轮减速机，它的外壳内加工有内齿，外壳随滚筒旋转，左端的皮带轮带动输入轴上的 1 级太阳轮旋转，1 级太阳轮通过 1 级行星轮与外壳上的内齿啮合，这样外壳的转速与输入齿轮轴的转速合成为一级转臂的转速，由 2 级太阳轮输出到第 2 级，第 2 级的传动原理与第 1 级相同，最后通过输出轴带动螺旋推进器旋转，差速器的传动原理如图 2-72 所示。

8000m 钻机配有两台不同型号的离心机，一台 GLW/BP450-1250N 高速离心机和一台 LW600-945NA 卧螺沉降离心机。GLW/BP450-1250N 高速离心机用于清除非加重钻井液中的固相，其处理液为除泥器的溢流；LW600-945NA 卧螺沉降离心机用于回收加重钻井液中的重晶石，其处理液为除泥器旋流器的底流。

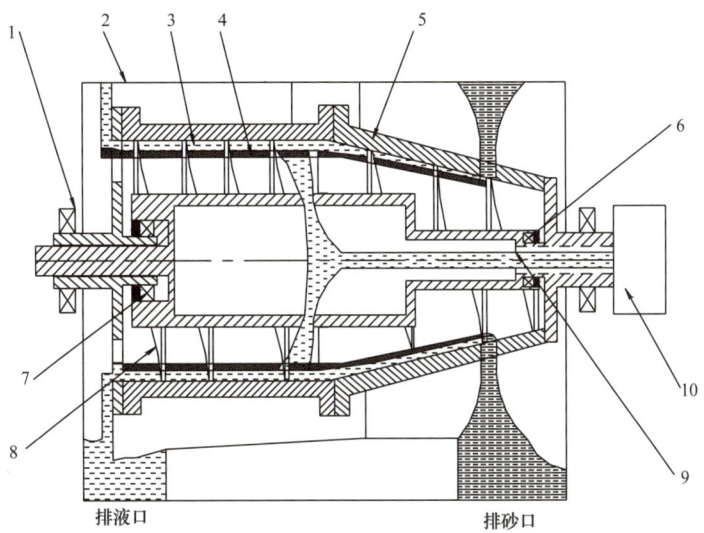

图 2-71 离心机分离原理图

1—主轴承；2—箱体；3—液相层；4—固相层；5—滚筒；6，7—螺旋推进器轴承；
8—螺旋推进器；9—待处理钻井液；10—差速器

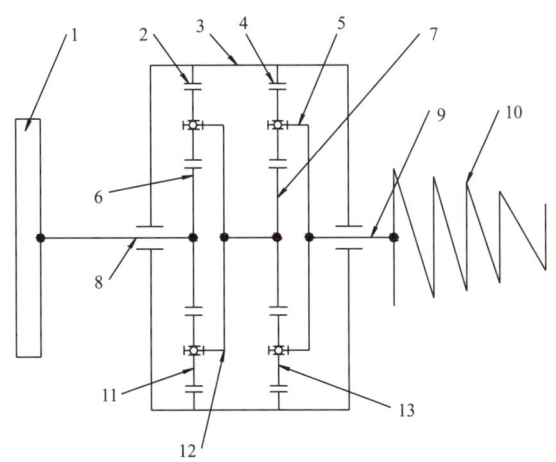

图 2-72 差速器的传动示意图

1—皮带轮；2—1级内齿圈；3—外壳；4—2级内齿圈；5—2级转臂；6—1级太阳轮；7—2级太阳轮；
8—输入轴；9—输出轴；10—螺旋推进器；11—1级行星轮；12—1级转臂；13—2级行星轮

（3）技术特点：

① 优化了 LW 系列离心机的沉降区参数和加料方式，使离心机的除砂效果大大增强。

② 在处理量比原来增加一倍的情况下，功率并未增加，且离心机满载工作时，电动机工作负荷不超过额定功率的 80%。

③ 离心机的关键部件螺旋推进器用加厚钢板精加工制造，表面耐磨层厚度比原来厚一倍，确保离心机超长寿命使用。

④ 离心机的进料、分离和卸料等操作是在全速运转下连续自动运行的，自动化程度高。

⑤ 离心机对钻井液的分离是在全封闭状态下进行的,对作业现场无污染,能满足现场环保要求。

⑥ 离心机的转鼓、螺旋等与钻井液接触的部件,均采用优质不锈钢制造,耐酸碱腐蚀性能力强。

(4) HSE 设施及措施:

① 离心机支架的 4 条腿应固定在罐面刚性好的基座上,以防产生共振。

② 开机前用手盘动主机带轮,检查滚筒与箱体和进液管有无摩擦及卡阻现象。

③ 较长时间停用后启动离心机时,首先启动辅机,同时通过冲洗接头向离心机内注入适量清水运转 1min,清除离心机滚筒内壁上的泥饼,避免主机高速运转时,滚筒不平衡,造成离心机剧烈的振动,甚至导致主机停机及损坏。

④ 禁止在滚筒高速旋转时停止辅机,否则辅机失去动力后会被滚筒带动高速旋转,造成辅机损坏。

⑤ 离心机运转过程中,禁止打开滚筒护罩和皮带护罩,避免人员伤害。

⑥ 离心机停机时,先停供液泵,再关进液阀,然后打开清水阀;排渣口不排渣时,关闭电动机。

⑦ 钻井液流量不得超过离心机铭牌额定值,否则易引起过载,使安全销剪断或离合器滑脱。

⑧ 清洗离心机滚筒小端上的底流喷嘴时,禁止手指伸入孔内,因为滚筒停止旋转后,螺旋输送器可能还在旋转,手指伸入存在被切掉的风险。

5) 搅拌器

搅拌器的功能是通过搅拌作用,避免钻井液中固相颗粒沉积,保持钻井液性能稳定。因此搅拌器叶轮排出的钻井液能使罐内悬浮固相向上的速度大于沉降速度。8000m 钻机配置了 30 个搅拌器,除沉砂仓外,每个隔仓都配置了搅拌器,搅拌器的位置安装在工作平面的中心位置,其叶轮距罐底尺寸为叶轮直径的 1/3~3/4。

6) 钻井液枪

钻井液枪有两个作用:一是依靠枪体喷嘴产生的高速液体冲击钻井液储罐底层沉积的固相,使其悬浮;二是当搅拌器停机一段时间后,沉积的固相会将叶轮埋没在固相中。当搅拌器重新启用时,通过钻井液枪的冲刷,可清除搅拌器叶片上的部分沉砂,减小搅拌器启动时的部分阻力,为搅拌器正常工作提供可靠保证。

8000m 钻机配置了 29 个高压钻井液液枪,压力等级为 6MPa,高压钻井液枪由钻井泵和加重泵的排出支流供液。

7) 剪切泵和加重泵

剪切泵是一种专门用于剪切聚合物和黏土的机械设备。在钻井液系统中,先将聚合物(或黏土)充分地剪切以后,再进入钻井液系统,充分发挥其效用,改善钻井液性能,如果没有充分剪切,聚合物在第一次循环中就可能堵塞振动筛网,损失大量的聚合物,增加钻井成本。

加重泵是用来配制或增加钻井液总量,改变钻井液密度、黏度、失水等的机械设备。

固控系统 10# 罐侧配置两台加重泵和一台剪切泵,三台泵吸入、排出并联,剪切泵工作时将与之并联的吸入、排出加重泵阀门关闭,保证剪切泵的独立工作。

（1）一般情况下，钻井液的配制是在吸入罐的加重室进行的。配液时，加重泵可以从吸入罐、中间罐、混合罐的钻井泵吸入仓、加重仓、储备仓任意吸取钻井液，通过混合漏斗，将加入的钻井液材料充分混合后进入加重仓（或钻井液管线，然后再通过钻井液管线中的阀门控制，钻井液材料可进入吸入罐、中间罐、混合罐的钻井泵吸入仓、储备仓），经过罐内搅拌器的充分搅拌后，达到钻井泵所需要的钻井液参数。

（2）对于聚合物等难以水解和搅拌的钻井液材料，可通过剪切泵和混合漏斗得到快速均匀的混合。剪切泵从中间罐的剪切仓内吸入处理液，可进行反复剪切混合，剪切混合后的药品通过输送管线输送至药品罐，药品罐内的药品可通过输出管线流入中间罐的钻井泵吸入仓。

8）补给泵

固控系统在 $1^{\#}$ 罐前端设有补给仓，配有两台补给泵。在起升钻具的过程中，补给泵从 $1^{\#}$ 罐中的补给仓吸入钻井液，输送到井口，通过向井筒中补充钻井液，保证井下钻井液液柱的高度，避免发生井喷；在下放钻具的过程中，井口循环返回的钻井液可以直接流入到补给仓。补给仓需要补充钻井液时，可用加重泵吸入钻井液（净化后的钻井液），经排出管线输送至补给仓。

9）清水管线

固控系统的每个罐上均设有清水管线，在罐上适当位置装有不锈钢球阀，能用来清洗罐面和罐面设备，还可根据需要向罐内注水及其他用途。

10）固控系统流程

（1）罐面处理流程：井口返出的钻井液经高架管可分别或同时进入 $1^{\#}$ 罐面上的 4 台振动筛进行筛分处理，分离出来的固相被排出到钻屑收集罐，液相流入 $1^{\#}$ 罐内的沉砂仓，待钻井液中的固相沉淀分离后，钻井液经高位溢流口进入罐内钻井液槽，进行下一级处理和循环。当钻井液发生气侵时，才启动 $1^{\#}$ 罐面上的真空除气器进行脱气处理。如果钻井液不需要进行脱气，就让钻井液直接流入 $2^{\#}$ 罐内的除砂仓，除砂泵将除砂仓的液体送入 $2^{\#}$ 罐面上的除砂除泥一体机的除砂旋流器，进行除砂处理后的钻井液排到 $2^{\#}$ 罐内的除泥仓，除泥泵将除泥仓的钻井液送入 $2^{\#}$ 罐面上的除砂除泥一体机的除泥旋流器。经过除泥处理后的钻井液进入 $2^{\#}$ 罐内的离心机仓，离心机供液泵将离心机仓的钻井液送入 $2^{\#}$ 罐面上的中速离心机，分离后的钻井液再被供液泵送入 $3^{\#}$ 罐面上的高速离心机进行离心分离处理，处理完的钻井液进入固控系统的吸入罐（ $3^{\#}\sim5^{\#}$ 罐）和储备罐（ $6^{\#}\sim10^{\#}$ 罐）。根据实际工艺要求，可以关闭和停止某一级净化处理，可以通过切换罐内钻井液槽的插板来改变钻井液的流向。

（2）重晶石回收处理：处理加重钻井液时，系统可通过设备的调整回收钻井液中的重晶石。回收重晶石时，需停用除泥器，将 $2^{\#}$ 罐面上的低速离心机调至低速，排出的固相回到罐内，液相排到下一个仓，由 $3^{\#}$ 罐面上的高速离心机处理，回收的液相返回到上一个仓稀释，固相排到罐外。

（3）清水管线流程：罐边清水管线在 $1^{\#}$ 罐（三角罐）和 $2^{\#}$、$3^{\#}$ 罐各装 2 只 3/4in 不锈钢球阀，在其他各罐安装 3/4in 不锈钢球阀和 2in 清水阀（用来向罐内加水）各 1 个，分别向系统的罐内注水及用于其他用途。系统的进水阀和回水阀设在 $10^{\#}$ 罐与水罐相邻端，在 $1^{\#}$、$10^{\#}$ 罐前端装有清水进、出口。

在 5#、6# 罐之间及 10# 罐外侧各加装一条 12in 的上水管线，连接钻井泵吸入及加重吸入管线，由加装的蝶阀控制。每条管线下方加装一套 3in 活接头及蝶阀的放空装置。

（4）加重泵流程：2 台加重泵的 10in 吸入总管线外置，并在吸入总管线上装有滤清器，可以分别联通 3#～10# 罐外的管线。8in 加重排出管线为明置管线，铺设在罐面上，经 10# 罐面后分为两路，一路连通至 3#～10# 罐面前端的加重排出管线，另一路连通至 3#～10# 罐面后端的加重排出管线，通过三通蝶阀弯头进入各罐内。

（5）剪切泵流程：剪切泵除在剪切仓进行作业外，还能将剪切仓内的钻井液排到位于 2# 罐面上的药品罐内。

（6）加药品流程：钻井液加药流程作为钻井液循环流程的辅助流程之一，用于发生井漏或特殊情况下，把需要的化学添加剂和液体加入到或通过排出管将剪切好的液体由剪切泵输送到 2# 罐面前端的药品罐，经药品罐上方的搅拌器混合后，流入 2# 罐内钻井液槽，进入固控系统的吸入仓，与钻井液充分混合后由钻井泵输送到井内。

（7）钻井泵与固控罐的连通管路：3 台钻井泵的吸入总管线（14in）布置在钻井液储罐的前端，可以分别联通 3#～10# 罐。3 台钻井泵的吸入管线与吸入总管线并联，分别装有滤清器，并在 3 台钻井泵之间的吸入管线上装有 2 个蝶阀，控制钻井液的流向。

（8）钻井泵的回水管线可以连通到钻井液枪管线和加重泵的排出支流管线。钻井泵（灌注泵）吸入管线和加重泵吸入管线的控制均采用蝶阀在罐侧控制。

4. 主要技术特点

（1）固控系统具备防寒、防爆、防腐、防渗漏、耐高温等性能，满足在环境温度 -20～50℃，湿度不超过 80%（+20℃时）条件下作业的要求。

（2）固控系统配置了 S340-1 振动筛，筛网面积大，处理量比普通振动筛大 30%，适用于深井、超深井钻机。

（3）固控系统配置了 Derrick 4in 除砂除泥一体机，结构紧凑，占用空间小；一体机的旋流筒采用耐磨的聚亚胺酯材料制成，使用寿命长，是其他普通旋流筒的两倍。

（4）固控系统配置了压力等级为 6MPa 的高压钻井液枪，结构简单、操作灵活、喷射效果好。

5. HSE 设施

（1）配置一根硬管线，将被污染的钻井液排放到燃烧池。

（2）当维护人员检修固控系统设备时，为了防止他人的违章操作而造成的人员伤害，在被维护设备的控制按钮处挂上警示牌："设备正在检修中，禁止合闸！"

（3）当工作人员上、下钻井液罐梯子或在走道上行走时，可能因湿滑摔倒，为了防止他人摔伤，在梯子上端旁边栏杆处标注警示牌："小心打滑"。

（4）吊装卸车时，为防止吊装物失去平衡，导致事故，必须在指定位置吊装。

（5）固控系统中安装的各净化设备和辅助设备必须符合防爆规定，并有防爆标识。

（6）启动钻井液净化设备时，禁止戴湿手套启动按钮，防止触电伤害。

（7）及时收集井场内积水、污水、工业废弃物等，避免污染环境。

（8）配置固控系统污水处理装置或污水池，避免污水污染环境。

（9）配置钻屑回收装置或钻屑收集罐，集中处理钻井过程中产生的钻屑，避免污染环境。

（10）钻井液一般都呈碱性，具有腐蚀性，如果溅到皮肤上，应立刻用清水清洗。

（11）若井口返出的钻井液含有易燃易爆、有毒有害气体，则钻井液先进入液气分离器进行除气处理，再进入振动筛进行钻井液净化处理。

第六节　动力与控制系统

8000m 钻机配套 4～5 台卡特彼勒 3512B 柴油发电机组（以下简称 CAT3512B 发电机组）为钻机提供主动力。CAT3512B 发电机组体积小、结构紧凑、功率大、燃油耗率低、性能可靠、运营维护成本低。使用中表现最突出的是它的耐用性，所有零件坚固耐用，对燃油油品要求不严格，发动机功重比大，可以承受大负载的冲击，满足超深井钻机发电机组大功率和高可靠性的要求，且适应恶劣环境、复杂作业工况下连续工作的要求。

CAT3512B 机组发出电压为 600V、频率为 50Hz 的交流电，经交流（VFD）或直流（SCR）电气传动控制系统分别驱动绞车、转盘和钻井泵。VFD 或 SCR 系统采用优化设计、合理布局，使得操作简便、可靠；采用实时监控，对出现的故障及时进行指示、报警和保护；在内部器件的安排上，采用可以快速拆卸及安装的模块化结构，以减少维修时间，降低系统停机率；满足各种钻井工况的作业要求。其中 SCR 系统具有调速性能好、调速范围大，启动、制动转矩大，易于快速启动、停车，过载能力强、能承受较频繁的冲击负荷，但功率利用率低；与 SCR 系统相比，VFD 系统节能，容易实现对电动机的无级调速控制，可以实现较大范围的高效、连续、精确调速控制，容易实现电动机的正反转切换及高频度的起停运转，运行、维护成本低，总体制造成本高[12]。钻机动力与控制系统包括柴油发电机组、气控系统、电控系统、司钻控制房、井场电路系统等。

一、钻机气动控制系统

钻机气控系统能严格对钻机各部分进行灵活、可靠的控制，使之准确完成钻井工艺过程。能实现如下功能：（1）启动主柴油发电机组气动马达；（2）控制天车防碰装置；（3）控制绞车盘刹；（4）控制绞车左右减速箱换挡、锁挡；（5）控制转盘惯刹；（6）操作钻台和二层台气动绞车；（7）驱动两用水龙头配备的方钻杆旋扣器；（8）自动送钻控制；（9）控制绞车、转盘、自动送钻电动机；（10）气喇叭控制；（11）紧急制动后的解除控制；（12）故障显示及报警等。

钻机气控系统由气压发生装置、气动执行元件、气动控制元件及气动辅助元件组成，各元件及装置间能协调统一地工作。气源系统提供清洁干燥而且具有一定压力和流量的压缩空气，以满足气压传动和控制的要求。气源系统一般由气压发生装置、压缩空气净化装置和传输管道系统组成。气源净化装置对各气动执行元件及控制元件具有安全维护作用。其流程如图 2-73 所示。

8000m 钻机气源及净化系统由 2 台电动螺杆压缩机（包括油水分离器、散热器，含自动切换模块）、1 台微加热再生式干燥机、过滤器［2 级前置过滤器（C、A 级各 1 级）和 1 级 T 级后置过滤器］、酒精防冻器、气源房内 2 个 2.5m³ 储气罐、钻机底座上 2 个 2m³ 储气罐、1 套冷起动空压机，以及全套管线（包括金属硬管、橡胶软管等）、不锈钢阀门等组成。由电动螺杆压缩机输出的压缩空气通过单向阀经油水分离器和散热器输送到储气罐，再通过再生式干燥机输出至各用气单元。储气罐上设安全阀、压力表（压力表下有不锈钢阀门）及自动、手动排污阀并带排污管线，便于操作。除了钻机底座上 2 个 $2m^3$ 储气罐外，所有设备安装在气源房内，并由此向全套钻机供给已净化的压缩空气。

钻机气源干燥机安装在 2 个 $2.5m^3$ 储气罐之后，其优点是从压缩机排出的压缩空气经储气罐后能进一步得到冷却，使进入干燥机的压缩空气有较低的入口温度，这对气源的干燥效果和降低能耗都能起到很好的作用。另外，储气罐还可以起到压力缓冲作用，使干燥机的负荷比较均匀，可得到较稳定的压力露点。

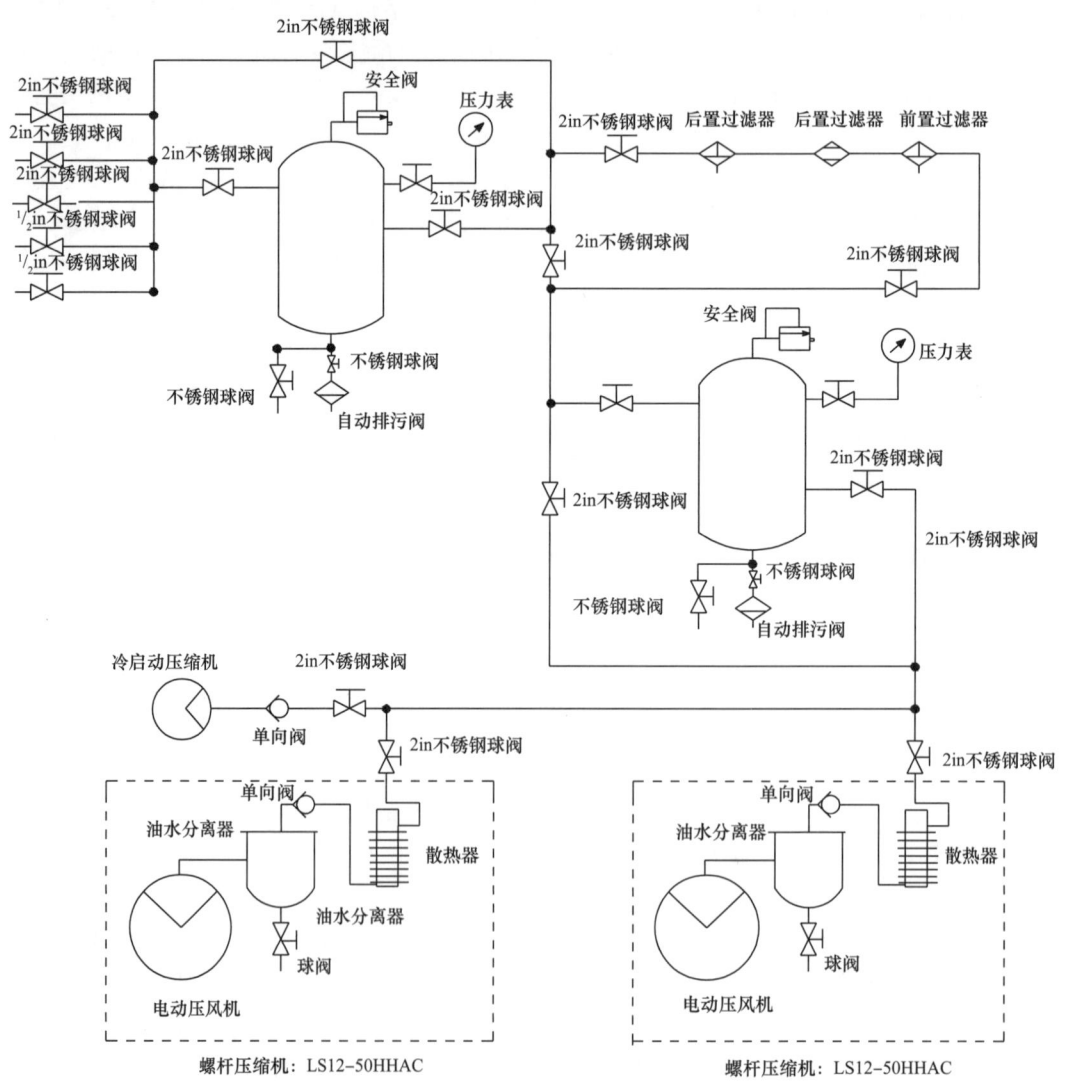

图 2-73 气源系统及净化装置流程图

钻机钻台和井架上各气动设备的供气系统由底座上的 $2×2m^3$ 储气罐、管线槽、供气管线及阀件组成，预留 2in 管线接口及球阀。在钻台右边气管路位置预留气源分配接口。储气罐最大工作安全压力为 1MPa，带安全阀、单向阀、放水排污阀和压力表等，储气罐内形成的冷凝水与油污可从罐底的自动或手动排污阀排出。

气源系统输出的洁净压缩空气，气压调节控制在 0.7~0.9MPa 范围。

钻机的气控系统由装于司钻控制房面板上的开关、旋钮、按钮、触摸屏和阀岛组成，阀岛内的电磁阀由 PLC 逻辑电路控制，其输入控制信号经 PLC 逻辑运算后按预定的程序驱动执行元件工作。

1. 主要技术参数

8000m 钻机空气压缩机的配套，可根据用户需要配套。

系统工作条件参数：

环境温度	−40~+50℃
环境湿度	≤90%
成品气含油量	≤0.1μL/L
成品气微粒直径	≤5μm

下面是两种空气压缩机的主要技术参数。

1）ZJ80D 钻机配套的电动螺杆压缩机技术参数

压缩机型号	VH37−10
容积流量	5.7m³/min
额定排气压力	1.0MPa
冷却方式	风冷
电源	380V/3P/50Hz
出口管径	BSP1$\frac{1}{2}$in

2）ZJ80DB 钻机配套的电动螺杆压缩机技术参数

压缩机型号	LS12−50HH AC（寿力）
容积流量	5.5m³/min
额定排气压力	1.0MPa（最大 1.06MPa）
冷却方式	风冷
电动机	37kW /380V /50Hz
出口管径	Rc 1$\frac{1}{2}$in

2. 结构与原理

8000m 钻机使用 2 台寿力系列风冷式电动螺杆压缩机组，是压缩空气发生装置，它将机械能转换为压缩气体的压力能，是实现能量转换的装置。该装置由压缩主机、电动机、启动器、进气系统、排气系统、冷却润滑系统、气量调节系统、仪表板、冷却器、组合分离器和护罩组成，所有部件都安装在一个底座上面，如图 2-74 所示。

1）压缩主机

在空气压缩机机组中，压缩主机主要由同步齿轮、阴螺杆、推力轴承、轴承、挡油环、轴封、阳螺杆、气缸体组成。压缩机机体内有一对互相啮合的转子，即阳螺杆和阴螺杆，在电动机的驱动下高速旋转，不断提供稳定、无脉动的压缩空气。在转子旋转吸入空气时，润滑油被喷入压缩机机体内，与空气直接混合。这里的润滑油主要起四个作用：

（1）冷却，带走压缩过程产生的热量，减少压缩空气的内泄漏；

（2）密封，它填补了转子与壳体及转子与转子之间的泄漏间隙；

（3）润滑，在转子间形成润滑油膜，便于阳转子直接驱动阴转子；

(4)降低噪声,在转子间形成润滑油膜,避免转子间直接接触降低噪声。油气混合物流经油气分离器后,油与空气分离,空气进入供气管路,油被冷却后再次喷入压缩机。

2)冷却润滑系统

冷却润滑系统包括风扇、电动机、板翅式后冷却器、油冷却器、油过滤器、温控阀、内部连接金属管和软管。

当油温低于77℃,温控阀全开,油不经冷却直接流过油过滤器,到各工作点。由于吸收压缩过程产生的热量,油温逐渐升高。当油温高于77℃,温控阀开始关闭,部分油流入冷却器。冷却后的油流入油过滤器,然后进入主机。

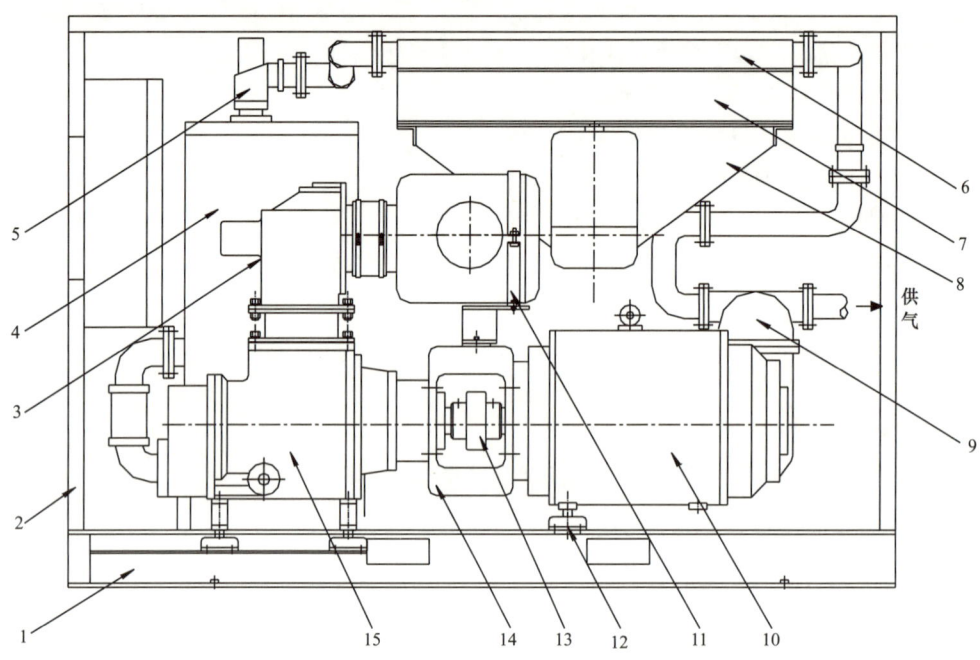

图 2-74 风冷型空气压风机组

1—底架;2—隔声罩;3—进气控制阀;4—油气分离器;5—最小压力阀;6—冷却器;7—导风罩;8—风扇电动机;9—疏水阀;10—主电动机;11—空气滤清器;12—减震器;13—联轴器;14—联接筒;15—主机

在所有的机型中都有部分润滑油被送入支承转子的耐磨轴承。油液在进入压缩机之前,首先经过油过滤器,以确保流向轴承的润滑油的洁净,油过滤器总成由可更换式滤芯和内部压力旁通阀组成。当仪表板上的压差表指针指向红色区域时,必须更换过滤器。当压缩机运行时,必须定时检查压力表的读数。

3)排气系统

加压后的油气混合物从压缩机出来,进入油气分离罐。油气分离罐有三个作用:

(1)作为初级油气分离器;

(2)作为压缩机储油罐;

(3)装有二级油气分离芯。

油气混合物进入油气分离罐,撞击弧形表面,流速大大降低,流向改变,形成大的油滴,由于它们较重,大部分落入罐体底部。其余少部分油在流经分离芯时分离出来,沉积在分离芯底部。分离芯底部引出一根回油管，接回压缩机入口；回油管上有视镜，还有节流孔（前装过滤器）保证回油稳定。

经过分离的压缩空气含油量会低于 2μL/L。在仪表盘上装有油气分离器压差显示表，当指针指向红色区域时，必须更换油气分离滤芯。当压缩机在满负载下运行时，必须定时检查压差读数。

在油气分离器之后装有最小压力阀，以保证油气分离罐压力在加载工况下不低于 3.5bar，该压力是保证油路正常运行的最低压力。最小压力阀内设有止回阀，能防止停机或卸载时管线压缩空气的回流。油气分离罐装有安全阀，当油气分离罐压力超过设定值时，安全阀自动打开。此外，温控开关在排气温度高于 113℃时控制压缩机停机。

4）控制系统

控制系统能根据所需的压缩空气量调节压缩机进气量。当管线压力超过加载压力约 0.7bar 时，在控制系统作用下，机组放空卸载，这能大大降低能耗。控制系统包括进气阀（位于压缩空气进口处）、放空阀、电磁阀、压力调节开关和压力调节器。

5）进气系统

压缩机进气系统包括空气过滤器、维修指示器和进气阀。

仪表盘上有反映空气过滤器状态的维修指示器，如果空滤器的阻力太大，真空表指针（维修指示器）会指向红色区域，此时需更换过滤器的滤芯。进气提升阀，它的开启程度由压力调节器根据需气量来调节。停机时，进气阀关闭，起止回阀的作用。

6）监控仪表

监控仪表包含：管线压力表、油气分离罐压力表、排气温度表、分离器压差表、油过滤器压差表、开关按钮及计时器。各表功能如下：

管线压力表（p_2）：位于最小压力阀之后，与油气分离罐干侧相通，显示供气压力。

油气分离罐压力表（p_1）：显示油气分离罐内的压力。

排气温度表（T_1）：监测压缩机排出气体的温度，正常情况下，经冷却的排气温度应为 82～107℃。

分离器压差表（Δp_1）：监控油气分离芯的状态。如果分离滤芯的阻力太大，指针将指向红色区域，此时需要换油气分离芯。

油过滤器压差表（Δp_2）：监控油过滤器的状态。如果过滤器阻力太大，指针将指向红色区域，此时需更换滤芯。

启动按钮：控制开机。

停止按钮：控制停止。

计时器：反映压缩机的累计运行时间，操作与维护时可参考该参数。

琥珀灯亮，表明机器处于自动运行状态。

红灯亮，表示压缩机已通电。

绿灯亮，表示压缩机运行。

手动/自动开关，选择手动或自动控制模式。

空滤真空表：监控空气过滤器的状态，表指针指向红色区域（20～30in 水柱 51～76cm）时必须更换滤芯。

3. 配套设施

1）吸附式压缩空气干燥机

由空气压缩机直接排出的压缩空气，含有大量水分和灰尘，并且含有油蒸汽和有机酸物质，必须经过除油、除水和除尘后才能使用。压缩空气中的尘埃及油雾杂质主要利用不同结构的过滤器进行过滤清除。水分的清除主要利用干燥机实现。该钻机采用微热吸附式空气干燥机。它是利用具有吸附性能的吸附剂（如硅胶、活性氧化铝、分子筛等）吸附空气中水蒸气的一种空气净化装置。这种微热再生式干燥机结构简单，自动化程度高，耗气量较少，运行成本低，但采购成本大。

HEL系列吸附式压缩空气干燥机是在一塔里利用多孔性固体物质表面的分子力来吸取气体中的水分，同时另一塔里利用压力变化解吸氧化铝所吸收的水分，从而获得较低露点温度、干燥、洁净气体的净化设备。它采用孔径与水分子直径相近的活性氧化铝为吸附剂，采用国际上最先进的变压吸附原理，在常温下吸附时，空气中水分子的分压力大于吸附剂中水分子的分压力，水分子进入吸附剂内部，在吸附剂的表面冷凝成水滴，并放出冷凝热，将此热量蓄于吸附塔的上部。再生时，5%～8%经加热器加热后的干燥空气通过再生压力调节阀进入常压下的再生筒，使吸附剂中的水分子逸出，同时蓄于吸附塔内的热量有助于解析。吸附剂经过吸附、再生、吸附循环使用，对压缩空气进行连续不断的吸附干燥处理从而获得深度干燥的气体，可获得-23℃以下压力露点气源。

双塔交替连续工作输出干燥洁净的压缩空气。其净化空气含水量可达压力露点-40℃以下，从而获得深度干燥的无水无油的高纯度的压缩空气满足用气的需要。由于采用合理的工作周期，充分利用了吸附，再生效果好，节能耗气少。

吸附式干燥机主要由压缩空气系统、控制气系统、电气系统三大部分组成。图2-75为HEL-7/10微热吸附式干燥机外形图。

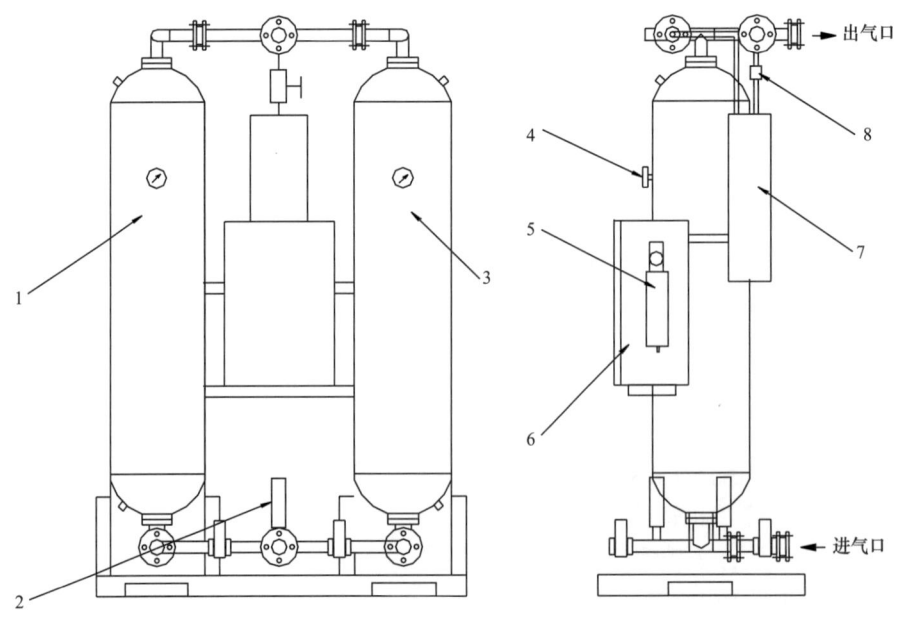

图2-75 HEL-7/10微热吸附式干燥机外形图

1—A干燥塔；2—消音器；3—B干燥塔；4—压力表；5—过滤减压阀；6—电器控制箱；7—电加热器；8—再生调节阀

当压缩空气进入吸附干燥机时，首先使 A、B 塔压力值达到压力平衡，空气从进气梭阀 V1 进入 B 塔吸附筒，空气中的水分被塔内的吸附剂吸附后，干燥空气完成了吸附—干燥过程经出气阀 V6 出吸附干燥机到用气点，此时 A 塔气动阀 V3 打开，A 塔内的压缩空气经消声器 S11 完全排空，A 塔内吸附了大量水分的干燥剂因为压力变化，由吸附剂表面被干燥的压缩空气带走排出机外，同时一小部分处理后的干燥空气由干空气出气口经再生气节流阀 V8、加热器 H11、再生阀 V7 到 A 塔，干燥空气将余下的少量水分从 A 塔气动阀 V3、消声器 S11 带走，使 A 塔内的干燥剂重新达到干燥，从而完成了干燥—再生过程。然后 A 塔排气气动阀 V3 关闭，再生气仍从出气口流经 A 塔，直至 A、B 两塔压力一致，从而完成了均压过程，保证了 B 塔切换到 A 塔时压缩空气不会对阀体造成冲击。压缩空气经 A 塔进气切断阀 V1 进入 A 塔吸附，其过程与 B 塔相同，如此循环使干燥机完成周期性的切换。空气干燥器流程如图 2-76 所示。

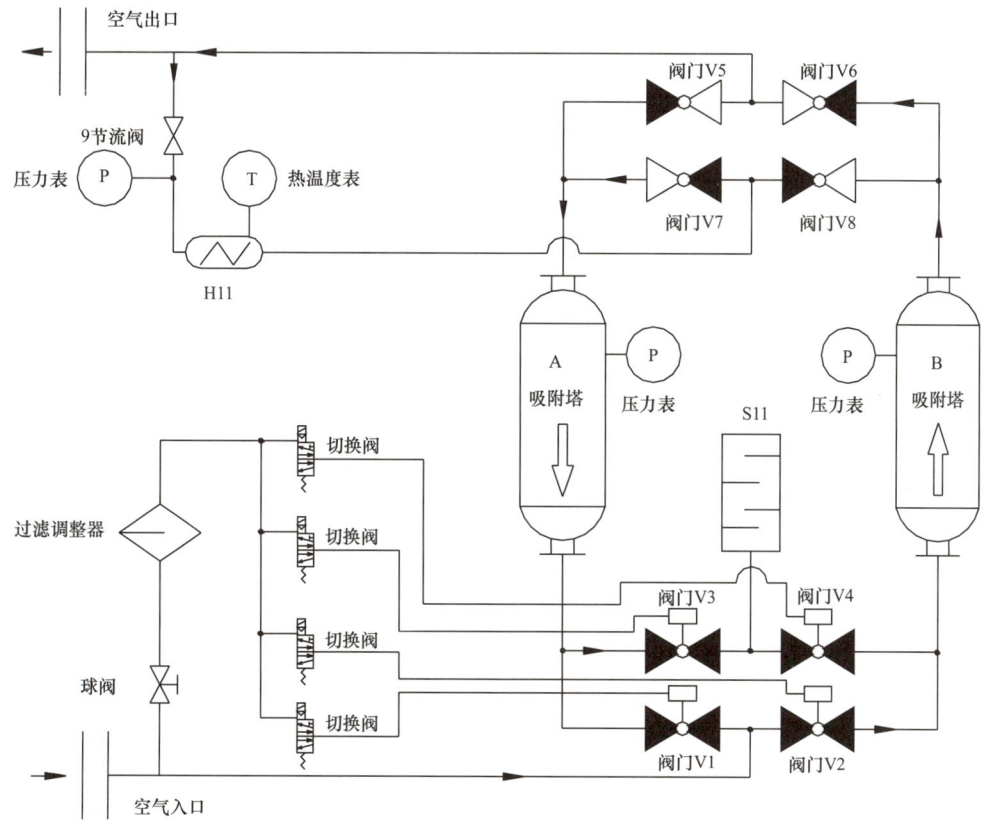

图 2-76 空气干燥流程图

A，B—吸附塔；V5，V6，V7，V8—止回阀；S11—消声器；9—节流阀；
H11—电加热器；V1，V2，V3，V4—切换阀

微热吸附干燥机的加热管采用不锈钢 304 材质加工而成，外包散热片，有利于空气传热；内部绝缘层可保障电加热器的安全性。

（1）压缩空气干燥机主要技术参数如下：

干燥机类型　　　　　　　ADH 微热吸附再生式干燥机

加热功率	≤3kW
空气处理量	7.2m³/min
工作压力	0.6～1.0MPa
进气温度	≤40℃
接口尺寸	G1 1/2 in
压力露点	－40℃
电源	220V
数量	1台

（2）过滤器。

压缩空气中的污染物流经管道和元件时会引起堵塞和锈蚀，所以气动控制管路上常设置有几种过滤器（图2-77），以提高气源质量。为了保证压缩空气的清洁，该钻机设置有前置和后置过滤器。气源系统在空气干燥器的吸入管配置有主管路过滤器和除油过滤器2级前置过滤器（C级和A级），在空气干燥器的排出管配置有除尘过滤器1级后置过滤器（T级）。过滤器的额定流量为7.2m³/min，接口尺寸G1 1/2 in。

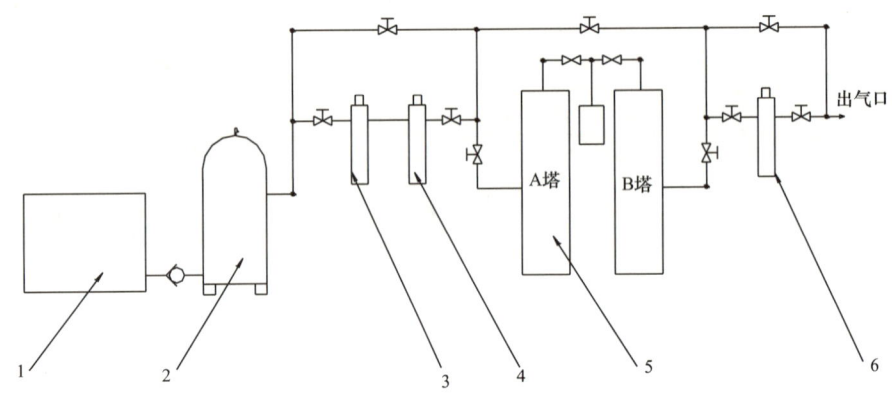

图2-77 过滤器在气系统中的位置

1—螺杆空压机；2—空气储气罐；3—主管路过滤器；4—除油过滤器；5—吸附式干燥机；6—除尘过滤器

过滤器参数如下：

前置过滤器	MPH250、MPF250各1台
后置过滤器	MPF250 1台
流量	7.1m³/min
接口尺寸	G11/4in

2）储气罐

在气路系统中设置储气罐，可以平抑空气压力波动，并储存一定量的压缩空气，减少压缩机的加载频率。储气罐内的气流螺旋运动，可分离出压缩空气部分的水分以及固体颗粒，净化压缩空气。分离出的冷凝水和其他污染物可通过储气罐底部排污口排出。该钻机气源系统在气源房内有2个2.5m³的储气罐，在钻机底座上配有2个2m³的储气罐。由气源系统处理装置输出的压缩空气，经2in输送管线输送至底座左右基座的2m³储气罐。

柴油发动机启动气动马达和井控房，由气源房的2个2.5m³的储气罐供气。

钻台及井架各气动设备由钻机底座上的2个2m³的储气罐供气。

储气罐上装有自动排水阀、单向阀、安全阀和压力表。整个钻机重要控制操作均集中在钻台上的司钻控制房内。

储气罐的主要技术参数如下：

工作压力	1.0 MPa
安全阀设定压力	1.05MPa
工作介质	压缩空气
容积	$2\times2.5m^3 + 2\times2m^3$
进口、出口螺纹及尺寸	Rc2in

3）冷启动空气压缩机组

冷启动空气压缩机组是为钻机启动主发电机柴油机配套设备，常用于钻机安装之初，在辅助发电机不能正常使用，不能为气源净化装置提供电源时，启动该机组可生产 0.8~1.0MPa 的压缩气源，用以启动主柴油发电机组，同样适合未配置辅助发电机的钻机，是现代化电驱动钻机必不可少的配套设备。它可以保证钻机的气动回路应急控制。为保证汽油机的正常启动，气路设置有旁路，使启动前处于空载状态。

冷启动空气压缩机产品的配置，可根据用户的要求而定。

冷启动空气压缩机组主要由柴油发动机和风冷空压机组成。发动机和风冷空压机都安装在钢制底座上，发动机通过皮带传动带动空气压缩机运转，空气压缩机的压缩空气通过管线输送到储气罐，直到储罐内的气压到设定的压力值。

冷启动空气压缩机的技术参数如下：

容积流量	$1m^3$/min
额定排气压力	1.0MPa
成品气含油量	≤0.01mg/L
成品气含尘量粒径	≤0.01μm
启动形式	电启动/手拉启动

4. 技术特点

（1）系统配套的螺杆空气压缩机兼有速度型空气压缩机和容积型空气压缩机两者的优点，其主技术特点如下：

① 具有较高的齿顶线速度，转速高达每分钟万转以上，其单位排气量的体积、重量、占地面积以及排气脉冲远比往复式压缩机的小。

② 没有气阀、活塞环等零件，运转可靠、寿命长、易远距离控制。

③ 具有强制输气的特点，即排气量几乎不受排气压力的影响。

④ 与叶片式压缩机比，其内压力比与转速和密度几乎无关。

⑤ 在宽广的工况范围内，仍能保持较高的效率，没有叶片式压缩机在小排气量时出现的喘振现象。

（2）系统配套的微热再生式空气干燥机的技术特点：

① 露点低。采用双塔交替连续工作输出干燥洁净的压缩空气，其净化空气含水量可达压力露点 −40℃以下。

② 再生效果好。合理的筒体结构设计，保存95%的吸热量，储存的热量用于再生阶段的再生气温度，合理的工作周期，充分利用了吸附热，再生效果好。

③节能耗气少。微热再生压缩空气干燥机集有热再生与无热再生机的优点，对再生气采用微加热的方式，从而减少再生气耗量，达到节能目的。避免了无热再生机切换时间短，再生空气损耗量大的缺点，同时也避免了有热再生空气干燥机电能损耗大的缺点。

5. HSE 设施与措施

（1）储气罐上设有安全阀，当罐内空气压力超过设定值时，安全阀自动打开排放，直至罐内空气压力值降至规定值。

（2）冷启动空气压缩机的排烟管接到室外，且朝向无人方向。排烟管上应有隔热防护层，以免工作人员意外被烫伤。

（3）所有电气设备应按规定设接地线，防止因漏电而造成意外人身伤亡事故。

（4）气源净化系统中压缩机润滑部位出现渗油、漏油情况，会造成环境污染。为避免污染环境，设备底部应为封闭状态，使用时要确保润滑油管线接头及容器各部位的密封可靠，并进行定期检查维护。

（5）更换过滤器阀芯时，有可能出现污水漏失在地面上或流入河流，配备污水收集器并定期清理。

（6）在清洗或者更换储气罐排污阀时，可能出现漏污水情况，会造成环境污染。使用时在排污阀前安装球阀，在清洗或者维修更换排污阀时，关闭排污通道，同时排污通道应设旁路，保证排污随时通畅，并进行定期检查维护。

（7）空气系统中，一些管线、阀件可能出现爆裂、松脱、放喷等情况，进行了下列安装措施：

①各离合器附近的快速排气阀，排气口垂直向下（指向地面）或者指向设备，避免正对人行过道，以免导致人身伤害事故。

②储气罐上的安全阀放喷口垂直向下，不允许对准人，以避免造成意外人身伤害。

③拆卸储气罐和更换储气罐阀件前，必须先将储气罐内气体排尽，以免残余气体膨胀而导致人身伤亡事故。

④储气罐内充气仅能使用空气或氮气，禁止使用氧气或氢气等易燃易爆气体，以免造成储气罐爆炸和人身伤害事故（优先选用空气）。

⑤承压管线爆裂，泄出的压缩空气会导致机械性损伤，选用强度较高的钢丝编织软管，硬管线应在组装前进行静水压试验，根据使用环境温度要求选用材质。

⑥拨开或拆卸带压的气管线，可能会使操作人员受伤，操作人员在拆拨管线时应先进行卸压操作。

⑦冷启动空气压缩机的传动皮带需安装专用皮带轮护罩，以防旋转件伤人。

⑧各气动控制阀件外形相似，易误操作，造成设备损坏或者人身伤害。在操作阀旁制作铭牌，操作人员按相对应铭牌操作，同时设计误操作保护回路。

⑨操作人员可能会接触到旋转运动件，旋转运动件上的紧固件有可能出现松动和脱落甚至飞出现象，导致人身伤亡事故。应定期检查旋转运动件上的紧固件是否牢固可靠，旋转运动件部位的安全护罩是否有效防护。

（8）若气体压力过低，滚筒离合器或送钻离合器会发生溜钻事故，配低压报警器，设低压刹车停机控制回路。

（9）防碰天车控制回路失效会发生游车撞天车事故。设计防碰冗余控制回路，用多重防碰天车，如过卷阀防碰、天车防碰器和数显防碰的气控和电控双重控制；同时设计紧急停车或紧急复位装置以确保设备运行安全。

（10）控制系统的调整。在调整控制系统之前，必须先确定机组的最大运行压力与压力范围（即确定卸载压力与加载压力）。所设定的最大运行压力不能超过厂方给定的最大压力（见铭牌）。以下将介绍控制系统的调整方法，为方便起见，选用一台压力范围是0.79～0.86MPa的压缩机。取下压力调节开关的盖子，关上供气阀门（或稍稍打开），然后开机，观察管线压力表，看开关动作是否在设定的压力下动作。当管线压力达到0.86MPa时，开关触点应该跳开。如触点没有动作或提前动作，要进行适当调整。

（11）安全阀鉴定及储气罐安全标示。

① 各个储气罐上安装的释放安全阀，需每年鉴定1次，以保证使用的安全性与可靠性。

② 在储气罐的本体外表，标示安全工作气体压力值（SWP）。

③ 在气源房内，张贴气体处理设备及管路的流程图；在气体管路外表，用箭头标示气体的流动方向。

（12）空气压缩机的油气分离器之后安装有最小压力阀，以保证油气分离罐压力在加载工况下不低于0.35MPa，该压力是保证油路正常运行的最低压力。最小压力阀内设有止回阀，能防止停机或卸载时管线内压缩空气的回流。

（13）空气压缩机的油气分离罐安装有安全阀。当油气分离罐压力超过罐压设定值时，安全阀自动打开。

（14）定期将储气罐内形成的冷凝水与油污从罐底的自动排污阀排出到指定位置，在保证钻机气动系统压缩空气清洁干燥的同时，又不污染环境。

（15）检查气源房和绞车底座左端内过滤器的水位，当水位超过挡水板就需要放水排污，以保证压缩空气的清洁；要将排出的污水统一处理。

二、柴油发电机组

CAT3512B（卡特彼勒3512B）柴油发电机，普遍应用于油田钻机，经验证明具有很高的可靠性与耐用性，其高强度的柴油机设计延长了使用寿命并降低运营成本。CAT3512B柴油发电机配备了先进的发动机管理系统，集成了速度控制、空燃比控制、点火爆燃控制、数字点火、引擎保护与监控功能。8000m钻机配套的4台或5台CAT3512B柴油发电机组可提供600VAC/3P/50Hz动力输出，满足正常钻井作业的要求。

1. 柴油发电机组的工作原理

CAT3512B柴油发电机组主要由柴油机和发电机两部分组成，是将同步交流发电机与柴油机曲轴同轴连接，安装在同个底盘上，柴油机的运行就会带动发电机的转子，发电机利用"电磁感应"原理输出感应电动势，经闭合的负载回路就能产生电流。

2. 主要技术参数

（1）机组主要技术参数如下：

机组型号　　　　　　　　　　　　CAT3512B
额定转速　　　　　　　　　　　　1500r/min

机组容量	1714kV·A
柴油机排量、缸径	51.8L，ϕ170mm
柴油机启动方式	气动马达启动

（2）发电机主要技术参数如下：

发电机型号	SR4B
发电机功率	1200kW
发电机冷却方式	空气冷却
发电机出线方式	三相星形带中性点
发电机调压方式	自动调压（AVR）
发电机励磁方式	无刷励磁自励式（SE）
发电机绝缘等级	H
发电机额定电压/频率/功率因数	600V/50Hz/cosϕ 0.7

3. 柴油发动机结构

CAT3512B 柴油机组配套的柴油机为四冲程柴油机，其工作是由进气、压缩、做功和排气这四个过程连续往复来完成的。即在柴油机汽缸内，经过空气滤清器过滤后的洁净空气与喷油嘴喷射出的高压雾化柴油充分混合，在活塞上行的挤压下，体积缩小，温度迅速升高，达到柴油的燃点，柴油被点燃，混合气体剧烈燃烧，体积迅速膨胀，推动活塞下行。当工作冲程活塞运动到下止点附近时，排气阀开起，活塞在曲轴和连杆的带动下，由下止点向上止点运动，并把废气排出汽缸外，排气冲程结束之后，又开始了进气冲程，于是整个工作循环就依照上述过程重复进行。

柴油发动机主要由曲柄连杆机构、配气机构、供油系统、冷却系统、进排气系统、润滑系统、启动系统和电控系统 8 部分组成。

1）曲柄连杆机构

曲柄连杆机构是内燃机实现工作循环，完成能量转换的传动机构，用来传递力和改变运动方式。工作中，曲柄连杆机构在做功行程中把活塞的往复运动转变成曲轴的旋转运动，对外输出动力，而在其他三个行程中，即进气、压缩、排气行程中又把曲轴的旋转运动转变成活塞的往复直线运动。总的来说，曲柄连杆机构是发动机借以产生并传递动力的机构。通过它把燃料燃烧后发出的热能转变为机械能。

曲柄连杆机构主要由机体组、活塞连杆组和曲轴飞轮组三部分构成。机体组是构成发动机的骨架，是发动机各机构和各系统的安装基础，主要由汽缸体、曲轴箱、汽缸盖和汽缸垫等零件组成；活塞连杆组由活塞、活塞环、活塞销、连杆、连杆轴瓦等组成；曲轴飞轮组主要由曲轴、飞轮和一些附件组成。

2）配气机构

柴油机配气机构是按照发动机各个汽缸所进行的工作循环和点火次序的要求，按时开启和关闭各缸的进排气门，将新鲜空气吸入汽缸，并将燃烧后的废气从汽缸内排出的装置。

配气机构包括气门组和气门传动组。气门组由气门、气门座、气门导管、气门弹簧、锁片、卡簧组成；气门传动组由凸轮轴、挺柱、推杆、摇臂气门间隙调整螺钉等组成。

3）供油系统

柴油机供油系统可完成柴油的贮存、滤清和输送工作，定时、定量、定压地将柴油雾化喷入燃烧室，之后与空气混合燃烧，完成做功后排出。

燃油系统由燃油箱、高压油泵、油水分离器、燃油输送泵、喷油嘴、燃油压力表、高压油泵壳体、燃油滤清器和高压油管等组成。油水分离器用于分离柴油中的水分，燃油粗滤安装在输油泵之前，燃油细滤安装在输油泵之后，过滤后的柴油经高压油泵提高压力后，按照发动机的工作顺序和负荷大小，定时、定量、定压向喷油嘴输送高压柴油，喷油嘴用来将高压油泵供给的高压柴油，以一定的压力，呈雾状喷入燃烧室，促进燃油的着火与燃烧。

4）冷却系统

冷却系统的主要功能是把发动机受热部件吸收的热量及时散发出去，保证发动机在最适宜的温度状态下工作，由水泵、节温器、冷却液、散热器、水温表、风扇、机油冷却器组成。水泵为冷却液提供循环动力；节温器是根据发动机冷却液的温度，自动改变流经散热器冷却液的流量，以此来调整冷却液的冷却强度；冷却液是为了防止冬季结冰，根据所需的冰点将水与乙二醇按比例混合（50%的水与50%的乙二醇混合的冷却液，其冰点约为 $-35.5℃$ ）后的混合物；散热器又称散热水箱，是将冷却液从受热零件吸收的热量传给空气，以降低散热器器温度的冷却装置；风扇安装在散热器侧，用以增加通过散热器的风速和风量，可提高散热水箱的散热能力。

5）进排气系统

进排气系统是在发动机工作循环时，不断将新鲜空气送入燃烧室，又将燃烧后的废气排放到大气中的进排气装置。

进排气系统由预滤器、空气滤清器、空气滤清器保养指示器、涡轮增压器、后冷器、进气和排气总管以及消声器等组成。空气滤清器用来消除空气中所含的尘土和沙粒，以减少汽缸、活塞和活塞环的磨损；消音器是消减排气噪声和消除废气中的火焰与火星的装置；涡轮增压器可用来增加进入汽缸内空气的密度，大幅度提高发动机的功率和扭矩；进气总管用来将化油器所供给的可燃混合气分别送到发动机各个汽缸；排气总管将汇集各缸的废气，从消声器中排出。

6）润滑系统

柴油机润滑系统是在发动机工作时连续不断地把数量足够、温度适当的洁净机油输送到全部传动件的摩擦表面，并在摩擦表面形成油膜，从而减小摩擦阻力，降低功率消耗、减少机件磨损，达到提高发动机工作可靠性和耐久性目的的装置。同时润滑系统也起到将各运动摩擦产生的部分热能冷却的作用。

润滑系统由机油泵、机油冷却器、机油滤清器、油尺、机油压力表、油底壳、机油加注管组成。机油泵用于建立足够的油压；油底壳用于储存机油，由润滑油管以及发动机机体上的一系列润滑油道组成循环油路。油路中还带有限制油压的限压阀，用于限制最高油压。机油滤清器用于清除机油中零部件摩擦产生的金属屑、机油本身产生的胶质和其他机械杂质，防止这些杂质进入油路，加速发动机磨损，堵塞油路。在发动机运行中机油温度过高其黏度会降低，不易形成油膜，会加速机油老化变质，所以机油冷却器能使机油温度保持在正常温度范围内。

7）启动系统

使发动机从静止状态过渡到工作状态的全过程，叫发动机的启动。发动机启动分为气启动和电启动。CAT3512B 柴油发电机采用气启动。启动时，接通启动开关，启动机电路通电，气路电磁阀保持线圈通电，气路接通，气动马达运转，此时弹簧压缩，启动马达齿轮与柴油机飞轮迅速啮合。

8）电控系统

电控系统根据燃油系统、进气系统、排气系统、冷却系统来调整喷油正时和喷油量。电控系统提供了更加有效的喷油正时和空燃比控制。通过精确控制喷油时机来实现喷油正时，发动机转速则通过喷油持续时间来控制。柴油机电控系统由调速系统、发动机传感器、电子喷油器、发动机监测系统、调压系统、用户输入、输出接口组成，其方框图如图 2-78 所示。调速控制器和调压控制器安装在钻机电控房内的发电机控制柜内，柴油发电机组的控制由钻机电控系统的柴油发电机控制柜来完成。

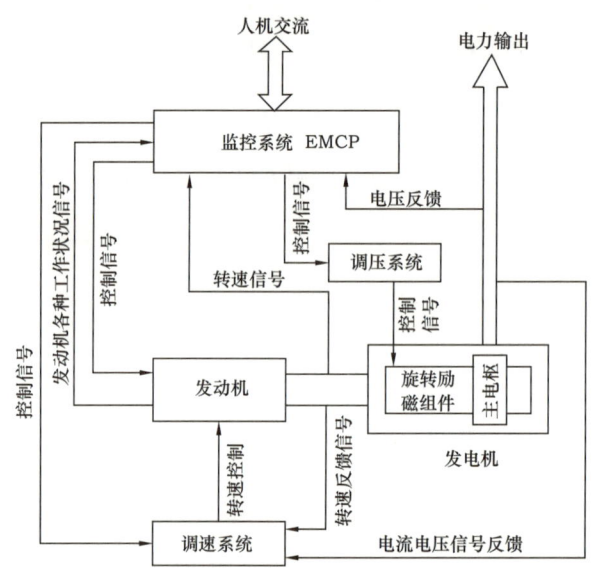

图 2-78　柴油机电控系统方框图

柴油机电控系统除能精确、灵活控制喷油时间和调整空燃比外，还具有自我诊断功能、系统故障识别功能，并能在控制屏上显示，如转速、机油压力、冷却液温度、系统直流电压、电压、频率、电流等，以及保护功能，如对超速、低油压、高水温、低水温、高排温、高海拔、高曲轴箱压力、高进气阻力、高燃油滤芯阻力、高机油滤芯阻力等有报警、降功率和停机三种保护方式。

4. 发电机的结构

CAT3512B 柴油发电机组配套一台 SR4B 发电机，CAT SR4B 无刷发电机应用广泛，可用在电动机和灯的混合负载，SCR 控制的设备，计算机中心，通信装置和石油钻井等领域。其励磁回路中免除了电刷，不仅减少了维护，增大了可靠性，而且使得在可能存在的危险环境下的保护程度得以提高。CAT SR4B 发电机以三相全波的方式励磁和调压，发电机采用 4 极或者是 6 极设计，6 引线或 12 引线配置，可产生 50Hz 或者 60Hz 的电功率。CAT

SR4B 发电机主要由转子、定子、冷却风扇、空间加热器、CDVR 调压器和旋转整流桥组成，其结构如图 2-79 所示，其接线图如图 2-80 所示。石油钻机配套的 SR4B 发电机，其调压器和速度控制由钻机电控系统提供，安装在电控房内的发电机控制柜中。该套钻机采用的 CAT3512 柴油发电机组配套的 CAT SR4B 发电机，输出电压为 600V，功率因数为 0.7，功率为 1200kW，频率为 50Hz，转速为 1500r/min，3 相、星形联接。

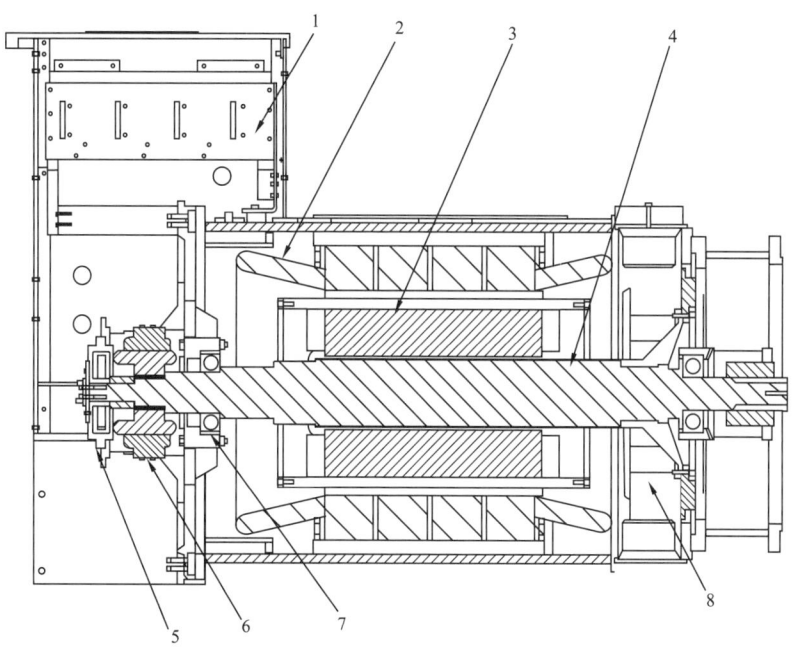

图 2-79　CAT SR4B 柴油发电机

1—发电机接线排；2—主电枢（定子）；3—主励磁线圈（转子）；4—转子轴；
5—永磁铁副励磁机；6—励磁机；7—轴承；8—风扇

5. 配套设施

1）辅助发电机组

发电机房还配有一台 CAT C15/400kW 辅助发电机组，除为井场提供应急照明外，还为空气压缩机提供 400V 电源，为启动 CAT3512 主柴油机提供气源动力。

2）发电房油路、气路

气管线、机油管线、柴油管线设置在底盘内部，并与柴油机连接好，各房之间管线用软管连接，管线接口用锤击活接头为 CAT3512B 主柴油机提供气源和燃料。

3）柴油发电机房基本结构

该钻机配套 5 座柴油发电机房，柴油发电机组安装在房内，在柴油机风扇侧设扇形门，用于散热。房顶有排雨槽，房顶可拆卸，房子有足够强度，有良好的密封、防沙性能，配上房梯子。底部用钢板密封，钢板不与地面接触，留有一定距离，并开孔便于排污。油、气、水管线排列整齐美观便于操作和维护。房顶之间搭接防风防雨板，每个房内动力、控制电缆布置在房子上部，经电缆桥架引入电控房。房内照明采用防爆、防震荧光灯，并设 1 盏防爆应急灯，机房配标准配电箱及发电机组报警装置。

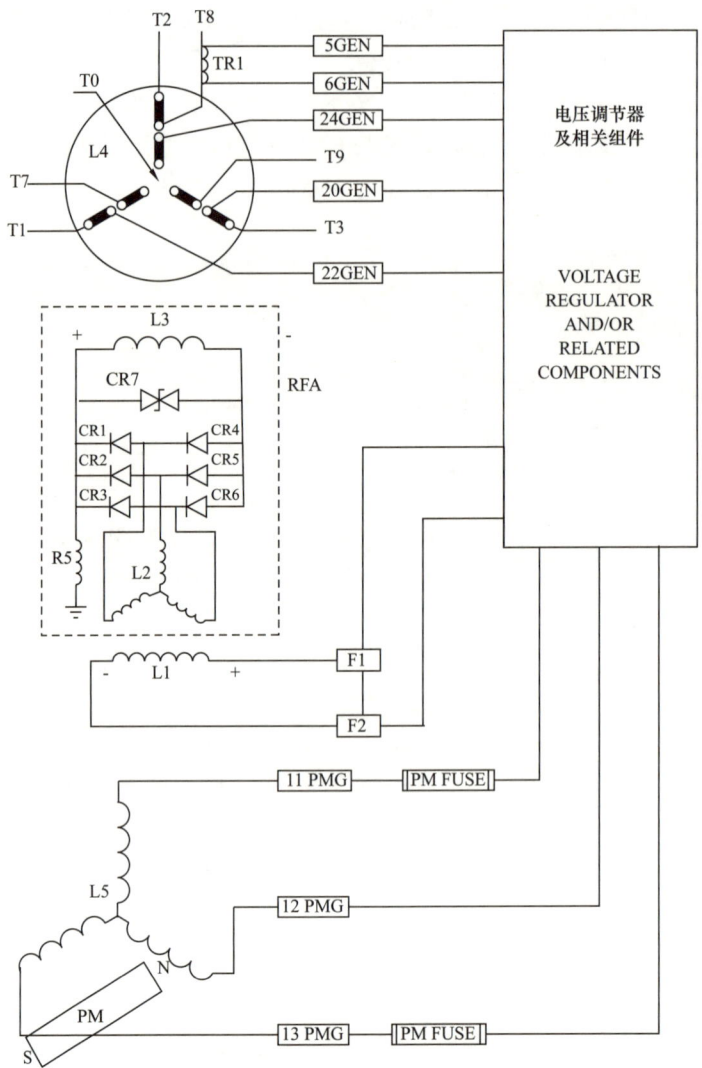

图 2-80　CAT SR4B 发电机线路图

CR1—CR6—二极管；CR7—可变电阻；L1—励磁机磁场（定子）；L2—励磁机电枢（转子）；L3—主磁场（转子）；
L4—主电枢（定子）；L5—副励磁电枢；PM—永磁铁；R5—电阻（27000Ω）；RFA—旋转磁场总成；
TR1—可选用电压降变压器；T0—T9—发电机接线端

6. 卡特柴油发电机组的特点及优势

卡特柴油发电机组不仅能适应石油行业复杂工况、连续大负荷工作、负载变化快、瞬间冲击电流大等恶劣环境，而且在运行当中其性能稳定，噪声小、维修保养周期间隔长、环保且省油、维修方便，在石油行业比其他柴油发电机组占有率高很多。卡特柴油发电机组除以上特点外还具有以下优点：

（1）发电机采用 H 级绝缘 F 温升，绝缘寿命更高。其湿绕转子和成型绕组结构，具有更强的过载能力、抗谐波能力。额定转速超速 170% 可持续 2h，过载能力超 150% 可维持 120s 以上，过载 300% 可维持 10s 以上。

（2）发电机组并机系统采用独立控制方式，完全独立于发电机组控制系统，避免个别机组控制系统出问题影响整个并机系统。

（3）发电机电压调节器采用数字式电压调节器 DVR，拥有更高的调压精度。

（4）发电机组控制系统具备 200 个以上参数设置，具备高低电压、高低频率、过电流、逆功率等保护功能和自诊断能力。

（5）卡特彼勒发电机组蓄电池是卡特彼勒为自身发电机开发的高能电池，蓄电池能在零下 18℃时提供高达 1300A 的电流，时长可维持 30s。

（6）发动机可配缸套水加热装置，使缸体始终保持在设定温度下，以满足机组在寒冷地区使用。

（7）发电机组启动时间短，自接到启动命令，单机 10s 以内即可启动，多台并机 15~20s 内完成。

7. 柴油机发电房 HSE 设施

（1）柴油发电机组安装有灭火花装置和消音器，满足现场防爆和降噪要求。

（2）柴油机排气管及涡轮增压器处有防火隔热材料，防止燃油飞溅起火，房内配置灭火器。发电房内安装有烟雾传感器，并将信号引至发电房外的报警装置。

（3）柴油发电房的气管线、机油管线、柴油管线设置在封闭的底盘内部，底盘设置管汇开口，开口外加球阀，防止机油、柴油污染环境。

（4）柴油机机体上的外接低油压、高水温和低液温等报警信号引至发电房外的报警装置上，如发生故障，现场人员能及时进行检修。

（5）检查蓄电池有无液体渗漏，蓄电池各小格的通气孔应保持畅通，衣服、皮肤不可直接与电池水接触。

（6）保证旋转部件及风扇防护罩到位，各安装接口螺钉是否紧固，开关电缆连接螺钉是否紧固，排烟管是否紧固，机组本身电气线路及机组上的螺钉是否有松动情况。

（7）发电机机架一定要接地或与房体连接，要求接地电阻不大于 4Ω。

三、司钻控制房

司钻控制房是石油钻机的控制中枢，集机、电、液、气、计算机及通信、人机工程等技术于一体，实现了设备的控制、参数的显示与记录以及各位置的实时监视与通信，并为司钻提供舒适的工作环境、简捷的操作位置、方便的观察视野，将司钻从紧张、繁重的体力劳动中解放出来，司钻有更多的时间专注于钻井工艺，从而有效地保证安全、提高生产效率。

1. 司钻控制房的结构及特点

1）外部结构

司钻控制房主体采用钢制框架和不锈钢双层保温墙体结构，房体具有隔热保湿、阻燃、隔音功能，房门开启方向正对钻台前侧逃生跑道和后侧梯子。为了司钻有宽阔的视野，在靠近井口的三面墙体和房顶安装有防弹夹胶玻璃，防弹玻璃外侧安装有防撞栏杆。控制房底座配有吊装管，可以满足吊装要求。司钻控制房通过阻尼减震器与定位块与钻台面连接。司钻控制房的外接管线、电缆通过钻台面电缆槽连接到控制房。

2）内部结构

司钻控制房内部结构主要由仪表显示台、司钻座椅操作台和内部电控柜组成。房内配备应急荧光灯、防爆空调、防爆暖风机、防爆射孔灯、呼叫系统等辅助设施。ZJ80D 直流电动钻机司钻房内部结构如图 2-81 所示，ZJ80DB 交流变频钻机司钻房内部结构如图 2-82 所示。

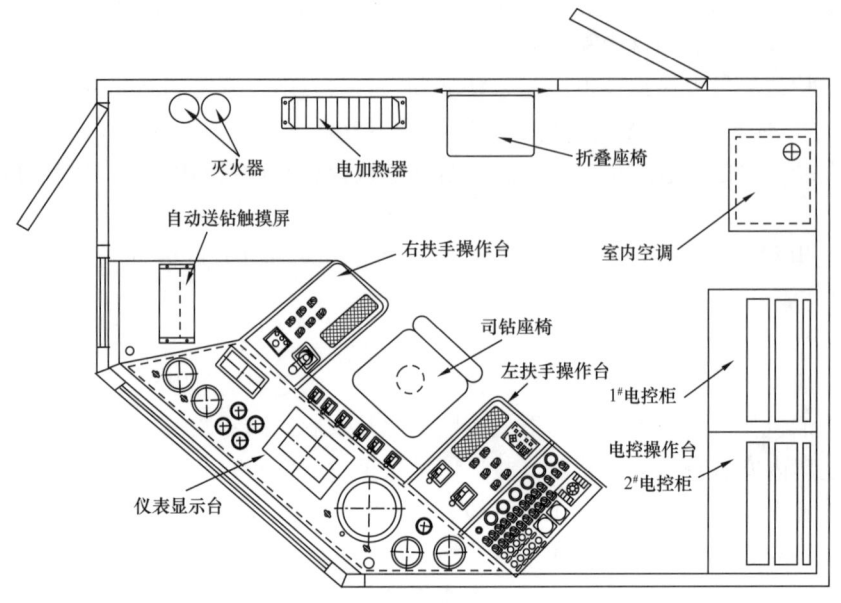

图 2-81 直流电动钻机司钻控制房内部结构

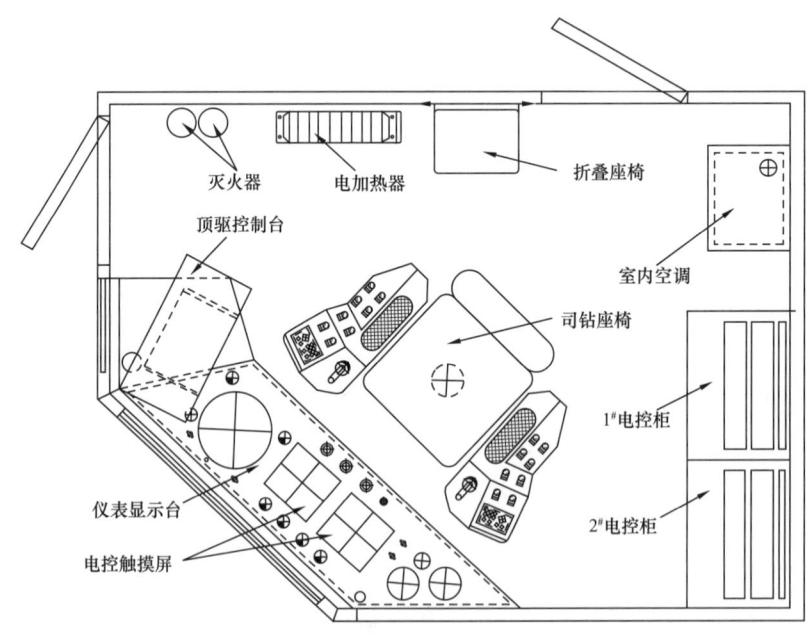

图 2-82 交流变频钻机司钻控制房内部结构

（1）仪表显示台：司钻控制房仪表显示台主要布置有指重表、立管压力表、吊钳扭矩表、液压猫头工作压力表、气源压力表、工作钳压力表、安全钳压力表、液压源压力表、转盘油压表；同时，该部分的仪表通过传感器将液气信号转换为电信号输入到电控系统 PLC 上，经 PLC 处理后在电控触摸屏上显示，故障时进行报警和控制刹车。电控触摸屏上显示悬重、立管压力、气源压力、工作钳压力、安全钳压力、转盘油压和转速、盘刹液压源压力、绞车油压、游车高度、大钩速度和泵冲等。仪表控制台中间部位还安装有钻井泵速度调节、自动送钻速度调节、转盘转速调节、转盘扭矩限定手轮等，该部位的箱体具有正压防爆功能，触摸屏的通信线、电源线以及各开关的连线通过密封接头或插接件连接到电控柜。顶驱控制部分为独立控制台，安装在仪表显示台左前侧，完成顶驱各项功能的控制与实现。

（2）司钻座椅操作台：依据人机工程学原理及司钻操作的实际情况，在司钻座椅左右扶手上安装有司钻最常用的操作件。左边操作台控制功能包括：绞车电动机的调速、监视系统操作、防碰释放、喇叭、转盘惯刹、自动送钻离合等的控制。右边操作台控制功能包括：盘刹工作制动、驻车制动和紧急刹车；左、右和旋转液压猫头控制；转盘旋向控制及电控部分开关操作控制等。

（3）司钻控制房电控柜：司钻控制房内共有两个柜体，分别位于司钻房左右。电控柜内部安装有电控系统元件、室内电气系统控制元件、司钻房控制阀岛、盘刹控制电路板等。电气柜左柜体为电控系统控制柜，柜内安装有西门子 PLC、端子排、电路板、开关、继电器、报警器、分布式 I/O 站等；下部为各种插接件的插座。电控柜以总线通信方式与 VFD 房相连，同时也是各种信号的输入口。电气柜右柜体中间柜体的上部为室内电气控制系统配电盘，柜内安装有断路器、端子排、功放和电源等元件，底部安装电缆插接件和正压防爆过墙接头，门上安装室内电气系统的各个控制开关和指示灯，控制室内配电电源以及直流电源的启动和停止，控制空调、暖风机、电加热板、应急荧光灯、视孔灯等设备的开启和关闭。

2. 司钻控制房的主要技术参数

外形尺寸	3400mm × 2500mm × 2700mm
输入电压	AC 380V/220V
工作电压	AC 220V /50Hz
额定电流	60A
工作气压	0.7～0.9MPa（101.5～130.50psi）
机具液压源压力	16MPa
盘刹液压源压力	7.5MPa

3. 司钻控制房控制系统

1）气控系统

气控系统是通过控制阀岛来实现。交流钻机的阀岛电磁阀线圈与司钻房 PLC 相连，通过 PLC 控制气动电磁阀的通断，完成执行机构的动作，控制相应的功能；直流钻机的阀岛则是通过与司钻房手动气控阀连接的（气控气）。通过对阀岛的控制来实现转盘惯性刹车、自动送钻电动机离合器、水龙头旋转、防碰、喇叭等设备以及气路的保护，从而实现气控系统的智能控制。交流钻机气控阀岛如图 2-83 所示。

（1）转盘惯刹控制：在交流变频钻机中，转盘惯刹主要功能是转盘在停转过程中，能够使转盘迅速安全地进行制动。转盘惯刹开关安装在司钻右操作台上，分自动、释放和强制三个功能位置。当转盘惯刹开关处于"强制"位置时，PLC 断开阀岛转盘惯刹控制阀（Y1）的电信号，阀打开通气，转盘刹车，同时控制转盘电动机悬停或停转；当转盘惯刹开关处于"自动"位置时，系统根据转盘运转的情况控制刹车，系统出现故障时，转盘刹车使转盘电动机悬停或停机；当转盘惯刹处于"释放"位置时，系统释放转盘惯刹，转盘可以转动。直流钻机则是通过司钻操作司钻台上的手动三位气控阀来直接控制阀岛的转盘惯刹控制阀，实现上述转盘惯刹功能。

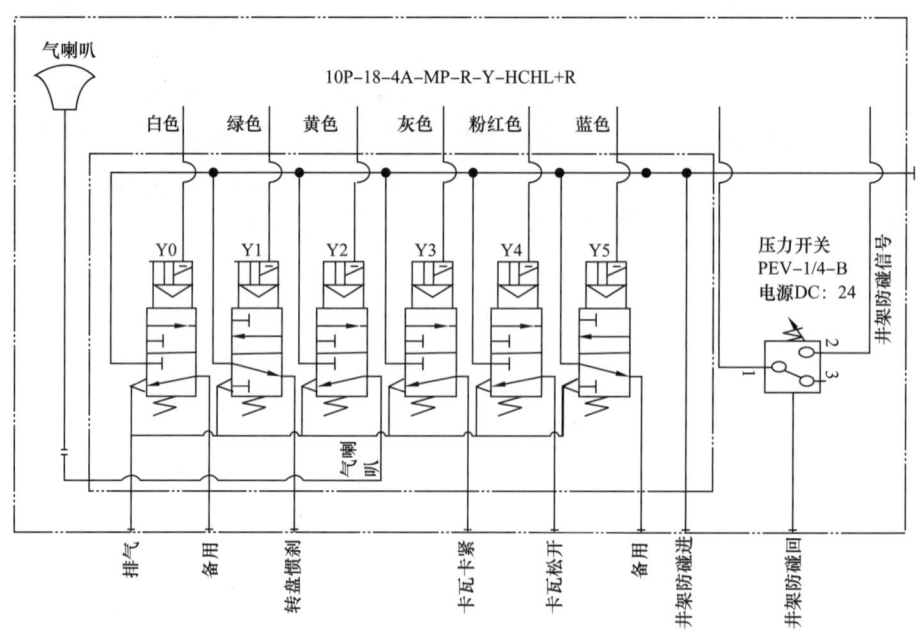

图 2-83　交流钻机气控阀岛原理图

（2）气喇叭控制：在交流变频钻机中，气喇叭是司钻提醒井场工作人员的报警装置。气喇叭控制开关安装在司钻左操作台上，当司钻需要提醒井场工作人员注意时，操作气喇叭开关，PLC 则给阀岛气喇叭控制阀（Y2）电信号，阀打开通气，供气给气喇叭，气喇叭发出声音报警。直流钻机则是通过司钻操作司钻台上的手动两位气控阀来直接控制阀岛气喇叭控制阀，从而实现上述气喇叭功能。

（3）气动卡瓦控制：在交流变频钻机中，气动卡瓦是在起下钻作业中，需要卡紧或释放，司钻通过操作司钻左操作台上的卡瓦控制开关来实现，开关旋转至"释放"位置，卡瓦释放控制阀（Y4）打开，卡瓦关闭控制阀（Y3）关闭，卡瓦提出，释放钻柱；开关旋转至"卡紧"位置，卡瓦关闭控制阀（Y3）打开，卡瓦释放控制阀（Y4）关闭，卡瓦放入转盘，钻柱下放到接头处被卡住。直流钻机则是通过司钻操作司钻台上的手动两位气控阀来直接控制阀岛气动卡瓦控制阀，从而实现上述气动功能的。

（4）刮雨器控制：为使司钻在雨雪天气获得良好的视线，司钻房司钻正前方和正上方玻璃窗上配备了刮雨器。刮雨器通过司钻辅助操作台上的气控开关进行开启，并以气控开关上的旋钮来调节进气量，控制刮雨器的刮扫速度。

（5）绞车Ⅰ、Ⅱ挡切换和挡位锁定控制：绞车Ⅰ、Ⅱ挡切换和挡位锁定控制均是通过气缸来挂合的。在交流变频钻机中，司钻通过操作换挡和挡位锁定的旋钮开关，再通过 PLC 控制相应的阀岛气控阀，来实现绞车Ⅰ、Ⅱ挡切换和挡位锁定。

（6）滚筒高低离合器和绞车惯刹控制：直流钻机司钻台上还配置有滚筒高低离合

器和绞车惯刹气控手柄，司钻通过操作阀岛气控阀手柄，实现对绞车高低速和绞车惯刹控制。

（7）气路保护功能：钻机气控系统还具有多重安全保护功能，如绞车过圈防碰控制、井架防碰天车控制、绞车电子防碰装置控制以及绞车主电动机与送钻电动机互锁保护功能等。

① 防碰过卷阀控制：防碰过卷阀安装在绞车滚筒上部，当游车系统上升至限定位置时，滚筒上钢丝绳超过预设圈数将过卷阀触杆拨倒，防碰过圈阀导通，压缩空气通过防碰过圈阀，经梭阀至压力开关，压力开关发出电信号给电控系统PLC，PLC接通阀岛盘刹控制阀的信号，盘刹控制阀关闭排气，盘刹刹车，同时，系统自动使绞车的给定为零，从而使游吊系统停止上升。需要解除防碰时，压下司钻房内操作台上的防碰释放按钮，使盘刹钳松开，操作绞车给定手柄，使游动系统缓慢下放，在游动系统到达安全高度区域后，司钻将盘刹驻车，应再次检查各个系统，并拨动防碰过圈阀的触杆，检查防碰过圈阀的通气和断气是否正常，若均正常，将防碰过圈阀的触杆复位，钻机可以正常作业使用。

② 机械防碰控制：为了进一步提高系统的安全性，在距天车台底部6~6.5m处有一根横贯井架中央的钢丝绳，经过导轮导向，沿井架左段后立柱向下延伸至井架后面人字架下部，与天车防碰阀相连接。当游动系统上升至极限位置（钢丝绳设定的安装高度）继续上升时，在游动系统的作用力下，钢丝绳被向上提起，钢丝绳将防碰开关的插销带出，防碰开关自动复位，经梭阀至压力开关，压力开关发出信号给电控系统PLC，PLC控制阀岛盘刹控制阀控制盘刹刹车，同时，系统自动使绞车的给定为零，从而使游动系统停止上升。防碰起作用后，应检查各个系统均完好，需要解除时，应由钻台副司钻协助司钻操作防碰开关手柄，向下搬动手柄至关闭位置，防碰开关切断盘刹气源，使盘刹钳松开，游动系统缓慢下放，在游动系统到达安全高度区域后，司钻将盘刹驻车，应再次检查各个系统，重新按防碰天车装置的安装要求连接好防碰开关的插销，钻机才可以正常作业。

③ 数显防碰控制：数显防碰控制是通过电控系统滚筒编码器测量绞车滚筒的转速，实时显示游车当前提升高度和速度等参数，并根据系统设置，当游车运行到设定的预警高度时，系统会自动减速，若游车到达系统设定的紧急高度时，系统自动发出声光报警，如司钻未刹车，系统将自动使绞车的速度手柄给定为零，同时系统PLC会自动断开阀岛盘刹控制阀的控制信号，盘刹刹车，使游动系统停止上升，以防止发生游车碰撞事故。

④ 主电动机与送钻电动机互锁保护功能：在钻机运行过程中，主电动机和自动送钻电动机不能同时启动，通过自动送钻气控离合器来实现，当离合器挂合时，自动送钻才能启动运行，当离合器脱开时，绞车主电动机才能启动运行。

2）液控系统

司钻控制房液控部分主要用于操作井口机械化工具和液压盘刹。井口机械化工具与液压盘刹系统分别采用两套独立液压站作为液压源。

（1）井口机械化工具控制系统：井口机械化工具的动力源来自于机具液压站，为液压猫头、缓冲油缸、钻杆动力钳、套管钳等井口工具提供动力。井口机械化工具在司钻房内设置了液压猫头控制和机具选择旋钮，通过电控液的方式，来控制防爆电液换向阀换向。机具控制系统电气原理如图2-84所示。

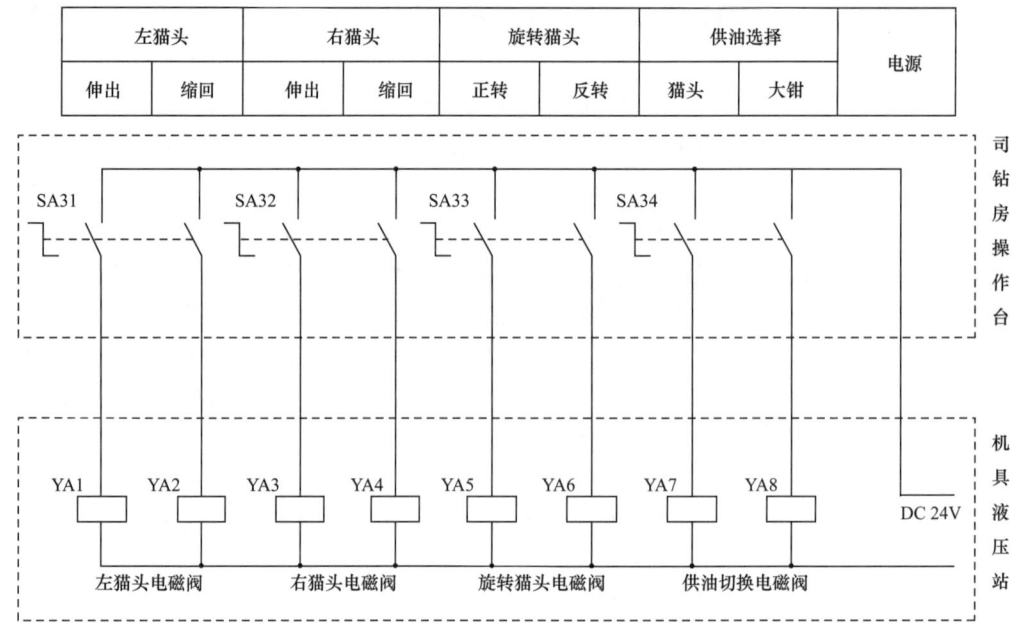

图 2-84 机具控制系统电气原理图

左、右伸缩猫头和旋转猫头控制开关为左右三位复位开关,机具选择开关为三位选择开关。机具选择开关是为了在机具控制中保证猫头操作和液压大钳的操作不发生冲突,控制回路中设置的"供油选择"开关则实现了这一功能。操作猫头时,将"供油选择 猫头/大钳"开关旋转至"猫头"位置,可以操作猫头开关实现相应功能,需要操作大钳时,将"供油选择 猫头/大钳"开关旋转至"大钳"位置,此时液压站为大钳供油,井口工作人员可以根据需要操作液压大钳,实现大钳的上卸扣功能。

(2)液压盘刹控制系统:由液压站、控制机构及制动执行机构三部分组成。其中控制机构安装在司钻房内,主要实现盘刹的控制和盘刹压力表的显示。控制机构由电控单元与液控单元组成。电控单元由电控开关、电比例阀手柄、电子放大器、电源及连接附件等组成,电控开关通过控制液控单元中的电磁换向阀实现驻车及紧急刹车功能。电比例阀手柄与电子放大器产生比例电信号,控制液控单元中的电比例调压阀,实现比例工作刹车功能。控制阀组包含所有刹车控制液气阀件,它接收电控单元信号,产生压力输出,驱动执行机构实现刹车控制功能。为了实现盘刹与电控系统的互锁,电控系统采集了盘刹的工作钳和安全钳压力信号,同时在刹车控制开关上接入了一对触点信号,保证盘刹紧急刹车或驻车时,绞车悬停或停机。

盘刹的工作钳压力表、安全钳压力表以及液压站的液压源压力表安装在司钻房的仪表显示台上。盘刹工作制动手柄及开关(驻车制动、盘刹紧急制动)安装在司钻右扶手操作箱上。

工作制动:通过操作刹车阀的控制手柄,调节工作钳对制动盘的正压力,从而为主机提供大小可调的刹车力矩,满足送钻、起下钻等不同工况的要求。

紧急制动:遇到紧急情况时,按下红色紧急制动按钮,工作钳、安全钳全部参与制动，实现紧急刹车。

驻车制动：当钻机不工作或司钻要离开操作台时，拉下驻车制动手柄，安全钳刹车，以防大钩滑落。

3）电控系统

司钻控制房内的电控系统由电控柜、触摸屏、绞车速度控制手柄、转盘、钻井液泵调速手轮及连接电缆组成，司钻通过这些指令操作经 Profibus-DP 现场控制总线将司钻指令及其他信息传送给 PLC，经过处理后由 DP 总线送出指令驱动或停止相应的设备，或给出提示信息，从而完成钻井工艺的逻辑控制功能、保护功能、钻井参数检测显示功能及其他辅助功能。

电控部分的主要操作部件分布在司钻操作扶手上，如绞车速度控制手柄、转盘、钻井泵、自动送钻控制手轮等，具体操作功能见电控系统司钻控制台部分。

仪表显示台上还安装有电控触摸屏，操作者可以在触摸屏上进行绞车、转盘及钻井泵电动机的启和停，正反转控制，调速控制，自动送钻控制等。触摸屏上还可以显示悬重、钻压、钻速、钻井液返回流量、钻井泵冲次、立管压力、转盘转速、转盘扭矩、大钩速度、游车高度、猫头拉力等钻井参数。触摸屏操作界面如图 2-85 所示。

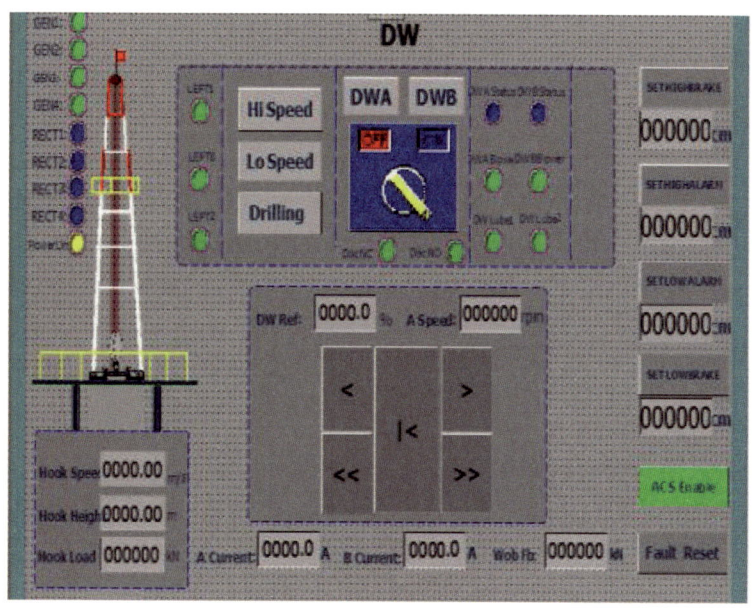

图 2-85 触摸屏操作界面

4）顶驱控制操作系统

顶驱控制系统主要由整流柜、逆变柜、PLC 控制柜、操作控制台、电缆、辅助控制电缆等几大部分组成，如图 2-86 所示。整流器与逆变器驱动两台交流变频电动机，通过齿轮传动驱动主轴旋转，完成钻进和上/卸扣作业。顶驱可选择单电动机工作或双电动机工作。PLC 对整个系统进行逻辑控制，并监测各部分动作、故障诊断报警及程序互锁防止误操作。PLC 与驱动之间通过 PROFIBUS 现场总线控制，PLC 具有自诊断功能，配合 WINCC 监控软件系统可快速查找故障。系统采样周期快，具有实时反映顶驱运行状态和数据显示功能，可实现报警和数据归档，自动生成工作曲线，并可查找历史数据。整套电控系统操控灵活，并具有很强的连锁保护功能，防止各种误操作。

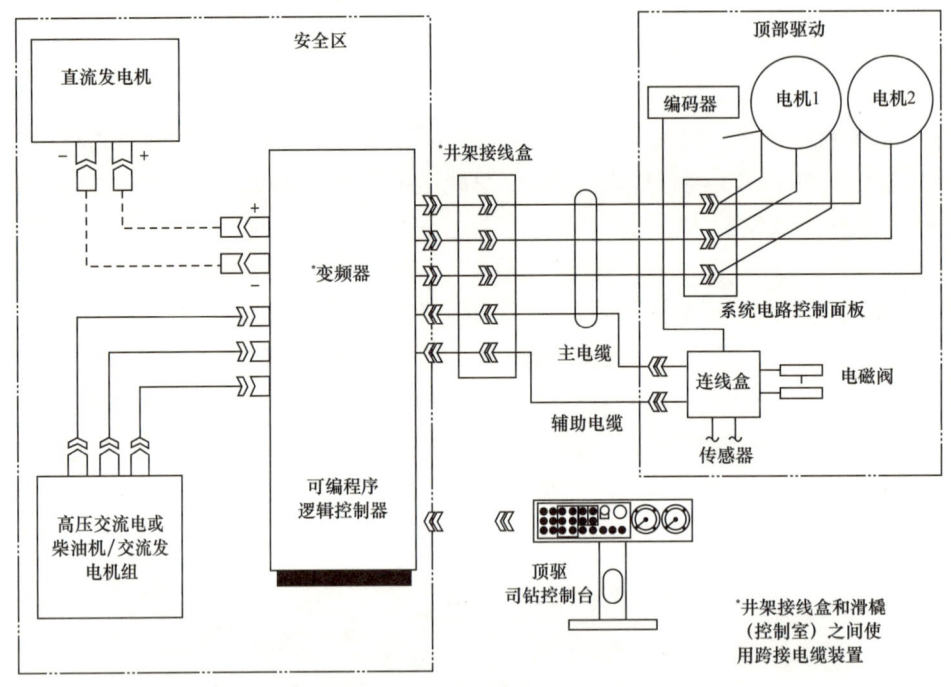

图 2-86　顶驱控制系统方框图

顶驱操作控制台安装在司钻控制房仪表显示台左前侧，具有钻井所需的所有操作功能，可设置顶驱速度、转矩、操作模式和钻井的各种辅助操作。通过与变频房中的 PLC 与变频器之间进行数据和操作命令的交换，完成司钻对顶驱钻进、定向钻井作业、接/卸钻具、起下钻、倒划眼、井控程序、下套管程序的操作。司钻台为正压防爆型，只能在保护气体压力正常时上电。司钻台的面板各按钮和指示灯说明如图 2-87 所示。

4. 司钻控制房配套设施

司钻控制房内不仅配套有防爆空调、防爆加热器、电视监控系统、呼叫器等辅助设施，还配置有正压防爆系统和烟雾报警系统，为司钻提供了一个安全舒适的工作环境。

1）正压防爆系统

正压防爆系统是对司钻控制房内电控柜、司钻台内电控元器件的有效正压防护，通过不间断连续地将净化空气供入到电控柜、司钻台的正压仓内，使外部环境中易燃易爆的混合性气体无法接触到电器元件，从而达到电器防爆的目的。正压防爆系统主要包括：正压防爆控制箱、气路、差压开关、换气阀和排气阀、报警器等，如图 2-88 所示。

司钻房电源启动前，需要对电控柜、操作台、顶驱控制柜进行吹扫，稀释其中可能存在的危险气体。稀释时间设置为 30min，吹扫完成后，室内电气系统自动通电。正压防爆系统正常运行后，气路继续给柜体供气，保持柜体内正压值在 50～385Pa。当正压值高于压力上限时，系统发出高压报警并由排气阀自动排气；当正压值低于压力下限时，系统发出声光报警，提示司钻检查故障。

第二章 8000m超深井钻机

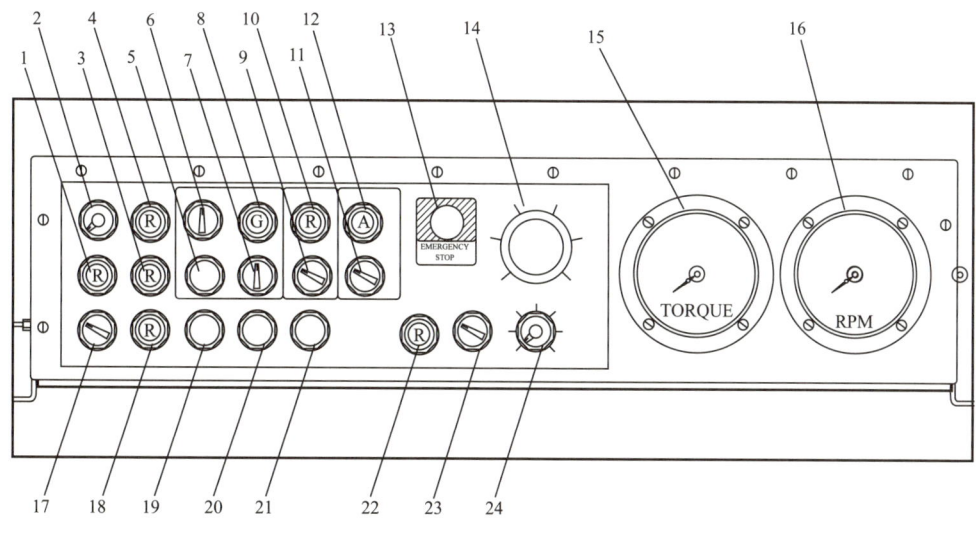

图 2-87 顶驱司钻控制台示意图

1—司钻台压力低报警指示；2—上扣扭矩电流限制仪表；3—钻井电动机过热报警指示灯；4—油压低报警指示灯；5—管子处理器背钳开关；6—管子处理器旋转头开关；7—吊环钻进/关闭/倾斜开关；8—管子处理器吊环浮动按钮；9—内防喷器开关；10—内防喷阀关闭指示灯；11—刹车关闭/自动/打开开关；12—刹车制动指示；13—紧急停车按钮；14—钻井转速旋钮；15—扭矩表；16—转速表；17—钻进/旋扣/扭矩开关；18—鼓风机失风报警指示灯；19—警报关闭/灯检测按钮；20—液压系统自动/启动开关；21—平衡系统钻进/立柱上跳开关；22—驱动故障报警指示灯；23—反转/停止/正转选择开关；24—钻井扭矩仪表

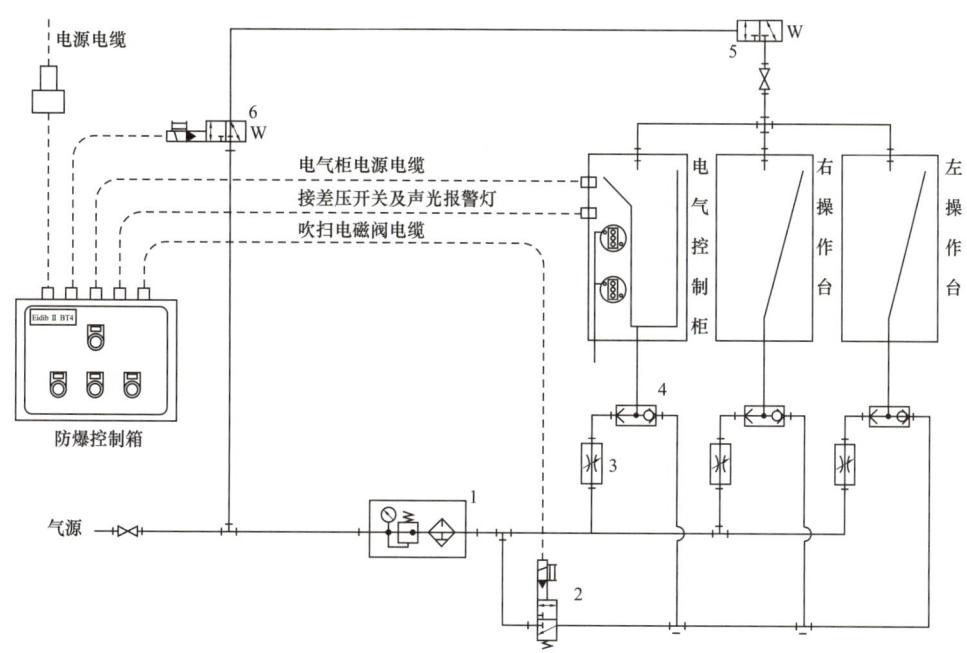

图 2-88 司钻控制房正压防爆系统

1—过滤减压阀；2—电磁换气阀；3—单项节流阀；4—梭阀；5—气控排气阀；6—电磁排气阀；7—差压开关

2）烟雾报警系统

司钻控制房内配置的烟雾报警系统能及时探测司钻房内火灾发生前期的烟雾状况，并能自动发出声、光报警，提示现场人员迅速采取有效措施，控制火情，扑灭火灾，以保护工作人员安全和设备不受损失。

烟雾报警系统主要由烟雾探头、单点烟雾报警装置以及连接线路组成，其电路包括监测报警电路、音响电路和复位电路。当烟雾报警装置有报警信号输出时，表示司钻房有发生火灾前期的烟雾存在，仪器会立即发出火灾报警声音，"火警"灯闪亮。当火灾隐患排除后，按下"消音"按钮，报警消除。

3）电视监控系统

电视监控系统（CCTV）是集云台控制、镜头控制、画面显示为一体的井场实时监视系统，司钻利用电视监控系统能清楚地观看到二层台、绞车、钻井泵房等场所的状况，同时通过电缆将信号同步传递到队长监督房内，为安全生产提供可靠的保障。电视监控系统由摄像探头、显示器、主机控制器和操作键盘等构成，均符合防爆要求。摄像探头、显示器、操作键盘通过综合电缆与控制器相连接。安装在二层台、二层台下、钻井泵区、固控罐区、绞车的5台探头将现场的图像拍摄并通过连接电缆实时地传输到司钻房的控制器，控制器将视频图像信号处理后，不失真地在液晶显示器上显示。司钻可通过操作键盘实现对画面切换、对镜头和云台的调节，并能够调节摄像头的水平位置、仰角、画面缩放等。

4）井场气体监测系统

井场气体监测系统是对钻井作业中出现的有毒有害气体（硫化氢、甲烷等）进行监测和报警的安全预警设施，主要由气体监测传感器和控制中心构成。气体监测传感器安装在井口、振动筛、循环罐、司钻房附近，控制中心安装在司钻房电控柜内，各传感器通过通信电缆连接到控制中心，控制中心显示器上对各监测点气体浓度进行实时显示，并可对各监测点报警浓度进行设定。监测传感器对各监测点的硫化氢、甲烷浓度进行实时监控，如浓度达到报警设定值后，司钻房内的控制中心会发出报警，司钻可通过报警及时向井场发出紧急指令。

5）防爆空调和防爆加热器

为了改善司钻工作环境，在司钻控制房内装有防爆空调和加热器。防爆空调为分体式，具有制冷、除湿和暖风功能；防爆加热器采用不锈钢翅片电热管作发热元件，通过风机吹风将热量向周围空间扩散，并用温控器控制发热量，以达到保温取暖之目的。

6）呼叫系统

呼叫系统是司钻通过司钻座椅右扶手上的麦克风给钻台面、钻井泵区、电控房、固控区及二层台上各区域的操作工下达各种指令，以及各区域之间进行沟通的通话系统。

呼叫系统由司钻座椅指挥播音机、麦克风、防爆电话机、防爆电话机耦合器和防爆防水扬声器组成。防爆麦克风接收语音信号，经防爆耦合器处理后传送给播音机，进行声音信号处理后，直接送扬声器播音。播音音量大小，由调节面板"音量"电位器旋钮进行控制。呼叫系统原理方框图如图2-89所示。

5. 新技术

（1）司钻控制房内集成化的司钻操作座椅，依据人机工程学原理及司钻操作的实际情况，在司钻座椅左右扶手上集成控制绞车调速、换挡以及自动送钻、盘刹、猫头等常用的操作件，可以方便地进行各种司钻操作。相比以前的司钻操作台，有效地减少了司钻的操作范围，使司钻在不用大幅度移动身体的情况下对钻机进行操作控制。

（2）司钻房内配置的空调、加热器、闭路电视（CCTV）监控系统以及不锈钢房体和三面钢化防弹玻璃，为司钻提供了安全舒适的工作环境。

（3）副司钻控制平台，位于司钻房内副司钻控制平台，通过远程人机操作和视频监控来完成管柱处理设备实现管柱处理的机械化、自动化，从而大大降低了工人劳动强度和作业风险。

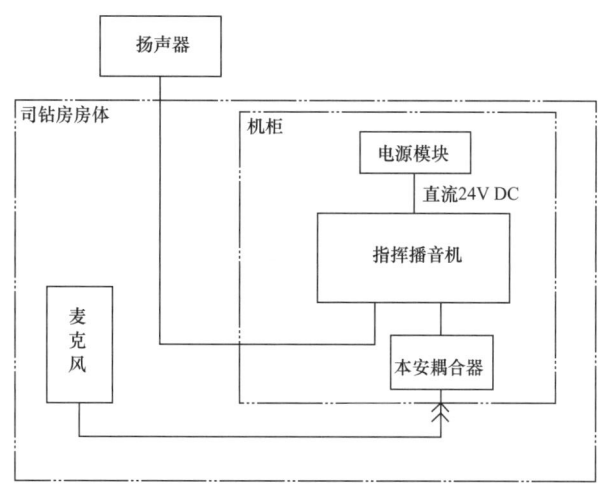

图 2-89　呼叫系统原理方框图

6. HSE 设施与措施

（1）司钻房靠近井口的三面玻璃和顶部玻璃采用钢化防弹夹胶玻璃，外侧加装护栏，防止外界物体对司钻房的冲击，为司钻提供安全可靠的工作环境。

（2）司钻控制房内配置的烟雾报警系统能及时探测司钻房内火灾发生前期的烟雾状况，并能自动发出声、光报警，提示现场人员迅速采取措施，有效控制火情，以保护工作人员的安全和设备不受损失。

（3）司钻房底座采用封闭式结构，并配有接头，便于泄漏油水的回收，防止油污泄漏到钻台。底座内的管线也是通过支架悬空固定，防止浸泡在油污中。

（4）司钻控制房内电控柜、司钻台采用正压防爆处理，使柜内的电控元件无法与外部环境中易燃易爆的混合性气体接触，从而达到司钻房电控防爆的要求。

（5）司钻控制房底座焊接有接地铜螺栓，与钻台面通过不小于 $50mm^2$ 的接地电缆相连接构成接地网络。房内电控柜面板也有接地处理，接地电缆不小于 $2.5mm^2$。

（6）在出现紧急状况时，司钻可以通过操作台上的气喇叭控制按钮提醒井场工作人员，方便井场工作人员紧急撤离。

（7）司钻控制房内的防爆应急灯、射孔灯、壁挂式空调均进行了防坠落处理。司钻控制房两扇房门采用外开式自闭门，门内侧采用按压杠杆式门锁，便于司钻紧急逃生。

（8）司钻房电控柜输入电源主回路安装有防雷击浪涌保护器，为司钻房内各电子设备、仪器仪表、通信线路提供安全防护，其作用是当电气回路或者通信线路中因为外界的干扰突然产生尖峰电流或者电压时,浪涌保护器能在极短的时间内导通分流,从而避免浪涌对回路中其他设备的损害。

四、直流电控系统

ZJ80/5850D直流电驱动钻机驱动系统采用AC-SCR-DC的电驱动方式,将柴油发电机组并联发出的600V交流电源提供给交流母线,经可控硅整流柜(SCR柜)整流成连续可调的直流电,采用一对一的驱动方式分别驱动钻井泵、绞车和转盘的电动机。600V交流母线还可通过变压器向电动机控制中心、照明和生活区供电。由于直流电控系统具有工作稳定、动态性能好、负荷均衡、操作简便、显示齐全、安全保护功能完善等性能,制造成本低,在超深井钻机中也得到了广泛应用。

1. 电控系统的原理

直流电动钻机电气传动系统控制原理:柴油发电机组发出600V交流(AC)电源,再由SCR柜将600V交流电压整流成0~750V连续可调的直流电压,驱动直流电动机,并实现无级调速。该系统有交流发电控制单元、直流控制单元、PLC(Programmed Logic Controller)控制单元、电磁涡流刹车控制单元、自动送钻控制单元和MCC(Motor Control Center)电动机控制中心。直流传动控制框图如图2-90所示。

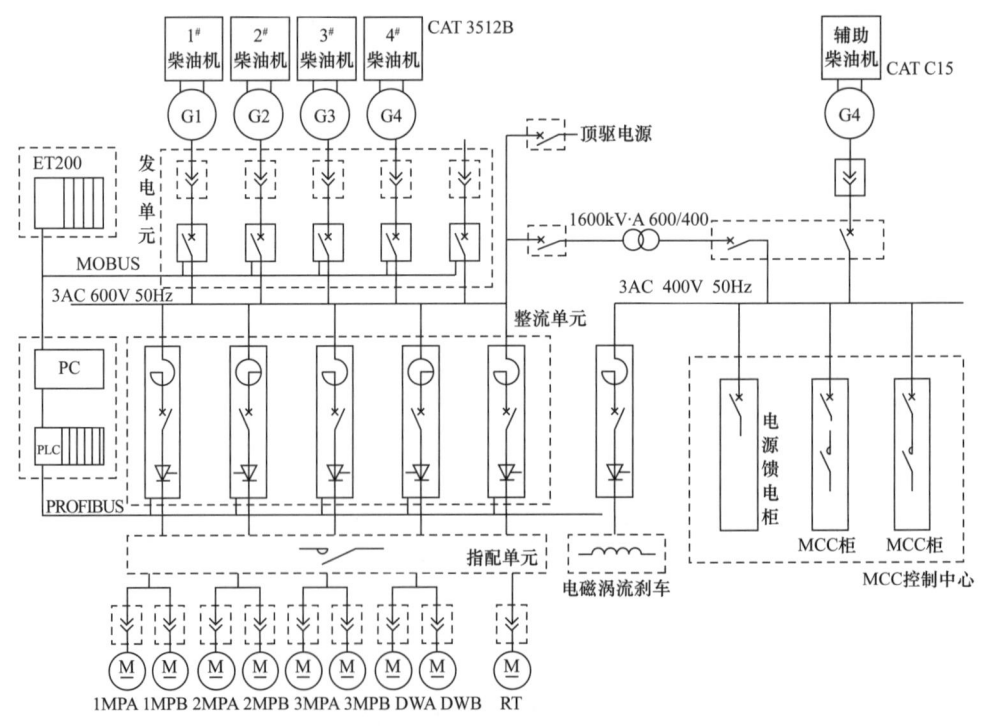

图2-90 直流传动控制框图

(1)交流发电控制单元由5个发电控制柜(GEN柜)组成,分别对4~5台柴油发电机进行控制。在其负荷允许变化的范围内,保证输出600V、50Hz(或60Hz)的交流电压。各发电机可按工况需要,全部或任意两台以上上线运行时,负荷都能均衡分配,负荷转移平稳,能承受钻机的负荷特性和直流电动机启动时的冲击。

（2）直流控制单元由5个整流柜（SCR柜）组成，分别将600V交流电压整流成0～750V连续可调的直流电压，并通过对各柜中直流接触器的逻辑控制，切换成不同的指配关系，分别驱动钻井泵、绞车和转盘。绞车和转盘电动机具有正反转功能。转盘电流限制可在50～1000A DC任意调节。绞车和钻井泵均由两台电动机驱动，运行时负荷均衡，转速同步。

（3）PLC控制单元。供司钻在钻井作业中进行各种操作，并通过触摸屏和显示屏对电传系统的主要设备运行状态进行监控。

（4）电磁刹车装置给绞车在下钻作业中提供电磁制动力矩。

（5）控制系统中装有检测电动机转速的编码器、压力变送器以及各种开关和按钮，可进行恒速或恒压自动送钻。自动送钻代替司钻使用的盘刹手柄送钻，大大减小司钻的劳动强度，同时提高了控制送钻参数的精准度。

（6）交流电动机控制中心的主要功能是对钻台、钻井泵组、钻井液循环区、油罐区、空压机房和固控罐区等区域的交流电动机提供交流电源，并给井场提供照明电源。MCC柜采用插拔式抽屉结构或固定结构。

2. 主要技术参数

发电机组电压、额定频率、额定容量及台数	600V 50Hz/60Hz 1714kV·A 4～5台
整流柜输出电压、电流及台数输出	0～750V DC 1950A 5台
自动送钻电机变频器输出电压、频率、功率及台数	0～400V 0～300Hz 55kW 1台
绞车电动机功率及台数	800kW 2台
转盘电动机功率及台数	800kW 1台
钻井泵电动机功率及台数	800kW 6台
电磁涡流刹车电压、励磁电流	400V 0～84A
能耗制动柜功率及台数	1200kW 3台
MCC变压器	1250kV·A 600/400V 50Hz/60Hz

3. 电控房

ZJ80/5850D钻机配置两台SCR控制房，房内安装有柴油发电柜、整流柜、PLC柜、MCC开关柜等。因此要求房体具有消防、防潮、密封、隔热等适合于高温、盐雾环境的性能。房内风道设计合理并具有温度、湿度、烟雾报警和应急照明等功能，房内温度控制在15～27℃以内，湿度控制在≤85%以下。

（1）SCR房：房体采用钢制瓦楞板制造，双层房体具有隔热、阻燃、隔音功能。底座采用拖橇式，并带有自背橇头，符合铁路、公路运输规范。房顶具有防雨、排水能力设施，房体主体防护等级应达到IP55，房端变压器、制动电阻仓防护等级应达到IP24。房体外接电缆的连接，采取防雨、防尘措施，控制系统的控制房与发电机房之间，以及进出控制房的电缆上方，搭建有防雨棚。

（2）SCR房空调冷却系统：SCR房内安装有PLC控制系统、SCR柜、MCC系统等，所以对房内的温度、湿度要求很高。温度长期过高会导致电气元件绝缘层老化、使用寿命降低，严重时设备会因温度过高自我保护而停止运行；甚至会烧坏设备。SCR房内温度低、湿度大会导致在电气元件上产生凝露，降低元件的绝缘性能，通电时易发生短路烧坏电气元件。因此两栋SCR房各配置两台10冷吨防沙、高温双制空调,并带有除湿功能,房内空调冷却风道采用冷、热风道分开的强制循环结构(电控柜产生的热空气从柜顶排出,然后从设备柜顶部与房顶组成的通道输送回蒸发器进行冷却。冷空气经由室内机风道吹入电控房,然后从底部进入电控柜),使房内温度控制在15～27℃以内,湿度控制在85%以下。SCR房配备可直观显示湿度和温度的温湿度计。

(3)SCR房安全配置:SCR房配有两扇外开式、便于逃生的安全门,位于房体两侧,房内不用任何工具,徒手用最简单的动作就能迅速打开。房内设有照明和应急照明灯具,当电网停电时,应急灯具能自动打开,并保证充足的应急照明。控制房两端进门处装有应急通道指示灯。房内安装有烟雾报警器和温湿度传感器,除能发声、光报警外,还将烟雾和湿度信号发送到控制系统的报警回路,在司钻房显示。房内过道铺设耐压2000V绝缘地板以及触电救生物品(绝缘棒、绝缘手套和绝缘鞋等),并配有"正在维修,请勿操作"中英文警示牌和挂锁。

4. 柴油发电机组模拟控制系统

ZJ80/5850D钻机柴油发电机组模拟控制系统是由5台模拟式柴油发电机组控制柜控制4～5台CAT3512B柴油发电机组并网运行,向交流母排输出600V交流电,为交流母排上的整流单元提供动力。每台柴油发电机控制柜能对柴油发电机组的速度和电压进行精准的控制,能使各台机组间进行均衡的负荷分配和自动并车,并能精确地显示机组运行时各数据项。每台控制柜包括发电机断路器、同步装置、交流控制组件、功率限制电路、接地故障检测电路、电流表、功率表、无功功率表、发电机组计时器、柴油机控制按钮、发电机"运行"灯、发电机"在线"指示灯、调速和调压电位器等。柴油发电机控制柜如图2-91所示。

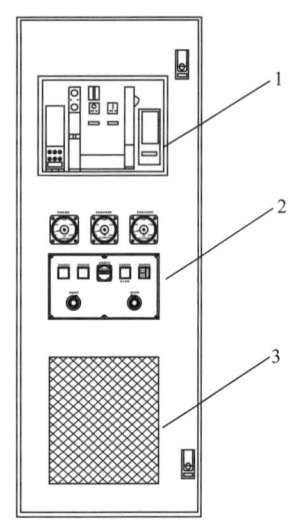

图2-91 发电机控制柜示意图
1—进线断路器;2—控制按钮及仪表显示装置;3—散热窗

1)进线断路器

每个柴油发电机控制柜安装1台进线断路器(额定电压690V、额定电流2000A),用于接通或隔离发电机与交流母线。

(1)发电控制柜断路器包括有合闸线圈、分闸线圈、自动储能马达、辅助触点、过电流磁脱扣分断装置、欠电压脱扣线圈等。断路器还具备跳闸保护能力,当柴油发电机组发生欠频、超频、过压和逆功率等故障状态时,保护电路使欠压脱扣线圈自动脱扣,断路器跳闸,保护发电机组和负载。断路器的长延时脱扣电流(发电机额定电流的110%～150%)、短延时脱扣电流(发电机额定电流的200%～300%)和瞬时脱扣电流(发电机额定电流的1000%～1700%)可在断路器电子脱扣器上进行设置。

(2)要闭合断路器,首先扳动手柄数次直到储能指示器显示"储能",再按下柜体面板上的接通按钮,断路器便接通。要断开断路器,只要按一下"分断"按钮即可。当断路器断开时，储能指示器显示"断开"。

2）同步装置

发电机的同步装置由同步选择开关和同步盒构成，同步选择开关安装在发电机控制柜上，同步盒安装在电控房内房端上方，同步盒由频率表、同步表、电压表和同步灯组成。同步盒连接外接电路和同步开关，通过同步开关可以选择待上线发电机的输出显示，如图2-92所示。

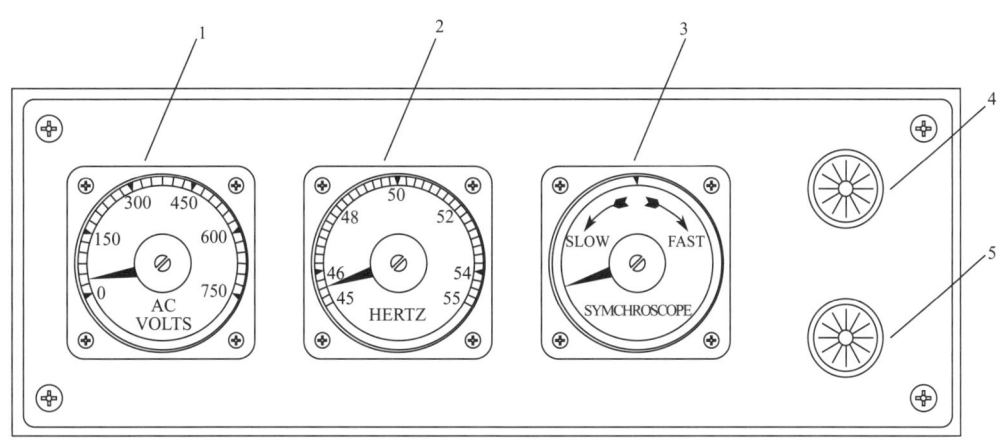

图2-92　同步盒示意图

1—电压表；2—频率表；3—同步表；4，5—同步灯

在发电机并网前，必须通过同步装置，将待并网发电的发电机电压和频率与在线发电机的调整一致，当发电柜上同步开关置于"关断"位置时，同步盒上的频率表和电压表分别显示交流母线的频率和电压，当同步开关置于待并网的发电机位置上时，频率表和电压表则显示待并网发电机的频率和电压。当两电压相同时，比较待并网发电机和母线的频率或相位，若频率不相同，同步表指针旋转，同步灯忽暗忽明；当两信号同步以后，同步盒上的同步表指针指向12点位置，同步灯熄灭，此时发电柜上的同步按钮发光，这时按下同步按钮，断路器合闸线圈通电，断路器合闸，将发电机并入公共母线。

3）发电柜控制按钮及仪表显示装置

每台发电柜面板上安装有一套组合控制按钮，用于控制柴油机的怠速运行、额定运行和停机。控制按钮由黄、黑、红三色按钮组合而成。当按下黄色按键时，柴油机应处于怠速状态；当按下黑色按键时，柴油机应处于运行（额定转速）状态；当按下红色按键时，柴油机应处于停机状态。为了防止对柴油机冲击，在机组从停止状态到运行状态，或从运行状态到停止状态，必须首先按下怠速运行按键后，才能按运行或停止键。

每台发电柜上安装有发电机运行、在线指示灯和频率、电压微调电位器，指示灯能分别显示发电机运行状态和是否在线运行。频率、电压微调电位器能微调发电机转速和电压。

每台发电柜上安装有以下测试仪表：电流表（0～2000A），用于测量本台机组的线电流；功率表（0～2000kW），用于测量本台机组的有功功率；无功功率表（0～2000kVar）用于测量本台机组的无功功率；计时表记录本台机组上线的运行时间。发电柜控制按钮及仪表显示装置如图2-93所示。

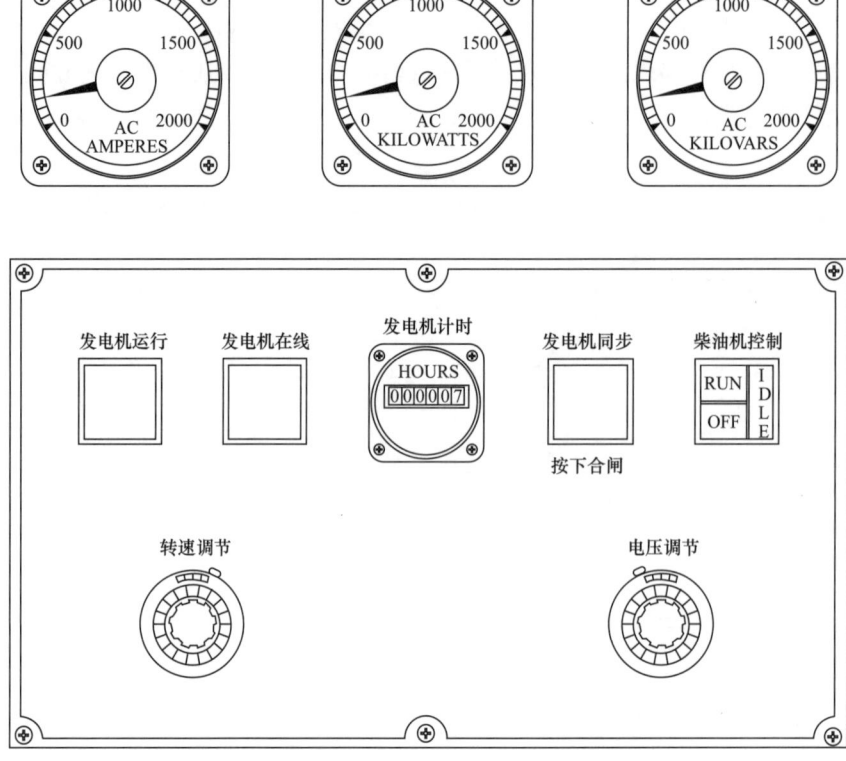

图 2-93 发电柜控制按钮及仪表显示装置

4）功率限制盒

当发电机输出的有功功率或总电流达到功率限制盒上的设定值时，功率限制盒对直流电动机的负载进行限制，以防机组过载，即防止柴油机停机或发电机断路器脱扣。功率限制盒还有以下保护功能：当负载突然增加时，使柴油机组的负载逐渐增加；机组欠频时，对直流电动机负载进行限制。

功率限制盒与交流控制模块、直流控制模块连接使用，可以有效地限制负载功率。功率限制盒上有 4 个开关，用于设定功率限制值的大小，当 4 个开关全部闭合时，设定值为机组额定功率或电流的 80%，4 个开关全部断开时，则为 110%。改变各开关状态，可设定 80%～110% 的限定值。如果现场使用的设备如钻井泵达到功率限制值时（司钻控制台的功率限制指示灯点亮），再次给定钻井泵泵冲手轮时，钻井泵泵冲不会增加，若此时钻井作业需要更大的功率时，必须增加上线发电机组。

5）发电机励磁板

发电机励磁板与发电机线电压和交流控制模块连接，对发电机提供励磁电流。发电机线电压经变压器（600V/115V）变压后输入到励磁电路板，经励磁板整流后，加载到发电机的励磁线圈上，从而建立起发电机电压，并将电压信号作为电流反馈信号送至交流控制模块进行电压调节。

6）交流控制模块

交流控制模块是发电机控制柜的核心组件，通过采集设定速度、设定电压、变压器副边的反馈电压、电流互感器的电流反馈信号、转速传感器的速度反馈信号和励磁电流反馈信号,从而控制柴油机转速和发电机的电压,以及驱动发电柜上测量仪表(功率表和无功功率表)。交流控制模块主要由频率调节电路、主从控制电路、电压调节电路和保护电路组成。

(1)频率调节电路:频率调节电路控制柴油机转速,使其稳定在额定转速1500r/min,保证发电机频率稳定在50Hz。频率调节电路通过采集柴油机转速信号和发电机频率来控制柴油机上的执行器,调节柴油机供给燃油的大小,从而实现控制柴油机的转速。柴油机转速脉冲信号由安装在柴油飞轮上的转速传感器给出,发电机频率反馈信号由频率解调电路给出。当机组低于怠速时,反馈信号来自转速传感器;机组在怠速以上运行时,反馈信号来自频率解调电路。发电柜面板上的频率微调电位器旋钮可微调发电机的频率,调节范围为46~54Hz。

(2)主从控制电路:主从控制电路的作用是保障向电网供电的各柴油发电机组均衡发出有功功率。上线各机组在电流调节电路的给定和频率调节电路的输出之间设置主从控制开关,使全部机组的电流调节器给定为同一信号。

在上线运行的各机组中,序号最小的机组为主动机组,其余机组均为从动机组。在线路设计上总是以主动机组的频率调节电路输出作为在线全部机组电流调节电路的输入信号。当某号机为主动机组时,其电流调节电路的给定只能是该机组的频率调节电路的输出,同时该输出也作为其他从动机组电流调节电路的给定输入;当某号机为从动机组时,它的频率调节电路不能作为该机组电流调节电路的给定输入,其给定只能由主动机组的频率调节电路给出。

(3)电压调节电路:电压调节电路由2个触发电路和1个双环控制回路组成,控制回路的内环是励磁电流调节电路,外环是电压调节电路。负荷变化时,电压调节器能自动调节发电机励磁电流,使得发电机输出电压稳定在600V。

(4)保护电路:保护电路有欠压、过压、欠频、过频、逆功率和反馈脉冲丢失等保护。当发生上述故障时,通过继电器切断发电机断路器的欠压脱扣线圈,使发电机从母线上脱开。

欠压保护:当发电机电压降低至约530V时,断路器欠压线圈断开,发电柜断路器跳闸。

过压保护:当发电机电压升至约700V时,断路器欠压线圈断开,发电柜断路器跳闸。

欠频保护:当发电机频率降低至约42Hz时,断路器欠压线圈断开,发电机断路器跳闸。

过频保护:当发电机频率升至约56Hz时,断路器欠压线圈断开,发电机断路器跳闸。

逆功率保护:当发电机出现逆功率时,逆功率达到约7%时,断路器欠压线圈断开,断路器跳闸。

反馈脉冲丢失保护:当柴油机转速脉冲丢失时,断路器欠压线圈断开,断路器断开。同时柴油机执行器断电,柴油机停机。

7)接地故障检测电路

接地故障检测电路的功能是检测交流和直流母线的接地或漏电状况。该电路由3盏接地指示灯、交流接地表、直流接地表和接地检测电路组成。接地故障检测装置显示面板如图 2-94 所示。

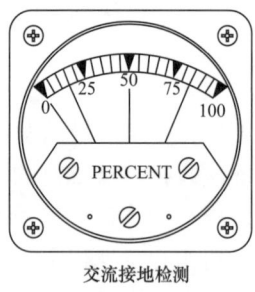
交流接地检测

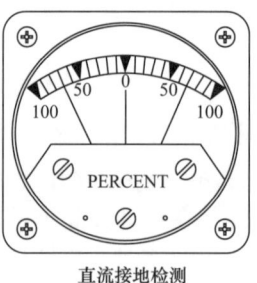
直流接地检测

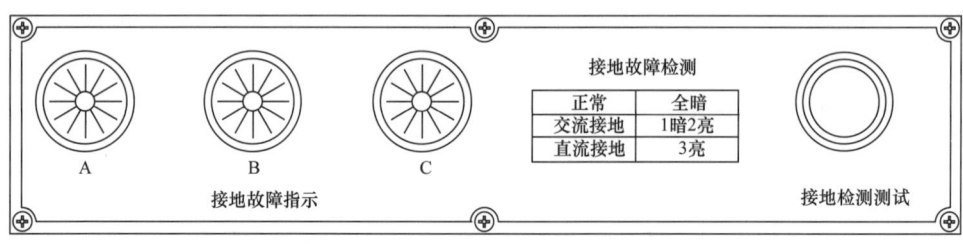

图 2-94　接地检测装置显示面板示意图

（1）当交流母线有一相接地或漏电时，3 盏接地指示灯会亮度不同（如果没有接地故障，3 盏灯为相同的中等亮度，接地表指示为零），较暗的灯所在的相即为接地故障所在的相。同时交流接地表的黑色指针读数表示接地故障的严重程度，表的红色指针为接地程度的设定值，当黑针同设定的红针重合时，司控控制台上的接地故障指示灯会进行发光报警。

（2）当直流母线出现接地故障时，直流接地表处于中位的黑针会发生偏转（若正极母线有接地故障，黑针右偏；若负极母线有接地故障，黑针左偏），当直流接地故障达到一定严重程度时，黑针同表盘两侧两个红针中的一个重合，司控控制台上的接地故障指示灯会进行发光报警。

8）紧急停车电路

在紧急情况下，电控系统可在发电机控制柜上和司钻控制台上对柴油发电机组进行紧急关断。通过发电机控制柜上的组合控制按钮或急停按钮，切断柴油机执行器电源，从而切断柴油机燃油供给，使机组停机，但这种操作每次只能关掉一台机组；另一种是通过司钻控制台上的急停按钮，切断发电柜断路器的欠压线圈和柴油机执行器电源，不仅可以使发电柜断路器跳闸，而且能使柴油机断油停车，这种操作可以使全部机组停机和发电柜断路器跳闸。

9）直流 24V 控制稳压电源

直流 24V 控制稳压电源作用是在柴油机启动前，为柴油发电机组以及发电柜控制单元提供 24V 直流电源，在发电机组启动正常运行后，处于充电模式。

该系统主要由充电器、稳压电源、蓄电池组成，其电源来源有两种方式：一种是通过

220V 交流母线经充电器获得 DC24V 电源，供给电池回路充电；另一种是通过蓄电池提供的 DC24V 电源，给控制器和直流回路供电。

如果 UPS 长期处于未使用状态，特别是当钻机搬家运输过程中必须保证"运行开关"处在"停机"位置，否则蓄电池的电能将被耗尽。

5. 直流控制单元

直流控制系统由 5 个 1400 型 SCR（Silicon Controlled Rectifier）传动控制柜组成，分别将 600V 交流电压整流成 0~750V 连续可调的直流电压，并通过对各柜中直流接触器的逻辑控制，切换成不同的指配关系，分别驱动钻井泵、绞车、转盘。每套直流控制系统包括断路器、晶闸管整流桥、电流互感器、RLC 滤波电路及浪涌抑制电路、脉冲变压器、电压反馈板、直流接触器、直流控制模块等。

1）断路器

每个 SCR 柜上均安装有断路器（额定电压 690V、额定电流 2000A），用于接通或隔离 SCR 整流桥与交流母线，还具有以下功能：

（1）保护晶闸管整流桥。当保护晶闸管的熔断器熔断时，熔断器上的柱塞会推动与断路器欠压线圈相串联的微动开关，从而使断路器跳闸；当晶闸管整流桥温度过高时（晶闸管的温度超过 125℃，散热器温度超过 91℃），其散热器上热敏元件的动断触点断开断路器欠压线圈，从而使断路器跳闸。

（2）需要 SCR 柜紧急停机时，通过司钻控制台上的 SCR 急停按钮可以切断欠压线圈电源，从而使断路器跳闸。

（3）断路器带有两对辅助触点，一对动合触点用于驱动 SCR 柜面板上通电指示灯和浪涌抑制电路正常指示灯，另一对动合触点将电源信号输至 PLC。

2）晶闸管整流桥

晶闸管整流桥就是利用晶闸管的单向导电可控特性，把交流电变成大小可控的直流电。晶闸管又称作可控硅（SCR-Silicon Controlled Rectifier），是 P1、N1、P2、N2 四层三端结构元件，共有三个 PN 结，如图 2-95（a）所示，相当于一个受控制的二极管，它也具有单向导电性，不同之处是除了应具有阳极和阴极之间的正向偏置电压外，还必须给控制极加一个足够大的控制电压，在此控制电压作用下，晶闸管就会像二极管一样导通，一旦晶闸管导通，控制电压即使取消，也不会影响其正向导通的工作状态。分析原理时，可以把它看作由一个 PNP 管和一个 NPN 管所组成，其等效图解如图所示 2-95（b）所示。

ZJ80/5850D 钻机 SCR 柜整流桥的结构：来自交流母线的三相交流电源通过断路器向 SCR 桥供电，每相交流电源安装两只晶闸管，即交流电源 A 相安装 A+ 和 A- 两只晶闸管，交流电源 B 相安装 B+ 和 B- 两只晶闸管，交流电源 C 相安装 C+ 和 C- 两只晶闸管。A+、B+ 和 C+ 向直流 "+" 母线馈电，而 A-、B- 和 C- 则向直流 "-" 母线馈电。再利用加在晶闸管控制极和阴极间的触发脉冲控制，使得整流桥输出的直流电压可在 0~750V 调节。

3）电流互感器

在 SCR 柜交流电源线上安装有三个电流互感器，用来检测流入 SCR 整流桥的电流，这个检测电流经整流后作为电流反馈信号，进入直流控制模块，驱动 SCR 柜面板上的直流电流表，从而显示整流桥输出电流的大小。SCR 柜面板如图 2-96 所示。

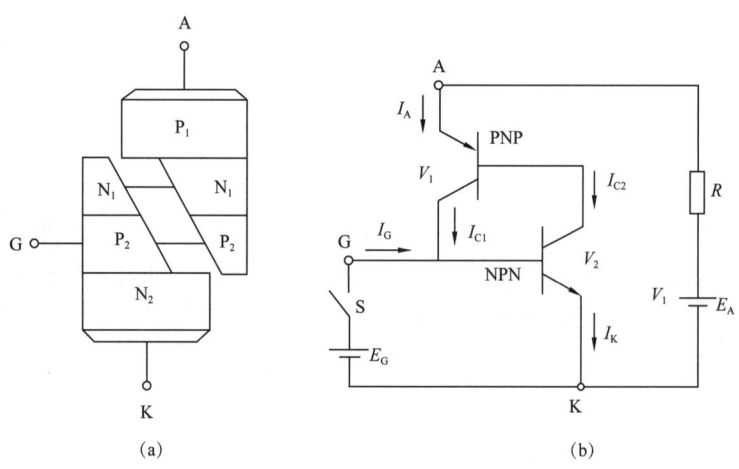

图 2-95 晶闸管整流桥示意图

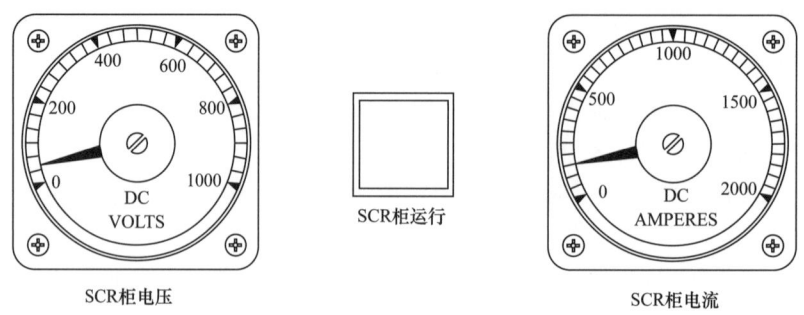

图 2-96 SCR 柜面板示意图

4）RLC 滤波电路及浪涌抑制电路

RLC 滤波电路由电阻、电感和电容组成。各相交流侧的电感线圈与跨接在晶闸管上的 RC（电阻+电容）支路，构成 RLC 滤波电路。RLC 滤波电路用来抑制晶闸管整流桥上的断态电压上升率和通态电流上升率，避免 SCR 被误触发或局部过热而损坏。

由于系统中大功率电动机的启动或停止，可能导致晶闸管整流桥过电压；晶闸管在整流过程中也可能产生谐波过电压，这种过电压有可能击穿晶闸管。为了消除过电压，通过接成三角形电路的三个压敏电阻以及带有微动开关的三个熔断器组成浪涌抑制电路。如果浪涌抑制电路工作正常，SCR 柜面板上的浪涌抑制指示灯是亮的，如果任一线路熔断器熔断，熔断器上的柱塞挤压连杆使信号灯开关切断，指示灯熄灭，断路器跳闸。

5）脉冲变压器

脉冲变压器用来传输和变换晶闸管触发脉冲，使 +/−15V 变化的触发电路脉冲变换为从 0V 到 +10V 变化的门极脉冲。脉冲变压器还用来隔离主电路和触发电路，确保触发电路的安全，并进行阻抗匹配。

6）电压反馈板

电压反馈板由电阻器串联组成。用于测量直流母线的电压，输入至直流控制模块，通过直流控制模块输出电压反馈信号，以测试直流调节电路，如当整流桥电压为 750V 时，电压反馈信号的输出电压为 46.9V，换言之，整流电压与反馈电压之间有一定的对应关系。

另外，电压反馈板可以驱动 SCR 柜面板上的直流电压表，显示 SCR 柜的直流运行电压。电压反馈板的电压信号也输至 PLC。

7) 直流接触器

直流接触器的作用是将 SCR 整流桥输出的直流电源输入到直流电动机，从而驱动直流电动机。接触器的通断由司钻控制台上的指配开关和 PLC 来控制。在不同工况下，一台 SCR 柜通过接触器的通断可以驱动两台以上不同功能的直流电动机。用于绞车和转盘的接触器触点电流为 1250A，用于钻井泵的接触器的触点电流可达 1800A。单极性接触器只能使电动机在固定方向旋转（比如钻井泵电机），而双极性接触器可使电动机旋转方向改变（比如绞车、转盘电动机）。直流接触器通过 74V 直流电源供电吸合，如果其中一台 SCR 柜出现故障停止工作，通过指配开关切换，其他 SCR 柜可继续对直流电动机供电。直流接触器如图 2-97 所示。

8) 直流控制模块

直流控制模块是 SCR 控制柜的核心组件，其内部设有直流调节器、脚控器控制电路、SCR 触发电路、皮带防滑保护电路、绞车能耗制动控制电路及零位连锁保护电路等。同时具有 SCR 柜的测试与试验功能，可测试 SCR 柜的输出电压、输出电流和触发脉冲。直流控制模块如图 2-98 所示。

图 2-97 直流接触器

图 2-98 直流控制模块

(1) 直流调节器：直流调节器安装在司钻控制台内，由用于自动调节电动机转速和转矩的控制电路构成。调节器输出 SCR 的触发信号，其输入信号包括速度给定、速度反馈和电流反馈。

速度给定信号通过司钻控制台上手轮给定（手轮与电位器相连接），当手轮从关断位置顺时针旋转到最大位置时，直流控制模块的速度给定端从 0 变到 -8.2V，对应的直流电动机速度从 0 到额定转速；速度反馈信号是电动机转速的模拟信号，在串励电动机中，转速为电枢电压与磁场磁通之比;电流反馈信号来自 SCR 整流桥交流侧的电流互感器,通过电压板整流后,输入直流控制模块,再进入到电流调节器中,从而驱动 SCR 柜直流电流表。

(2)脚控器控制电路:为了提高绞车的提升速度,使用脚控器可以快速控制绞车电动机的运转速度,脚控器功能由其控制电路实现。脚控器安装在司钻房司钻脚下,当司钻踏下脚控器时,绞车电动机的电压电流迅速上升,电动机转速迅速加快。脚控器给定优先于手轮给定,当司钻开始起钻时,首先少许转动手轮,然后司钻踩下脚控器,脚控器迅速取代手轮给定,绞车迅速提升。当司钻把脚从脚控器上移去时,脚控器给定为零,手轮给定重新起控制作用,电动机转速又迅速回到手轮给定转速。

(3)手轮零位连锁保护:如果手轮不在零位,为了防止电动机在高电压下突然起动,司钻在切换工况指配开关或启动电动机之前,必须将手轮重新转到零位。只有当指配开关切换到某一工况以后,再从零位顺时针旋转相应的调节手轮,速度给定控制才起作用。

(4)电流限制电路:电流限制电路是为了防止速度给定信号过高而引起过电流和过大的扭矩,导致钻具、绞车或钻井泵的损坏。功率限制信号可防止由于直流电动机负载过大而引起在线柴油发电机组过载。功率限制信号来自发电机控制柜中的功率限制盒。

(5)SCR 触发电路:触发电路为 SCR 整流桥提供触发脉冲信号。直流控制模块中共有 6 个相同的触发电路,分别触发 6 只晶闸管。在触发电路中,一个周期内产生两个间隔为 60°的窄脉冲,去触发一个晶闸管控制极,其中第一个为主脉冲,第二个为补脉冲。当直流输出电压较低,输出电流不连续时,三相 SCR 全控桥要求一个周期内接连送出两个窄脉冲去分别触发两个相应的晶闸管。各个触发脉冲之间的相位关系由 6 相交流电压的相位决定。6 只管子的导通顺序是 A+B−、A+C−、B+C−、B+A−、C+A−、C+B−、A+B−;切换顺序为 A+ C−、B+A−、C+B−。6 相同步电压的相序必须满足 6 个管子的切换顺序要求。

(6)皮带防滑保护电路:由两台串励电动机在驱动钻井泵时,可能会出现皮带松动或断裂等故障,使其中一台或两台电动机失去负载而超速,这时就需要对皮带防滑装置进行保护。皮带防滑保护装置就是通过霍尔元件检测串励电动机的电流,当电流过小,转速超过速度限制值时,断开指配接触器,切断两台电动机电源,同时 SCR 柜面板上的皮带轮滑动指示灯点亮。如果钻井泵在较低电压下低速运行,由于电压反馈信号较低,即使皮带轮打滑,也不会触发皮带防滑保护电路,钻井泵仍会继续运行,防滑指示灯可通过按压复位按钮来熄灭。

(7)绞车能耗制动控制电路:在需要游车高速提升时,往往会使用脚控器。当游车需要减速时,就需要能耗制动介入来快速降低电动机转速,从脚控器抬起到能耗制动自动投入,约需 3s。

能耗制动的基本原理是将电动机产生的电磁转矩变成阻力转矩,该转矩与电枢的旋转方向相反,使电动机转速迅速下降或停转。这时电动机吸收转子上的机械能,转换为电能后又进一步转换为热能消耗掉,所以称之为能耗制动(如图 2-99 所示)。绞车电动机 DWA 在制动状态时,SCR 桥不输出电压,接触器 K1、K2 断开,继电器 MS01 接通,电源经变压器 T02 的副边电压经整流后向 DWA 的串励线圈供电,产生磁场。由于惯性而旋转的 DWA 将电枢电流经接触器 K01 和 K02，流过栅状制动电阻，该电流产生制动转矩，经制动电阻以热量的形式消耗掉。当制动电阻温度过高时，继电器 MS02 断开，电阻 R1、R2、R3 接入回路进行分压，变压器 T02 副边电压降低，磁场降低，产生较弱的制动磁场。只有 DWA 才有反转和能耗制动的功能，DWB 只有正转（提升）功能。

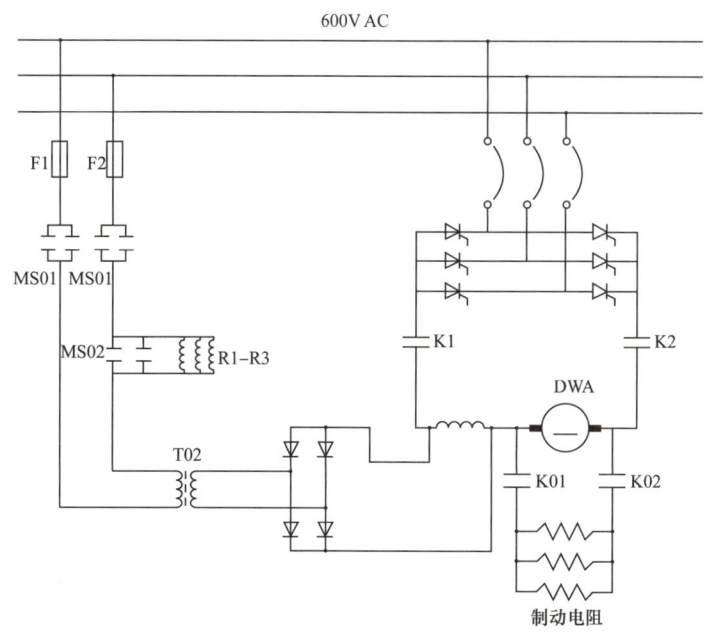

图 2-99　绞车能耗制动原理图

6. 自动送钻控制系统

自动送钻系统是指钻机在无须人工控制的情况下实现钻头自动进给的一种钻井作业方式，该系统不仅能够降低司钻的劳动强度，而且操作简便，使用安全，可以提高钻井质量，延长钻头寿命。

（1）在实际工况中，绞车主电动机也可以进行自动送钻，但是主电动机在速度很低的时候，尤其是长时间在低于额定功率、额定转速下运行是很不稳定的，尤其是主电动机运行的频率较低，较容易受其他谐波信号的干扰，使系统控制性能变差，控制精度下降，而且对电动机影响比较大，所以目前采用独立的自动送钻系统。ZJ80/5850D 钻机采用一套安装在绞车右端的自动送钻装置，该装置由一台大减速比的减速器和一台 45kW 的变频电动机构成，通过推盘离合器连接在绞车输入轴上。

（2）自动送钻控制系统由一台 55kW 的变频器来驱动自动送钻的变频电动机，电动机轴端装有一只编码器，用于检测电动机转速。变频器、电动机、编码器及 PLC 系统一起组成有速度传感器矢量控制的速度闭环系统，实现送钻过程中对送钻电动机速度的精确控制。

（3）自动送钻操作单元安装在司钻房司钻台上，在司钻台上设有硬件和软件两种操作模式。硬件操作包括送钻方式选择开关（恒压—停止—恒速）、方向选择开关（提升—下放）、速度给定手轮（恒速控制时设置适当的速度）；软件操作就是通过司钻台的触摸屏进行，触摸屏通过与 PLC 的通信，不仅可以选择送钻方式、送钻方向、送钻速度和给定钻压，还可以显示大钩悬重、钻压、送钻速度、电动机速度、力矩、电流等参数，如图2-100 所示。

（4）自动送钻包括两种工作模式，即恒速送钻和恒压送钻。

恒速送钻：恒速送钻就是使钻具以一定的速度匀速钻进，送钻速度为 0.1~36m/h。自动送钻还具有应急功能，在绞车出现故障时可作为绞车的备用设备提升下放钻具、井架和底座。

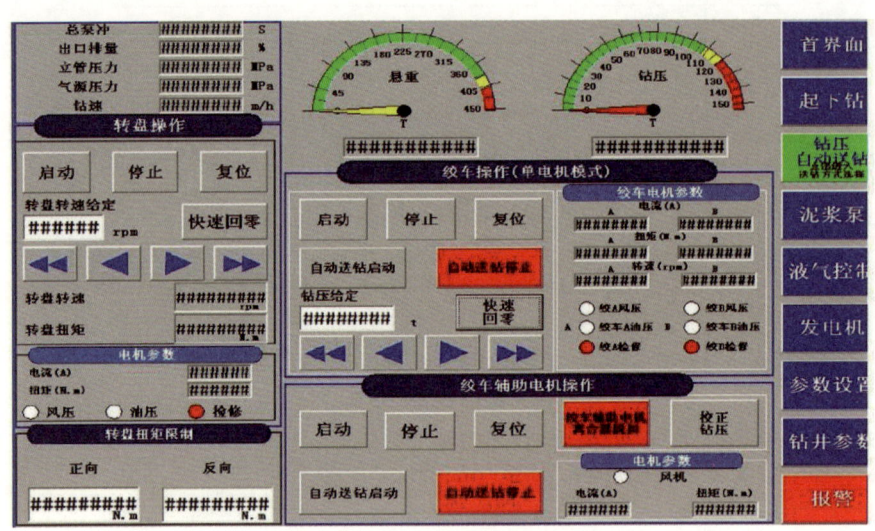

图 2-100 自动送钻触摸屏操作界面

恒压送钻：通过采集悬重信号，将死绳固定器悬重信号转换成 4~20mA 的标准电流信号，经 PLC 处理后与变频器组成转矩闭环系统，从而实现精准钻压送钻。

7. 电磁涡流刹车控制系统

电磁涡流刹车由刹车主体、可控硅整流柜及司钻刹车手柄等三部分组成，作为绞车的辅助刹车，具有无摩擦、使用简便、可靠、响应速度快、低速仍有较大制动转矩的优势。

电磁涡流刹车的原理是将输入的 400V/50Hz 交流电压经整流和滤波后，变成 50Hz 的直流脉动电压，由司钻控制电刹手柄改变给定电压，通过调整整流电路的移相触发角来改变直流输出，从而改变刹车力矩。

1）刹车主体

刹车主体由定子与转子组成，之间有一定的工作气隙，转子通过离合器与绞车滚筒相连，定子与钻台固定。刹车的定子由磁极和激磁线圈构成。激磁线圈是刹车的电路部分，固定于磁极上，与磁极组成一个整体成为定子，工作时通以直流电流。刹车在运行时要产生大量的热量，因此激磁线圈采用了耐高温的电线与相应的绝缘材料，以保证线圈在高温下仍具有良好的绝缘性能。

2）可控硅整流柜

可控硅整流柜安装在 SCR 房内，它由整流变压器和可控硅半控桥式整流电路组成。将 400V 交流电压变成可调直流电压，给激磁线圈通以可调直流电流。通过司钻刹车手柄调节激磁线圈的直流电流，便可调节刹车的制动扭矩，从而改变钻具的下放速度。

3）司钻刹车手柄

司钻刹车手柄安装在司钻控制台上，司钻通过操作刹车手柄来控制绞车速度。司钻刹车手柄实际上是一个可调的差动变压器，由铁芯、线圈、调节机构等部分组成。将铁芯位置的变化转换成交流电压信号，经桥式整流作为给定信号电压，控制可控硅的导通角，调节激磁线圈直流电压，进而改变直流电流，从而改变制动扭矩，实现调节滚筒转速的目的。

8. 司钻控制系统

司钻控制系统是将接触器、继电器、开关、电子线路以及PLC结合在一起，对钻机各种功能进行控制的系统。司钻控制系统是以PLC作为控制中心，通过与工控机、变频器传动设备、司钻控制系统、气控阀岛系统通信相连接，实现钻机电、气、液的控制、显示、存储和记录的一体化的控制系统。

（1）ZJ80/5850D钻机司钻控制台是钻机各直流驱动功能的主要控制装置，可以控制钻井泵、绞车、转盘和自动送钻等设备，司钻台上不仅安装有触摸式操作系统，还安装有硬件操作开关。通过硬件开关，可控制钻井泵、绞车、转盘、自动送钻等主要设备的启停，触摸式操作系统不仅具有与硬件相同的操作功能，还具有钻井参数、发电机柜的实时显示、电气系统运行监控与显示，以及整流柜及钻台传感器的数据采集、控制和报警、故障显示等功能。司钻控制台（如图2-101所示）箱体具有正压防爆功能。

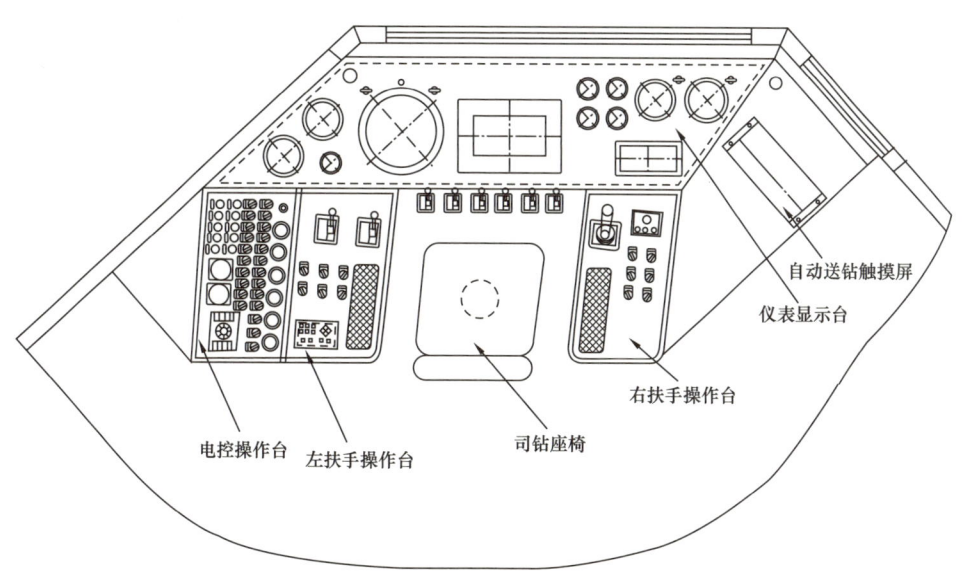

图2-101 ZJ80/5850D司钻房控制台示意图

（2）ZJ80/5850D钻机采用一套S7-300PLC控制系统。PLC主站安装在电控房内，上位机安装在司钻控制台里，PLC主站通过PROFIBUS总线网络连接至司钻操作台，与司钻操作台上的PLC从站及上位机进行数据交换，将控制命令下达到各变频柜及相关电磁阀，完成对所有钻井功能的控制。S7-300硬件包括电源模块、CPU模块、输入/出数字量模块、输入/出模拟量模块以及通信模块。一套PLC控制系统由3个PLC支架组成，电控房里安装一套主机架和扩展支架，司钻控制台安装一套远程扩展支架，所有支架之间的通信使用串行 DP 通信电缆完成。为了避免外界电磁波的干扰和长距离通信，司控台与电控房之间使用光缆通信。S7-300 控制系统的软件采用西门子 PLC 专用软件包 STEP7，STEP7 软件具有硬件配置、参数设置、通信、组态、编程、测试、启动和维护、文件建档、运行和诊断功能，通过计算机与 PLC 的通信可随时对程序维护和调试。

（3）司钻控制台通过 PLC 控制系统可以实现以下主要功能：

① 工况指配开关。司钻控制台上装有一个工况指配开关，用以组合各种供电线路和控制线路，以适应钻进或起下钻等各钻井工艺要求。工况指配是通过工况指配开关对各直流电动机接触器的切换完成的，只有当司钻操作满足绞车、转盘或钻井泵运行的条件后，被指配的接触器才能将相应的 SCR 柜和有关功能的直流电动机接通，图 2-102 为各工位工况指配示意图。图上面板所标的 SCR1—SCR5 表示 SCR 柜的序号，在标框侧边上，按时钟钟点位置标上了相应的数字。在任一时刻，指配开关只能置于某个唯一的位置，以确定一定的驱动功能。例如，对于 5 个 SCR 柜的系统来说，当指配开关手柄置于 10 点钟位置时，1 号 SCR 柜给 MP1（1# 钻井泵）电动机供电，2 号 SCR 柜给 DWA（绞车 A 电动机）电动机供电，3 号 SCR 柜给 DWB（绞车 B 电动机）电动机供电，4 号 SCR 柜给 MP2（2# 钻井泵）电动机供电，5 号 SCR 柜给 RT（转盘）电动机供电。若指配开关置其他位置，就会得到其他不同的工况。可见驱动系统能满足各种工艺要求，而且操作十分灵活。同时，由于各 SCR 柜完全相同，如果某柜发生故障，只需转换一下指配开关，其他 SCR 柜便立即对正在使用的电动机提供电源。指配开关中的"DWS"表示 DWA 和 DWB 两台电动机串联，由单柜驱动，此时单柜能满足较大的提升负荷，但提升速度减半。在同一时刻只能由一个给定手轮控制转速。

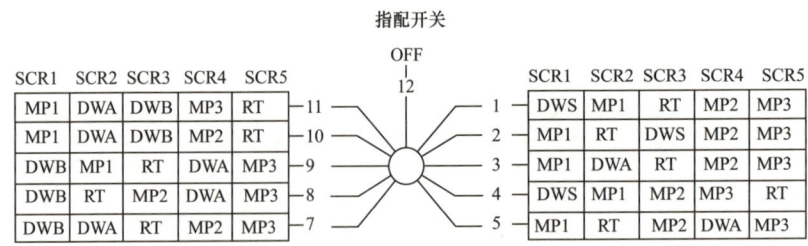

图 2-102　各工位工况指配示意图

② 钻井泵控制。司钻通过司钻控制台操作按钮或触摸式操作系统，控制 3 台钻井泵的风机、喷淋泵、钻井泵泵主电动机的启动、停止、速度给定以及相关的连锁保护。由于电动机功率较大，需要强制风冷。通过在 PLC 软件上连锁，钻井泵风机启动后，当其风压开关闭合建立风压后，钻井泵主电动机方可启动起来。

③ 绞车控制。绞车速度给定采用高低速离合器和脚踏控制器来控制大钩的运行速度。游车电子防碰是由 PLC 采集滚筒编码器的信号，精确计算出当前游车的位置，并与设定的防止上碰下砸位置进行比较后，对游车减速、报警和刹车，防止游车"上碰下砸"。

④ 转盘控制。司钻通过司钻控制台或触摸式操作系统，控制转盘整流柜的速度设定值和扭矩限定值，并给出过流、过压报警。通过 PLC 软件上的连锁，转盘风机启动后，当其风压开关闭合建立风压后，转盘主电动机才可以启动起来。

⑤ PLC/ 旁路。系统采用单 PLC 控制加旁路应急控制系统，当 PLC 供电单元、通信总线、主站 CPU、硬件或软件出现故障时，通过切换司钻控制台上 PLC/ 旁路选择开关，可以由旁路接管过来，驱动钻机的主要设备继续在应急状态下运行（如绞车、转盘和钻井泵）。

⑥ 触摸式操作系统。两个触摸式操作系统显示面板分别设置在电控房和司钻控制台。通过软件组态显示设备运行状态以及各个电动机的运行逻辑状态、监控现场设备的运行。设有故障页显示，便于故障定位和维护。

9. 交流电动机控制中心

（1）MCC 电动机控制中心是集电源馈电单元、电动机控制单元、小功率单相配电盘、控制回路以及计量设备为一体的由公共母线供电的抽屉式开关柜。这种抽屉式开关柜不仅可靠性高，便于维修，还可以在系统不断电的情况下对损坏的电器部分维修，具有电动机过电流、欠电压、漏电保护和三相不平衡保护等功能，并具有以下特点：

① 抽屉式开关柜安装在一个抽架底座上，它具有工作、试验、断开、抽出四个状态位置，在各个位置均有相应的状态指示，并可在不同位置分别用挂锁进行锁定。

② 抽屉柜的抽出机构采用导轨和滚轮结构，进出更加灵活，即使在抽屉单元不离开骨架的前提下，也可以对抽屉单元进行检修或维护。

③ 通过操作机构和面板上旋转手柄的连锁，断路器合闸时也无法抽出，保证了抽屉柜的安全性。

④ 抽屉柜将显示、控制元件集成在前面板上，可以简单、直观地显示设备的运行状态。

⑤ 各抽屉单元完全独立，抽屉间完全隔离，同规格的抽屉柜可互换。

（2）ZJ80/5850D 钻机 MCC 控制中心的主要功能是集中对钻台、钻井泵组、钻井液循环灌区、油罐区、空气压缩机和水罐等区域的交流电动机进行配电控制，并给井场提供照明电源。电机控制中心采用 8 台 GCS 标准型开关柜，1 台进线柜和 1 台 1600kV·A 干式变压器（电压为 600V/400V，接线方式为 △ /Y），进线柜中有 2 台断路器，一台是 1250kV·A 干式变压器副边进线的 2000A 断路器，另一台是从辅助发电机进线的 1000A 断路器，两台断路器系统互锁。当 600V 交流母线带电后，只要变压器主边断路器接通，变压器即可投入运行，再合上变压器副边断路器，MCC 控制中心的 400V 母线即通电。30kW（含 30kW）以上容量的交流电动机采用单独供电、直接启动方式，在电动机旁设控制按钮。30kW 以下交流电动机及照明只需分区供电，就近控制。

10. 电控系统的特点

（1）ZJ80/5850D 钻机采用 AC-SCR-DC 直流调速传动方式，比交流变频系统减少了逆变的过程，降低制造成本约 20%。电控系统设计、制造、调试周期短，控制方案成熟，而且其线路简单、控制方便；系统采用优化设计、合理布局，操作简便、可靠；在内部器件的安排上，采用快速拆卸及安装的模块化特殊结构，可以减少维修时间，降低系统停机率。与 7000m 直流电动钻机相比，其电控系统配置、容量没有太大的变化（8000m 直流电动钻机主要通过改变天车、游车和绞车的结构，来实现其载荷）。

（2）直流调速控制系统具有以下特点：

① 相比机械钻机直流电传动钻机的绞车、转盘可实现多级调速，调速范围宽，从而使绞车结构简化、质量减轻、体积缩小。

② 直流电动机具有短时承受较大过载的能力，不仅能承受较频繁的冲击负荷，而且提高了钻机提升能力和处理事故的能力。

③ 在带负载情况下，可平稳启动、制动和调速。

④ 直流调速控制系统采用 PLC 自动控制技术，对起下钻等钻进工况进行实时监控记录，对出现的故障能及时进行指示、报警，并可随时实行自动保护。

⑤ 采用数字化的控制系统，独特的脚踏开关操作，使司钻能轻松、高效的工作。

⑥ 转盘具有扭矩限制功能，可实现钻具扭矩释放。

⑦ 直流电动钻机钻井泵排量、冲数、转盘转数、扭矩等参数能与钻井仪表系统紧密结合，可实现全数字显示，实现钻机的自动化、智能化和对外界变化的自适应控制。

⑧ 通过 PLC 对直流接触器进行逻辑控制，切换不同组合的指配关系，可实现一台 SCR 柜对不同电机的驱动。

11. 电控系统 HSE 设施及措施

（1）电气维护人员及其他相关工作人员必须有相应的岗位资质，并具有相应的使用、维护及紧急救护等方面的知识。

（2）在维护或维修配电柜之前，由于电源断开后，变频柜内电容器放电到无危险电压（<25V）需要一定的时间，因此，在断开电源电压之后至少等待 5min 以上，才可以开始进行维修。

（3）SCR 房房体接地有两个以上的接地端子，并有接地标志，接地螺栓应不小于 M12，房体与地之间的接地电阻不得大于 4Ω。房内电控柜防护等级不应低于 IP20，柜门应进行接地，接地线不小于 2.5mm²。

（4）在带电维护或维修时，应穿戴相应的防护装备，如绝缘手套或绝缘鞋等，并有相应旁站看护人员。

（5）司钻控制台应具备正压防爆功能。在使用时，需按防爆要求对司钻台进行通气加压。

（6）电控房在温度高于 40℃，湿度大于 95% 或有凝露时，必须先启动空调或干燥机进行降温、除湿，防止由于凝露使电气设备在启动后发生短路，损毁设备。

（7）出现火灾时，应立即切断电源，用干粉灭火器或二氧化碳灭火器进行灭火。如果设备没有通电，可以用水灭火。

五、交流电控系统

ZJ80/5850DB 钻机交流变频驱动控制系统采用西门子 S120 全数字矢量交流变频调速装置，可实现绞车、转盘、钻井泵及自动送钻电动机的速度和扭矩控制，是目前最先进的全数字化交流变频调速技术，具有转矩控制、共用直流母线、能耗制动、数字变频自动送钻、零转速输出最大转矩、电控系统与顶驱共用等功能。绞车变频调速系统采用速度闭环控制方式，确保系统能产生高启动转矩并改善启动和低速时的转矩动态响应，实现绞车在零转速输出额定转矩（悬停功能）。该技术是交流变频电动钻机的核心控制部分，具有生产效率高、工作稳定、动态性能好、负荷均衡、操作简便、自动化程度高、实时监控、故障指示报警、安全保护功能完善等优点。

1. 电控系统的组成与原理

交流变频钻机电气传动系统由数字式柴油发电机组控制系统、交流变频调速系统、PLC 控制系统、司钻控制系统及交流电动机控制中心等部分组成。工作时，柴油发电机组发出 600V 交流电源，再由整流单元将交流母排上的 600V 交流电转换成 810V 直流电，输出到公共直流母排上，再由 9 台逆变单元将直流母排上的 810V 直流电转换成电压为 0～600V、频率为 0～150Hz 连续可调的交流电，驱动交流变频电动机。钻机控制系统以 PLC 为控制核心，通过现场总线与工控机、变频器、传动设备、司钻控制系统、气控阀岛系统通信及连接，实现钻机电、气、液的控制、显示、存储、记录的一体化。

2. 主要技术参数

发电机组电压、额定频率、额定容量及台数　　600V 50Hz 1900kV·A 1830A 4～5 台
整流柜电压、电流及台数　　输入 600V 1600A；输出 810VDC1880A 4 台
绞车电动机逆变柜输出电压、频率、功率及台数　　0～600V 0～150Hz 1200kW 2 台
转盘电动机逆变柜输出电压、频率、功率及台数　　0～600V 0～150Hz 1200kW 1 台
钻井泵电动机逆变柜输出电压、频率、功率及台数　　0～600V 0～150Hz 900kW 6 台
自动送钻电动机变频器输出电压、频率、功率及台数　　0～400V 0～150Hz 55kW 1 台
能耗制动柜功率及台数　　1200kW 4 台

3. 电控房（VFD 房）

ZJ80/5850DB 钻机配置两栋 VFD 控制房，房内装有柴油机发电柜、整流柜、逆变柜、PLC 柜、MCC 开关柜等。房体具有消防、防潮、密封、隔热等性能，适合于高温、高湿、高寒和盐雾等工作环境。房内温度控制在 15～27℃以内，湿度控制在 85% 以下，房内空调风道设计合理，具有温度和湿度调节、烟雾报警和应急照明等功能。

（1）VFD 房。VFD 房房体采用瓦楞板制造，房壁具有隔热、阻燃和隔音能力。底座采用拖橇式，并带有自背橇头，符合铁路、公路运输规范。房顶具有防雨、排水能力设施，房体主体防护等级达到 IP55，房端变压器、制动电阻仓防护等级为 IP24。房体外接电缆的连接，采取防雨、防尘措施，控制系统的控制房与发电机房之间，以及进出控制房的电缆上方，均搭建防雨棚。

（2）VFD 房空调系统。VFD 房内安装有 PLC 控制系统、变频器、MCC 系统等，所以对房内的温度、湿度要求很高。VFD 房温度长期过高会导致电气元件绝缘层老化、使用寿命降低，严重时设备会因温度过高自我保护而停止运行，甚至会烧坏设备。VFD 房内温度低、湿度大会导致在电气元件上产生凝露，降低元件的绝缘性能，通电时易发生短路烧坏电气元件。因此，两栋 VFD 房各配置两台 10 冷吨防沙、防高温双制空调，并带有除湿功能，房内空调冷却风道采用冷、热风道分开的强制循环结构（电控柜产生的热空气从柜顶排出，然后从设备柜顶部与房顶组成的通道输送回蒸发器进行冷却。冷空气经由室内机风道吹入电控房，然后从底部进入电控柜），使房内温度控制在 15～27℃以内，湿度控制在 85% 以下。VFD 房配有可视温湿度计。

（3）VFD 房安全设施。VFD 房具有两扇可以逃生的外开式安全门，位于房体两端，门锁为按压式结构，房内不用任何工具、徒手用最简单的外推动作就能打开。房内设有照明和应急照明灯具，当电网停电时，应急灯具能自动打开，并保证充足的应急照明。VFD 房两端进门处装有应急通道指示灯。房内安装有烟雾报警器和温湿度传感器，除能发声、光报警外，还将烟雾和湿度信号发送到控制系统的报警回路，在司钻房显示。房内过道

铺设有耐压2000V绝缘地板以及触电救生物品（绝缘棒、绝缘手套和绝缘鞋等），并配有"正在维修，请勿操作"中英文警示牌和挂锁。

4. 柴油发电机组数字控制系统

ZJ80/5850DB钻机柴油发电系统是由5台数字式柴油发电机控制柜（图2-103）控制4~5台CAT3512B柴油发电机组并网运行，向交流母排输出600V交流电，为交流母排上的整流单元提供动力。每台数字式柴油发电机控制柜能对柴油发电机组的速度和电压进行精准控制，能使各台机组间进行均衡的负荷分配和自动并车，并能精确地显示机组运行时的各项数据。柴油发电机控制柜由进线断路器、速度及负荷控制器、电压调节器、测量回路、保护回路、同期控制、电力监视、二次操作回路、24V稳压电源等组件构成。与模拟控制系统相比，全数字发电控制系统具有控制精度高、易实现工艺组合、调试简单、自诊断、故障率低、运行可靠性高、容易通过数据通信实现网络控制等一系列优点。

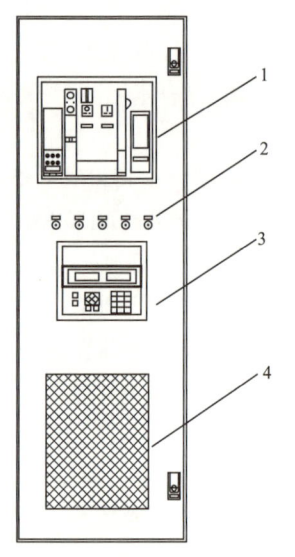

图2-103 数字式柴油发电机控制柜示意图
1—进线断路器；2—发电柜状态指示灯；
3—发电机综合控制器；4—发电柜散热窗

1）进线断路器

每个柴油发电机控制柜安装1台进线断路器（额定电压690V、额定电流2000A），用于接通或隔离发电机与交流母线。

（1）发电控制柜断路器包括合闸线圈、分闸线圈、自动储能马达、辅助触点、过电流磁脱扣分断装置、欠电压脱扣线圈等。断路器具有跳闸保护功能，当柴油发电机组发生欠频、超频、过压和逆功率等故障状态时，保护电路使欠压脱扣线圈自动脱扣，断路器跳闸，保护发电机组和负载。断路器的长延时脱扣电流（发电机额定电流的110%~150%）、短延时脱扣电流（发电机额定电流的200%~300%）和瞬时脱扣电流（发电机额定电流的1000%~1700%）可在断路器电子脱扣器上进行设置。

（2）要闭合断路器，首先扳动手柄数次直到储能指示器显示"储能"，再按下柜体面板上的接通按钮，断路器便接通。要断开断路器，只要按一下"分断"按钮即可。当断路器断开时，储能指示器显示"断开"。

2）速度及负荷控制器

ZJ80/5850DB钻机柴油发电机控制柜内采用的速度及负荷控制器为WOODWARD 2301D（伍德沃德）数字式速度及负荷控制器，一种基于微型计算机的带有自动负荷分配功能的数字调速器，是发动机控制柜的核心组件。该控制器适用于控制中速和高速柴油发动机（适用于600~3600 r/min）。ZJ80/5850DB钻机采用的CAT3512B柴油发电机组额定转速为1500r/min。

（1）在不同负载下，柴油机速度及负荷控制器能保证柴油机的转速稳定在额定转速（1500r/min），从而保持发电机输出50Hz的恒定频率。2301D控制器具有功能全、反应快、精度高、稳定性好、功耗低、调整方便等一系列优点，其基本结构包括数/模转换电路、调节放大电路、负荷分配电路、输出电路及稳压电源等环节。

（2）发动机运行时，2301D 控制器能够无波动地从同步运行模式切换到有差模式，或从有差模式切换到同步运行模式。通过与有自动负荷分配功能的其他电子控制器（EGCP-2 发电机系统控制器）的通信，可以在自动负荷分配模式中运行；在同步模式中，2301D 控制器能够实现与多个带有自动负荷分配功能的发电机组进行并网运行。2301D 速度及负荷控制器有如下功能：

① 速度控制功能。通过控制执行器油门的大小，保证发动机处于正确的速度运行，包括同步/有差速度控制，怠速/额定速度控制等。

② 负荷控制功能。多个发电机并网运行时，通过负荷分配控制感知每个发电机承担的负荷，按比例将负荷分配在系统中所有发电机上，包括同步负荷分配、同步基本负荷、柔性加载/卸载、发电机带有负荷时的同步/有差运行转移功能。

3）数字式自动励磁调节器

ZJ80/5850DB 钻机柴油发电机控制柜内采用的励磁调节器为巴斯勒电气的 DECS-100 自动励磁调节器。DECS-100 自动励磁调节器是一个基于微处理器的控制装置，它是通过控制无刷励磁发电机的励磁绕组的电流来调节发电机的输出电压，其采用模块式一体化设计，在一个紧凑的模块内集成了检测、调节、整流、限制、保护、指示、模拟量输入和数字量 I/O、通信等功能。

励磁调节器由 PID 调节器、功放电路、电压及无功测量电路、无功均衡电路组成，与发电机的主定子绕组和励磁绕组连接，对输出的电压提供精确的闭环控制并提供发电机空载励磁。当负荷发生变化时，发电机励磁调节器将对发电机的励磁电流进行控制，以保证发电机输出电压的稳定及整个发电机组无功功率的均衡分配。励磁调节器可以与电网互感器连接，实现与其他发电机的并联运行。

（1）电压调节电路对发电机的电压进行调节，励磁调节器的电压检测端子对发电机绕组输出端进行连续采样。励磁调节器根据获得的采样数据控制输出到励磁系统的电流，从而改变主转子磁场的大小，通过对电动机负载、速度和功率因数的补偿将输出电压控制在规定的范围内。

（2）频率测量电路对电动机的输出频率实施连续的监控，当电动机转速低于预设值时，通过与转速按比例降低输出电压来实现对励磁系统的低速保护。调节励磁调节器上的调节电位器可改变出厂时设定的低频保护值。通过相应的跳线可方便地选择 50Hz 或 60Hz 模式，该钻机选择 50Hz。

（3）励磁调节器内置的保护电路使得过励磁状态被控制在安全的时间以内，保护电路具有延时功能，不会对启动大的负载或者负载的瞬时扰动引起的过励磁作出反应。

4）发电机综合控制器

ZJ80/5850DB 钻机柴油发电机采用伍德沃德 EGCP-2 发电机综合控制器，如图 2-104 所示。EGCP-2 发电机综合控制器集发电机、电力系统、断路器、总线检测、保护和控制功能于一体，与速度及负荷控制器和自动励磁调节器一起工作，可实现多台发动机的自动启停，测量发电电网的功率（发电机有功、无功）和电能参数（电流、电压等参数），能实现发电机的并网、下线功能，控制发电机的有功/无功功率分配，具有通信功能和自诊断功能。

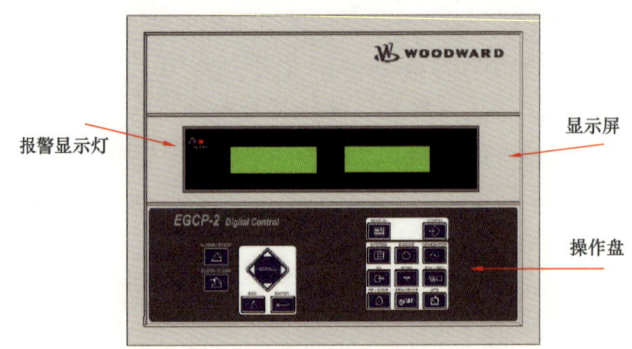

图 2-104 发电机综合控制器示意图

此外，EGCP-2 发电机综合控制器还具有以下总线和电网保护功能：过电压保护（约 690V）、欠电压保护（约 530V）、过频率保护（54Hz）、欠频率保护（46Hz）、逆功率保护（7%）、逆序保护、相电流不平衡保护、过载及短路保护、保护功率限制、相序保护、接地保护等。

5）直流 24V 稳压电源

直流 24V 稳压电源的作用是在柴油机启动前，为柴油发电机组以及发电柜控制单元提供 24V 直流电源，在发电机组启动正常运行后，处于充电模式。

直流 24V 稳压电源主要由充电器、稳压电源、蓄电池组成，其电源由两个方面提供：一是由 AC220V 交流母线经充电器变压获得，并为蓄电池回路充电；二是由蓄电池储存的 DC24V 电源，给控制器和直流回路供电。

如果 UPS 长期处于未使用状态，特别是当钻机搬家运输过程中必须保证"运行开关"处在"停机"位置，否则蓄电池的电能将被耗尽。

5. 交流变频调速控制系统

交流变频调速控制系统采用西门子 S120 全数字矢量交流变频调速装置，将固定频率交流电变换成频率可调的交流电，实现对钻机绞车、转盘、钻井泵及自动送钻交流变频电动机的速度、扭矩控制。交流变频调速装置采用"一对一"的方式驱动交流变频电动机。变频驱动系统具有输入电压失压、过流、过载、短路等保护功能和故障报警指示等功能。该系统主要由整流单元、逆变单元、制动单元和控制单元构成，其原理图如图 2-105 所示。

1）整流单元

西门子 S120 的整流单元是用于集中整流，并为逆变单元提供直流电源的装置。整流单元由进线柜（LCM 柜）和整流柜（BLM 柜）构成。600V 电网通过进线柜进入整流柜，整流柜再将电网电压（600V DC）转换为直流电压（800V DC）并向连接直流母线上的逆变柜供电。为了满足 ZJ80/5850DB 钻机功率要求，其整流单元由 4 台 1500kW 整流柜与 4 台 1600A 进线柜组成。

（1）进线柜主要为整流柜提供安全、稳定的电网电压，其配置主要有进线断路器、滤波器及电抗器。断路器具有断电、过载和短路保护功能，滤波器用于抗无线电干扰，电抗器用于平整峰值电压（电源干扰），减少电源对系统或系统对电源的干扰。

（2）整流柜采用西门子 S120 基本整流单元（BLM：Basic Line Modules），它将三相交流电整流成直流电后，供给各电动机模块（逆变柜）。

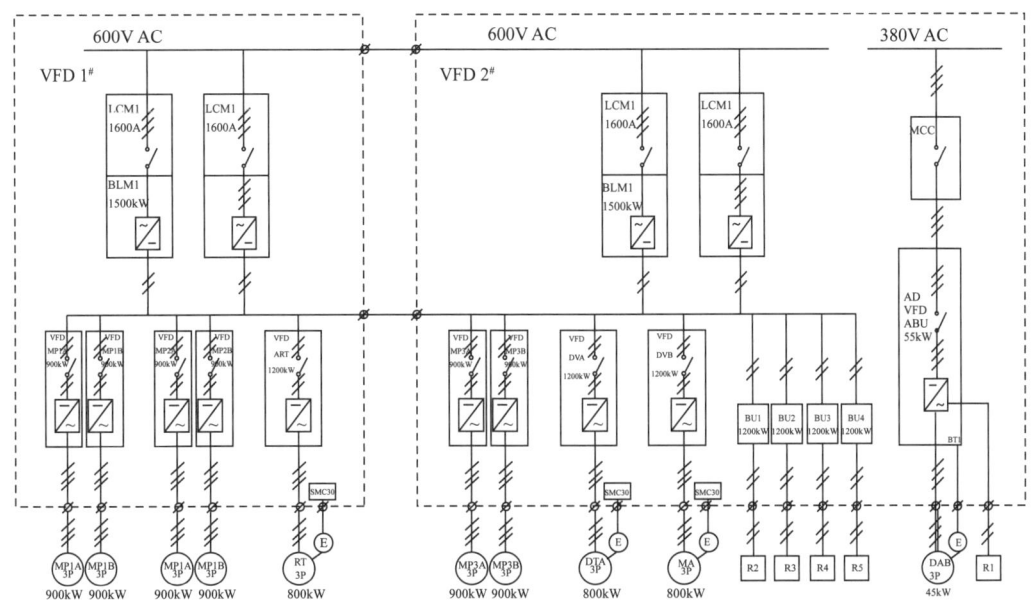

图 2-105　ZJ80/5850DB 钻机变频调速系统原理图

① 基本整流模块是为单纯整流运行而设计的，采用晶闸管全控桥，适用于无须能量回馈电网的场合，也就是不能够将能量反馈给电网。如果制动时产生过高再生的能量，则必须通过制动模块和制动电阻转换为热量耗散掉，所以 ZJ80/5850DB 钻机电控系统配备有能耗制动和制动电阻。

② 整流柜的并联运行主要用于提高功率，但最多只能并联 4 个基本整流柜。并联时应使用专用进线柜，并只能使用一个共同的控制单元。ZJ80/5850DB 钻机采用的就是这种配置。

③ 基本整流装置带下列标准接口：1 组输入电源连接；1 组 24V 直流电源的连接端子；1 组直流回路连接（DCP，DCN），用于逆变单元供电；1 个直流回路连接（DCPA，DCNA），用于连接制动模块；3 个 DRIVE-CLiQ 插口。

2）逆变单元

（1）逆变单元是将整流单元输出的直流电转换成电压和频率连续可调的交流电的系统，由逆变模块（也称逆变装置）和控制回路等组成。逆变装置将直流电压转换成频率、电压可变的静止电源，向所连接的电动机提供电能，逆变柜的供电来源于直流母线。逆变单元共享直流母线，因此，互相之间可以进行能量交换。也就是说，一个运行于发电机模式的逆变单元所产生的能量可以被运行于电动机模式的其他逆变单元所使用，中间回路的直流母线由整流单元供电。逆变单元是专为多传动系统设计的，通过 CU320 控制单元与其控制、通信。为了提高功率，相同逆变柜可并联使用，但只能使用一个共同的控制单元，电动机馈电电缆的长度应相同。

（2）逆变装置带下列标准接口：1 组直流回路接口，用于连接直流母排；1 组直流回路接口，用于连接制动模块；1 组直流回路接口，用于连接 dv/dt 滤波器；1 组 24V 直流电源连接端子；3 个 DRIVE-CLiQ 插口；1 台电动机电源箱；1 个安全集成接口；1 个温度传感器输入端。

（3）ZJ80DB 钻机电控系统的逆变单元是将整流单元输出的 810VDC 直流电转换成电压为 0～600V、频率为 0～150Hz 连续可调的交流电来驱动电动机的，如绞车逆变控制柜、转盘逆变控制柜和钻井泵逆变控制柜。

① 绞车逆变控制柜由 2 台西门子 S120 系列 1200kW 的逆变柜组成。每台 1000kW 绞车电动机由 1 台逆变柜驱动，每台电动机上安装有防爆增量式编码器，与逆变柜构成闭环控制，通过控制单元 CU320 可实现绞车的正反转、输出电流、转速等保护功能。CU320 控制单元具有自诊断功能，通过控制单元与 PLC 的通信，经总线采集主电动机的运行参数及滚筒转速信号，利用程序发出控制信号，使主电动机以设定的速度控制滚筒，实现绞车起下钻合理的功率利用及工作时电动机的动态分配。PLC 通过控制单元采集主电动机的电压、电流和转速信号，经过计算后，在司钻房的触摸屏上显示成游车高度和速度。为了确保绞车电动机的运行满足钻井现场安全的要求，绞车主电动机与绞车风机风压、绞车润滑油泵油压、绞车电动机检修锁及盘刹系统采用电气连锁控制。当绞车风机失压时，绞车电动机报警并停机；当绞车润滑油压低于设定值时，绞车电动机只进行报警；当绞车电动机检修锁按下后，绞车电动机无法启动，复位后才能启动；当绞车未启动或故障、零气压及系统断电时，盘刹电磁阀动作并刹车，以保证游车的安全。

② 800kW 转盘交流变频电动机由 1 台西门子 S120 系列 1200kW 的逆变控制柜驱动，电动机上安装的防爆增量式编码器与逆变柜构成闭环控制，通过控制单元 CU320 可实现转盘的正反转、输出电流、转速、扭矩限制等保护功能。通过控制单元与 PLC 的通信，经总线采集到转盘电动机的运行参数，PLC 通过计算编程可设定转盘转矩，控制电动机的运行参数，使转矩动态工作在设定范围，并可在司钻房触摸屏上显示转盘的转速和扭矩。为了确保转盘电动机的运行满足钻井现场安全的要求，转盘电动机与转盘风机风压、转盘油泵油压、转盘电机检修锁及惯刹采用电气连锁控制。当转盘风机失压时，转盘电动机报警并停机；当转盘润滑油压低于设定值时，转盘电动机只进行报警；当转盘电动机检修锁按下后，转盘电动机无法启动，复位后才能启动；当转盘故障及卡钻时，惯刹电磁阀与逆变柜连锁控制，转盘惯刹刹车，以保证转盘的安全；当惯刹在自动位时，转盘转速给定手轮具备零位互锁功能。

③ 6 台 900kW 钻井泵交流变频电动机（每台钻井泵采用两台 900kW 变频电动机）每台电动机由 1 台西门子 S120 系列 900kW 的逆变柜驱动。为了满足钻井工艺对钻井液流量及压力的要求，钻井泵电动机的控制方式不同于绞车和转盘，采用无测速的矢量控制方式，为开环控制，所以电动机上不安装编码器。为了确保钻井泵电动机的运行满足钻井现场安全的要求，钻井泵电动机与钻井泵风机风压、钻井泵油泵油压、钻井泵电动机检修锁采用电气连锁控制。当钻井泵风机失压时，钻井泵电动机报警并停机；当钻井泵润滑油压低于设定值时，绞车电动机只进行报警；当钻井泵电动机检修锁按下后，钻井泵电动机无法启动，复位后才能启动。

3）制动单元

制动单元由制动模块、电容模块、熔断器、制动电阻和相关的控制回路组成，其作用是当电动机的运行处于发电状态或故障情况下，使传动装置可控停车，或者在整流装置不能回馈能量的情况下（钻机采用基本整流柜，无能量回馈功能），控制直流回路电压，进行短时间的制动。

（1）控制原理：当电动机处于再生运行状态（发电状态）并无法将再生能源反馈到电网时，制动单元可对直流母线上的电压进行限制。如果在再生运行中直流母线的电压超过了极限值,就会通过制动模块接通外部安装的制动电阻,将再生的电能在制动电阻上转化为热能消耗掉,从而限制电压进一步升高。

(2)为了提高制动功率,几个相同功率的制动柜可以并联运行,但每个制动模块必须连接一个单独的制动电阻,如 ZJ80/5850DB 钻机电控系统制动单元由西门子 S120 系列产品的 4 个制动柜组成,每组最大制动能力为 1200kW,并配套 4 只 1200kW 制动电阻(制动电阻带有温度传感器及强制风冷装置)。在需要制动的工况下,能自动投入工作并产生能耗制动,实现绞车下钻速度平稳可调、钻具悬停及防转盘倒转。在下钻作业中,游动系统的悬重通过滚筒拖动主电动机反转,使游动系统下放的势能转化为滚筒的动能,该动能通过主电动机转化为电能,此时,主电动机处于发电状态。此电能可通过变频器的制动单元及制动电阻转化为热能消耗掉,使钻具以设定的速度平稳安全地下放。主电动机在 0 转速时也能输出额定扭矩,可实现钻具的悬停。能耗制动技术的应用使盘式刹车仅作为游动系统的安全驻车制动使用,并实现了绞车刹车系统的自动控制,可避免因误操作引起的溜钻和顿钻,使绞车平稳、安全、可靠地运行。

4)控制单元

西门子 S120 交流变频调速系统的控制单元 CU320 是驱动系统的大脑,负责控制和协调整个驱动系统中的所有模块,完成各电动机电流环、速度环以及位置环的控制,同一块 CU320 控制的各轴之间能相互交换数据,即任意一根轴能够读取控制单元上其他轴的数据。CU320 与整流柜、逆变柜、AOP 控制面板和编码器模块构成整个驱动系统。控制单元 CU320 如图 2-106 所示。

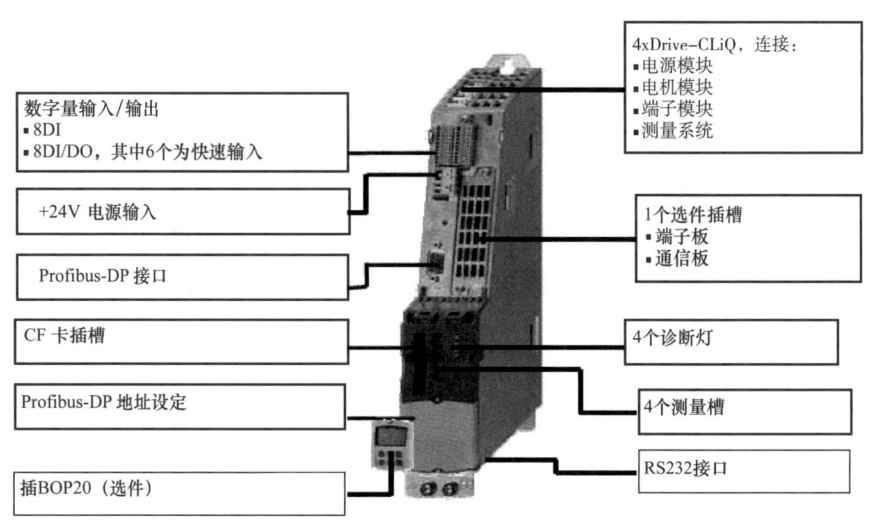

图 2-106 CU320 外形及接口示意图

(1)控制单元接口。

① CU320 控制单元 Drive-CLiQ 高性能智能通信系统接口用于连接整流和逆变控制单元,端子扩展模块和检测模块都通过 Drive-CLiQ 连接到传动系统。CU320 控制单元还提供一个 Profibus-DP 接口,用来连接与上位控制系统(PLC)的通信。

② 编码器模块(SMC30)用于连接电动机编码器和逆变单元,使其控制在有速度反馈的闭环矢量控制模式中,如绞车、转盘电动机是安装有编码器的闭环控制。编码器模块(SMC30)原理如图 2-107 所示。

- 157 -

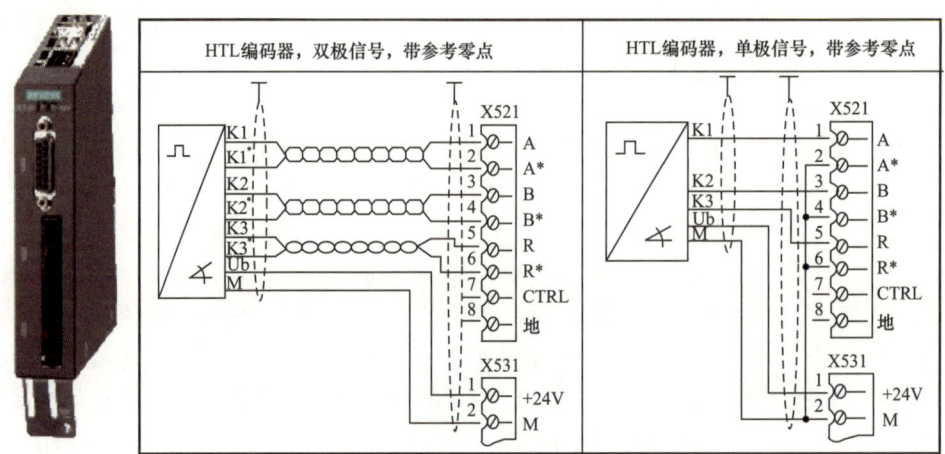

图 2-107　编码器模块（SMC30）原理示意图

③ AOP30 操作面板安装在整流柜和逆变柜柜门上，作为人机接口和调试界面，能显示整流柜、逆变柜、电动机的运行参数，说明故障和报警原因及排除措施，驱动系统运行控制，设定点或参数输入等。AOP30 操作面板如图 2-108 所示。

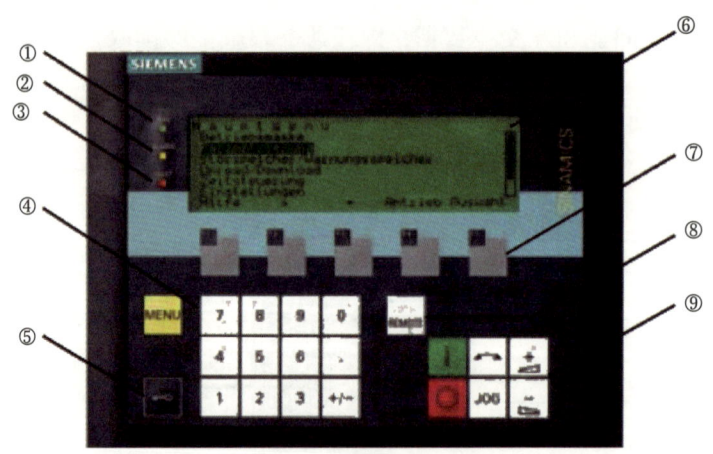

图 2-108　AOP30 操作面板示意图

①—通电指示灯（绿色）；②—报警指示灯（黄色）；③—故障指示灯（红色）；④—数字键盘；
⑤—键盘锁；⑥—显示；⑦—功能键 F1—F5；⑧—本地/远程优先级的选择；⑨—驱动控制小键盘

（2）控制单元保护功能。

CU320 控制器控制方式除了提供转速和电流控制功能的矢量控制外，还提供如下保护功能：自动延长斜坡下降时间，以防直流过压；电动机堵转保护，电动机堵转条件一旦达到，变频器会立即关断以防止过载；输出侧接地和短路故障监控，一旦检测到故障，变频器会停机；热过载保护，在超出热保护阈值时，首先发出警告信息，当温度进一步上升，则以故障方式停机，在故障原因消除之后（如通风得到改善），就会自动恢复最初的运行值。

5）自动送钻控制系统

8000m 交流变频钻机采用的自动送钻系统与 8000m 直流电动钻机采用自动送钻系统从配置、控制及功能上基本一致，均能实现无须人工干预的情况下实现钻头自动送进。

6. PLC 控制系统及司钻控制系统

钻机控制系统是以 PLC（Programmed Logic Controller）作为控制中心，通过与工控机、变频器传动设备、司钻控制系统、气控阀岛系统通信及连接，实现钻机电、气、液的控制、显示、存储与记录的一体化。

（1）ZJ80/5850DB 钻机司钻控制台（如图 2-109 所示）上安装有硬件操作开关和触摸式操作系统，通过硬件开关，可控制钻井泵、绞车、转盘、自动送钻等主要设备的启停。触摸式操作系统不仅具有与硬件操作相同的功能，还具有钻井参数、发电机柜的实时显示、电气系统运行监控与显示、整流柜及钻台传感器的数据采集、控制和报警、故障显示等。司钻控制台布置在司钻座椅扶手两侧，箱体具有正压防爆功能，司钻座椅前方为仪表显示盘。

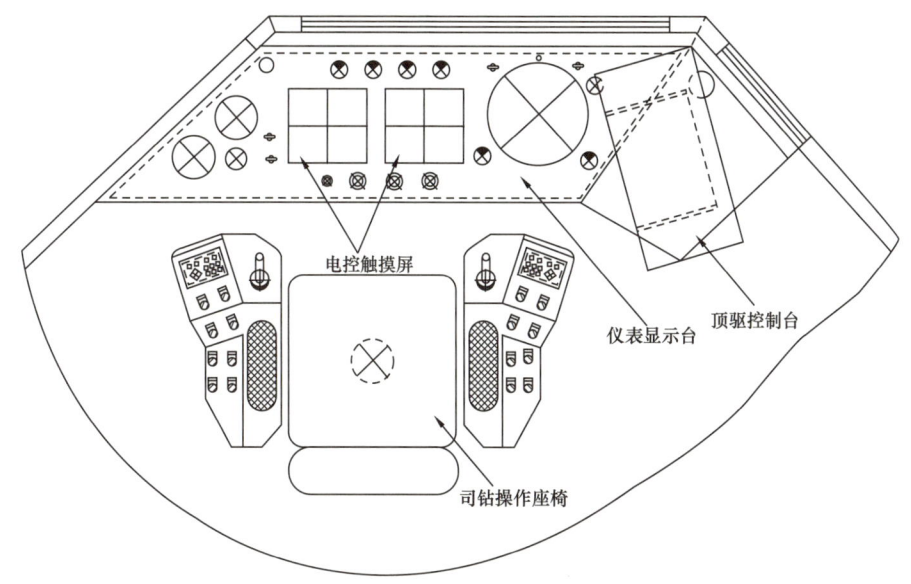

图 2-109　交流变频司钻控制台

（2）ZJ80/5850DB 钻机 PLC 控制系统采用两套 S7-300，互为备用，如图 2-110 所示。PLC 主站安装在电控房内，从站安装在司钻控制台里面，PLC 主站通过 PROFIBUS 总线网络连接至司钻操作台，与司钻操作台上的 PLC 从站及触摸式操作系统进行数据交换，将控制命令下达到各变频柜及相关电磁阀，实现对所有钻井功能的控制。S7-300 硬件包括电源模块、CPU 模块、输入/输出数字量模块、输入/输出模拟量模块以及通信模块。两套 PLC 控制系统均由 5 个 PLC 支架组成，电控房里安装两套主机架和两套扩展支架，司钻控制台安装一套远程扩展支架，所有支架之间的通信使用串行 DP 通信电缆完成。为了避免外界电磁波的干扰和长距离通信，司控台与电控房之间使用光缆通信。S7-300 软件采用西门子 PLC 专用 STEP7 软件包，该软件包具有硬件配置、参数设置、通信、组态、编程、测试、启动、维护、文件建档、运行和诊断等功能，通过计算机与 PLC 的通信可随时对程序进行维护和调试。

（3）司钻控制台通过 PLC 控制系统可以实现以下主要功能：

① 钻井泵控制。司钻通过司钻控制台或触摸式操作系统，控制三台钻井泵的风机、

喷淋泵、钻井泵主电动机的启动、停止、速度设定以及相关的连锁保护。由于电动机功率较大，需要强制风冷，通过PLC软件上连锁，钻井泵风机起动后，当其风压开关闭合即建立风压时，钻井泵主电动机才可以启动起来。

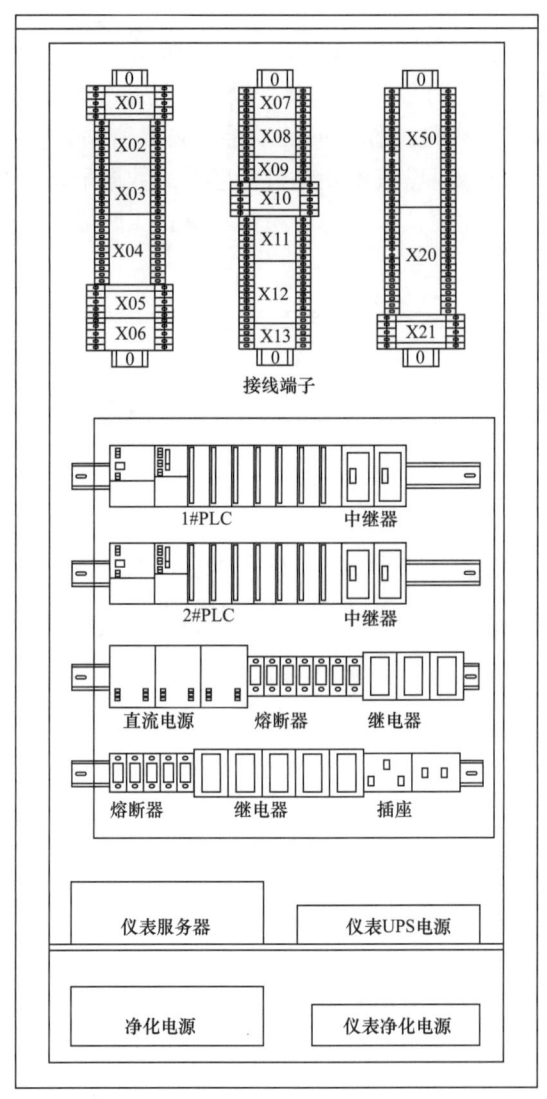

图 2-110　电控房内的 PLC 主站

② 绞车控制。绞车速度设定手柄安装在司钻控制台左侧扶手上，根据手柄的角度位置来控制大钩的运行速度以及悬停位置。游车电子防碰是由PLC采集滚筒编码器的信号，精确计算出当前游车的位置，并与设定的位置进行比较，起到游车减速、报警和刹车功能，防止游车"上碰下砸"。通过PLC软件上连锁，绞车风机起动后，当其风压开关闭合即建立风压时，绞车主电动机才可以启动起来。

③ 转盘控制。司钻通过司钻控制台或触摸式操作系统，控制转盘变频器的速度设定值、扭矩限定值，并给出变频器过流、过压报警。通过PLC软件上连锁，转盘风机启动后，当其风压开关闭合即建立风压后，转盘主电动机才可以启动起来。

④ PLC 冗余备份。系统采用双 PLC 控制的应急冗余备份系统，当其中一台 PLC 供电单元、通信总线、主站 CPU、硬件或软件发生故障时，通过切换司钻控制台上 PLC 选择开关，切换至备用 PLC 上，可以使钻机继续钻进。采用 PLC 冗余备份方法，可有效地提高系统的可靠性。

⑤ 触摸式操作系统。两个触摸式操作系统显示面板分别设置在电控房和司钻房控制台上。通过软件组态显示设备运行状态以及各个电动机的运行逻辑状态、监控现场设备的运行。触摸式操作系统设有故障页显示，便于故障定位和维护。

7. 交流电动机控制中心

ZJ80/5850DB 钻机电动机控制中心（MCC）与 ZJ80/5850D 钻机电动机控制中心配置及结构基本一致，其结构特点参见 ZJ80/5850D 钻机电动机控制中心。

8. 电控系统新技术

ZJ80/5850DB 交流变频电气传动系统不仅具有生产效率高、工作稳定、动态性能好、负荷均衡、操作简便、自动化程度高、显示齐全、安全保护功能完善等优点，而且还能提高钻井速度、减少钻井事故、降低综合成本。由于交流变频钻机在高难度、复杂地质构造环境与现代钻井工艺相结合，其优势显著，已出现取代直流电动钻机的趋势。

（1）为了满足 8000m 交流变频钻机大功率的要求，变频系统容量相对于 7000m 交流变频钻机增加了 25%，其整流柜容量（1500kW）由 7000m 的 3 台增加到 4 台。8000m 钻机采用两台 1200kW 逆变柜各驱动一台 1000kW 绞车电动机，9000m 采用 4 台 900kW 逆变柜，每两台驱动一台 1100kW 电动机，来满足绞车功率的要求（参见表 2-24）。

表 2-24　几种电控系统功率对照表

钻机	柴油机 CAT3512B	整流柜（台）	逆变柜（西门子 S120）			自动送钻		400V 变压器
			部件	逆变柜	电动机	变频器	电机	
70 DB	4 台	1500kW ×3	绞车	1000kW×2	1000kW×2	55kW	45kW	1250kV·A 600V/400
			转盘	710kW	600kW			
			钻井泵 F-1600	1200kW	1200kW			
80 DB	4 台	1500kW ×4	绞车	1200kW×2	1000kW×2	55kW	45kW	1500kV·A 600V/400
			转盘	1200kW	800kW			
			钻井泵 F-2200HL	900kW×2	900kW×2			
90DB	5 台	1500kW ×5	绞车	900kW×4	1100kW×2	55kW×2	45kW×2	2000kV·A 600V/400
			转盘	900kW	800kW			
			钻井泵 F-1600HL	1200kW	1200kW			

（2）ZJ80/5850DB 交流变频钻机采用的全数字柴油发电机控制系统，相比模拟式柴油发电机控制系统，具有可靠性高、稳定性好、调试容易、维修方便等优点。因此在电驱动

钻机系统中，采用全数字控制的发电系统是未来的发展趋势。

模拟式柴油发电机控制系统的电路构成复杂，所用元件较多，并网操作复杂，降低了系统运行的可靠性。数字式柴油发电机控制系统的控制精度高，可以实现模拟控制系统难以实现的控制方式，从而提高控制性能，具有并网操作简单、自诊断功能、故障率低、运行可靠性高，以及容易通过数据通信实现网络控制系统等一系列优点。

（3）交流变频控制技术优势：

① ZJ80/5850DB钻机电控系统采用先进的全数字化交流变频控制技术，可对交流变频电动机进行精准调速控制，从而实现对游车位置的精准控制。绞车和转盘变频电动机上安装的防爆增量式编码器与逆变柜构成闭环控制系统，再经变频控制单元CU320与PLC的通信、采集和运算，从而实现绞车、转盘变频电动机的正反转、悬停、输出电流、转速等保护功能。

② 交流变频系统简化绞车结构，实现了无级调速，并具有能耗制动功能，可实现智能辅助刹车，不需要安装如电磁涡流刹车等辅助刹车，使绞车结构进一步简化，重量减轻。

③ 交流变频电控系统功率因数高，能耗低，所需电源容量小，相比直流调速电动钻更节能，可以组成高性能的控制系统。相对于同级别的直流电动钻机，其综合节能可达30%。

④ 在内部器件的安排上，交流变频系统采用快速拆卸及安装的模块化特殊结构，以减少维修时间，降低系统停机时间。

⑤ 交流变频钻机所采用的交流变频电动机相比直流电动机无换向器和碳刷，所以结构坚固、工作可靠、易于维修保养，使用安全可靠，易于操作管理，具有安全保护功能，可以应用于存在易燃易爆气体的恶劣环境；交流变频电动机的单机容量不受限制，同等功率情况下，交流电动机的转动惯量比直流电动机的要小得多，因此交流电动机的加速性能要大大超过直流电动机；交流调速的动态性能好，速度响应短；交流电动机的效率比直流电动机提高2%~3%。

⑥ 交流变频电动机短时可承受较强的过载能力，不仅能承受较频繁的冲击负荷，而且能提高钻机提升能力和处理事故的能力；尤其是在带负载情况下，可平稳启动、制动和调速，具有软启动性能。

⑦ 对于交流变频电控系统来说，其钻井参数可集成在控制系统中，相比直流电动钻机减少了钻井参数仪的配置。其钻井泵排量、冲数、转盘转数、扭矩等参数，可在电控系统操作触摸屏上切换显示，实现钻机的操作、显示、监控一体化。

9. 电控系统HSE设施及措施

ZJ80/5850DB钻机电控系统SHE设施及措施与ZJ80/5850D钻机电控系统SHE设施及措施的要求基本一致，其要求及配置参见ZJ80/5850D钻机电控系统HSE设施及措施。

六、井场电路系统

井场电路系统（简称井电系统）是将发电机房提供的电能通过电控房集中供电，为井场内的各种用电设备及井场照明提供电源，从而保证用电设备、照明的安全运行。井场电路在满足各种电气设施不同的用电要求外，还满足井场防爆、防护、接地和安全用电以及便于快速拆装的要求。

1. 井场电路的布局

井场电路系统是用来给钻台区、井控区、泵房区、固控区、水罐区、油罐区、井场营房等区域所有电气设施提供电源的系统，包括防爆区域的划分、防爆设备、照明系统、接地系统、避雷系统等。井场防爆设备主要由 MCC 电动机控制中心、防爆照明灯具、防爆插接箱、防爆启动器、防爆挠性软管、防爆控制按钮、防爆插接件、电缆、防爆分线盒、电缆槽组成。

2. 技术参数

电源电压	AC 400V/220V
电源频率	50Hz
供电制式	三相四线制、三相五线制
环境温度	−30～+55℃
接地极接地电阻	≤4Ω
绝缘电阻	1000V 兆欧表测量不低于 2MΩ，1000V 交流试验 1min 不击穿

3. 井场防爆区域的划分及防爆措施

石油钻机井场大部分区域属于易燃、易爆场所，由于区域内的电气设备的启动、停止和运行时经常产生火花、电弧，容易引发爆炸事故，所以在这些危险场所内电气设备必须解决防爆安全问题，从而正确地划分爆炸危险场所的类别，正确地选型、安装防爆电气产品，正确地维护、检修防爆电气产品对井场防爆电路的安全生产有着十分重要的意义。由于石油钻井现场经常会有易燃易爆气体出现，为了防止发生爆炸事故，在井场除了采取相应的规章制度外，还专门针对划分的易燃易爆区域的用电设施采取了相应的防爆设备。

1）危险场所的划分

危险场所就是由于存在着易燃易爆性气体、蒸气、液体、可燃性粉尘或者可燃性纤维而具有引起火灾或者爆炸危险的场所。典型的危险场所，如石油化工行业中爆炸性物质的生产、加工和贮存过程中所形成的环境、煤矿井下等。

（1）按照 GB 3836.14（等同于 IEC 60079-10）要求危险场所按爆炸性物质的物态可分为三类。Ⅰ类：煤矿井下危险场所；Ⅱ类：气体爆炸危险场所；Ⅲ类：粉尘爆炸危险场所。井场危险区域主要属于Ⅱ类气体爆炸危险场所，其他区域不做详细介绍。

（2）气体爆炸危险场所（Ⅱ类）的区域可根据爆炸性环境的频率和持续的时间把危险场所划分为 0 区、1 区和 2 区三个区域。

0 区：爆炸性气体环境连续出现或长时间存在的场所（长期存在，大于 1000h/a）。

1 区：在正常运行时，可能出现爆炸性气体环境的场所。正常运行时存在（10～1000h/a）。

2 区：在正常运行时不可能出现爆炸性气体环境，并且即使出现，存在的时间也很短的场所（仅在不正常时存在，少于 10h/a）。

（3）危险场所划分与现场的多种因素相关。通常情况下，很难给出危险场所划分的明确标准和定义。以下几个因素影响危险场所的划分：可燃性物质的释放速率、爆炸下限、气体或蒸气的相对密度、障碍物和通风情况、气候条件和地形等。标准中给出的一些危险区域范围示例都是在一定条件下划分的，使用时应注意其限定条件。标准中给出的示例仅是指导性范例，若要将标准中的例子用于实际的场所分类，必须考虑实际的特殊环境和各种不同情况的特殊细节，例如，油井设施危险区域的划分是指在一般情况下确定的。如果油井的油压或气压非常高，则危险区域的相应范围就会扩大。

（4）井场危险区域的划分。根据美国国家电气法规 NEC 500，将危险场所分为三级，每个级别又分为 1 区、2 区。Ⅰ级：可燃性气体和蒸气形成的爆炸危险环境；Ⅱ级：可燃性粉尘形成的爆炸危险环境。石油钻井井场主要是可燃性气体和蒸气形成的爆炸危险环境，故属于Ⅰ级。我国与欧洲的Ⅱ类区域分为三个区域，而北美对应的Ⅰ级分了两个区域。表 2-25 为中国、欧洲及北美地区有关危险区域划分得比较。

表 2-25　中国、欧洲及北美地区有关危险区域划分得比较

爆炸性物质	IEC 60079-10（欧洲）	GB 3836.14（中国）	NEC 500（北美）
气体	Zone 0	0 区	Class Ⅰ Divsion 1
气体	Zone 1	1 区	
气体	Zone 2	2 区	Class Ⅰ Divsion 2

井场爆炸性气体危险区域的划分主要按美国石油协会 API RP 500 的规定执行，该标准对危险区域划分引用自 NEC 500，但是 API RP 500 主要是针对石油电气设备的，作为石油电气设备的推荐标准，标准中给出了在一定条件下井场危险区域范围示例。比如，井口 1.5m 范围内为Ⅰ级 1 区，井口 1.5m 范围外 3m 范围内为Ⅰ级 2 区，如图 2-111 所示。国内井场爆炸性气体危险区域划分主要采用 SY/T 6671（等同于 API RP 505），这两标准对危险区域的划分均引用自 IEC 600079-10。

2）危险区域内防爆电气设备的选用

在危险场所中安全地使用爆炸性环境用电气设备的前提条件是合理的选择、正确的安装和必要的维护。根据防爆电气设备使用的危险场所，合理的选择防爆电气设备对应的防爆标志。防爆电气设备按 GB 3836 标准要求，防爆电气设备的防爆标志内容包括：防爆形式 + 设备类别 + 气体组别 + 温度组别。

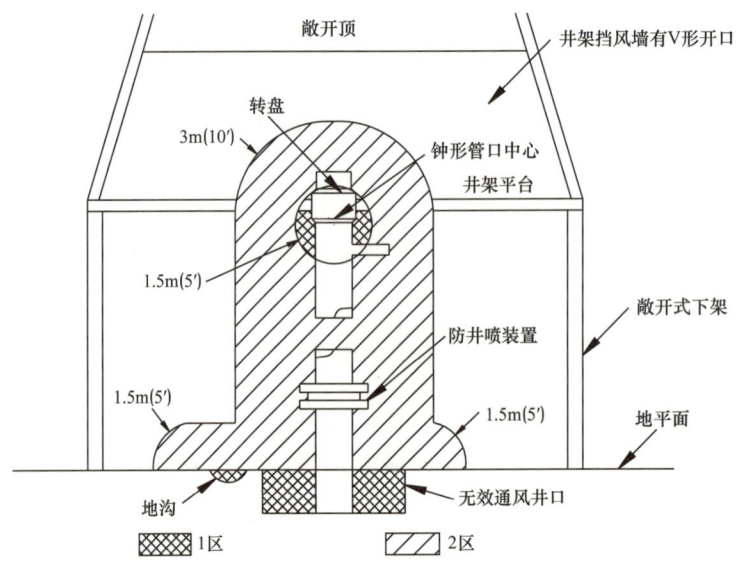

图 2-111　敞开式井架的危险区域划分示意图

（1）防爆形式。根据所采取的防爆措施，可把防爆电气设备分为隔爆型（Exd）、增安型（Exe）、本质安全型（Exia、Exib）、正压型（Exp）、油浸型（Exp）、充砂型（Exq）、浇封型（Exm）、无火花型（Exn）、特殊型（Exs）等。根据防爆电气设备安装、使用的场所来选择防爆形式：0区——只能选用Exia型、S型；1区——除Exn型以外，其他形式均可；2区——只能使用Exn型。

（2）设备类别。爆炸性气体环境用电气设备分为煤矿井下用电气设备（Ⅰ类）、气体爆炸危险场所用电设备（Ⅱ类）及粉尘爆炸危险场所用电设备（Ⅲ类）。井场危险区域主要属于Ⅱ类气体爆炸危险场所用电设备。

（3）气体组别。爆炸性气体混合物的传爆能力，标志着其爆炸危险程度的高低，爆炸性混合物的传爆能力越大，其危险性越高。爆炸性混合物的传爆能力可用最大试验安全间隙表示。同时，爆炸性气体、液体蒸气、薄雾被点燃的难易程度也标志着其爆炸危险程度的高低，它用最小点燃电流比表示。爆炸性气体按其最大实验电压安全间隙和最小试验电流分为A，B及C三组，三组典型代表气体分别标示为ⅡA丙烷、ⅡB乙烯、ⅡC氢气和乙炔。Ⅱ类隔爆型电气设备或本质安全型电气设备，按其适用于爆炸性气体混合物的最大试验安全间隙或最小点燃电流比，进一步分为ⅡA、ⅡB和ⅡC类。

（4）温度组别。爆炸性气体混合物的引燃温度是能被点燃的温度极限值。Ⅱ类防爆电气设备按其最高表面温度分为T1—T6组，使得对应T1—T6组的电气设备的最高表面温度不能超过对应气体点燃温度组别的允许值。表2-26为温度组别、设备表面温度和可燃性气体或蒸气的引燃温度之间的关系。

表2-26 温度组别、设备表面温度和可燃性气体或蒸气的引燃温度之间的关系

温度级别	设备的最高表面温度，℃	气体的点燃温度 T，℃
T1	450	$T>450$
T2	300	$300<T\leqslant450$
T3	200	$200<T\leqslant300$
T4	135	$135<T\leqslant200$
T5	100	$100<T\leqslant135$
T6	85	$85<T\leqslant100$

（5）防爆标志举例说明。为了更进一步地明确防爆标志的表示方法，对气体防爆电气设备举例如下：如电气设备为Ⅱ类隔爆型，气体组别为B组，温度组别为T3，则防爆标志为ExdⅡBT3；如电气设备为Ⅱ类本质安全型ia，气体组别为A组，温度组别为T5，则防爆标志为ExiaⅡAT5。如果防爆电气设备采用一种以上的复合形式，则应先标出主体防爆形式，后标出其他的防爆形式，如Ⅱ类B组主体隔爆型并有增安型接线盒T4组的防爆设备，其防爆标志为ExdeⅡBT4。

（6）井场危险区域内防爆电气设备的选用。石油钻机上使用电气设备的防爆形式主要有隔爆型（Exd）、增安型（Exe）和正压型（Exp）这三种。同时，作为应用于井场易爆危

险区的电气设备,对其外壳的保护等级亦应做出规定,SY/T 6725.2 要求控制房内的设备外壳防护等级不低于 IP2X,户外设备的外壳防护等级不低于 IP54。

井场危险区域内的所有电气设备,都应取得防爆认证证书,并具有 Ex 防爆标志。井场具体防爆设备按下列要求执行:

① 司钻房电控台、司泵电控台、脚踏主令控制器,它们的防爆形式应按 GB 3836.5 的规定采用正压外壳型"P"。

② 钻井液循环系统中的灌注泵、油泵、水泵、冷却风机、防喷器控制台等设备的防爆形式应不低于 GB 3836.2 中的规定的隔爆型外壳"d"。

③ Ⅰ级 2 区的传感器、编码器等,其防爆形式应按照 GB 3836.3 的规定应采用增安式"e"。

④ Ⅰ级 1 区内的照明灯具的防爆形式应不低于 GB 3836.2 中的规定的隔爆型外壳"d";Ⅰ级 2 区内的照明灯具的防爆形式应不低于 GB 3836.3 中的规定的隔爆型外壳"e"。

⑤ Ⅰ级 1 区内的电磁涡流刹车、防爆开关箱、防爆启动器、防爆控制器、防爆分线盒应不低于 GB 3836.2 中的规定的隔爆型外壳"d"。

⑥ Ⅰ级 2 区域内的接插件的防爆形式应不低于 GB 3836.8 中的规定的隔爆型外壳"n"。

4. 井场防爆设备

1) 防爆配电箱

防爆配电箱由箱体、箱盖、箱内电气元件组成,壳体采用金属隔爆型外壳,控制箱设有内、外接地螺钉,并有接地标志。箱体引入电缆的直径应与箱体上防爆格兰孔径相符,保证格兰与电缆之间无间隙,从而保证密封性能。适用于爆炸性气体环境 1 区、2 区,温度组别为 T1—T6 的环境。要求配电箱的接线端子与接线端子、接线端子与外壳之间的绝缘电阻不小于 20MΩ。配电箱多余的进出线孔应采用防爆封堵件进行封堵。

钻机上使用的防爆配电箱主要有防爆照明配电箱、防爆动力配电箱、防爆电机启动配电箱等,主要安装在钻台、罐端、罐面和仓房内,用以作为防爆区内分区域供配电或电动机启动用,如图 2—112 所示。

(1) 钻台区防爆配电箱:钻台防爆配电箱采用两台隔爆型动力/照明配电箱,各安装在钻台左右偏房内,输入电源由电控房提供,输出主要是为钻台区提供动力,为钻台和井架提供照明。

(2) 固控区防爆配电箱:固控区防爆配电箱采用隔爆型动力/照明配电箱,安装在各钻井液罐罐端,输入电源由电控房提供,输出主要是为钻井液罐罐面设备提供动力和照明。

(3) 隔爆型磁力启动器:隔爆型开关金属壳体为隔爆型,内装有交流接触器、热继电器、熔断器、接线端子排等,安装在各电动机旁,作为三相异步电动机的过载和短路保护及不频繁启动、停用,并具有失压、短路、过载保护功能。输入电源由本区的隔爆型动力配电箱提供。

2) 防爆插接件

防爆插接件壳体一般采用铝合金压铸成型,表面高压静电喷塑,接插件由公母两个插头组成,其内部有定位卡槽,外侧有防松止动槽,从而确保插头正确地插接和防松。现场使用的防爆接插件主要有隔爆型接插件和无火花型接插件两种。隔爆型的接插件适用于1区、2区危险场所,适用于ⅡA、ⅡB类;无火花型接插件适用于2区危险场所,适用于ⅡA、ⅡB类,温度组别为T1—T6的爆炸性气体环境,要求ⅡC需注明。防爆插接件有10A、15A、25A、60A、100A、150A、200A等各种电流等级,主要用于电缆与各防爆控制装置、防爆插接箱、防爆控制柜、防爆照明灯具等连接,可快速与设备连接或断开收起,适用于陆地钻机频繁搬迁时使用。独立运输单元之间也应采用防爆接插件连接,电源侧应连接插座,负载侧应连接插头。

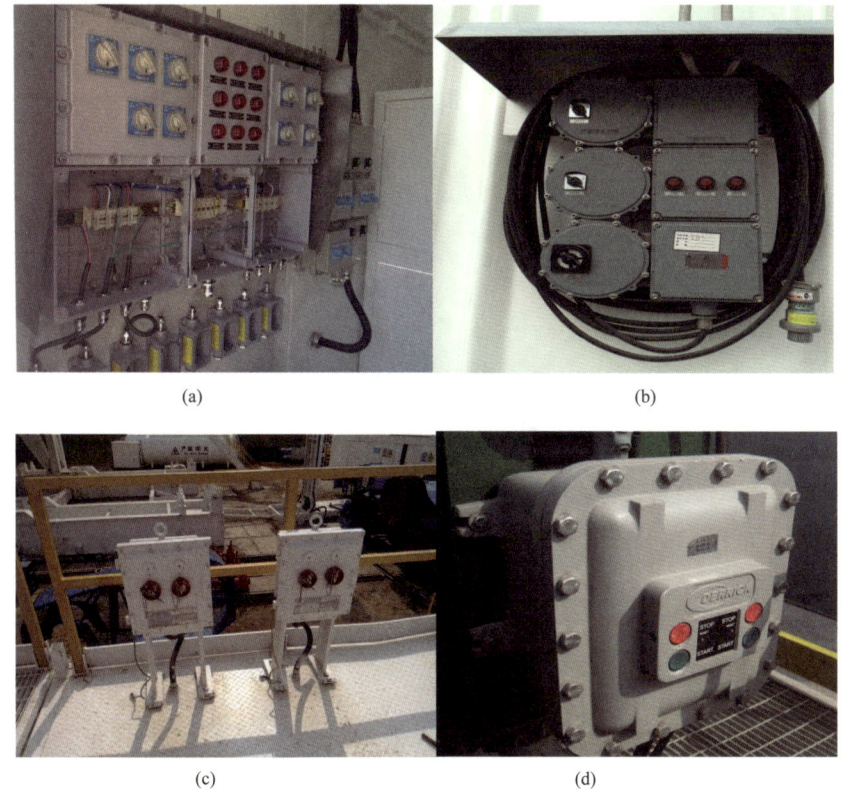

图 2-112　各种防爆配电箱
(a)偏房内防爆动力配电箱;(b)固控区钻井液罐防爆动力配电箱;
(c)固控区防爆磁力启动器;(d)振动筛防爆启动器

3)防爆格兰

防爆格兰是电缆上使用的一种防爆附件,可以安装在防爆电缆端口与防爆电器设备的连接处,采用机械夹紧引入电缆的方式,从而达到密封、隔爆作用。主要用于防爆电动机、防爆配电箱、防爆灯具、防爆电器等设备电缆引入的固定。石油钻机上使用的防爆格兰主要采用黄铜镀镍或不锈钢制成的隔爆型防爆格兰,格兰上必须有防爆标识、防爆合格证号以及编号,主要用于1区、2区危险场所,ⅡA、ⅡB类,温度组别为T1—T6的爆炸性气体环境。

4）井场电缆

井场电缆是用于连接电控房至钻台、井架、钻井液循环系统、钻井泵、水罐、油罐、井场工程用房等区域内的辅助用电设备的连接供电。石油钻机电缆一般选用耐热、耐油、耐寒、柔软的油田专用电缆，如YCW重型橡套耐油软电缆。

井场电缆敷设及安装要求如下：电缆敷设时应保证外观无损伤、变形、绝缘层无老化及龟裂；电缆在电缆桥架内固定，固定间距不应大于0.5m；电缆桥架内的动力电缆、通信电缆、控制电缆应分开布线，其间距不应小于20cm；危险区内的电缆连接，应采用防爆接插件；当电缆过长时，不能满足负载端设备对电压降的要求时，电缆截面积要增大一个级别；不同电压、电流等级的电缆应采用不同的接插件，并应设有明显标识，以防止错误连接；敷设时电缆的最小弯曲半径不小于电缆半径的8倍；进行绝缘测试和耐压试验，用1kV兆欧表测得线芯间及对地的绝缘电阻应不低于10MΩ。

5. 井场照明

井场照明线路除室内以外的井场区域采用混合照明方式。井场照明应包括正常照明、应急照明和障碍照明。

1）照明灯具

井场照明灯具主要有防爆泛光灯、防爆应急灯、外场防爆泛光灯和防爆障碍灯，这些灯具按防爆要求设计制造，能在易燃易爆危险场所安全可靠工作，适用于ⅡA、ⅡB类，温度组别为T1—T6的爆炸性气体环境。外壳选用金属材料和精密的结构设计，具有较高的抗强力碰撞和冲击能力，防护等级达IP65，并具有优良的耐腐蚀性能，防腐等级达WF2。可根据现场工作环境、照明特性和光强度的实际需要选配金属卤灯和高压钠灯两种灯泡。灯具可采用座式、壁挂、吊挂、吸顶等多种安装方式；灯头以灯座支架端部为轴心，可360°旋转照明，满足不同工作现场对照明角度的需要。引入电缆采用防爆格兰密封。

防爆泛光灯主要用于井架、钻台、井口、泵房和泵仓等高亮度泛光工作照明；防爆强光泛光灯用于钻机外场、泵房外场等大范围高亮度泛光工作照明；防爆应急灯主要用于设备室、角仓、井架二层台、钻台面、司钻房和偏房等确保正常工作继续进行的场所，以及确保处于危险之中的人员安全疏散的出口和通道；防爆障碍灯安装在天车顶端，用于障碍的警示。

2）照明线路的安装要求

（1）所有灯具应配置防爆接插件，维护时可安全取下任何灯具，无须中断供电。

（2）所有灯具应安装可旋转支架和防坠落的不锈钢安全绳。

（3）在井架每节衔接处应安装防爆接插件和分线盒，便于井架照明系统装配和拆卸，井架照明线路应分四路从井架两侧引入，每路灯具间隔安装。

（4）罐区、泵区灯具采用高度、方向可调整的灯架，搬迁时可通过放倒灯架和设备一起吊运、不用拆装。

（5）照明灯具接地电缆截面积不小于2.5mm^2。

3）照明线路的布置要求

（1）正常照明用于井架、钻台、井口和钻井液循环系统区域。

（2）应急照明用于设备室、角仓、井架二层台、钻台面、司钻房和偏房等确保正常工作继续进行的场所，以及确保处于危险之中的人员安全疏散的出口和通道部位。

（3）应急照明应具有单独开关，当正常照明出现故障时，应急照明能自动投入使用，维持照明时间不少于40min。

（4）当悬挂高度在4m以下时，采用荧光灯；当大于4m及以上时，采用高强度的金属卤化物灯、高压钠灯等气体放电灯具。

6. 井场电路的接地

为保证设备的可靠运行和操作人员的安全，井场电路必须接地，这样既能解决环境电磁干扰又能防止静电的危害。井场电路接地包括接地导体、接地极（端子）以及构成的接地网。

1）接地保护导体

（1）接地保护导体即接地电缆，当井场电路接地的保护导体材料与相导体的材料相同时，接地保护导体的最小截面积按表2-27确定。

表2-27　保护导体的截面积

设备相导体的截面积 S, mm^2	相应保护导体的最小截面积 S_{min}，mm^2
$S \leqslant 16$	S_{min}
$16 < S \leqslant 35$	16
$35 < S \leqslant 400$	$S_{min}/2$
$400 < S \leqslant 800$	200
$S > 800$	$S_{min}/4$

（2）用电设备的二次接地保护导体应采用是"黄—绿"双色导线，也允许用裸软导线，具体接地导体截面积应符合以下要求：

① 下述设备的接地电缆截面积不应小于70mm^2：井架与底座与折叠电缆槽之间；发电机组、绞车、转盘、钻井泵、顶驱；各房体之间、各罐体之间等大结构件。

② 下述设备的接地电缆截面积不应小于50mm^2：MCC到固控区之间、电缆槽之间以及电缆槽到固控罐之间；砂泵、剪切泵、灌注泵等主要大功率设备。

③ 搅拌器、真空除气器等小功率设备接地电缆截面积不小于10mm^2。

④ 照明灯具等分支接地电缆的截面积应不小于2.5mm^2。

（3）用电设备的二次接地保护导体采用的是"黄—绿"双色导线，也允许用裸软导线，具体接地导体截面积应符合以下要求：

① 主接地点与设备的金属保护外壳之间的电阻不得超过0.1Ω。

② 接地电路的连接采用等电位接地方式。保护接地（PE）线应是"黄—绿"双色导

线,也允许用裸软导线。

③连接接地线的螺钉和接地点,不能用作其他机械紧固用途。

④金属软管、硬管不能用作保护导体。但这些金属线管和护套自身也应连接到保护电路上。

⑤电压超过50V的电气设备安装在门、盖板或面板上时,应配置接地导体,而不应依靠紧固件、铰链、支持轨等物件。保护导体的截面积取决于所属电器电源引线截面积的最大值。

2)接地保护端子

设备上的接地保护端子和接地螺钉是用于连接接地保护导体的,其尺寸应符合各电路的出线要求。电气控制房、发电机组房以及所有安装有电气设备的拖橇或设备组,都应设有两个以上接地端子或接地螺钉,并有接地符号的标志,接地端子或接地螺钉的尺寸应不小于 $12mm^2$ 。电缆槽保护接地线敷设在电缆槽内一侧,接地处螺钉直径应不小于 $10mm^2$,金属电缆槽首端和末端均与接地干线相连。接地端子或接地螺钉的尺寸应符合表 2-28 规定。

表 2-28 接地端子或接地螺钉的最小尺寸

装置的额定电流 I, A	接地端子或螺钉的最小尺寸,mm
$I \leqslant 200$	M6
$200 < I \leqslant 630$	M8
$630 < I \leqslant 1000$	M10
$I > 1000$	M12

3)井场电路接地网

每个拖橇或设备组应使用两根导体,在两个不同的接地端子点,与接地网相互连接;并与接地极、所有的各个接地设备形成连续的环形接地网。用于环形接地网彼此相互连接的导体,应具有"黄—绿"双色护套,或者两端具有"黄—绿"双色标志的、横截面积不小于 $50mm^2$ 的易弯曲的铜导线或铜电缆。任何非直接焊接在拖橇或设备组上的电气设备的金属外壳,应使用截面积至少为 $25mm^2$ 的铜导体与拖橇或设备组相联结。

每台钻机应具有至少两个分离的接地极或一组接地极所组成的接地网。在任何一个接地极断开的情况下,接地网与地之间的接地电阻不得大于 4Ω 。

4)防雷接地

钻机防雷措施采取单针避雷的方法,通过避雷针、引下线和接地极将雷电电流安全地引入大地,防止雷电损坏设备。井架天车上安装有避雷针,用镀锌钢筋作为引下线,引下线在每节井架处采用螺栓连接,方便拆卸。井架底部每隔3m打入8根接地极并与引下线彼此可靠连接。要求避雷接地电阻不大于 10Ω 。

7. 井场电路SHE设施与措施

1)防触电保护

对电压超过50V的带电部位的设备应采取以下保护措施,防止意外地触电。

（1）用绝缘材料将带电部件完全包住，或者对带电部位进行有效隔离，以便保证即使门打开时也不致意外触及带电部件。

（2）设备采用连锁机构，只有在电源开关断开以后门才能打开；而且当设备门打开时，电源开关不能闭合。这种连锁机构允许指定人员在设备带电时接近带电部件，当门重新关闭时，连锁应自动恢复。

（3）移动、打开和拆卸设备应使用专用钥匙或工具。

（4）切断电路时，电荷能量大于0.1J的电容器应具有放电回路，5s以后的剩余电压应不超过60V（峰值）。在充电电压较高，有可能产生电击的电容器上，应有警示标志。

（5）旋钮和操作手柄等部件，应采用符合设备的最大绝缘电压的绝缘材料来制作或作为护套，或已可靠地同保护接地电路上的部件进行电气连接。

（6）所有带电设备都应在门上设有带电危险的警示标志。

2）短路保护

确认电路里的断路器、熔断器的整定值和熔断电流是否符合本支路的最大预期短路电流，确保成套控制设备中短路保护电气的整定值和保护值符合线路要求。

3）接地保护

钻机保护接地和防雷接地参考井场电路相关部分的接地要求。

参 考 文 献

[1] 美国石油学会. API Spec 4F 钻井和修井井架、底座规范（第四版）[S].2013.

[2] 郭世超，赵敏. 交流变频与SCR直流电驱动钻机的分析和比较[J]. 石油矿场机械，2002，31（6）：11-13.

[3] GB/T 25428—2015. 钻井和修井井架、底座[S].2015.

[4] SY/T 5609—1999. 石油钻机型式与基本参数[S].1999.

[5] 华东石油学院矿机教研室. 石油钻采机械[M]. 石油工业出版社，1980.

[6] 徐晓鹏，黄悦华，李治平，等. 高强度材料在超深井钻机井架底座中的应用[J]. 石油机械，2009，37（8）：72-75.

[7] 李继志. 石油钻采机械概论[M]. 东营：中国石油大学出版社，2009.

[8] 成大先主编. 机械设计手册（第五版）[M]. 北京：机械工业出版社，2008.

[9] 陈如恒，沈家骏. 钻井机械的设计计算[M]. 北京：石油工业出版社，1995：294-310.

[10] 曾兴昌，宋志刚，黄悦华，等. 大功率钻井泵发展现状与应用[J]. 石油矿场机械，2014，43（9）：56-59.

[11] 沈学海. 钻井往复泵原理与设计[M]. 机械工业出版社，1990.

[12] 陈如恒. 电动钻机的工作理论基础（一）——系列专题之七[J]. 石油矿场机械，2005，34（3）：1-10.

第三章 四单根立柱超深井钻机

塔里木山前油气富集区勘探开发存在着"深、高、难、多、险、低"六大难题，即钻井越来越深，钻井面临的高温、高压情况多，巨厚砾石层、盐膏层安全快速钻进难度大，储层类型多，钻井风险大，钻井效率低。

为满足塔里木油气田超深井钻井的要求，提高钻井速度，减少钻井事故，降低综合成本，北京康布尔石油技术发展有限公司、中国石油集团钻井工程技术研究院、宝鸡石油机械有限责任公司、渤海钻探工程有限公司和塔里木油田分公司在中国石油天然气集团公司的大力支持下，联合研发了新型 ZJ90/6750DB-S 四单根立柱超深井钻机（以下简称四单根立柱钻机）。四单根立柱钻机是国内首台可实施四单根立柱钻井作业的新型陆地钻机，该钻机不仅可以减少起下钻时间，缩短钻井周期，而且还能降低钻井作业风险，减少井下事故发生的几率，在塔里木油田等存在巨厚盐膏层的区块使用，其优势更为显著。

第一节 总体技术方案

四单根立柱超深井钻机充分利用现有钻机研制的成熟技术，降低了研制风险，同时在一系列关键部件研制上做到了突出创新。在钻机的设计、制造、监理过程中，采用国际、国家和行业标准规范[1-3]，保障所研制的钻机性能先进、工作可靠、运移方便、运行经济，不仅满足了超深井钻井工艺要求，同时满足了HSE要求。

一、总体要求

（1）钻机满足四单根立柱钻井作业要求，钻机设计和制造质量严格执行 ISO 9001、ISO 14000 质量控制和环境控制程序。

（2）钻机设计、制造依据"性能先进、工作可靠、运移方便、运行经济"的原则，满足超深井钻井工艺要求。

（3）钻机按相关 API 等标准进行设计和制造，主要设备及部件（井架、底座、绞车相关部位、游车、天车、转盘等部件）符合 API 规范要求；主体设备的轴承等采用标准件，保证同型号设备安装定位通用互换。

（4）钻机结构件按环境温度为 −35～50℃进行设计和制造，其余设备能够满足 −25～50℃条件下正常工作。

（5）钻机满足湿度不超过 85%（20℃时）、海拔不超过 1500m 的环境条件。

（6）电气系统设计制造符合 IEC 和国家相关标准要求，防爆区域电气设备按照 API RP 14FZ 和 API RP 505 等相关规范设计、制造、安装和布置。

（7）钻机在防沙、耐高温、防寒、防爆、防渗漏和防腐等方面均满足钻机特殊作业环境的要求。

（8）钻机及配套设备符合中石油 HSE 相关规定的要求。

二、主要技术参数

四单根立柱钻机主要技术参数见表 3-1。

表 3-1　四单根立柱钻机主要技术参数

序号	名称	技术参数
1	名义钻深 5in（127mm）钻杆	9000m
2	最大钩载	6750kN
3	游动系统绳系	7×8
4	井架形式及有效高度	K 型，57.5m
5	二层台高度	34.5m、35.5m
6	辅助二层台高度	16m
7	立根容量	5in 钻杆，9000m（四单根立柱） $3\frac{1}{2}$in 钻杆，500m（两单根立柱）
8	底座形式及站台高度	旋升式，12m
9	绞车额定功率，型号	2200kW（3000hp），JC-90DB$_3$
10	绞车挡数	Ⅱ挡交流变频电动机驱动无级调速
11	钻井钢丝绳直径	42mm
12	钻井泵型号及台数	F-1600HL 或 F-2200HL，3 台
13	转盘开口名义直径	952.5mm（$37\frac{1}{2}$in）
14	转盘挡数	Ⅰ+Ⅰ挡交流变频电动机，独立驱动无级调速
15	动力传动方式	AC-DC-AC 交流变频矢量控制
16	柴油发电动机组型号	CAT 3512B
17	机组台数 × 输出功率	5×1714kV·A
18	柴油机功率	1200kW
19	柴油机转速	1500r/min
20	发电机型号及参数	SR4B、600V、50Hz、$\cos\phi = 0.7$ 无刷励磁
21	辅助发电动机组台数 × 功率	1×400kW 1500r/min、400V、50Hz、3 相

续表

序号	名称	技术参数
22	交流变频电动机台数×功率	2×1100kW（绞车电动机） 3×1200kW（钻井泵电动机） 1×800kW（转盘电动机） 2×45kW（自动送钻电动机）
23	交流变频控制单元（VFD）	西门子S120全数字矢量交流变频调速装置
23	输入电压	600VAC
23	输出电压、频率	0～600V、0～150Hz（可调）
24	MCC系统	600V/400V（3相）/230V（单相）、50Hz
25	自动送钻系统	变频电动机400V、2×45kW（连续）
25	变频控制单元	0V～400V、0Hz～100Hz
26	钻井液管汇	$\phi 102mm \times 70MPa$
26	固井管汇	$\phi 70mm \times 70MPa$
26	立管	$\phi 102mm \times 70MPa$，双立管
27	气源压力	0.7～0.9MPa
27	储气罐	$2 \times 2.5m^3 + 2 \times 2m^3$（带止回阀）
28	固控罐有效容量	$733m^3$

三、技术方案

ZJ90/6750DB-S钻机技术方案是根据超深井电驱动钻机发展趋势，结合9000m常规钻机研发的成功经验而确定的，满足四单根立柱钻井作业要求。

（1）钻机主动力为5台CAT 3512B柴油发电机组，总功率为6000kW、电压为600V、频率为50Hz，经变频单元（VFD）整流、逆变后分别驱动绞车、转盘和钻井泵的交流变频电动机。

（2）井架采用前开口K型结构，井架与人字架大腿的支撑点在底座的基座上，利用绞车起升，主要材料为高强度结构钢。

（3）底座为前高后低式结构，即前部的钻台面高，后部安装绞车的后台面低。前台起升为旋升方式，利用绞车动力起升，主要材料为高强度结构钢。

（4）绞车安装在后台低位底座上，由两台1100kW、0～2200r/min的交流变频电动机驱动，经两台两挡齿轮减速箱减速后驱动绞车滚筒。绞车刹车采用液压盘式（双盘）刹车与电动机能耗制动组合方式。绞车配有2台45kW独立自动送钻装置。

（5）钻机游动系统为7×8绳系，采用顺穿绳方式，提升设备最大负荷能力为6750kN。

（6）转盘采用独立电动机驱动方式，由1台800kW的交流变频电动机经一挡齿轮箱驱动。

（7）3台钻井泵各由1台1200kW交流变频电动机驱动。

（8）钻机配置集电、液、气控制，显示与监视，通信及人机界面（触摸屏）一体化等技术于一体，采用人性化设计的司钻控制房，司钻在控制房可对钻机实现全面监控。

（9）钻机布置满足防爆、安全及钻井工程要求，设备安装、拆卸、维修方便。

四、井场布置

根据钻机类型和钻井工况等特点，合理确定钻井设备安装位置及各设备间的距离。注意节约用地，方便施工，确保安全生产，有利环境保护。

钻机的所有设备布置满足防爆、防火、防冻、环保、井控等要求。钻机分五个区域布置：钻台区、泵房区、动力/电控区、固控区、油罐区。井场布置如图3-1所示。

1. 钻台区

钻台区包含天车、游车、大钩、水龙头、转盘、绞车、井架、底座（含紧急滑道、梯子等）、钻杆滑道及排管架、司钻控制房、司钻偏房、井口机械化工具、15kN液压提升机（12m）、绞车冷却水箱等。

钻台面左侧前方布置1台80kN液压绞车，滚筒有效长度为450mm，采用法兰固定方式，滚筒中心距钻台面高度为660mm。钻台面右侧前方布置1台50kN气动绞车，气动绞车亦采用法兰固定方式，支座高度为550mm。两台160kN液压猫头在钻台后部井口中心线两侧对称布置。

2. 泵房区

泵房区布置有3台F-1600HL钻井泵组以及钻井液高压管汇等。钻井泵布置便于检修和维护，安全阀的放喷管线到钻井液罐面应有一定的向下坡度，所有高压软管应安装安全绳。

3. 动力区

平行布置的5栋主柴油发电机组房和1栋辅助发电机房形成一个整体机房，两栋VFD/MCC房与发电机组房垂直靠齐摆放。发电机房和VFD房距井口不少于30m。

4. 钻井液循环及水罐区

钻井液循环及水罐区包括钻井液循环罐、钻井液净化设备及水罐等。钻井液循环罐区通常布置在井场右侧，离井口中心线的距离在11m至18m之间，从振动筛依次向后布置真空除气器、除砂除泥器、高/低速离心机等钻井液净化设备。钻井液返浆管线（高架钻井液槽）安装有一定坡度并满足录井等工艺要求。

5. 油罐区

油罐区包括各种油罐、泵及管线。油罐区距离井口大于30m，离发电房的距离一般不少于20m。

各区域之间油、气、水、电等连接管线全部铺设在管线槽内，上钻台管线槽采用折叠式，方便安装和运输。

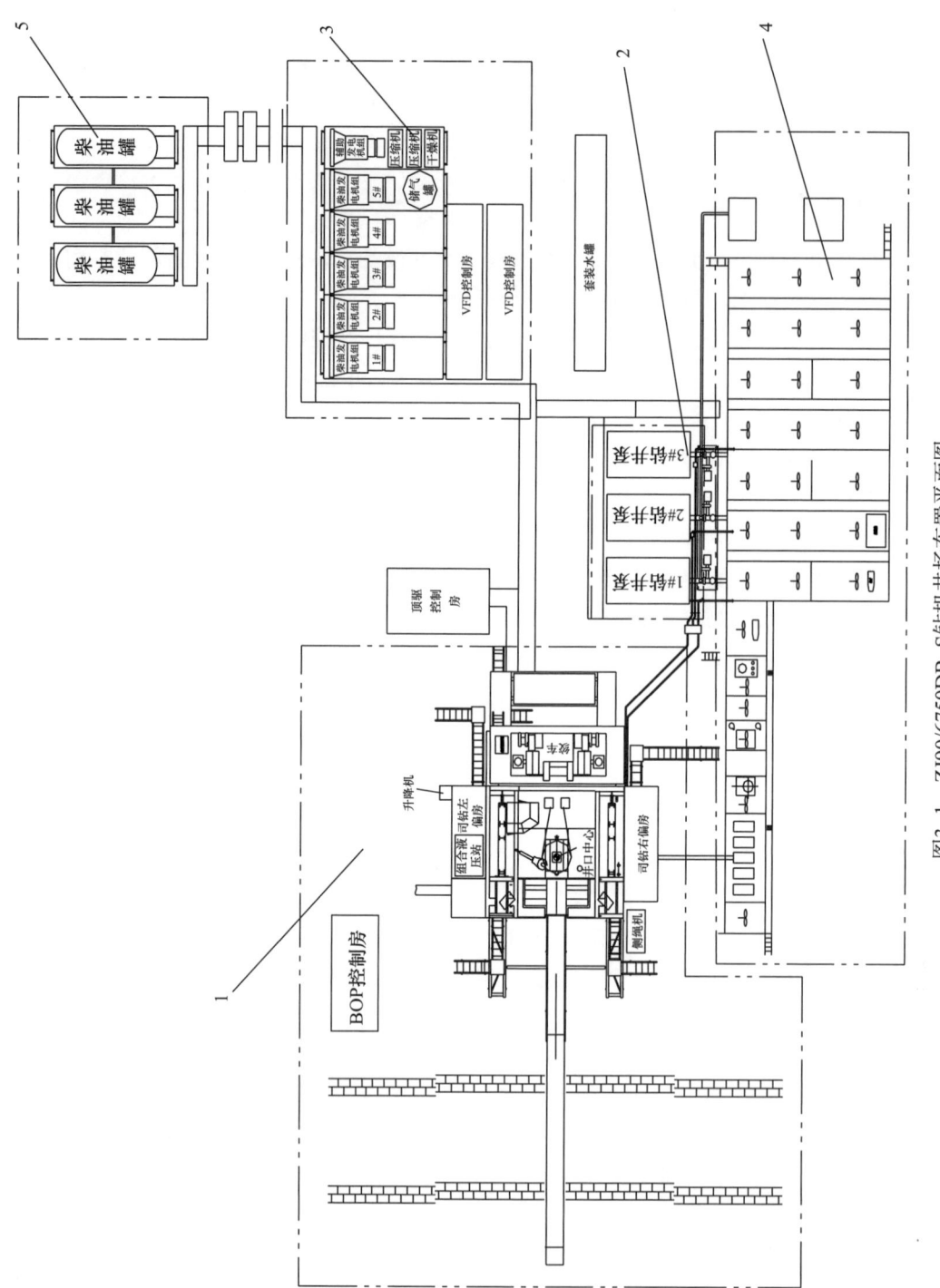

图3-1 ZJ90/6750DB-S钻机井场布置平面图
1—钻台区；2—泵房区；3—动力/电控区；4—固控区；5—油罐区

五、技术创新

1. 井架和底座

全新设计的四单根立柱钻机井架和底座既要满足四单根立柱钻井工艺的要求，又要满足承载能力达 6750kN 的要求。其主要创新点有：

（1）钻机井架采用 K 型结构，分为 6 段，井架总高度为 66m，有效高度为 57.5m。井架高度空间增大，满足四单根立柱的排放和作业要求。二层台安装高度距钻台面 34.5m、35.5m，在距钻台面 16m 高度设置辅助二层台，满足四单根超长立柱安全靠放与扶正要求。

（2）四单根立柱钻机井架结构件采用低合金高强度结构钢 Q420E，与常规 9000m 钻机用 Q345 材料相比，在保证强度和韧性及主要结构尺寸不变情况下，其重量减轻 10% 以上。这样既保证了井架的承载能力，又可降低井架的起升载荷，确保了井架起升安全性能及工作稳定性。

（3）钻机的井架、底座主承载部件选用的低合金高强度结构钢 Q420E 为低温材料，满足 –35～50℃ 的工作环境温度要求，适应低温环境。

（4）井架人字架采用低位整体安装，用两副液压缸驱动人字架左、右后腿起升至竖直工作位置，操作方便、安全，避免了高空作业的风险。

（5）四单根立柱钻机底座设计吸收了新型旋升式底座结构的优点，将井架和人字架支脚布置在底座基座上，井架的载荷可由井架立柱和支脚直接传递到底座基座上，底座整体受力状况良好，钻机的整体稳定性好。

（6）底座采用前高后低的结构，前台为钻台，后台主要安装有绞车和两个配重水箱。底座起升时仅需起升底座前台、台面设备及司钻偏房等，底座后台的绞车无须起升，底座起升载荷小。

（7）绞车安装在低位后台上，使前台钻台面宽敞、操作视线良好。

（8）底座前台钻台较高，满足深井钻机对井口安装防喷器高度的要求，并可使钻井液回流管有足够的回流落差。

2. JC90DB 绞车

四单根立柱钻机绞车由两台 1100kW 交流变频电动机，经两台两挡齿轮减速箱减速后驱动滚筒轴，并配两台 45kW 自动送钻装置。与常规 JC90DB 绞车相比，主要创新点有：

（1）解决了绞车高容绳量问题。常规 9000m 钻机井架高度为 48m，而四单根立柱钻机井架高度为 57.5m，再加上钻机游动系统采用 7×8 绳系，对绞车的容绳量提出了要求。通过加长滚筒长度和压实股钢丝绳的方法，很好地解决了这一问题。

（2）采用高强度压实股钢丝绳。使用强度更高的压实股钢丝绳（$\phi42mm$），在比常规 9000m 钻机钢丝绳直径（$\phi45mm$）小的情况下，满足快绳拉力的要求。

（3）一体化绞车设计。采用一体化绞车结构，有效减轻了绞车重量，解决了大功率绞车分体运输的问题。绞车滚筒长度由 1840mm 增加到 2055mm，满足了四单根立柱的缠绳要求，同时解决了钢丝绳与天车偏角影响及在滚筒上顺利排绳的问题。

（4）通过气缸实现自动换挡。远程电控气动换挡两挡齿轮箱，提高了减速箱的工作时效和利用率，也提高了部件的工作寿命。绞车为两挡无级调速，通过气缸实现自动换挡，可以根据工况需要选择挡位（低速挡一般用在下套管、解卡等特殊工况，高速挡用于正常钻井作业，不需要频繁换挡），绞车输入转速在（0～2200）r/min 范围内可无级调速。

3. 天车、游车

根据 API SPEC 8C 规范的设计和制造要求，通过对现有提升系统优化设计，天车、游车滑轮由常规 9000m 钻机的 ϕ1524mm（60in）减小为 ϕ1400mm（55in），滑轮绳槽直径由 ϕ45mm 减小至 ϕ42mm。虽然滑轮直径和绳槽直径减小，但并不影响四单根立柱钻机绞车高容绳量的要求，而且能满足 6750kN 的承载要求，同时还减轻了天车和游车的重量。

4. 钻井泵及钻井液循环系统

钻机配套的 F-1600HL（或 F-2200HL）钻井泵与钻井液循环系统额定工作压力为 52MPa，可以满足 35MPa 以上高压喷射钻井的需要，大幅度提高钻机的机械钻速。塔里木油田现场工业试验表明，一开钻井可以提高机械钻速 105.4%～190%，二开钻井提速 85%～108.6%，5000m 以上深井和超深井段，高压喷射钻井比"PDC 钻头＋螺杆钻具"钻井的机械钻速提高约 40%。

5. 液压油缸伸缩式高支架

井架起升下放高支架采用液压油缸伸缩式结构，高度可从 8m 升到 12m，减少了井架起升时与垂直方向的夹角，可减少井架 15% 起升载荷，井架起升、下放的安全可靠性显著提高。

6. 压实股钻井钢丝绳

为了解决井架增高带来的绞车滚筒盘绳容量不足的问题，首次应用了面接触的压实股钢丝绳。这种钢丝绳结构密度大，抗冲击能力是未压实股的 1.3 倍以上，抗磨损性更好。压实股钢丝绳最外层为扁平状，钢丝绳与滑轮绳槽接触面积增加，减少了钢丝绳与轮槽之间的接触应力和相互间的机械磨损，也减少了切滑大绳次数，承载能力强，安全系数高。压实股钢丝绳的承载能力是普通钢丝绳的 1.2～1.5 倍，可以减轻钢丝绳的质量。相同承载能力下，采用更小直径的钢丝绳，可以降低绞车滚筒盘绳容量，从而减轻绞车重量和体积。压实股钢丝绳抗疲劳性能是同型号普通钢丝绳的 1.2 倍以上，其使用寿命更长。

7. 顶驱装置

对四单根立柱钻机所配顶驱进行了优化。由于井架增高，立柱为四单根而使顶驱的导轨和电缆加长，功率也适量增大，其余和 8000m 钻机所配顶驱相同，在此不再赘述。

第二节 主要设备

9000m 四单根立柱钻机配套设备与常规交流变频电驱动钻机一样，由井架、底座、天车、游车、大钩、水龙头、绞车、转盘及其驱动装置、动力与控制系统、钻井液循环系统和气源及净化系统等单元设备或系统组成。其中大钩、水龙头、转盘及其驱动装置、钻井液循环系统的钻井泵和高压管汇、气源及净化系统、司钻控制房等选用了与第二章 8000m 超深井钻机相同的配置；动力与控制系统的柴油发电机组选型也与 8000m 钻机一样，只是柴油发电机组的数量较 8000m 钻机多配置一台；钻井液循环系统采用与 8000m 钻机相同的 5 级钻井液净化处理工艺，由于钻井工况不同，可能需要适当增加钻井液储备罐的数量。本节将重点介绍 9000m 四单根钻机新型配套设备的结构特点和新技术应用，与第二章 8000m 钻机相同的内容将不再赘述。

四单根立柱钻机因起下的钻杆立柱由四根单钻杆组成，其井架高度比常规 9000m 钻机高出一根钻杆长度,通过对井架、底座、天车、游车、绞车等单元设备结构的优化,确保了井架增高后井架起升过程的平衡,以及钻机工作时的稳定性和可靠性。

一、新型四单根立柱钻机井架

1. 结构特点

四单根立柱钻机配套使用的 K 型井架主要由井架主体、二层台、套管扶正台、辅助二层台、起升装置、笼梯总成、平台等组成,井架结构图如图 3-2 所示,同时还配有立管台、登梯助力机构、防坠落装置、死绳固定器、死绳稳定器、液压缓冲装置,大钳平衡重及吊钳滑轮等常规辅助装置。

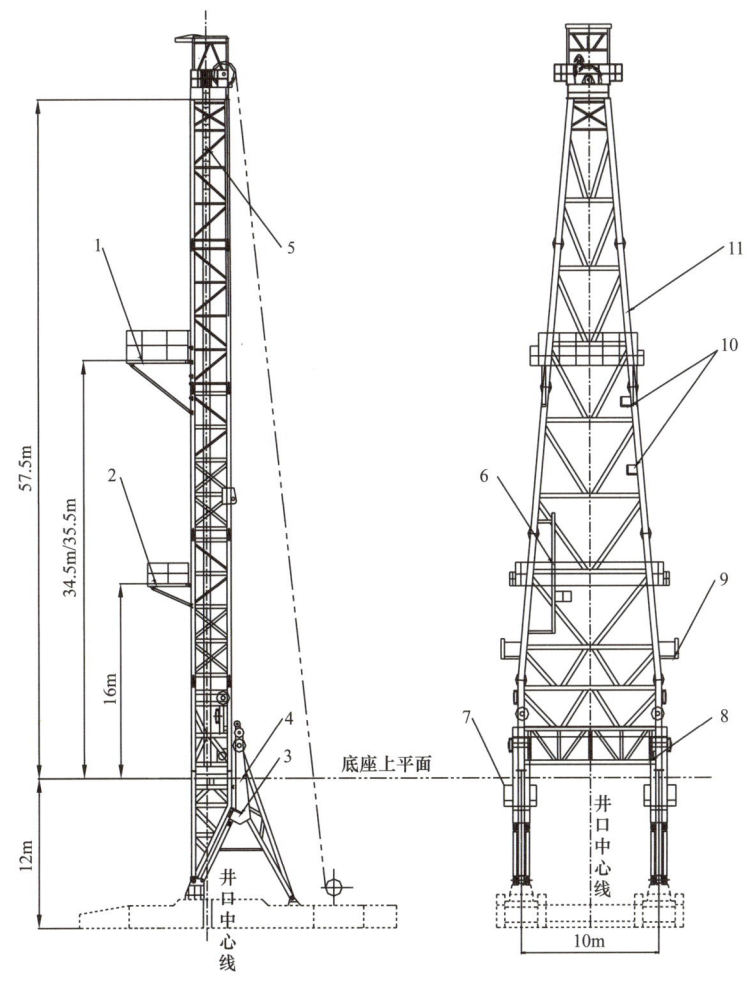

图 3-2 井架结构示意图

1—二层台;2—辅助二层台;3—液压缓冲装置;4—人字架;5—笼梯总成;
6—套管扶正台;7—人字架安装平台;8—死绳固定器;9—平台;10—立管台;11—井架主体

四单根立柱钻机井架总高度为 66m,距钻台面有效高度为 57.5m,与常规 9000m 钻机井架相比,约增加了 9.5m。井架二层台安装高度距钻台面 34.5m 和 35.5m,辅助二层台距钻台面 16m 高,满足四单根立柱钻井要求和对立柱安全靠放与扶正要求。井架立柱采用焊接 H 型钢，其支脚安装在底座的基础上，为低位水平安装。

井架主体由六段 12 单片组成，每段井架主体均由左、右两单片构成，各单片为焊接的整体结构。两单片之间用横梁、斜拉杆以及销轴和别针组成一个前开口型钢架结构，段与段之间采用单、双耳板和销轴连接。

井架主体与人字架之间设有缓冲液压缸，井架起升即将到位时起缓冲作用，下放时可将井架推离死点，脱离人字架。

井架人字架后腿配置了一套人字架起升用液压装置，液压源由钻机机具液压站提供。液压缸起升人字架为专利技术，即井架人字架低位安装，再由液压缸起升到位，安装和起升更为方便、安全。人字架结构如图 3-3 所示，人字架起升原理示意图如图 3-4 所示。

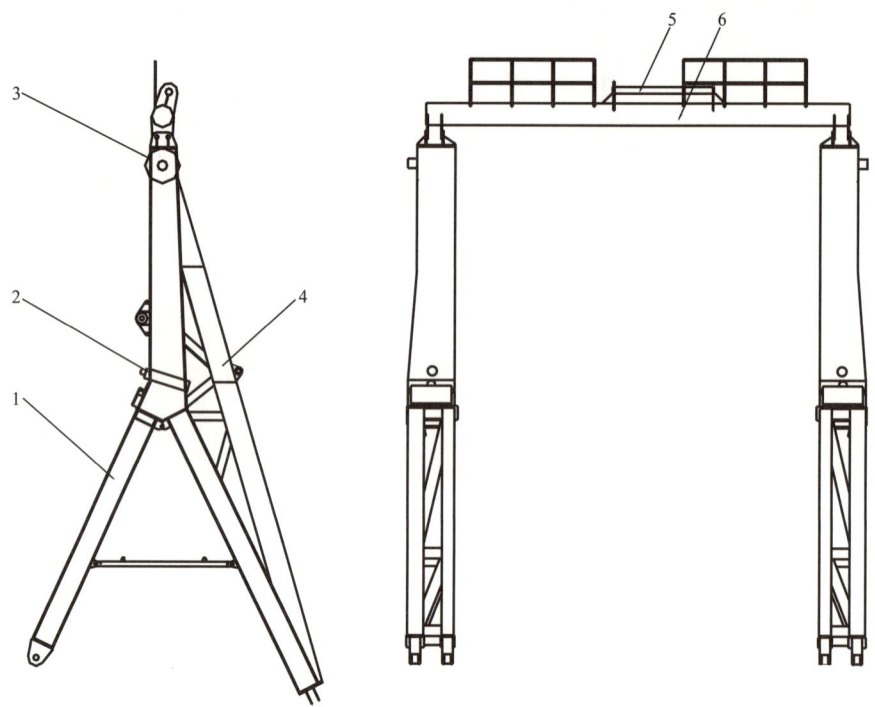

图 3-3　人字架结构图

1—人字架前腿；2—起升缓冲液压缸；3—导向滑轮；4—人字架后腿；5—滚杠；6—人字架横梁

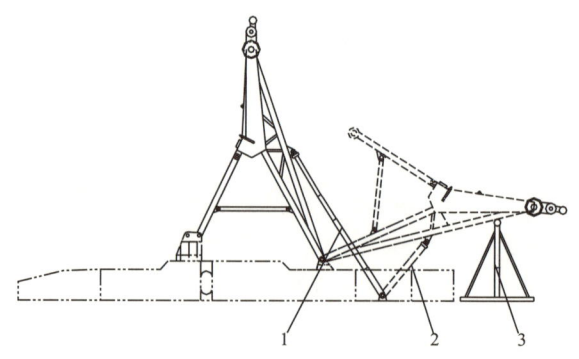

图 3-4　人字架起升示意图

1—人字架起升液压缸工作状态；2—人字架起升液压缸收缩状态；3—人字架安装支架

2. 主要技术参数

井架形式	K型
最大钩载（7×8绳系，满立根，风速16.5m/s）	6750kN
有效高度（钻台面至天车梁底面）	57.5m
顶部开档（正面/侧面）	2.6m/2.4m
底部开档（正面）	10m
二层台安装高度（距钻台面）	34.5m；35.5m
二层台立根容量〔127mm（5in）钻杆，37.2m立根〕	9000m
辅助二层台安装高度（距钻台面）	16m
结构安全级别	E2/U2
井架抗风能力	
操作工况（满钩载，满立根）	≤16.5m/s
预期风暴工况（无钩载，无靠放立根）	≤38.6m/s
非预期风暴工况（无钩载，靠满立根）	≤30.7m/s
起放井架	≤16.5m/s
配套天车	TC675-3

3. 配套设施

9000m四单根钻机井架配套的死绳固定器、笼梯总成等部件结构与8000m钻机配套的一样，只是选型或尺寸不同，起升液压缓冲装置、井架起升装置、登梯助力机构、逃生装置、防坠落装置、大钳平衡重等是通用件。

四单根立柱钻机的二层台是针对四单根设计的，比常规9000m钻机增加了一个辅助二层台。下面对二层台和辅助二层台作简单的介绍。

1）二层台

四单根立柱钻机井架的二层台设有两个安装位置，离钻台面的高度分别为34.5m和35.5m，以适应不同长度立根操作的需要。

二层台由台体、操作台、挡杆架、内栏杆、支撑杆、挡风墙（或高围栏）、逃生门和导绳轮等组成。二层台结构图如图3-5所示。

钻机配单二层台，二层台上设有四组挡杆架（指梁），用于排放钻杆。挡杆架可向上翻起，便于起升井架前穿钻井钢丝绳，挡杆架末端设有挡住钻杆的环链。二层台三面设有挡风墙，用于防风防沙；二层台还配有逃生装置和逃生门，井架工在紧急情况下可以借此逃生。

二层台上配置两台5kN气动绞车及气路管线，气动绞车为遥控操作，用于拉钻具。操作者可随身携带一个手动控制装置操纵气动绞车上的气动换向阀，控制气动绞车的正、反转，操作方便灵活。气动绞车不工作时，制动系统的制动气缸处于制动状态。

二层台台体两侧设有导向柱和导绳轮，钻台面气动绞车与天车底部滑轮间的绳索在通过导绳轮后能有效地避免与井架部件发生干涉现象。

2）辅助二层台

辅助二层台的安装位置离钻台面高度为16m，它由左、右及前部构成的三周框架和操作台组成，其框架内没有挡杆。采用ϕ101.6mm（4in）及以上钻杆的四单根立柱时可对中下部起到可靠的辅助支撑扶正作用;采用 ϕ73.0mm（$2\frac{7}{8}$in）及 ϕ88.9mm（$3\frac{1}{2}$in）规格钻杆的二单根立柱时作为二层台使用。

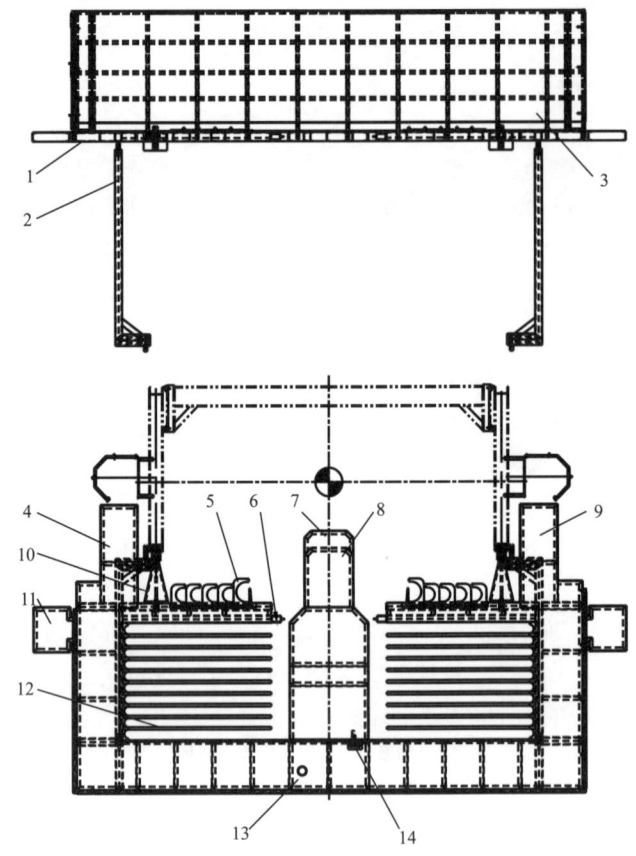

图 3-5 二层台主要结构图

1—二层台台体；2—斜撑总成；3—挡风墙；4—左走台；5—钻铤限位板；6—挡绳装置；
7—小操作台；8—操作台；9—右走台；10—连接座；11—逃生门；12—指梁总成；13—安全固定桩；14—气动绞车

4. 创新技术

（1）四单根立柱 9000m 钻机井架部件设计满足 -35~50℃的工作环境温度。井架主承载部件选用强度更高的低合金高强度结构钢 Q420E，相比选用 Q345E 材料，结构件质量可减少约 10%，可有效降低井架起升载荷，提高井架构件的起升安全性及稳定性，同时可满足 -35℃的低温环境要求。Q420E 和 Q345E 两种材料的机械性能见表 3-2。

表 3-2 Q420E 和 Q345E 两种材料的机械性能

材料牌号	屈服点 σ_s, MPa				抗拉强度 σ_b MPa	延伸率 δ_s %	冲击功 A_{kv} J
	厚度（直径、边长）						
	≤16mm	>16~35mm	>35~50mm	>50~100mm			-40℃
Q345E	345	325	295	275	470~630	22	27
Q420E	420	400	380	360	520~680	19	27

（2）选用了新型的压实股钻井钢丝绳。高强度压实股钻井钢丝绳直径较小，可有效减少天车、游车及绞车外形尺寸与重量，提高钻机井架起升、下放操作安全性，降低运行成本，提高效益。

（3）钻机井架距钻台面的有效高度为57.5m，二层台距钻台面34.5m和35.5m，满足ϕ101.6mm（4in）及以上规格钻杆的四单根立柱排放，起下钻效率高。

（4）辅助二层距钻台面16m，用ϕ101.6mm（4in）及以上钻杆的四单根立柱时可对中下部起到可靠的辅助支撑和扶正作用，用ϕ73.0mm（$2\frac{7}{8}$in）及ϕ88.9mm（$3\frac{1}{2}$in）规格钻杆的二单根立柱时作为二层台使用。

（5）采用了井架人字架液压起升的专利技术。井架人字架低位整体安装后，用人字架左、右后腿的液压缸起升，操作方便、安全，避免了高空作业的风险。

二、高台面大空间底座

1. 结构特点

9000m四单根钻机底座为新型旋升式底座，前高后低，由底座主体（基座、上座、立柱、立根台、转盘梁和后台底座等）与坡道、猫道、斜梯、旋转斜梯、低位后台斜梯、安全滑道、栏杆总成、铺台总成、低位绞车后台、液压防喷器移动装置、储气罐及其支架、电缆铺设槽、防风和保温设施等附件组成。底座平面结构如图3-6所示。

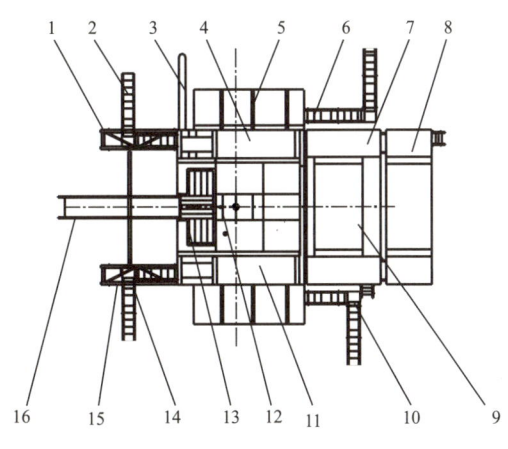

图3-6 底座平面结构图

1—左前基座；2—左前转梯；3—逃生滑道；4—左上座；5—偏房支架；6—左后转梯；7—后基座；8—配重水箱；9—绞车底座；10—右后转梯；11—右上座；12—转盘梁；13—立根台；14—右前转梯；15—右前基座；16—坡道

底座主体分为上、中、下三层。上层为钻台面部分，由左、右上座与它们之间的连接构件通过销子连接组成，连接构件主要有立根台、后大梁等。下层为底座基座部分，由左前基座、左中基座与左后基座、右前基座、右中基座与右后基座分别用销子连接成左、右两个部分，这两部分再与它们之间的连接构件组成整个基础。左、右两个部分之间的连接构件有连接梁、连接架和斜撑等。中间层为支撑部分，位于上、下层之间，起支撑钻台面和起放底座的作用，分别由前立柱、后立柱、斜立柱等组成，用销子与上、下层连接。底座主体结构如图3-7所示。

四单根立柱钻机底座为前高后低旋升式结构，前台工作高度为12m。绞车安放在后台底座上，起升人字架设置在底座基座（图3-8）上。井架起升完成后，转盘、司钻控制房、司钻偏房随同前台底座由低位起升至工作位置。

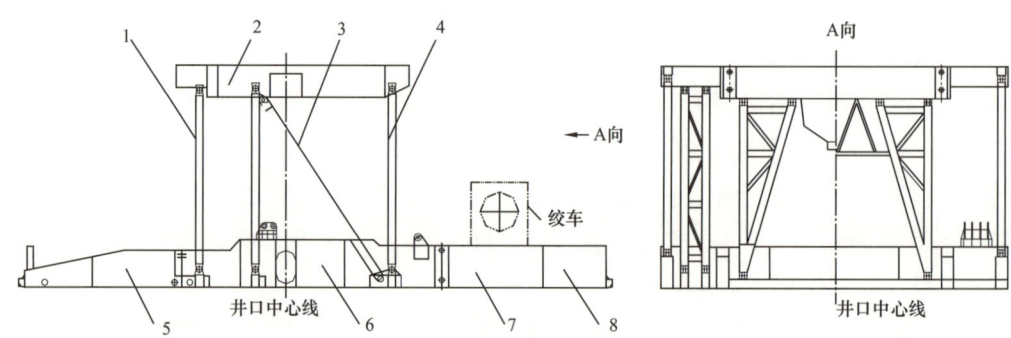

图 3-7　底座主体结构图

1—前立柱；2—上座；3—斜立柱；4—后立柱；5—前基座；6—中基座；7—后基座；8—配重水箱

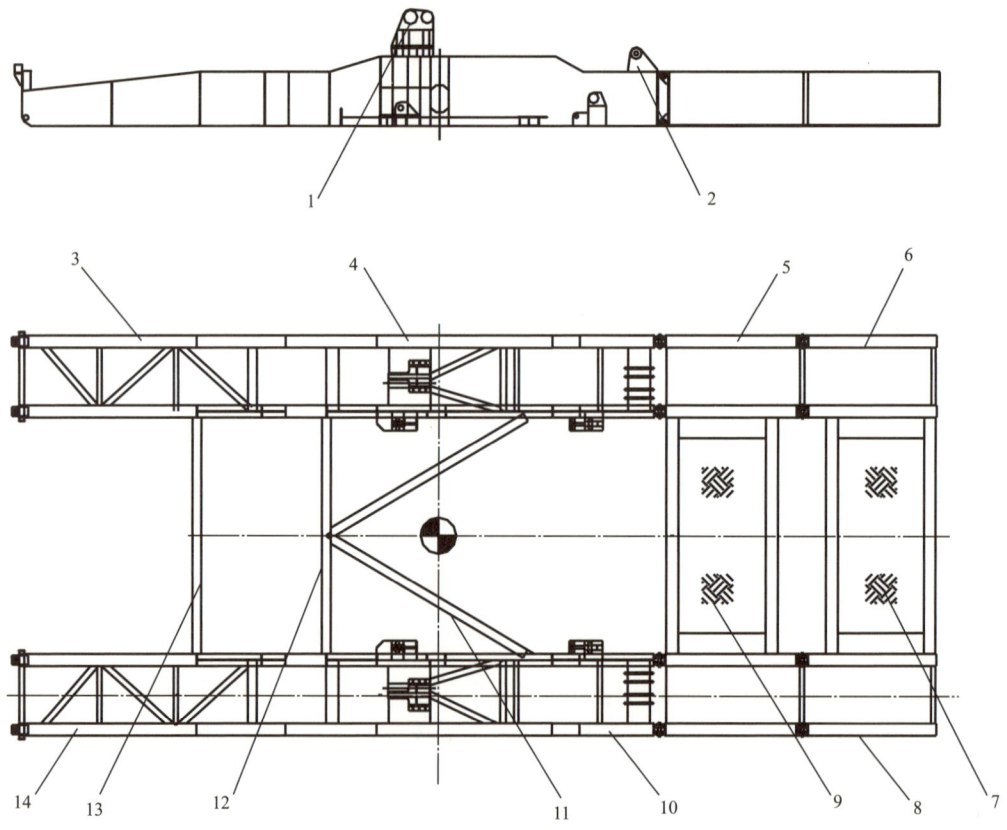

图 3-8　底座基座结构示意图

1—人字架前支座；2—人字架后支座；3—左前基座；4—左中基座；5—左后基座；6—左加长基座；7—配重水箱；8—右加长基座；9—绞车底座；10—右中基座；11—斜支撑；12—前连接架；13—前连接架；14—右前基座

2. 主要技术参数

钻台高度及底座形式　　　　　　　　　　12m，旋升式

钻台面积　　　　　　　　　　　　　　　11.9m×13.8m

转盘梁底面高度	10.4m
最大额定静钩载	6750kN
最大转盘载荷	6750kN
额定立根载荷	3250kN
额定静钩载与额定立根载荷的最大组合	10000kN
最大转盘载荷与额定立根载荷的最大组合	10000kN
配套井架形式	K 型
结构安全级别	E2/U2
底座抗风能力	
操作及安装工况	≤16.5m/s
预期风暴工况（无钩载、无立根）	≤38.6m/s
非预期风暴工况（无钩载、满立根）	≤30.7m/s

3. 配套设施

9000m 四单根钻机底座配套的坡道总成、梯子、安全滑道、起升液压缓冲装置、液动防喷器移动装置等部件与8000m 钻机配套的一样，只是选型或尺寸不同。

9000m 四单根钻机底座的左、右后基座加长，设两套配重水箱，容积为 $20m^3+20m^3$，水箱相互连通，共用一套泵组。泵组安装在钻机后台底座下方，配两套并联离心水泵，既能往水箱里加水，又能抽水。正常工作时，一套泵工作，一套泵备用，主要起配重作用，水可用于冲洗钻台面。

4. 技术创新

（1）底座为新型旋升式结构，井架和人字架支脚在底座基座上，绞车安装在底座的低位后台。底座起升仅需起升底座前台、前台面设备及司钻偏房等，不再携带井架和绞车一同起升。且底座后台有 2 个 $20m^3$ 水箱，可起配重作用。因此，与双升式钻机底座和常规旋升式底座相比，四单根立柱 9000m 钻机的底座起升载荷较小。

（2）井架和人字架支脚布置在底座基座上，井架的载荷可由井架立柱和支脚直接传递到底座基座和基础面上，受力状况较好，钻机的整体稳定性好。

（3）绞车安装在底座后台低位底座上，因底座后台低，降低了绞车和传动机组安装难度，不但减少了底座整体起升质量，也使底座的钻台面更宽敞。

（4）底座采用了高台面、大空间的结构，前台底座较高，满足了钻机对井口安装防喷器高度的要求。

（5）四单根立柱钻机底座主承载部件选用 Q420E 低合金结构钢，强度高，其低温性能可满足 –35～50℃的工作环境温度要求。

三、高承载天车

天车是重要的提升设备，与绞车、游车、死绳固定器和钻井钢丝绳组成钻机的提升系统。天车位于井架顶部，是整套钻机中安装位置最高的设备，主要承受快绳拉力、死绳拉力和大钩载荷的联合作用。与常规 9000m 钻机配套的 TC675 天车相比，新研制的 TC675-3 高承载能力天车由于采用了小直径主滑轮和高强度天车台材料，其结构更加紧凑，滑轮惯性矩更小，性能更优越。

1. 结构与原理

TC675-3 高承载能力天车（图 3-9）结构与普通天车相同，主要由主滑轮总成、导向滑轮总成、起重架、围栏、天车台、防碰装置和辅助滑轮总成等部件组成。天车定滑轮组与游车动滑轮组构成 7×8 滑轮绳系，将绞车输出的快绳拉力放大了 14 倍，使钻机最大钩载达到 6750kN。

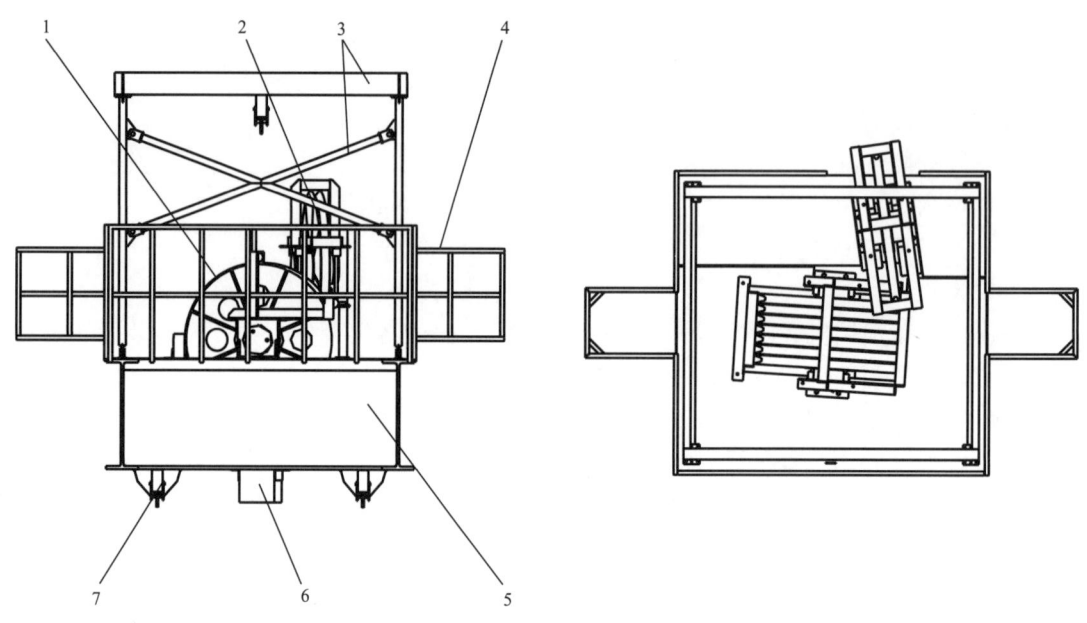

图 3-9　TC675-3 天车结构示意图

1—主滑轮总成；2—导向滑轮总成；3—起重架；4—围栏；5—天车台；6—防碰装置；7—辅助滑轮总成

1）主滑轮总成

主滑轮总成是一个定滑轮组，用来承载游吊系统的大部分重量及大钩载荷，主要由挡绳架、主滑轮、轴承、主轴、润滑系统和轴承座等组成（图 3-10）。挡绳架可防止钢丝绳从滑轮槽内脱出。主滑轮直径为 $\phi 1400mm$，绳槽直径为 $\phi 42mm$。主轴承采用双列圆锥滚子轴承，轴承外径为 $\phi 444.5mm$。主轴采用空心结构，外径为 $\phi 355.5mm$。轴端设有加注润滑脂的油杯，可通过管线方便地向每个滑轮轴承内加注润滑脂。轴承座分置于主轴两端并固定在天车台上，起到定位、固定和承受载荷的作用。主滑轮总成配有护罩，可以防止沙尘和雨水进入，同时还可防止滑轮转动时油脂甩出。

2）导向滑轮总成

导向滑轮总成主要由滑轮、轴承、轴承座、润滑油嘴接头、轴等组成，它的作用是将游车动滑轮组中的钢丝绳引至绞车滚筒上。轴端设有润滑油杯，可方便地向轴承座内加注润滑脂。滑轮上还装有挡绳架，可防止钢丝绳脱出滑轮槽。如图 3-11 所示为导向滑轮总成。

3）天车起重架

天车起重架（图 3-12）为桁架式结构，供维修天车使用，最大起升重量为 75kN。

4）围栏

天车台四周配备 1.2m 高围栏，围栏底部设踢脚板，围栏在井架工入口处设置有自闭式安全门。天车围栏通过天车台上的围栏插框、安全别针等安装固定。

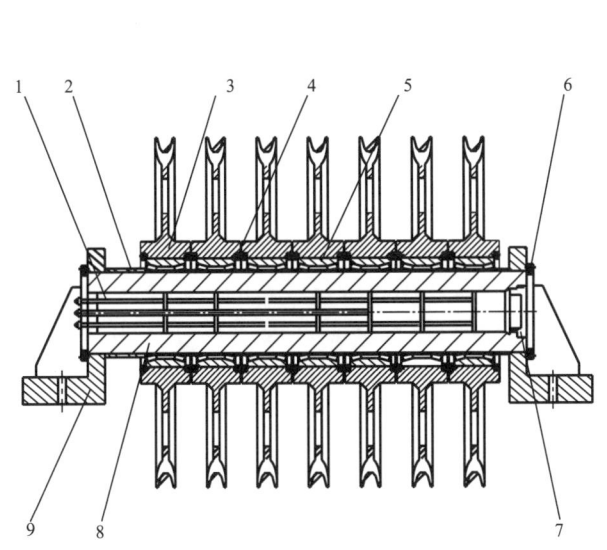

图 3-10 天车主滑轮总成

1—润滑系统；2—轴套；3—主滑轮；4—压板；
5—双列圆锥滚子轴承；6—挡板；7—堵板；8—主轴；9—轴承座

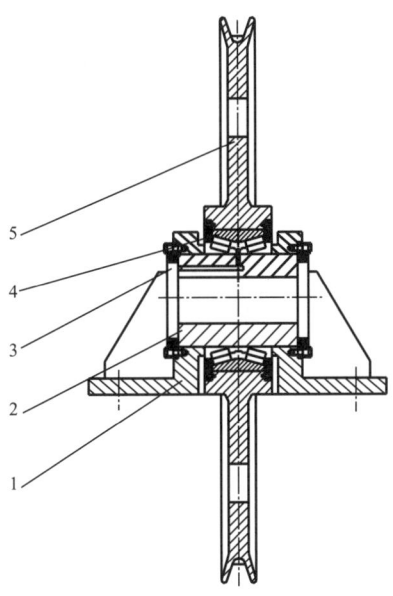

图 3-11 导向滑轮总成

1—轴承座；2—轴；3—润滑油嘴接头；
4—双列圆锥滚子轴承；5—滑轮

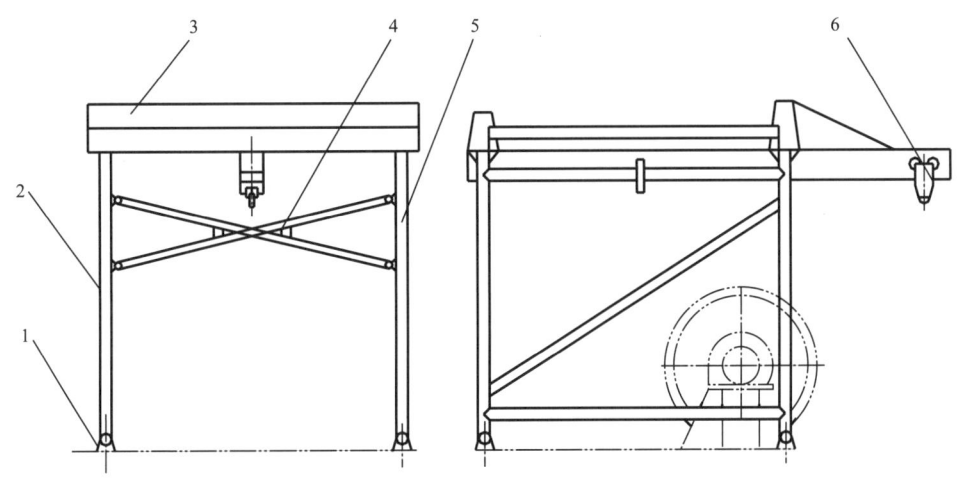

图 3-12 天车起重架

1—支座；2—左架；3—顶架；4—后架；5—右架；6—100kN 手动单轨小车

5）天车台

天车台为整体焊接结构，刚性好，是天车上各部件安装及承载的主体，可承受最大钩载和快绳、死绳拉力的共同作用，并把这些载荷传递到井架和底座上。天车台上部装有轴承座，用来安装主滑轮和导向滑轮。此外，还装有登梯助力滑轮支架、航标灯支架、护罩和围栏等。天车台下部通过螺栓与井架相连，底部装有防碰装置、辅助滑轮总成、顶驱安装耳板、安全绳及辅助滑轮防坠落连接耳板等。

6）防碰装置

天车梁下部装有防碰装置，由防碰枕木（或橡胶块）、包裹铁皮、安全绳等组成，可在游车意外冲撞天车时起到缓冲保护作用。

防碰装置是当游车电子防碰装置和重锤防碰系统、绞车滚筒过圈阀全部失效游车顶撞天车时，用来起缓冲作用的，可减轻碰撞，防止天车变形。天车防碰装置有两种形式：一种为包有镀锌铁皮的防碰木，另一种为橡胶式防碰梁。外带安全绳作为二次防护，防止游车失控撞击天车，防碰块破碎掉落砸伤钻台作业人员。

7）辅助滑轮总成

天车台下部安装有四个辅助滑轮，其中两个是悬吊物不可转动的，直径为ϕ400mm，最大载荷为50kN；另两个是悬吊物可转动的，直径为ϕ356mm，最大载荷为80kN。每个辅助滑轮轴端均有润滑油杯。辅助滑轮总成可用于气动绞车、液压绞车起吊重物和钻杆，也可悬吊液气大钳和载人绞车等。

2. 主要技术参数

TC675-3高承载能力天车的设计、制造符合美国石油学会的API SPEC 4F和API SPEC 8C规范，其主要技术参数见表3-3，TC675-3和TC675-1天车主要技术参数对比见表3-4。

表3-3 TC675-3天车主要技术参数

序号	型号	TC675
1	额定载荷	6750kN
2	适用钢丝绳直径	42mm（$1\frac{5}{8}$in）
3	主滑轮数	7个
4	主滑轮外径	1400mm（55in）
5	导向轮	1个
6	导向轮外径	1400mm（55in）
7	辅助滑轮外径（不可转动）	400mm
8	辅助滑轮数（不可转动）	2个
9	辅助滑轮外径（可转动）	356mm
10	辅助滑轮数（可转动）	2个
11	辅助滑轮适用的钢丝绳直径	19mm（$\frac{3}{4}$in）
12	外形尺寸（长×宽×高）	4650mm×3194mm×2580mm
13	配套井架型号	JJ675/57-K井架

表 3-4 TC675-3 和 TC675-1 天车主要技术参数对比

序号	名称	9000m 四单根 ZJ90DB-S TC675-3	普通 9000m 钻机 ZJ90DB TC675-1
1	额定载荷	6750kN	6750kN
2	适用钢丝绳直径	42mm（1$\frac{5}{8}$in）	45mm（1$\frac{3}{4}$in）
3	主滑轮数	7个	7个
4	主滑轮外径	1400mm（55in）	1524mm（60in）
5	导向轮	1个	1个
6	导向轮外径	1400mm（55in）	1524mm（60in）
7	辅助滑轮外径（不可转动）	400mm	400mm
8	辅助滑轮数（不可转动）	2个	2个
9	辅助滑轮外径（可转动）	356mm	356mm
10	辅助滑轮数（可转动）	2个	3个
11	辅助滑轮适用的钢丝绳直径	19mm（$\frac{3}{4}$in）	19mm（$\frac{3}{4}$in）
12	外形尺寸（长×宽×高）	4650mm×3194mm×2580mm	4650mm×3340mm×2702mm
13	质量	12120kg	13750kg
14	配套井架型号	JJ675/57-K 井架	JJ675/48-K 井架

3. 配套设施

天车配套设施包括避雷装置、高空障碍指示灯、登梯助力器和防坠落装置等。本内容请参见 8000m 超深井钻机相关章节。

4. 技术特点

TC675-3 高承载能力天车为满足 ZJ90/6750-S 四单根立柱钻机绞车高容绳量的要求，在设计上做了一些优化，主要有以下几个方面。

（1）采用绳槽尺寸适合直径为 ϕ42mm 钢丝绳的滑轮，满足绞车高容绳量要求。

常规 9000m 钻机使用直径为 ϕ45mm 的钻井钢丝绳，为了提高绞车容绳量，四单根立柱钻机采用直径为 ϕ42mm 的压实股钢丝绳，天车、游动滑车的滑轮直径和绳槽尺寸也相应减小。这样不仅达到提高绞车容绳量的目的，同时降低了整个天车、游动滑车的体积、重量和惯性矩。

（2）天车台采用高强度结构钢。

天车台采用 Q420E 低合金高强度结构钢组焊而成，既满足 6750kN 高承载能力的要求，同时也满足低温环境要求。

四、高强度游动滑车

YC675-1 游动滑车是重要的提升设备，游动滑车动滑轮组与天车静滑轮组配合工作，绞车通过钻井钢丝绳驱动游动滑车在井架内部移动。

1. 结构与原理

YC675-1 游动滑车是 ZJ90/6750DB-S 四单根立柱钻机提升系统的组成部分。7 只动滑轮通过轴承安装在同一根滑轮轴上，当绞车滚筒释放钢丝绳时，游动滑车下行；当绞车滚筒卷入钢丝绳时，游动滑车上行。

YC675-1 游动滑车主要由吊梁、滑轮、滑轮轴、左右侧板组、护罩、提环、提环销等组成，YC675-1 游动滑车结构如图 3-13 所示。

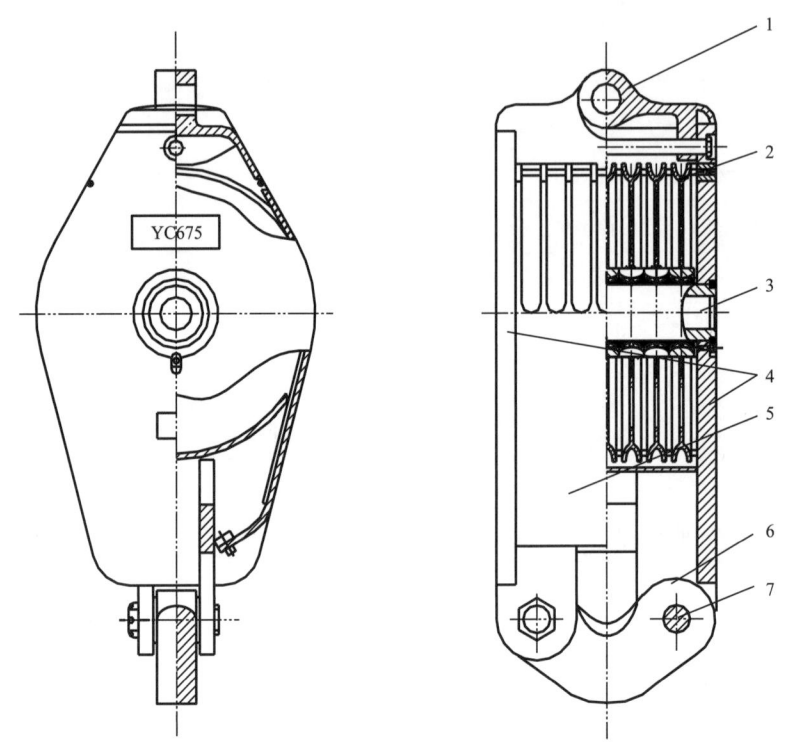

图 3-13　YC675-1 游车结构示意图

1—吊梁；2—滑轮；3—滑轮轴；4—左右侧板组；5—护罩；6—提环；7—提环销

（1）吊梁：吊梁通过吊梁销连接在侧板组的上部，吊梁上有一吊装孔，用于起升和下放游动滑车及其下部的连接件；该吊装孔可以安全地起升和下放游动滑车及下部连接件，整体质量不得超过 350kN。

（2）滑轮：7 只滑轮由双列圆锥滚子轴承支承在滑轮轴上，每个轴承都有单独的润滑油道，可通过安装在滑轮轴两端的油杯分别进行润滑。滑轮绳槽满足 API SPEC 8C 的要求。

（3）滑轮轴：滑轮轴通过轴承支承 7 只滑轮，两端固定在左右侧板组的轴孔内，内部有润滑油道，可通过端部的油杯润滑每个轴承。

（4）左右侧板组：对称的左右两块组焊板结构件，是滑轮组和提环安装及游车承载的主体。滑轮组及滑轮轴总成安装在侧板组的上部，提环安装在下部。

（5）护罩：为防止钻井液等污物进入游动滑车内部，在游动滑车两侧装有护罩，护罩通过销及丝堵与侧板相连接。为防止钢丝绳跳绳，在侧板组上还焊有下护板，以保证钢丝绳安全工作。

（6）提环：游动滑车提环由两个提环销牢固地连接在两侧板组上。提环与下部提升设备连接部分的接触表面半径符合 API SPEC 8C 规范要求。游动滑车下部可通过提环悬挂大钩和顶驱。

（7）提环销：用于连接提环和左右侧板组。提环销一端用开槽螺母及开口销固定，当摘挂大钩或顶驱时，可以拆掉游动滑车的任何一个或两个提环销。

2. 主要技术参数

YC675 游动滑车是遵循美国石油学会 API SPEC 8C 规范要求设计和制造的，其主要技术参数见表 3-5。9000m 四单根钻机 YC675-1 游动滑车和普通 9000m 钻机 YC675 游动滑车技术参数对比见表 3-6。

表 3-5　YC675-1 游动滑车技术参数

型号	YC675
额定载荷	6750kN
滑轮数	7
滑轮直径	1400mm（55in）
适用钢丝绳直径	42mm（$1\frac{5}{8}$in）
外形尺寸（长 × 宽 × 高）	3088mm × 1476mm × 1148mm
理论质量	9883kg

表 3-6　9000m 四单根钻机 YC675-1 游车和普通 9000m 钻机 YC675 游车技术参数对比

配套钻机	ZJ90DB-S	ZJ90DB
型号	YC675-1	YC675
额定载荷	6750kN	6750kN
滑轮数	7	7
滑轮直径	1400mm（55in）	1524mm（60in）
适用钢丝绳直径	42mm（$1\frac{5}{8}$in）	45mm（$1\frac{3}{4}$in）
外形尺寸（长 × 宽 × 高）	3088mm × 1476mm × 1148mm	3416mm × 1600mm × 1150mm
理论质量	9883kg	10806kg

3. 技术特点

（1）采用绳槽尺寸适合直径为 42mm 钢丝绳的滑轮，满足绞车高容绳量要求。

常规 9000m 钻机使用直径为 ϕ45mm 的钻井钢丝绳。为了提高绞车容绳量，四单根立柱 9000m 钻机使用直径为 ϕ42mm 的钻井钢丝绳，天车、游动滑车的滑轮直径和绳槽尺寸也相应减小。这样不仅达到了提高绞车容绳量的目的，同时降低了整个天车、游动滑车的体积、重量和惯性矩。

（2）游动滑车左右侧板组采用了高强度结构钢。

游动滑车左右侧板组钢板采用Q460E高强度结构钢，既满足了6750kN承载能力的要求，又满足了低温环境要求，同时也减小了整个游动滑车的体积和重量。

五、大容绳量绞车

四单根立柱9000m钻机与三单根钻机相比，游动系统工作高度范围更大，在相同钻井绳数下钢丝绳有效工作长度增加三分之一，绞车具有更大的容绳量。为了在不显著增加绞车尺寸的情况下保证钻机提升系统的工作性能，四单根立柱钻机绞车采用了比常规9000m钻机直径小的钻井钢丝绳。

1. 技术参数

JC-90DB$_3$绞车技术参数见表3-7。

表3-7　JC-90DB$_3$绞车技术参数

序号	项目		参数
1	额定输入功率		2200kW（3600hp）
2	最大快绳拉力		640kN
3	提升挡位		Ⅱ+ⅡR
4	滚筒转速		0～380r/min（高速挡） 0～250r/min（低速挡）
5	钩速		0～1.8m/s（高速挡） 0～1.2m/s（低速挡）
6	主滚筒尺寸（直径×长度）开槽		ϕ1060mm×2055mm，开槽
7	刹车盘尺寸（直径×厚度）		2200mm×80mm
8	减速箱总传动比		低速挡 i=8.7568 高速挡 i=5.72448
9	单台减速箱额定输出扭矩		32.00kN·m
10	自动送钻基本参数	自动送钻型号	M2JA225M4A-WJ41
		送钻电动机功率	45kW ABB 交流变频
		减速比	i=1∶129.64
11	适用钢丝绳直径		42mm
12	刹车形式		液压盘式刹车+电动机能耗制动
13	绞车外形尺寸（长×宽×高）		10882mm×3250mm×3116mm
14	绞车质量		84266kg

绞车提升参数见表3-8和表3-9。

表 3-8　两台电动机工作时绞车提升参数（Ⅱ挡）

电动机转速 r/min	12 股绳（$\eta=0.782$）		14 股绳（$\eta=0.755$）	
	钩速，m/s	钩载，kN	钩速，m/s	钩载，kN
0	0	4057	0	4570
500	0.49	3120	0.42	3515
855	0.83	1824	0.71	2055
1033	1.00	1511	0.86	1702
1210	1.17	1290	1.01	1453
1503	1.46	1038	1.25	1169
1650	1.60	946	1.37	1065
1833	1.78	775	1.52	872
2072	2.01	610	1.72	688
2232	2.17	528	1.86	595

表 3-9　两台电动机工作时绞车提升参数（Ⅰ挡）

电动机转速 r/min	12 股绳（$\eta=0.782$）		14 股绳（$\eta=0.755$）	
	钩速，m/s	钩载，kN	钩速，m/s	钩载，kN
0	0	5993	0	6750
500	0.33	4609	0.28	5192
855	0.56	2695	0.48	3035
1033	0.68	2232	0.58	2514
1210	0.79	1905	0.68	2146
1503	0.99	1533	0.85	1727
1650	1.08	1397	0.93	1574
1833	1.20	1144	1.03	1289
2072	1.36	902	1.17	1016
2232	1.47	780	1.26	879

2. 结构与原理

JC-90DB$_3$ 绞车充分考虑了四单根立柱钻机立根长而绞车上缠绳多、负荷大的特点，全新设计了该型绞车。绞车主要由自动送钻装置、主电动机、仪表装置、减速箱、气控系统、绞车支架、滚筒轴总成、液压盘刹装置、绞车底座、机油润滑系统等单元部件组成（图 3-14）。整个绞车可分为 3 个独立的运输单元：绞车左右两侧的主电动机、减速器、自动送钻装置分别安装在各自的小底座上，构成两个独立运输单元（左、右各一个单元），滚筒轴总成及刹车系统安装在一个大底座上构成一个运输单元。三个单元既可以单独运输，也可以整体运输。

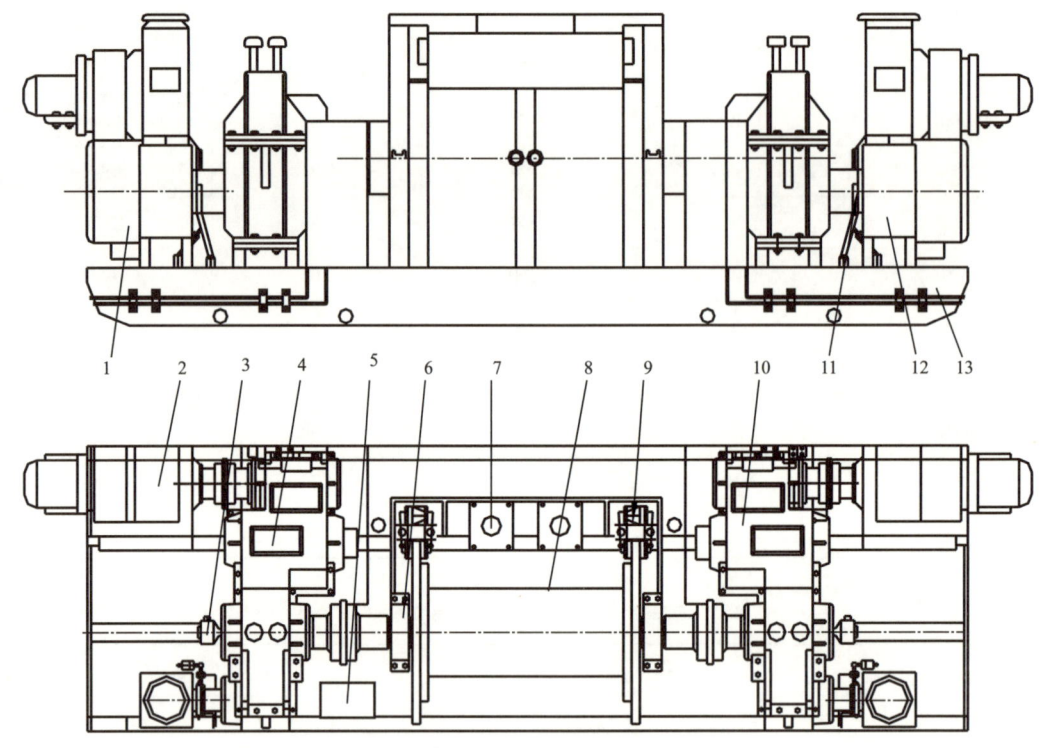

图3-14　JC-90DB₃绞车结构示意图

1—自动送钻装置（左）；2—主电动机（左）；3—仪表装置；4—主减速箱（左）；5—气控系统；
6—绞车支架；7—机油润滑系统；8—滚筒轴总成；9—液压盘刹装置；
10—主减速箱（右）；11—自动送钻离合装置；12—自动送钻装置（右）；13—绞车底座

绞车由两台1100kW连续功率、0～2200r/min的交流变频电动机分别经各自的齿轮减速箱减速后，驱动单轴绞车滚筒。绞车的两台主电动机可同时工作，也可任意一台单独工作。齿轮减速箱有两个挡位，通过气缸实现自动换挡，可以根据工况需要选择电动机和挡位（低速挡一般用在下套管、解卡等特殊工况；高速挡用于正常钻井工况，不需要频繁换挡）。主电动机和减速箱组成的动力系统功率大，变频调速范围宽。绞车整个变速过程完全由主电动机交流变频控制系统控制实现，具有零转速悬停功能，下钻依靠能耗制动控制刹车。绞车取消了传统的辅助刹车机构，辅助刹车功能由主电动机能耗制动实现。

绞车换挡机构在司钻房远程控制，挂合状态信号均在司钻控制房中显示。换挡和锁挡挂合的信号检测和反馈由安装在减速箱换挡手柄旁的行程开关和电控PLC实现，可避免司钻误操作。

绞车为单滚筒轴结构，滚筒整体开槽。在绞车左右两台齿轮箱前部外侧对称布置着自动送钻装置。两台自动送钻装置各由1台45kW交流变频电机（西门子防爆电动机）和1台立式直角减速箱构成，经齿式离合器啮合后并入齿轮减速箱，再带动单滚筒。正常情况下该装置作为自动送钻用，当主电动机出现异常时，该装置还可以作为应急用，用以活动钻具并可提起最大钻柱重量。

滚筒轴的转向和转速取决于主电动机或自动送钻电机的转向和控制速度,当自动送钻装置的齿式离合器脱开时,主电动机启动,则执行的是主电动机输送的信号。当主电动机停,自动送钻装置的齿式离合器挂合,自动送钻电机启动,则执行的是自动送钻电机输送的信号。即主电动机和自动送钻电机具有互锁功能,可防止出现误操作。操作控制均在司钻房内由电控PLC实现,控制操作简单方便。如图3-15所示为JC-90DB$_3$绞车传动示意图。

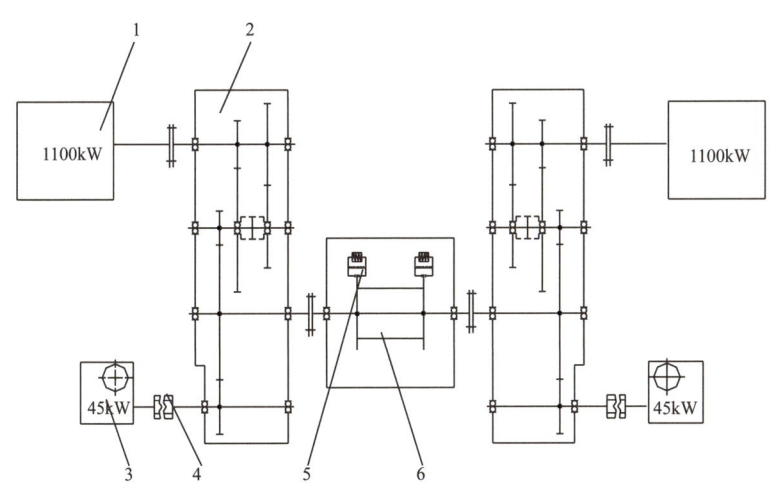

图3-15 JC-90DB3绞车传动示意图
1—主电动机;2—二挡减速箱;3—自动送钻装置;4—离合器;5—主刹车装置;6—滚筒体

1)绞车架

JC-90DB$_3$绞车架为轴承座式结构,分为底座和绞车支架两部分。

绞车底座主要用来支撑滚筒轴总成、动力传动底座(安装主电动机、齿轮减速箱、自动送钻装置的小底座),底座主梁均采用整体焊接式工字钢结构。滚筒体下方用钢板封底以避免油污滴漏对环境造成伤害;底座四周设有吊装绞车用的吊桩;滚筒轴正下方底座设有左、右齿轮减速箱润滑油箱,气控管线和油水管线均在底座内部,并设有活动检修盖板,为了安全起见,底座走道上铺设有防滑钢板。

绞车支架的墙板主要用于支撑盘式刹车装置的刹车钳架,支架上装有防护罩,支架左右两边装有钢丝绳挡绳辊。

2)滚筒轴总成

滚筒轴总成是绞车的关键部件,它由滚筒体、刹车盘、轴和轴承座等零部件组成(图3-16)。工作时,滚筒上缠绕着钻井钢丝绳,通过控制滚筒轴的正反转使钢丝绳在滚筒体上缠绳或退绳,实现游吊系统带动钻具起升或下放。

(1)滚筒轴总成的左、右轴承座分别通过4个M42螺栓固紧在绞车支架上。滚筒轴左端减速箱输出轴上装有仪表装置,它通过螺栓连接到减速箱输出轴轴端上,其主要功能是测取滚筒运转信号。

(2)滚筒体为铸焊式结构,筒体表面为整体式里巴斯绳槽,可以使筒体表面缠绕的钢丝绳（φ42mm）排绳整齐，减轻相互间的挤压，能有效延长钢丝绳的使用寿命。滚筒右侧设有绳窝，快绳卡就放置在绳窝内，拆卸方便。

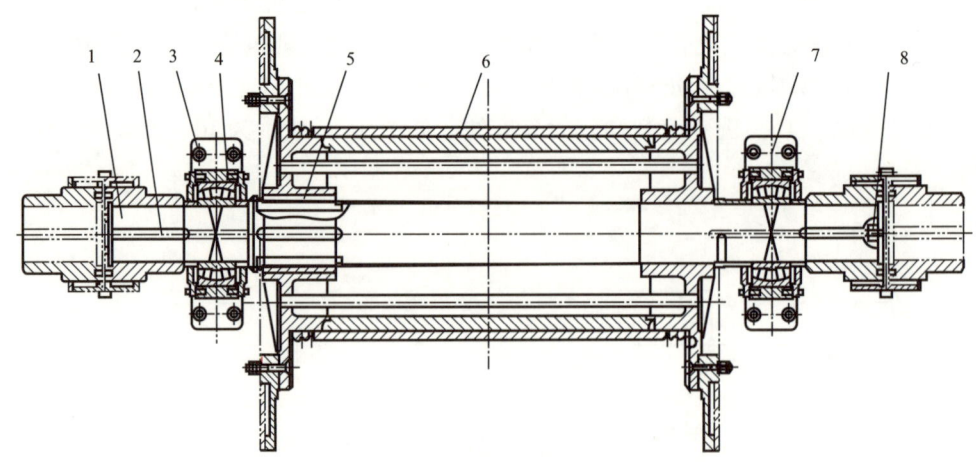

图 3-16　绞车滚筒轴总成
1—轴；2—键；3—左轴承座；4—轴承；5—键；6—滚筒体；7—右轴承座；8—密封垫

3）液压盘式刹车

JC-90DB$_3$ 绞车主刹车采用电控液压盘式刹车，由液压站、操纵台、制动执行机构及管路部分组成。液压站是动力源；执行机构包括常开式工作钳和常闭式安全钳、钳架、刹车盘等；操纵台是执行机构的控制中心，它通过电信号控制液压站中的电磁阀组，对制动执行机构的动作进行控制。

绞车主刹车配置的双刹车盘分布在滚筒左右，由钢板等焊接而成。刹车盘外径为 φ2200mm，厚度为 80mm，刹车盘上设风冷散热槽，采用自然风冷，无需冷却水，盘刹刹车片可快速更换。整个盘刹系统的刹车钳为"4+4"，左右两边刹车盘各有 2 个常闭钳和 2 个常开钳。液压盘式刹车采用独立的 YZ250B4 型盘刹液压站，盘刹液压站与绞车就近布置。

液压盘刹主要功能包括工作制动、紧急制动、过圈保护、驻车制动、断电保护等，具体内容参见 8000m 钻机交流变频绞车的相关章节。

4）自动送钻装置

自动送钻装置主要由 45kW 交流变频电动机、减速器、齿式离合器及电、气控制管线等零部件组成。自动送钻装置与减速箱传动轴的挂合通过图 3-17 所示机构实现。气控系统控制气缸推动拨叉，使内齿圈与减速箱传动轴挂合或脱开，从而实现自动送钻动力的输入或分离。

自动送钻装置功能主要有两个方面：一是当主系统发生故障时，该系统可进行应急操作，能提升最大钻柱重量或起放井架、底座；二是送钻时由数字化变频拖动系统设定恒转矩或恒转速，反拖滚筒，自动调整转矩或转速，从而实现恒钻压或恒转速自动送钻。送钻速度范围为 0.5～55m/h，钻压控制精度为 ±5kN。

5）齿轮减速箱

齿轮减速箱（图 3-18）为高低速两挡减速箱，分左、右箱体。左、右箱体对称设计，分别带有一台主电动机和一台自动送钻装置。绞车左、右减速箱均由换挡机构、输入轴、中间轴、输出轴、自动送钻轴等组成，高低速齿轮的换挡采用气缸自动控制。ZJ90DB$_3$ 绞车换挡机构与 ZJ80DB 绞车一样也是在司钻房远程控制，挂合状态信号均在司钻控制房中显示，换挡、锁挡和挂合的信号检测、反馈由安装在减速箱换挡手柄旁的行程开关和电控 PLC 实现，既防止了误操作，又减轻了人员往返于钻台和绞车后台处操作的辛苦。变速箱不仅具有气动换挡功能，而且还装有手动换挡装置，正常工作时将手动换挡杆取下，当气动换挡出现故障时，可装上手动换挡杆作为应急。

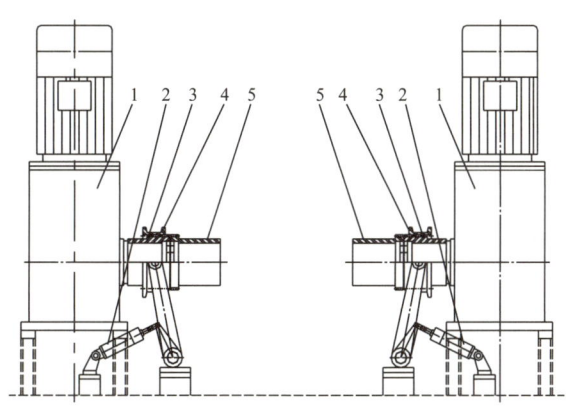

图 3-17 自动送钻装置与减速箱左右连接机构示意图

1—自动送钻装置；2—气缸（拨叉机构）；3—外齿圈Ⅱ；4—内齿圈；5—外齿圈Ⅰ

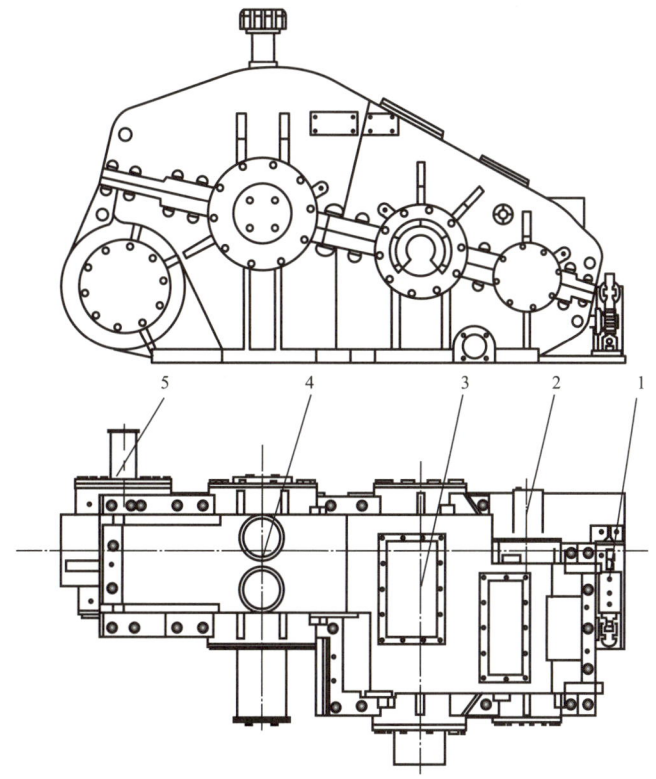

图 3-18 齿轮减速箱示意图

1—换挡机构；2—输入轴；3—中间轴；4—输出轴；5—自动送钻轴

绞车齿轮减速箱采用大模数硬齿面高强度齿轮，齿轮及轴承采用强制润滑。箱体为铸件，采用剖分式结构。齿轮减速箱润滑油箱设置在绞车底座内，并有润滑油加热装置。润滑系统为双电机油泵装置，互为备用。润滑系统设压力表和自动检测装置，一旦润滑系统出现异常，钻机控制系统自动实现声光报警，保证减速箱安全运行。滚筒轴主轴承、鼓形齿联轴器和刹车钳采用润滑脂润滑。

齿轮减速箱基本参数见表3–10。

表 3–10 齿轮减速箱基本参数

序号	基本参数名称	参数
1	齿轮减速箱主传动比	低速挡 i_1=8.7568；高速挡 i_2=5.72488
2	额定输入转速	n=500r/min
3	最大输入转速	n_{max}=2200r/min
4	额定输入扭矩	T=21010kN·m
5	最大输入扭矩	T_{max}=29.00kN·m
6	自动送钻减速箱传动比（一级）	i=3.54
7	自动送钻输入额定转速	$n_{额}$=12r/min
8	质量	13000kg

3. 配套设施

（1）绞车遮阳棚。四单根立柱钻机绞车配套了遮阳棚，以适应在恶劣气候环境中进行钻井作业。遮阳棚采用钢结构骨架，整个遮阳棚分为绞车底座挡风墙和遮阳棚两部分，挡风墙之间采用活连接，安装、拆卸快捷、方便。

（2）冷却和加热装置。绞车润滑油箱内装有盘管和电加热器装置，在环境温度高的情况下，冷却盘管内可通入循环冷却水，以降低油箱内油池的工作温度；如果冬季天气寒冷，为保证润滑油正常流动，盘管内可通入热水或蒸汽，或者启用电加热装置预热。

4. 技术特点

（1）JC-90DB$_3$绞车滚筒体为组焊式结构。滚筒表面为整体式里巴斯（Lebus）绳槽，可以使钢丝绳缠绕时排绳整齐，减轻绳子相互间的挤压，能有效延长钢丝绳使用寿命。

四单根立柱钻机绞车采用整体式绳槽滚筒结构。这种绳槽结构不需要像剖分塞焊式结构绳槽那样分开加工直槽体、斜槽体和单独铸造爬坡块，再将斜槽体剖开成两瓣后采用塞焊工艺焊接在滚筒体上，而是采用专用数控机床，使用成型刀具直接在滚筒体上加工出绳槽体段（包括直槽体段和斜槽体段）和爬坡段。这种滚筒由于滚筒体与绳槽为一体结构，具有加工精度高、强度高，槽体不易变形，制造工艺简单等特点。

（2）绞车底座有墙板式和轴承座式两种结构。墙板式结构绞车的滚筒轴承安装在底座左右两侧的主墙板的轴承孔内。这种结构对两墙板轴承孔的机械加工精度要求高，加工工艺复杂。轴承座式结构绞车的滚筒两端轴承安装在轴承座内，轴承座再直接安装到底座两侧的轴承座的支撑座上。这种结构因为轴承座是单独零件，孔的加工工艺简单。绞车底座两边轴承座的支撑座的加工精度要求也较低，加工工艺也简单。JC-90DB$_3$绞车采用轴承

座式结构,具有以下技术特点:

①结构简单,整体质量轻;

②加工精度要求较低,加工制造工艺简单,制造成本低;

③安装方便,维修保养方便。

(3) JC-90DB₃ 绞车采用两台电机功率为 45kW 的自动送钻装置,增加了钻机自动送钻系统的功率储备,增大了额定输出扭矩。常规 9000m 钻机自动送钻电机既有采用 37kW 的,也有采用 45kW 的。单台 37kW 电机自动送钻装置额定输出扭矩为 28.645kN·m,最大钩速为 0.01m/s。为了确保 9000m 四单根钻机具有更强的应急能力,自动送钻装置采用了 45kW 电机,单台额定输出扭矩为 32.00kN·m,最大钩速为 0.015m/s,额定输出扭矩增加约 12%,最大钩速增加了 50%。

(4) JC-90DB₃ 绞车采用 $\phi 42mm$ 压实股钢丝绳。四单根立柱 9000m 钻机井架有效高度为 57.5m,比常规 9000m 钻机增加约 20%,在提升系统仍为 7×8 轮系的情况下,绞车滚筒缠绳长度增加了约 133m。如果按常规 9000m 钻机选用 $\phi 45mm$ 钻井钢丝绳,绞车滚筒尺寸、绞车滚筒轴的输入扭矩均相应增加。采用 42mm 压实股钢丝绳后,这些问题都得到很好的解决。四单根立柱钻机采用 $\phi 42mm$ 压实股钻井钢丝绳,绞车滚筒直径没有增加,只是适当地增加滚筒长度,这样最大限度地控制了绞车尺寸的增加。由于绞车滚筒直径没有增加,绞车快绳的拉力基本没变,故不需要增加绞车的输入功率。

(5) 绞车采用多运输单元结构,分左动力机组底座、右动力机组底座和绞车大底座共 3 个运输单元。绞车动力机组底座与绞车大底座采用公锥、母锥定位销轴连接结构,可快速拆卸成 3 个独立单元分别运输,在运输条件允许的情况下,也可按一个整体运输单元运输。采用多单元运输结构,具有结构紧凑简单、安装定位精度高、安装拆卸快捷方便、运输方便的特点。

第三节　四单根立柱受力分析及其大位移控制

在钻井过程中,每一根钻杆或钻铤称为一个单根。在起下钻过程中,为了减少接卸单根的停顿时间,通常以三个单根组成的立柱为单元进行起下钻。四单根立柱是为进一步提高起下钻的速率,降低井下事故而提出的。它是将四个单根组成一个起下钻单元,比常规的三单根立柱长一个单根,约长 9.4m。由于立柱变长,其柔性会明显增加,在运移和靠放过程中可能会存在无法打开吊卡、失稳、滑移、倾覆等风险。为了解决这些问题,安全高效地实施四单根立柱钻井作业,需要对四单根立柱的影响因素进行分析,并找出解决这些问题的方法。

一、四单根立柱排放形变位移分析

1. 四单根立柱的排放

四单根立柱排放的操作步骤与常规三单根立柱相似,立柱移运方式与主要步骤分为起钻和下钻两种情况。

1) 起钻时立柱的移运过程

(1) 起钻时,顶驱将钻柱从井底提升四个单根的高度后悬停在井口中心,钻工在井口放置卡瓦，下放顶驱将井下钻柱坐放在卡瓦上。

（2）用液压大钳卸开钻柱接头的螺纹，将所提出的四单根立柱的下端推送到二层台指梁下方的立根台上。

（3）待立柱放置平稳后，二层台上的井架工用绳子将立柱上端从顶驱吊环吊卡处拉出并放入二层台相应的指梁内，一根四单根立柱的起、放、靠放操作过程即完成。

2）下钻时立柱的移运过程

（1）下钻时，井架工先用绳子将立柱上端拉出指梁，然后沿指梁与猴台之间的间隙移运至顶驱吊环处，扣合吊卡。

（2）将顶驱上提吊起立柱，钻工将立柱下端推至井口中心，与坐放在转盘吊卡上的钻杆接头对中，上扣，完成下钻过程。

与三单根立柱比较，尽管钻工和井架工的操作步骤相似，但劳动强度有所提高，尤其是推送四单根钻铤时需要多名钻工协同工作。一般情况下，辅助二层台上不需要人员，只有靠放前两排钻柱或靠放钻铤时，才需要人员在辅助二层台上协助。

2. 四单根立柱形变位移分析

通常情况下，四单根立柱从顶驱处移运至二层台指梁处，会有一个最大的变形位移。待立柱靠放好后，由于从钻台到指梁的间距太大，也会产生形变位移。这主要是因为其下端坐放在底座立根台上，上端靠放在二层台的指梁上，立柱与竖直方向一般存在1°左右的倾角，此时重力偏离产生水平分力，在其作用下立柱就会弯曲变形。另外，作用在立柱上的风载会进一步加大立柱变形，而且这种变形是线性叠加的。由此可见，重力和风载是四单根立柱靠放变形的主要成因。四单根立柱靠放示意图如图3-19所示。

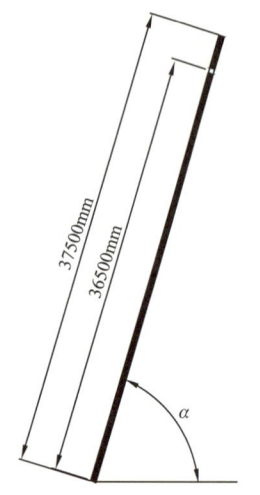

图3-19 四单根立柱靠放示意图

3. 形变位移对立柱排放的影响

立柱靠放形变位移的存在会导致钻杆下接头在底座的立根台上产生滑移，甚至会导致立柱失稳。靠放形变位移与钻柱的倾斜角有关，一般来说，钻柱的倾斜角越大，靠放形变位移也越大。因此，必须严格控制立柱靠放角度的大小，使立柱形变位移保持在一定的安全范围内。一般将靠放倾角控制在1°左右。

4. 四单根立柱力学分析

立柱用钢材，材料属性见表3-11。

表3-11 立柱材料属性表

立柱类型	材料类型	弹性模量，GPa	泊松比	密度，kg/m³	屈服强度，MPa
钻杆	钢	190	0.34	7850	827
钻铤	钢	190	0.34	7850	700

立柱规格及尺寸参数见表3-12。

表3-12 立柱规格及尺寸参数表

立柱类型	立柱规格	外径，mm	壁厚，mm
钻杆	5in	127	9.19
	$5\frac{1}{2}$in	139.7	9.17
	$6\frac{5}{8}$in	168.3	8.38
钻铤	$4\frac{3}{4}$in	120.7	50.8
	5in	127	57.2
	$6\frac{1}{4}$in	158.8	57.2

四单根立柱的靠放力学模型可简化为两端铰接，其长度系数 μ 为1，如图3-20所示。根据材料力学理论[4]可知：

$$F_{cr0} = \frac{\pi^2 EI}{(\mu L)^2} = \frac{\pi^2 EI}{L^2} \quad （3-1）$$

式中 F_{cr0}——不考虑自重时的钻柱临界压力，N；
E——钻杆的弹性模量，$E=2.06 \times 10^{11}$Pa；
I——钻柱的惯性矩，m^4；
L——钻柱的长度，m。

钻柱自身的重力会使所需施加的外载荷减小。根据相关文献[5-7]的论述，重力会将钻柱稳定的临界力降低约30%，即自重影响下钻柱临界压力存在以下关系：

$$F_{cr} = F_{cr0} - 0.3qLg = \frac{\pi^2 EI}{L^2} - 0.3qLg \quad （3-2）$$

图3-20 四单根立柱的靠放力学模型

式中 F_{cr}——自重影响下钻柱临界压力；
q——钻柱的线密度；
g——重力加速度。

若仅钻杆自重就使其失稳，则 F_{cr} 等于零。根据美国钢结构规范[8]，外加压力约大于等于临界压力的两倍左右才是安全稳定的构件。故计算压力为：

$$F \approx 2 \times 0.3qLg = 0.6qLg \quad （3-3）$$

将四单根立柱的计算压力与不考虑自重时的钻柱临界压力进行比较，若计算压力大，则该规格钻杆可稳定地进行四单根作业，反之，则不行。三单根立柱的计算、比较方法与四单根立柱相同。

常用四单根钻柱和三单根钻柱的临界压力与计算压力的对比分别如图3-21和3-22所示。由图可知，直径为ϕ127mm（5in）及以上的钻杆采用四单根立柱靠放稳定性满足施工要求，而直径为ϕ88.9mm（$3\frac{1}{2}$in）及以上的钻杆采用三单根立柱靠放稳定性满足施工要求。

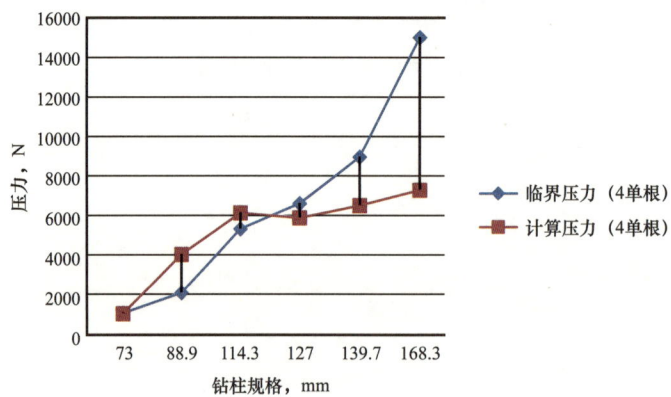

图 3-21 四单根钻柱的临界压力与计算压力的对比

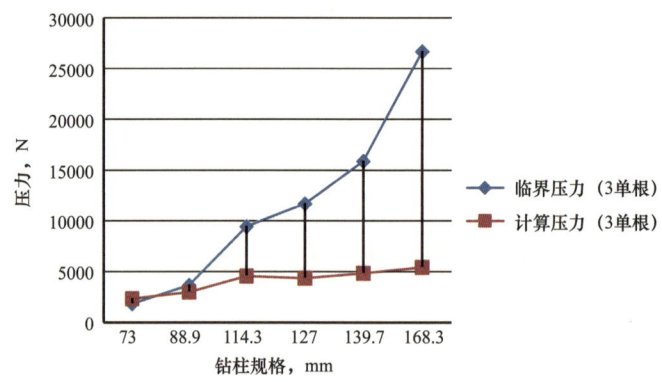

图 3-22 三单根钻柱的临界压力与计算压力的对比

由于钻杆存放持续的时间可能很长,因此要考虑风载的影响。

根据 API SPEC 4F 规范,立柱在靠放工况时,风速对构件的作用力为:

$$F = C_h \cdot C_s \cdot S \cdot P \tag{3-4}$$

$$P = 0.611 \times V_k^2 \times C_h \times C_s \tag{3-5}$$

式中 F——风对立柱的作用力,N;

C_h——风中构件的高度系数,其值见表 3-13;

C_s——为构件在风中的形状系数,圆管的形状系数为 0.8;

S——单个构件的投影面积,等于构件长度乘以风的法向分量投影宽度,m²;

P——风压,Pa;

V_k——设计风速,m/s,该计算中陆地钻机井架的预期最大设计风速为 38.6m/s。

表 3-13 风中构件的高度系数

海拔高度,m	高度系数 C_h
0～4.6	0.92
6	0.95

续表

海拔高度，m	高度系数 C_h
7.6	0.97
9	0.99
12.2	1.02
15.2	1.05
18.3	1.07
21.3	1.08
24.4	1.10
27.4	1.11
30.5	1.12
36.6	1.15
42.7	1.17
48.8	1.18

以钻井常用的 5in 钻杆为例，从图 3-23 和图 3-24 可知，三单根和四单根的最大位移均位于整个结构的中间位置。三单根立柱的最大位移位于中间两个接箍之间，四单根立柱的最大位移位于中间两个单根的接箍附近，基本处于其重心所在的位置。

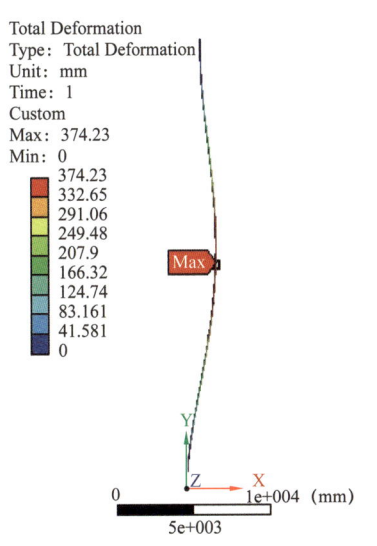
图 3-23 三单根靠放位移云图

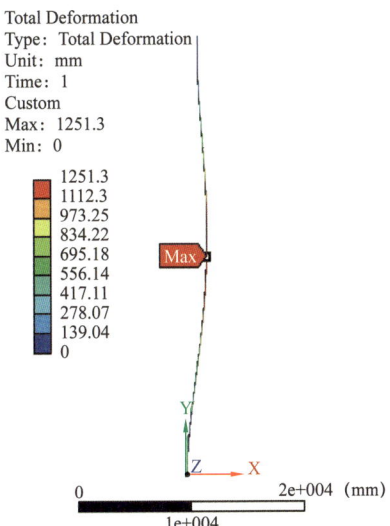
图 3-24 四单根靠放位移云图

从表 3-14 的计算结果可以看出，钻杆的最大位移、最大垂直位移和最大应力与钻杆的外径和壁厚呈反比，即钻杆外径越大或钻杆壁厚越厚，其最大位移、最大垂直位移和最大应力越小。此外，钻铤的最大位移、最大垂直位移和最大应力明显小于钻杆。

表 3-14　常用规格钻杆立柱在极限风载下靠放的计算结果

立柱类型	立柱规格	外径，mm	壁厚，mm	最大位移，mm	最大应力，MPa	最大垂直位移，mm
钻杆	5in	127	9.19	1251.3	374.46	34.1
钻杆	$5\frac{1}{2}$in	139.7	9.17	940.23	327.03	25.85
钻杆	$6\frac{5}{8}$in	168.3	8.38	632.14	503.8	17.7
钻铤	$4\frac{3}{4}$in	120.7	50.8	242.75	403.39	6.76
钻铤	5in	127	57.2	528.69	460.85	14.52
钻铤	$6\frac{1}{4}$in	158.8	57.2	198.02	518.59	5.66

从表 3-15 的计算结果可以看出，当井架装有辅助二层台后，钻杆的最大位移、最大垂直位移和最大应力均明显减小。此时，9in 钻铤的最大位移、最大垂直位移和最大应力甚至减少到非常小的程度。这说明，辅助二层台在减少钻柱变形方面有着非常显著的作用。另外，当钻井作业需要短起或用小尺寸钻具作业时，辅助二层台又可存放两单根立柱。

表 3-15　设置辅助二层台后，常用规格钻杆立柱在极限风载下靠放的计算结果

立柱类型	立柱规格	外径，mm	壁厚，mm	最大位移，mm	最大应力，MPa	最大垂直位移，mm
钻杆	5in	127	9.19	69.56	89.67	2.28
钻杆	$5\frac{1}{2}$in	139.7	9.17	55.84	79	1.96
钻杆	$6\frac{5}{8}$in	168.3	8.38	41.3	58.3	1.57
钻铤	$4\frac{3}{4}$in	120.7	50.8	40.01	154.82	1.4
钻铤	5in	127	57.2	36.71	141.16	1.27
钻铤	$6\frac{1}{4}$in	158.8	57.2	18.92	96.78	0.83

二、立柱移运过程受力分析

立柱移运过程的受力分析主要是指立柱在起下钻过程中移运的分析，即立柱上端从井口中心移运至二层台和立根台及其逆过程中的受力，并针对 5in、$5\frac{1}{2}$in、$6\frac{5}{8}$in 的钻杆以及 $4\frac{3}{4}$in、5in、$6\frac{1}{4}$in 的钻铤进行仿真分析。

1. 危险工况

四单根立柱的移运是指立柱上端从井口挪移到二层台挡杆（指梁）上的过程。立柱的移运过程存在 3 种危险工况。

危险工况 1：立柱上端处于井口垂直上方，下端在立根台最远端，此时，立柱在钻台面的垂直投影最大，如图 3-25 所示。图中，D 为立柱外径，y 为立柱在钻台面的垂直投影。

危险工况 2：立柱上端位于猴台外侧近指梁处，下端在立根台最远端，此时，立

柱约束条件与危险工况 1 基本相同，只是立柱在吊卡作用下从具有一定的速度，到最后速度变为 0，会对立柱产生冲击，如图 3-26 所示。图中，y 是立柱在钻台面的垂直投影。

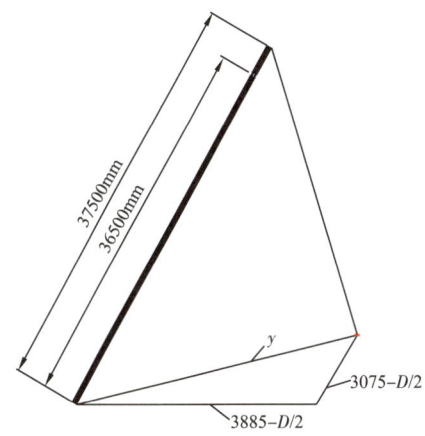

图 3-25　危险工况 1 示意图

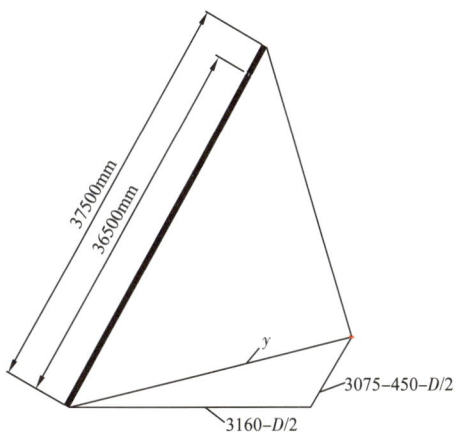

图 3-26　危险工况 2 示意图

危险工况 3：立柱上端靠放于主二层台指梁处，下端在立根台上。如图 3-27 所示，α 为立柱靠放时与水平面的夹角，一般在 88.5° 左右。此时立柱工作位置在钻台面的投影最小，基本直立排放。但此工况需考虑极限风载作用，其安全性也需慎重考虑。

对于常用规格钻杆和钻铤，以上三种危险工况的分析基本涵盖了四单根立柱移运的风险性。

2. 立柱移运危险工况仿真分析

ZJ90/6750DB-S 钻机四单根立柱移运过程的安全性是钻机施工的必要前提。

立柱移运过程的危险性主要有以下两方面：

（1）立柱的强度是否满足要求，施工作业过程中是否会发生失稳。

（2）存放过程中立柱挠度和上端下落距离是否过大，施工作业过程中是否会发生甩脱、滑脱等事故。

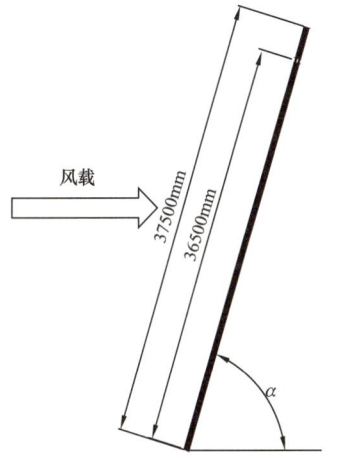

图 3-27　危险工况 3 示意图

由于立柱可能的变形大小，以及立柱本身的长度尺寸，危险工况 1、危险工况 2 按大变形仿真分析，危险工况 3 按小变形仿真分析更具合理性。

下面是经仿真分析计算出的前两种危险工况下立柱的最大应力和位移结果。

从表 3-16 可以看出，当壁厚接近时，随着钻杆外径的增大，最大位移和最大垂直位移均减小，最大应力也减小，对于钻铤亦存在类似规律。

由表 3-17 与表 3-16 的对比可以看出，钻杆立柱上端在猴台时的最大位移和最大垂直位移均比钻杆立柱上端在井口中心处的大。

表 3-16 危险工况 1 的计算结果

立柱类型	规格	外径,mm	壁厚,mm	最大位移,mm	最大应力,MPa	最大垂直位移,mm
钻杆	5in	127	9.19	1125.2	400.85	149.61
	$5\frac{1}{2}$in	139.7	9.17	876.95	50.9	137.95
	$6\frac{5}{8}$in	168.3	8.38	681.14	43.082	102.95
钻铤	$4\frac{3}{4}$in	120.7	50.8	880.27	331.46	147.04
	5in	127	57.2	943.9	569.32	156.52
	$6\frac{1}{4}$in	158.8	57.2	473.52	514.9	73.186

表 3-17 危险工况 2 的计算结果

立柱类型	立柱规格	外径,mm	壁厚,mm	最大位移,mm	最大应力,MPa	最大垂直位移,mm
钻杆	5in	127	9.19	724.29	98.835	96.49
	$5\frac{1}{2}$in	139.7	9.17	505.91	141.74	62.89
	$6\frac{5}{8}$in	168.3	8.38	466.14	187.46	56.964
钻铤	$4\frac{3}{4}$in	120.7	50.8	694.99	321	96
	5in	127	57.2	764.76	574.65	105.16
	$6\frac{1}{4}$in	158.8	57.2	394.18	298.35	50.685

3. 立柱下端最大推移力计算

当钻工从井口中心推移立柱到立根台最远端时,其推移力最大,立柱的受力情况如图 3-28 所示,该最大推力可通过以下方法计算:

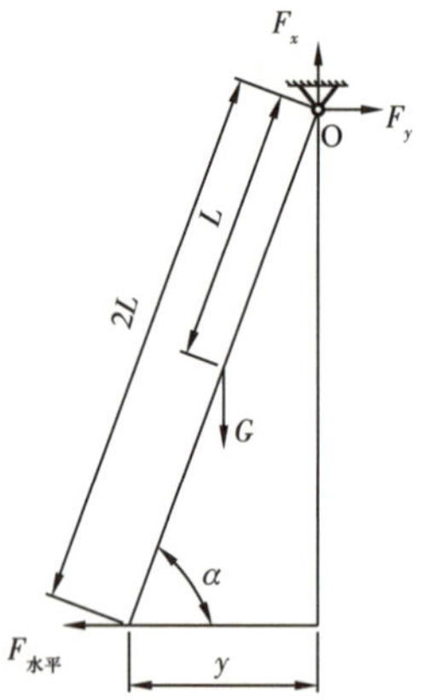

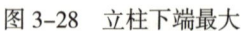

图 3-28 立柱下端最大推移力计算示意图

分析钻杆下端正对着最内侧指梁,上端正对着井口中心的钻工最大水平推力,根据静力平衡关系有:

$$G=F_x \quad (3-6)$$

$$F_{水平}=F_y \quad (3-7)$$

式中 G——管柱重力,N;

F_x——二层台对管柱支撑力在 x 方向的分量,N;

F_y——二层台对管柱支撑力在 y 方向的分量,N。

对铰点 O 取矩,力矩平衡:

$$2F_{水平}L\sin\alpha=GL\cos\alpha$$

$$F_{水平}=\frac{1}{2}G\frac{\cos\alpha}{\sin\alpha} \quad (3-8)$$

式中 $F_{水平}$——人在水平方向推管柱下端的力,N;

m——管柱的总质量,kg;

L——管柱的长度，m；

α——管柱与地面的夹角，(°)。

以 $5\frac{1}{2}$in 钻杆为例，钻杆重力：

$$G=mg=29.52\text{kg/m} \times 37.6\text{m} \times 9.8\text{m/s}^2=10877.53\text{N}$$

最大水平推力为：

$$F_{水平}=\frac{1}{2}G\frac{\cos\alpha}{\sin\alpha}=\frac{1}{2}\times 10877.53\times 0.1333\text{N}\approx 723\text{N}$$

井架工对立柱的最大拉力与钻工对立柱的最大推力大小相等，方向相反。

理论计算的下端最大推移力结果见表 3-18。

表 3-18 理论计算的下端最大推移力

立柱类型	立柱规格	外径，mm	壁厚，mm	四单根重力，N	最大推移力，N
钻杆	5in	127	9.19	9838.416	655.73
	$5\frac{1}{2}$in	139.7	9.17	10877.53	724.99
	$6\frac{5}{8}$in	168.3	8.38	12174.58	811.44
钻铤	$4\frac{3}{4}$in	120.7	50.8	27451.76	1829.66
	5in	127	57.2	29109.92	1940.18
	$6\frac{1}{4}$in	158.8	57.2	49965.89	3330.23

井架工对立柱的最大拉力与钻工对立柱的最大推力大小相等，方向相反。根据人机工程学的相关数据，一般人的推力约为 350N，故只需两三人推钻杆即可。对于钻铤，则需要多人或者借助机械工具推动，同时要做好安全防护措施。

4. 立柱移运屈曲分析

对四单根钻柱移运过程进行屈曲分析，选取危险工况 1，即钻柱顶端在井口中心，下端在立根台最远端的情况进行分析。钻杆的外径为 $\phi 168.3$mm，壁厚为 8.38mm，如图 3-29 为四单根立柱移运屈曲分析的前五阶模态。从图中可以看出，在移运到最大位置的过程中，立柱下端两根钻杆的变形量最大，但满足施工的稳定性要求。

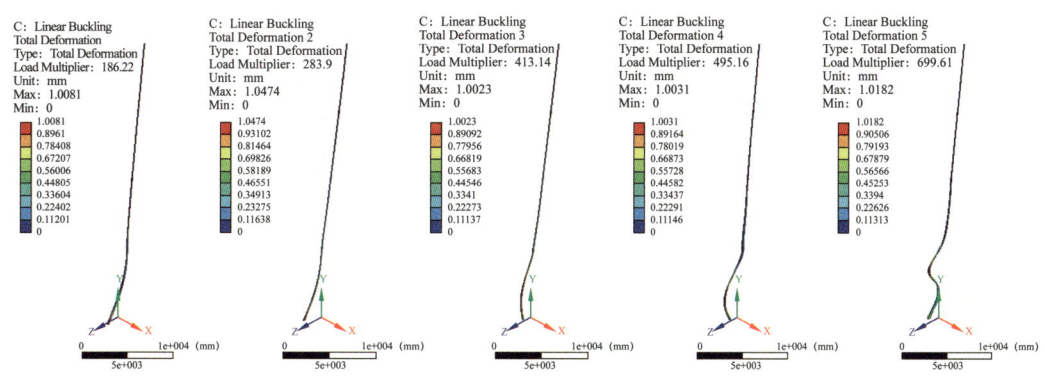

图 3-29 四单根立柱移运屈曲分析

5. 立柱挠度影响分析

立柱挠度的影响主要有两方面：对扣难、旋转挠度造成钻柱反扭。

对扣的难易在于井架和转盘的对中性以及螺纹的接触压力。前者由井架和底座的安装精度决定；后者由司钻的操作控制水平决定。不管是三单根立柱还是四单根立柱，立柱本身的重量都远远大于螺纹正常上卸扣所需的合理接触压力。司钻必须调整大钩或顶驱的位置，直到螺纹接触压力合适，才能保证顺利对上扣。对扣时，立柱的转速是很低的，转动的影响可以忽略。

另外，立柱旋转只能导致很小的挠度，不会有危险。因为不管是钻进旋转，还是上卸扣旋转，立柱的上下端都是有约束的。立柱有挠度时必然沿其轴线有线性伸长，杆柱伸长必须克服其上下端的约束力，其上下端的约束力由立柱旋转产生的离心力来克服，而低转速的立柱产生的离心力是较小的，不可能造成较大挠度。

三、立柱大位移的控制措施

由于四单根立柱下端靠摩擦力坐放在底座立根台上，上端则靠放在二层台指梁内，稳定性并不是很好。若整个立柱的形变位移过大，立柱就会发生失稳、滑脱。因此，必须保证立柱的最大形变位移在一定的范围内。

在四单根立柱弯矩最大的位置安装辅助二层台是减小其最大位移的最有效的解决方案。考虑到靠放倾角，根据理论计算和数值模拟，四单根立柱最大位移发生在中点靠下2～3m 的位置，即钻台面以上 16～17m 的位置。另外，要尽量减小四单根立柱的靠放倾角，降低立柱自身重力偏离立柱的水平分量，减小最大位移。

与三单根立柱相比，四单根立柱长度增加近 10m，靠放时刚性明显下降，挠度显著增加。另外，钻工和井架工推拉立柱的力也要大很多。

第四节　二层台仿真分析

二层台是钻机井架的重要组成部分，是排放钻柱、提高起下钻效率的重要设备。另外，它还有提高前开口井架的刚度、保证井架的稳定性等作用。为了进一步提高钻柱的刚度和稳定性，同时增加井架中下部的刚度，四单根立柱钻机井架在设置常规二层台（以下称主二层台）的基础上，还在钻台和主二层台之间增设了一个辅助二层台。

一、结构及工作原理

1. 主二层台

四单根立柱主二层台主要由二层台台体、连接座、斜撑总成、指梁总成、安全固定桩、猴台总成、左右走台、挡绳装置、逃生门等构成。主二层台上装有两台气动绞车、逃生装置，四周配有挡风墙（图 3-5）。起钻时，四单根立柱上端靠放在指梁内，下端靠摩擦力稳定在立根台上。每排指梁靠放的钻柱数量是一定的，这样既可保证钻柱在二层台上整齐有序地排列，又可使二层台的受力均衡。

为更好地进行钻井作业，降低井架工的劳动强度，保证井架工的安全，四单根立柱钻机二层台还配置了气动绞车、挡绳装置、逃生门和逃生装置等设备。

在钻井过程中，井架工可移运大部分钻杆柱，但是很难移运重量远大于钻杆柱的钻铤等立柱，因此设置了两个 5kN 的气动绞车以协助其移运立柱。为了防止钻井大绳进入二层台指梁发生事故，在二层台指梁外侧台体上设置了一个挡绳装置，在猴台的顶端安装了挡绳轮。

四单根立柱钻机井架主二层台有两个安装位置，分别位于距底座钻台面 34.5m 和 35.5m 处。之所以主二层台有两个安装位置，主要是因为 API SPEC 5DP 标准中明确说明钻杆长度是区间值，不同厂家、不同批次的钻杆长度可能会有偏差。若偏差较大，就必须调整二层台的高度才能保证钻杆上端始终位于二层台指梁的合适位置（约为 2m），以保证立柱靠放安全，同时使井架工的操作更加方便。主二层台安装位置调整时辅助二层台也需要联动，这是由于二层台高度的调整，四单根立柱的变形和弯曲变形的位置也会随之变化，支撑位置也应随之变化。故辅助二层台要随主二层台的调整而调整，但调整幅度比二层台略小。由于井架上与二层台相连的耳板有多个销孔，调整时只需同时改变二层台台体和斜撑的井架连接销孔即可。

2. 辅助二层台

9000m 四单根钻机的井架上除了装有主二层台外，还装有辅助二层台。辅助二层台安装在井架主二层台和钻台中间，安装高度（16m）既满足四单根立柱中部支撑的需要，又满足小尺寸钻杆二单根立柱的排放要求。辅助二层台的结构主要包括辅助二层台台体、翻转指梁、猴台、走道、护栏、支撑杆等（图 3-30）。

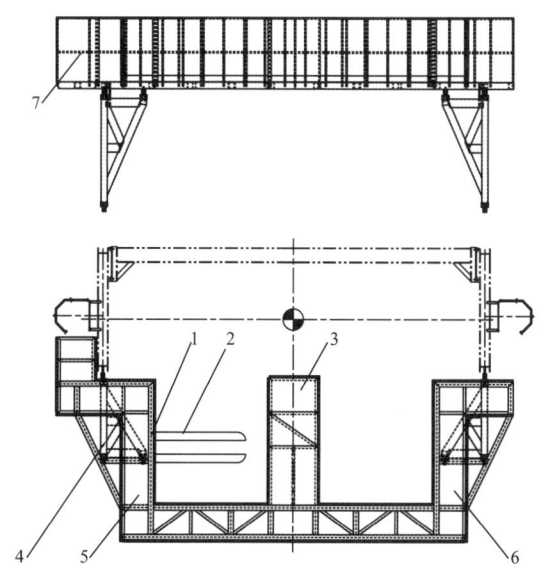

图 3-30 辅助二层台结构示意图

1—辅助二层台本体；2—翻转指梁；3—猴台；4—支撑杆；5—左走道；6—右走道；7—护栏

辅助二层台的主要作用有三个：一是作为四单根立柱的中间支撑，二是靠放小尺寸钻柱两单根，三是可以增加井架的整体刚度。辅助二层台在主二层台到钻台面之间的井架开口方向的两个大腿之间形成连接，使中下部井架的前大腿增加了一个横向约束，从而限制了井架前大腿的侧向变形。

井架辅助二层台的指梁采用翻转式结构，当指梁翻起时，满足四单根立柱中部的支撑需要（此时不需要辅助二层台的指梁）；当下放时，满足小尺寸钻杆二单根立柱的排放要求，小尺寸钻杆立柱的排放容量能满足要求。

二、二层台立柱排放量的确定

根据9000m四单根钻机的需求，分别确定两个二层台立根的排放量（包括不同尺寸的钻杆和钻铤）。

二层台的设计容量为：$5\frac{1}{2}$in钻杆240柱，9000m；$2\frac{7}{8}$~$3\frac{1}{2}$in钻杆810m；14in钻铤2柱；10in钻铤4柱；8in钻铤4柱。

排满立柱的主二层台和辅助二层台分别如图3-31和图3-32所示。

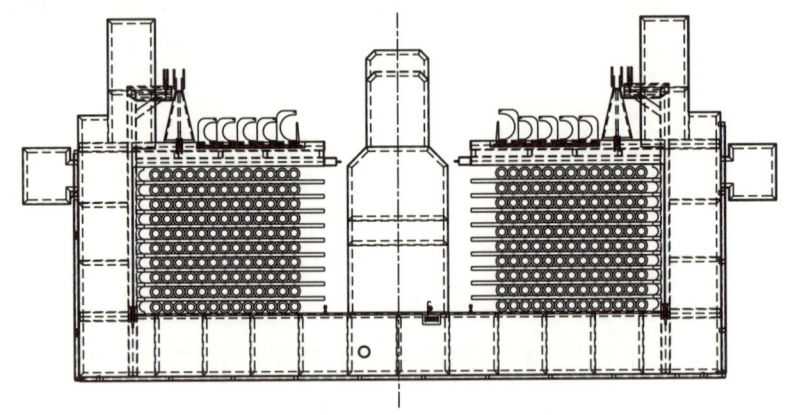

图3-31 排满立柱的主二层台示意图

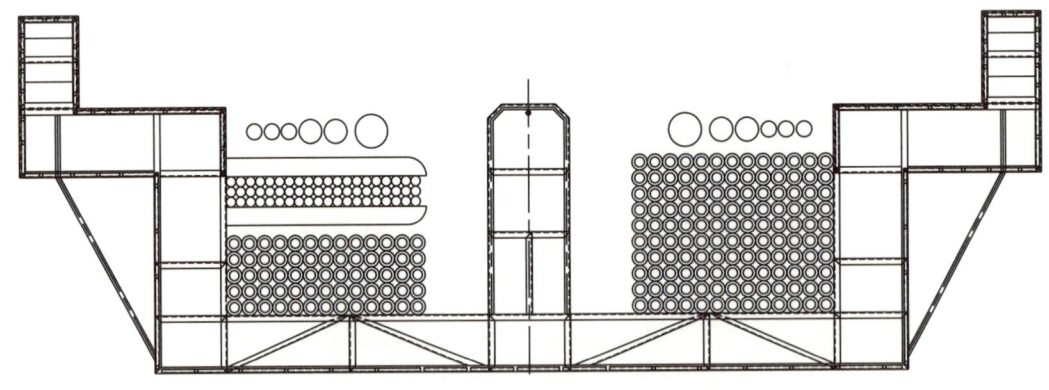

图3-32 排满立柱的辅助二层台示意图

三、二层台受力分析

1. 满立柱时二层台的静力计算

1）二层台计算建模和网格划分

严格按照SolidWorks三维设计软件详图建立二层台模型，仅忽略受力影响极小的封板、堵板、圆管等构件［图3-33（a）］，然后转换成中间格式文件，最后导入ANSYS软件中。设定模型的长度单位为mm，力的单位为N。

从图 3-33（b）可以看出，所划网格以六面体网格为主，网格质量较好，重要受力部位网格较密，其他部位较疏。这样既可满足计算精度和收敛性的要求，又可减少所划分节点和单元的数量，从而减少计算量。

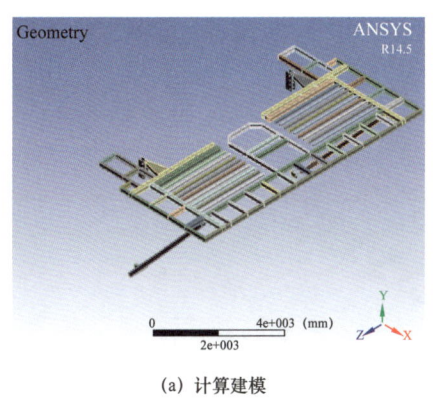 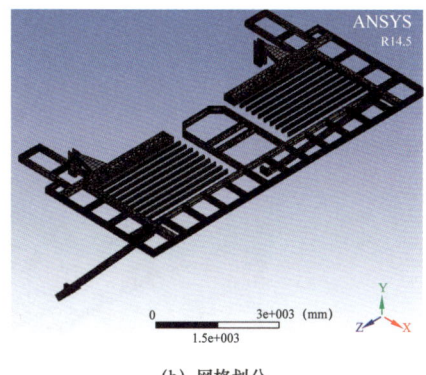

（a）计算建模　　　　　　　　　　　　　　（b）网格划分

图 3-33　二层台计算建模和网格划分

2）二层台计算加载和边界约束

如图 3-34 所示，二层台主要受重力、风载以及立柱对指梁的水平作用力。二层台的惯性力只有重力加速度，其值为 9.8066m/s^2。风的影响以风压的形式加载到相应构件的面上，并且考虑遮蔽，最大风力为 36m/s，对应的风压为 8.5×10^{-4}MPa。将钻柱重力形成的水平作用力加载到二层台上，即在每个指梁的承压面上分别加载 1872N 的力。二层台的边界条件主要是指将二层台与井架连接起来的所有耳板。

3）二层台的位移

由图 3-35 可知，二层台的最大位移发生在指梁的顶端。在钻柱移运过程中，要注意避免指梁受到较大的冲击。另外，还需要用加强筋板等构件对其进行加固，并在使用过程中注意检测其变形情况，以保证二层台的安全。

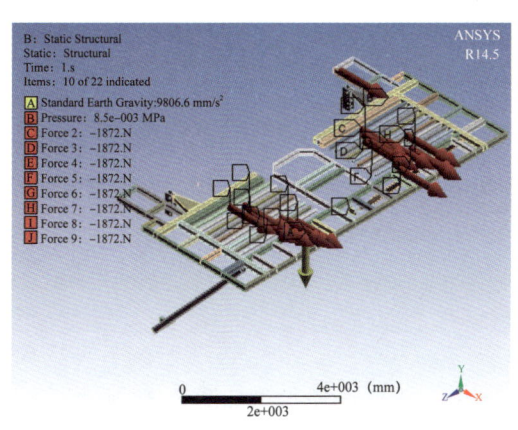 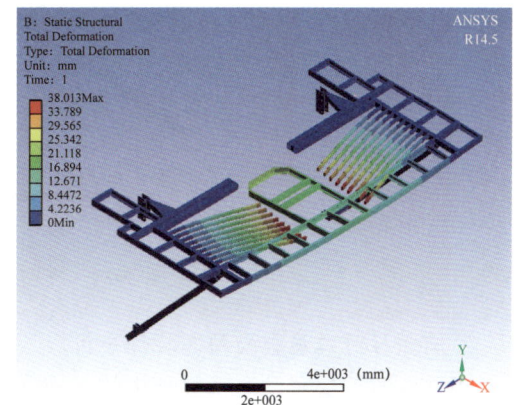

图 3-34　二层台计算加载和边界约束情况　　　　图 3-35　二层台的位移云图

4）二层台的等效应力和应变

如图 3-36 所示，二层台的最大等效应力为 181.5MPa，满足 API SPEC 4F 所规定的强度要求。由图 3-36 和图 3-37 可以看出，二层台的最大等效应力与最大等效应变相似，都发生在指梁的根部以及与指梁相连的走道梁上，需要用加强筋板等构件对其进行加固，并在使用过程中注意监测其变形情况，以保证二层台的安全。

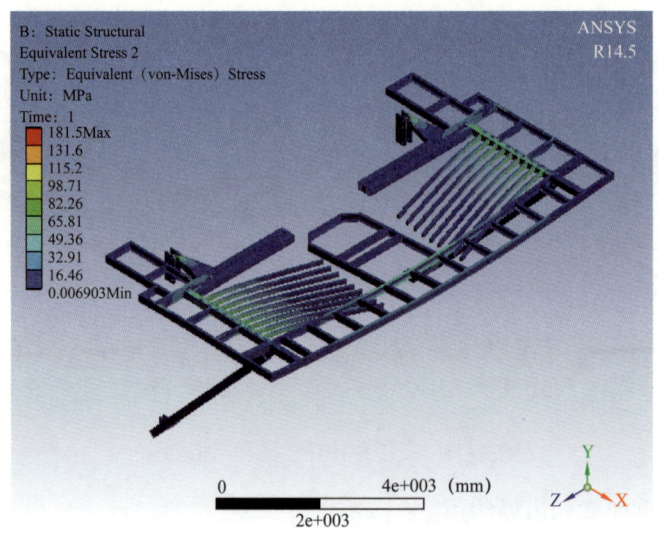

图 3-36　二层台的等效应力云图

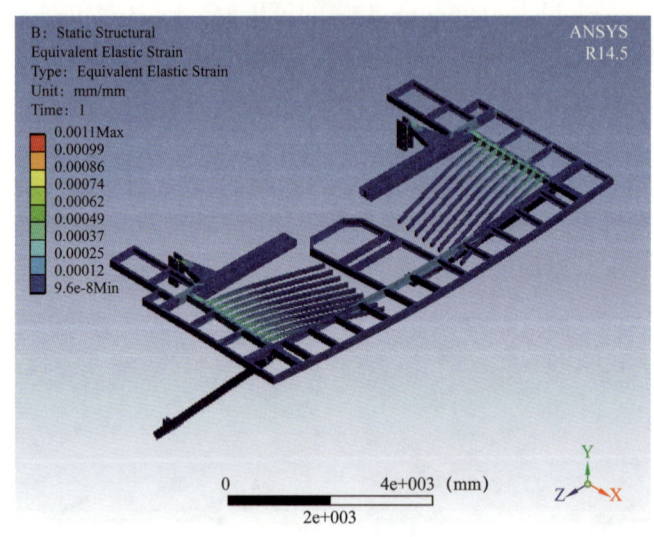

图 3-37　二层台的等效应变云图

2. 满立柱时二层台的动态特性分析

满立柱时二层台动态特性分析的基础是模态分析，其前六阶振型如图 3-38 所示。

从图 3-38 上看，一阶振型主要是二层台整体向 Z 轴正方向上的位移，以及左侧指梁向 X 轴正方向上的弯曲振动和右侧指梁向 X 轴负方向上的弯曲振动。二阶振型主要是二层台中前部整体向 Y 轴正方向的弯曲振动，其中猴台顶部振动幅度最大。三阶振型至六阶振型均主要是指梁在 XZ 平面内的弯曲振动，其中，三阶振型主要是二层台前部指梁向 X

轴正方向上的弯曲振动。四阶振型主要是二层台左侧指梁相向弯曲振动，右侧指梁相对弯曲振动。五阶振型主要是二层台两侧指梁均相对弯曲振动。而六阶振型二层台两侧指梁的弯曲振动无明显规律。

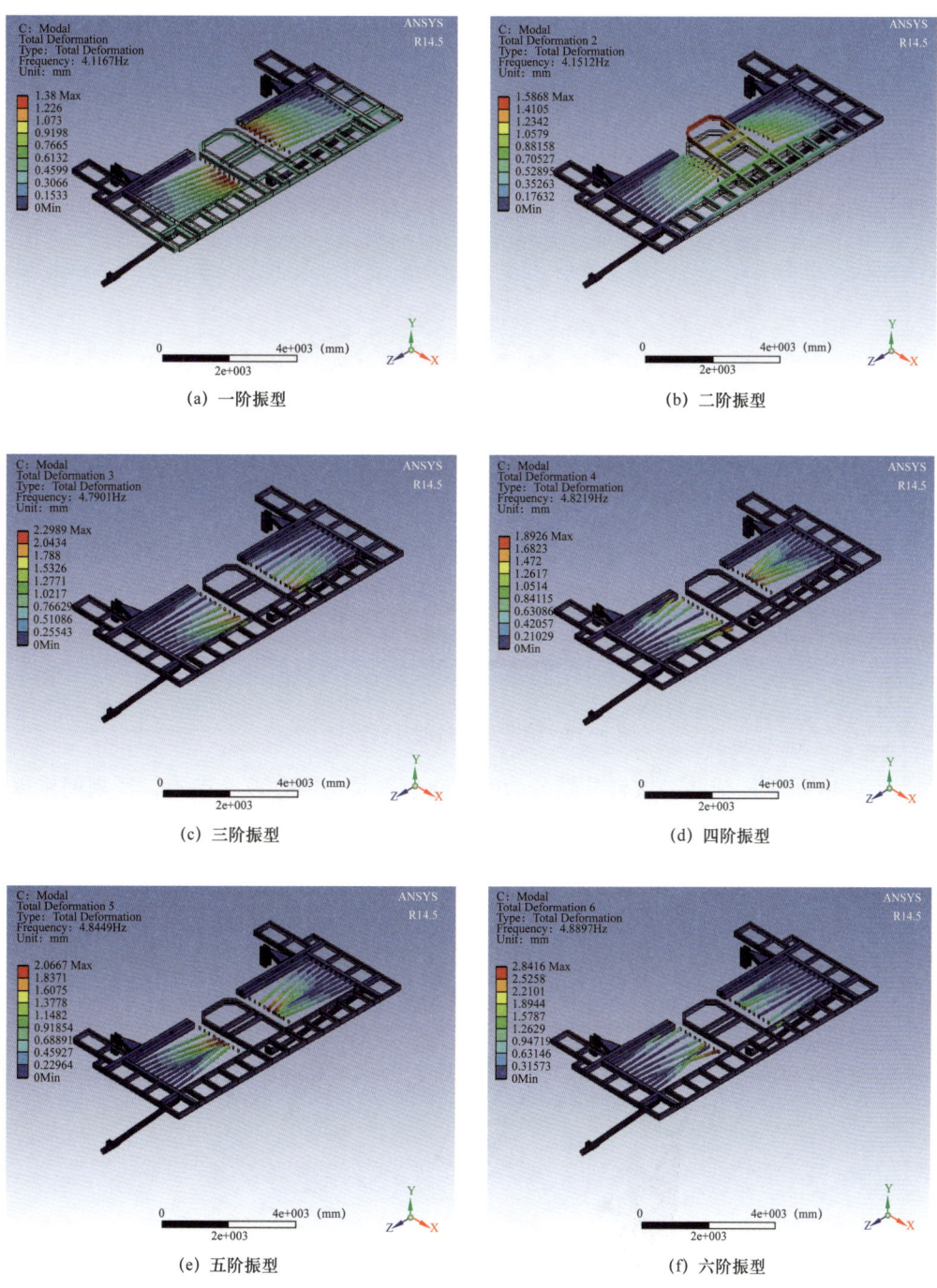

图 3-38　二层台的前六阶模态图

由图 3-38 各振型图中还可以看出，二层台的频率范围在 4.1167Hz 至 4.8897Hz 之间，应避免钻机工作频率在二层台固有频率附近，以防产生共振。另外，尽管二层台的最大位移值不大，但主要集中在猴台顶部和中间指梁的端部等位置，因此，应避免这些位置受到钻柱的冲击等。

四、辅助二层台立柱靠放受力分析

1. 满立柱时辅助二层台的静力计算

1）辅助二层台模型的网格划分

辅助二层台的几何模型如图 3-39 所示。

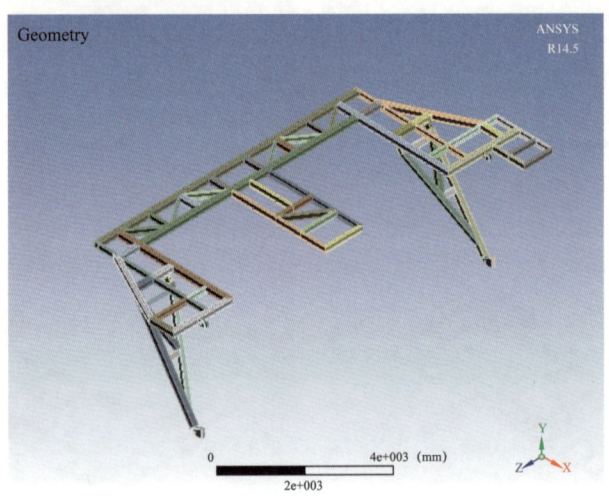

图 3-39　辅助二层台的几何模型

如图 3-40 所示，辅助二层台共划分为 54979 个单元，158209 个节点，所划网格以六面体网格为主，网格质量较好，重要受力部位网格较密，其他部位较疏，这样既可满足计算精度和收敛性的要求，又可减少所划分节点和单元的数量，从而减少计算量。

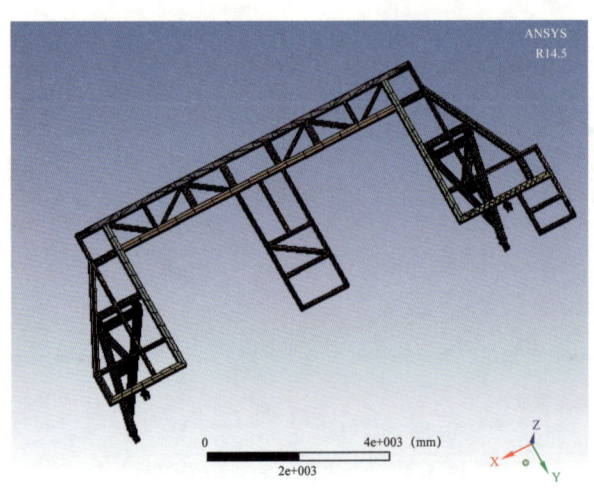

图 3-40　辅助二层台模型的网格划分

2）辅助二层台模型的加载和边界条件设置

辅助二层台的惯性力只有重力加速度，其值为 9.8066m/s²。风的影响以风压的形式加载到相应构件面上，并且考虑遮蔽，最大风力为 36m/s，对应的风压为 8.5×10^{-4} MPa。将钻柱重力引起的水平作用力加载到辅助二层台上，即在其三个面上分别加载 20kN 的力。辅助二层台的边界条件主要是将辅助二层台与井架连接起来的耳板。辅助二层台模型的加载和边界条件设置如图 3-41 所示。

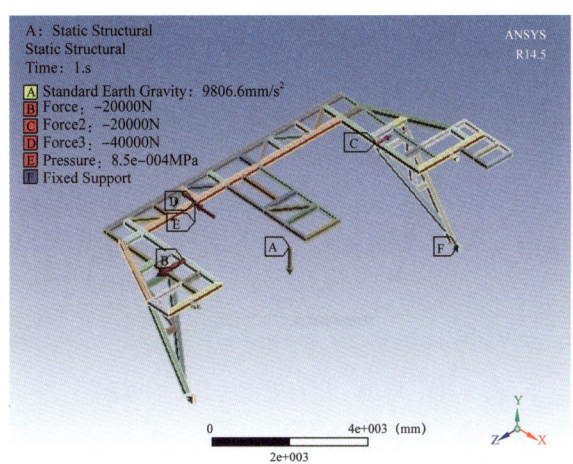

图 3-41　辅助二层台模型的加载和边界条件设置

3）辅助二层台模型的位移

从图 3-42 可以看出，辅助二层台的最大位移发生在猴台的顶端，而且与猴台相连的走道也有较大的变形，需要用筋板等构件对其进行加固。在使用过程中注意检测其变形情况，以保证辅助二层台的安全。

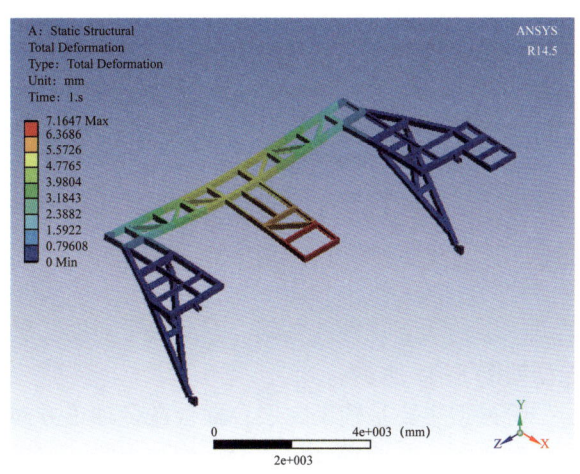

图 3-42　辅助二层台模型的位移云图

4）辅助二层台模型的等效应力和应变

从图 3-43 可以看出，辅助二层台的最大等效应力为 103.97MPa，满足 API SPEC 4F 所规定的强度要求。从图3-43和图3-44可以看出，最大等效应力与最大等效应变相似，都发生在与猴台相连的走道横梁中部，需要用加强筋板、肋板等构件对其进行加固。在使用过程中时刻注意对变形情况进行监测，以保证其安全。

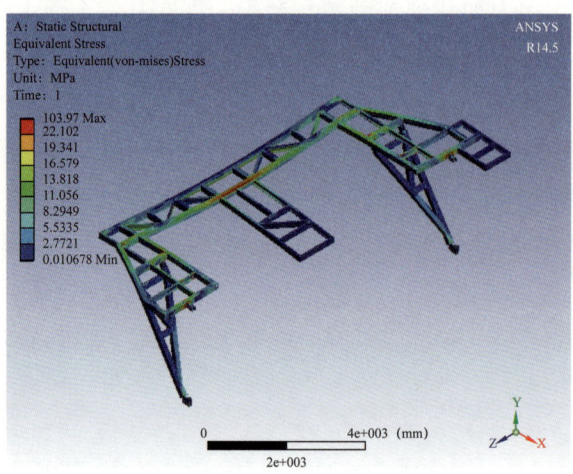

图3-43　辅助二层台模型的等效应力云图

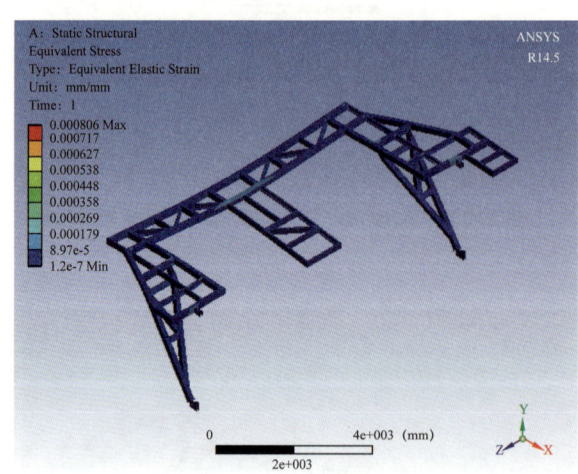

图3-44　辅助二层台模型的等效应变云图

2. 辅助二层台的模态分析

模态分析是研究辅助二层台动态特性的基础，它反映了辅助二层台在动力作用下的变形行为等，其前六阶振型如图3-45所示。

从图中可以看出，一阶振型主要是辅助二层台猴台在Z轴正方向上的弯曲振动，同时与猴台相连的走道也向Z轴正方向弯曲振动。二阶振型与一阶振型类似，主要也是辅助二层台猴台在Z轴正方向上的弯曲振动，但与猴台相连的走道向Z轴负方向弯曲振动。三阶振型主要是辅助二层台整体向X轴正方向上的弯曲振动，猴台顶部振动幅度最大。四阶振型与三阶振型相似，但是除猴台顶部振动幅度非常大之外，其他部分振动幅度非常小。五阶振型主要是以猴台为界，辅助二层台左侧部分同时向Z轴负方向的弯曲振动，以及辅助二层台右侧部分向 Z 轴正方向的弯曲振动，其中中间走道横梁两端振幅最大。六阶振型主要是辅助二层台最右侧平台向 Z 轴正方向的弯曲振动，而其他部分振动幅度不大。

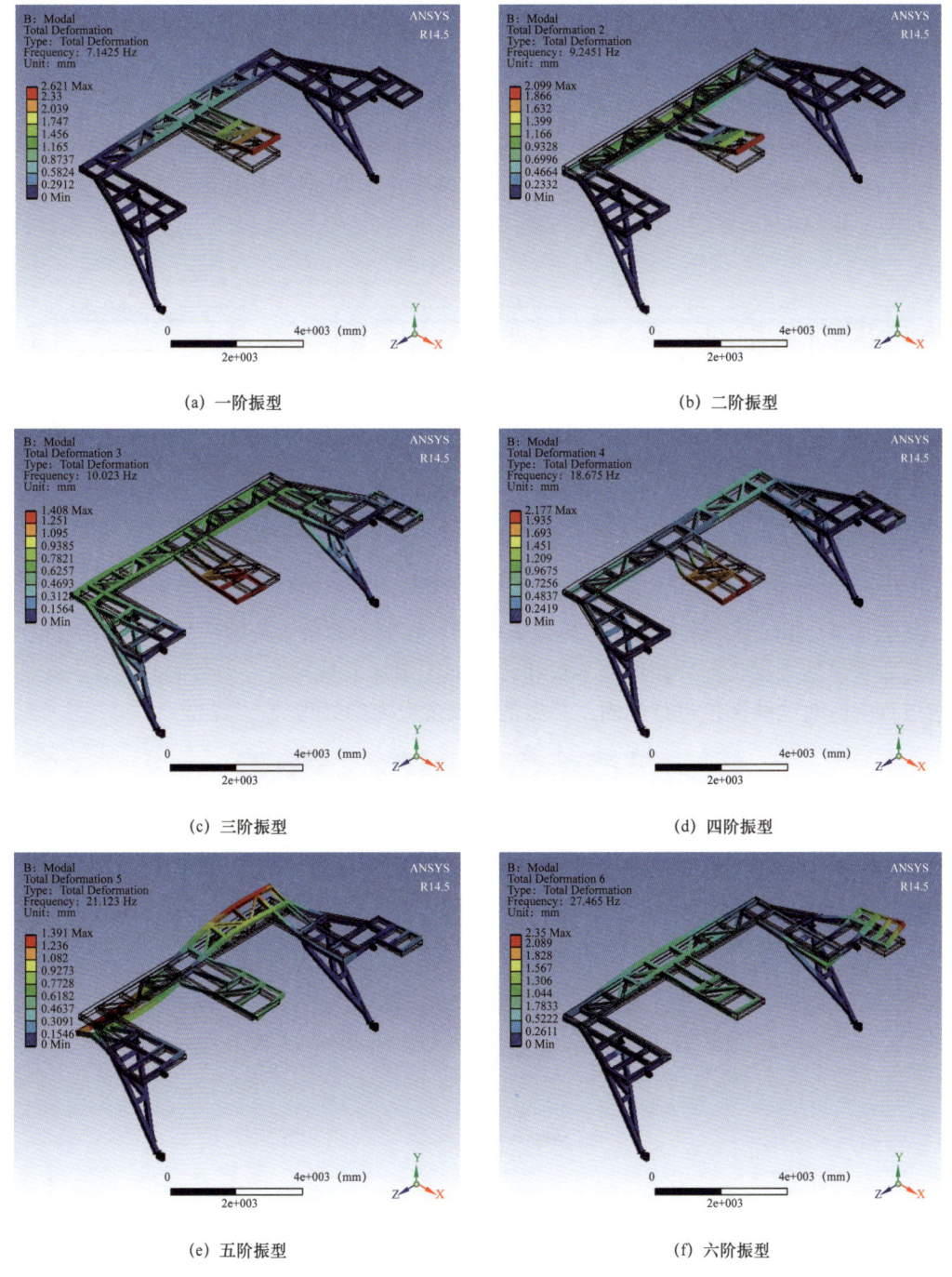

图 3-45　辅助二层台的前六阶模态图

从图 3-45 各图中还可以看出，辅助二层台的频率范围为 6.91～25.325Hz，应避免钻机工作频率在辅助二层台固有频率附近，以防产生共振。此外，尽管辅助二层台的最大位移值不大，但都集中在中间部位。在钻柱移运时，应避免该位置承受较大撞击载荷。

五、高强度抗冲击立根台受力分析

由于四单根的重力和长度均比三单根大很多,在起下钻过程中,钻柱对立根台的剪冲明显增强,常规的立根台已经不能满足需要,新型高强度抗剪冲立根台就是基于此研制的,其主要结构如图 3-46 所示。新型高强度抗剪冲立根台主要包括前后两个主大梁、中间横梁、钻井液收集盒、底座前片架的连接耳板、前铺台的支撑梁、转盘梁连接耳板以及底座左右钻台连接耳板等。其中中间横梁包括两个由 H 型钢拼焊起来的高强度梁,可抵御立柱对立根台的高强度剪冲。

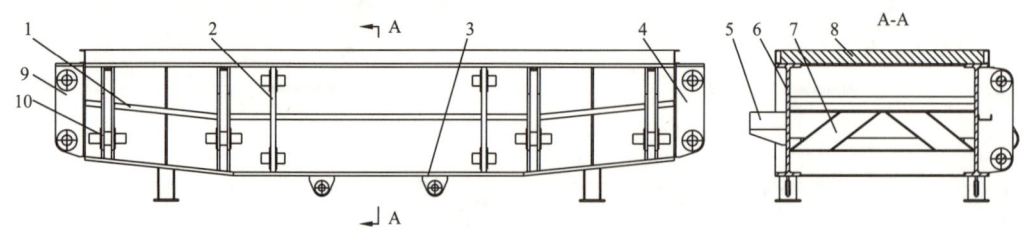

图 3-46 新型抗剪冲立根台结构示意图

1—钻井液收集盒;2—转盘梁连接耳板;3—BOP 吊装置连接耳板;4—底座右钻台连接耳板;5—前铺台支撑梁;6—主大梁;7—主横梁;8—立根盒木板;9—底座左钻台连接耳板;10—底座前片架连接耳板

从图 3-47 可看出,除了局部的应力集中外,立根台的最大等效应力为 243.7MPa,满足强度要求。后大梁、前片架连接耳板和转盘梁连接耳板是等效应力最大的位置,在加工制造过程中应对这些部位进行加固,并做消除残余应力的处理。

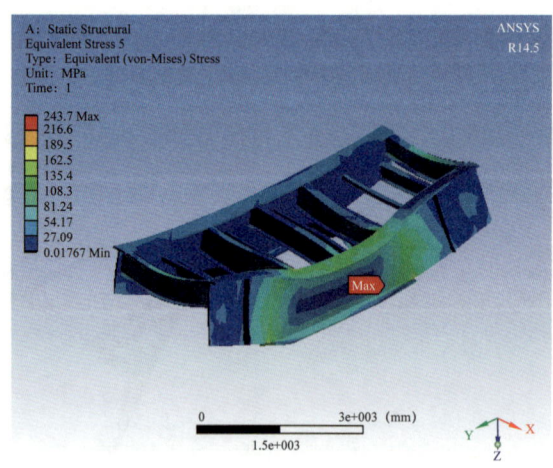

图 3-47 抗剪冲立根台等效应力云图

第五节 井架及底座仿真分析

井架、底座是四单根立柱钻机的核心承载部件,由钢结构、杆、梁等众多构件构成,在钻井过程中的受力非常复杂。由于使用工况和环境复杂且恶劣,必须对其强度、动态特性以及稳定性进行分析[9-11]，以确保其使用寿命和安全性。

一、井架及底座的静力学分析

四单根 ZJ90/6750DB-S 钻机的井架、底座设计完全遵循 API SPEC 4F 及相应国家、行业标准，结构安全可靠满足四单根立柱钻井的要求[1-3]，同时还结合塔里木油田的实际情况，提高了井架、底座的抗风和抗低温能力。

1. 井架和底座的设计

ZJ90/6750DB-S 四单根钻机是在原 ZJ90/6750DB 钻机的基础上改造而成的。通过对井架和底座各零部件多种改造方案的分析和研究，合理更换构件材料，改变结构型式，最终确定了井架和底座的最优方案。

（1）井架主体分为六段，有效高度由 48m 升高到 57.5m，井架主要承载件材料由 Q345E 改为 Q420E[12]。

（2）二层台高度（34.5m、35.5m）满足大尺寸钻杆四单根立柱的排放要求。井架上增加中间扶正台（辅助二层台），安装高度（16m）既满足四单根立柱中部支撑的需要，又满足小尺钻杆二单根立柱的排放要求。

（3）井架辅助二层台的指梁采用翻转式结构，当翻起时，满足四单根立柱中部支撑的需要；当下放时，又满足小尺钻杆二单根立柱的排放要求，而且小尺寸钻杆立柱的排放容量也能满足要求。

（4）游吊系统全新设计，绳系为 7×8，顺穿方式。

（5）井架为 K 型、前开口结构；底座为旋升式结构，钻台高 12m。

（6）井架及底座均在低位安装，绞车安装在后台低位底座上，并在低位工作。井架低位起升，底座采用旋升式起升方式，即利用绞车动力先起升井架，再起升底座。

（7）钻井钢丝绳选用压实股钢丝绳，抗磨损，寿命提高，可有效减少天车、游车以及绞车重量，提高钻机起升、下放操作安全性。钢丝绳直径为 $\phi 42mm$，其结构为 6×K26WS+IWRC+EEIP，最小破断拉力为 1210kN，旋转钻井时安全系数为 4.034。

2. 井架的静力学分析

1）井架的主要技术参数

总高度	66m
有效高度	57.5m
顶部开档	2.6m×2.4m
底部开档	10m
二层台高度	34.5m 和 35.5m
辅助二层台高度	16m
井架最小起升角	6.3°
最大钩载	6750kN
提升系统绳系	7×8
钻井钢丝绳	$\phi 42mm$

井架主承载结构件选用低合金高强度结构钢 Q420E，井架、底座主材采用 D 级、E 级料，满足低温要求[13]。

合理选用材料横截面，满足强度和刚度要求，减轻重量10%以上，降低起升载荷，提高井架起升安全性及稳定性，便于设备现场安装运输。

2）井架所存在的问题

ZJ90DB-S四单根钻机的井架净高从48m增加到57.5m，从而导致一系列研制难点，主要有以下方面：

（1）井架起升。重力增大，起升力臂增大，井架起升时立柱弯曲应力和轴向应力增大。

（2）井架强度。井架所受钻柱作用力、风载和自重增加。

（3）井架刚度和稳定性。井架高度增加，刚度和整体稳定性变差。

（4）立柱稳定性。钻柱长度增加，刚度和稳定性变差。

（5）绞车。缠绕钢丝绳长度增加，绞车的容绳量增加。

（6）顶驱。顶驱行程延长，导板、水龙带、电缆等需延长。

主要解决措施：

（1）针对井架重力增大，起升力臂增大的难题，主要采用将人字架的高度由9.5m提高到12.5m的方法，增加初始起升倾角，提高起升大绳张力在竖直方向上的分量，从而增大起升力臂。

（2）针对井架所受的钻柱作用力、风载和自重增加而导致其强度、刚度和稳定性降低的问题，则是将井架主要承力构件（井架大腿立柱等）的材料由Q345E提高到Q420E。

（3）针对因钻柱长度增加而导致的稳定性变差的问题，主要采用在井架合适的位置添加辅助二层台的方式来解决。

3）井架静力学计算模型

井架静力学分析所采用的计算模型忽略非主承力路径上的板、角钢等[14]，井架大腿立柱采用H型钢，规格为405mm×305mm×20mm×12mm，横梁为350mm×350mm×20mm×12mm的H型钢，背面横撑为300mm×300mm×15mm×10mm的H型钢，背面的斜撑为ϕ108mm无缝钢管，二层台和辅助二层台均简化为由300mm×300mm×15mm×10mm的H型钢和C16a的槽钢，撑杆则采用150mm×150mm×10mm的矩形管（图3-48）。

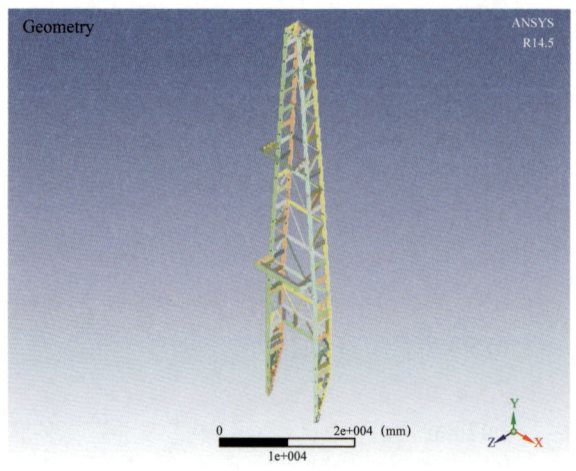

图3-48 井架模型图

4）井架网格划分

从图 3-49 和图 3-50 可以看出，井架所划网格以六面体网格为主，网格质量较好，重要受力部位网格较密，其他部位较疏。这样既可满足计算精度和收敛性的要求，又可减少所划分单元和节点的数量，从而减少计算量。

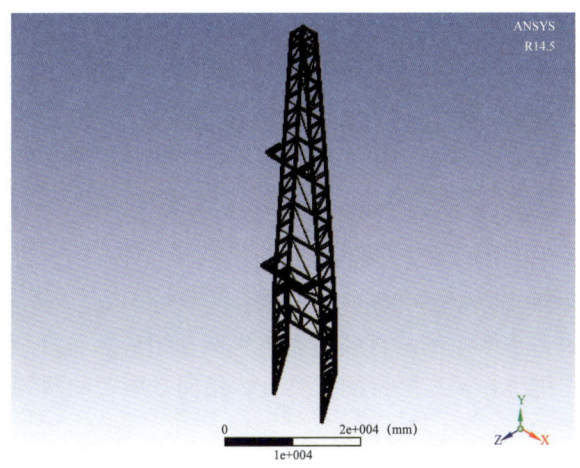

图 3-49　井架网格划分图

图 3-50　局部网格情况

5）井架背面来风时的加载情况和边界条件设置

根据井架在油田现场的实际使用情况，以及 API SPEC 4F 的有关规定，井架在正常钻井作业中存在着如下几种载荷。

（1）井架恒载。

井架（包括井架主体、天车、二层台、游动系统、附件等）恒载为 1366.45kN，其中：

井架主体重量　　　　850.50kN

天车重量　　　　　　121.20kN

二层台重量　　　　　88.20kN

辅助二层台重量　　　46.90kN

游车自重 $G_{游车}$　　　98.83kN

大钩自重 $G_{大钩}$　　　　73.00kN

水龙头自重 $G_{水龙头}$　　31.82kN

钢丝绳自重 $G_{钢丝绳}$　　56.00kN

游动系统重量　　　　$G_{游}=G_{游车}+G_{大钩}+G_{水龙头}+G_{钢丝绳}=259.65$kN

（2）最大钩载。

井架最大钩载（7×8绳系）$G_{max}=6750$kN。

（3）快绳和死绳的合力（最大钩载工况）。

快绳+死绳最大力 $F=2×（6750+259.65）/14=1001.38$kN。

（4）立根和立管载荷。

钻杆直径为 $\phi 139.7$mm（$5\frac{1}{2}$in），钻杆线重量 $q=380$kN/m（线质量为38kg/m），每根立柱长 $l=37.5$m，240根立柱，总立根长9000m。

总立根重量 $G_{立根}=380$kN/m×9000m=3420kN。

立根载荷是由立根自重产生的垂直载荷和水平载荷组成。垂直载荷施加于钻机的底座立根台上，水平载荷作用于井架二层台的指梁上，指向二层台的两侧。

立根对井架的水平力：

$$F_{根水平} \approx \frac{1}{2} q \cdot l \cdot n \cdot \frac{\cos\alpha}{\sin\alpha}$$

式中　　l——立根长度，$l=37.5$m；

　　　　α——立根与水平面的夹角，取 $\alpha=88.5°$ ；

　　　　n——立根数量，$n=240$；

$$F_{根水平} \approx \frac{1}{2} q \cdot l \cdot n \cdot \frac{\cos\alpha}{\sin\alpha} = \frac{1}{2} \times 38 \times 37.5 \times 9.8 \times 240 \times \frac{\cos 88.5°}{\sin 88.5°} = 43.88 \text{kN}$$

（5）风载。

根据 API SPEC 4F（2013版）第8章，逐项计算法，结构上的总风力应通过单个构件和附件上作用的风力的向量和来估计。根据式（3-9）与式（3-10）来计算设计风速的风力：

$$F_m = 0.00338 \times K_i \times v_z^2 \times C_s \times A \times v_z = v_{des} \times \beta \quad (3-9)$$

其中　F_m——垂直于单个构件纵轴或挡风墙表面的风力；

　　　K_i——单个构件纵轴与风向倾角系数；

　　　v_z——局部风速；

　　　v_{des}——最大额定设计风速；

　　　C_s——形状系数；

　　　A——单个构件的投影面积；

　　　β——不同高度下的风载系数。

$$F_t = G_f \times K_{sh} \times \sum F_m \quad (3-10)$$

式中　F_t——作用在整个井架结构每个独立构件和附件上的风力的矢量和；

G_f——空间相干性的阵风效用系数,其选取基于井架的总投影面积,取 0.90。

K_{sh}——构件和附件的球面防护与气流环绕构件和附件末端变化的减少因子,对于该井架,所有结构构件和附件的防护层面比修正因子在所有风向上都等于 0.9。

井架恒载的分配:
① 将井架自重平均分配到上井架各节点;
② 游动系统重量、天车重量分配到井架顶端的 4 个面上;
③ 二层台和二层台悬吊重及二层台钢绳拉力分别加在二层台支承两点及悬拉的两点。

井架工作载荷的分配:
① 最大钻柱重量或最大钩载平均分配到井架顶端 4 个面上;
② 工作绳的作用也近似分配到井架顶端 4 个面上;
③ 立根载荷平均分配到二层台台体横梁上。

API SPEC 4F 中规定的钻井结构设计载荷见表 3-19,共有七个工况,其中最危险的为 1a,即最大钩载,满立根,100% 作业环境的工况。在实际工作中各种载荷同时出现的可能性较小,钻机井架及底座在钻井过程中承受较大载荷的工况有两种,分别为操作工况和最大转盘梁静载荷工况。另外,起升工况也是设计过程中需要重点计算的工况。

表 3-19 钻井结构设计载荷

状况	设计载荷条件	自重①,%	钩载②,%	转盘载荷,%	立根载荷,%	环境载荷
1a	作业	100	100	0	100	100% 作业环境
1b	作业	100	TE	100	100	100% 作业环境
2	预期	100	TE	100	0	100% 预期风暴环境
3a	非预期	100	TE	100	100	100% 非预期风暴环境
3b	非预期	100	适用时	适用时	适用时	100% 地震
4	起升	100	适用时	适用时	0	100% 起升环境
5	运输	100	适用时	适用时	适用时	100% 运输环境

① 对于稳定性计算,应按照倾覆和滑动考虑自重的下限值。
② 对于非作业有风环境,如适用,在所有载荷情况下,应考虑天车(TE)悬挂的所有游动设备和钻井钢丝绳的重量。

背面来风时的加载情况和边界条件设置如图 3-51 所示,井架的惯性力只有重力加速度,其值为 9.8066m/s²,钻机的最大钩载为 6750kN,分别加在井架顶端的四个面上,每个面加载 1687.5kN。游动系统重量、天车重量共 380.8kN,也分配到井架顶端的 4 个面上,每个面加载 95.2kN,最终每个面加载 1782.7kN。风的影响以风压的形式加载到相应构件的面上,并且考虑遮蔽,最大风力为 16.5m/s,对应的风压为 1.8×10^{-4}MPa。将钻杆的斜靠力加载到二层台上,其值为 12566N。井架的边界条件为井架下部与底座基座连接耳板以及井架与人字架相连处[15]。

6)井架位移

由图 3-52 可知,井架的最大位移发生在上段的顶端,即安装天车的位置,需要用绷绳、地锚等构件对其进行加固,并在使用过程中注意观测其变形情况,以保证井架的安全。

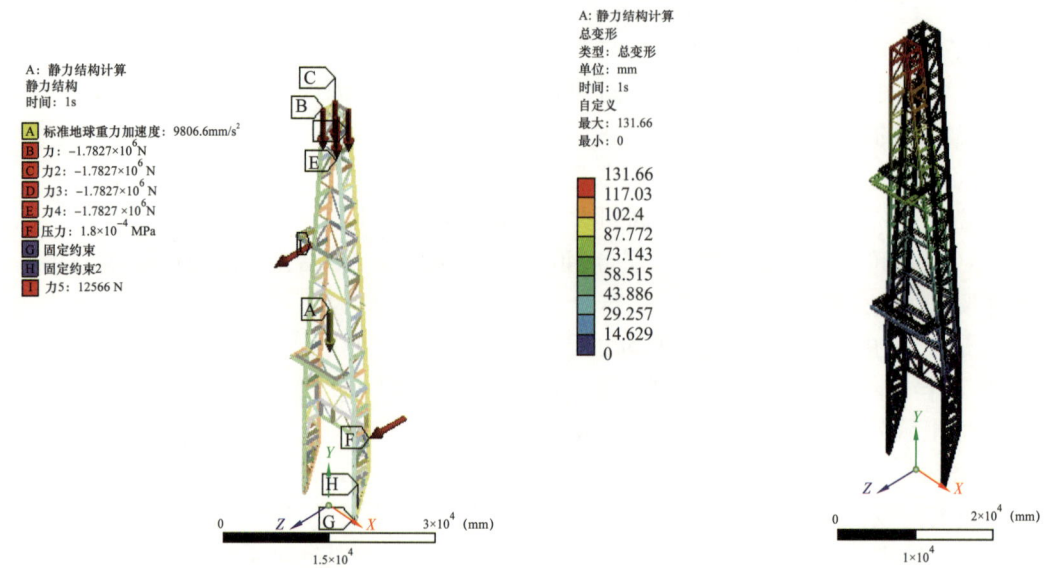

图 3-51　操作工况背面来风时加载情况和边界条件设置

图 3-52　井架位移云图

7）井架等效应力和等效应变

从图 3-53 和图 3-54 两图可以看出，井架的最大等效应力为 221.18MPa，而井架主承力件所用的钢材屈服强度为 420MPa，即最大等效应力的 1.9 倍，满足 API SPEC 4F 中所规定的强度要求。井架的最大等效应力发生在上段的顶端，即安装天车的位置，另外在井架下部的斜段与直段的相交位置也很大。需要在这些位置重点加固，并注意减小应力集中和焊接残余应力，以保证井架拥有足够的强度。井架的整体等效应变极小，满足井架满立根、最大风载时的强度要求，只有在安放天车的位置等需要注意等效应变的变化。

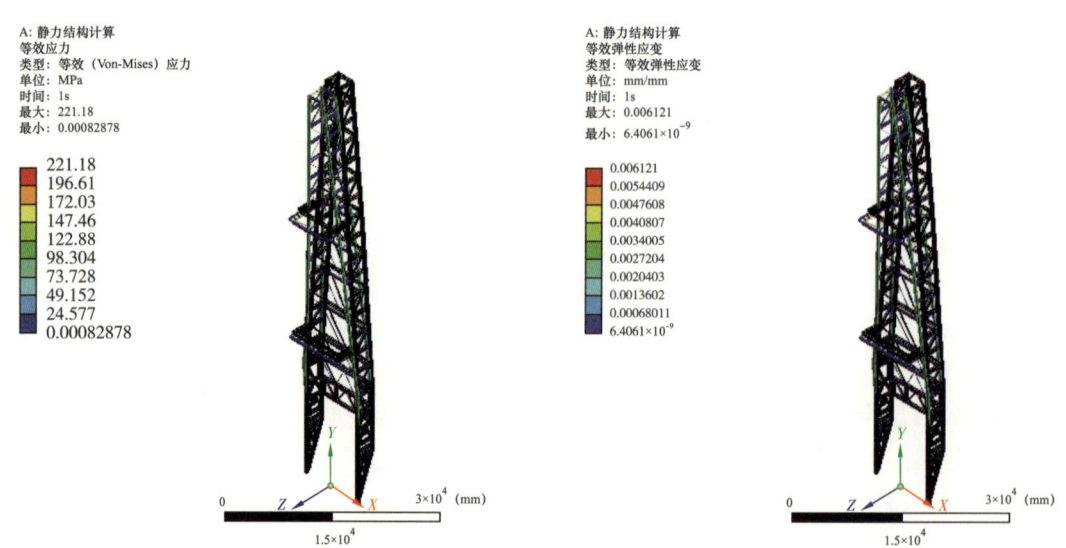

图 3-53　井架等效应力云图

图 3-54　井架等效应变云图

3. 井架起升静力学分析

1）井架起升力计算

井架安装时，要在其合适位置放置一个高支架，以形成初始起升角，如图 3-55 所示。高支架采用液压油缸伸缩式结构，高度可从 8m 升到 12m，这样既便于井架低位安装，又可减少井架起升力。

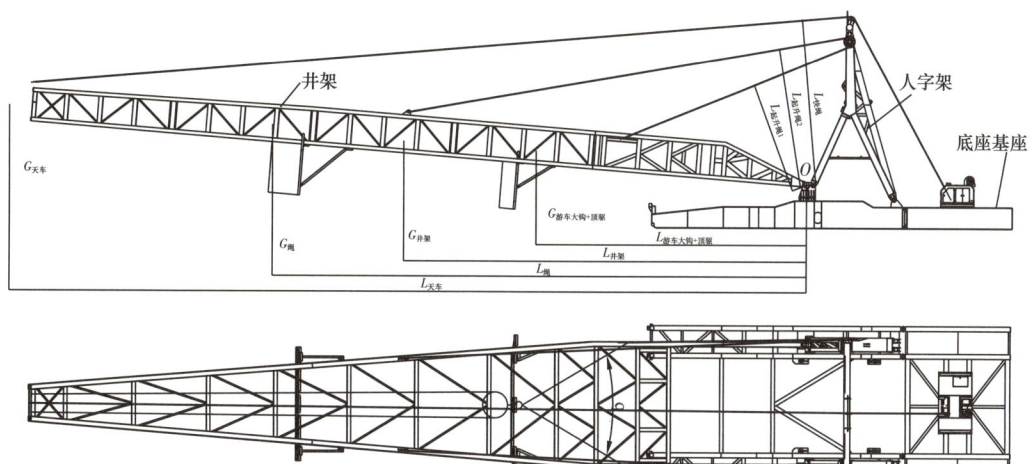

图 3-55　井架起升示意图

对井架起升的初始状态，可近似看作一个静平衡状态[16-20]。尽管井架与底座连接销轴等位置存在一定的摩擦力，但是其对转动点取矩值非常小，故可将其忽略。在此状态下，以井架转动点建立力矩平衡方程：

$$\sum M_{重力} = \sum M_{起升力} \tag{3-11}$$

$$G_{天车} \times L_{天车} + G_{绳} \times L_{绳} + G_{井架} \times L_{井架} + G_{游车大钩+顶驱} \times L_{游车大钩+顶驱}$$
$$= 2F_{起升绳}(L_{起升绳1} + L_{起升绳2}) + F_{快绳} \times L_{快绳} \tag{3-12}$$

另外，由于钢丝绳的张力处处相等，根据图 3-56 中的几何关系可知：

$$2F_{起升} \cos\frac{\theta}{2} = 14 F_{快绳} \tag{3-13}$$

式中　G——各部件重力；

L——各部件重心至井架大腿销的力臂；

$F_{起升绳}$——起升大绳的拉力；

$F_{快绳}$——快绳及钻井绳的拉力；

θ——初始状态下，两根起升大绳的夹角。

将式（3-12）和式（3-13）联立即可求出起升绳和快绳上的力，计算结果如图 3-56 所示，最大钩载理论计算结果为 2060kN，现场实测最大钩载为 2140kN，误差为 3.7%。起升角度为 88°左右时，井架和各部件的重力关于转动点的力臂出现翻转，井架靠惯性完成起升过程，在人字架液压缓冲缸的作用下缓缓静止。

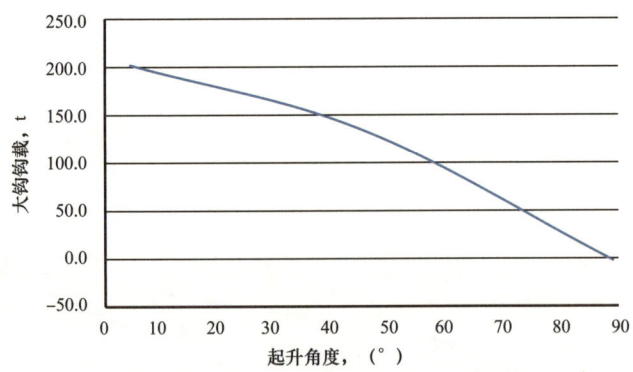

图 3-56　起升过程中大钩钩载与起升角度的关系曲线

2）井架起升时的位移

从图 3-57 可以看出，井架起升的最大位移位于井架与天车的连接处，且沿井架主体自上而下逐渐减小。

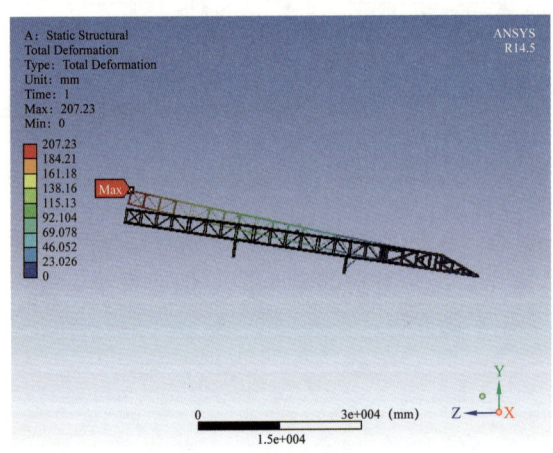

图 3-57　井架起升时的位移云图

3）井架起升时的等效应力和应变

从图 3-58 中可知，起升时，井架大腿所受的最大应力为 159.85MPa，而井架主体所用钢材的屈服强度为 420MPa，所以井架起升满足强度要求。由图 3-58 和图 3-59 两图可知，井架的最大应力和最大应变均出现在井架下部与人字架相连的位置，因此须对此处结构进行适当加固，并注意消除焊接残余应力。

4. 底座的静力学分析

底座是钻机的核心部件之一，底座主体包括左井架支座、右井架支座、左后基座、右后基座、左前基座、右前基座、右中基座、左中基座、绞车底座水箱、后水箱、左上座、右上座、立根台、转盘梁、前立柱、后立柱、前片架、后片架、斜片架、后大梁、连接架、连接梁、斜拉杆等。

1）底座的主要参数

钻台高度　　　　　　　　12m

钻台面尺寸　　　　　　　11.9m × 13.8m
转盘开口名义直径　　　　$\phi 49\frac{1}{2}$in 或 $\phi 37\frac{1}{2}$in

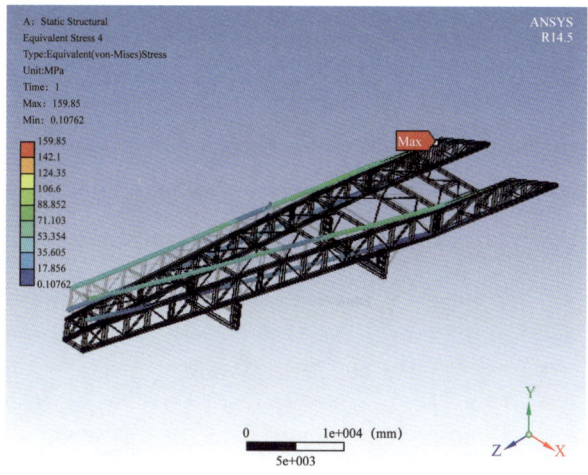

图 3-58　井架起升时的等效应力云图

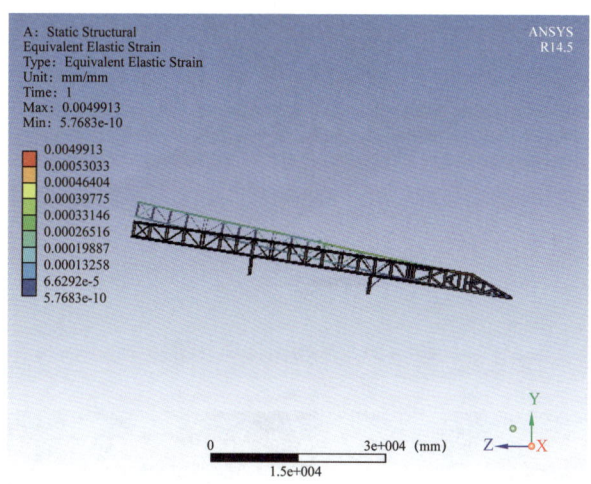

图 3-59　井架起升时的等效应变云图

2）底座计算模型

底座仍用 SolidWorks 软件进行全实体建模，如图 3-60 所示。建模时先将各个构件分别创建零件，然后再通过销轴连接成装配体，最后将中间格式文件导入 ANSYS 软件。实体建模时，严格按照底座实际所用材料进行，并将非主承载路径上的小构件（封板、铺板、立根台松木周围的槽钢、前后片架上圆钢梯子等）忽略。其中，基座为变截面 H 型钢，转盘梁外侧横梁所用型材为 H1340mm × 300mm × 35mm × 20mm，转盘主承重梁所用型材为 H892mm × 300mm × 35mm × 20mm，电动机梁型材为 H400mm × 200mm × 12mm × 8mm。

3）底座网格划分

底座共划分了 309304 个单元，912886 个节点，如图 3-61 和图 3-62 所示。

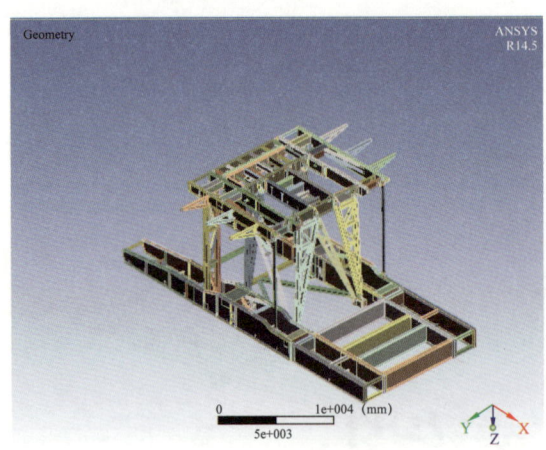

图 3-60 底座计算模型

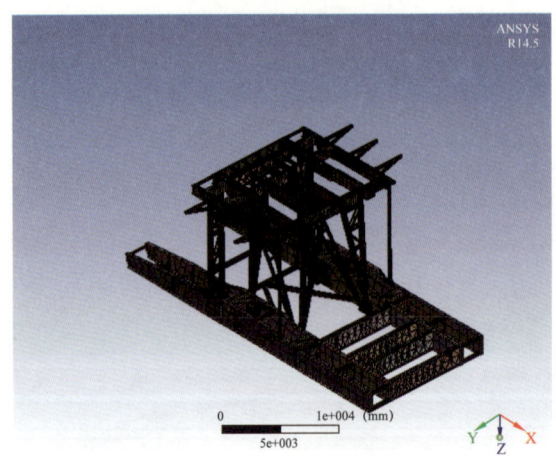

图 3-61 底座网格划分图

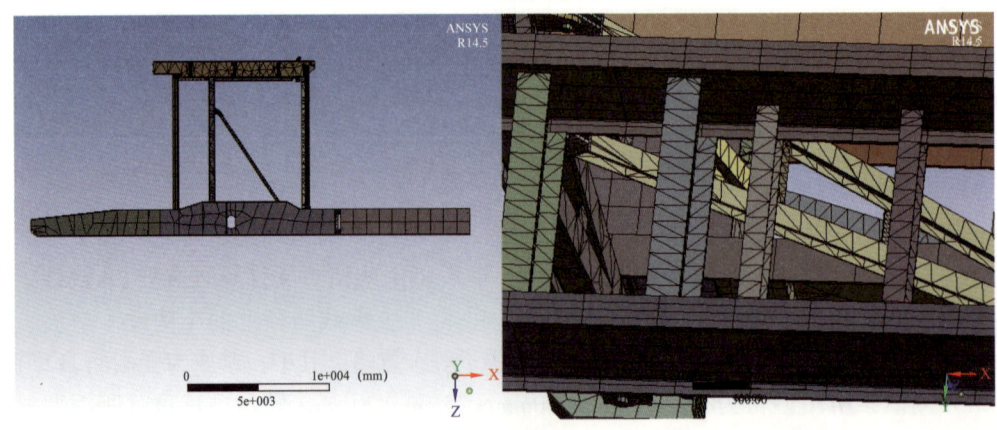

图 3-62 局部网格情况

4）底座满立根时的载荷和边界条件设置

如图 3-63 所示，底座的惯性力只有重力加速度，其值为 9.8066m/s^2。由于转盘的最大钩载为6750kN，分别加在底座的两个转盘梁上，每个面加载3375kN。满立根时钻杆重力为2880kN，将其加载到立根台上，值班房和工具房的重力加载到飘台支架上。值班房和工具房质量均按9000kg计，则每个飘台支架上平均加载30kN。底座的边界条件为，基座的下表面与地面接触的面均固定，各部件之间采用销轴连接。

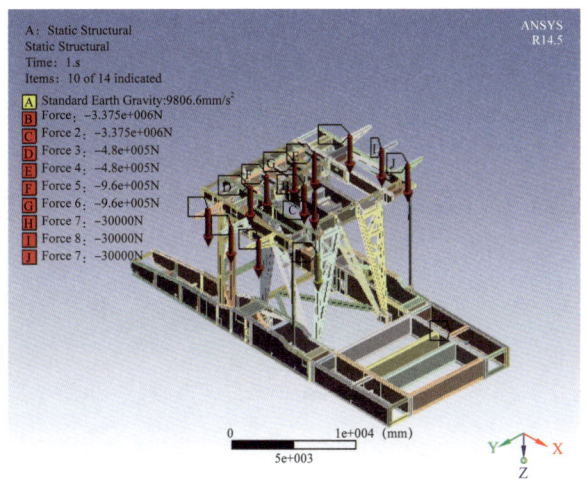

图 3-63　底座满立根时的载荷和边界条件设置

5）底座位移

由图 3-64 可知，底座的最大位移发生在底座安装转盘的转盘梁上。需要用筋板、肋板等构件对其进行加固，并在钻机工作过程中注意检测其变形情况，以保证底座的安全。

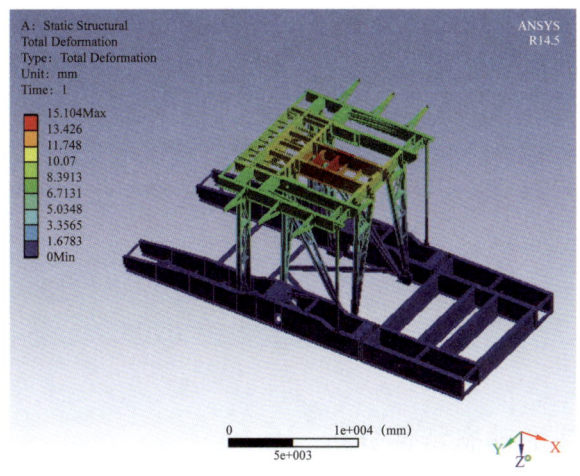

图 3-64　底座位移云图

6）底座等效应力和应变

从图 3-65、图 3-66 和图 3-67 三图可以看出，底座的最大等效应力为 270.6MPa，转盘梁的最大等效应力为 244.34MPa，而底座主承力件所用的钢材屈服强度为 420MPa，是最大等效应力的 1.72 倍，满足 API SPEC 4F 中所规定的 1.67 倍的要求。底座的最大等效应力发生在转盘梁、立根台、前片架等位置。另外在底座钻台与前立柱和后片架的连接处受力也比较大,需要在这些位置重点加固,并注意减小应力集中和焊接残余应力,以保证底座拥有足够的强度。底座的整体等效应变较小,满足底座的刚度要求,在转盘梁和立根台等受力较大的位置要尽可能避免大的冲击应力。

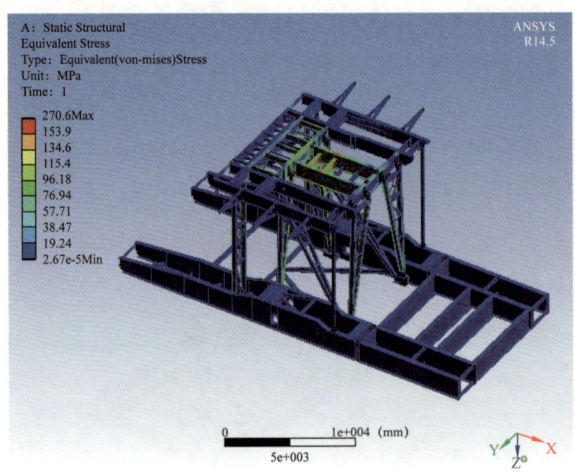

图 3-65　底座等效应力云图

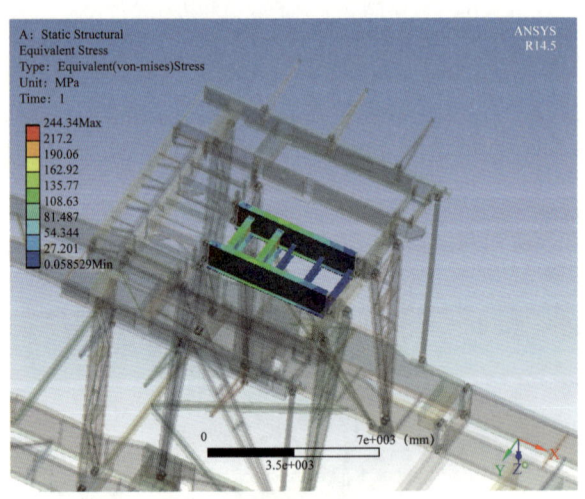

图 3-66　底座转盘梁等效应力云图

二、井架及底座的动态特性分析

依据井架、底座在各种工况下的受力特点,如果作用在井架、底座上的动载荷频率与井架、底座的某阶固有频率接近或成整数倍,就会引起井架、底座结构的共振,这是导致井架、底座倾倒或塌陷的根本原因[21]。因此,利用前面建立的有限元模型进行模态计算,求得井架、底座结构的各阶固有频率和相应的各阶振型是进行结构共振分析的关键[22,23]。

1. 结构模态分析的基本原理

模态分析是动力学分析中的一项基础性分析,在进行瞬态动力学分析之前进行井架的模态分析，可以了解井架、底座系统各阶固有频率及相应的振型，显示不同固有频率下井架各部分振动幅值的相对分布情况[24]。

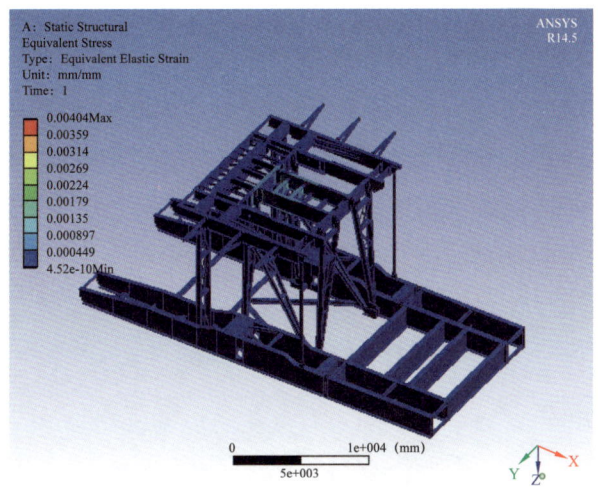

图 3-67　底座等效应变云图

井架、底座结构从整体上是个无限自由度系统，在建立井架、底座有限元模型后，对井架、底座进行有限元离散，井架、底座结构就简化为一个有限自由度系统[25]。井架、底座结构离散后，在运动状态中各节点的动力平衡方程为：

$$\{F_i\} + \{F_d\} + \{F_e\} = \{P(t)\} \tag{3-14}$$

式中　$\{F_i\}$——惯性力；

$\{F_d\}$——阻尼力；

$\{P(t)\}$——动力载荷；

$\{F_e\}$——弹性力；可表达为：

$$\{F_e\} = [K]\{\delta\} \tag{3-15}$$

其中，刚度矩阵 $[K]$ 的元素（K_{ij}）为节点 j 的单位位移在节点 i 引起的弹性力。

根据达朗贝尔原理，惯性力可表示为：

$$\{F_i\} = -[M]\frac{\partial^2(\delta)}{\partial t^2} \tag{3-16}$$

其中，质量矩阵 $[M]$ 的元素（M_{ij}）为节点 j 的单位加速度在节点 i 引起的惯性力。

设结构具有黏滞阻尼，可用阻尼矩阵 $[C]$ 和节点速度 $\dfrac{\partial(\delta)}{\partial t}$ 表示为：

$$\{F_d\} = -[C]\frac{\partial(\delta)}{\partial t} \tag{3-17}$$

其中，阻尼矩阵 $[C]$ 的元素（C_{ij}）为节点 j 的单位速度在节点 i 引起的阻尼。

将式（3-15）、式（3-16）、式（3-17）代入式（3-18），得到运动方程为：

$$[M]\{\ddot{\delta}\}+[C]\{\dot{\delta}\}+[K]\{\delta\}=\{P(t)\} \tag{3-18}$$

其中

$$\{\ddot{\delta}\}=\frac{\partial^2(\delta)}{\partial t^2}$$

$$\{\dot{\delta}\}=\frac{\partial(\delta)}{\partial t}$$

在实际工程中，阻尼对结构的固有频率和振型影响不大，可以忽略。令 $P(t)=0$，得到结构无阻尼自由振动的运动方程：

$$[M]\{\ddot{\delta}\}+[K]\{\delta\}=0 \tag{3-19}$$

其中，单元刚度矩阵：

$$[K]^e=\int_V[B]^{\text{T}}[D][B]\text{d}v$$

单元质量矩阵：

$$[M]^e=\int_V[N]^{\text{T}}[\rho][N]\text{d}v$$

对于弹性体而言，其自由振动可以分解为一系列简谐振动的叠加。井架、底座结构的自由振动可设：

$$\{\delta\}=\{A\}\cos(\omega t+\varphi) \tag{3-20}$$

将式（3-20）代入式（3-19）式得：

$$([K]-\omega^2[M])\{A\}=0 \tag{3-21}$$

在结构自由振动时，结构各点的振幅 $\{A\}$ 不全为零，所以（3-21）式中矩阵的行列式必然为零。由此得到结构的自由振动频率方程：

$$\|[K]-\omega^2[M]\|=0 \tag{3-22}$$

结构的刚度矩阵 $[K]$ 和质量矩阵 $[M]$ 都为 n 阶方阵。按照自由振动理论，n 阶自由度系统的自由振动方程应有 n 个固有频率 ω_i（$i=1, 2, \cdots, n$），所以式（3-22）是关于 ω^2 的 n 次代数方程，由此可获得结构的 n 个固有频率：

$$\omega_1 \leqslant \omega_2 \leqslant \cdots \leqslant \omega_n \tag{3-23}$$

2. 井架的动态特性分析

井架的动态特性分析的基础是模态分析。本文利用 ANSYS 有限元分析软件，使用子空间迭代法，计算过程中采用完整的质量矩阵和刚度矩阵，使用雅可比共轭梯度求解器作为默认求解器，可保证较高的精确度。井架的动态特性分析提取了前六阶固有频率和对应的主振型。

井架的前六阶振型图如图 3-68 所示。井架结构的最大变形主要在井架顶端和二层台位置。一阶振型主要表现为井架整体沿开口方向前倾，即在 Y–Z 平面内发生弯曲振动。

二阶振型主要表现为井架整体沿 X 正方向横向振动,即在 $X-Y$ 平面内发生弯曲振动,固有频率增大至 1.9984Hz。三阶振型主要表现为井架整体在 $Y-Z$ 平面内发生弯曲振动,其中井架二层台以上部分向开口方向弯曲,二层台和辅助二层台之间的部分则向井架背部方向弯曲,整个井架呈现弓形。四阶振型整体弯曲振动趋势与三阶振型相反,整个井架也呈现弓形。井架二层台以上部分向井架背部方向弯曲,二层台和辅助二层台之间的部分则向开口方向弯曲,而且二层台处向 X 轴负方向扭转。五阶振型主要表现为井架整体在 $X-Z$ 平面内向 X 轴正方向扭转,但是辅助二层台及其以下部分则向 X 轴负方向扭转。六阶振型主要表现为井架整体也在 $X-Z$ 平面内扭转,但是井架顶端基本不扭转。二层台附近的部分向 X 轴正方向扭转,二层台与辅助二层台之间的部分向 X 轴负方向扭转。

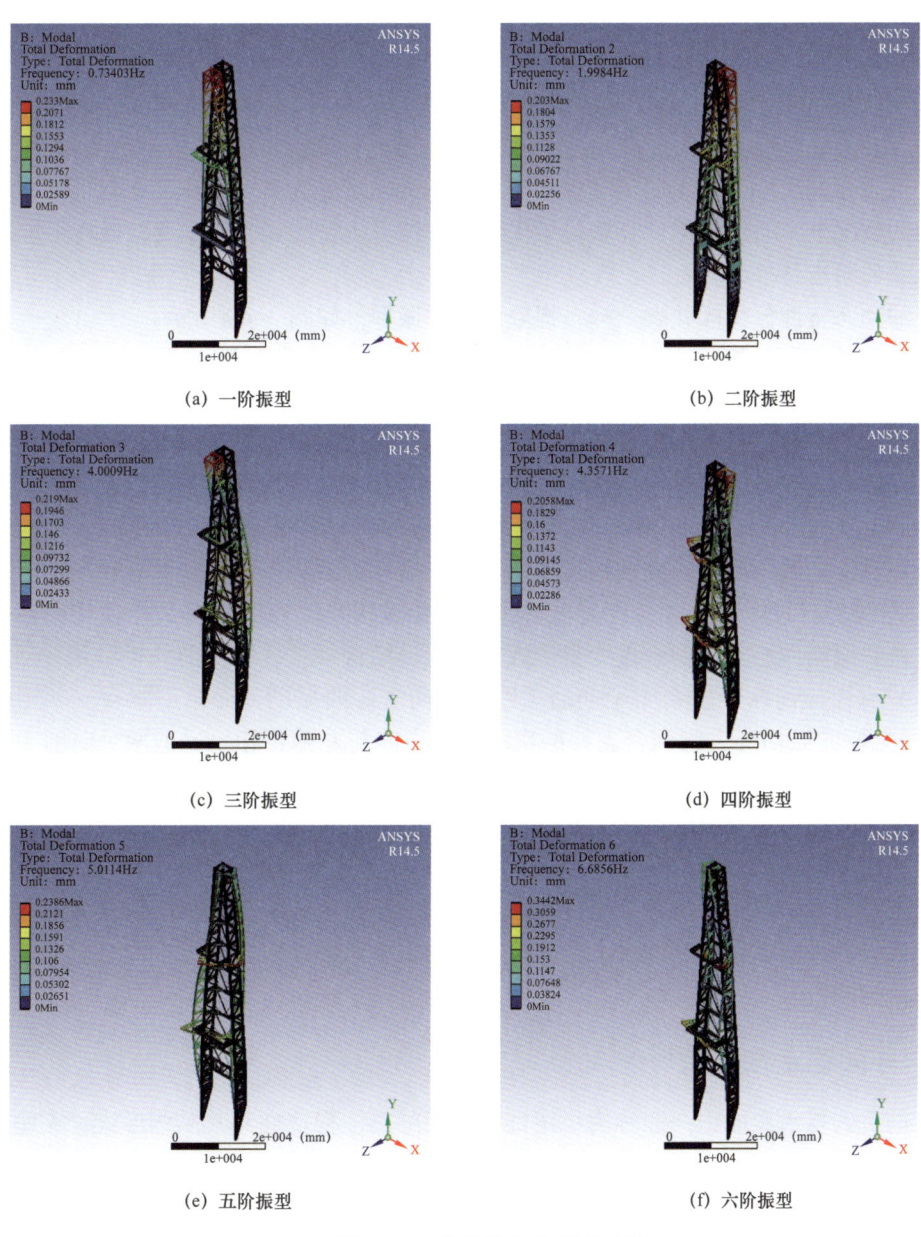

(a) 一阶振型　　(b) 二阶振型

(c) 三阶振型　　(d) 四阶振型

(e) 五阶振型　　(f) 六阶振型

图 3-68　井架前六阶振型云图

从井架前六阶振型图还可看出，井架的前六阶固有频率范围为 0.73～6.69Hz，频率非常低，说明井架很稳定。但是为保证安全，在使用过程中还是应该避免钻机工作频率在固有频率附近。另外，井架的最大位移为 0.233～0.344mm，尽管其值不大，但主要集中在井架顶部和二层台处，在钻井过程中应加强对上述位置的监测，并避免该位置受较大载荷的冲击。

通过井架模态分析可以得出以下结论：

（1）结合振型图看出，四单根钻机井架弯曲振动主要集中在井架最上一节的顶部，且四根主腿部分最为显著，同时二层台处和顶部伴有向 X 和 Z 方向扭转振动。应力主要集中在连接立柱的拉筋和各大节连接的节点处，因此应适当提高加强筋对整个井架的加固作用，以增大主要节点处刚度，降低振动幅值。

（2）井架承载变形的前倾趋势严重，同时伴有纵向位移，以井架两根前立柱承载为主且最为薄弱。可选择 Q420E 钢板组焊成 H 型钢结构作为井架立柱，以增加井架稳定性和承载能力，并减轻重量。

（3）低阶振型反映了井架的整体振动形式，其失稳形式为整体失稳。在保证立柱截面面积不变的情况下，通过优化计算获得最优化截面长宽比，增强立柱刚度，提高稳定性。

3. 底座的动态特性分析

底座的动态特性分析同井架一样，提取前六阶振型，如图 3-69 所示。

一阶振型的位移云图一般反映的是结构的受力情况，从图 3-69 中可以看出，底座的最大变形主要在转盘梁和立根台等位置，这说明转盘所受的来自井内钻柱的力以及立根的重力等是底座的主要受力。一阶振型主要表现为底座整体明显向 Y 轴正方向（司钻侧）扭转，而且底座中前部位移明显比后部大，这是因为转盘梁和立根台承受了巨大的载荷。二阶振型表现为上部钻台和立柱整体在 X-Y 平面内顺时针扭转振动。三阶振型表现为除基座外，底座整体向后（绞车方向）扭转振动。四阶振型表现为上部钻台和立柱、前后片架在 X-Y 平面内逆时针扭转振动，但是转盘梁振动幅度较小，左右两侧后立柱均向前（猫道方向）弯曲振动。五阶振型表现为整个底座基座、钻台、立柱以及前后片架几乎都不发生振动，只有左侧前两个飘台支架向后（绞车方向）弯曲振动，而第三飘台支架则向前（猫道方向）弯曲振动。右侧飘台支架的弯曲振动方向与左侧正相反，前两个向前（猫道方向）弯曲振动，第三个向后（绞车方向）弯曲振动。六阶振型与五阶振型类似，底座整体基本不发生振动，只有两侧后两个飘台支架头部均相对弯曲振动。

从底座前六阶振型图可以看出，底座的固有频率范围为 4.46～12.06Hz，频率非常低，底座的稳定性很好。但是为保证安全，在使用过程中还是应该避免钻机工作频率在底座固有频率附近。另外，尽管底座的最大位移值不大，主要集中在转盘梁处，但应避免该位置受较大载荷的冲击。

三、井架稳定性分析

井架的抗失稳承载能力一般称为稳定性，井架的总体稳定性与其结构形式、支座类型和承载情况密切相关[26,27]。为此，应用 ANSYS 软件对井架进行了特征值屈曲分析。利用线性屈曲分析的结果求解特征值时，屈曲载荷因子 λ_i 和屈曲模态 ψ_i 存在如下关系：

$$([K]+\lambda_i[S])\{\psi_i\}=0 \tag{3-24}$$

设定［K］和［S］均不变，即材料为线弹性材料，采用小变形理论但不包括非线性。

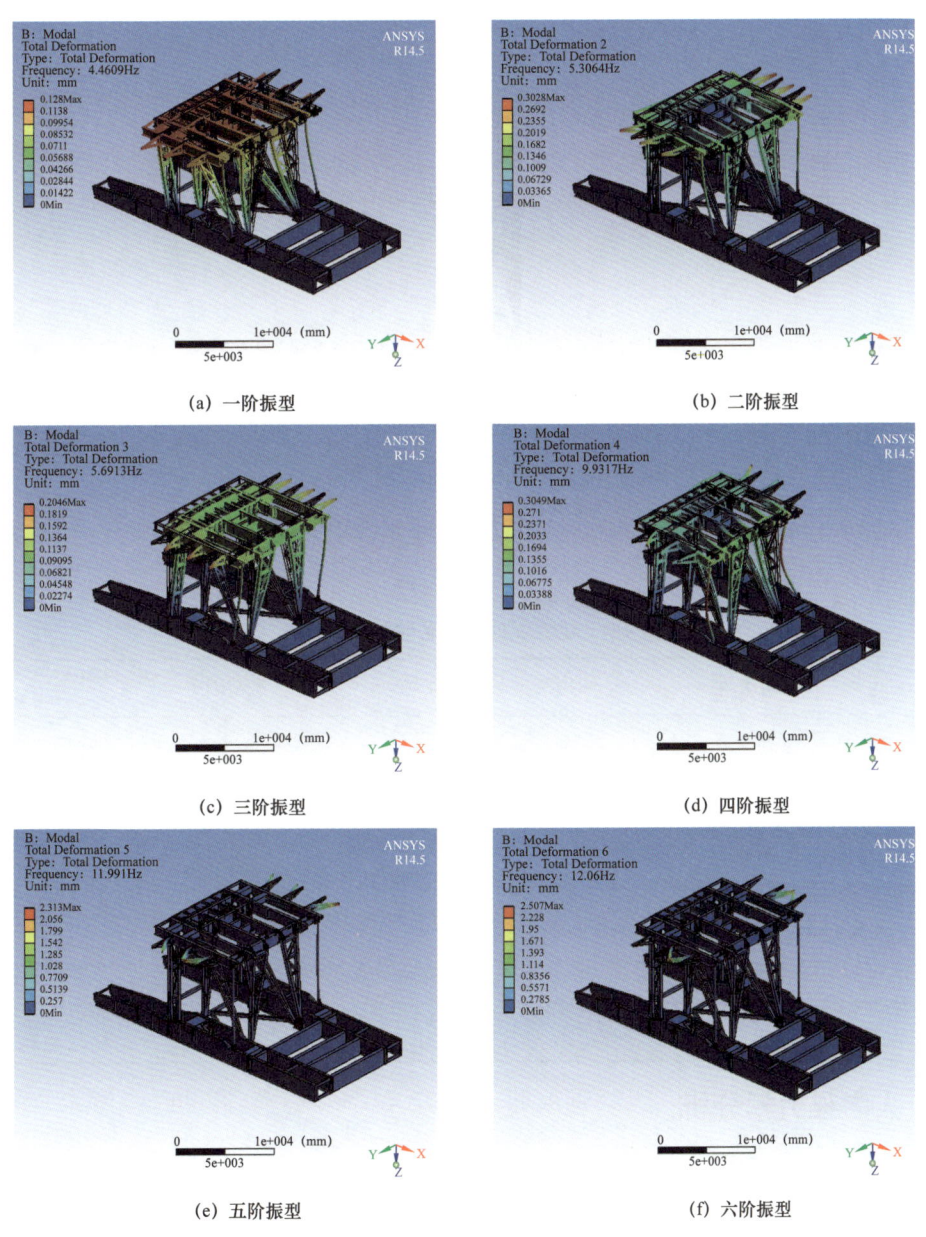

图 3-69 底座前六阶振型云图

计算时如果施加的载荷为最大钩载，则其与载荷因子相乘即为井架结构发生屈曲的临界载荷，相应的载荷因子即为该工况的稳定性安全系数。

具体计算过程为：先对井架进行静力学结构分析，然后将计算结果代入线性屈曲分析中进行耦合分析，并设置最大模态为六阶。井架屈曲分析一阶位移如图 3-70 所示。

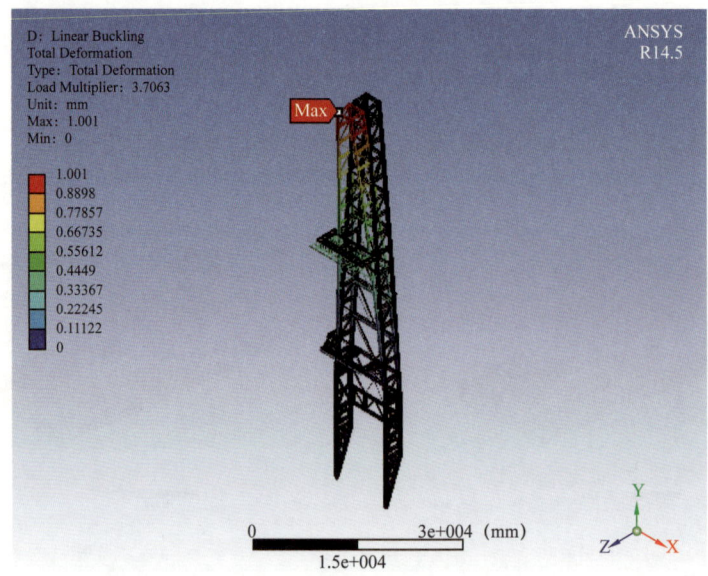

图 3-70 井架屈曲分析一阶位移

从表 3-20 可以看出，前六阶载荷因子即载荷安全系数均大于 2，而且位移仅为 1.001mm，这表明井架满足稳定性要求。

表 3-20 线性屈曲分析各阶载荷因子

阶次	载荷因子
1	3.7063
2	4.0789
3	4.4794
4	4.4848
5	4.8733
6	5.3130

四、人字架力学分析

人字架是井架、底座起升下放的重要设备，主要包括人字架本体、导向轮总成、井架起升滑轮总成、底座起升滑轮总成等。在起升过程中，各个滑轮均承载钢丝绳的张力，对人字架产生很大影响。因此，对人字架结构力学进行计算是钻机设计和计算的重要组成部分。

1. 人字架静力学分析

1）人字架计算模型

人字架计算模型忽略对受力影响极小的封板、堵板、圆管、圆钢等构件，如图 3-71 所示。

2）人字架网格划分

从图 3-72 可以看出，所划网格以六面体网格为主，网格质量较好，共划分为 92178 个单元和 259373 个节点。

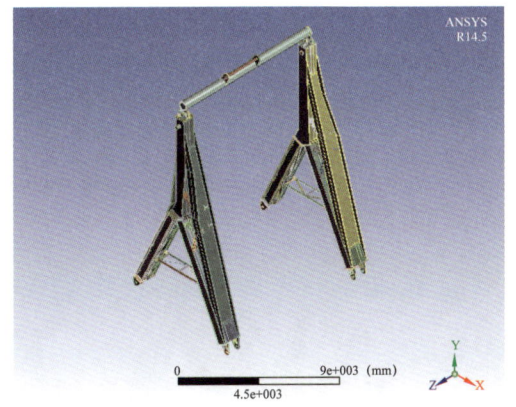

图 3-71　人字架计算模型图

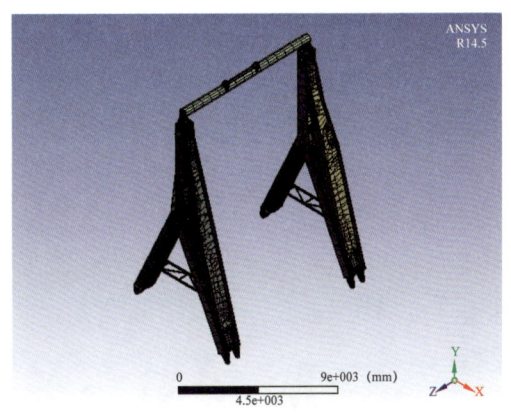

图 3-72　人字架网格划分图

3）人字架加载和边界条件设置

人字架的惯性力只有重力加速度，其值为 9.8066m/s²。在起升的任意一个瞬间可近似认为井架、底座、人字架组成的系统受力平衡，根据静力平衡和力矩平衡求得起升所需的钢丝绳张力，计算得到在初始起升角时作用在快绳轮上的张力为 110.4kN，作用在起升大绳上的张力为 722.8kN，并将他们分别加载到相应滑轮的轴上，如图 3-73 所示。人字架的边界条件主要是人字架上用来与底座基座相连的销孔产生位移的约束。

4）人字架位移

由图 3-74 可知，人字架的最大位移发生在上横梁的中间部位，即安装绞车过轮的位置。需要用加强筋板等构件对其进行加固，并注意其变形情况以保证人字架的安全。

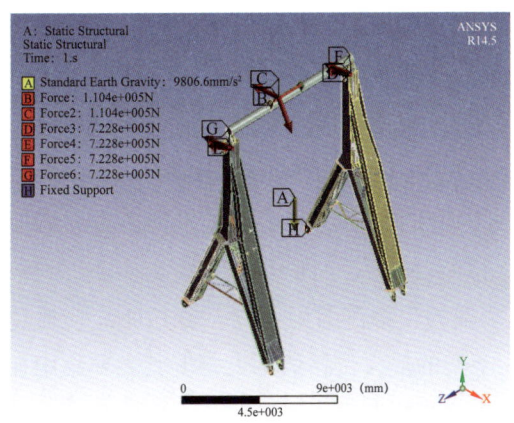

图 3-73　人字架加载和边界条件设置图

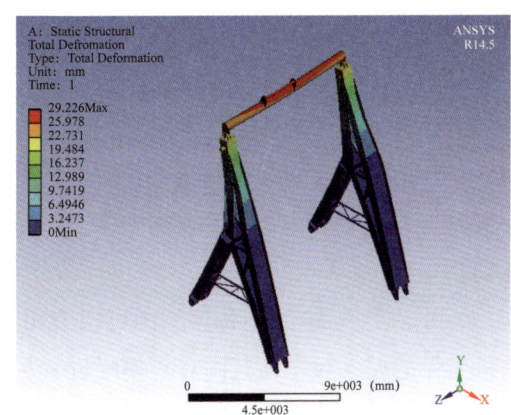

图 3-74　人字架位移云图

5）人字架等效应力和应变

由图3-75可知，人字架的最大等效应力为231.88MPa，满足API SPEC 4F所规定的强度要求。由图3-75和图3-76可知，其最大等效应力和最大等效应变均发生在左侧大腿的后拉梁的顶端，这是因为绞车过轮在人字架上的安装位置偏向其左侧。需要用加强筋板等构件对其进行加固，并在使用过程中注意监测其变形，以保证人字架的安全。

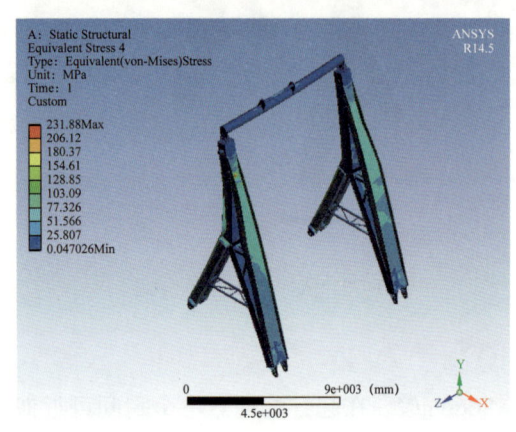 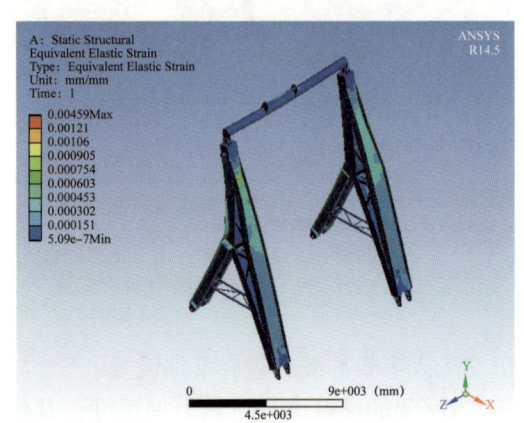

图3-75 人字架等效应力云图　　　　　　图3-76 人字架等效应变云图

2. 人字架动态特性分析

人字架动态特性分析最基础、最重要的是对其模态的前六阶进行分析，其振型云图如图3-77所示。由图可知，一阶振型主要是人字架顶部在Z轴正方向上的位移，这是由于人字架顶部的绞车导向轮偏向一边，使得人字架一侧的受力大于另一侧。二阶振型主要是人字架顶部横梁向X轴正方向弯曲振动。三阶振型主要是人字架顶部横梁向Y轴正方向弯曲振动，同时人字架的左侧部分向X轴负方向弯曲振动，而右侧部分则向X轴正方向弯曲振动。四阶振型与三阶振型相似，主要是人字架顶部横梁向Y轴正方向弯曲振动。但与三阶振型相反，人字架的左侧部分向X轴正方向弯曲振动，而右侧部分则向X轴负方向弯曲振动。五阶振型主要是人字架左侧部分同时向X轴负方向和Z轴正方向弯曲振动，以及人字架右侧部分向X轴正方向弯曲振动，其中顶部横梁两端振幅最大。六阶振型与五阶振型相似，但顶部横梁左端仅向X轴负方向弯曲振动，右端仅向X轴正方向弯曲振动。

另外，由图3-77中各振型图可以看出，人字架的频率范围为4.97～20.17Hz，应避免钻机工作的振动频率在其固有频率附近。尽管人字架的最大位移值不大，但其主要集中在中间横梁和后腿等部位，应避免这些位置受较大载荷的冲击。

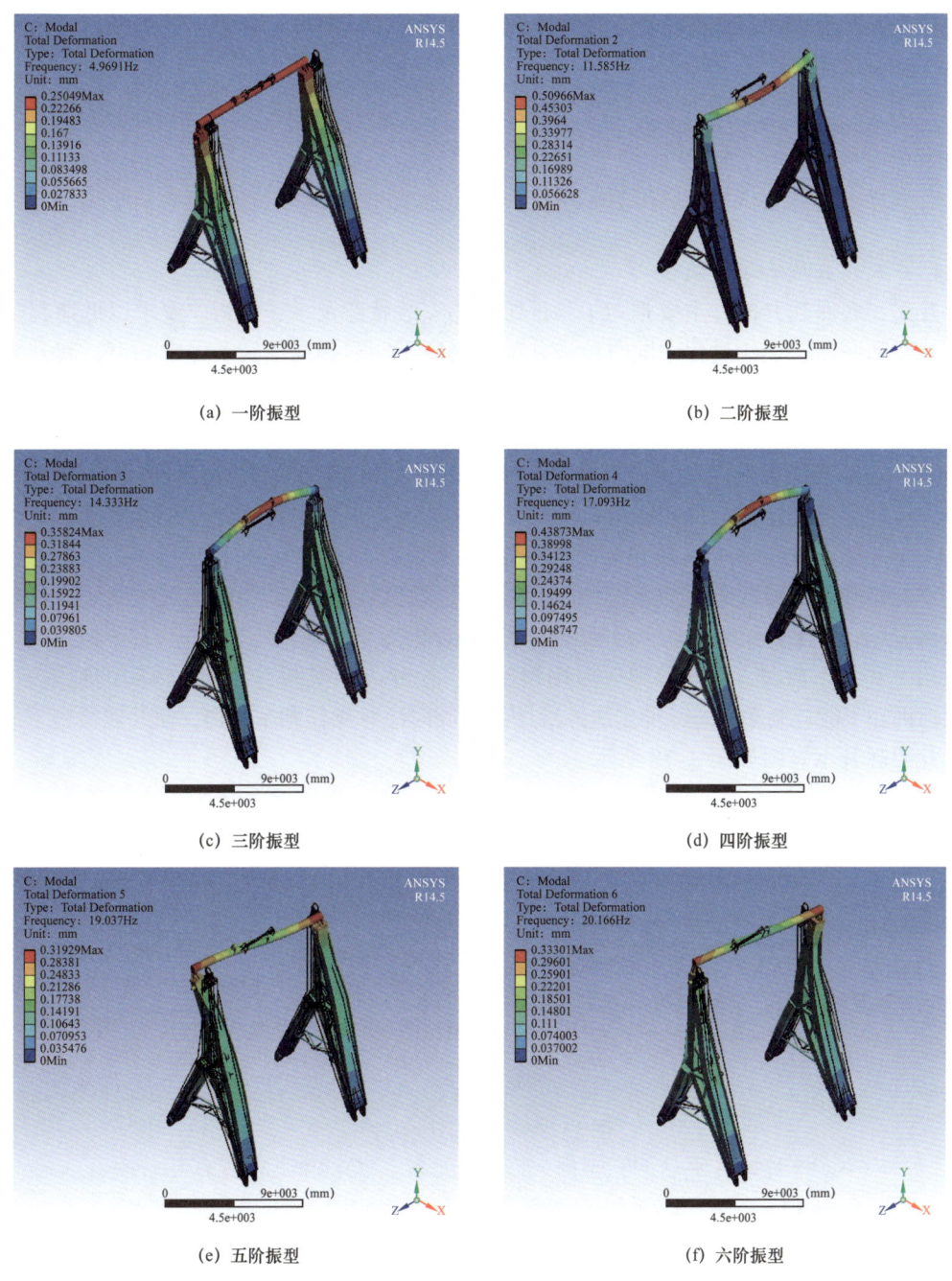

(a) 一阶振型　　(b) 二阶振型
(c) 三阶振型　　(d) 四阶振型
(e) 五阶振型　　(f) 六阶振型

图 3-77　人字架前六阶振型

第六节　现　场　试　验

四单根立柱钻机性能试验的主要内容包括重要功能试验、井架结构的设计验证试验及四单根立柱的移运性试验等，通过试验验证钻机能否顺利安装与拆卸，设备运转是否顺畅，各项功能设计是否满足使用要求，设备的能力及设备的可靠性、安全性是否符合标准和设计要求。为验证新型四单根立柱钻机施工过程是否满足技术要求，还需验证四单根立柱的移运安全性。

一、钻机重要功能试验

需要对新研制的钻机部件进行功能试验，以验证其性能符合设计要求，满足现场钻井要求。

1. 井架、底座的起升试验

井架、底座起升试验主要是为了验证结构的安装状态及承载能力。要求以低速起升和下放井架和底座，操作过程中同时检查井架和底座无明显侧向偏转及异常响声、起升无卡阻、指重表显示无突变负荷、各滑轮转动正常无卡阻、起升钢丝绳及销轴正常。

1）井架起升与下放步骤

（1）井架初次起升时，井架离开高位支架100～200mm时，停留2～3min，放回高位支架。检查起升钢丝绳、螺栓、销轴等关键部件，无异常后，继续进行井架起升试验。

（2）井架起升到约15°倾角时缓慢平稳放回到高支架上，然后再进行第二次起升。

（3）待井架缓慢起升至与全部伸出的缓冲液压缸接触后，适当缩回缓冲液压缸。井架起升到位后，锁上井架下体与人字架间的锁紧装置。

（4）井架下放时，挂好井架起放用钢丝绳，松开人字架间与井架下体间的锁紧装置，主电动机处于能耗制动状态，伸出缓冲液压缸，同时注意操作刹车机构，使井架缓慢下放。

井架起升示意图如图3-78所示。

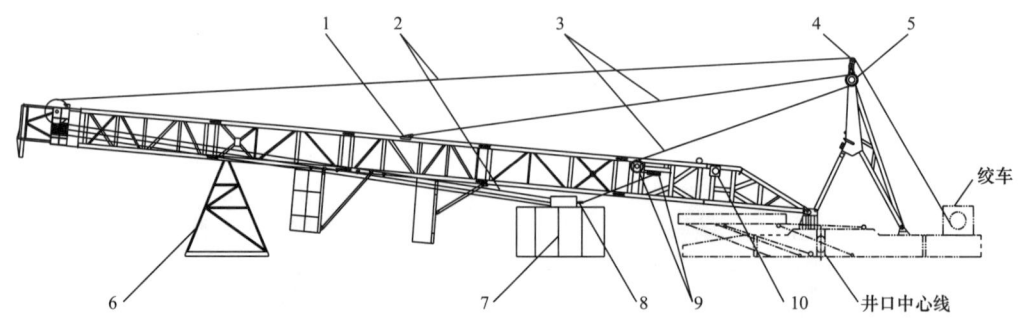

图3-78　井架起升示意图

1—起升大绳耳板；2—钻井钢丝绳；3—井架起升大绳；4—人字架横梁滑轮；5—导向滑轮；
6—高支架；7—游车起放平台；8—起升三脚架；9—井架起升导向滑轮；10—死绳固定器

2）底座起升与下放步骤

（1）初次起升时，底座离开原始位置100～200mm时，停留2～3min，放回原位。检查起升钢丝绳、螺栓、销轴等关键部件，无异常后，继续进行底座起升试验。

（2）底座起升至距地面约5m高度时将其放回原位，然后再次起升。

（3）待底座缓慢起升至缓冲液压缸全部伸出，并与井架下体缓冲曲线板接触后，适当缩回缓冲液压缸。底座起升到位后，穿上锁紧销轴。

（4）底座下放与井架相似，先挂好底座起放用钢丝绳，松开底座锁紧销轴，此时主电动机处于能耗制动状态，缓冲液压缸缓慢伸出，同时注意操作刹车机构，使底座缓慢下放。

3）井架、底座起升试验情况

井架、底座起升过程平稳，各部件无干涉、无扭转、变形及焊缝开裂现象，起升绳系及转动铰接处无卡阻现象。测试数据如下：

（1）井架起升最大钩载为2140kN，与"井架静力学分析"的计算数据吻合。

（2）底座起升最大钩载为1160kN。

4）校正井口中心

用经纬仪检测天车梁上正、侧面的井口中心标志与转盘中心的对中情况。也可以用游动系统上吊重物（如钻杆等）的办法，检查井架中心与井口中心的对中情况。校正后井架顶部的天车中心应与转盘中心对正，尺寸偏差应不大于20mm，实际值为16mm。

2. 游吊系统试验

游车、大钩除进行运行试验外，还进行了加载试验。

（1）提升系统及旋转系统组装完成后，各部件及系统整体均满足使用功能要求。将试验产品加载到设计载荷，无异常响声，无干扰现象。载荷被去除后，所有零部件功能均完好无损。

（2）在不影响设备正常使用的情况下，当加载到设计验证试验载荷后，实测应力值符合设计要求。

（3）在试验过程中，检查各部件各受力部件没有残余变形，焊缝未出现开裂等现象。

（4）在试验完成后，将各部件拆开，经检查，所有零部件没有屈服现象。

3. 绞车及传动装置试验

由于四单根钻机的绞车经过了滚筒加长等设计改造，验证其功能性、安全性、可靠性是否满足设计和使用要求十分必要。绞车及传动装置试验主要包括绞车及传动系统整体组装试验和绞车电、气、液路系统运行试验。

（1）检查并确保护罩装配齐全，电、液、气管线及电缆连接正确、牢靠。各润滑点按要求加注足量的润滑脂，油箱内加注足量的润滑油，液压站加注足够的液压油，水冷系统加注足够的冷却水。液压系统油路连接正确，安装紧固，密封可靠。各控制阀件及执行元件动作灵敏、可靠。液压泵工作正常，油温温升正常。供油、供水系统的油、水管汇及槽架符合设计流程和布置，各管线连接正确、安装紧固、密封可靠。气路系统供气，应满足：气路系统密封性好，关闭所有阀件，1MPa气压下稳压3min，压降≤0.05MPa，无泄漏；换挡和锁挡机构灵活可靠，挡位正确，刹车灵敏可靠。过圈防碰开关灵敏可靠。

（2）启动润滑油泵（分别试验两台，一用一备），油泵和电机启动运行正常，管路无渗漏、无异常声响。将润滑油泵出口压力调整到0.2~0.6MPa，左右减速器进油压力为0.1MPa~0.4MPa，压力表显示正常。要求绞车减速器各机油润滑点润滑正常，密封可靠。待油泵运行5min后，各系统润滑充分情况下启动主电动机，减速器进行运行功能试验。然后，启动冷却水泵，各泵运行正常，水压均在设定值范围内。

（3）传感器等各种仪表参数在规定的范围内。

（4）分别操作司钻台上的各控制阀件7次，阀件逻辑关系正确，各动作准确。自动送钻齿式离合器换挡以及锁挡的进、排气情况良好。

（5）刹车系统试验：启动盘刹系统，液压系统无故障，气路系统无故障，刹车片、刹车盘间隙符合标准要求；模拟高水温、油压异常等异常情况，报警装置工作正常；提升、下放各一次，紧急刹车系统灵敏可靠，盘刹工作钳、安全钳动作正确灵敏。

（6）空运转试验：停掉右减速箱电动机后，启动左减速箱电动机风机，确认风机旋向正确后启动电动机（500r/min），运转方向正确。停掉左减速箱电动机后，启动右减速箱电动机风机，确认风机旋向正确后启动电动机（500r/min），运转方向正确。在确认左右减速箱电动机旋转方向一致，润滑系统压力也正常后，启动左右减速箱电动机后同时运转，用手轮对电动机进行加减速，润滑供油、运行情况良好。

（7）依次启动两台电动机中的1台电动机运转，电动机转速缓慢调到1200r/min，每台电动机运转30min，经检查：

① 绞车运转无磨、碰、蹭等干涉现象，各紧固件牢固可靠。

② 润滑油压力稳定，润滑良好，润滑管路和部件无渗漏现象。

③ 滚筒运转及刹车情况良好，无异常声响和振动，试验中噪声不超过82dB（设计要求噪声不超过85dB）。

④ 减速器各轴承处和滚筒轴承温升正常，要求最大温升不超过40℃，最高温度不超过85℃。

（8）同时启动绞车的两台电动机，转速缓慢调到2200r/min，运转5min，运转情况良好。

刹车系统试验：启动盘刹系统，液压系统无故障，气路系统无故障，刹车片、刹车盘间隙符合标准要求；模拟在高水温、油压异常等异常情况下，报警装置工作正常；提升下放过程中各一次，紧急刹车系统灵敏可靠，盘刹工作钳、安全钳动作正确灵敏。

（9）传动装置试验包括传动装置运转试验、离合换挡试验、气动控制系统各电气开关动作试验及气密封性能试验、水冷却系统运行试验。

（10）防碰功能试验：钻机配置了3种防碰装置，分别为过圈防碰、重锤防碰、电子防碰。在游吊系统低速挡分别对过圈阀、防碰开关、电子防碰各进行3次功能动作试验。

① 过圈阀试验：游动系统以最高速度的50%向上运行（0.6m/s），钻井钢丝绳推动触碰绞车滚筒上方的过圈阀杆使其动作，从过圈阀开始动作至游动系统停止所用时间小于3s，该试验反复进行3次。试验刹车系统灵活、迅速、准确，每次刹车后游动系统停留位置基本相同。

② 重锤防碰试验：游动系统以最高速度的50%向上运行（0.6m/s），游车触碰安装在井架上距天车下方约6m位置（安装顶驱要求的防碰安全空间距离）的防碰钢丝绳连接的重锤防碰开关，从开始动作至游动系统停止所用时间小于3s，该试验反复进行3次。刹车系统灵活、迅速、准确，每次刹车后游动系统停留位置基本相同。

③ 电子防碰装置试验：游动系统以最高速度的50%向上运行（0.6m/s），试验中，游动系统在滚筒编码器检测到第一个高度限位减速，在第二个高限位时盘刹刹车停止；游动系统以最高速度的50%向下运行（0.6m/s），试验中，游动系统在滚筒编码器检测到第一个低限位减速，在第二个低限位时盘刹刹车停止。反复试验3次，每次检查刹车距离，游动系统停留后离转盘的距离为100～200mm，基本无误差。

（11）滚筒排绳试验：排绳器钢丝绳张紧度符合设计要求，排绳状况正常，排绳器工作稳定可靠。

（12）提升、下放试验：从低位挡到高位挡每个挡位提升下放5次，各阀件操作准确灵活，绞车平稳，无异常声响和振动，刹车灵敏可靠。

（13）绞车最大快绳拉力试验：在额定功率的80%的条件下进行绞车带负荷试验，提升下放3次，在规定刹车力和允许的下钻速度下，主刹车灵活，安全可靠。

（14）绞车运转总体情况如下：

① 各操作准确、灵活。

② 各部位密封良好，无渗油、漏油现象。

③ 润滑油压稳定，润滑点油量适宜。

④ 运转平稳，无异常振动和响声。

⑤ 各部位轴承温升正常。

4. 转盘驱动装置试验

（1）试验前检查并确保装配齐全、管线连接正确、牢靠。各润滑点按要求加注足量的润滑脂，油箱内加注足量的润滑油。

（2）启动润滑油泵，调整润滑油泵出口压力到0.2～0.6MPa。检查各供油点情况，调整各供油点节流阀，保证润滑充分，油量适当。

（3）操作司钻台上的转盘惯刹阀件8次，惯刹盘式离合器充、排气迅速，液、气管路无渗漏。

（4）启动风机电动机，在确认风机旋向正确后，启动转盘主电动机，检查运转方向。

（5）确认上述检查项目正常后，继续顺时针旋转电动机手轮，转盘输出转速达到195r/min时，完全停止手轮调节，运行5min，完成上述检查和准备工作之后，然后才进行试运转工作。首先开启主电动机风机电源，同时电动润滑油泵开始工作，观察司控房转盘减速油压表显示达到调定值时，再启动转盘减速主电动机，慢慢使电动机手轮开关顺时针旋转。通过仪表显示，转盘转速逐步增加。当转盘输出转速在90r/min时，停止手轮调节，持续运转30min，经检查：

① 转盘减速箱齿轮润滑情况良好；

② 所有轴头处密封情况良好，无渗漏现象；

③ 转盘及减速箱运行平稳，底座无明显晃动，噪声低于85dB，符合设计要求。

④ 轴承及润滑油的温升情况良好，轴承座外壳温升要求不高于40℃，实际温升22℃，符合要求。

（6）电动机断电，惯刹效果良好。

5. 钻机联动试验

在最大额定工作压力及冲数条件下，多台钻井泵组及钻井液处理系统及设备（只运行搅拌器）连续运转4h以上，经检查确认：

（1）系统各设备在此工作状态下运行平稳，无干扰；绞车、转盘加减速平稳；游动系统运行至上、下限位时停车准确。

（2）电控房及发电机组工作正常。

（3）刹车平稳可靠，各操作系统和控制系统稳定、准确、可靠。

（4）系统各项指标均满足设计要求。

（5）传感器等各种仪表功能和显示正常。

试验情况见表3-20。

表 3-20 钻机联动试验结果

序号	试验项目	试验结果	合格与否	存在问题
1	转盘及转盘驱动装置空运转试验	运行平稳,惯刹可靠,油泵工作平稳,轴承温升 16℃,正常	合格	无
2	绞车盘刹试验	磨合试验表明,按使用说明调整了钳子与刹车盘间隙,刹车性能良好	合格	无
3	盘刹液压站试验	运行平稳,无泄漏,最大温升 14℃	合格	无
4	机具液压站试验	运行平稳,无泄漏	合格	无
5	50kN 气动绞车试验	进行了功能动作试验及提升 5t 载荷悬停试验	合格	无
6	套管扶正台试验	进行了功能动作试验及负载试验(动载 200kg,静载 250kg)	合格	无
7	80kN 液压绞车试验	对 8t 配重进行了拉力试验	合格	无
8	旋转液压猫头	进行功能动作试验	合格	无
9	排绳试验	双电动机在转速 500r/min、1000r/min、1500r/min 排绳;单电动机在转速 500r/min、1500r/min、1800r/min、2000r/min 排绳	合格	无

二、井架、底座静载试验

井架底座静负荷试验主要是为了检验结构件的承载能力,以及验证钻机控制系统及提升系统的能力是否满足设计要求。

1. 井架静载试验

按表 3-21 加载等级及负载时间对井架逐级加载,观测井架结构加载到最大载荷及卸载后的位移及变形。井架在最大载荷下的顶部偏头位移及立柱变形见表 3-22,卸载后的观测结果见表 3-23。

表 3-21 井架加载等级及负载时间

加载值,kN	3350	4200	5050	5900	6750
负载时间,min	3	3	3	3	1

表 3-22 井架静载试验记录表

序号	检测项目	检测部位	设计允许值,mm	检测结果,mm
1	顶部左右水平位移	井架顶部	≤90	40
2	顶部前后水平位移	井架顶部	≤50	15
3	顶部竖直位移	井架顶部	≤90	50

续表

序号	检测项目	检测部位	设计允许值,mm	检测结果,mm
4	直线度	左前立柱正面	折弯点以上,≤75	40
			折弯点以下,≤45	5
		右前立柱正面	折弯点以上,≤75	27
			折弯点以下,≤35	19
		左前立柱侧面	折弯点以上,≤50	15
			折弯点以下,≤25	13
		右前立柱侧面	折弯点以上,≤50	21
			折弯点以下,≤25	15

表 3-23 井架静载试验后测试记录表

序号	检测项目	检测部位	设计允许值,mm	检测结果,mm
1	立柱直线度	左前立柱正面	折弯点以上,≤15	10
			折弯点以下,≤10	4
		右前立柱正面	折弯点以上,≤15	14
			折弯点以下,≤10	6
		左前立柱侧面	折弯点以上,≤15	9
			折弯点以下,≤10	4
		右前立柱侧面	折弯点以上,≤15	13
			折弯点以下,≤10	2
2	过天车中心的铅垂线对转盘中心的偏移量	天车中心和转盘中心	≤20	16

2. 底座静载试验

对底座按表 3-24 加载等级及负载时间逐级加载,检查底座结构加载到最大载荷卸载后的变形情况。

表 3-24 底座加载等级及负载时间

加载值,kN	3000	4000	5000	5500	6000	6500	6750
负载时间,min	3	3	3	3	3	3	1

底座静载试验后,检查转盘梁、立根台主大梁上座内大梁前后立柱无永久性变形,各受力部位焊缝无开裂。

三、四单根立柱移运安全性试验

为验证四单根立柱的移运操作过程的安全性，分别对 5in、$5\frac{1}{2}$in 钻杆柱进行四单根立柱的移运试验。

起钻操作试验：吊卡吊起四单根立柱，第 5 根立根坐在转盘转台补心上放置的另一吊卡上，无阻卡显示时卸扣，以上部四单根立柱为整体进行操作；游车上提，防止钢丝绳进指梁、游车碰撞指梁和工作台；当立柱顶端过指梁合适位置，及时停车，绕好兜绳，此时兜绳处于放松状态，不施加力；将井口处立柱拉往钻杆盒，并放置于钻杆盒上；待立柱下端就位后，用力拉兜绳，使立柱靠近操作台，并迅速将兜绳固定好；吊卡下放，选择合适的时机打开，同时拉紧兜绳，使立柱紧贴操作台，护送游车过指梁；推立柱进指梁，松开兜绳活端并挪走，将立柱摆放整齐，立柱侧面先后靠放在两个二层台上；若立柱摆放不稳，则用细绳固定以免排乱或跑出指梁。

下钻操作试验：以四单根立柱为整体进行操作，先将立柱拉出靠在指梁上，绕好兜绳并将活端固定好，留适当长度以便扣吊卡；提升游车，防止大绳进指梁或游车撞指梁；吊卡过指梁后，拉立柱出指梁，立柱先后脱离两个二层台；提升吊卡至合适位置，利用游车摆动惯性迅速使立柱进吊卡，扣上吊卡，启车；上提立柱，慢松兜绳，从钻杆立根盒处将四单根立柱下端扶至井口，扶正钻柱配合井口上扣，待紧扣后去掉兜绳；立柱提起下放，游车过指梁后，再做下一立柱的准备工作；下钻过程中，每一立柱下放无阻卡方可坐吊卡接下一立柱。现场试验结果表明，5in 及以上钻杆组成的四单根立柱的移运过程安全可靠，移运过程中钻柱的变形在允许的范围内，不存在失稳情况。

第七节 工业化应用

近年来，超深井数量迅速增长，塔里木油田山前地区是超深井数量增长的主要地区，其起下钻时间占进尺工作时间的 30%~35%，占钻井总时间 16%~17%，且复杂事故多发，起下钻频繁。为减少钻井过程的起下钻时间，减少井下复杂事故，根据塔里木油田的要求，研制了四单根立柱超深井钻机，并于 2013 年 5 月至 2016 年 9 月共进行了 3 口井的工业化应用。

一、应用效果分析

1. 提速分析

起下钻时，起下钻工艺、速度、井口人员操作时间等因素基本是固定的，只会因地层变化、起下钻层段、操作人员的熟练程度而存在差异，但总体差异不大。四单根立柱 9000m 钻机在现有装备条件下，将立柱的高度增加 1 个单根，直接降低起下钻过程中停顿次数，最大限度地减少了起下钻时间。理论计算及现场应用效果表明：四单根立柱 9000m 钻机在钻井提速、减少起下钻时间、降低井下复杂事故，以及在砾岩层和盐膏层钻井等方面效果明显。

图 3-79 为四单根钻机理论提速的效果图。计算过程中分别对四单根立柱钻井工艺与三单根立柱钻井工艺、四单根立柱钻井工艺与单根钻井工艺进行了对比，计算过程中接单根时间按现场平均作业时间 300s 取值。从曲线图可看出，在低机械钻速区域，四单根立柱钻井工艺较单根钻井工艺提速效果明显，但较三单根立柱钻井工艺提速效果不大。机械

钻速越高，四单根立柱钻井工艺提速效果越明显。机械钻速为 60m/h 时，四单根较单根钻井工艺提速 25.86%，较三单根钻井工艺提速 3.73%。

图 3-80 是四单根钻机现场提速效果图。从图中可以看出，四单根钻机作业井从开钻时起，其机械钻速在同区块的各井中就一直处于领先位置。在中浅层最高机械钻速可达 60m/h，因此四单根立柱钻机较三单根立柱的提速效果明显。对比四单根立柱钻机的机械钻速的理论计算结果，综合现场数据可知，四单根钻机在各钻速区域均有提速效果，机械钻速越高其提速效果越明显。

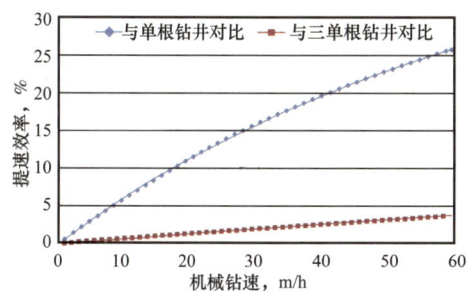

图 3-79　四单根钻机理论提速效果图　　　　图 3-80　四单根钻机现场提速效果图

图 3-81 为四单根立柱钻机现场试验井 7100m 井深时，计算出的四单根立柱 9000m 钻机与 9000m 三单根钻机的起下钻速度对比图。其钻具组合为：ϕ241.3mm 钻头 ×0.34m+ϕ197mm 螺杆 ×9m+ϕ203.2mm 无磁钻铤 ×9m+ϕ241.3mm 稳定器 ×2m+ϕ196.9mm 螺旋钻铤 ×36m+ϕ177.8mm 螺旋钻铤 ×10m+ϕ177.8mm 随钻震击器 ×10m+ϕ177.8mm 螺旋钻铤 ×27m+ϕ127mm 加重钻杆 ×141m+ϕ127mm 斜坡钻杆 ×3000m+ϕ139.7mm 斜坡钻杆 ×3773m，绞车功率为 2200kW，绳系为 7×8、机械效率为 0.75，按录井数据中平均作业时间，上卸扣时间取值 140s。

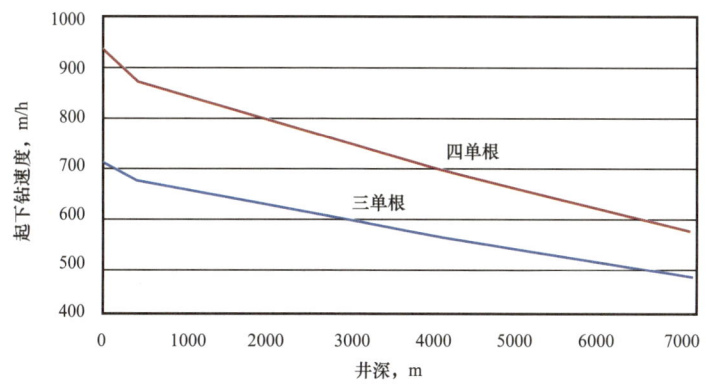

图 3-81　四单根立柱钻机与三单根立柱钻机起下钻速度对比

计算结果表明，在 7100m 井深时，四单根立柱起下钻速度较三单根立柱钻机提速约 20%，在近井口位置起下钻速度提速为 32%。由此可见，四单根立柱钻机较三单根钻机在起下钻作业过程中提速效率基本在 20% 到 30% 之间，具体提速效果跟井底钻具组合和尺寸、游吊系统自重、滑轮绳系等参数有关。现场统计资料表明：四单根立柱钻机同三单根立柱钻机相比，起下钻时间减少 20%，钻井周期缩短 6%。

2. 砾岩层、盐膏层高效钻井的最佳选择

盐膏层指的是以盐或是石膏为主要成分的地层，我国大陆钻探发现的盐膏层分布广泛。从地层分布看，塔里木油田盐膏层的类型最全，深度不一，从盆地边缘局部地区露出地表到6000m深处都有分布。盐膏层钻井时要求钻机具有倒划眼、快速起下钻的能力。同时盐膏层与砾岩层一样属于非压实地层，在钻井过程中同样存在钻头压实效果差、易发生井斜及井径扩大现象。9000m四单根立柱钻机与常规钻机相比，在井下连续运动的时间更长，接单根次数更少，使得其在砾岩层、盐膏层及岩盐与砾岩夹层中钻井效率提升显著。

正常钻井时，钻头在井底做旋转切削运动，受钻头形状的制约，井底的交接面不是一个完整的水平面，而是凹凸有序的表面。钻头重新作用于该不平表面时，钻头各个翼刀的水平方向上受力不均匀，有的翼刀已与井底压实，有的翼刀还悬在半空，使得钻头的受力和扭矩的瞬变更加明显，钻头所受的压力和扭矩更加不均匀，钻头切削齿更容易压碎、崩碎或崩断损坏，钻头的先期破坏会更加严重。因此，钻头起下越频繁，钻头受力和扭矩瞬变的概率越大，钻头先期严重破坏的概率也越大。为了延长钻头在砾岩层中的工作时间，降低因钻头切削齿破坏而导致的井径扩大、井斜等钻井事故，目前大部分的做法都是优化钻头的结构、安装旋冲动力钻具等措施来降低钻头的破坏，提高钻井效率。四单根立柱钻机与顶驱配合使用所形成的四单根立柱钻井工艺，增加了钻头在井底连续运动的时间，减少了频繁起下钻的次数，钻头所受井下压力和扭矩瞬变相对减少，钻头先期破坏的概率降低，使得井径更加规则、井眼轨迹控制效果更好，而这一效果是最初设计四单根钻机时所没有想到的。

图3-82为四单根钻机作业井与同区块常规钻机作业井井径扩大率的对比图。该作业地区的地层结构为：浅层为砾岩层，中间为砂岩层，深层为巨厚盐膏层。对比三口井的井径扩大率数据发现，使用四单根立柱钻机的作业井在井径的控制上一直维持在一个较低的比率，全井段平均井径扩大率为1.458%，而常规三单根钻机的井径扩大率分别为3.8%和5.44%。图3-82表明，使用四单根立柱钻井时，由于接单根的次数减少、连续钻井的连续性时间更长，使其在非压实地层的砾岩层、盐膏层钻井时，对井径的控制效果更好。

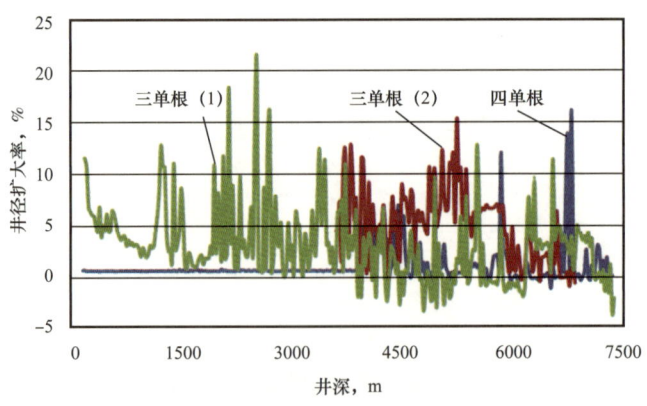

图3-82　四单根作业井与临井井径扩大率对比

图3-83为四单根作业井与同区块常规钻机作业井井斜角、井眼轨迹、闭合距等反应井眼轨迹控制的对比图。从图中可以看出，三口井的井斜角在6000m井深时一直保持在一个较低的水平，井斜一直控制得较好，这是因为三口井在之前的井段一直在使用Power-V

钻具。常规钻机作业井不使用Power-V后井斜角开始逐渐增大,最大值分别达12.6°、18.67°。四单根作业井从6483m井深处开始不使用Power-V,其井斜角在6500m时亦开始逐渐增大,在7350m达到最大值7.26°,但比上述两口井的幅度小。同时,四单根钻机作业井的井眼轨迹变化的区间范围要明显小于同区块常规三单根钻机作业井。在井眼闭合距上的控制也要优于常规钻机。对比分析可知,使用四单根钻井工艺钻井时,井眼轨迹控制的效果更好,井径更加规则。在砾岩层、盐膏层等非压实地层,四单根在上述两个方面的效果同样突出,可见四单根立柱钻井不失为砾岩层、盐膏层高效钻井的首选。

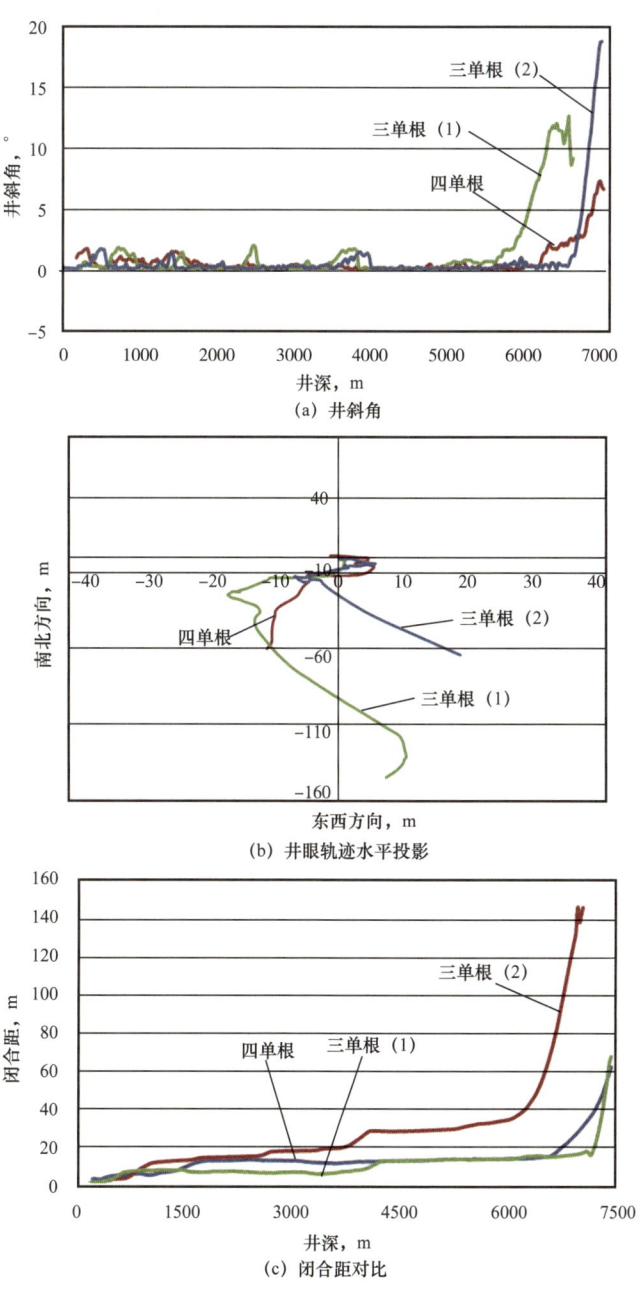

图 3-83　四单根作业井与邻井井斜角、井眼轨迹、闭合距对比图

3. 大幅降低钻井复杂性和事故率

四单根立柱钻机钻井较常规钻机钻井，减少了起下钻过程中上卸扣、管柱移运的次数，降低了全井段起下钻作业的时间。首先从量上来讲，减少了管柱不连续运动的时间和起下钻的作业时间，因起下钻不连续作业而引起的井下复杂、事故就可以降低33%。其次由于四单根钻机起下钻的过程更加连续，在正常钻井接单根作业、起下钻作业时，压降所引起的压力波动几率也就越小，在一定程度上规避了常规钻机在复杂地层压力控制难的问题。下面是四单根钻机现场2口井的试验情况。

第一口试验井于2013年5月26日开钻，2014年10月12日完成钻井任务，完钻井深为7515m，钻井周期为440多天。与相邻三单根钻机相比，其减少了20%的起下钻时间，全程井段遭遇复杂工况少，钻井周期缩短了6%、事故时效为2%，远低于同一地区相邻井8%的平均事故时效。

第二口试验井是有巨厚砾石盐膏层地质构造的高难度复杂探井。从2014年11月22日开钻至2015年12月18日止，此井五开钻进到完钻，井深为6467.6m，平均起下钻速度达540m/h，与相邻同区块的ZJ90DB钻机和ZJ80DB钻机相比，时效提高了30%。全井事故时效为1.96%，低于周围地区8%的平均水平。

从两口试验井的数据对比可以看出，四单根钻机的钻井事故时效基本可以控制在2%以内，低于塔里木油田8%的平均事故时效，满足塔里木油田超深井钻井降低井下复杂事故率的要求。

4. 节省钻井时间和费用

JZ90/6750DB-S四单根立柱钻机钻井能减少接立柱的次数（25%）。如塔里木山前区克深7井，7000m井深单次起下钻约可减少接立柱、卸立柱数各60次。其中超过6000m井深的起下钻趟数共计63次。完钻井深为8023m时，累计上、卸立柱数各3780次。如不考虑人工手动差异对起下钻时间的影响，与三单根立柱钻机相比，四单根立柱钻机理论上的起下钻时间减少25%，钻井周期明显缩短。

四单根立柱钻机比三单根立柱钻机多一根钻杆，钻机在起下钻作业时，前者的立柱均速运动距离大，时间长，相应加速和减速运动时间在起下钻过程中所占比例减少，从而使起下钻时间在整个钻井时间中所占有的比例减少。

二、经济效益分析

1. 节省钻井生产成本

四单根立柱钻机与三单根立柱钻机相比，约减少20%的起下钻时间，尽管设备一次性投资比常规三单根立柱9000m钻机略多，但平均每口井可节省约20d的钻井时间，以16万元的日费计算，一口井就可节约日费320万元。

2. 减少复杂工况时效

全程井段遭遇复杂工况时，事故时效相应降低，事故时效由8%降低到2%，不仅节约了钻井时间及钻井日费，也节省了因为井下复杂事故所产生的费用。因此，四单根立柱钻机具有时效高、全井事故时效低的特点。

3. 降低能耗

四单根立柱钻机立柱加长，立柱均速运动时间长，接立柱次数减少，绞车启停次数减少，可降低绞车的运转能耗。

4. 降低复杂地层井下事故发生率

四单根立柱钻机在起下钻过程中，一方面减少了接立柱的次数，即减少了钻具在井下的静止时间；另一方面用顶驱钻进时，在钻头使用寿命允许的条件下，四单根立柱连续钻进深度比三单根立柱深，可提高立柱钻过盐膏层和缩颈井段的速度，降低钻井事故风险。

三、应用前景

近年来，伴随着油气勘探开发的深入，国内钻井设备配套、工具仪器研发、钻井高新技术研究与应用得到了高度重视和快速发展，钻井前沿技术不断突破，储备技术研究投资不断加大。四单根立柱钻机就是在这一背景下研发的。它的研制成功不仅填补了国内外陆地钻机的空白，在钻井工艺上也有重大突破，而且还可以将这一技术和工艺推广应用到8000m超深井钻机上。

四单根立柱钻机在砾石层、盐膏层等复杂地层钻井所具有的优势是其他三单根钻机所不能比拟的。从上述经济效益分析可看出，四单根立柱钻机与常规三单根9000m钻机相比，其制造成本虽有所增加，但每钻一口井仅日费就可节约300余万元，再加上降低事故方面的效果，经济效益显而易见。

因此，四单根立柱钻机和同类钻机相比，无论从技术上还是经济效益上都有比较明显的优势。随着我国石油行业不断向纵深发展，超深井配套技术的日趋成熟，四单根立柱8000m和9000m钻机，都将会成为复杂井、超深井钻探开发的首选钻机，并将广泛地应用于我国超深井钻探开发中。

参 考 文 献

［1］美国石油学会.API Spec 4F 钻井和修井井架、底座规范（第四版）［S］.2013.
［2］GB/T 25428—2015.钻井和修井井架、底座［S］.2015.
［3］SY/T 5609—1999.石油钻机型式与基本参数［S］.1999.
［4］宋曦.材料力学［M］.北京：科学出版社：2015：195-208.
［5］褚衍东，吴亚平.考虑重力条件下变截面圆形薄壁压杆的弹性稳定计算［J］.工程力学，1999（a03）：604-608.
［6］刘延强.工程中两个杆柱稳定性问题分析［J］.力学与实践，1995，17（3）：32-35.
［7］倪晓博，许笛.自重压杆稳定性问题分析［J］.企业技术开发：学术版，2010，29（1）：108-109.
［8］美国钢结构学会.ANSI/AISC 360-10 钢结构建筑设计规范［S］.2010.
［9］陈如恒，沈家骏.钻井机械的设计计算［M］.北京：石油工业出版社，1995：294-310.
［10］华东石油学院矿机教研室.石油钻采机械［M］.北京：石油工业出版社.1980.
［11］常玉连，刘玉泉.钻井井架、底座的设计计算［J］.北京：石油工业出版社，1994.
［12］徐晓鹏，黄悦华，李治平，等.高强度材料在超深井钻机井架底座中的应用［J］.石油机械，2009，37（8）：72-75.
［13］成大先，主编.机械设计手册［M］.5版.北京：机械工业出版社，2008.
［14］许京荆.ANSYS WORKBENCH 工程实例详解［M］.北京：人民邮电出版社，2015.
［15］陈新龙，周思柱，华剑，等.深井钻机井架及底座系统的有限元静力分析［J］.石油机械，2013，

41（7）：40-44.

[16] 胡晶磊，祁秀芳. JJ675/48-K型井架起升过程力学分析[J]. 石油矿场机械，2014（10）：97-99.

[17] 王路林，高学仕，王佐祥. 井架起升过程的有限元仿真分析[J]. 石油矿场机械，2006，35（2）：20-22.

[18] 白锋，李占稳. 井架起升过程受力分析[J]. 机械研究与应用，2009（3）：65-67.

[19] 张学军，陈孝珍. ZJ70DB型钻机井架起升过程有限元仿真分析[J]. 石油矿场机械. 2008，37（12）：35-38.

[20] 朱波. 井架起升计算方法比较与结果验证[J]. 机械研究与应用，2015，28（5）：136-137，141.

[21] 王颖，孔令超，宁建国. ZJ70D型钻机双升式底座有限元模态分析[J]. 石油机械，2005，33（2）：15-17.

[22] 程波，何东升，林静，等. JJ315-40-K井架的静强度及动态特性分析[J]. 重庆科技学院学报（自然科学版），2009，11（4）：33-35.

[23] 王世圣，张宏，董守平. DZ450/9-S钻机底座静态及动态特性[J]. 石油大学学报（自然科学版），2002，26（1）：66-68.

[24] 王栋. ZJ90/6750DB超深井钻机井架及底座静动态特性研究[D]. 东营：中国石油大学（华东），2010.

[25] 邹龙庆. 石油钻机井架动态响应分析[D]. 哈尔滨：哈尔滨工程大学，2005.

[26] 张嗣伟. 井架总体稳定性的概念与计算原理[J]. 石油钻采机械，1978，(04)：117-132.

[27] 赵焕娟，齐明侠，赵娜. 钻机井架的可靠性分析[J]. 石油矿场机械，2010，39（03）：22-27.

第四章 顶驱及其下套管装置

"十二五"期间,中国石油加强了深井超深井钻井技术攻关,并取得了重大技术进展。通过对深井、超深井地质条件复杂、高温高压和多压力系统等一系列技术难题开展攻关,在深井超深井钻井装备上也有了很大发展。中国石油钻井工程技术研究院北京石油机械厂(以下简称"北石")为8000m和9000m钻机配套的DQ80BSC和DQ90BSC顶驱,以及顶驱下套管装置在提高深井超深井机械钻速、降低复杂工况事故率、缩短钻井周期、实现优快钻井等方面取得了很大进步。

第一节 DQ80BSC 顶驱

DQ80BSC是针对8000m钻机配套需求而设计的。为更好地满足现场需要,提高深井超深井钻井作业的能力、效率和安全性,实现控制复杂工况,降低作业风险,避免钻井事故,DQ80BSC顶驱采用了多项新技术,主要包括:转速扭矩控制技术、主轴旋转定位控制技术、导向钻井滑动控制技术、钻机智能一体化连锁控制技术、远程专家支持技术和大扭矩传动与控制技术等。DQ80BSC顶驱装置的研发,不仅为钻机配套提供了更加广泛的选择空间,同时也进一步完善了顶驱的规格型号,丰富了中国石油钻井装备国产化产品系列。在此之前,国内外的主要顶驱供应商都没有能够满足8000m钻机需求的产品,北石DQ80BSC顶驱装置的研发成功填补了国际空白。

与DQ80BSC顶驱同期开发的DQ90BSC顶驱,采用了相同的结构、原理以及新技术。DQ90BSC顶驱装置用于9000m四单根立柱钻井作业,其功率和钻井扭矩更大,提升能力更强,顶驱上下移动导轨和电缆更长,可一次进行四单根立柱的钻进作业。因此,本章的重点内容只放在DQ80BSC顶驱的结构原理、性能参数及技术创新上,对DQ90BSC顶驱装置不再赘述。

一、主要技术参数

1. 基本参数

名义钻井深度	8000m($4\frac{1}{2}$in 钻杆)
最大载荷	5850kN
钻井液通道	ID75mm(3in)
额定循环压力	52MPa(7540psi)
系统质量	13000kg(主体,不含单导轨和运移托架)
工作高度	6.4m(提环面到吊卡上平面)
电源电压	AC 600V
额定功率	500hp×2
环境温度	$-20 \sim +55$℃
海拔	≤1200m

2. 钻井参数

转速范围　　　　　　　0~220r/min 连续可调
工作扭矩　　　　　　　60kN·m（0~110r/min 连续）
最大扭矩　　　　　　　90kN·m（间断）

3. 性能曲线

DQ80BSC 顶驱性能曲线如图 4-1 所示。

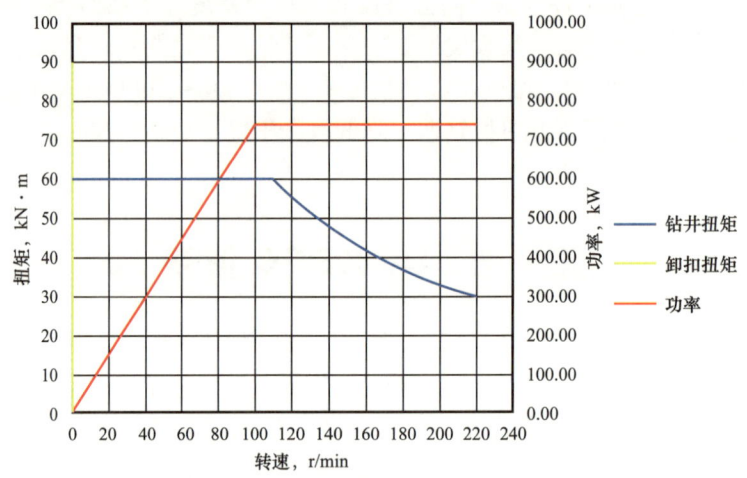

图 4-1　DQ80BSC 顶驱工作曲线示意图

二、结构及原理

顶驱装置本体是实现顶驱装置功能的核心部分，包括为钻井提供旋转动力的动力水龙头、用于拆卸和连接管柱的管子处理装置、为钻井液循环提供通道的钻井液循环通道以及其他用于系统检测或保护的辅助装置。

DQ80BSC 顶驱装置的本体结构如图 4-2 所示。

1. 动力水龙头

动力水龙头是顶驱装置的主体部件，其上部通过提环及平衡系统与钻机提升系统的大钩或游车连接，下部与管子处理装置相连，在钻井作业时提供驱动钻柱旋转钻进和上、卸扣所需要的扭矩，是钻井动力的来源，同时用来承受起下钻和钻井时的提升载荷。其主要结构包括齿轮减速箱、交流电动机、提环总成等部分（图 4-3）。

1）主电动机

DQ80BSC 顶驱装置装有两台交流变频电动机，通过交流变频调速系统实现无级调速，为钻柱提供旋转动力。交流变频电动机具有启动力矩大、可以连续堵转等优点，采用牢固的铸钢机座外壳结构，强度大，可承受震动和冲击。电动机绝缘采用 Class F 绝缘材料以及 100% 环氧树脂的真空压力浸渍，并采用开式脂润滑防磨轴承。

主电动机安装在减速箱上，为双轴伸结构，下端连接主传动小齿轮，上端连接刹车装置和编码器。主电动机内部安装有温度传感器和加热器，用于监测电动机的温升，对电动机加以保护。

第四章 顶驱及其下套管装置

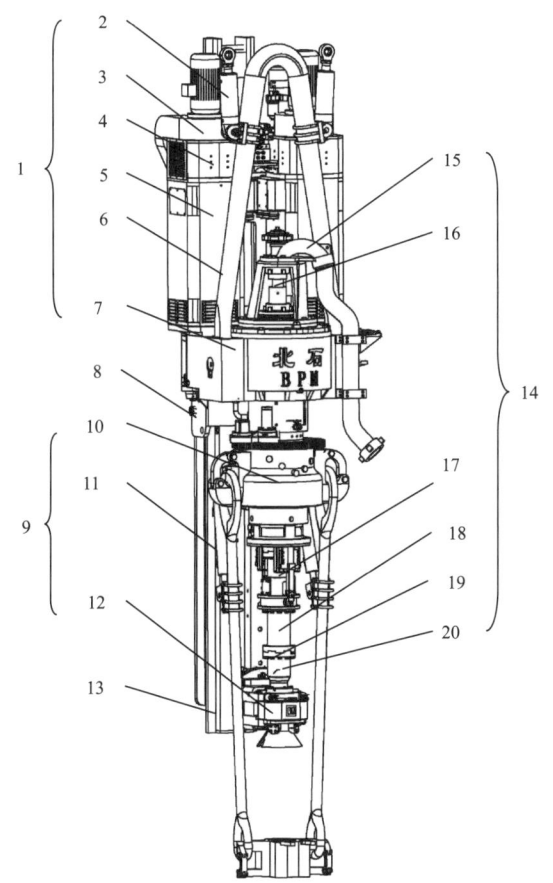

图 4-2 DQ80BSC 顶驱装置本体示意图

1—动力水龙头；2—平衡系统；3—冷却风机；4—刹车装置；
5—主电动机；6—提环；7—减速箱；8—滑车；9—管子处理装置；
10—旋转机构；11—吊环倾斜机构；12—背钳；13—导轨；
14—钻井液循环通道；15—鹅颈管；
16—冲管盘根总成；17—遥控 IBOP 及其控制装置；
18—手动 IBOP；19—防松装置；20—保护接头

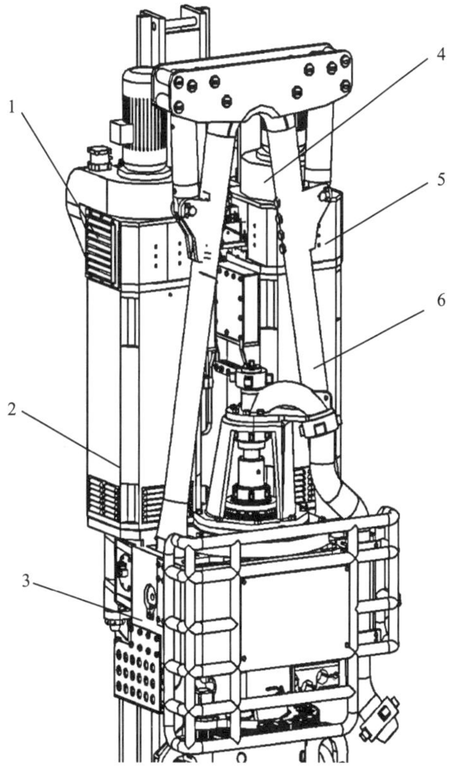

图 4-3 动力水龙头示意图

1—散热器；2—主电动机；3—减速箱；
4—冷却风机；5—刹车装置；6—提环总成

主电动机参数：

电源电压	600VAC
额定功率	500hp×2
额定转速	1190r/min
最高转速	2380r/min

2) 冷却风机

主电动机及盘式刹车需要在强制风冷的状态下使用，冷却风机用来为其降温，防止主电动机因过热而发生故障。冷却风机采用蜗壳式轴流风机，安装在主电动机的上方，由隔爆三相交流异步电动机驱动。风机转动时将风从盘式刹车外壳处的吸风口吸入，通过风道至主电动机上部的入风口内，然后通过电动机内部，由下部的出风口通过双层金属网排出，实现对主电动机的强制风冷。风冷过程如图 4-4 所示。

主要技术参数：
额定功率   5.5kW（7.5hp）
额定电压   380VAC
额定频率   50Hz
额定电流   11A
额定转速   2900r/min

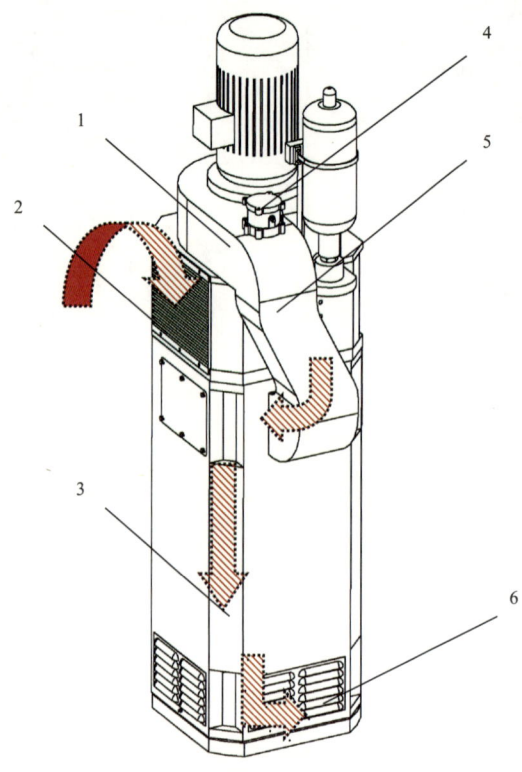

图 4-4　主电动机与冷却风机示意图
1—冷却风机；2—吸风口；3—主电动机；4—风压开关；5—出风管道；6—出风口

为避免冷却风机故障导致失风引起主电动机过热，在冷却风机的出风管道上安装了风压检测装置——风压开关。当冷却风机故障导致风压下降时，风压开关会给出报警信号，并通过PLC程序控制系统报警或停止运行。

3）刹车装置

在主电动机的上端轴伸处安装有刹车盘，与液压盘式刹车配合，构成了主电动机的刹车装置。它的主要作用是在顶驱装置停止运行或使用井下动力钻具滑动钻进时刹住主轴，以及实现主电动机的快速制动和防止钻柱扭矩引起的主电动机反转。

主要技术参数：
刹车扭矩   60kN·m（44300ft·bf）
油缸工作压力   9.5MPa

刹车装置通过刹车油缸对刹车盘施以夹紧力，制动能量与施加的压力成正比。每个刹车体带有两个复位弹簧，可以使刹车摩擦片在松开刹车油缸时自动复位。刹车摩擦片的磨损量通过增加刹车油缸的行程来自动补偿。

主要结构如图4-5、图4-6所示。

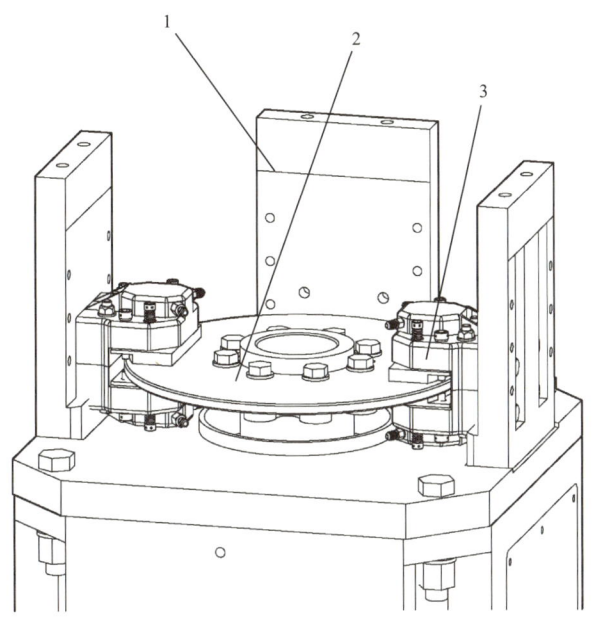

图4-5 刹车安装图

1—立板；2—刹车盘；3—刹车总成

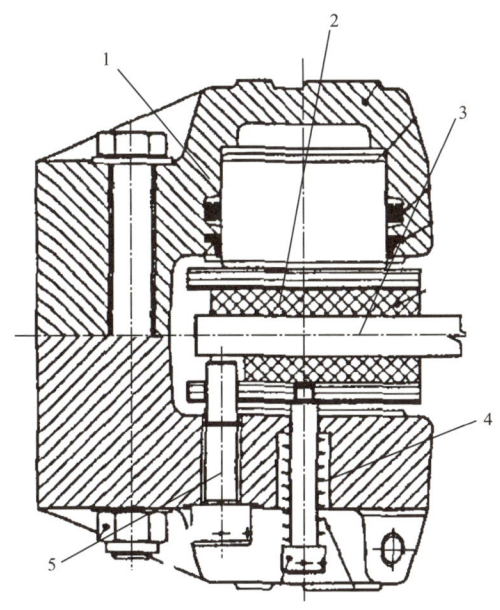

图4-6 刹车总成结构图

1—油缸；2—刹车摩擦片；3—刹车盘；4—弹簧；5—定位销

4）编码器总成

在主电动机的上端轴伸处安装有测速编码器，用以反馈主电动机的转速信号，使交流变频系统能对主电动机的转速和扭矩进行精确控制。

5）减速箱总成

减速箱具有承受钻柱载荷和传递钻井动力两大功能，是顶驱装置中非常重要的承载部件。减速箱通过减速机构降低主电动机的高转速，并增加扭矩，达到驱动钻柱旋转的目的。

主要技术参数：

速比　　　　　　　　10.5∶1 双级减速

润滑　　　　　　　　齿轮油泵强制润滑，空气冷却

减速箱采用斜齿轮，传递扭矩大、噪声低、使用寿命长，同时能够满足电动机崩扣时大扭矩的要求。箱体内除配置防跳轴承和扶正轴承外，还配有承受轴向载荷推力轴承。箱盖及上轴承盖具有足够的刚度，可防止跳钻对系统的损坏。

典型的减速箱内部结构如图 4-7 所示。

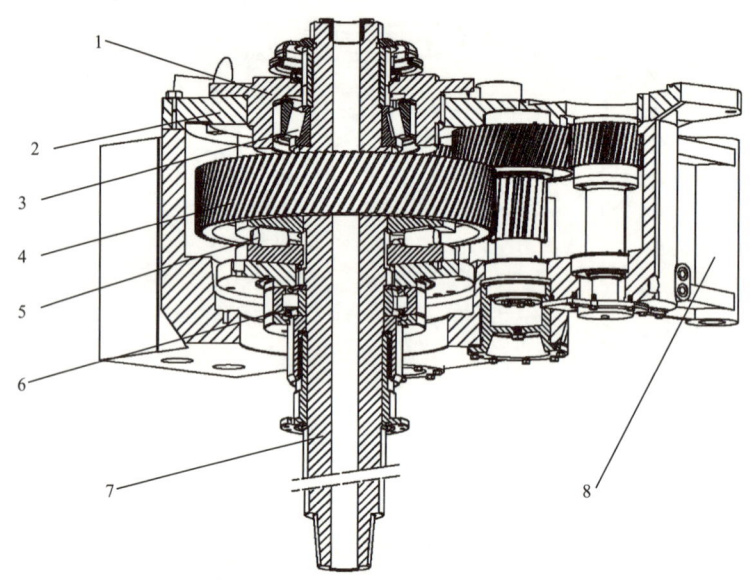

图 4-7　减速箱示意图

1—上轴承盖；2—箱盖；3—防跳轴承；4—齿轮；5—推力轴承；6—扶正轴承；7—主轴；8—减速箱箱体

减速箱的润滑系统采用油泵强制润滑，通过单独的电动机驱动齿轮泵，提供润滑动力。泵输出的润滑油经过滤器、流量开关、散热器（可通过三通球阀进行选择是否经过散热器）到各个润滑点喷淋到轴承、1 级高速传动齿轮啮合处、2 级传动齿轮啮合处，润滑油流经主轴承回到油箱。润滑系统如图 4-8 所示[1]。

减速箱的润滑系统管路中安装有流量传感器和温度传感器，对减速箱油温和循环油泵的流量进行监测并实时报警。减速箱润滑油流量传感器报警表示齿轮润滑不充分，如果继续运转，有可能造成机械损坏。钻井过程中，当系统检测到减速箱润滑油流量传感器报警之后，系统将自动限定主轴输出速度不大于 60r/min。此时，为保护设备安全，应停止主电动机，排查故障原因。

在减速箱润滑油路设置了三通阀（图 4-9），可以通过手动控制润滑油是否经过冷却器，用以解决在寒冷环境下顶驱润滑油工作温度过低的问题。

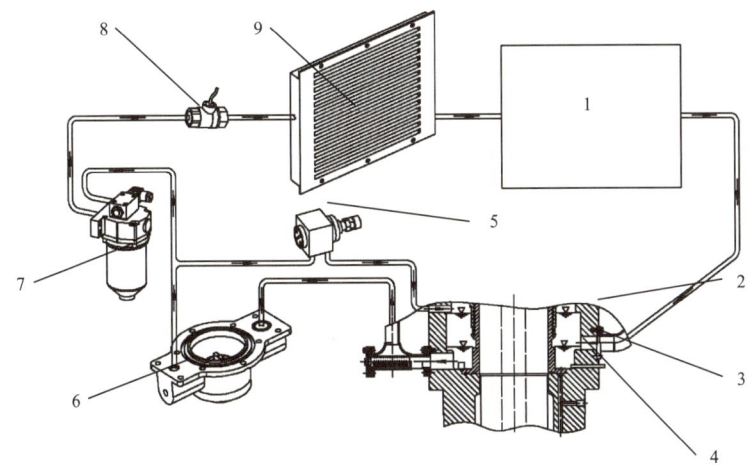

图 4-8 润滑系统示意图

1—各轴承、齿轮润滑点；2—液位计；3—油箱；4—温度传感器；5—溢流阀；
6—油泵；7—过滤器；8—流量传感器；9—散热器

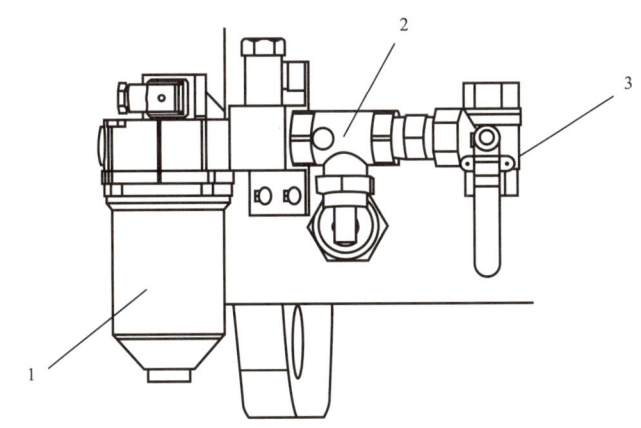

图 4-9 润滑油路三通阀示意图

1—板式滤油器；2—流量传感器；3—三通球阀

6）提环总成

提环是顶驱装置中非常重要的承载部件，用于承载顶驱装置和钻柱的总体载荷。提环下部通过提环销与减速箱相连，上部挂在大钩或直接挂在游车提环上（图 4-10）。

7）平衡系统

平衡系统的主要作用在于钻柱连接螺纹旋扣时平衡顶驱本体的重量，保护钻柱接头的螺纹在上、卸扣时不至于磨损，以及在卸扣时可保证相互旋紧的螺纹相互脱开。平衡系统由平衡机构和液压控制单元组成。平衡机构由两个平衡油缸及连接件组成，其功能相当于大钩补偿弹簧，为顶驱装置提供了一个类似于大钩弹簧的减震冲程，保护螺纹在上卸扣时不至于磨损，尤其在卸扣时可帮助外螺纹接头从内螺纹中弹出。

平衡系统的液压控制单元请参见本节"液压传动与控制系统"。

平衡机构与钻机提升系统的连接，分为两种方式：

（1）直接与大钩吊耳连接，如图 4-11 所示。

此时平衡油缸带有连接环，安装时只需将连接环挂在大钩两侧的吊耳上即可实现平衡系统功能[2]。

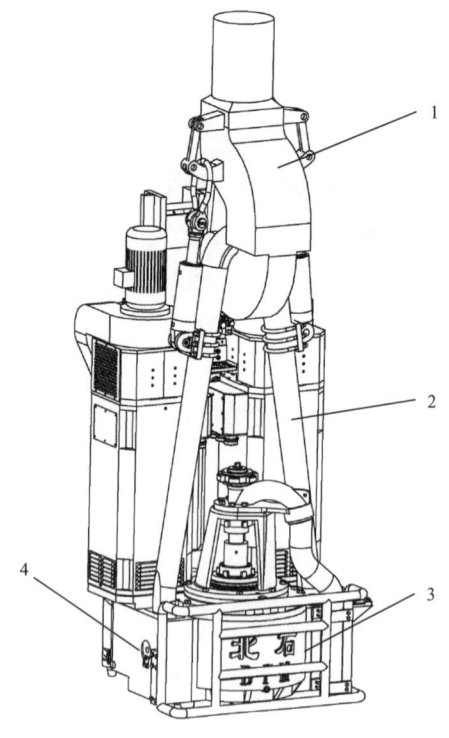

图 4-10　提环挂大钩示意图

1—大钩；2—提环；3—减速箱；4—提环销

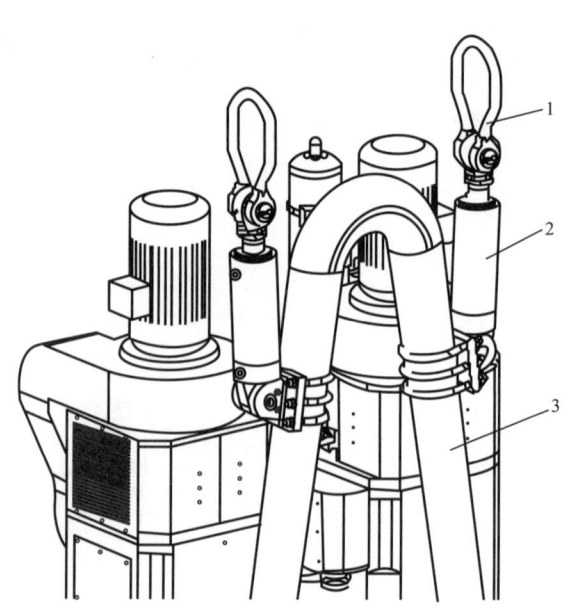

图 4-11　与大钩吊耳连接图

1—连接环；2—平衡油缸；3—提环

（2）直接与游车相连，如图 4-12 所示。

此时平衡油缸不带连接环，而是通过销子直接安装在平衡油缸悬挂梁上，安装时只要将提环和平衡油缸悬挂梁直接装入游车即可实现平衡系统功能[2]。

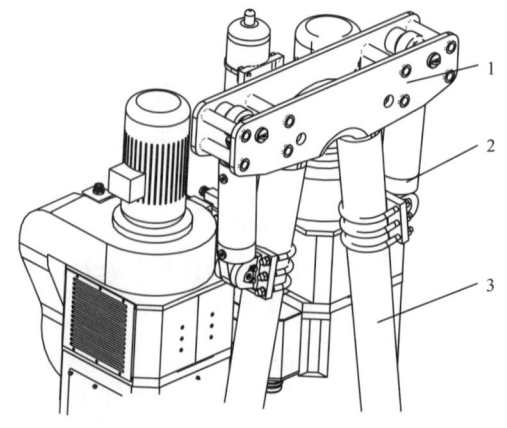

图 4-12　与游车相连示意图

1—平衡油缸悬挂梁；2—平衡油缸；3—提环

2. 管子处理装置

管子处理装置是顶部驱动装置的重要部件之一，主要由旋转头总成、吊环倾斜机构、背钳等组成。其作用是对钻柱进行操作，可抓放钻杆、上/卸钻柱螺纹，可以在任意高度用电动机上/卸螺纹，大幅提高了钻井作业的自动化程度和井控安全性。

技术参数：

旋转头转速	3～5r/min（可调）
液压马达工作压力	14MPa
上部内防喷器（遥控）	$6^5/_8$in API REG box～pin，70MPa
下部内防喷器（手动）	$6^5/_8$in API REG box～pin，70MPa
背钳通径	220mm
背钳夹持范围	$2^7/_8$in DP～$6^5/_8$in DP
最大卸扣扭矩	90kN·m
吊环	3048mm
倾斜臂倾斜角度	前倾30°，后倾55°

管子处理器结构如图4-13所示。

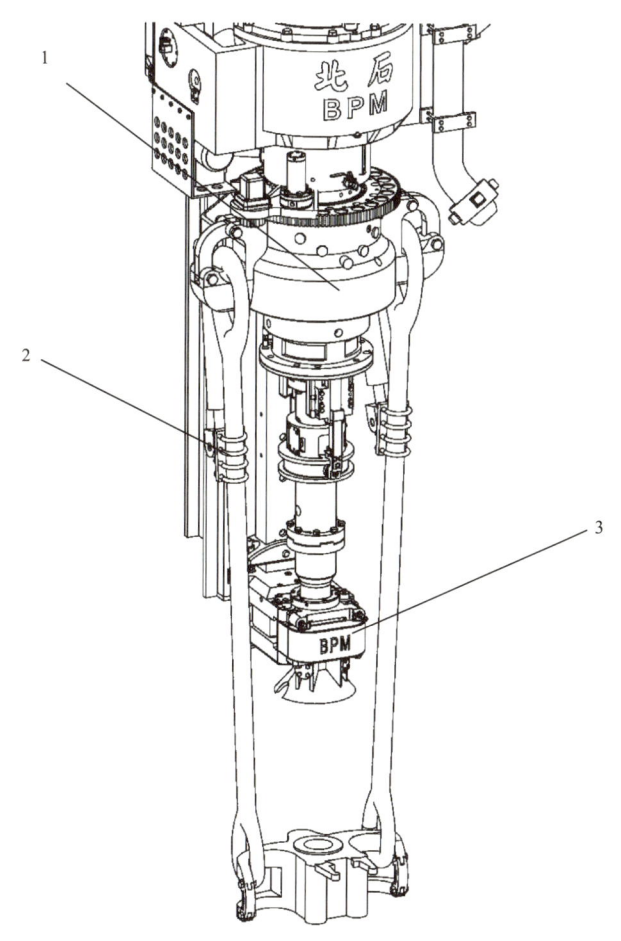

图4-13 管子处理装置示意图

1—旋转头总成；2—倾斜机构；3—背钳

1）旋转头总成

旋转头总成主要由液压马达、大齿轮、旋转头等组成。旋转头靠液压马达带动大齿圈驱动，独立于主轴运动，可通过调速阀调节液压马达转速来调节旋转头的转速，通常设定旋转头的转速为4～6r/min。其功能是使吊环、吊卡正反360°自由旋转，可以去小鼠洞抓取单根，以及在二层台处方便井架工作业。或是转至某一位置，使顶驱装置本体在钻井时有一个较开阔的空间[1]。

DQ80BSC顶驱旋转装置的旋转头机构是双负荷通道，即起下钻时的提升载荷与钻进时的提升载荷施加在不同的轴承上，从而有效提高主轴承寿命。旋转头机构的悬挂体直接坐在与减速箱壳体相接的内套上，其内部装有承载轴承，可以在起下钻或下套管时直接承载吊环载荷。而钻进时的承载是通过主轴将负荷直接传递到减速箱内的主轴承上。

旋转头总成结构如图4-14所示。

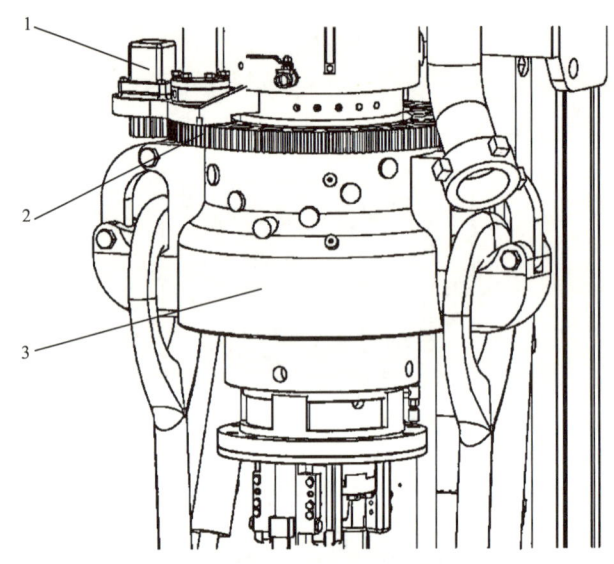

图4-14 旋转头总成示意图
1—液压马达；2—大齿轮；3—旋转头

2）吊环倾斜机构

吊环倾斜机构主要由倾斜油缸、吊环、吊卡等组成。吊环悬挂于旋转头两侧吊耳上，可以随旋转头一起做顺时针和逆时针两个方向的旋转。倾斜油缸一端固定在旋转头上，另一端固定在吊环上。工作时，由倾斜油缸推动吊环作两个方向的运动，可实现前倾、后倾，并具有自动回到中位的复位功能。吊环倾斜机构的功能是带动吊环前倾至小鼠洞或坡道去抓取单根及其他钻具。当本体往上运动至二层台位置时，吊环机构可以倾斜至二层台，便于井架工排放立根。当向下钻进，接近井口位置时，倾斜机构应尽量后倾，最大后倾时应能使吊卡抬离钻台面而不影响顶驱装置下行。前倾角度为30°，后倾角度为55°。摆动的水平距离与吊环长度有关。吊环前后倾示意图如图4-15所示。

（1）顶驱装置用单臂吊环，采用优质合金钢锻造，经热处理和表面处理，具有较高的强度和韧性。吊环上耳挂在旋转头两侧吊耳上，下部挂在吊卡的吊耳上。

（2）顶驱装置采用的是对开式吊卡，可根据需要选用液压吊卡。

3）背钳

背钳的主要功能是在任何时候、任何位置夹持钻杆接头完成上/卸扣作业，还可以在背钳吊臂上下滑动以拆装保护接头、手动 IBOP 和遥控 IBOP。操作时，背钳的钳牙夹住钻柱接头，由顶驱装置主轴旋转进行上/卸扣。

顶驱装置的背钳可以在整个有效钻进过程中方便地进行起下操作，有效地避免或处理钻井事故。

背钳主要由夹紧系统、悬挂系统和扶正部分组成。

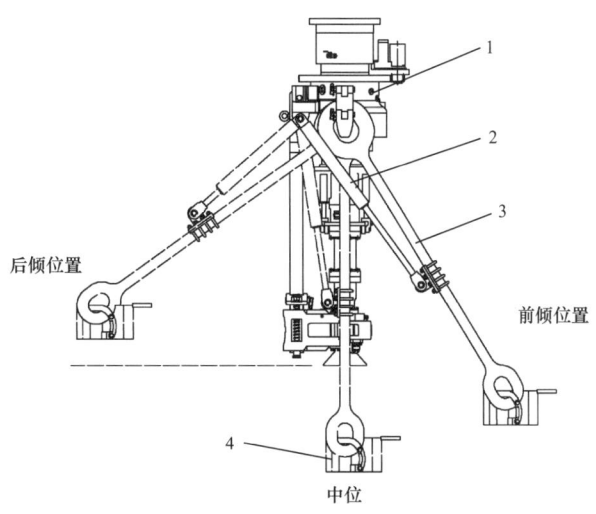

图 4-15 吊环倾斜前后倾示意图
1—旋转头；2—倾斜油缸；3—吊环；4—吊卡

夹紧系统是背钳的功能部分，它由液压缸、前后端盖、活塞、钳牙座和钳体等零部件组成。夹紧时，液压缸进油，推动活塞向前移动。当钳牙接触到钻杆后，活塞停止运动，液压力推动液压缸向后移动，带动前侧钳牙夹住钻杆。主轴旋转完成上/卸扣的动作。

悬挂系统由挂架、托座和弹簧等构成。背钳的重量通过弹簧作用在托座上，可以减少钻进时震动的冲击，还可以实现浮动功能。托座可以通过更换悬挂销在挂架上不同位置的孔而挂在不同的高度，从而可以上移拆卸转换接头和内防喷器。

扶正系统由扶正环和弹簧等构成。背钳不工作时，前后扶正环抱紧转换接头，使背钳钳牙和钻杆保持一定的间隙。背钳夹紧时，前扶正环顶在钻杆上，不能随钳体一起后移，弹簧处于压缩状态；背钳松开后，在弹簧作用力下推动背钳液压缸前移复位，恢复到非工作时的状态。

背钳在夹紧过程中，液压缸左腔进油，推动活塞向右移动。当钳牙接触到钻杆后，由于前扶正环顶在钻杆上，整个背钳体会压缩扶正弹簧一起左移，从而带动右侧钳牙夹住钻杆，此时旋转主轴即可实现钻杆的上/卸扣。背钳松开时，液压缸右腔进油，活塞向左移，钳牙松开，右侧钳牙在扶正弹簧作用力下复位。前后扶正环一直抱紧保护接头，保持钳牙和钻杆之间的间隙。

背钳的支架上端与旋转头相连，背钳的重量通过下部弹簧作用在托座上。当上扣时，由于连接件的间距逐渐减小，使得背钳体向上浮动，压缩上部弹簧；当卸扣时，由于连接件的间距逐渐加大，使得背钳体向下浮动，压缩下部弹簧。

背钳结构如图 4-16 所示。

3. 钻井液循环通道

钻井液循环通道主要包括鹅颈管、冲管、主轴、IBOP 及其控制装置、保护接头等。在钻进作业时，IBOP 处在开启状态，可以让钻井液自由通过；而当发生井涌时，可以液动或手动关闭 IBOP 阻断钻柱内部通道，从而有效地防止井涌或者井喷的发生，如图 4-17 所示。

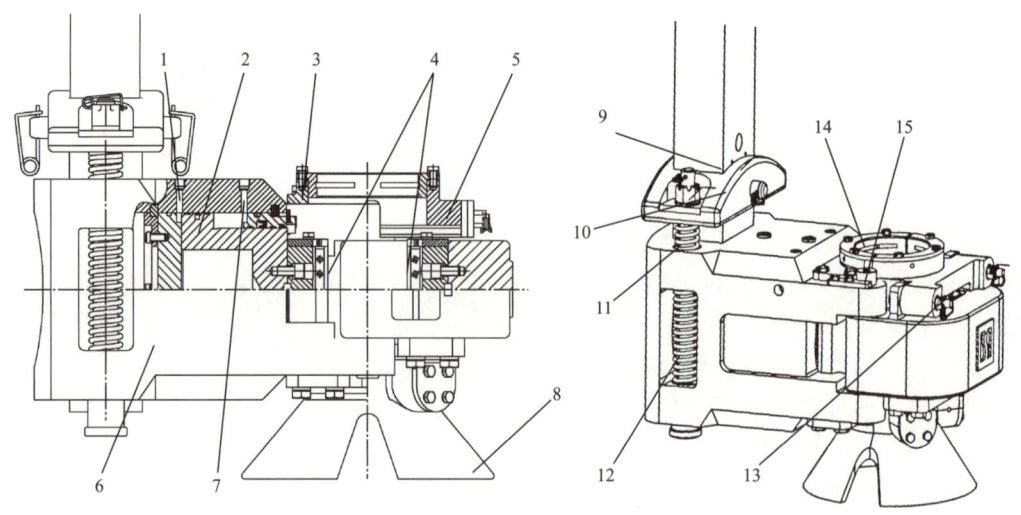

图 4-16 背钳结构图

1—进油口；2—活塞；3—后扶正环；4—钳牙；5—前扶正环；6—背钳体；7—回油口；
8—导向环；9—背钳支架；10—托座；11—上部弹簧；12—下部弹簧；13—扶正弹簧；14—扶正套；15—连接销

冲管密封总成上端与鹅颈管相连，下端与空心的顶驱装置主轴相连，在形成钻井液的循环通道同时，实现对主轴的旋转密封，从而达到钻井液循环时不泄漏的目的。

顶驱装置主轴的下端连接遥控 IBOP、手动 IBOP 和保护接头。当使用 IBOP 关闭钻柱内部通道时，IBOP 的承压能力决定了 IBOP 以下钻柱的承压能力。

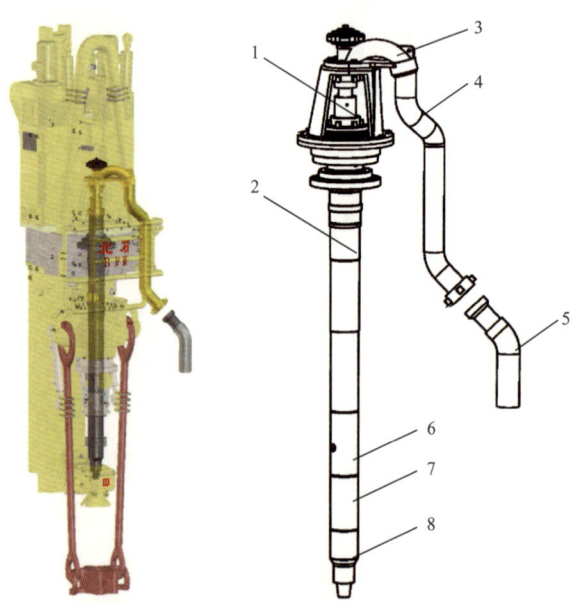

图 4-17 钻井液循环通道示意图

1—冲管密封总成；2—主轴；3—鹅颈管；4—S 管；5—水龙带；
6—遥控 IBOP；7—手动 IBOP；8—保护接头

1）鹅颈管总成

鹅颈管总成包括鹅颈管、S 管及冲管密封总成，是连接水龙带与主轴的通道。鹅颈管总成如图 4-18 所示。

（1）鹅颈管是钻井液的通道，安装在冲管支架上。鹅颈管下端与冲管密封总成相连，上端打开后可以进行（测井）钢丝绳作业。鹅颈管鹅嘴端通过 S 管与水龙带相连，是钻井液的入口。

（2）冲管密封总成是鹅颈管与主轴之间的动静压力转换通道，安装在鹅颈管和主轴之间，其结构如图 4-19 所示。冲管上部被螺母压紧，固定在鹅颈管上，不随主轴旋转，其密封为静密封。冲管下部与主轴连接，工作中随主轴一起旋转，密封为旋转动密封。

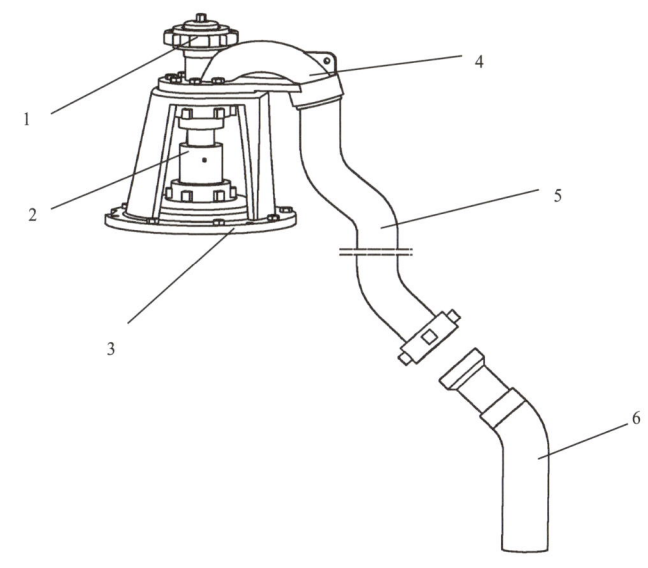

图 4-18　鹅颈管总成示意图

1—测井接头；2—冲管密封总成；3—冲管支架；4—鹅颈管；5—S 管；6—水龙带

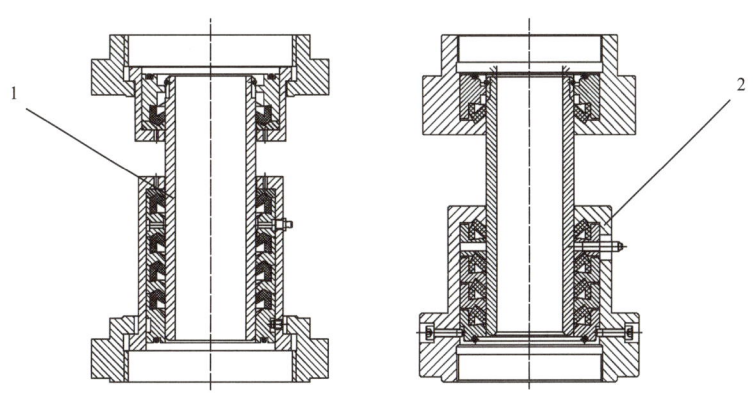

图 4-19　冲管密封总成示意图

1—公制冲管密封总成；2—英制冲管密封总成

2）IBOP（内防喷器）及其控制装置

（1）IBOP。

钻井作业时，一旦发生井涌、井喷，将会直接危及人身与财产安全，并且造成环境伤害。为了提高钻井及井控的自动化程度，对井涌和井喷实施更有效的控制，在顶驱装置的钻井液循环通道中设有两个 IBOP：上部为遥控 IBOP，可以通过液压系统对其进行远程开关控制；下部为手动IBOP，与保护接头连接，需要人工手动操作开关。

在钻井作业时，IBOP处在开启状态，可以让钻井液自由通过。当发生井涌或井喷时，可以在关闭IBOP的同时，关闭井口防喷器，两者同时动作，进一步防止井喷事故发生。

技术参数：

额定载荷	5850kN
IBOP连接螺纹（上端）	$6\frac{5}{8}$in API REG
IBOP连接螺纹（下端）	$6\frac{5}{8}$in API REG
外径	197mm
额定压力	70MPa

遥控IBOP和手动IBOP的内部结构基本相同，均可通过操作手柄使球阀旋转90°，从而实现钻柱通道的通断，如图4-20所示。

IBOP的密封为金属密封。如果有低压流体通过IBOP，由于球阀与阀座紧密接触并有一定预紧力，流体不会漏失。随着流体压力逐渐升高，预紧力可能不足以密封流体时，为了阻止流体有泄漏的趋势，流体压力在密封环两端的面积差上产生的轴向力会随着压力的升高随之增加。这个轴向力使上、下阀座和球阀进一步紧密结合，从而保证了在高压下对流体的密封。

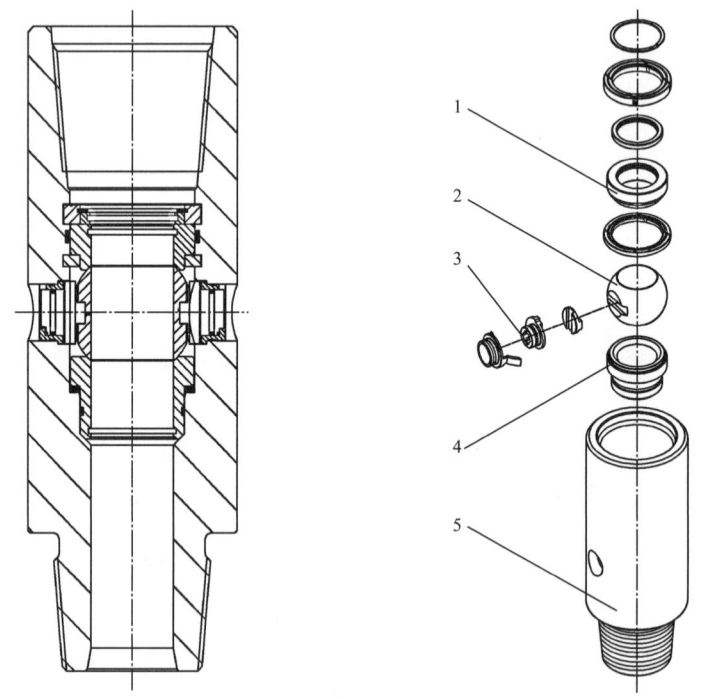

图4-20 内防喷器示意图
1—上阀座；2—球阀；3—操作手柄；4—下阀座；5—阀体

（2）遥控IBOP控制装置。

遥控IBOP控制装置的优点是顶驱装置在井架的任何高度都能随时远程遥控开关IBOP。当司钻台给液压控制的IBOP回路电控信号时，IBOP油缸就推动控制装置动作，带动曲柄和转销转动IBOP的球阀，实现对IBOP的开关，如图4-21所示。

在正常钻井情况下，IBOP 随主轴旋转，此时不得对 IBOP 进行开关操作，以防憋泵或引起其他机械事故。起下钻时，不允许频繁启闭 IBOP，以免在井喷、井涌关键时刻 IBOP 关闭不严，造成重大事故。只有当发生井喷、井涌时，并且先停泵才能进行关闭 IBOP 操作。

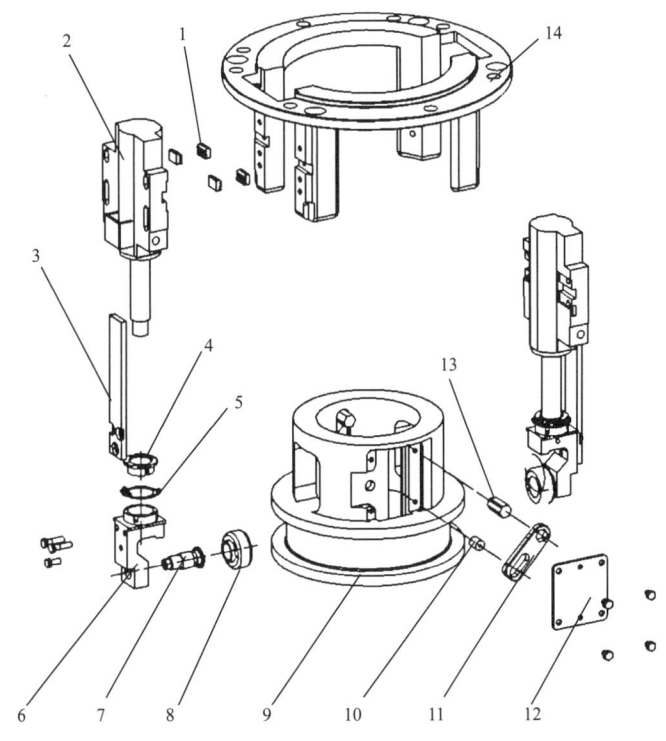

图 4-21　遥控 IBOP 控制装置示意图

1—牙板；2—IBOP 油缸；3—导板；4—调整垫；5—止动垫圈；6—支座；
7—轴；8—滚轮；9—套筒；10—曲柄销；11—曲柄；12—盖板；13—转销；14—油缸支座

当司钻台给液压控制阀组中的内防喷器回路电控信号时，油缸就推动内防喷器套筒上行，带动曲柄和转销转动关闭内防喷器的球阀，下行则打开内防喷器球阀。油缸与套筒之间的连接为滚轮接触，可保证套筒随主轴转动时与油缸活塞杆上的滚轮滚动运动。

钻井过程中频繁起下钻柱，为了保护 IBOP 的连接螺纹不会因为多次上/卸扣造成磨损，在手动 IBOP 下部安装有保护接头（亦称转换接头），在手动 IBOP 和钻柱间起连接与螺纹转换作用。

主轴、遥控 IBOP、手动 IBOP、保护接头等部件之间直接通过螺纹连接，具有足够的强度和密封能力，能承受钻进时钻柱的轴向负荷和扭矩，同时还能承受钻柱内钻井液的高压。为了保证它们之间螺纹连接的扭矩不发生变化，在其连接螺纹的接缝位置安装有防松装置。一般是上下两个卡环，结合并压紧时会压紧楔形锁紧块，从而提供较大的防松扭矩。防松装置结构如图 4-22 所示。

三、配套设施与技术

DQ80BSC 顶驱装置除顶驱本体外，还包括导轨与滑车、电气传动与控制系统、液压传动与控制系统等配套设施。

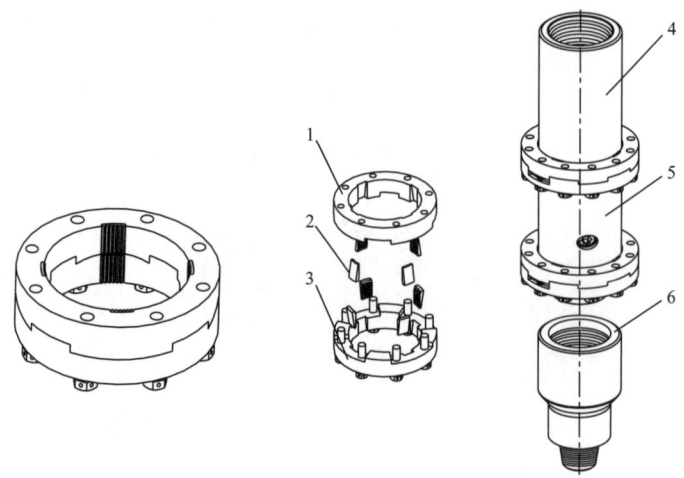

图 4-22 防松装置示意图

1—上卡环；2—牙板；3—下卡环；4—遥控 IBOP；5—手动 IBOP；6—保护接头

1. 导轨与滑车

导轨与滑车的主要功能是使顶驱装置在钻机井架内上下移动过程中，保持其相对于井架的正确位置，并承受钻井作业中产生的反扭矩。

DQ80BSC 顶驱装置导轨与滑车的主要结构如图 4-23 所示。

1）导轨

导轨为顶驱装置在井架内上下移动时提供导向，同时要承受顶驱装置工作时的反扭矩。

DQ80BSC 顶驱所用的单导轨采用单销连接。与顶驱减速箱连接的滑车穿入导轨中，随顶驱上下滑动，将扭矩传递到导轨上。导轨最上端与井架天车底梁上安装的耳板以 U 形环连接，导轨下端与井架大腿的扭矩梁连接，使顶驱的扭矩直接传递到井架下端，避免井架上部承受扭矩。

导轨主体一般采用分段式连接，每节为 4～6m，可自由组合。节与节之间采用单销连接，并在上端通过调节板（长度范围可调）调节总长度，使之与井架高度相适应。当导轨安装后，其下端面距离钻台面应保证适合的高度，一般以 2～3m 为宜。

单销连接导轨重量轻、插接方便、操作简单，能够很大程度上提高现场安装的作业效率。导轨前后弯曲和侧向弯曲载荷，由插接结构的框

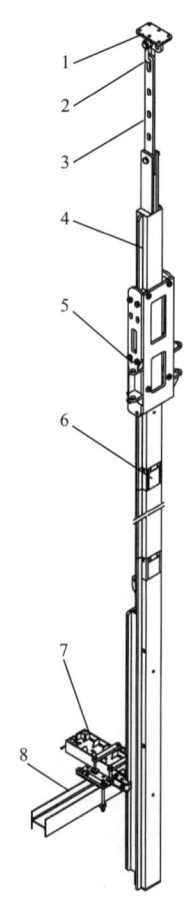

图 4-23 导轨与滑车示意图

1—吊耳；2—铰接结构；3—调节板；4—导轨主体；5—滑车；6—导轨接头；7—反扭矩梁；8—扭矩梁

架板承受,改善了导轨销的受力情况,从而提高了整个顶驱装置的安全性及可靠性。

2)滑车

顶驱装置本体通过滑车与导轨结合,沿着导轨上下运动。DQ80BSC 顶驱装置采用的是滚动式滑车(图 4-24),导轨与滑车之间是滚轮接触,依靠数个滚轮限制其前后左右的运动间隙,轮体承载扭矩。

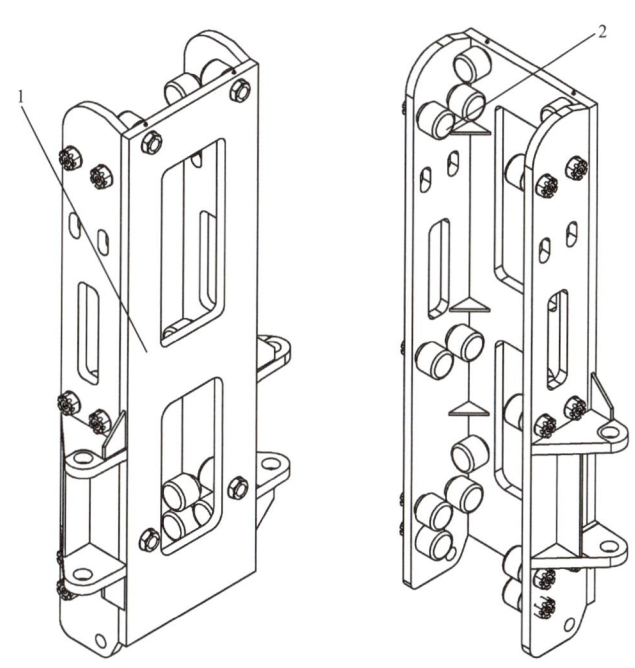

图 4-24 滚动式滑车示意图

1—车体;2—滚轮

3)反扭矩梁

反扭矩梁一端固定在井架大腿的底横梁上,另一端通过一对卡爪连接在最后一节导轨上,作用是将导轨承受的钻井扭矩传递到井架上,同时允许导轨与反扭矩梁之间的相对滑移。顶驱装置安装时,通过反扭矩梁调整顶驱装置主轴中心与井眼轴线的对中。

反扭矩梁的结构如图 4-25 所示。

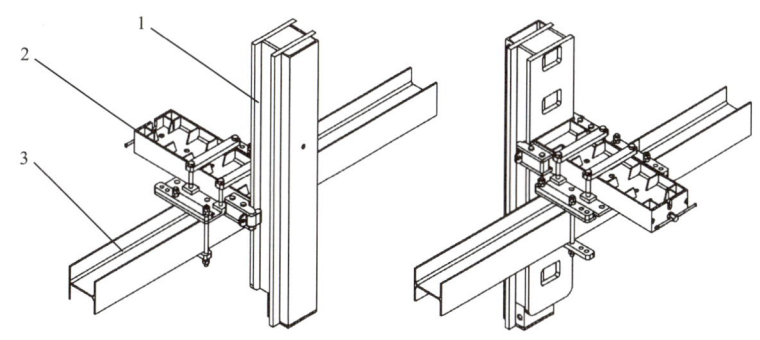

图 4-25 反扭矩梁示意图

1—导轨;2—反扭矩梁;3—井架底横梁

2. 电气传动与控制系统

DQ80BSC 顶驱装置的主电动机由电气传动与控制系统驱动。电气传动与控制系统大致分为驱动和控制两部分，驱动部分包括整流逆变装置、控制单元、连接附件等；而控制部分包括配电系统、PLC 控制系统及联接附件。

1）主要技术参数

VFD 输入电压	600V/3AC
额定输出功率	560kW×2
额定输出电流	575A×2
最大输出电流	840A×2
输出电压范围	0～575V
输出频率范围	0～121Hz

2）结构与原理

DQ80BSC 顶驱装置电控系统如图 4-26 所示。

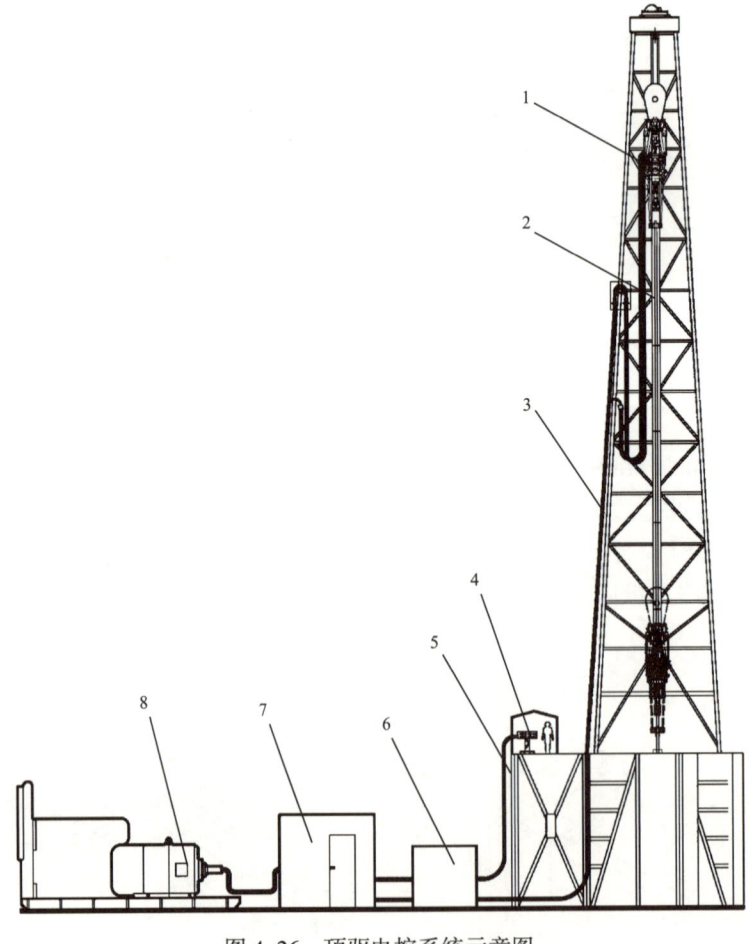

图 4-26　顶驱电控系统示意图
1—本体站；2—辅助控制台；3—动力电缆；4—司钻控制台；
5—控制电缆；6—液压源；7—电控房；8—发电机组

发电机输送 600V/50Hz 交流电源到电控房，经主空气开关、进线电抗器连接到电源模块，转换为 810V DC 输出到直流母线。电动机模块工作在该直流电网上，利用脉冲宽度调制方法（PWM），生成频率可调的三相供电电源，驱动顶驱主电动机。

同时，600V 交流电经空气开关连接到辅助变压器，转换为 380V 交流电，作为辅助电源，通入 MCC 柜。由 MCC 柜分别为主电动机风机、液压站、电控房空调等提供 380V AC 电源，为主电动机加热器、电源模块、电动机模块、PLC 柜、MCC 柜提供 220V AC 辅助系统电源和控制电源。

该顶驱用一个电源模块和两个电动机模块同时驱动两台电动机。单电动机工作时，系统所能承受的工作扭矩和最大扭矩为双电动机运行时的一半。

系统主控 PLC 为西门子 S7-300 系列可编程控制器，司钻台子站和 MCC 系统采用 ET200M 分布式 I/O，本体子站采用 ET200pro 分布式 I/O。

PLC 系统与本体站的控制与通信有两种方式：电缆连接的直接控制方式；Profibus 电缆连接的现场总线控制方式。

对于直接控制方式，PLC 系统通过多芯电缆与本体站连接，并对执行元件进行其直接控制。

对于现场总线控制方式，PLC 系统与本体子站通过光缆和 PROFIBUS-DP 通信电缆冗余相连，通过 ET200pro 分布式 I/O 对执行元器件进行控制。

PLC 系统与司钻台控制子站、MCC 系统和驱动系统之间通过 PROFIBUS-DP 通信电缆相连。

（1）顶驱电控房。

电气控制系统中，驱动柜、PLC 控制柜、MCC 柜安装在电控房内。电控房配有进线箱、出线箱和空调机组。

① 电控房装有烟雾探测器，用以检测电控房内的烟雾浓度，并且将烟雾报警信号引入 PLC 系统。当电控房内的烟雾达到一定量时，传感器发出声光报警，同时 PLC 系统也会给出报警。

② 电控房装有温湿度传感器，用以检测电控房内的温湿度，并且将温湿度信号引入 PLC 系统。当电控房内温度过高或湿度过大时，系统给出报警，提示启动空调或除湿机。

③ 温湿度报警值可以通过 WinCC 设定画面进行调整。出厂时设置为：温度超过 38℃，或湿度大于 80% 时报警。

（2）交流变频驱动系统。

交流变频驱动系统包括进线模块、电源模块、电动机模块、制动单元以及控制器 CU320-2DP，为顶驱装置的两台交流变频电动机提供动力。

① 进线模块为电源模块提供电源，包括预充电回路、主空气开关、进线电抗器等元器件。

② 电源模块的作用：主空开合闸后，来自进线模块的 600V 交流电源，经电源模块整流后输出 810V DC 电压到直流母线。

③ 电动机模块连到直流母线上，输出所需的交流电。电源模块和电动机模块都由 PLC 柜中的驱动控制器 CU320-2DP 控制。在 CU320-2DP 与电源模块、电动机模块之间采用 SIEMENS 新的通信协议——DRIVE-CLiQ 通信，速度可达 100Mbit/s。

④电源模块上安装有制动单元模块，前端连接在直流母线上面，后端与一个200kW（P20）的制动电阻相连。制动电阻放在电控房空调后端，将顶驱系统回馈的电能转化为热能，产生的热量可以直接排出电控房。制动模块安装在电源模块与电动机模块之间。

（3）PLC系统。

PLC系统包括各功能单元的逻辑控制和交直流配电系统监控，主要由工控机、PLC各模块、驱动部分的控制器CU320-2DP以及相关的端子组成。

（4）MCC系统。

MCC包括顶驱系统辅助电动机的控制、系统配电和主电源电压电流的显示，以及电动机绝缘监测。

（5）本体站。

本体站安装在顶驱装置的本体上，其功能是提供控制电缆的连接，为主电动机冷却风机、加热器、电磁阀组等提供交流、直流动力电源或对其进行控制，读取主电动机温度传感器信号、减速箱油温信号等，用于系统监控。

本体子站采用ET200pro模块，IP67防护等级，可直接安装在恶劣环境中。而且其每一个输入、输出通道都支持点诊断和点保护功能，具有自诊断能力。本体箱内部装有加热器，可在温度较低环境工作。采用光纤与PLC柜中的CPU进行通信，抗干扰能力强。从本体子站出来的阀控制电缆皆为屏蔽线，抗干扰能力强，控制准确可靠。

（6）液压源控制箱。

液压源控制箱（简称液压站）控制两台液压泵（一用一备）和一台冷却风机。两台液压泵既可以本地启动，也可以由司钻台控制异地启动，本地控制优先。液压站内部装有传感器，用于采集油温、油压信号，PLC及本地检测控制器依据采集到的信号实现相关控制。

（7）司钻操作台。

司钻操作台（简称司钻台，图4-27）具有钻井所需的基本操作功能。采用西门子ET200M远程I/O模块，可以设置顶驱装置的转速、扭矩、操作模式及钻井工况所需的各种辅助操作。设有一个故障/报警指示灯，用于故障或报警的指示。

顶驱装置的司钻台为正压防爆型EXp Ⅱ T4，只能在保护气体压力正常时工作。在其侧端装有气源元件，内部装有微压开关。只有当司钻台内部保护气体压力达到一定值后，其控制电源才被允许通入。

（8）辅助控制台。

辅助控制台通过电缆接插件快速连接到电控房，用于二层台操作吊环旋转机构和倾斜机构，方便井架工作业。打开并登录WinCC，进入【设定画面】，在【二层台操作盒设置】点击【使用二层台操作盒】切换到辅助控制台操作。此时，辅助控制台有效，司钻台相同操作无效。

辅助控制台操作面板如图4-28所示。

（9）动力电缆。

主电缆的作用是将电控房的变频输出连接到顶驱上部的两台主电动机。为了方便现场安装和连接，电缆分为三段：

①第一段为水平电缆，从电控房到井架底部；

②第二段为垂直电缆，从井架底部到井架上部；

③第三段为游动电缆，从井架上部到主电动机。

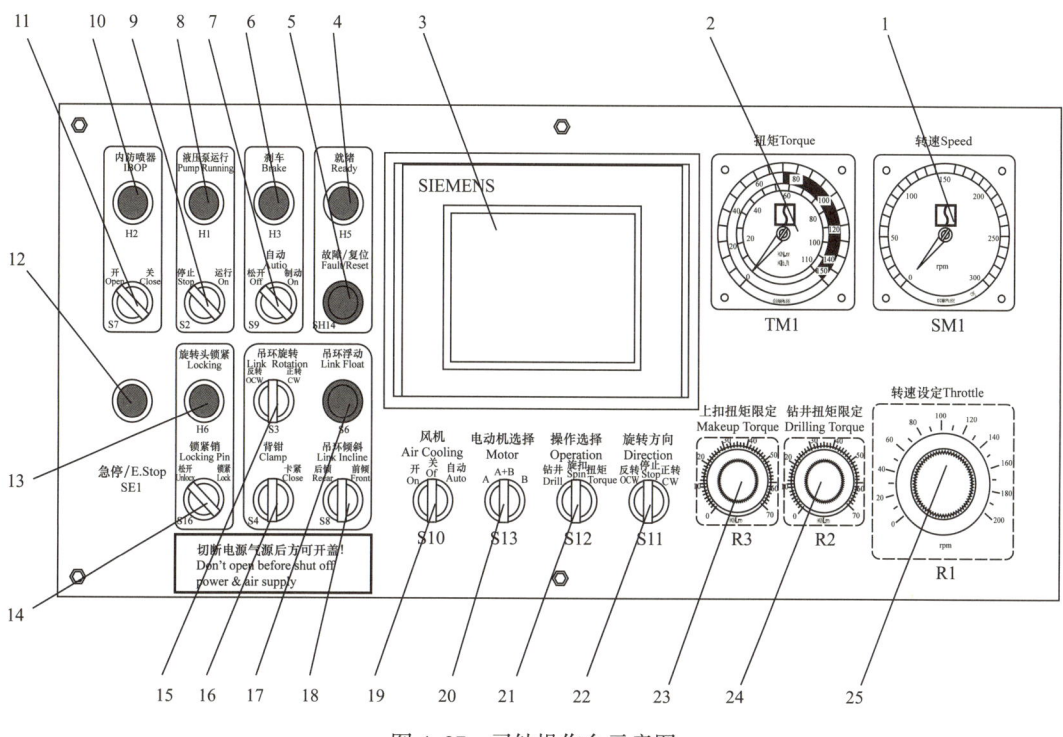

图 4-27　司钻操作台示意图

1—转速计量表；2—扭矩计量表；3—显示屏；4—就绪指示灯；5—"故障/复位"带灯旋钮；6—刹车指示灯；7—刹车开关；8—液压泵运行指示灯；9—液压源开关；10—内防喷器指示灯；11—IBOP 开关；12—急停按钮；13—旋转头锁紧指示灯；14—锁紧销开关；15—吊环旋转开关；16—背钳开关；17—吊环浮动按钮；18—吊环倾斜按钮；19—风机开关；20—电动机选择开关；21—操作选择开关；22—旋转方向开关；23—上扣扭矩限定手轮；24—钻井扭矩限定手轮；25—转速设定手轮

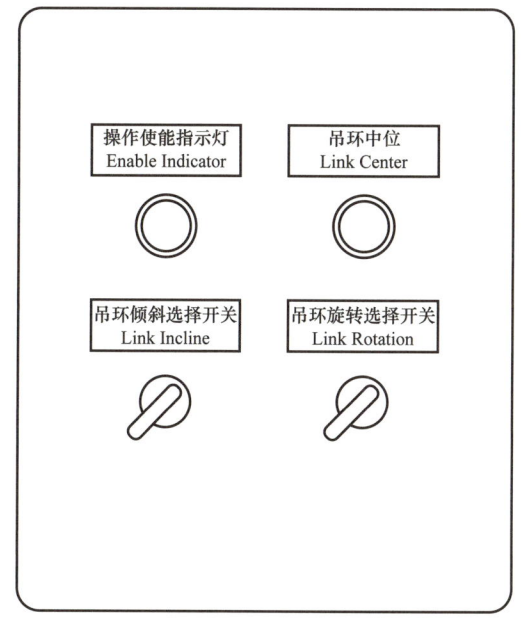

图 4-28　辅助控制台示意图

三段电缆之间以及主电缆与主电动机、主电缆与主控制柜之间均采用连接器快速连接，现场作业十分方便。如图4-29所示为动力电缆。

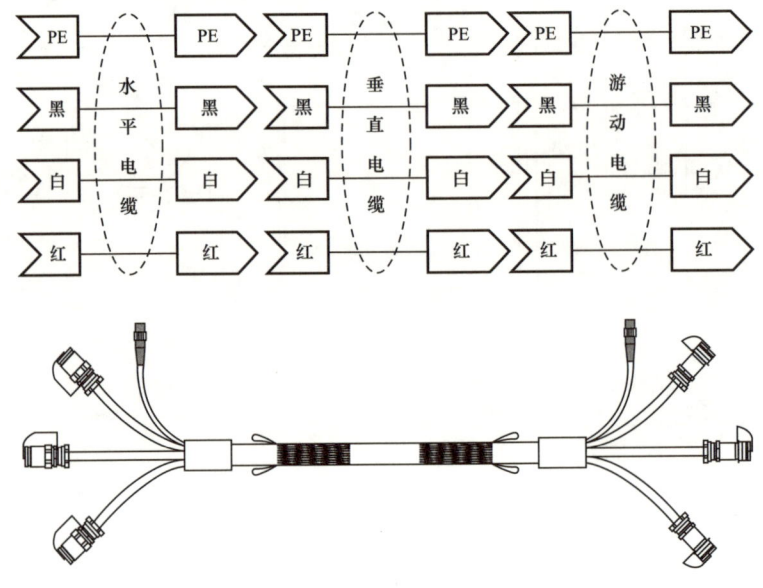

图4-29　动力电缆示意图

（10）其他电缆。

① 本体控制电缆。

本体站采用光纤与PLC柜中的CPU进行通信，抗干扰能力强，控制准确可靠。

电控房到顶驱本体站的控制电缆为多芯电缆，与主电缆并行安装，两端采用连接器快速连接，现场作业十分方便。控制电缆包括两部分：12芯电源电缆，给主电动机风机和加热器提供交流电源；67芯带屏蔽电缆，传送本体站24V DC控制电源、手动信号和主电动机编码器信号。本体控制电缆如图4-30所示。

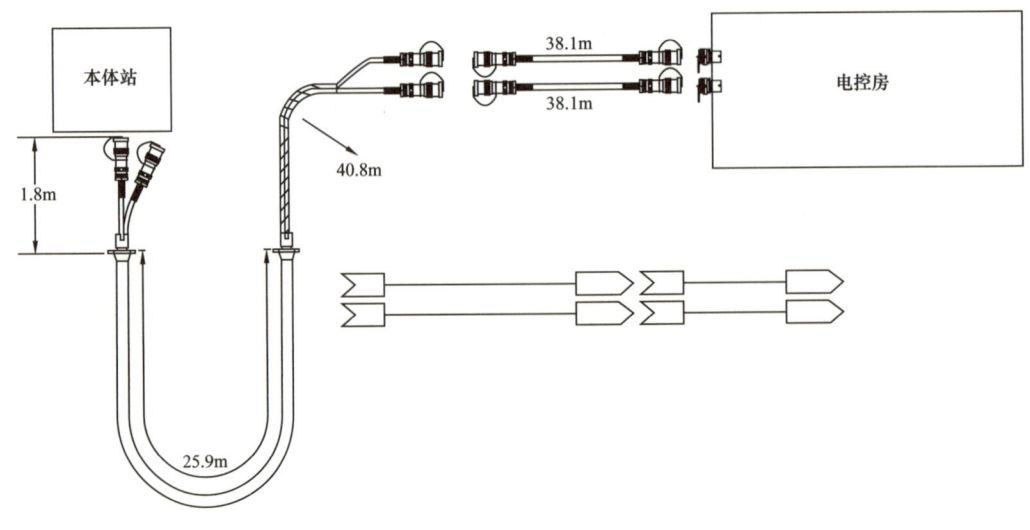

图4-30　本体控制电缆示意图

② 液压源控制电缆。

液压站的主电源为 380V，从 MCC 柜中引出，两端分别选用防爆接插件连接，方便快捷。液压源控制电缆包括控制信号（数字信号）电缆和传感器信号（模拟信号）电缆，其两端也分别采用防爆快速插头连接。

③ 司钻台控制电缆。

司钻操作台的控制电缆总共有 4 根，其两端分别采用防爆快速插头连接。

X1：司钻操作台的控制信号送到 PLC 柜，应急操作时使用。

X101：为司钻操作台提供 DC 24V 控制电源，其中还包括急停信号。

X102：带屏蔽层电缆，输出顶驱转速/扭矩信号（4～20mA 电流信号）。

X200：PROFIBUS 通信专用电缆，抗干扰能力强。

④ 接地电缆

本系统提供两根接地极，外表层镀锌，与接地电缆相连。接地极电阻要求小于 4Ω，尽可能深地钉入较好的土壤内，定期浇水保持湿润。

⑤ 辅助控制台电缆。

辅助控制台电缆共 1 根，用于连接辅助控制台与电控房。

3. 液压传动与控制系统

DQ80BSC 顶驱装置的主轴运动采用交流变频电动机驱动，而辅助功能动作均是通过液压系统完成的，所以，液压系统是顶驱装置的重要组成部分。液压系统主要功能包括平衡主体重量、上/卸扣、背钳夹紧与松开、吊环前倾与后倾、吊环中位、旋转头回转与锁紧、IBOP 打开与关闭、主电动机制动与松开等，其相关结构如图 4-31 所示。

1）主要技术参数

工作压力　　　　　　　　　　16MPa

工作流量　　　　　　　　　　40L/min

电动机电压　　　　　　　　　380V/50Hz

电动机功率　　　　　　　　　15kW

电动机转速　　　　　　　　　1450r/min

2）结构与原理

主电动机拖动恒压变量泵从油箱吸取液压油，一部分液压油被存储于系统蓄能器中，主要用于突发情况下能及时供油和补油，其余大部分经过主液压管汇进入主阀块组，通过主阀块向各个辅助系统提供液压油。其中，各个辅助系统之间是相互独立的。液压油经过刹车软管进入主电动机刹车系统的单作用油缸，实现主电动机的刹车动作，断电弹簧复位，刹车解除。液压油经平衡系统管汇进入平衡油缸的有杆腔和平衡蓄能器，实现顶驱本体的平衡和蓄能器的蓄能。液压油进入液压马达、锁紧油缸，分别实现了旋转头的旋转和定位。另外，液压油同时经过旋转头和内套之间旋转密封腔进入 IBOP 油缸、倾斜油缸和背钳油缸，分别实现了 IBOP 装置的开关，倾斜油缸的前后倾和中位、背钳的夹紧与松开动作。

顶驱装置的液压系统主要由液压源、主阀组、液压管线、执行机构等组成，其中包含液压阀、液压泵、管线、蓄能器、马达等液压元器件。

液压系统的动力部分中，电动机拖动液压泵将机械能转换为液体压力能，蓄能器储存液压液作为紧急或辅助动力源。

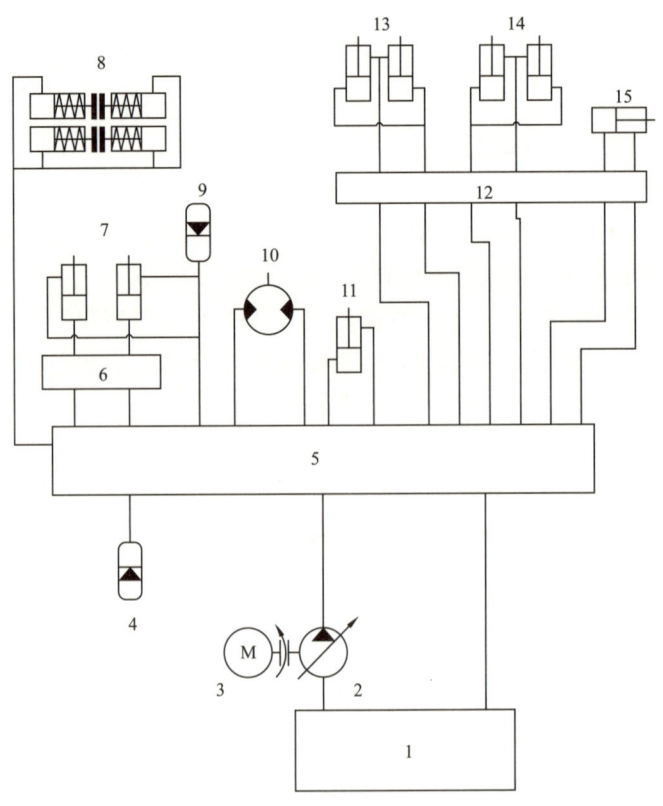

图 4-31　DQ80BSC 顶驱装置液压系统原理图

1—液压油箱；2—变量泵；3—主电动机；4—系统蓄能器；5—主阀块组 + 主液压管汇；6—平衡系统管汇；
7—平衡油缸；8—主电动机刹车系统；9—平衡蓄能器；10—旋转头马达；11—锁紧油缸；
12—旋转头 + 内套；13—IBOP 油缸；14—倾斜油缸；15—背钳油缸

液压系统的控制部分中，包括各类压力、流量、方向等控制阀，用以实现对执行元件的运动速度、运动方向、作用力等的控制，也用于实现过载保护。

液压系统的执行部分包括平衡油缸、倾斜油缸、锁紧油缸、回转马达、背钳、刹车油缸、IBOP 油缸等，用以将液体压力能转换为机械能，实现顶驱机构的动作。

液压系统的辅助装置中，包括管道、蓄能器、过滤器、油箱、冷却器、压力表等。

（1）液压源。

液压源的作用是为顶驱液压机构的操作提供液压动力，包括油箱、油泵、电动机、阀块、电气控制等元器件。

液压源采用冗余设计，即两台电动机分别驱动两台液压泵。正常工作时只需启动一台泵即可，另一台泵作为备份。液压源配置有异地控制系统，既可以在泵站上启停 A，B 两泵组，也可在司钻操作台上进行同样的操作。液压泵的工作压力靠泵自身的调压阀调定在 16MPa。系统另外设有一个溢流阀，做安全阀用，通常设定为 19MPa。

液压源的液压泵为压力补偿型，即当系统压力低于设定压力 16MPa 时，泵将给出全流量。当系统压力达到设定值时，泵将以近似零的流量工作，只输出极少供内泄漏所需的油液。

液压源设有独立的风冷装置，可对液压油进行冷却，有自动挡和手动挡两种选择。该装置有一温控器，自动挡位置。油温超过上限设定值时，风冷电动机自动启动，油温低于下限设定值时停止。

整个液压源的电路系统均为隔爆设计，电器控制箱、电动机、液位控制、温度报警系统发讯装置均采用隔爆元件（过滤器为机械式发讯装置）。

配置有侧过滤系统的液压源具有自洁功能。侧向油液经过一个精度较高的过滤器，可以去除对系统及元件危害很大的杂质。

（2）主阀块组及各系统回路。

顶驱装置的主动力源由电动机驱动，其他执行机构动力源由液压站提供。液压源提供的高压液压油在到达执行机构之前，需要进行一系列的压力、流量和方向的调节，这种对高压油进行压力、流量和方向等调节的组合机构称作主阀块组。顶驱装置所有液压子系统的液压元件都集成在主阀块组内，如平衡系统、刹车系统、回转系统、锁紧系统、IBOP系统、倾斜系统、背钳系统等，通过对主阀块组各个子系统上液压元件的设定与控制就可实现顶驱各个辅助系统的动作，完成相应的辅助功能。

① 主阀块组。

顶驱的主阀块组采用了叠加式结构，如图4-32所示。主阀块组位于两主电动机中间，各个辅助系统均采用叠加阀。主阀块组的每列均代表某一独立的液压回路，完成顶驱装置的某一特定的辅助动作。

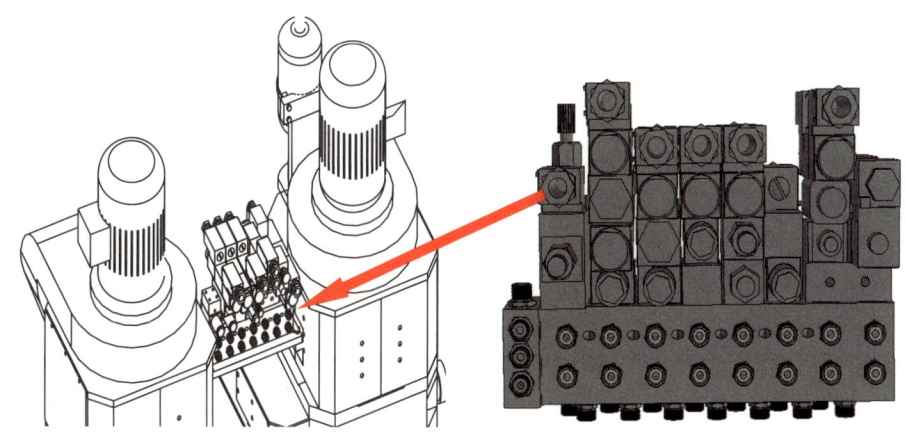

图4-32 主阀块组的结构及安装位置

② 平衡系统。

平衡系统由两个平衡油缸及连接件、减压溢流阀、溢流阀、蓄能器和液压管汇等组成（图4-33）。其中减压溢流阀用以调节平衡油缸的工作压力，使之与本体重量相适应，同时保证该回路与其他系统互不干扰。而溢流阀具有响应迅速的特点，可对系统进行安全保护，避冲击负荷带来影响。蓄能器起缓冲减振作用。平衡油缸活塞杆上端与游车连接，油缸下端与水龙头连接，油缸上腔连通高压油，下腔的泄漏油被引回油箱。游车被看作相对静止，油缸产生的向上拉力作用在动力水龙头上，一直提着水龙头。两个平衡油缸向上拉的合力要比顶驱设备和一立根的自重略大，当卸扣末了时，油缸带动顶驱设备和立根一起上跳（或上移）。当向上提起整个钻柱时，钻柱和顶驱设备的总重量大于油缸向上的拉力，油缸被拉下来，缸内油液被排出，大部分返回蓄能器贮存，此时油缸处于泵工况[1]。

当该回路的压力因泄漏降低到减压溢流阀的调定压力之下时，单向阀开启，减压溢流阀出口的压力油通过单向阀进入回路，自动给回路补油保压。当回路的压力等于或高于减压阀的调定压力时,单向阀关闭,减压溢流阀自动停止补油。在起升操作中,回路压力的最大值由溢流阀来限定。

平衡系统的原理如图 4-34 所示。高压油经减压溢流阀的减压作用进入油缸的有杆腔,实现悬浮顶驱本体的功能,油缸经回油管连入油箱。

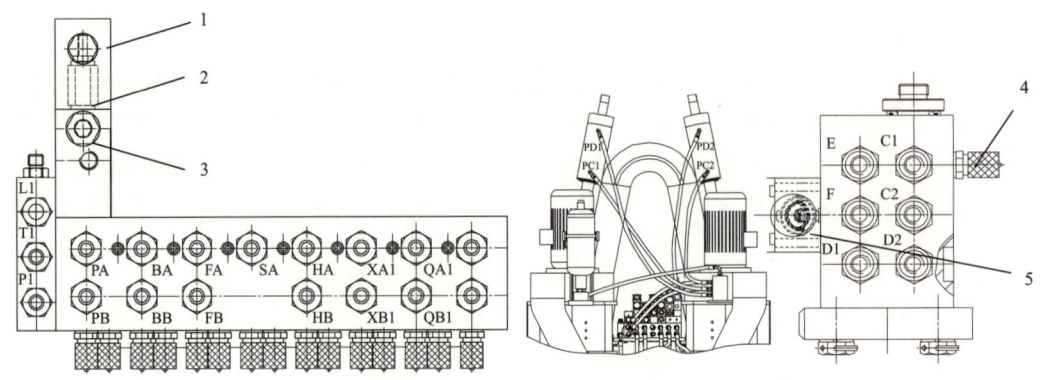

图 4-33　平衡系统结构图

1—防爆电磁球阀;2—减压阀;3—溢流阀;4—测压点;5—溢流阀

注:图中 PA,BA 等表示液压管线接口

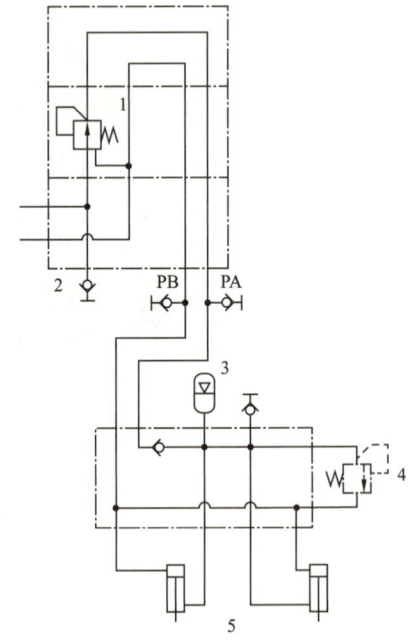

图 4-34　平衡系统原理图

1—减压溢流阀;2—系统测压点;3—蓄能器;4—溢流阀;5—平衡油缸

③ 倾斜系统。

倾斜系统主要由防爆电磁换向阀、双向平衡阀、双单向节流阀、防爆锁阀、T 路单向节流阀、二通流量阀、倾斜油缸等组成。其功能主要用来控制吊环倾斜机构的动作,通过倾斜油缸推动吊环运动,实现吊环机构前倾和后摆的双向动作。

其中，防爆电磁换向阀、双向平衡阀、双单向节流阀、防爆锁阀、T 路单向节流阀集成在主阀块组上，如图 4-35 所示。防爆电磁换向阀可以实现吊环倾斜机构前倾和后倾的切换；双向平衡阀可使倾斜油缸及与之相连的吊环吊卡长时间地停在任意位置；调节双单向节流阀可以改变吊环前后倾的速度；调节二通流量阀，如图 4-36 所示，可以保证吊环倾斜机构的运动同步；防爆锁阀保证吊环吊卡在钻井过程中始终处于自由状态，防止磨损吊卡；调节 T 路单向节流阀可以改变吊环吊卡的回中位速度[1]。

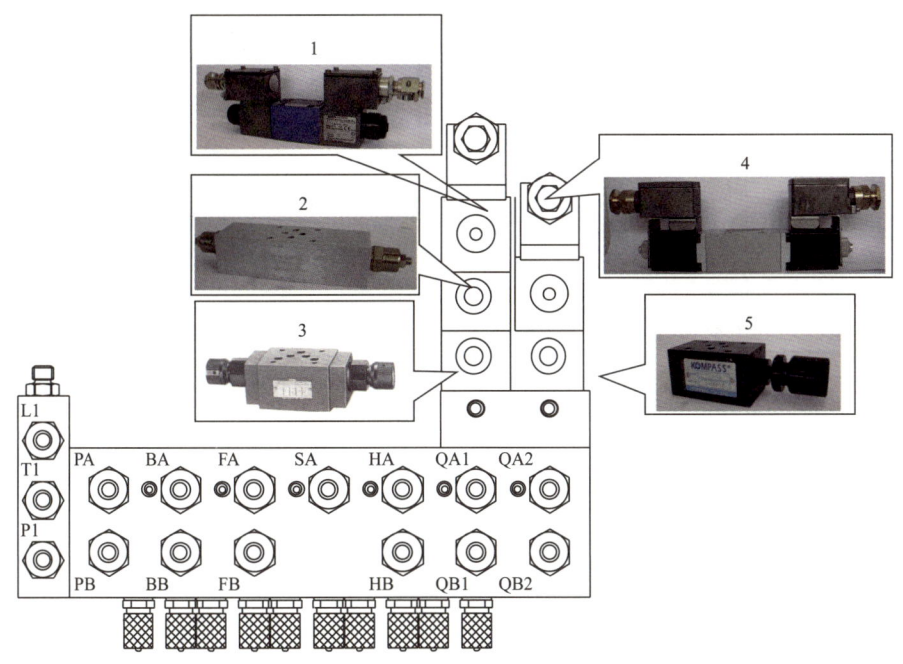

图 4-35　主阀块组中的倾斜系统示意图
1—防爆电磁换向阀；2—平衡阀；3—双单向节流阀；4—防爆锁阀；5—叠加式节流阀
注：图中 PA，BA 等表示液压管线接口

倾斜系统的液压原理如图 4-37 所示。三位四通换向阀在中位时，油缸不动作。上电磁铁得电，液压源提供的高压油 P 经三位四通换向阀、平衡阀的单向阀、双单向节流阀的单向阀、二通流量阀进入倾斜油缸的有杆腔，带动吊环后倾，无杆腔回油分别经过流量阀的节流孔、平衡阀到达 T 油路回油。下电磁铁得电，高压油由原来的回油腔进入倾斜油缸的无杆腔，带动吊环机构前倾。在上述过程中，防爆锁阀油口始终处于有杆腔 A、无杆腔 B、回油 T 相互隔离的状态。当三位四通换向阀处于中位时，防爆锁阀的上、下电磁铁同时得电，则 A，B，T 相互连通，倾斜油缸的有杆腔和无杆腔连为一路，吊环机构处于浮动的不受力状态，实现吊环的中位。

④ IBOP 液压系统。

IBOP 液压系统主要包括减压阀、双液控单向阀、防爆电磁换向阀、IBOP 油缸、遥控 IBOP、IBOP 控制装置等。其中减压阀、双液控单向阀、防爆电磁换向阀集成在主阀块中，如图 4-38 所示。该系统的液压原理图如图 4-39 所示。当三位四通换向阀处于中位时，双液控单向阀可以保证 IBOP 油缸处于任意位置不变。换向阀上电磁铁得电时，高压油经减压阀、换向阀、双液控单向阀进入油缸无杆腔，油缸推动 IBOP 套筒下行，同时带动曲柄和转销转动,打开 IBOP 球阀。同理,下电磁铁得电时,高压油进入油缸有杆腔,推动 IBOP 控制装置上行,关闭 IBOP。

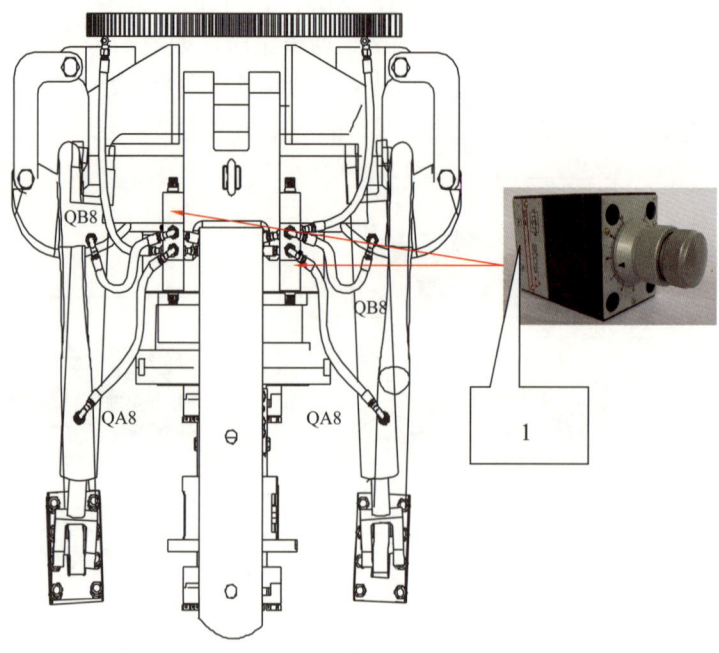

图 4-36 二通流量控制阀安装位置示意图

1—二通流量控制阀

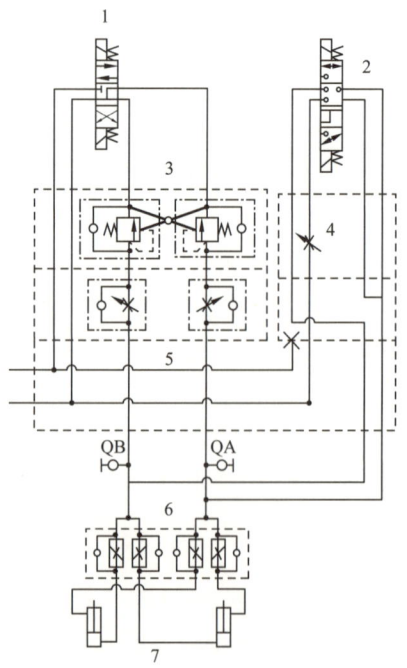

图 4-37 倾斜机构原理图

1—三位四通电磁换向阀;2—锁阀;3—平衡阀;4—节流阀;
5—双单向节流阀;6—节流阀组;7—倾斜油缸

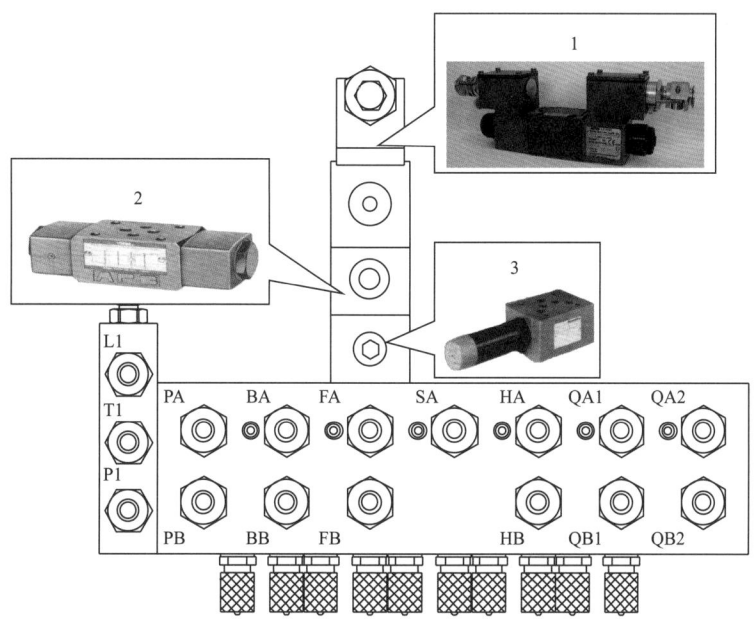

图 4-38 主阀块组中的 IBOP 系统
1—防爆电磁换向阀；2—双液控单向阀；3—减压阀
注：图中 PA，BA 等表示液压管线接口

⑤ 旋转系统。

旋转系统主要由液压马达、大齿轮、旋转头等组成。旋转头的上端与减速箱相接，独立于主轴运动，旋转头的转动靠液压马达驱动大齿圈实现。旋转系统的功能是使吊环、吊卡自由旋转，或是对准鼠洞抓取单根，或是对准二层台的架子工，或是转至其他位置，保证顶驱本体在钻井时有一个较开阔的空间。

DQ80BSC 顶驱的旋转系统原理图如图 4-40 所示。叠加阀组（图 4-41）包括调速阀、电磁换向阀和双向溢流阀，其工作过程为：高压油 P 经过调速阀、换向阀推动执行马达（OMT500）实现正反转的动作，马达泄油直接通过泄油管 L 进入油箱。溢流阀在负载过大时，对马达实行过载保护。

⑥ 刹车系统。

刹车系统的主要功能包括：主电动机的快速制动；在电动机正常停转后，起惯性刹车作用；在意外情况下，起保护钻具和辅助设备的作用；在打定向井时，起到承受反扭矩的作用。刹车系统通常由减压阀、电磁换向阀和盘式刹车等组成。

刹车系统通过刹车油缸对刹车盘施以夹紧力，阻碍主轴旋转。在电磁铁失电后，由于盘式刹车带有两个自复位弹簧，刹车油缸可以自动复位，摩擦片脱离摩擦盘，松开主轴。刹车摩擦片的磨损量是通过增加刹车油缸的行程来自动补偿的。

刹车液压系统原理图如图 4-42 所示，减压阀、换向阀的布局如图 4-43 所示。刹车时，电磁铁得电，换向阀换向，高压油 P 经减压阀、换向阀进入油缸无杆腔，推动活塞及刹车片抱紧刹车盘，完成刹车功能。电磁铁失电时，液压油在油缸自复位弹簧的作用下，经泄油管 L 直接流回油箱。

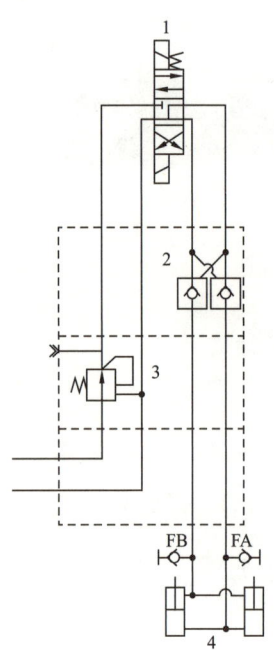

图 4-39　IBOP 系统原理图

1—三位四通电磁换向阀；2—液压锁；3—液压阀；
4—IBOP 油缸

注：图中 FA，FB 表示液压管线接口

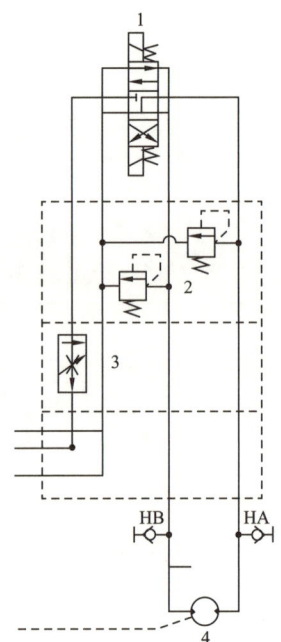

图 4-40　旋转系统原理图

1—三位四通电磁换向阀；2—双向溢流阀；
3—调速阀；4—回转马达

注：图中 HA，HB 表示液压管线接口

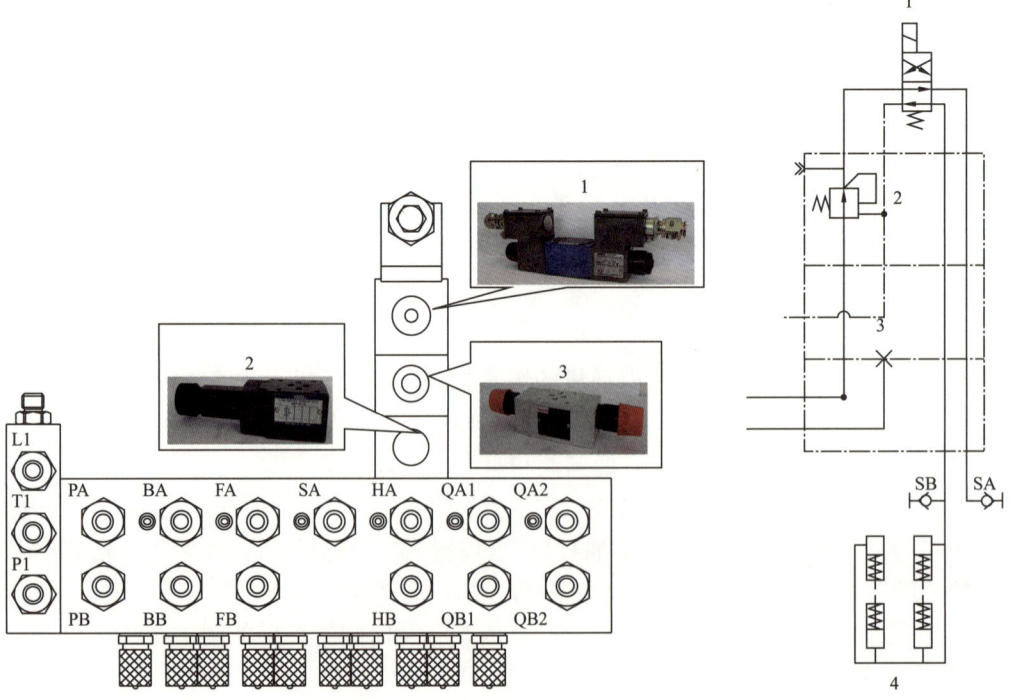

图 4-41　旋转系统中的主阀块组

1—防爆电磁换向阀；2—调速阀；3—双向溢流阀

注：图中 PA，PB 等表示各液压回路接口

图 4-42　刹车系统原理图

1—二位四通电磁换向阀；2—减压阀；
3—回油油路；4—刹车油缸

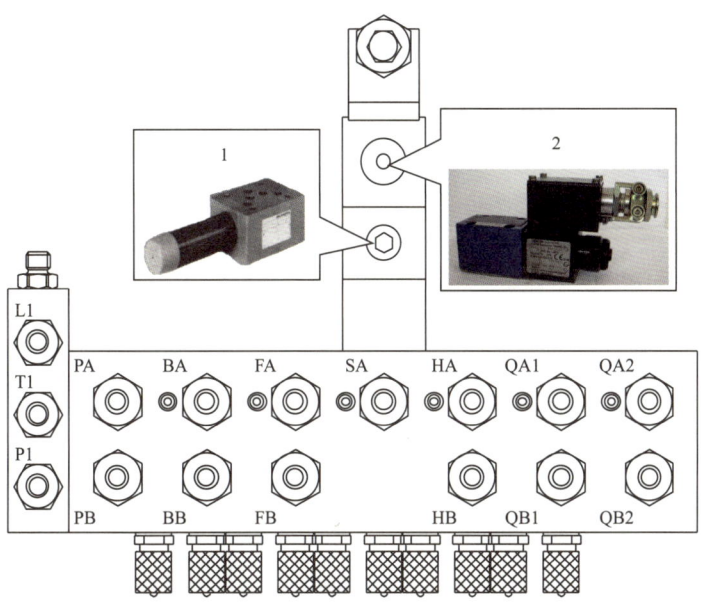

图 4-43 刹车系统中的主阀块组示意图
1—减压阀;2—防爆电磁换向阀

⑦ 背钳系统。

背钳系统主要由电磁换向阀、双液控单向阀、减压阀、单向减压阀、侧置背钳组成,其阀块的叠加如图 4-44 所示,其液压原理图如图 4-45 所示。在电磁铁失电的情况下,高压油分别经过减压阀、单向减压阀后,进入背钳的有杆腔,使钳牙远离钻杆。电磁铁得电后换向,高压油经减压阀减压后进入背钳无杆腔,实现夹紧动作。液压锁能在运输或者液压源不提供压力的情况下,保证背钳钳牙远离转换接头。

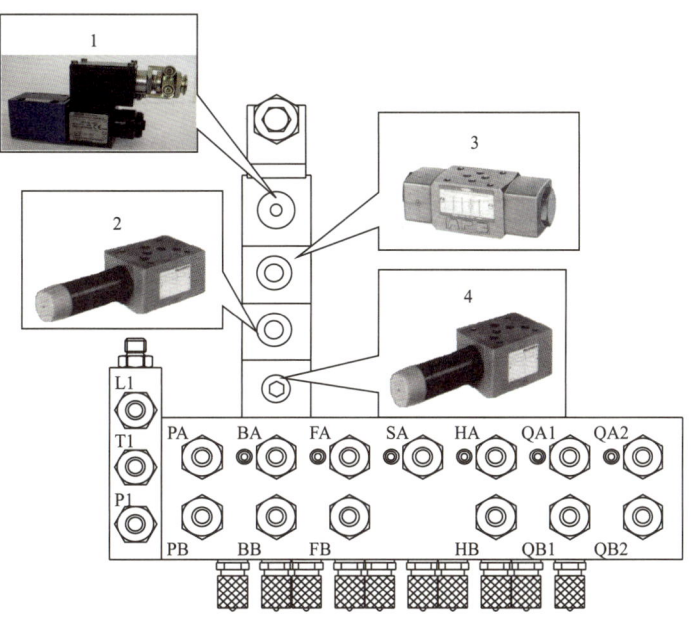

图 4-44 背钳系统中的主阀块组示意图
1—电磁换向阀;2—P 口减压阀;3—双液控单向阀;4—A 口减压阀

⑧锁紧系统。

锁紧系统主要由电磁换向阀、减压阀、锁紧油缸组成,其布局如图4-46所示。锁紧油缸配置有接近开关,能够监测锁销的当前状态,确保在锁销锁紧后才能进行上/卸扣操作。

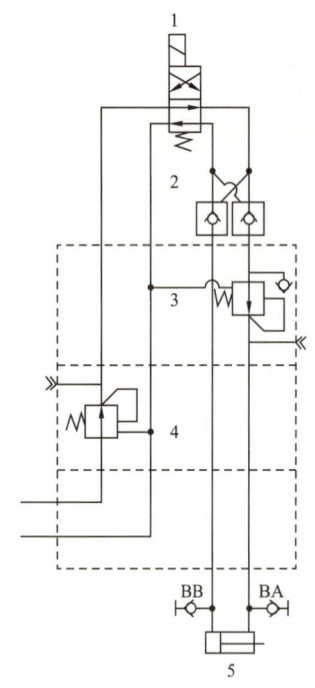

图4-45 背钳系统液压原理图

1—二位四通电磁换向阀;2—液压锁;
3—减压阀;4—减压阀;5—背钳油缸

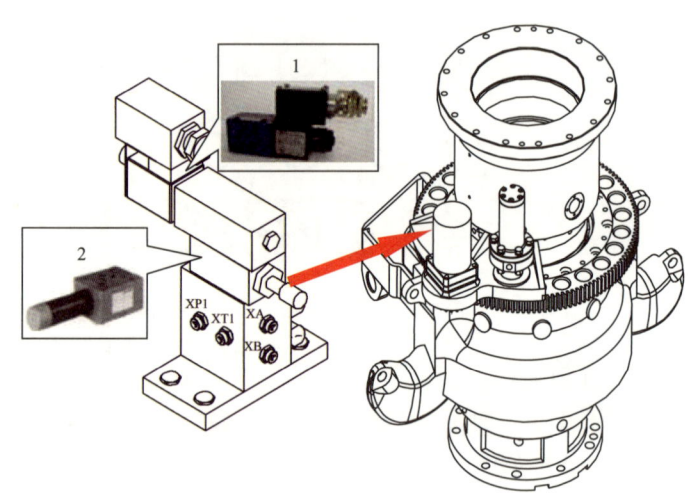

图4-46 锁紧系统示意图

1—电磁换向阀;2—减压阀

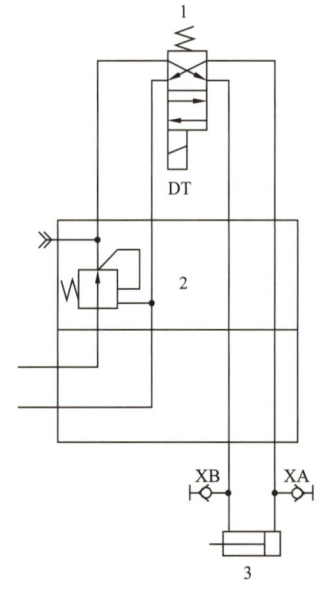

图4-47 锁紧系统原理图

1—二位四通电磁换向阀;2—减压阀;3—回转锁紧油缸

锁紧系统的液压原理图如图4-47所示。在正常钻井的情况下,锁紧油缸的有杆腔连接高压油,锁销松开。当需要进行上/卸扣时,电磁铁得电,方向阀换向,油缸无杆腔连通高压油推动活塞杆锁紧旋转头,完成油缸锁紧,为顶驱上/卸扣操作做好准备。

(3)辅助件。

液压系统中的辅助装置,如蓄能器、滤油器、油箱、热交换器、管件、接头等,对系统的动态性能、工作稳定性、工作寿命、噪声和温升等都有直接影响。其中油箱需根据系统需要进行设计,其他辅助装置通常选择标准件。

①蓄能器。

蓄能器是将液体的液压能转换为势能贮存起来,当系统需要时再由势能转化为液压能而做功的容器。因此,蓄能器可以作为辅助或者应急动力源，以补充系统的泄漏，稳定系统的工作压力，以及吸收泵的脉动和回路上的液压冲击。

② 过滤器。

过滤器是液压系统中的重要元件，它可以清除液压油中的污染物，保持油液清洁，确保系统元件工作的可靠性。

DQ80BSC 顶驱液压源过滤器均设置自密封阀，方便更换、清洗滤芯和系统维修。同时，滤芯装置带有旁通阀装置，在滤芯阻塞时，不影响系统回油。滤芯自带的污染指示器，能及时发现伤害程度并提醒更换滤芯。

③ 油箱。

油箱的功用主要是储存油液，此外还起着散发油液中热量、释放混在油液中的气体、沉淀油液中污染物等作用。

油箱容积为泵流量的 10 倍，具有足够的散热面积，同时，配置有进油回油挡板、排油口、液位液温计、空气滤清器等，其中空气滤清器也可兼做注油口。

④ 热交换器。

液压系统的工作温度一般保持在 30℃ 至 50℃ 的范围内，最高不超过 65℃，最低不低于 15℃。液压系统如依靠自然冷却不能使油温控制在上述范围内时，就须启动冷却器；反之，如果温度太低无法使液压泵启动或正常运转时，就须启动加热器。

液压系统在寒冷地区冬季使用时，由于低温条件对工作介质的理化性能影响较大，对液压系统控制元件的正常工作也会产生不利影响。液压源采用了节流加热的原理，可对油箱内的工作介质进行加热。

⑤ 管线与接头。

液压管线用于连接液压源和阀组，共三路油管，即高压输出、低压回油及泄漏油路。回油路经 10μm 过滤精度的回油过滤器过滤以后再进入油箱，泄漏油则直接回油箱，即没有背压存在。液压管线包括地面液压管线、井架液压管线。

各阀组之间及与油缸、马达等执行元件之间，采用软管连接，便于安装和拆卸。

四、创新技术

DQ80BSC 顶驱装置是"十二五"期间专门针对西部地区超深井、复杂井的钻井需求而设计的，集成了多项具有自主知识产权的新技术，主要技术参数显著提高，顶驱整体性能也得到很大提升。

1. 转速扭矩控制系统

在推出 DQ80BSC 顶驱之前，顶驱的转速扭矩控制系统是由人工通过调节转速、扭矩手轮等方式来设定其限定转速和扭矩的，而且转速和扭矩的设定相互独立，不能随钻井工况的变化而变化。

为了适应深井超深井复杂钻井工况，DQ80BSC 顶驱配置了一种基于顶驱装置的转速扭矩智能控制技术。该项技术能根据顶驱转速扭矩的设定值与井下钻柱反馈的实际值，自动辨识钻井工况，对顶驱主轴的转速扭矩输出特性进行实时调整，减少钻头黏滞状况的出现。在保持转速和钻压稳定的前提下提升破岩速度，有效抑制由于井下扭矩突变而导致的钻柱冲击、钻具扭断或脱扣现象，大大降低了钻柱失效和钻头磨损风险，不仅可以延长钻柱和钻头的使用寿命，还可以优化井眼轨迹。

钻井作业时，由于地层特性、转速、钻压的实时变化，易出现井下扭矩和钻速发生突变，导致钻具疲劳失效、钻井效率降低、事故风险增加等。通过收集分析钻井现场数据，建立了井下振动、扭矩冲击模型，提出了井下振动和扭矩冲击的主动干预算法，并设计了基于顶驱转速扭矩的智能控制系统，可对突发扭矩冲击进行缓冲，对有害振动进行干预和抑制。

2. 主轴旋转定位控制技术

DQ80BSC顶驱配置了一种基于顶驱装置的主轴旋转定位控制技术。常规顶驱装置仅控制主轴旋转的转速和扭矩，即为钻柱提供旋转动力，不能精确控制主轴旋转和停止的圈数和角度。在使用井下动力钻具进行滑动钻进作业等工况下，调整钻柱方位时需要人工扳动顶驱主轴旋转，控制精度和工作效率较低，而且仍然需要像常规转盘钻机一样多次停止钻进以进行工具面的调整。

采用顶驱主轴旋转定位控制技术后，可以精确控制顶驱主轴旋转圈数和角度，即按照给定的设定值，控制主轴旋转特定的角度后停止并锁定在相应的位置。利用这一技术，通过顶驱进行钻柱工具面的动态调节，取代了传统作业对转盘或顶驱主轴的人工调整和锁定。调整方位时不需要中断钻进，可以提高定向钻井作业的精准度和效率。

顶驱主轴旋转定位控制功能通过在顶驱控制上位机监控系统或带有HMI界面的司钻操作台上完成设定值的输入，实现对顶驱主轴（即钻柱）旋转圈数和/或角度的精确控制。操作时只需要开启此功能并输入旋转圈数或角度的设定值即可，操作方便快捷。设置完成后，顶驱主轴将旋转至设定的圈数和/或角度，自动刹车锁定主轴。

顶驱主轴旋转定位控制技术使顶驱装置在提供旋转动力（即转速和扭矩）的同时，也为钻柱提供了工具面控制的技术和手段。在定向井和水平井钻井作业中，该技术能够有效提高井眼轨迹控制的效率、钻井速度以及井眼质量，达到优快钻井的目标，为传统的井下动力钻具导向钻井连续控制技术开拓了更加广阔的应用前景。

3. 导向钻井滑动控制技术

定向钻井作业中，在滑动钻进工况下采用马达配合随钻测量系统这一常规方法进行作业时，随着井深、井斜的增加，攀附在井壁段的钻具使钻柱需要克服的摩擦阻力与扭矩不断增加，钻进时钻柱托压和马达失速现象的频率更高，致使钻压不能持续地施加到钻头上，井下工具面和方位角极有可能会偏离预期，最终导致机械钻速下降、纯钻效率降低、工程成本增加。

通过对常规定向作业方法的特点与局限性进行分析，结合顶驱装置转速扭矩输出精确控制的优势，借用顶驱装置自身数据采集与监视控制及安全作业特点，分析钻柱运动规律、摩擦阻力释放、扭矩控制等原理，研究出了一种基于顶驱装置安全操作与控制的、设计安全科学的、采用独立可编程控制器控制的地面控制技术——导向钻井滑动控制技术。

DQ80BSC顶驱配置的这种导向钻井滑动控制技术，可为定向井工程师提供精确快速调整工具面的手段。在确保定向并不受影响的前提下，通过对钻柱的实施限定了扭矩和圈数的正向、反向往复摇摆，减小了定向井钻井作业中钻柱与井壁间的摩擦阻力与黏滞，平稳钻压，延长了钻头寿命，从而提高了机械钻速、缩短钻井周期。

4. 主体结构优化

为满足8000m钻机钻井载荷大、扭矩高的要求，对原有顶驱装置的本体进行了优化。

通过采用有限元分析计算，对减速箱、主轴、提环、旋转头等零部件薄弱处进行加强、加厚，提高齿轮等零部件加工制造精度等级，改进热处理工艺，优化电气传动参数，压缩整体体积，在满足 8000m 钻机接口尺寸的情况下，大幅提高了本体强度，提升载荷达到 5850kN，钻井连续扭矩达到 60kN·m，完全满足了超深井、水平井和大位移井的作业需求。

五、HSE 设施及措施

DQ80BSC 顶部驱动钻井装置是集机、电、液、信息一体化的设备，并具有高压电、高压液体等危险介质及高空作业等特性。在使用、调试、维修等过程中如有非正常操作，将导致严重的人身伤害和设备损坏，以致带来不可预期的严重后果。

（1）正常钻井情况下，主轴转动时，不得操作 IBOP，以防憋泵。之所以不允许在起下钻时频繁启闭 IBOP，是担心在井喷、井涌关键时刻 IBOP 关闭不严，造成重大事故。开钻前一定要检查操作面板各指示灯，确认 IBOP 按钮在"打开"位置。只有在 IBOP 处于打开状态，才能开启钻井泵。

（2）当发生井涌、井喷时，根据主程序的互锁情况，主轴转速、泵压分别归 0，最后关闭 IBOP。

（3）电动钻机驱动装置会产生大量谐波，严重时将影响顶驱电气系统正常工作。建议顶驱系统使用单独发电机供电，且发电机功率不小于 800kW。

（4）电控房室内温度和湿度对顶驱电控系统电气设备的安全运行是有很大影响的。电控房室内温度过低或者过高，可能造成电控系统微电路工作不稳定，导致系统故障；室内湿度过高，可能造成电控系统器件表面结露，致使系统绝缘性能降低甚至短路，造成设备事故。

（5）顶驱装置刚停机时，电动机模块中的高压大电容仍处于放电状态，容易造成人员及设备伤害。此时禁止打开电源模块和电动机模块的柜门。

（6）气源处理元件配有气水分离器，应当定期检查和排除气水分离器的积水，否则气源内的水分易造成设备短路。

（7）司钻台气源处理元件减压阀的设定压力为 150Pa。错误地设定减压阀压力，会使得进入司钻台箱体的压力过高，可能导致人身伤害和设备损坏。

（8）电缆连接应当可靠，并做好防水措施，否则电缆接头处一旦进水，会引起短路烧毁接头。

（9）由于井场自然环境及钻井工况的复杂性，应根据钻井具体工况定期对全部电缆插接件及电缆进行检查和维护（最长不超过 5d），以防止接头松动甚至烧毁。

（10）每次设备安装后遥测接地电阻值，确认接地良好。

第二节 顶驱下套管装置

顶驱下套管装置是一种基于顶部驱动钻井系统，并集机械、液压技术于一体的新型下套管装置。该装置可替代国内外钻井作业广泛使用的套管钳等下套管设备。由于使用顶驱及下套管装置的旋转下套管工艺可以在下套管的同时实现管柱的旋转、钻井液的循环，不仅提高了套管穿越复杂井段的能力，也为复杂井、水平井下套管作业提供了装备保障和工艺选择，能够更好地解决深井、超深井、大位移水平井以及复杂井套管下入的问题，提高作业的自动化水平，为安全、高效、经济钻井提供了有力的支撑。旋转套管柱对井壁的滚压和研磨作用，具有削峰填谷的效果，使得井壁更为光滑和顺畅，提高了固井注水泥的顶替效率。管柱在旋转的作用下，套管的居中程度得到改善，有利于提高水泥环的均匀性和等厚度[3]。

国外下套管技术装备与作业工艺现已日臻成熟，其代表性的产品有加拿大TESCO公司的Casing Drive System™和VOLANT公司的CRTi™/CRTe™下套管装置、美国NOV公司的CRT™下套管装置，并在大位移井、深井、超深井中成功应用，技术较为成熟。随着我国超深井、复杂井开发的需要，北石成功研制出了用于较大规格套管的内卡式顶驱下套管装置［Casing Running System™，图4-48（b）][4]和用于较小套管的外卡式顶驱下套管装置［图4-48（a）][5]，内外卡式下套管装置已覆盖了$4\frac{1}{2}$～20in套管的尺寸范围。北石顶驱下套管装置的性能达到国外同类产品的先进水平，并出口至加拿大、美国等国家。

（a）外卡式顶驱下套管装置　　　（b）内卡式顶驱下套管装置

图4-48　北石顶驱下套管装置外观图

一、主要技术参数

顶驱下套管装置的主要技术参数见表4-1。

表 4-1　顶驱下套管装置的主要技术参数

技术内容		技术指标			
产品型号		XTG140H	XTG168	XTG244	XTG340
作用方式	单位	外卡	内卡		
适用套管	mm (in)	114～140 ($4^1/_2$～$5^1/_2$)	168～244 ($6^5/_8$～$9^5/_8$)	244～340 ($9^5/_8$～$13^3/_8$)	340～508 ($13^3/_8$～20)
水眼直径	mm (in)	25.4 (1)	31.75 ($1^1/_4$)	50.8 (2)	76.2 (3)
最大抗拉载荷	kN (US ton)	3600 (400)	2250 (250)	4500 (500)	4500 (500)
最大工作扭矩	kN·m (ft·lbf)	35 (30000)	35 (30000)	50 (40000)	65 (50000)
水眼密封耐压	MPa (psi)	35 (5000)	35 (5000)	35 (5000)	15 (2000)
上端接头螺纹	API	$4^1/_2$IF 或 $6^5/_8$REG BOX			
液压源压力	MPa (psi)	16 (2280)			
液压源流量	L/min	40			
系统高度	mm (in)	2540 (100)			

二、结构及工作原理

顶驱下套管作业连接于顶驱（动力水龙头）主轴，以顶驱（动力水龙头）为源动力，替代常规套管钳开展下套管作业的装置，由提升总成、驱动总成、卡瓦夹持总成、密封及导向总成等组成。其作业工艺具有可以实时灌注、循环钻井液，提升下放、旋转套管柱等特点。根据作用方式，顶驱下套管装置分为内卡式和外卡式。内卡式顶驱下套管装置是指卡瓦夹持总成作用于套管本体内壁的下套管装置。外卡式顶驱下套管装置是指卡瓦夹持总成作用于套管本体外圆的下套管装置。当套管直径为ϕ140mm（$5^1/_2$in）或更小时采用外部卡紧式驱动装置，当套管直径为ϕ168mm（$6^5/_8$in）或更大时采用内部卡紧式驱动装置。两种装置都包含的主要结构有：与顶驱相连的提升下放机构、用以驱动卡瓦复位或张开的驱动机构、用以传递工作载荷（拉力和扭矩）的卡瓦夹持机构、用以实现循环钻井液的密封机构以及便于使套管对中的导向头，为了实现与顶驱的可靠连接并确保安全，还包括连接机构等。其中内卡式结构如图4-49所示，外卡式结构如图4-50所示。

顶驱下套管装置上端与顶驱主轴相连，可以通过顶驱控制下套管作业时套管的上扣扭矩。其工作原理为：通过顶驱的液压源，使驱动机构的上/下油腔充油并升压至额定压力，活塞在液力的作用下上/下运动，驱动卡瓦机构复位/张开，完成松开/卡紧套管；当套管处于卡紧状态时，可以传递旋转及提升载荷，实现上扣及提放套管动作。该装置采用自封式皮碗密封套管,可以在下套管作业的同时循环钻井液,以减少或避免复杂事故的发生。顶驱下套管的安全性至关重要,因此该装置使用了液压锁技术和卡瓦自锁结构,从设计上确保该产品的安全性和可靠性。液压锁的关键技术是在顶驱下套管装置上安装有液控阀门,当液压源失效或者液压软管意外被扯断等情况发生时,驱动缸中的压力保持稳定不变,可防止由于压力波动而发生意外。

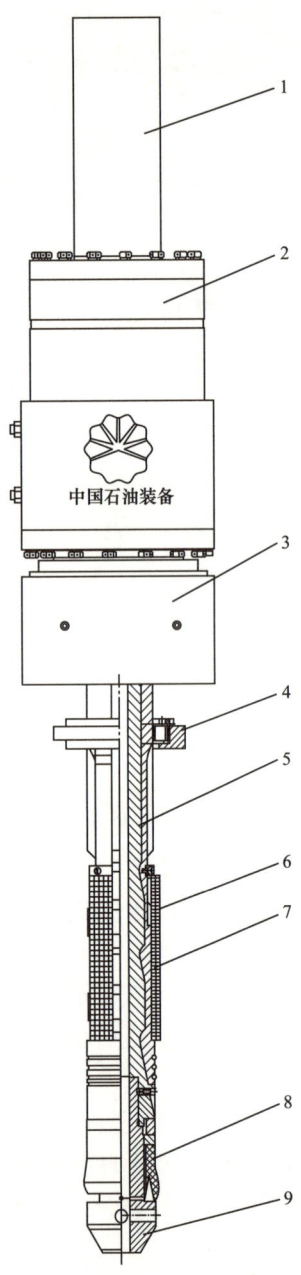

图 4-49 内卡式顶驱下套管装置结构示意图
1—心轴;2—驱动缸;3—推拉卡环;4—限位套;
5—卡瓦心轴;6—卡瓦;7—卡瓦托;
8—密封皮碗;9—导向头

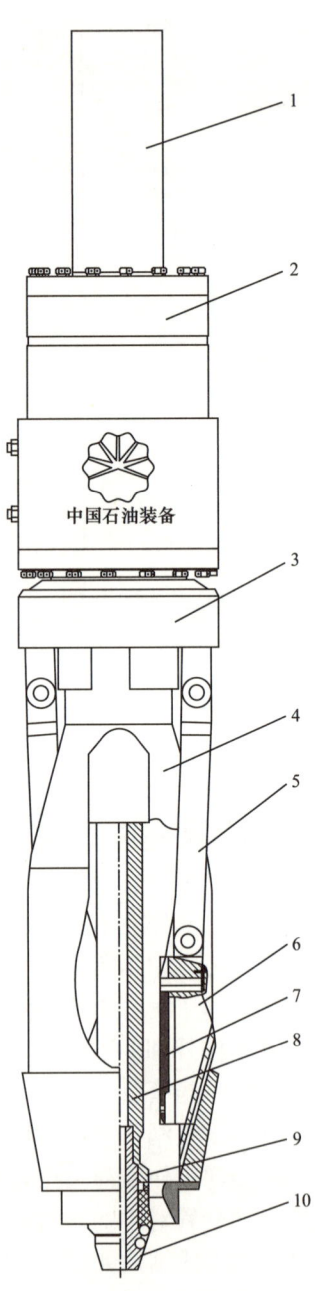

图 4-50 外卡式顶驱下套管装置结构示意图
1—心轴;2—驱动缸;3—推拉卡环;4—卡瓦筒体;
5—连杆;6—卡瓦托;7—卡瓦;8—中心管;
9—密封皮碗;10—导向头

以下结合图 4-49、图 4-50 对内卡式和外卡式顶驱下套管装置的主要功能进行说明。

1. 提升总成

对于内卡式顶驱下套管装置而言，心轴和卡瓦心轴是承担套管柱重量的主受力件；而对于外卡式顶驱下套管装置，心轴和卡瓦筒体是承担套管柱重量的主受力件。提升总成上部通过螺纹与顶驱或动力水龙头连接，随着大钩的上提下放实现下部管柱的提升和下放，起到承上启下的作用。提升总成的提升能力代表了顶驱下套管装置的提升能力。

2. 驱动总成

内卡式顶驱下套管装置和外卡式顶驱下套管装置的驱动总成是一致的，均由驱动缸（活塞/油缸）组成。驱动缸内活塞驱使卡瓦做直线运动，实现顶驱下套管装置与套管的夹紧与松开。驱动结构可以是液压机构或机械机构，也可以是液压与机械的集成，只要能达到驱动卡瓦夹持机构工作即可。

3. 卡瓦夹持总成

卡瓦夹持总成是直接作用于套管的部件，同时承担管柱的夹持提升并传递扭矩，驱动管柱旋转。对于内卡式顶驱下套管装置而言，卡瓦作用于套管体的内壁，因而卡瓦的牙齿布置于卡瓦的外圆周上，通过内部撑开实现套管夹持。对于外卡式顶驱下套管装置来说，卡瓦作用于套管体的外表面，因而卡瓦的牙齿布置于卡瓦的内孔壁上，通过外部夹紧实现套管夹持。顶驱下套管装置的卡瓦夹持能力应同其提升能力一致，在实现安全提升的同时确保对套管的机械损伤降到最小。

4. 密封及导向总成

密封及导向总成主要实现在下套管的同时灌注并循环钻井液。为了实现钻井液循环的及时性，设计上普遍采用即插即用的密封总成，不再涉及螺纹连接及拆卸的重复作业。考虑到高压液体介质循环的安全性，密封体具有承受高压的能力。导向机构方便密封结构进入套管内孔并保护密封体不受损伤。

三、配套技术与设备

为了提高顶驱下套管装置作业的自动化和智能化水平，确保作业的安全与高效，北石顶驱下套管装置配备了作业控制系统及软件，在辅助系统中设计集成了视频监控系统及井口管柱扶正装置。

1. 作业控制系统及软件

应用北石顶驱下套管装置和北石顶驱配套作业，集成度更高，使用更方便。此时可将顶驱背钳的液压控制管线直接提供给下套管装置，管柱的上/卸扣扭矩通过顶驱的 PLC-VFD 交流变频技术精确控制，实现一体化作业。

可选配套系统中提供了预装下套管作业软件的防爆笔记本电脑，软件内含有符合行业标准 API Spec 5CT 的全套管数据库智能支持。使用时，可选定套管规格、螺纹类型，系统自动按照最佳上扣扭矩设定上扣。作业时，扭矩/时间（扭矩/圈数）曲线实时显示，可定时回放追溯；作业完成可生成数据曲线报表。该软件界面如图 4-51 所示，报表格式如图 4-52 所示。

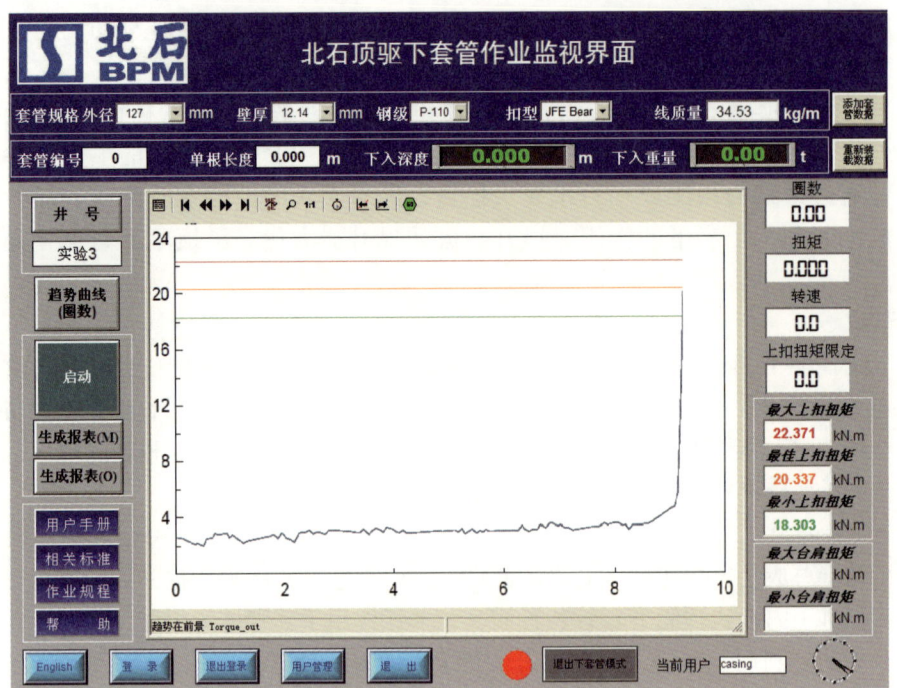

图 4-51　顶驱下套管作业软件界面

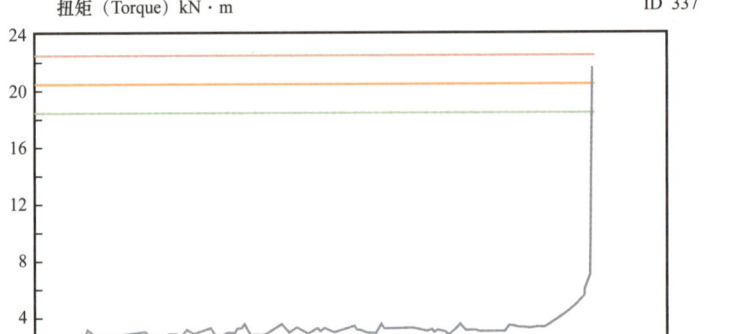

图 4-52　数据报表格式

2. 视频监控系统

为了提高下套管作业的可视化程度，减少劳动作业强度，提高作业的安全性，实时监控顶驱下套管装置插进及下入套管情况，确保作业的精准性，可选配套系统中提供了视频监控系统。在井架上安装红外防爆一体化彩色摄像机，监视器及画面控制器安放在司钻房，实施点对点画面监控（图 4-53）。

摄像机安装高度约为从钻井平台起单根套管的长度。摄像机对准被提升起套管的接箍处，套管提升、下套管装置下放及插入、卡瓦打开、套管（柱）旋转、套管柱下放循环等过程以及卡瓦受损情况、皮碗磨损情况等均在系统的监控下,司钻可实时掌控。

3. 井口管柱扶正装置

下套管作业时,井口管柱扶正装置代替手动扶持套管对正,既可以安装在顶驱导轨的下端,亦可安装在钻机井架的水平梁上(图4-54),在提高作业效率的同时,还能保证人身和设备的安全。

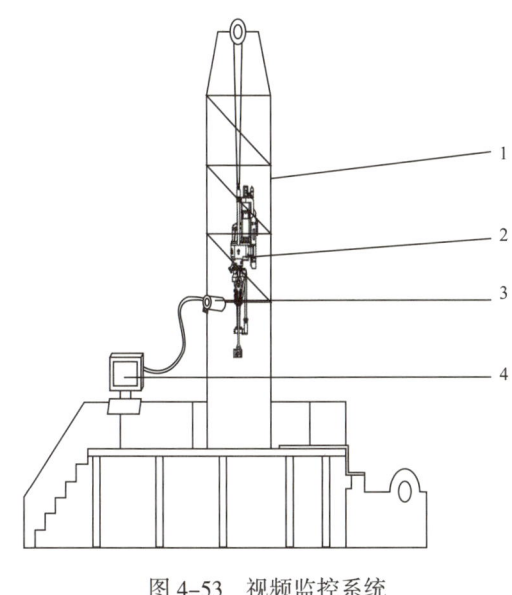

图4-53 视频监控系统
1—井架;2—顶驱及顶驱下套管装置;3—摄像头;4—显示屏

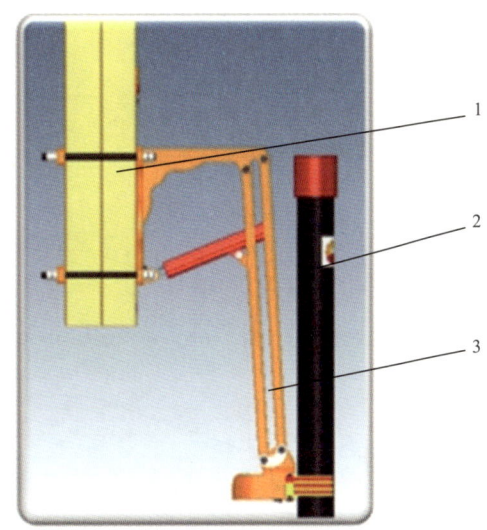

图4-54 井口管柱扶正装置示意图
1—导轨;2—套管;3—管柱扶正装置

四、顶驱下套管工艺

1. 安装

按照使用说明书的要求正确安装设备,并做好下套管前的准备。需要注意的是,顶驱下套管工艺需要将钻井作业使用的常规吊环更换为180in的加长吊环。

2. 工艺流程

利用顶驱下套管装置下套管的作业流程如下[6]:

(1)利用吊环和套管吊卡提升单根套管。

(2)提升顶部驱动装置,使单根套管与井口套管柱接头对正。

(3)下放顶驱装置,使单根套管坐在井口套管柱接头上,将下套管装置的卡瓦进入套管上端,驱动顶驱下套管装置,卡瓦张开夹持套管,使卡瓦牙与套管壁夹紧。

(4)启动顶部驱动钻井装置使之旋转,使单根套管与套管柱接头相连接。

(5)顶驱下套管装置卡瓦牙松开套管。

(6)提升顶驱,使得吊卡位于套管上端接箍处,提升套管柱。

(7)松开钻台气动卡瓦,下放顶驱,进而下放整个套管柱到井台保持一定的方余。

(8)使用钻台气动卡瓦夹持套管。下放顶驱使套管柱坐放在卡瓦上,打开吊卡,准备抓取下一根套管。

(9)根据需要,在下放及旋转过程中随时打开顶驱IBOP,通过顶部驱动钻井装置主轴水眼和顶驱下套管装置的心轴水眼，向套管柱内灌注钻井液。

如此循环，直至把全部套管下放到预定深度。顶驱下套管装置作业示意图如图4-55所示。

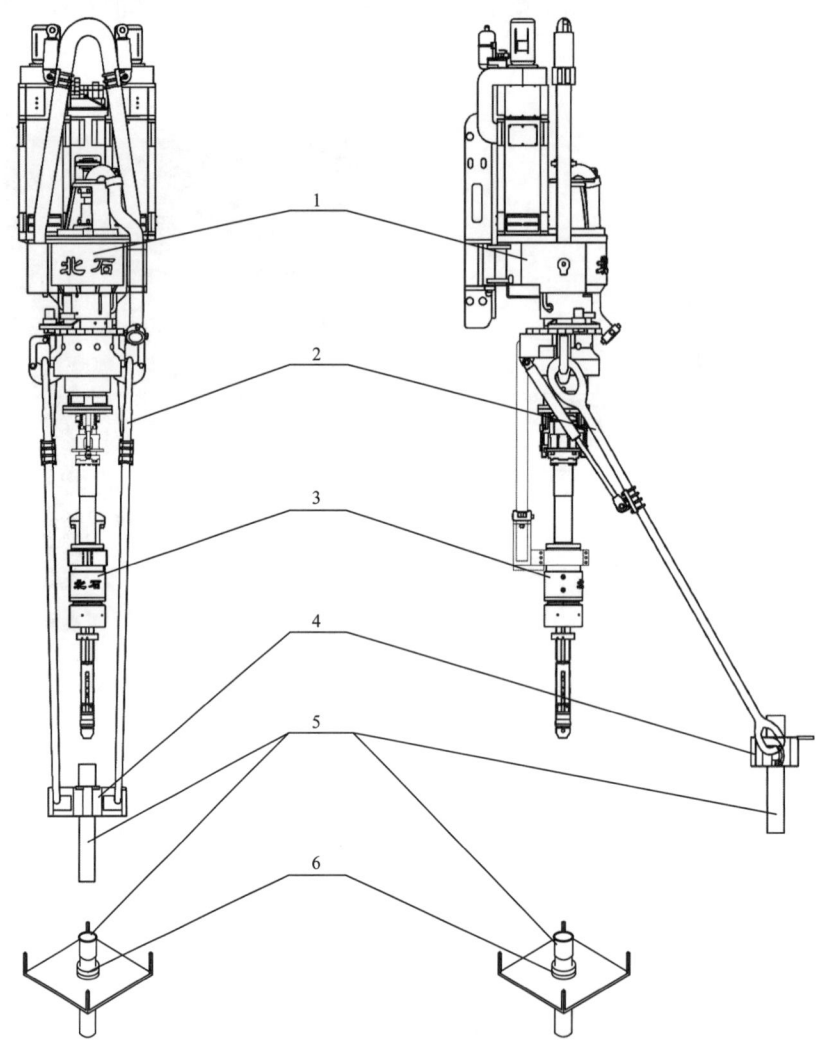

图4-55　顶驱与下套管装置组合工作示意图
1—顶部驱动钻井装置；2—吊环；3—顶驱下套管装置；4—套管吊卡；5—套管；6—气动卡瓦

五、主要技术特点

1. 顶驱下套管装置的核心机构

顶驱下套管装置的核心机构主要包括液压驱动控制机构、卡瓦变径锁紧机构、下部密封机构和约束机构等[7]。

1）液压驱动控制机构

液压驱动控制机构主要由活塞和驱动液压缸组成（图4-56）。活塞在行程范围内可做自由直线往复运动，驱动液压缸。外部配接有液压管线，液压缸壳体上安装有防转动机构，可有效防止壳体及管线的转动缠绕。在液力作用下，活塞沿着缸体实现双向直线运动,活塞下端和卡瓦机构连接,可驱动卡瓦变径机构实现径向尺寸的变化——夹持套管和松开套管(复位状态)。对于下套管作业来说,系统的可靠性和安全性至关重要,因而液压控制系统的安全性是重中之重。考虑到意外情况(如液压源停电失效或者液压管线被扯断)发生的可能性,还有针对性地设计了双液控单向阀。即使发生意外,液压缸也会保持原来的动作,不会发生活塞的滑动,确保卡瓦处于夹持套管状态。该活塞液压缸系统中密封设计涉及往复、直线、旋转、动态、静态等多种运动状态,密封配合面内孔具有大直径、小行程的特点,在工艺尺寸的设计控制上,具有集约化程度高的特点。

2)卡瓦变径锁紧机构

卡瓦变径锁紧机构(图4-57)的主要作用是在液压驱动下,卡瓦与卡瓦心轴发生相对位移,卡瓦沿着卡瓦心轴的锥面向上运动,随之卡瓦张开直径增大,直到接触到套管内壁;随着液压力的增大,卡瓦与套管进一步夹紧,卡瓦与卡瓦心轴保持相对静止,卡瓦与套管牢固结合,以达到夹持套管、传递扭矩、提升管柱重量的目的。卡瓦作为顶驱下套管装置中和套管直接接触并传递承担载荷的重要零部件之一,其牙型的设计与制造,卡瓦与套管接触面积、牙齿与套管接触几何形状的设计至关重要。套管损坏导致井壁坍塌而报废的油气井在生产井中占有相当的比例。究其原因,埋在地下的套管除了自然的锈蚀外,电化学腐蚀也对套管的破坏作用极大。电化学腐蚀使金属表面形成蚀坑、斑点和大面积腐蚀,导致管材壁厚减薄、穿孔,甚至破裂。更严重的是,电化学腐蚀产生的氢对钢材内部的渗透可以使其变得更脆,从而产生很多肉眼难见的微裂纹。而加速套管电化学腐蚀的罪魁祸首就是下套管时因旋扣产生的钳牙伤痕。在保护套管不受卡瓦牙齿咬入损伤的前提下,从提高接触面积入手,利用仿生技术,模仿壁虎爪掌进行牙齿布置设计,变径机构的摩擦锥面在表面抗磨、抗挤压能力和通过表面处理以降低摩擦系数方面都有了很大的改善。

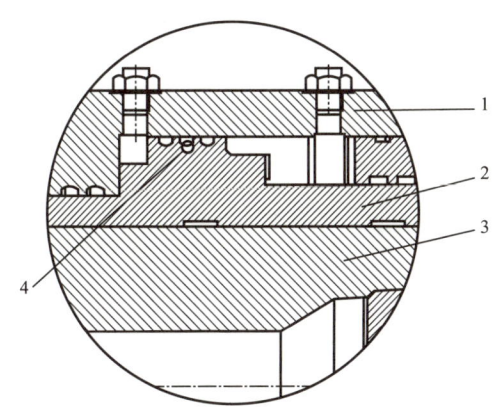

图4-56 液压驱动机构示意图
1—油缸;2—活塞;3—心轴;4—密封总成

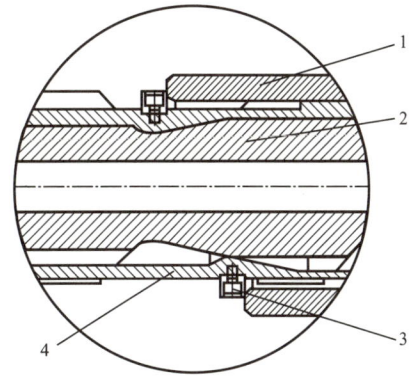

图4-57 变径机构示意图
1—卡瓦;2—卡瓦心轴;3—限位总成;4—卡瓦托

3)下部密封机构

下部密封机构(图4-58)是顶驱下套管装置插入到套管内孔后,与套管之间建立密封的部件。下部密封机构的性能直接影响到钻井液的灌注、循环以及井下复杂情况发生时实施井控操作的安全性。其主要结构特点是安装于导向头上的自封式密封总成,密封体是

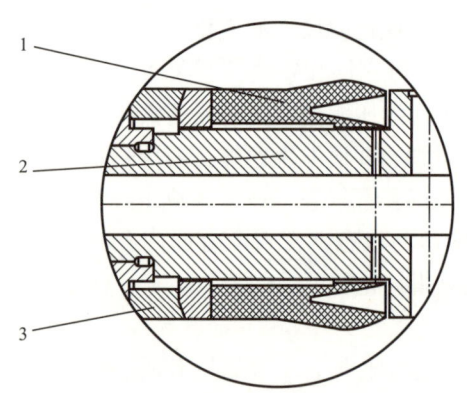

图 4-58 下部密封总成示意图
1—密封体；2—导向头；3—密封压套

杯状结构,与套管内壁是微过盈配合。在液体压力作用下,密封体受压变形的同时和套管进一步紧贴,起到高压流体密封的作用。

由于密封体是由塑性弹性体材料加工成型,为了确保密封体在进入套管内孔时不被套管螺纹或台阶锐边划伤,密封体前端的长斜面锥体具有辅助密封、导向和自动找正的特点。密封体工作介质为碱性溶液,多为水基或油基钻井液。考虑到地层可能蕴含二氧化碳或硫化氢等酸性气体,所以密封体材料具有抗酸、抗碱、抗腐蚀特性。每根套管的下入都需要导向密封机构的插入和拔出,密封体的寿命直接影响到现场作业的效率,因而密封体还具有很强的抗磨性能。

4）约束机构

顶驱下套管装置工作时,是要将顶驱下套管装置的卡瓦结构（主要由卡瓦心轴和四瓣卡瓦组成）插入到套管的内孔中,卡瓦机构插入到套管内孔的深度需要保证。插入太浅,卡瓦与套管接触面积小影响整体受力；插入太深,有可能把大钩所受载荷全部施加在套管接箍上,导致套管被压弯,甚至毁坏连接螺纹。与此同时,还要保证卡瓦机构张开的同步性和对中性。约束机构的设计就很好地解决了上述问题。限位机构通过直径上的差异,采用台阶式限位解决了大钩下放高度问题,确保了卡瓦牙在合适的工作部位产生作用。同时由于卡瓦具有一定的长度,垂直作业时在径向无约束状态下呈自由状态,四片卡瓦张开程度不同,插入套管时容易错位；打开状态下也存在不同步张开的可能,导致卡瓦与套管受力不均。卡瓦约束机构在径向利用弹簧压缩卡瓦的设计,巧妙地解决了此问题。

约束机构总成在较小的空间里实现了套管限位和卡瓦约束双重功能,这种人性化的设计有利于减小劳动作业强度、提高作业效率,从而追求更高的经济效益。

约束机构总成包括套管限位和卡瓦约束两种机构,其结构平面示意图如图 4-59 所示。

（1）套管限位机构。

套管限位机构的设置是为了便于司钻观察和控制大钩下放高度,确保下套管装置插入套管内孔到合适的深度。由于套管及套管接箍的外径是一定的,利用套管和套管接箍直径的差异,将限位机构设计成一个直径大于套管外径的圆环（图 4-59）。当监测到限位机构和套管接箍外表面贴近时,表明下套管装置已插入到套管内合适

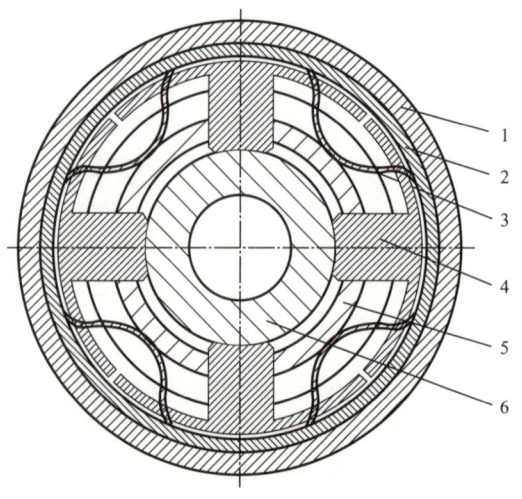

图 4-59 约束机构平面示意图
1—限位外套；2—限位内套；3—复位片簧；4—限位卡环；5—卡瓦（局部）；6—卡瓦心轴（局部）

的深度，司钻即可停止下放大钩。

（2）卡瓦约束机构。

顶驱下套管装置工作时，卡瓦机构需要频繁插入套管内孔，完成相关作业后再从内孔中提出。在解决卡瓦机构插入到套管内孔合适深度的同时，还要保证卡瓦机构四片卡瓦同步动作，使卡瓦机构在套管中对正对齐，才能更好地发挥顶驱下套管装置的优越性，提高下套管作业效率。卡瓦机构插入/提出套管的方便快捷程度直接决定了作业工艺的复杂与否、作业效率的高低、作业的安全性等。

卡瓦约束机构由复位片簧、限位卡环、卡瓦及卡瓦心轴等组成，如图4-60和图4-61所示。其基本特征在于限位卡环由四个加工有弹簧座的蘑菇状块组成。将四个块状体环形嵌在卡瓦心轴的环形槽内，径向形成的空隙处安装四片复位片簧，轴向形成的空隙处供安装四片卡瓦。限位内套与限位外套通过螺纹连接，从上到下将限位卡环与复位片簧固定。限位内套外圆加工有定位沟槽，外套加工有定位螺纹孔。限位内套与外套除通过自身的螺纹连接外，还用紧固螺钉组二次紧固防松。

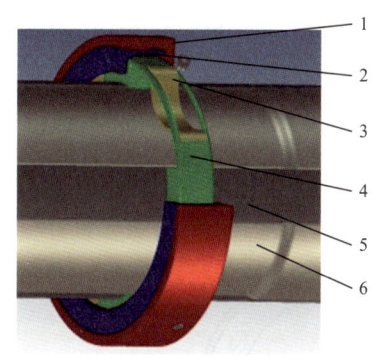

图4-60　卡瓦约束机构装配示意图
1—限位外套；2—限位内套；
3—复位片簧；4—限位卡环；
5—卡瓦心轴（局部）；6—卡瓦（局部）

图4-61　卡瓦约束机构三维爆炸示意图
1—限位外套；2—限位卡环；
3—复位片簧；4—限位内套

2. 技术优势

（1）双通道承载（提升/下放管柱）。

顶驱下套管装置采用吊环和卡瓦双通道承载，同国外同类产品采用单一卡瓦提升套管柱相比，改善了大吨位管柱工况下套管的受力状况，可更好地保护套管不受损伤，提高作业的安全性。

（2）安装便捷。

具有较好的兼容性，不需要改造即可快速与各种品牌、型号的顶驱连接。顶驱下套管装置与顶驱的连接主要包括机械承载机构的连接和液压控制系统的连接——顶驱下套管装置通过螺纹与顶驱主轴直接相连接；液压控制管线既可直接与液压顶驱的备用管线连接，也可采用独立液压源进行控制。顶驱下套管装置的扭矩和提升下放动力均来自顶驱。

（3）可更换卡瓦。

卡瓦可更换设计，使得一个本体可以满足不同规格的套管，提高了产品的适用性

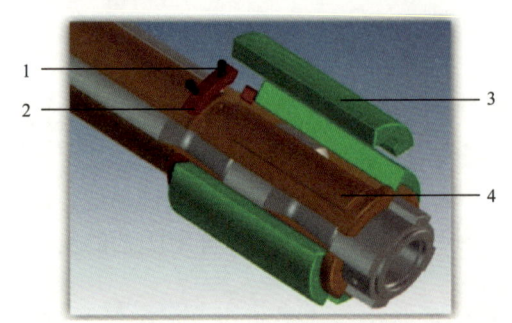

图 4-62 可更换卡瓦结构示意图
1—紧固螺钉；2—限位环；3—可更换卡瓦；4—卡瓦座

（图 4-62）。由于套管壁厚的多样性，同一外径的套管对应多种壁厚，内径大小不一，跨幅较大，超过了单一卡瓦的覆盖范围。为此设计了不同外径的系列卡瓦，根据套管壁厚不同选用对应适用卡瓦，即可满足安全提升和传扭的要求。

（4）密封可靠。

可更换密封体保证了不同规格套管的密封，满足循环钻井液要求，密封压力最高可达 70MPa。和上述卡瓦一样，套管的多样性决定了密封体的多样性。在安装结构一致、尺寸通用的前提下，可通过更换密封体实现对不同套管的堵塞密封。

（5）具有纠偏防斜的运移架。

运移架集包装、运输、安装于一体，可重复使用，其外观如图 4-63 所示。运移架旨在提供一种用于顶驱下套管装置的运移装置。在现场安装过程中，其辅助完成顶驱下套管装置从倾斜到垂直状态的运移动作，实现与钻井平台的对接以及与顶部驱动钻井装置的主轴之间的连接，使用安全，装配与拆卸方便。同时，本装置具有很好的纠偏、纠斜能力，克服了人为纠偏的不足，可降低平台工作业劳动强度和作业风险，减少作业转换时间，提高作业效率，降低下套管作业的综合成本。

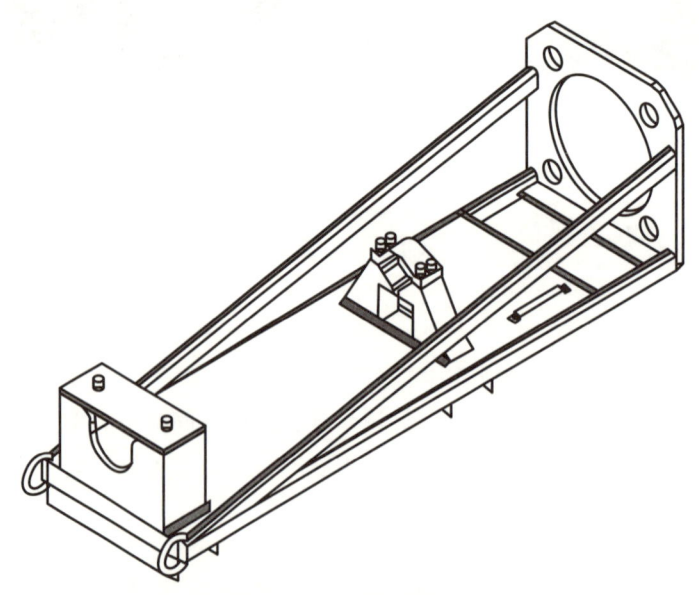

图 4-63 运移架外观图

3. 顶驱下套管装置的关键工艺

1）材料及热处理工艺

石油钻井用提升类机械设备及工具受钻井、固井实际工况所限，对材料的选择和热处理工艺有着较高的要求。顶驱下套管装置的卡瓦机构与套管构成一对摩擦副，要承受大扭矩和大提升载荷。因此，摩擦部位的热处理工艺既要考虑表面较高的硬度，又要考虑心部具有较强的韧性，才能满足耐冲击和抗挤压等复合工况。卡瓦牙同样需要承拉抗扭，对其强度和韧性都有较高要求。为了确保产品寿命和可靠性，北石与美国某钢铁公司联合研制出了适用于该工况的高强度合金钢材料。

2）液压缸表面处理工艺

考虑到密封的可靠性和寿命，液压缸的配合表面属于高压动态密封，除了严格控制形状和位置公差外，还应有适宜的硬度和粗糙度。由于液压缸内孔直径较大，常规的磨—镀—磨工艺难以实施。为了确保设计符合要求，采用了化学镀表面处理工艺，最大程度满足了缸体密封配合面的技术要求。

3）产品研制过程中的工艺难点及解决办法

（1）卡瓦心轴的加工及表面处理。

卡瓦心轴受力较为复杂，轴向受到大吨位的拉伸载荷，径向则通过花键传递上卸螺纹所需的扭矩，楔形面上是金属与金属间的直接接触摩擦。因此，卡瓦心轴对材料表面的硬度、材料的韧性和强度有较高的要求。为获得合适的表面性能和最小的形变，选用经调质处理的优质合金钢作为卡瓦心轴的材料，楔形表面采用可达到磨削水平的高精数控加工车削。完成所有机械加工后，配合表面采用离子氮化工艺。

（2）卡瓦的加工及表面处理。

卡瓦受力情况和卡瓦心轴基本相同，但卡瓦的外圆需要加工卡瓦牙。据此，卡瓦采用优质渗碳钢。同时对非摩擦面进行保护，确保材料的韧性。考虑到卡瓦由整体分解为多个部分后，应力释放会影响到配合和装配的几何形变，在加工过程中采用专用工装夹具，应用非机械加工（如电加工）的方法进行解体。

（3）驱动缸的加工及表面处理。

由于驱动缸直径较大，超出了通用加工中心加工范围，磨削则受到结构限制，砂轮越程无法完成。在保证驱动缸内孔的粗糙度的同时，配合表面采用镍—磷非晶态镀层技术处理。该方法具有镀层硬度高、耐磨性良好、摩擦系数小、镀层厚度精密可控等优点。

（4）活塞的加工及表面处理。

活塞为大直径台阶筒体，加工难度在于如何保证表面粗糙度和各密封沟槽的同轴度。主要配合表面的处理采用磨—镀—磨工艺，电镀前后的磨削采用专用磨削工装，保证了形位公差的要求。

4）复位机构的加工及装配

复位机构由4片片形弹簧、定位套及保护套组成。合适的弹簧刚度是片形弹簧的技术关键之一。这种特制弹簧在受压时安装，易受潜在累积误差影响，对装配有较高的要求。

六、HSE设施和措施

顶驱下套管装置的使用，应当由具有下套管作业经验的人员或具有相关资质的人员进行，在操作和维护过程中应采取必要的措施，防止其对作业人员以及机器造成伤害。

（1）顶驱下套管装置作业时，应确保液压源工作正常。对于液压驱动式顶驱下套管装置来说，卡瓦与套管的初始卡紧是在驱动机构的推动下实现的。持续稳定的液压源是保障顶驱下套管装置安全提升的保证。即使顶驱下套管装置处于长时间循环通井期间，也应保证液压源处于工作状态，否则套管柱有滑脱落井的风险。

（2）应定期检查卡瓦的磨损情况。卡瓦在长期工作后其卡瓦牙会产生一定的磨损。卡瓦牙的磨损会带来两方面的潜在危害。一是由于磨损导致配合尺寸变小，影响夹持时的安全余量。二是由于磨损会导致卡瓦牙齿变钝，影响其提升能力，当提升能力小于套管悬重时，套管柱有滑脱风险。由于卡瓦是消耗件，因此卡瓦上标有尺寸磨损标识。当尺寸接近或达到标识时，卡瓦应做更换处理。

（3）顶驱下套管装置安装和拆卸时，应使用配备的运移架进行产品保护和运移，以防碰坏管线。

第三节　工业化应用及前景

一、顶驱的工业化应用

DQ80BSC顶驱装置是"十二五"期间专为满足西部山前等特殊区块超深井、复杂井的需求而研发的重要产品。其结构紧凑，外形尺寸小，导轨中心与井口中心距压缩至930mm，与DQ70BSC顶驱装置的中心距相当，保证了在8000m钻机上的安装。通过优化主体结构、提高加工制造精度等级、改进热处理工艺等方法，实现了提升载荷5850kN、连续钻井扭矩达60kN·m的技术能力。同时，DQ80BSC顶驱装置还集成了转速扭矩控制系统、主轴定角度旋转系统等众多新技术。这些新技术在非常规油气勘探开发中的应用，可有效地控制复杂工况、降低作业风险、避免钻井事故，突显了顶驱装置钻井作业的能力、效率和安全性，在保证钻井作业安全、节约钻井成本、提高油气勘探开发效率、促进钻井工程及装备进步等方面起到了积极的促进作用。

据不完全统计，采用顶驱装置钻井可有效改善钻井作业的时间分配。非生产时间占比由40%下降为35%，而纯钻进时间占比由30%提升为40%，钻井效率大幅提升。在相同的机械转速下，其日进尺平均增加48m，每钻进2000m，需要的时间平均可减少1.4d，节约成本达41940美元。随着钻井深度的增加，节约效应愈加明显。

二、顶驱下套管装置的工业化应用

与顶驱配套的旋转下套管装置及其工艺可在下套管的同时实现管柱的旋转和钻井液的循环，提高了套管穿越复杂井段的能力，为超深井、复杂井、水平井下套管作业提供了装备保障和工艺选择，能够更好地解决深井、超深井、大位移水平井以及复杂井套管下入的问题，提高了作业的自动化水平，为安全、高效、经济钻井提供了有力的支撑。随着国内及国际市场对于深井超深井、非常规油气的持续开发和水平井的规模化应用，旋转下套管工艺技术与装备将会拥有更为广阔的市场。

根据钻井井身结构设计，每一阶段完钻后就要下入相应规格的套管柱。由于地质构造的复杂性，井身质量参差不齐，完钻后的井眼（尤其是裸眼）经常出现缩径、坍塌、岩屑沉淀等问题。且在常规下套管作业中，循环钻井液、旋转套管柱、提放套管柱等作业无法同时进行,套管柱对井眼的适应性较差。这些问题可能导致套管柱无法正常下到预定井深。根据资料统计,下套管作业时因各种原因造成的非生产性时间以卡钻和缩径所占比例最高,达 49.9%。避免卡钻和缩径最为有效的方法之一就是保持钻井液的循环,然而这是常规下套管作业中的瓶颈问题——钻井液的循环和套管下放无法同时进行,而且这两种作业转换时间较长。根据下套管作业规程,下套管时为了保证套管柱内外压力平衡,要求每下 1~2 根套管都要向管柱内灌满钻井液。传统灌钻井液是靠钻工拉胶管操作,很不方便,劳动强度大,并且还经常漏灌,影响下套管质量。另外,在下套管遇阻时,还需要将套管全部取出换上钻杆 + 钻头通井,再重新将套管一根一根连接下入井内,非常麻烦,也严重影响了下套管作业的质量和钻井时效。

在钻井速度和钻井效益越来越受到关注的今天,应用旋转下套管工艺已成为国际钻井界的共识,其可为钻井工业带来可观的社会效益和经济效益。"十二五"期间,顶驱下套管装置先后在川渝地区、任丘地区和长宁威远国家页岩气开发示范区进行了成功应用,在水平井小间隙井眼的下套管作业中发挥了重要作用,成功应对了各种复杂工况下套管的作业,作业效率得到大幅提升。和同区块的国外同类产品相比,部分井作业用时少 1~2d。在页岩气水平井 5in 套管下放作业中,正常井段下放速度(含钻井液灌注与循环)达到 3.5 分钟 / 根,复杂井段转速达到 30r/min。在华北油田 $9^5/_8$in 套管作业过程中,平均下放速度(含钻井液灌注与循环)为 5 分钟 / 根,未发生套管螺纹连接失误。同时,顶驱下套管装置成功出口到加拿大、美国、哥伦比亚、尼日利亚、哈萨克斯坦和伊拉克六个国家,其中 60% 以上的产品出口至北美高端市场并得到用户的肯定,充分展示了具有我国自主知识产权的顶驱下套管装置优越的技术性能。

三、智能顶驱的发展趋势

智能顶驱虽然有了长足的进步,但现阶段只实现了钻机的局部自动化,还不能实现自动钻进。没有将司钻从刹把前解放出来,还不能实现地面与井下设备之间的闭环控制。在定向钻进过程中,不能通过顶驱驱动,适度地正、反向往复摆动钻具,保持钻头方位相对稳定等。而顶驱下套管时,水龙带必须先放下来再下套管,取放水龙带作业会消耗大量时间。同时,完钻后的井眼(尤其是裸眼)经常出现缩径、坍塌、岩屑沉淀等许多问题。因此,今后一个时期,顶驱及其下套管装置的研究重点将向以下四个方面开展。

1. 顶驱在常规钻井作业方面的研究

常规钻井作业时,都是由操作人员通过调节操作面板上的手轮等方式设定顶驱装置的限定转速和限定扭矩,转速和扭矩的设定相互独立且不随钻井工况的变化而变化。当出现如黏滞、卡钻等危害性极大的钻井工况时,需要根据钻头转速、钻压等井下数据对顶驱设定值进行迅速微调。但现有技术无法将采集到的井下数据实时传输,通常做法是人工参与判断和调节。由于受人员经验、反应速度等因素影响,不确定性大,难以保证调整得及时和合理,无法保证钻井作业的效率和安全程度。

(1)开展以高速信息传输钻柱作为载体,将顶驱采集到的悬重、立压、转速扭矩等,以及随钻仪器采集到的井下工具面、钻压、液压马达转速等数据实时传输与共享为目标,实现地面与井下设备间闭环控制,顶驱可自动实时调整输出转速、扭矩,消除黏滞卡钻、抑制扭矩突变等不利工况。

（2）将顶驱装置与绞车、盘刹、钻井液循环泵等设备结合起来，完成钻井相关数据采集。并根据实时工况向绞车、钻井泵等发出指令，调整钻压、钻井液循环等参数，实现全自动智能钻井，使钻井技术跃上一个新的台阶。

（3）国外许多公司对最为常用的500T顶驱装置多次改型，主要钻井参数逐步提高，其连续钻井扭矩已经赶上甚至超过750T顶驱装置的参数，满足了日益严酷的钻井需求。如TESCO公司推出的新型500ESI 1350顶驱装置，被称之为"世界上最有力的500T型顶驱装置"，这也是国内顶驱未来研究的一个方向。

2. 自动调整工具面并实现远程技术支持

传统定向钻井时，为了取得预期的工具面，定向工程师首先需要停止旋转钻进，并将钻头提离井底，然后将MWD工具检测到的工具面方位角信息传输回来，这样在下放钻具接触井底之前，定向工程师才可以通过小幅度地转动钻柱来调整工具面。在钻头方向定位过程中，钻柱必须扭转一定角度或圈数，以此产生的扭矩来抵消钻头传递回来的反扭矩，从而保持钻头方位相对稳定。用这种方法定向钻进时，仅有钻井液马达驱动钻头旋转，钻柱不旋转，只上下滑动。随着井深和井斜增加，钻具与井壁之间的径向、轴向摩擦力必将增大，导致下放钻具时，钻压不能恒定、持续地加到钻头上，造成工具面偏离预期。每调整一次工具面都是一个烦琐的过程，需要花费大量的停钻时间，并且极大地增加井壁破裂的风险。据统计，钻具不做旋转，仅仅向下滑动定向，相对于旋转钻具的同时向下滑动定向，其机械钻进速度（ROP）将降低80%以上。

1）通过顶驱快速调整工具面

如果能在定向过程中，通过顶驱驱动，适度地正、反向往复摆动钻具，使钻具轴向方向上受到的摩擦阻力变为动摩擦力，钻具向前伸展时所受的轴向摩擦阻力将变得相对较小与平稳，进而使钻具向前伸展所受摩擦阻力变得相对较小，同时钻头施加到井底地层的钻压也变得更稳定。

因此，在定向钻井过程中，为了使钻头施加在井底的钻压基本保持恒定，需要根据大钩悬重、立管泵压的变化情况，不定时操作顶驱来驱动钻具做正、反向往复摆动，以克服钻具与井壁之间的静摩擦力，同时通过顶驱驱动钻具做一定角度的旋转，来实现工具面的调整。但这种操作方式，需要定向工程师根据井下数据做出分析判断，向司钻下达操作指令，然后司钻做相应操作，但其数据实时性差，中间环节长，且受司钻反应速度、操作经验等限制，无法做到及时、准确响应定向工程师的指令。因此开展数据自动采集，通过程序自动判断工况，进而驱动钻具定角度旋转来达到快速调整工具面目的的研究已经成为迫切需要。

2）开展高速数据共享与远程技术支持的研究

随着钻井工厂化作业模式的推广，迫切需要井场设备之间的闭环控制与油田生产指挥中心之间的高速数据共享。此外，在国际原油价格持续走低的大环境下，钻井公司也已开始进行精细管理与成本控制，容许顶部驱动钻井装置停机检查的时间越来越少，对于设备故障的快速恢复能力、设备供应商的远程技术支持能力都有更高的要求。在这一领域，国内目前基本还处于空白状态。如何适应这种技术发展，满足顶驱高速数据的共享和远程技术支持的需求，也是摆在我们面前的一道难题。

3. 功率更大、安全性更高的顶驱装置

近年来，伴随着水平井、大位移井、分支井等复杂井作业技术的发展，滩海与海洋钻井平台作业逐年增多，作业难度与风险也逐渐加大，顶部驱动钻井装置需要提供的输出功率与安全系数也随之增大。为了满足这些复杂井开发技术的需要，今后几年内，功率更大、安全性更高的顶驱钻井装置将会替代常规的顶驱钻井装置。

4. 主电动机直驱顶驱的研制

为提高顶驱装置的可靠性，尽可能减小在使用过程中出现问题，国内已经出现了由主电动机直接驱动主轴钻井的直驱顶驱。这种顶驱采用低速大扭永磁电动机，电动机轴为中空设计，取消了减速箱等中间传动部件，避免了由于齿轮、轴承等部件的磨损而出现的故障，可提高设备的安全性和可靠性，减少维护时间，提高钻井效率。但是受到技术发展制约，永磁电动机的体积较大，对于钻机的适应性还有一定的限制，还需进一步优化，这也是未来几年顶驱装置重点研究的方向。

四、顶驱下套管装置的发展趋势

随着液压式顶驱下套管装置的规模化应用，旋转下套管工艺的优势得到了业界的普遍认可[8]。但与北美地区相比，我国在顶驱下套管装置与工艺技术方面还存在一定的差距。如北美已经成功开发了集成化、自动化程度更高，适用于中浅井下套管作业的小巧型旋转下套管装置，适用于大吨位、高扭矩、中高转速的自动化程度更高的下套管装置，以及适用于套管钻井和深水作业的旋转下套管装置。未来一段时间内，我国顶驱下套管装置的技术发展将以追踪国外技术发展为目标，缩小技术差距，研制适应我国石油勘探开发实际需求的套管驱动装备。

参 考 文 献

[1] 刘广华. 顶部驱动钻井装置操作指南[M]. 北京：石油工业出版社，2010.

[2] 刘广华，刘新立. 顶部驱动钻井装置操作维护图解手册[M]. 北京：石油工业出版社，2010.

[3] 张宏英，李东阳，黄衍福，等. 顶驱下套管作业装备配套及工艺初探[J]. 石油矿场机械，2011，40（3）：20-23.

[4] 张宏英，等. 内卡式顶驱下套管装置[P]. 2012年5月，国家知识产权局.

[5] 张宏英，等. 外卡式顶驱下套管装置[P]. 2015年11月，国家知识产权局.

[6] 张国田，等. 一种用顶部驱动钻井装置下套管作业的方法[P]. 2011年9月，国家知识产权局.

[7] 张宏英，等. 下套管作业装备技术发展及研制[M]. 第八届石油钻井院所长会议论文集. 北京：石油工业出版社，2008.

[8] 贺涛，张宏英，罗西超，等. 套管钻井技术进展及前景[J]. 石油机械，2011，39（10）：166-169.

第五章　QDP-3000五缸钻井泵

近年来，国外基于减小理论排量波动而开发了一些多缸钻井泵产品，如美国EWECO公司的EQ系列五缸泵（1600～3000hp），美国NOV公司的HEX2540六缸泵等[1]。EQ系列五缸泵动力端和液力端结构与传统的三缸泵相同，唯一的区别是液压缸数目由三缸增加到五缸，技术创新程度不高，其最大功率的EQ3000钻井泵也一直未见样机展出。HEX2540六缸泵动力端采用了立式凸轮机构，理论上可以做到排量零波动。据了解，该泵已经成功应用到挪威某海洋平台钻机上。

国内制造商在开发多缸钻井泵方面进展较慢。2000年前后，中原石油勘探局研发了一种斜盘式七缸单作用钻井泵[2]；2005年前后，江汉四机厂参照压裂泵结构设计了一款小功率钻井泵——5NB-600钻井泵[3]。这些新型钻井泵主要是基于减小理论排量波动的目的而开发的，但由于种种原因最终都未能得到大范围的推广应用。2010年开始，宝鸡石油机械有限责任公司针对深井、超深井研发了具有完全自主知识产权的3000hp五缸钻井泵，并配套在国内首台四单根立柱9000m钻机上使用。该泵在理论研究、结构设计、现场应用等方面均有较大的创新和突破，获得中国石油天然气股份有限公司技术发明三等奖。

第一节　概　　述

一、研究背景

为了适应深井、超深井、高压喷射钻井、大位移水平井、丛式井、海洋平台钻井等现代钻井工艺技术发展的要求，钻井泵正朝着大功率、大排量、高泵压的方向发展，同时，为了延长易损件的使用寿命，一般采用长冲程和低冲数的设计。钻井泵功率越大，则冲程越长、最大缸套直径越大。

现代钻井泵多采用曲柄连杆结构设计，这种设计必然存在理论排量不均匀的问题，但是不均匀度随着液压缸数目的增加而减小（少数液压缸数目为偶数的情况除外）。自1901年美国得克萨斯州斯宾尔托普的第一口商业油井开始至1960年前后，钻井泵全部为双缸双作用泵（简称"双缸泵"）。双缸泵排量小、压力低、体积和重量大、缸套活塞使用寿命短，在20世纪70年代开始逐步被体积小、重量轻、维修维护性好的三缸单作用钻井泵（简称"三缸泵"）取代。三缸泵的缸套活塞采用了开放式和强制喷淋冷却与冲洗的设计，使得缸套活塞在较高泵压下也能保证合理的使用寿命，客观上促进了深井、超深井、高压喷射钻井、大位移水平井等现代钻井工艺技术的发展。但是，无论是双缸泵还是三缸泵，其理论排量不均匀度均很高。三缸泵的排量不均匀度约为21%，双缸泵的排量不均匀度比三缸泵还要高出一倍多。因此，都必须设置排出压力缓冲装置（即空气包），否则无法正常工作。

理论研究表明，五缸单作用钻井泵（简称"五缸泵"）的理论排量（即无空气包时的排量）不均匀度约为7%，仅为三缸泵理论排量不均匀度的1/3左右[4]，与合理配置了空气包的三缸泵水平相当，可以不用设置排出空气包。如果配置空气包，不均匀度可以进一步下降。同时，在缸套活塞部位，五缸泵同样可以采用开放式和强制喷淋冷却与冲洗的设计，从而保证缸套活塞在高泵压下的可靠性。

多缸钻井泵结构相对复杂，导致产品体积和重量增加，维护困难，制造成本增加等，是影响其应用和发展的主要原因之一。宝鸡石油机械有限责任公司（以下简称宝石）顺应钻井泵发展趋势，充分发挥在钻井泵设计制造方面的技术优势和经验，通过结构设计创新，结合计算机CAD/CAE技术和优化设计技术等解决结构复杂所带来的一系列问题，使得钻井泵技术水平得到很大的提升，并在此基础上研发了国内首台最大功率的五缸钻井泵——QDP-3000钻井泵（图5-1），并在国内首台四单根立柱超深井钻机上得到成功应用。

图5-1 QDP-3000 五缸钻井泵

二、技术与性能参数

1. 技术参数

QDP-3000钻井泵技术参数见表5-1。

表5-1 QDP-3000 钻井泵技术参数

型号	QDP-3000
额定输入功率，kW（hp）	2237（3000）
冲程，mm	300
额定冲数，次/min	117

续表

缸套直径，mm	130	140	150	160	170	180
最高冲数，次/min	166	154	144	135	127	120
最高排出压力，MPa	51.9	44.7	39.0	34.2	30.3	27.0
最大排量，L/s	55.08	59.27	63.62	67.86	72.07	76.34
吸入管直径，mm（in）	305（12）					
排出管直径，mm	130（5$\frac{1}{8}$inAPI10000psi 法兰）					
单泵质量，kg	41000					

2. 性能参数

QDP-3000 钻井泵性能参数见表 5-2 至表 5-7。

表 5-2 QDP-3000 钻井泵性能参数（缸套直径：ϕ130mm）

冲数，次/min		60	70	80	90	100	110	117*	127	135	144	154	166
压力	MPa	51.9	51.9	51.9	51.9	51.9	51.9	51.9	47.8	44.9	42.1	39.4	36.5
	psi	7520	7520	7520	7520	7520	7520	7520	6929	6518	6111	5714	5301
排量	L/s	19.91	23.23	26.55	29.86	33.18	36.50	38.82	42.14	44.80	47.78	51.10	55.08
	gal/min	316	368	421	473	526	579	615	668	710	757	810	837
功率	kW	1147	1338	1530	1720	1912	2103	2237	2237	2237	2237	2237	2237
	hp	1538	1795	2051	2308	2564	2821	3000	3000	3000	3000	3000	3000

* 为额定冲数。

表 5-3 QDP-3000 钻井泵性能参数（缸套直径：ϕ140mm）

冲数，次/min		60	70	80	90	100	110	117*	127	135	144	154
压力	MPa	44.7	44.7	44.7	44.7	44.7	44.7	44.7	41.2	38.8	36.3	34.0
	psi	6483	6483	6483	6483	6483	6483	6483	6323	5974	5620	4927
排量	L/s	23.09	26.94	30.79	34.64	38.48	42.33	45.03	48.88	51.95	55.42	59.27
	gal/min	366	427	488	549	610	671	714	775	823	878	939
功率	kW	1147	1338	1530	1721	1912	2103	2237	2237	2237	2237	2237
	hp	1538	1795	2051	2308	2564	2821	3000	3000	3000	3000	3000

* 为额定冲数。

表 5-4 QDP-3000 钻井泵性能参数（缸套直径：ϕ150mm）

冲数，次/min		60	70	80	90	100	110	117*	127	135	144
压力	MPa	39.0	39.0	39.0	39.0	39.0	39.0	39.0	35.9	33.8	31.6
	psi	5656	5656	5656	5656	5656	5656	5656	5204	4896	4590
排量	L/s	26.51	30.93	35.34	39.76	44.18	48.60	51.69	56.11	59.64	63.62
	gal/min	420	490	560	630	700	770	819	889	945	1008
功率	kW	1147	1338	1530	1721	1912	2103	2237	2237	2237	2237
	hp	1538	1795	2051	2308	2564	2821	3000	3000	3000	3000

* 为额定冲数。

表 5-5 QDP-3000 钻井泵性能参数（缸套直径：ϕ160mm）

冲数，次/min		60	70	80	90	100	110	117*	127	135
压力	MPa	34.2	34.2	34.2	34.2	34.2	34.2	34.2	31.5	29.7
	psi	4960	4960	4960	4960	4960	4960	4960	4574	4303
排量	L/s	30.16	35.19	40.21	45.24	50.27	55.29	58.81	63.84	67.86
	gal/min	478	558	637	717	797	876	932	1012	1076
功率	kW	1147	1338	1530	1721	1912	2103	2237	2237	2237
	hp	1538	1795	2051	2308	2564	2821	3000	3000	3000

* 为额定冲数。

表 5-6 QDP-3000 钻井泵性能参数（缸套直径：ϕ170mm）

冲数，次/min		60	70	80	90	100	110	117*	127
压力	MPa	30.3	30.3	30.3	30.3	30.3	30.3	30.3	27.9
	psi	4399	4399	4399	4399	4399	4399	4399	4052
排量	L/s	34.05	39.72	45.40	51.07	56.74	62.42	66.39	72.07
	gal/min	540	630	720	809	899	989	1052	1142
功率	kW	1147	1338	1530	1721	1912	2103	2237	2237
	hp	1538	1795	2051	2308	2564	2821	3000	3000

* 为额定冲数。

表5-7　QDP-3000钻井泵性能参数（缸套直径：φ180mm）

冲数，次/min		60	70	80	90	100	110	117*	120
压力	MPa	27.0	27.0	27.0	27.0	27.0	27.0	27.0	26.4
	psi	3923	3923	3923	3923	3923	3923	3923	3825
排量	L/s	38.17	44.53	50.89	57.26	63.62	69.98	74.43	76.34
	gal/min	605	706	807	908	1008	1109	1180	1210
功率	kW	1147	1338	1530	1721	1912	2103	2237	2237
	hp	1538	1795	2051	2308	2564	2821	3000	3000

* 为额定冲数。

注：（1）表5-2至表5-7中数据基于连续运转工况，按90%机械效率和100%容积效率计算。

（2）表5-2至表5-7中实际排出压力取决于实际功率、泵冲数及液力端压力限制。一定功率下，当冲数小于额定值时，可达到各级缸套下的最高排出压力；当冲数大于额定值时，排量增大，但排出压力下降。

（3）不推荐超过最高冲数使用，在满足工作压力要求的前提下，推荐采用较大尺寸缸套，这样有利于降低冲数，提高易损件使用寿命。

三、主要技术特点

1. 大功率、大排量、高泵压

QDP-3000钻井泵设计和实际使用功率为2237kW（3000hp）、排量为76.34L/s、排出压力为52MPa（7500psi），主要性能指标均达到国内外先进水平（表5-8、表5-9）。

表5-8　国内外大功率钻井泵性能参数

型号	LEWCO W-3000型	EMSCO FG-2200	NOV 14-P-2200	BOMCO F-2200HL	NOV Hex-240	BOMCO QDP-3000
结构形式	卧式三缸单作用				立式六缸	卧式五缸泵
输入功率，kW	2237	1628	1642	1642	1894	2237
最高泵压，MPa	52	52	52	52	52	52
最大排量，L/s	63.09	61.78	74.89	77.65	65.25	76.34
额定冲数，次/min	100	100	105	105	212	117
冲程，mm	406.4	381	355.6	355.6	300	300
质量，kg	47627	37576	39000	43968	32000	41018
	不包括底座、排出管、空气包等附件			包括底座等附件	不包括底座等附件	包括底座等附件

表 5-9　国内高压钻井泵性能参数对比分析

型号	F-1600HL	F-2200HL	QDP-3000	备注
输入功率，kW	1193	1641	2237	
最大排量，L/s	51.85	77.65	76.34	
最高泵压，MPa	52	52	52	
最高泵压下的最大流量，L/s	20.8	28.6	38.8	钻井泵的功率等于排量与排出压力之积，在相同的工作压力下排量越大或相同排量下压力越高，表明钻井泵工作能力越强
最大排量下的最高泵压，MPa	20.7	19.0	27.0	
单缸流量，L/s	17.3	25.9	15.3	单缸流量越小，越有利于提高液缸和阀等的寿命
D^2Sn_2 值（额定冲数）	158551	207627	139968	值越小越有利于吸入性能
$Sn/30$ 值（额定冲数）	1220	1246	1170	值越小越有利于减缓缸套活塞磨损的速度
单泵质量，kg	29400	43900	41000	
功率/质量，kW/kg	40.6	37.4	54.6	综合考核指标

2. 压力波动小、排量更均匀

五缸钻井泵的理论排量（无空气包时的排量）不均匀度仅为三缸泵的 1/3 左右（图 5-2），具有如下优点：

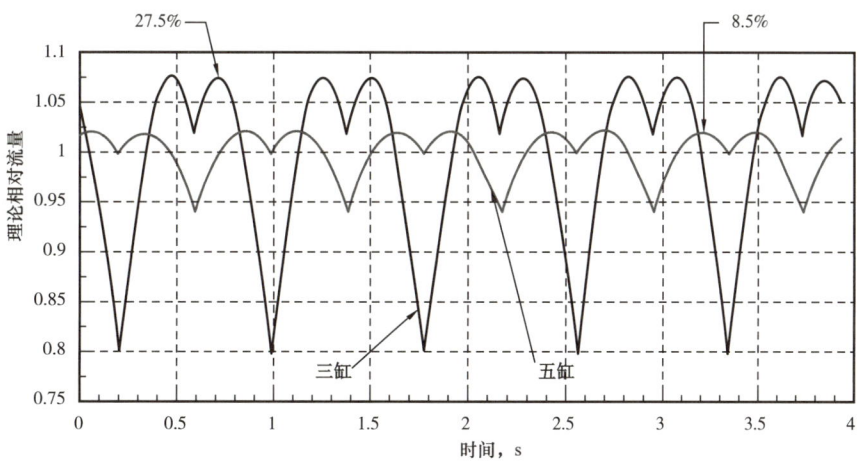

图 5-2　三缸/五缸钻井泵理论排量（无空气包时的排量）对比曲线

（1）可以不配备空气包，节省配件成本；
（2）也可以继续配备空气包，则排量和压力波动更小，有利于液缸、缸套、活塞、阀总成等易损件使用寿命的提高。

3. 流量调节范围更广

由于采用了不同于传统三缸钻井泵的特殊结构设计，钻井泵高速运行的平稳性能大幅提高，允许钻井泵实际运行冲数高于额定冲数（117次/min）运行。在交流变频调速技术的配合下，钻井泵各级缸套活塞的流量调节范围大幅变宽（图5-3），大幅减少了更换缸套活塞的次数，甚至只用一种规格的缸套活塞就可以满足整口井的使用要求。

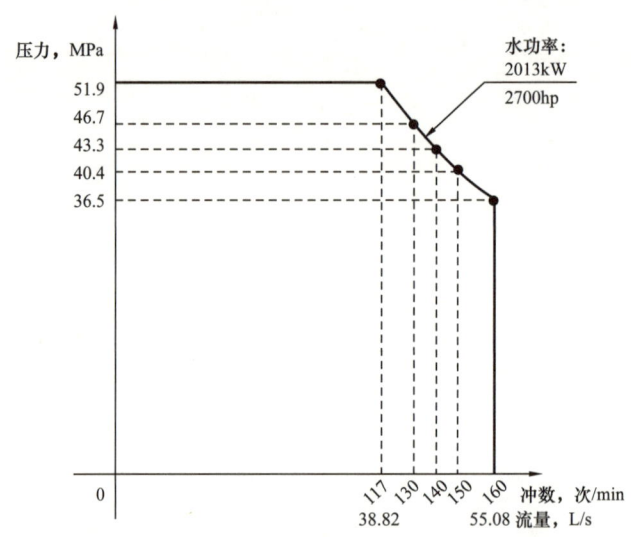

图5-3　QDP-3000钻井泵性能曲线（缸套直径：ϕ130mm）

4. 易损件使用寿命长

由于排量与排出压力波动的减小，以及结构上采用了十字头与中间连杆球铰式连接、缸套内外表面冷却装置、带卸载槽的高压阀座等创新设计，QDP-3000钻井泵液力端易损件的可靠性和使用寿命得到较大幅度的提高。油田工业性试验表明，与F-1600HL钻井泵通用的缸套、活塞、阀总成等相比，使用寿命提高了30%左右。

QDP-3000钻井泵为国内首台最大功率五缸钻井泵，其功率和排量大、排出压力高、可靠性高、体积和质量相对较小，非常适用于深井、超深井、高压喷射钻井、大位移水平井、丛式井、海洋平台钻井等，市场应用前景十分广阔。尤其在海洋平台钻井等对设备体积和重量要求较高的场合，用3台QDP-3000泵组替代4台F-2200HL泵组，或用两台QDP-3000泵组替代3台F-2200HL泵组，可以减重50余吨，节省出一台F-2200HL泵组的空间和质量，以及相应配套的昂贵的电传动及控制系统。

四、存在的不足

（1）QDP-3000泵组功率偏大。9000m及以下的陆地钻机配套1600hp或2200hp钻井泵已足够满足钻井要求。

（2）价格相对较高。在目前油气钻井装备普遍不景气的行业背景下，价格因素是影响QDP-3000泵推广应用的重要因素。

（3）尽管QDP-3000泵体积和质量相对其功率而言不算大，但是体积和质量的绝对值较大，影响了其移运性能。

（4）QDP-3000泵当初主要是针对海洋平台设计的，用于陆地不太实用。

第二节 结构与原理

QDP-3000 钻井泵为卧式、五缸、单作用活塞式往复泵,在离心式和容积式两大基本泵类型中属于容积式泵。其主要工作机构(图 5-4)为往复运动的活塞与自动开闭的锥阀[4]。活塞的往复运动引起液压缸工作腔容积周期性变化,造成腔内压力在负压和排出压力之间交替变化,带动锥阀自动开启和关闭,达到输送流体介质的目的。

一、基本原理与特性

钻井泵活塞杆的往复运动由柴油机或电动机驱动,活塞杆与动力机之间还需要一套将旋转运动转化为往复运动的曲柄连杆机构,即钻井泵的动力端;液压缸、缸套、活塞、阀总成,再加上流体吸入和排出管汇、空气包、安全阀等附属零部件,构成钻井泵的液力端。

排出压力 p 和排量 Q 是往复泵最重要的基本性能参数,两者之积即为泵的水功率。冲程 S、冲数 n、缸套内径 D、液压缸数量 Z 为往复泵的结构主参数,其定义分别为:活塞往复运动的距离为冲程;冲程的起点和终点为活塞运动的死点,靠动力端一侧为后死点,靠液力端一侧为前死点;单位时间内活塞往复运动的次数为冲数,计量单位一般为"次/min"。上述主要参数决定了泵的功率,动力端和液力端零部件的强度、外形尺寸、质量等,这些参数之间内在的关系构成了往复泵一系列独有的特点。

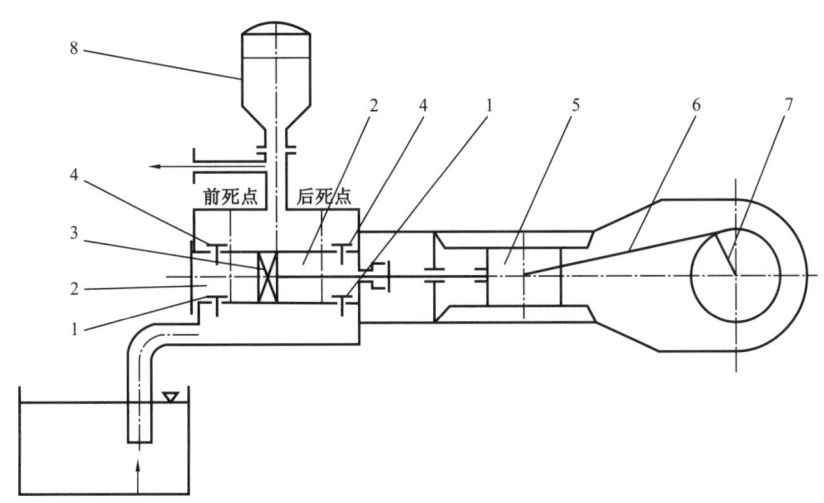

图 5-4 往复泵的主要工作机构

1—吸入阀;2—液压缸;3—活塞;4—排出阀;5—十字头;6—连杆;7—曲柄;8—排出空气包

1. 瞬时排量脉动

瞬时排量等于活塞面积与速度之积。当动力机以恒定速度旋转时,活塞速度曲线近似为正/余弦曲线变化,因此,瞬时排量也是随时变化的。在单缸泵中,瞬时排量不仅随时间变化,而且还不连续。在多缸泵中,如果缸的数量和工作相位设计得当,则可使总瞬时排量(排出管汇中的瞬时排量)的脉动幅度减小到实际可用的"稳定流"状态。

2. 平均排量恒定

平均排量（即常说的"泵排量"）取决于结构主参数（冲程 S、冲数 n、缸套内径 D、液压缸数量 Z），即泵排量是由上述结构主参数组成的函数。理论上，泵排量和排出压力与泵送介质的温度、黏度、密度等无关，这是往复泵有别于离心泵的最重要的特性。

3. 泵的排出压力取决于管路特性

离心泵的排量和扬程密切相关，而往复泵的排出压力则取决于管路特性，与泵排量无关。理论上，只要管路水力阻力足够大、液力端密封能力足够强、动力端零部件强度和刚性足够大，则泵即可按结构主参数所设定的排量排出，建立所需要的任意高的排出压力。

鉴于以上特点，在设计和使用钻井泵时应注意：

（1）必须在泵的排出端设置安全阀，以保证排出压力不高于各级缸套所对应的最高设计压力。

（2）在泵启动前，必须保证排出管路畅通。

（3）允许降低冲数或压力使用，此时不会造成泵效率的下降，只是不能充分发挥泵的设计能力。

二、机构运动与动力学分析

钻井泵在确定了基本性能参数和结构主参数以后，最重要的研究内容就是进行曲柄连杆机构运动学和动力学分析计算，以确定活塞的位移，分析泵内各构件的受力，设计轴承的承载能力。

（1）确定活塞位移 x、速度 u 和加速度 a 与曲轴转角 θ 之间关系，分析钻井泵的吸入排出等水力学特性。

（2）分析钻井泵内各构件的作用力、支反力、惯性力（矩）等，为各零部件的强度、刚度和稳定性计算提供载荷数据。

（3）曲轴支反力曲线是计算轴承所受当量载荷，进而设计轴承载荷能力的基础。

首先，应用钻井泵力学分析的一般方法，分析单缸曲轴—连杆—十字头机构的活塞杆力、连杆力、侧向力等，然后按相位分布情况叠加分析五缸曲轴—连杆—十字头机构的受力情况。为了模拟一个旋转周期内各种力的曲线，一般以曲柄转角 θ 为自变量，推导出各种力的函数式，借助计算机相关软件可以保证模拟计算准确高效。

如图 5-5 所示为单缸曲轴—连杆—十字头机构受力分析模型。

1. 活塞运动的规律

曲柄以恒定角速度 ω 旋转，曲柄转角 θ 在 $0 \sim \pi$ 区间为排出冲程，在 $\pi \sim 2\pi$ 区间为吸入冲程[5]。若规定活塞运动的后死点为活塞位移 ω 的原点，则活塞位移 x、速度 u 和加速度 a 与曲轴转角之间的近似表达式如下：

$$x(\theta) = R\left[(1-\cos\theta) + \frac{1}{4\lambda}(1-\cos 2\theta)\right] \quad (5-1)$$

$$u(\theta) = R\omega\left(\sin\theta + \frac{1}{2\lambda}\sin 2\theta\right) \quad (5-2)$$

$$a(\theta) = R\omega^2\left(\cos\theta + \frac{1}{\lambda}\cos 2\theta\right) \quad (5-3)$$

式中 λ——连杆长度与曲轴回转半径之比。

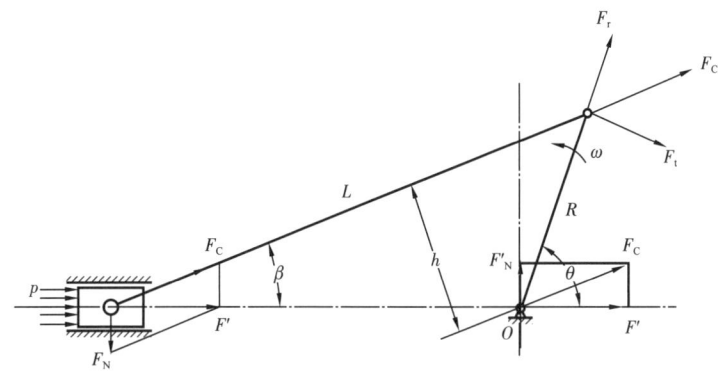

图 5-5 单缸曲轴—连杆—十字头机构受力分析模型

2. 作用于动力端的力

作用于动力端的力分四类：介质压力、摩擦力、质量力、外部作用力（输入力矩与地基反力等）[5]。

1) 介质压力（未考虑泵阀的滞后角）

$$p = \begin{cases} p_d & 0 < \theta \leq \pi \\ 0 & \pi < \theta \leq 2\pi \end{cases} \quad (5-4)$$

式中 θ——曲柄转角，rad；

p_d——泵的排出压力，MPa。

2) 摩擦力

（1）活塞与缸套之间的摩擦力 F_f。

据实验测量，泵满负荷运转时：

$$F_f \approx (4\% \sim 8\%) p_d A$$

取：

$$F_f = 0.06 p_d A \quad (5-5)$$

式中 A——活塞面积，mm^2。

（2）十字头与导板之间的摩擦力 f_N。

$$f_N = 0.04 F_N \quad (5-6)$$

式中 F_N——十字头与导板之间的正压力，N。

系数 0.04 按"钢—轴承合金，有润滑"的条件选取，各滚动轴承处的摩擦力忽略不计[6]。

3）质量力

质量力包括构件自重和惯性力。自重在总载荷中所占的比例很小，可忽略不计。惯性力包括做往复运动零件的惯性力和做旋转运动零件的惯性力。其中，连杆运动为往复运动与旋转运动的合成，为简化计算，按比例将其分解为往复运动和旋转运动两部分。

（1）往复惯性力 F_w。

$$F_w = -(m_1 + 0.35m_0)a \tag{5-7}$$

式中　m_0——连杆质量，kg；
　　　m_1——十字头、活塞杆等所有往复运动零件的质量，kg；
　　　a——活塞加速度，m/s²。

（2）旋转惯性力 F_h。

$$F_h = -(m_2 + 0.65m_0)R\omega^2 \tag{5-8}$$

式中　m_2——轴承、曲柄销等所有旋转运动零件的质量，kg；
　　　R——曲轴回转半径，m；
　　　ω——曲轴角速度，rad/s。

上两式中，负号表示惯性力的方向与加速度的方向相反。

3. 单缸曲柄连杆机构受力分析

（1）活塞杆推力 F：

$$F = \begin{cases} \dfrac{\pi D^2}{4}p = \dfrac{\pi D^2}{4}p_d & 0 < \theta \leq \pi \\ 0 & \pi < \theta \leq 2\pi \end{cases} \tag{5-9}$$

式中　D——活塞直径，mm。

（2）综合活塞力 F'：

$$F' = F + F_w + (F_f + f_N) \Rightarrow$$

$$F' = \begin{cases} \dfrac{1.06\pi D^2 p_d/4 + (m_1 + 0.35m_0)(\cos\theta + \dfrac{1}{\lambda}\cos 2\theta)R\omega^2}{1 - 0.07\tan\beta} & 0 < \theta \leq \pi \\ \dfrac{(m_1 + 0.35m_0)(\cos\theta + \dfrac{1}{\lambda}\cos 2\theta)R\omega^2}{1 - 0.07\tan\beta} & \pi < \theta \leq 2\pi \end{cases} \tag{5-10}$$

其中：

$$\beta = \arcsin\left(\dfrac{R}{L} - \sin\theta\right)$$

（3）连杆力 F_C：

$$F_C = \dfrac{F'}{\cos\beta} \tag{5-11}$$

（4）侧向力 F_N：

$$F_N = F' \tan \beta \quad (5-12)$$

（5）作用在曲柄销中心上的力 F_r, F_t：

$$\begin{cases} F_r = F' \cos(\theta - \beta)/\cos\beta + (m_2 + 0.3m_0)R\omega^2 & （径向力）\\ F_t = F' \sin(\theta - \beta)/\cos\beta & （切向力）\end{cases} \quad (5-13)$$

4. 五缸曲轴连杆机构受力分析

五缸泵采用多支承曲柄轴结构，毋需为保证刚性而大幅增加曲轴、机架的体积和质量。此外，曲柄轴具有偏心质量小的特点（相同级别的曲柄轴的偏心质量仅为偏心轮轴的1/5 左右），有利于提高钻井泵在高速运行时的平稳性。曲柄轴结构形式及曲柄销相位分布分别如图 5-6 所示。

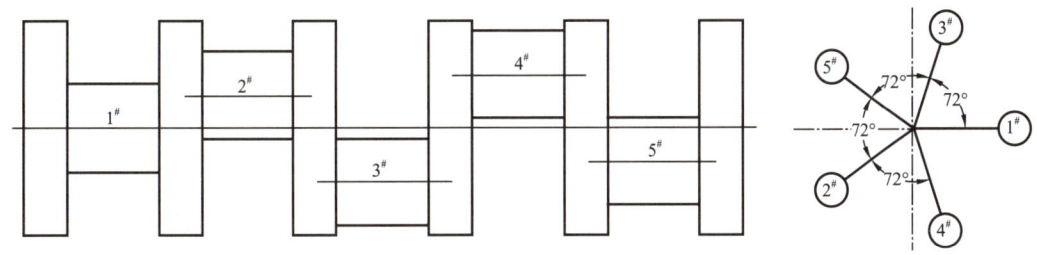

图 5-6　曲柄轴结构简图与曲柄销相位分布图

作用在曲轴上的力有三部分：作用在曲柄销上的力（连杆力、不平衡质量旋转惯性力）、支反力、电动机输入转矩（注：各滚动轴承处的摩擦力忽略不计）。

如图 5-7 所示为曲柄轴受力分析模型。

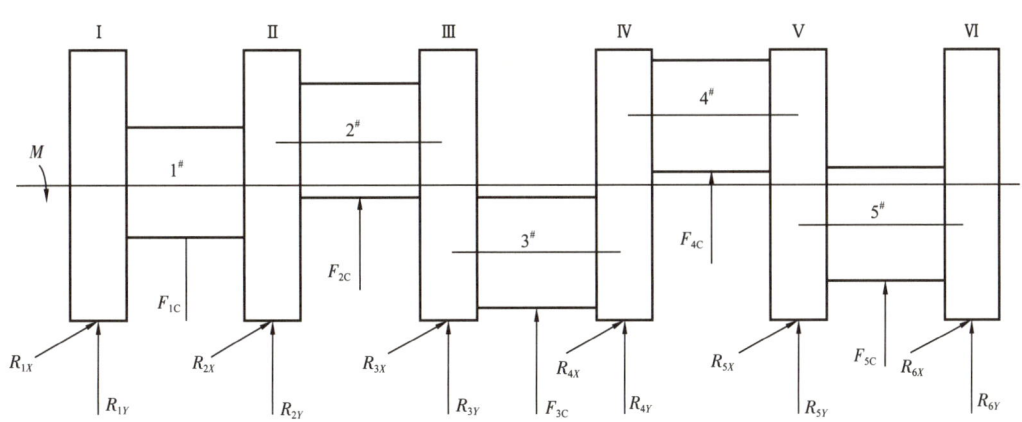

图 5-7　曲柄轴受力分析力学模型

（1）作用在 1#—5# 曲柄销上的力。作用在 1#—5# 曲柄销上的力完全相同，只是在作用的时间上存在一定的相位差。根据式（5-5）、式（5-11）、式（5-13）可以推导出作用在 1#—5# 曲柄销上的力，分解为径向力 F_{ir} 和切向力 F_{it}（$i=1,2,3,4,5$）。

$$\begin{cases} F_{1r} = F'(\theta)\cos(\theta - \beta)/\cos\beta + (m_2 + 0.65m_0)R\omega^2 \\ F_{1t} = F'(\theta)\sin(\theta - \beta)/\cos\beta \end{cases} \quad (5-14)$$

$$\begin{cases} F_{2r} = F'(\theta-1.2\pi)\cos[(\theta-1.2\pi)-\beta]/\cos\beta + (m_2+0.65m_0)R\omega^2 \\ F_{2t} = F'(\theta-1.2\pi)\sin[(\theta-1.2\pi)-\beta]/\cos\beta \end{cases} \quad (5-15)$$

$$\begin{cases} F_{3r} = F'(\theta-0.4\pi)\cos[(\theta-0.4\pi)-\beta]/\cos\beta + (m_2+0.65m_0)R\omega^2 \\ F_{3t} = F'(\theta-0.4\pi)\sin[(\theta-0.4\pi)-\beta]/\cos\beta \end{cases} \quad (5-16)$$

$$\begin{cases} F_{4r} = F'(\theta-1.6\pi)\cos[(\theta-1.6\pi)-\beta]/\cos\beta + (m_2+0.65m_0)R\omega^2 \\ F_{4t} = F'(\theta-1.6\pi)\sin[(\theta-1.6\pi)-\beta]/\cos\beta \end{cases} \quad (5-17)$$

$$\begin{cases} F_{5r} = F'(\theta-0.8\pi)\cos[(\theta-0.8\pi)-\beta]/\cos\beta + (m_2+0.65m_0)R\omega^2 \\ F_{5t} = F'(\theta-0.8\pi)\sin[(\theta-0.8\pi)-\beta]/\cos\beta \end{cases} \quad (5-18)$$

（2）输入扭矩。假设电动机运动平衡并不计各滚动轴承处的旋转摩擦损失，则可推导出电动机扭矩 M 的表达式：

$$M = (F_{1t}+F_{2t}+\cdots+F_{5t})R \quad (5-19)$$

（3）支反力。鉴于曲柄轴结构的特殊性，可以认为作用在每一曲柄销上的力（F_{ir}、F_{it}）只传递到它两边最靠近的支座上，而对其他支座不产生影响（该假设可以通过对曲轴做有限元分析加以验证）。据此可以推导出各支座反力的表达式：

$$R_1 = \frac{1}{2}F_{C1} \quad (5-20)$$

$$R_2 = \frac{1}{2}(F_{C1}+F_{C2}) \quad (5-21)$$

$$R_3 = \frac{1}{2}(F_{C2}+F_{C3}) \quad (5-22)$$

$$R_4 = \frac{1}{2}(F_{C3}+F_{C4}) \quad (5-23)$$

$$R_5 = \frac{1}{2}(F_{C4}+F_{C5}) \quad (5-24)$$

$$R_6 = \frac{1}{2}F_{C5} \quad (5-25)$$

值得注意得是：

① R_1，R_2，$\cdots$，R_5 的转角范围较窄（$-8.2°\sim+8.2°$），因此合力近似等于两分力正向叠加。

② 由于前述假设要影响支反力结果的准确性，所以该表达式仅用于计算曲轴支承轴承需要的基本额定动负荷，而不用于曲轴和机架的有限元分析计算。

五缸曲柄连杆机构各构件的受力曲线与单缸的相同，只是相位角往后推迟，具体视曲轴曲柄销的相位分布情况而定（$2^\#$—$5^\#$ 曲柄销相位移次推迟 1.2π、0.4π、1.6π、0.8π）。

5. 计算结果

将上述分析推导出的公式用软件编程，即可快速方便地模拟出各种载荷在一个周期内的曲线，为各零部件的强度、刚度和稳定性计算提供载荷数据。分析计算结果如图 5-8 至图 5-11 所示。

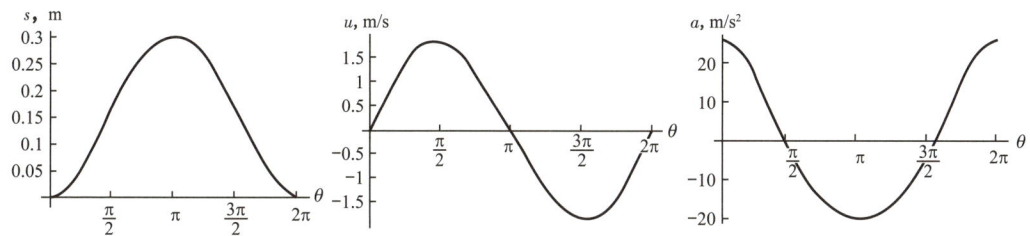

图 5-8　活塞运动位移、速度、加速度曲线

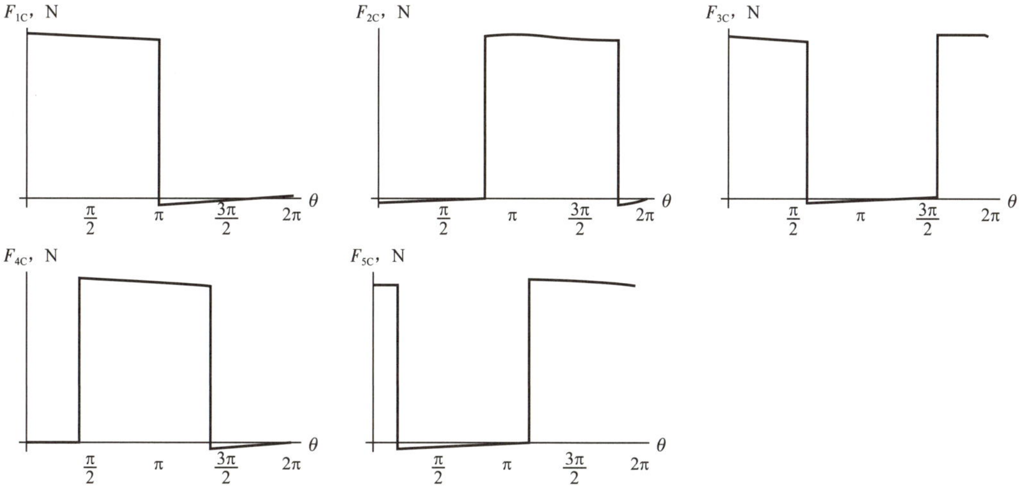

图 5-9　1#—5# 连杆力曲线

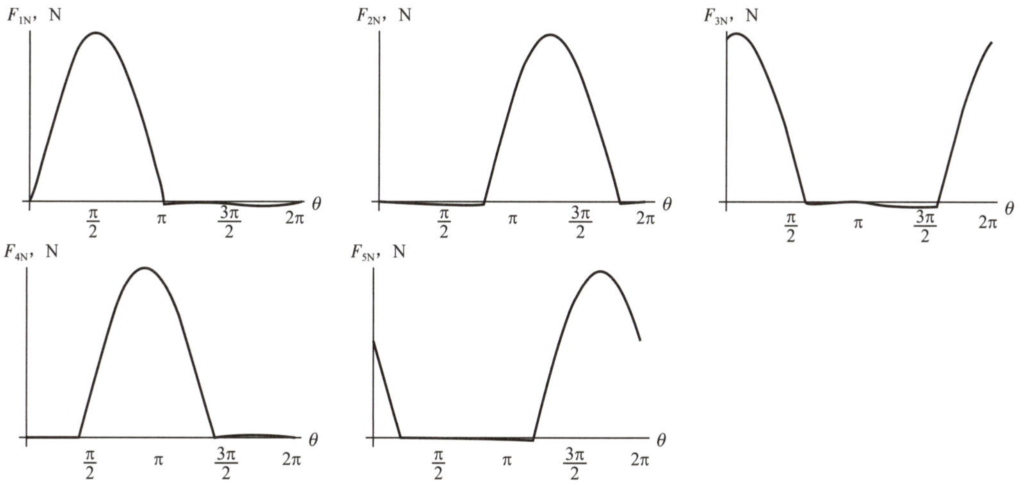

图 5-10　1#—5# 连杆侧向力曲线

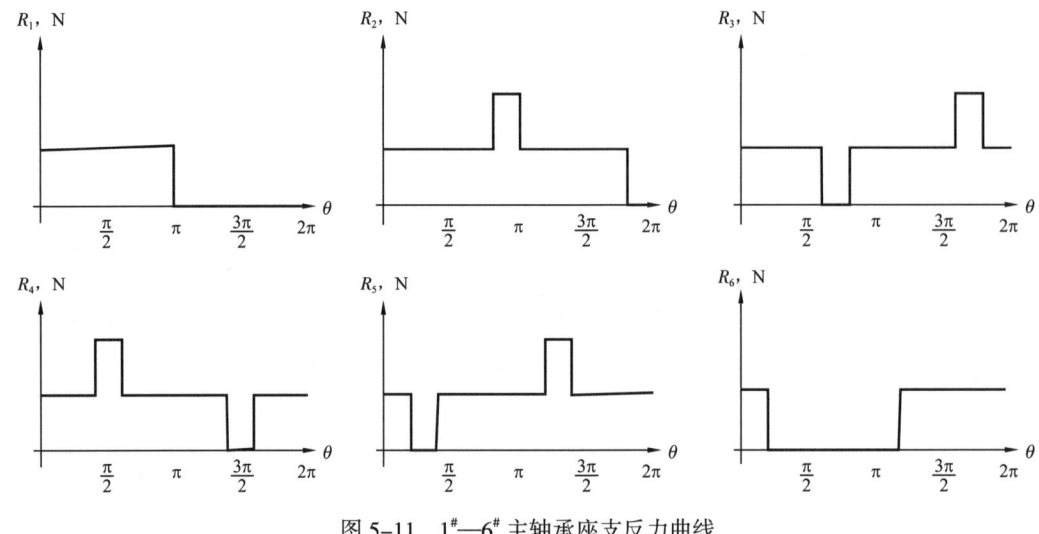

图 5-11 1#—6# 主轴承座支反力曲线

三、重要承载零部件结构有限元分析

为保证设备安全可靠，采用有限元方法对结构设计的正确性和合理性进行计算检验，对动力端各运动构件及其液力端的液压缸等复杂结构件进行疲劳强度和寿命分析，在此基础上进行结构与性能的优化设计，对于防止机械结构疲劳断裂事故的发生、提高钻井泵的使用寿命和整体设计水平、降低整机重量等都具有重要的意义。

1. 重要零部件结构有限元分析

通过受力与结构有限元分析，计算动力端重要零部件（机架、曲轴、连杆总成、十字头总成、隔离架等）和液力端液压缸的应力、变形和疲劳寿命等，校核其静强度、疲劳强度、刚性等是否满足国家、行业及企业相关标准的要求。在验证设计的基础上，对现有结构的合理性进行评价，并根据评价结果对设计方案进行优化。主要内容包括：

（1）力学分析模型的建立。建立机架、曲轴、连杆总成、十字头总成、拉杆及其密封、柱塞及其密封、液压缸等关键部件的三维模型与数值计算模型。

（2）机构运动学与动力学分析。建立以机架、曲轴、连杆、十字头、拉杆、柱塞等为主体结构的运动学分析模型，并完成传动系统的运动分析与动力学分析，获取关键零部件的运动参数和用于结构有限元分析的载荷。

（3）关键零部件静强度、刚性分析与校核计算。内容包括：

① 结合动力分析结果，研究机架、曲轴、连杆、十字头、拉杆、柱塞等关键零部件的受力状态，进行结构有限元分析。

② 建立动力端机架、曲轴和连杆的弹性接触模型，结合动力学分析结果，选用曲轴在几个有代表性相位的受力。研究机架、曲轴和连杆的静强度。研究机架、曲轴和连杆弹性变形及其对钻井泵工作性能的影响。

③ 研究动力端和液力端连接件的强度和刚度，及其对液力端力学性能和工作性能的影响。研究液力端下沉给拉杆密封副、柱塞密封副所带来的影响。

④ 研究液压缸各腔室受力状态组合，按照试验和工作两种工况进行液压缸的静力学研究。

（4）关键零部件疲劳分析。对曲轴、连杆总成、十字头总成、中间拉杆、液压缸等零部件进行疲劳分析与寿命预测。

（5）结构改进与优化。结合静力计算与疲劳分析结果，对原设计进行必要的结构改进与优化，尤其要针对曲轴、机架、液压缸等构件的结构进行改进与优化，并对改进后的结构进行二次分析，完成柱塞泵的优化设计。

具体分析对象及内容见表 5-10

表 5-10　QDP-3000 钻井泵有限元分析主要研究内容

序号	对象	内容	备注
1	曲柄连杆机构	运动学和动力学分析	
2	机架	静强度、刚性、模态	
3	曲轴	静强度、疲劳	
4	连杆总成	静强度、疲劳、稳定性	使用以下软件： 建模——UG 有限元分析——ANSYS 疲劳分析——Fe-safe
5	十字头总成	静强度、疲劳	
6	拉杆	静强度、疲劳	
7	隔离架	静强度、疲劳	
8	液压缸	静强度、疲劳	
9	动力端和液力端连接件	强度、刚度以及对液力端工作性能的影响	
10	柱塞泵	结构优化及二次计算	

2. 动力端分析计算的关键技术

钻井泵曲轴分析计算的内容一般包括：

（1）静强度计算。即计算应力并按第三或第四强度理论校核静强度是否满足要求。

（2）刚性计算。尤其对于单侧输入的五拐曲轴，其挠度和扭转变形的校核计算尤为必要。

（3）疲劳强度计算。在曲轴旋转一周的过程中，其上某点的应力是随时变化的（包括大小和方向）。若要理论上比较准确地计算某点的疲劳强度，则必须模拟出该点在一个旋转周期内的应力曲线。

（4）曲轴支座反力计算。其结果对曲轴来说无直接用处，但是对于支撑曲轴的箱体和轴承的设计计算尤为重要。

对于两点支撑的偏心轮轴（目前大多数钻井泵所采用的结构）一般是将其简化为梁来分析。该受力分析的要点包括：

（1）鉴于曲轴两端采用的是调心滚子轴承，其许用转角一般在 3°左右，远远大于曲轴因弹性变形所引起的转角。因此，偏心轮轴的两端均采用铰支承，且放开一端支承的轴向位移自由度。

（2）按连杆和齿轮的实际作用位置施加连杆力和齿轮力，充分考虑了曲轴的弯曲和扭转变形。

（3）计算并绘制出梁（偏心轮轴）的弯矩和扭矩图后，选择几个危险界面进行应力计算和强度校核。此时，计算出的应力一般为该截面的平均应力，并未考虑因几何形状突变等所引起的应力集中值的大小。

由于五缸泵曲柄轴结构形状复杂，上述传统分析计算方法从理论上来说得不到准确的结果，其中，支座反力的计算尤为困难。因为与常规三缸钻井泵所采用的两点支撑偏心轮轴不同，QDP-3000 钻井泵所采用的多点支撑曲柄轴为超静定结构。这种结构的未知约束反力的数目多于静力平衡方程数，单凭静力平衡方程不能求解每一个支座的支反力。但是，由于曲柄轴具有形状怪异，以及曲轴颈跨距相对于支座来说不够大的特点，所以不宜将其简单地简化为"梁"，材料力学中求解超静定梁的"变形比较法"不能有效地解决这类问题。

采用结构有限元分析技术能够克服材料力学计算方法的不足，可以得到理论上更为精确的计算结果。除了最基本的静态有限元分析外，曲柄轴的分析计算还重点涉及瞬态分析、装配体接触分析、子结构分析等技术。其中，瞬态分析可以计算模拟曲轴在一个旋转周期内的应力曲线、支反力曲线等。将曲轴、连杆和十字头组成装配体进行分析，是为了便于施加载荷（如果单独分析曲轴，则施加连杆力时必须考虑力的大小和方向的变化，非常困难）。同时，为了减小计算规模，将连杆和十字头简化为刚体。由于曲柄轴的瞬态分析对计算机硬件的要求很高，所以采用子结构分析技术进行计算，即：先划分较粗的网格进行计算，此时，曲轴应变和支反力的计算精度是足够的，但应力计算精度不够；随后再对靠近输入端的第一、第二拐子结构进行网格细化，精确地计算曲轴危险部位的应力。

进行上述结构有限元分析难度大、耗时长，而且需要等到曲轴大体结构尺寸确定之后才能进行。如果初次设计不合格，则需要修改设计并重新计算，非常耗时。为了在方案设计阶段快速地得到曲轴支反力曲线，一次性地确定支承轴承的结构尺寸，我们提出了"连杆力就近均摊"的假设，即：五缸泵任一连杆力所形成的曲轴支反力，完全被其两侧最近的支座所均摊，其他支座的支反力为零。由此造成的误差最后再根据有限元分析的结果进行修正。

四、结构设计

QDP-3000 钻井泵由动力端和液力端两大部分组成。

动力端用来传递动力、速度并转换运动方式，为液力端提供合适的动力。动力端由机架、曲轴总成、连杆十字头总成和润滑系统等组成。

液力端用来将机械能转变为液体内能，以输送钻井液。液力端分别由五个可以互换的"J"形液压缸组成，吸入液压缸和排出液压缸为一整体锻件。吸入阀和排出阀可以互换，可以通过装拆阀盖孔来完成。吸入液压缸座在吸入管汇上，吸入管上装有吸入空气包。排入液压缸用螺栓与机架相连，液压缸的上方装有排出管汇。排出管汇一端安装有排出五通总成，五通总成装有排出滤网，上面装有压力表及排出空气包；另一端安装有安全阀。缸套活塞可以通过从机架上方的吊装装置来安装和拆卸。

QDP-3000 钻井泵结构简图如图 5-12 所示。

第五章　QDP-3000 五缸钻井泵

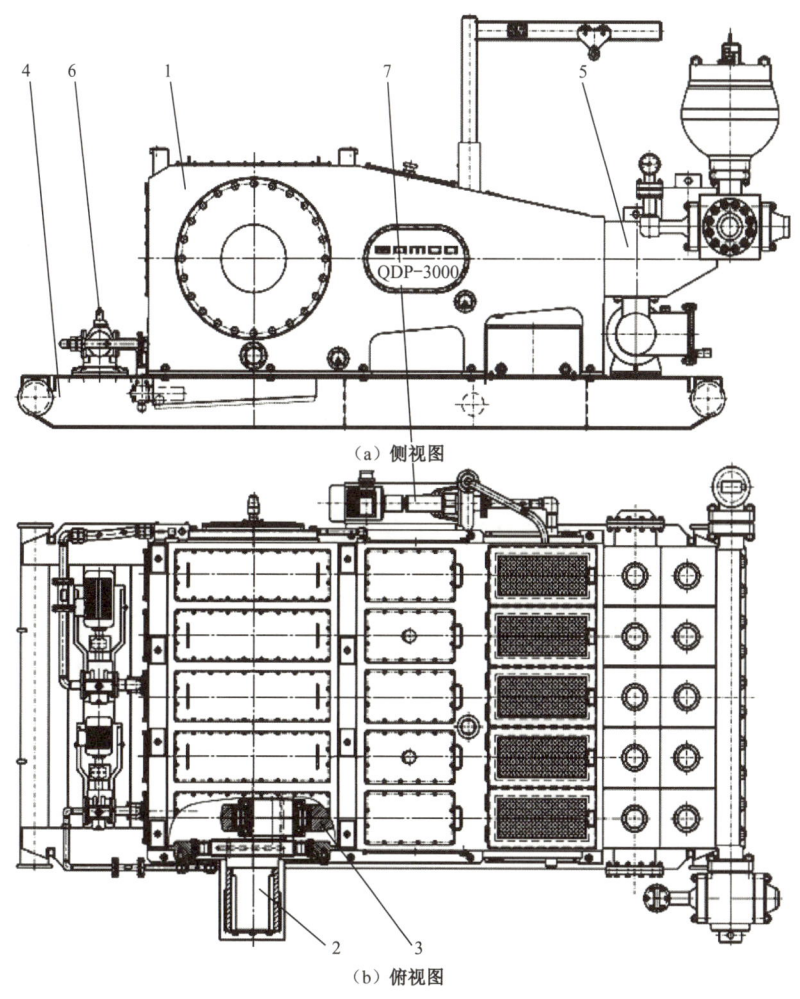

（a）侧视图

（b）俯视图

图 5-12　QDP-3000 钻井泵结构简图

1—机架；2—曲轴总成；3—连杆十字头总成；4—底座；5—液力端总成；6—润滑系统；7—喷淋冷却装置

1. 动力端

动力端由机架、曲轴总成和连杆十字头总成等组成。

1）机架

机架是曲轴、连杆、十字头、液压缸等零部件安装的基础，要求其具有足够的强度、刚性、抗震性等。QDP-3000 钻井泵机架由低合金高强度结构钢板焊接，经消除焊接应力后再机械加工而成。与常规的三缸泵机架不同，QDP-3000 钻井泵机架（图 5-13）采用了多点支承结构，刚性好、强度高。常规三缸泵机架仅有最左和最右两个支撑轴承座，而且为了保证能够安装，每一个轴承座从圆心处剖分为两部分，大大削弱了作为安装基础零件必需的强度和刚性。

2）曲轴总成

QDP-3000 钻井泵曲轴总成（图 5-14）采用了多点支承结构，一共有 6 个支承轴承，最左端的调心滚子轴承可以限制零部件轴向窜动。曲轴右侧端部采用花键套连接，使得拆装齿轮减速箱十分方便。曲轴内部加工有润滑油道。

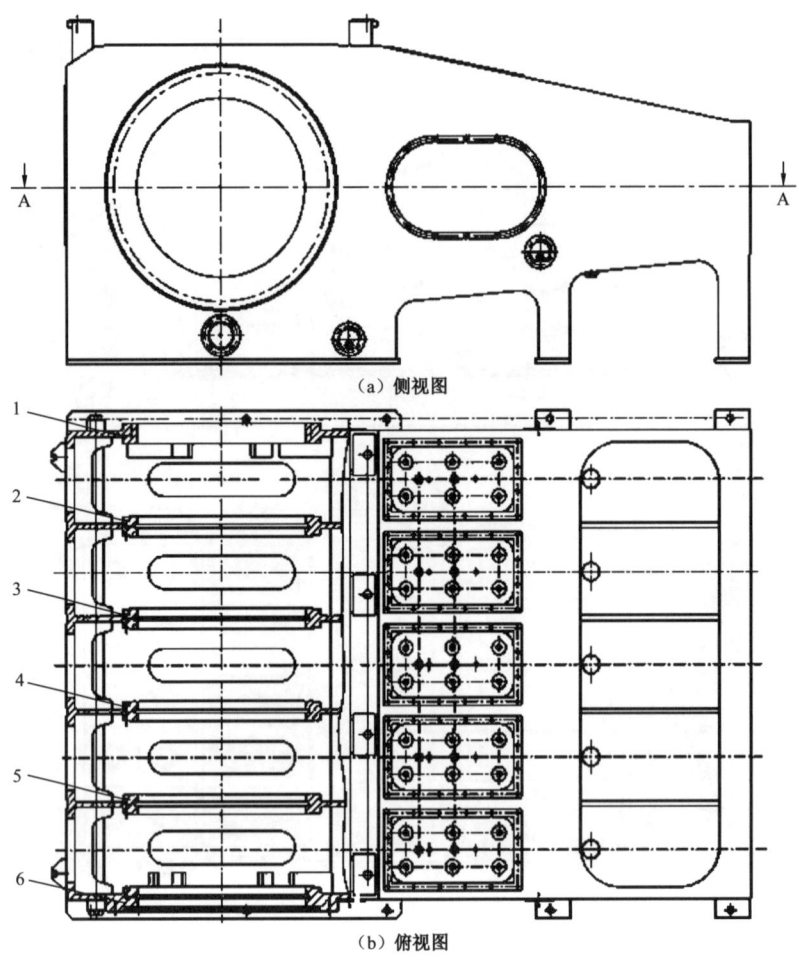

图 5-13 QDP-3000 钻井泵机架结构简图

1—支承座Ⅰ；2—支承座Ⅱ；3—支承座Ⅲ；4—支承座Ⅳ；5—支承座Ⅴ；6—支承座Ⅵ

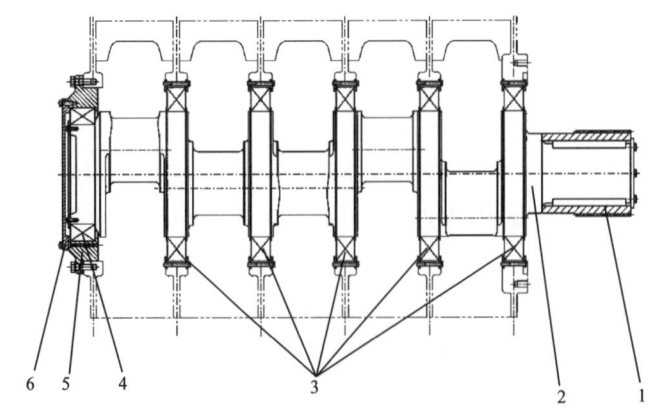

图 5-14 QDP-3000 钻井泵曲轴总成装配图

1—花键套；2—曲轴；3—支承轴承Ⅰ；4—支承轴承Ⅱ；5—轴承座；6—端盖

3）连杆十字头总成

如图 5-15 所示为连杆十字头总成装配图。连杆大头内装有剖分式滚动轴承，为保证顺利安装，将连杆大头进行了剖分。连杆小头装有滚针轴承，可少占用空间。十字头和中间拉杆之间采用球铰头结构，不用调节十字头导板孔与前墙板孔之间的同心度，也不用调节十字头表面与导板孔表面的间隙。

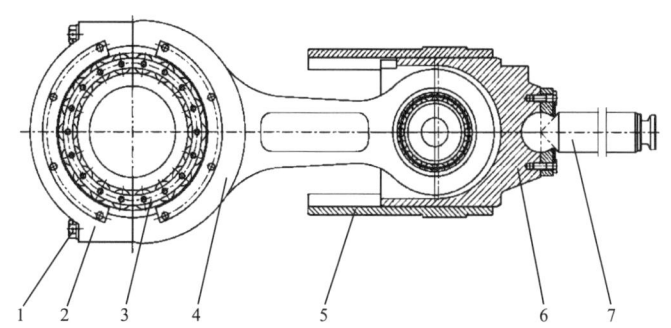

图 5-15 QDP-3000 钻井泵连杆十字头总成装配图

1—连接螺栓；2—连杆盖；3—剖分轴承；4—连杆体；5—导板；6—十字头；7—拉杆

2. 液力端

QDP-3000 钻井泵的液力端总成（图 5-16）包括"J"形液压缸、双金属缸套、活塞、高低压阀总成、吸入和排出管路、空气包等。其作用是利用液压缸内腔容积的变化，将机械能转换为液力势能，将高压钻井液送入井内。当活塞向左移动时，液压缸内腔压力不断减小，最终形成负压，排出阀关闭，吸入阀自动打开，钻井液经吸入管路进入液压缸内腔；当活塞向右移动时，液压缸内腔压力不断增加，吸入阀关闭，排出阀自动打开，钻井液经排出管路排出至井底。

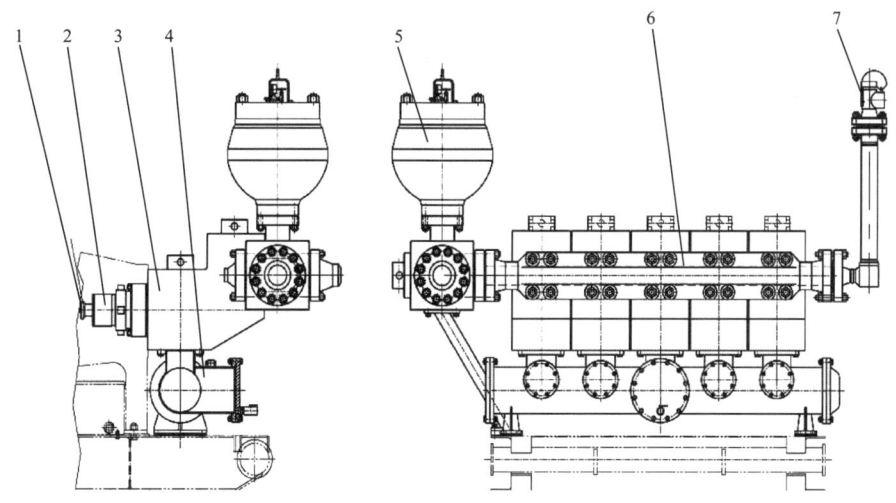

图 5-16 QDP-3000 钻井泵液力端装配图

1—活塞；2—缸套；3—液压缸；4—吸入管路；5—空气包；6—排出管路；7—安全阀

理论研究和样机试验表明，五缸泵可以不配备排出空气包。但是为了进一步减小排量和压力波动，提高液力端易损件使用寿命，QDP-3000钻井泵仍然配备了空气包。

QDP-3000钻井泵液力端零部件设计符合API规范和国家标准GB/T32338要求。

1）"J"形液缸

"J"形液缸兼具"I"形液缸和"L"形液缸的优点，拆装上、下阀总成方便，体积和质量相对较小，吸入性能优[7]。"I"形液缸体积小、重量轻，但拆装下阀座时需要先拆除上阀座，比较费事，一般用于最高压力低于35MPa的钻井泵。"L"形液缸的优点是拆装上、下阀座时互不影响，但体积和质量较大，吸入歧管长，影响泵的吸入性能。

2）双金属缸套

双金属缸套内套用耐磨铸铁制造，硬度达HRC60-65，内孔表面光洁度高，耐磨、耐腐蚀。缸套内孔直径有多种规格，可以在不同的钻井工况下，选用不同内径的缸套。与传统的三缸钻井泵相比，QDP-3000钻井泵缸套的级数大大减少。这是因为其动力端结构设计独特，运行平稳性增加，允许泵在高于额定冲次下运行。由于钻井泵配套的交流变频电动机调速范围宽，无须频繁更换内径不同的缸套即可满足钻井工艺要求。

3）活塞

活塞由活塞芯、皮碗、压板、卡簧组成。活塞与活塞杆由圆柱面配合和密封件密封，并用带有防松圈的锁紧螺母压紧。也可以将活塞芯和皮碗整体硫化为一体，这样活塞可靠性更高，但是当皮碗损坏后，活塞芯也一起报废，比较浪费。

4）阀总成

阀总成采用API-7#阀，有"普通"阀和"高压"阀两种。当工作压力不超过35MPa时，应使用"普通"阀（API 7）；当工作压力大于35MPa时，应使用"高压"阀（API 7×69MPa）。吸入和排出阀能通用互换。QDP-3000钻井泵的阀座端部加工有卸荷槽，该卸荷槽使液缸锥孔与阀座在端部的接触比压大幅下降，拔阀座时可有效降低液缸锥面拉伤的风险。

5）排出空气包

排出空气包由壳体、胶囊、压盖、压力表罩等组成，安装在排出五通上，其容量和耐压均满足钻井泵的要求。空气包内应充入氮气或空气，不允许充入氧气、氢气等易燃、易爆气体。

6）安全阀

安全阀装于排出管汇的一侧，其作用是当泵的工作压力超过规定值时迅速放空，以保证设备安全。在安全阀上，剪切板的两侧分别钉有"单销"和"双销"额定压力标牌。根据所使用缸套的工作压力，按标牌要求确定插入单销或双销。安全阀应安装在截止阀之前，以防在截止阀未打开之前启动钻井泵的情况下损坏钻井泵。

五、配套设施

五缸钻井泵的配套设施包括动力及控制系统、传动装置、喷淋冷却装置、灌注泵系统和润滑系统等。

1. 动力及控制系统

QDP-3000钻井泵的动力及控制系统包括：单台泵组配置两台1200kW、600V交流变频电动机，两套SIEMENS（西门子）变频控制柜，本地和远程控制台，综合控制柜，电动机控制中心（MCC）等。SIEMENS变频控制柜内设置有两台1500kW整流单元和两台1200kW钻井泵逆变器，其整流单元可将交流母排上500~690V交流电转换成810V直流电，输出到公共直流母排上。因此，交流变频电动机电压可在500~690V内选择。

电控系统的控制系统、交流调速器输出特性和各种保护功能、互锁功能等能满足钻机的工作参数、性能与钻井工艺要求。采用可靠的防爆、防震、防潮、防水、防风设施，整体性能符合钻井行业HSE的要求。电控系统可在环境温度为-20~+50℃、海拔高度不超过1000m、相对湿度不超过90%的环境下可靠、稳定运行，系统停机率低于1/1000（指影响钻进的故障时间）。

2. 传动装置

QDP-3000钻井泵传动装置（图5-17）与传统的钻井泵组有所不同，其主要包括电动机、万向轴、齿轮减速箱等，钻井泵内部没有减速装置。传统的钻井泵组一般在电动机和钻井泵之间采用皮带或链传动装置，在钻井泵内部再设置一对齿轮，两者实现的总减速比均为$i=8$左右。

与传统皮带或链传动装置比较，齿轮减速箱的传动效率、精度、平稳性等更高。工业性试验应用表明，由于QDP-3000钻井泵组采用精加工齿轮减速器，其平衡性远高于铸造皮带轮，综合能效比F-1600HL/F-2200HL钻井泵组提高7%左右。

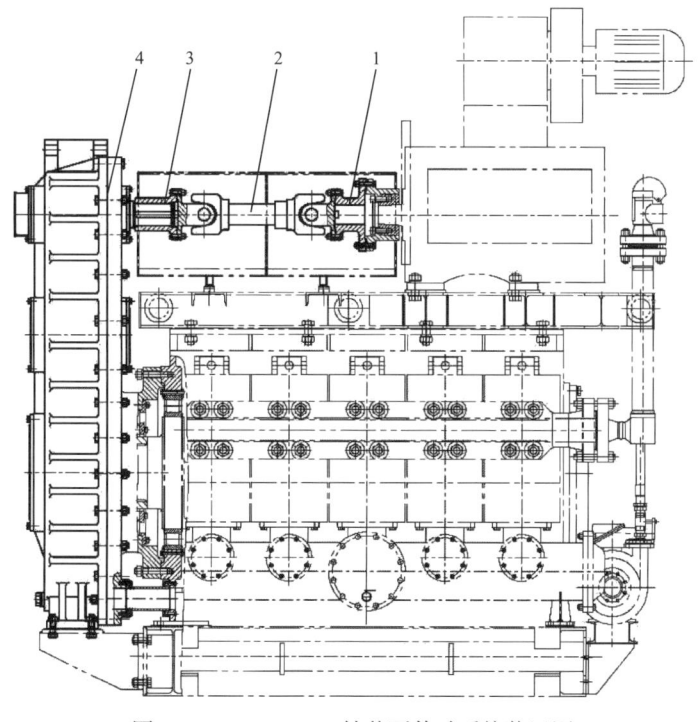

图5-17 QDP-3000钻井泵传动系统装置图
1—过渡法兰；2—万向轴；3—连接法兰；4—齿轮减速箱

3. 喷淋冷却装置

喷淋冷却装置（图5-18）的作用是对缸套/活塞或柱塞/密封圈进行及时的冲洗和冷却，以提高其使用寿命。QDP-3000钻井泵研究设计了一种缸套内外表面冷却装置，可大幅提高缸套活塞使用寿命,该技术与装置已经获得美国发明专利和中国发明专利授权。

喷淋冷却装置由喷淋泵、水箱、喷淋管等组成。喷淋泵为离心泵,由交流电动机带动,电动机转向左右均可。电动机功率为 5.5kW,转速为 1480r/m。泵流量为 23m³/h,扬程为 10m,进出口管线为 3in×2in。

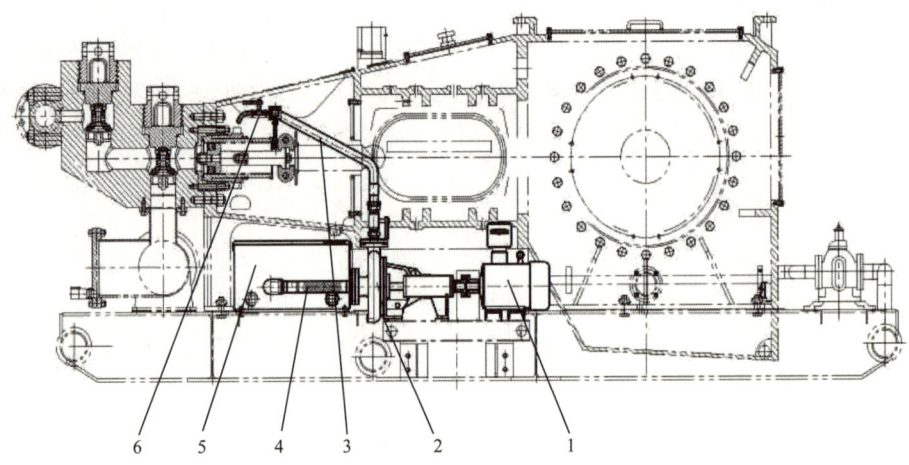

图 5-18　QDP-3000 钻井泵喷淋冷却装置图

1—电动机;2—离心泵;3—排出管线;4—吸入管线;5—水箱;6—缸套内外表面冷却装置

4. 灌注系统

QDP-3000 钻井泵灌注系统(图 5-19)由电动机、离心泵、阀门、管线、吸入滤网、底座等组成。电动机功率为 75kW,灌注泵型号:SB6in×8inJ-75kW。

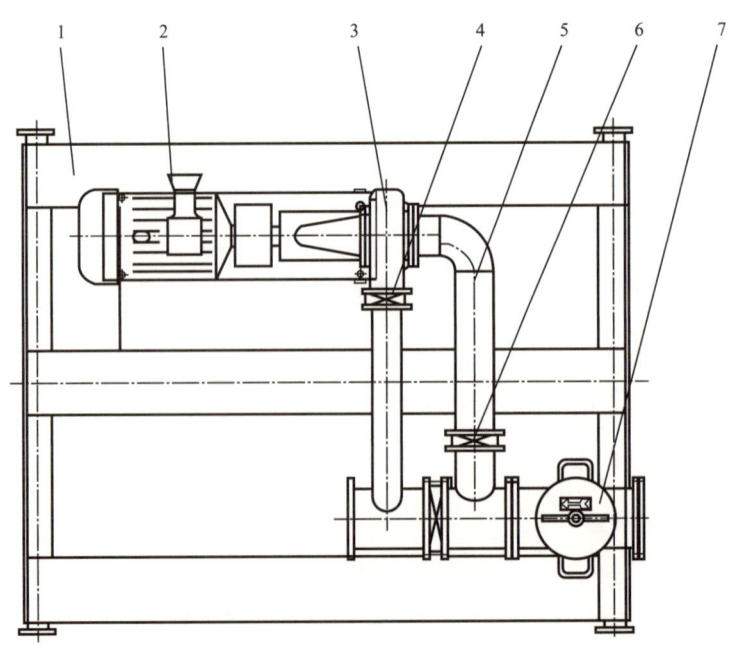

图 5-19　灌注系统装置图

1—底座;2—电动机;3—砂泵;4—蝶阀;5—管线;6—蝶阀;7—吸入滤网

五缸泵配备的灌注系统可改善泵的吸入性能，使泵工作更加稳定，振动和噪声下降，零部件使用寿命更高。设计时，灌注泵尽量靠近钻井液罐，吸入管线的长度不宜太长，并尽可能避免使用直弯头。

5. 润滑系统

传统的钻井泵采用"内置式齿轮油泵＋飞溅"润滑。当钻井泵刚开启或在较低的冲次下运行时，由于齿轮油泵转速和油勺工作的频次低，所以润滑效果较差。为了提高润滑效果，QDP-3000 钻井泵采用两套独立的强制润滑装置，1# 润滑油泵用于润滑整个泵的部件，如十字头、中间拉杆、连杆大头轴承、主轴承和定位轴承等；2# 润滑油泵用于润滑减速箱。在钻井泵开启前，先开启润滑油泵运行 2～3min，在得到充分的润滑后再开启钻井泵，这样润滑效果就不会受泵冲次的影响。当润滑油路系统出现故障时，能及时报警，切断主电动机电源，如图 5-20 所示。

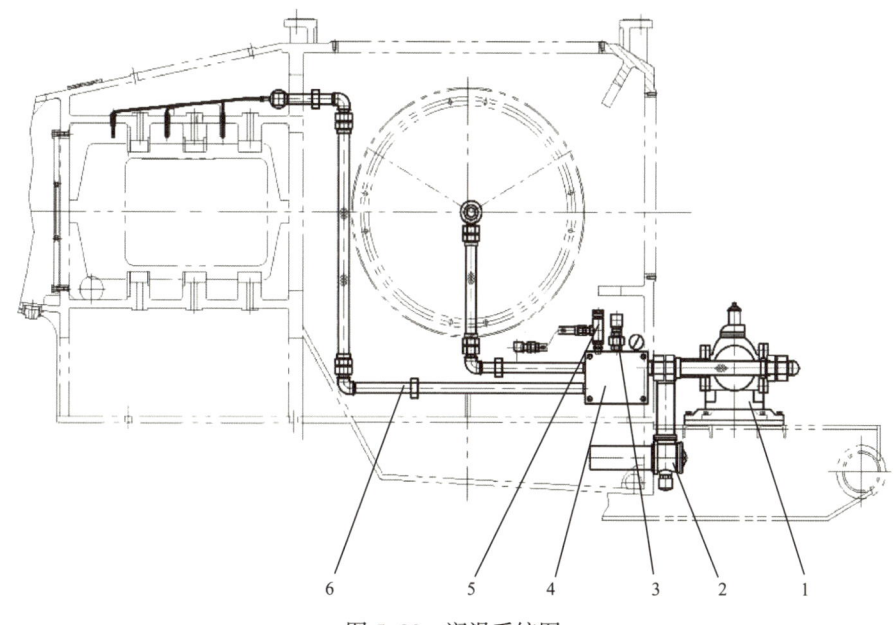

图 5-20　润滑系统图

1—油泵装置；2—吸入滤网；3—低压报警装置；4—卸压装置；5—管线系统

第三节　钻井泵技术创新

钻井泵排量不均匀的根本原因在于曲柄连杆机构，但由于还没有找到更可靠的机构来取代曲柄连杆机构，曲柄连杆机构仍然是绝大多数钻井泵的传动方式。尽管这种五缸泵也采用了曲柄连杆机构，但通过理论创新、结构改进和采用先进的制造工艺技术，无论是在性能还是在质量方面都有了质的飞跃。其最大优点是理论排量及泵压不均匀度低，可以省去易损件排出空气包，并提高缸套、活塞、阀总成等易损件的寿命等。

QDP-3000 钻井泵为国内首台最大功率五缸钻井泵，额定功率为 3000hp，最大排量为 76.34L/s，最高泵压为 52MPa，主要性能参数指标、可靠性和轻量化水平等均达到国内先进水平。

一、泵排量不均匀度的理论成因

钻井泵排出压力的波动主要取决于排量的波动，但还会受其他因素的影响，如阀的开启与闭合、管路特性等。排量均匀，则排出的压力也更加均匀，缸套、活塞、阀总成等易损件的寿命更长。通过下面的计算和分析找出了泵的理论排量不均匀的关键因素。

根据定义，钻井泵每一缸的瞬时排量 Q 为：

$$Q(t) = Au(t)$$

式中　A——活塞面积；

　　　$u(t)$——活塞瞬时速度。

如果泵的冲数 n 保持恒定，则曲柄连杆机构的活塞速度相对于曲柄转角的函数近似为：

$$u(t) = -R\omega(\sin\Phi + 0.5\lambda\sin2\Phi)$$

式中　R——曲柄半径；

　　　ω——曲柄角速度；

　　　λ——曲柄半径与连杆中心距之比值；

　　　Φ——曲柄转动相位角，(°)。

可见，活塞速度的脉动是造成泵理论排量不均匀的根本原因，按奇数序列增加缸数可以大幅降低排量的不均匀度[4]，见表 5-11。

表 5-11　单作用泵的排量不均匀程度比较

不均匀度 ($\lambda=0$)	缸数 Z				
	1	2	3	4	5
δ_{q1}	2.14	0.57	0.047	0.111	0.016
δ_{q2}	1.0	1.0	0.093	0.215	0.033
δ_{q}	3.14	1.57	0.14	0.33	0.05

$$\delta_{q1} = (Q'_{max} - \overline{Q})/\overline{Q}$$

$$\delta_{q2} = (\overline{Q} - Q'_{min})/\overline{Q}$$

$$\delta_{q} = (Q'_{max} - Q'_{min})/\overline{Q}$$

式中　Q'_{max}——理论最大瞬时排量；

　　　Q'_{min}——理论最小瞬时排量；

　　　$\overline{Q}$——理论平均排量。

在实际使用中，由于空气包的均衡作用，钻井泵的实际排量不均匀程度要低得多，三缸泵的不均匀度 δ_q 为 0.03~0.07[4]；五缸泵的理论排量不均匀度 δ_q 仅约为三缸泵的 1/3，与有空气包作用的效果相当。因此，理论上可以取消作为重要易损件之一的空气包。

二、结构设计创新

五缸钻井泵的研发，不仅在理论上有所突破，在结构设计方面也作了大量的改革和创新。

1. 多点支承曲柄轴

QDP-3000 钻井泵采用了更为先进的多点支撑曲柄轴结构（图 5-21），使得曲轴的强度和刚性更好，体积和质量更小。

钻井泵所采用的曲轴大致分为偏心轮轴（图 5-21）、曲柄轴（图 5-22）、曲拐轴三类。目前，主导市场的三缸泵绝大多数采用偏心轮轴，少量的新型钻井泵采用曲柄轴，几乎没有钻井泵采用曲拐轴。

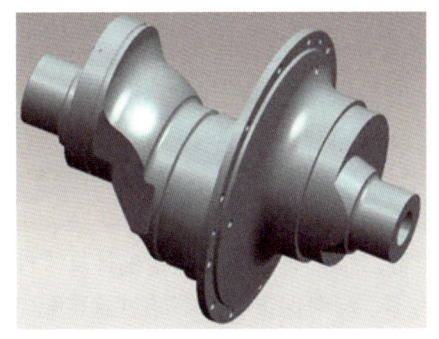 

图 5-21　偏心轮轴三维模型　　　　　图 5-22　曲柄轴三维模型图

随着钻井泵功率的增加，采用偏心轮轴的缺点愈加明显。其一，偏心轮轴为两点支撑，要求曲轴自身及机架具有很大的刚性，否则对曲轴、机架和人字齿轮啮合等都不利。钻井泵功率增加，就意味着曲轴的跨距也相应增加，机架体积也会增大。如果仍然采用两点支撑的偏心轮轴，势必造成曲轴、机架的体积和质量大幅增加，进而造成整泵体积庞大，重量大幅增加。其二，偏心轮轴还具有偏心质量大的特点，过重的偏心轮轴工作时将产生非常大的旋转惯性力。虽然惯性力在 x，y，z 方向（分别对应于泵的纵向、垂向、横向）的合力为零，但在 x 轴和 y 轴的合力矩不为零，会引起泵的扭转和横摆。其三，偏心轮轴一般为铸件，毛坯的质量难以控制。

在大功率钻井泵设计中，曲柄轴明显优于偏心轮轴。曲柄轴为多点支撑，毋需为保证刚性而大幅增加曲轴和机架的尺寸。此外，曲柄轴具有偏心质量小的特点，相同级别的曲柄轴的偏心质量仅为偏心轮轴的 1/5 左右，有利于提高钻井泵在高速运行时的平稳性。

2. 剖分式圆柱滚子轴承

首次在钻井泵中采用了剖分式圆柱滚子轴承。曲柄轴结构要求连杆大头零部件可剖分（包括轴承），否则无法装配。QDP-3000 钻井泵首次将剖分式圆柱滚子轴承（图 5-23）引入到钻井泵设计中，解决了曲轴连杆的安装问题。此外，剖分式滚动轴承还解决了低泵冲运行时的可靠性问题，以及润滑油被污染和环境温度大幅度变化条件下轴承的可靠性问题。

曾经有少量的钻井泵采用了"曲柄轴 + 滑动轴承（轴瓦）"的结构，如 TMP1650 型钻井泵、5NB2400GZ 型钻井泵等。这种结构主要存在三方面的问题：

（1）滑动轴承对最低转速或滑动表面相对运动线速度有要求。如速度过低，则难以形成油膜，使得曲轴颈与轴瓦接触面因干摩擦或半干摩擦而快速损坏。但低冲次运行又是钻井泵比较常见的工作状态。

（2）滑动轴承对润滑油的清洁度要求非常高，但钻井泵正好在环境条件很差的野外工作，钻井液和水容易从拉杆密封处进入机架内腔，污染润滑油。

（3）工业润滑油的黏温特性一般比较明显。当环境温度过高或过低时润滑油的黏度也随之大幅变化，会对形成润滑油膜造成不利的影响。因此，采用滑动轴承的钻井泵，除了尽量不要长时间低冲次使用外，还必须要保证动/液力端之间的密封绝对可靠，并

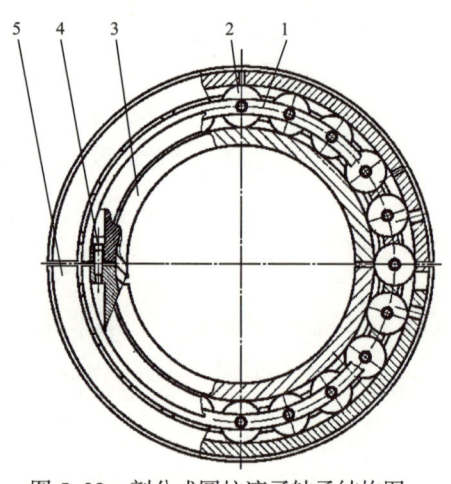

图 5-23 剖分式圆柱滚子轴承结构图
1—保持架；2—滚子；3—内圈；4—连接螺钉；5—外圈

且需要设置油温控制装置来适时调节润滑油温度。

采用剖分式滚动轴承可以一并解决上述问题。近年来，剖分式滚动轴承在钢铁、采矿、风机、水泥、发电等行业应用较多，但在钻井泵领域属首次应用。钻井泵载荷属于重载、中等冲击，这对剖分式滚动轴承的设计和制造工艺要求非常高。借助有限元分析精确计算零件的弹性变形，可以做到装配后轴承内圈的接缝大小接近为零，同时保证有足够的过盈装配力（防止轴承内圈松动）。试验表明，在钻井泵中采用剖分式圆柱滚子轴承是完全可行的，相对于采用滑动轴承的钻井泵而言，其对野外恶劣环境工况的适应能力得到了大大的增强。

3. 中间拉杆与十字头之间的球铰连接

QDP-3000 钻井泵首次在十字头与中间拉杆之间采用了球铰式连接结构（图 5-24），从根本上解决了缸套与活塞之间的偏磨问题，从而大幅提高了两者的使用寿命。

在常规的三缸钻井泵中，十字头与拉杆之间均采用法兰式刚性连接，要求机架、十字头、拉杆、缸套等零部件必须到达较高的机械加工精度和装配精度，否则，缸套与活塞之间的同轴度差，势必会引发偏

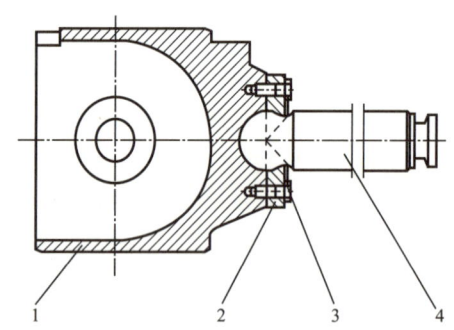

图 5-24 十字头与中间拉杆之间的球铰式连接结构
1—十字头；2—球头压盖；3—螺栓；4—拉杆

磨。缸套活塞偏磨是造成两者非正常损坏的关键原因，也是造成钻井泵整体可靠性下降的重要因素之一。十字头和中间拉杆之间采用球铰头结构，不用调节十字头导板孔与前墙板孔之间的同轴度，也不用调节十字头表面与导板孔表面的间隙，大大简化了装配工艺。油田工业性试验应用表明，球铰式连接使缸套活塞的使用寿命提高了 30% 左右。

4. 新型"J"形液力端

钻井泵的液力端一般有两种形式："Ⅰ"形（图 5-25）和"L"形（图 5-26）。"Ⅰ"形液力端体积小、重量轻，但拆装下阀座时需要先拆除上阀座，比较费事，一般用于最高压力低于 35MPa（5000psi）的钻井泵；"L"形液力端拆装上、下阀座时互不影响，但体

积和质量较大,吸入歧管长,影响了泵的吸入性能。

QDP-3000钻井泵创新性地设计了一种"J"形液力端(图5-27),这种液缸兼具"I"形和"L"形液力端的优点,即拆装上、下阀总成方便,体积和质量相对较小,吸入性能优良。

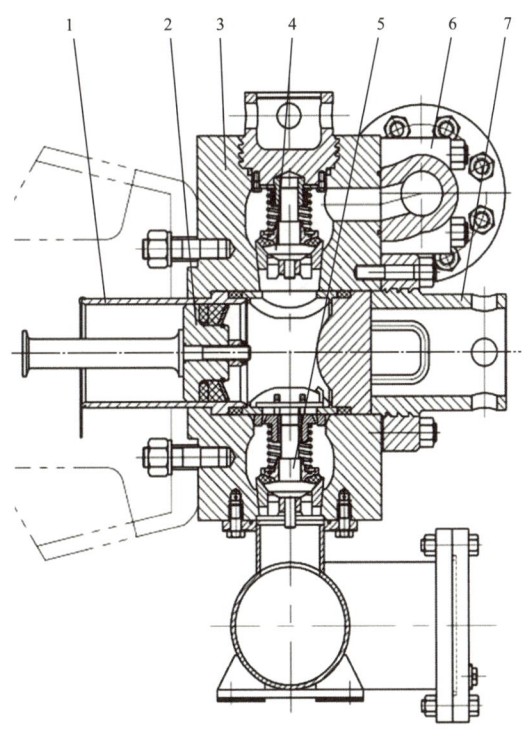

图5-25 "I"形液力端结构
1—缸套;2—活塞;3—液压缸;4—排出阀 5—吸入阀;6—排出管;7—缸盖

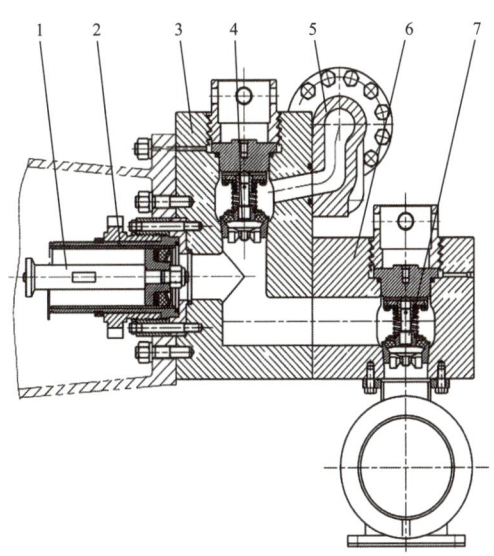

图5-26 "L"形液力端结构图
1—活塞;2—缸套;3—排出液压缸;4—排出阀;5—排出管;6—吸入液压缸;7—吸入阀

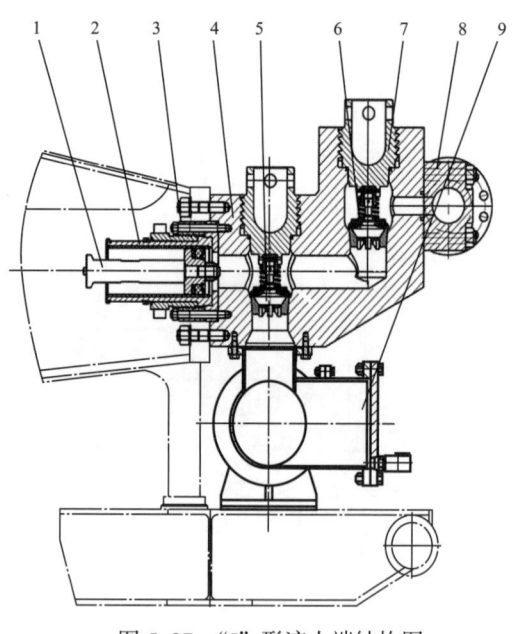

图 5-27 "J" 形液力端结构图

1—活塞;2—缸套;3—缸套法兰;4—"J"形液压缸;5—吸入阀;6—排出阀;7—阀盖;8—排出管;9—吸入管

三、关键零部件制造工艺研究

1. 曲轴制造技术研究

由于曲轴结构复杂,工作条件恶劣,技术要求高,这就给加工带来了极大的困难。铸造曲轴和锻造曲轴的加工难度相似,只是在加工方法上有所区别。曲轴以两端主轴颈公共轴线为基准,其余轴颈对基准有形位公差要求,各轴颈分别有轴颈尺寸要求和形位公差要求。以下几点是曲轴加工过程中的难点:

(1) 对各轴颈尺寸、表面粗糙度及其圆度、圆柱度都有要求;

(2) 对各主轴颈相对于基准的跳动量有要求;

(3) 对各曲柄销相对于基准的平行度和1/2行程距要求,对连杆颈相位角公差有要求;

(4) 对曲轴止推面相对于基准的跳动量有要求;

(5) 对曲轴输出端法兰端面的跳动量有要求,对法兰孔相对于基准的位置度有要求;

(6) 对曲轴自由端轴颈 1∶50 锥面尺寸公差、形位公差及其安装接触面积都有要求;

(7) 对轴颈油孔圆角与轴颈柱面相切圆滑过度有要求;

(8) 对曲轴的动平衡试验和去重有要求。

科学合理地设计锻钢曲轴加工工艺。锻钢曲轴材质一般采用优质合金钢,这种材质对加工应力变形敏感性较铸铁强,加工过程中的热处理对其加工也有较大的影响。在总结铸铁曲轴加工工艺的基础上,汲取国内外加工工艺的先进经验,设计出了锻钢曲轴加工工艺的新方法,使其加工成品满足设计要求。

提高生产效率是企业发展的关键,采用先进的加工工艺是提高生产效率的重要手段。随着科技的发展,先进的曲轴加工设备种类越来越多,这些设备的出现打破了原有传统的加工模式，不仅提高了生产效率，对加工质量也有明显的提升。通过采用先进的加工工艺，提高了加工效率，缩短了曲轴生产周期，特别是提高了锻钢曲轴的生产效率。采取的主要加工工艺主要包括：

（1）粗加工。主轴颈车床加装偏心夹具用于车削曲轴曲柄销，提高生产效率；采用旋风铣床加工曲轴，提高生产效率。

（2）半精加工。采用车铣加工中心加工曲轴，提高质量和生产效率。

（3）精加工：采用随动磨床精磨曲轴，提高质量和生产效率。

曲轴毛坯采用 R-R 镦锻法生产，即一个火次里就将一定长度的光坯料镦锻和弯曲成纤维连续的完整曲拐，通过逐拐变形便可得到金属纤维连续的整体曲轴锻件。该方法与自由锻造方法相比较，最显著的优点是原材料至少可节约 50% 以上，机械加工工时可减少 60%，而且金属纤维基本连续，曲轴的疲劳强度可提高 15% 以上，这就相当于减少了轴径和曲柄的尺寸。这种 R-R 镦锻法已在国内外广泛采用，其结构也日趋完善。但它也有不可克服的缺点，受斜面角度的限制，压力机的吨位不能充分发挥出来，对大型曲轴若采用 R-R 镦锻法生产，势必要选用更大的水压机才能完成。从能源消耗的角度来看是不经济的，曲轴锻件的制造价格会很昂贵。

2. 剖分式圆柱滚子轴承制造技术研究

钻井泵的载荷属于重载，冲击为中等，这对剖分轴承（尤其是剖分接缝的设计计算和无缝加工工艺）的设计和制造提出了更高的要求。借助有限元分析精确计算零件的弹性变形，可以做到装配后轴承内圈的接缝大小接近为零，同时保证有足够的过盈装配力（防止跑圈）。实践证明，在钻井泵中采用剖分式圆柱滚子轴承是完全可行的，这可在一定程度上降低钻井泵对润滑油清洁度和黏度指标的要求，增强钻井泵对野外恶劣环境工况的适应能力。

通常，剖分式轴承的保持架为两半结构，装机后再组装连接。连接方式对保持架的尺寸空间有一定的要求。不同的连接方式往往影响到轴承滚动体的尺寸及数量，进而影响轴承的使用性能。因此，采用合理的连接方式就成为剖分轴承保持架设计的关键。U 形弹性夹连接利用弹性夹弹性力实现保持架的紧固连接，是小型、加工空间不足等剖分轴承保持架连接的首选方案。而 C 形弹性夹和弹性板连接是利用弹性元件弹性形变后的弹性力实现保持架的紧固的，通过弹性元件与圆柱销配合来实现连接，要求保持架要有足够的配合空间，因此，C 形弹性夹和弹性板常用于大型剖分轴承保持架的连接。还有两种连接方式都是通过螺钉来实现紧固与连接的，不同之处在于一种螺钉连接方式螺钉承受的是拉伸应力，而另一种螺钉连接方式螺钉承受的是剪切应力。这两种螺钉连接方式相比前三种连接方式的紧固性能更优越，多用于特大型剖分轴承保持架的连接，五缸泵采用的是承受拉伸应力的连接方式。

第四节　QDP-3000 钻井泵试验

为了验证 QDP-3000 钻井泵的功率、排量、压力、效率等性能参数是否达到设计要求，及其在实际钻井工况下的性能，并检测易损件可靠性，进行了厂内型式试验和油田工业性试验。

一、型式试验

型式试验是通过比较全面的测试来验证产品是否达到了设计所要求的各项技术指标。测试项目主要包括：

（1）性能试验。包括泵压、排量、功率、效率、吸入性能等。

（2）连续运转试验。在规定的条件下连续运行100h，其目的是检验动力端轴承、齿轮、十字头与导板滑动副等部位的磨损、温升、噪声等，以及液力端易损件的早期失效。

（3）安全阀灵敏度试验。测定安全阀功能的可靠性。

1. 性能试验

1）液力端静水压试验

在钻井泵运转试验之前，对液缸、排出管、排出五通等承压零件进行静水压试验，试验压力为最高设计压力的1.5倍（78MPa），试验分三步进行：

（1）初始压力保压期（时间为3min）；

（2）降压至零；

（3）二次保压期（时间为10min）。

保压期是从已达到试验压力开始的。试验时，将钻井泵和测试仪表与压力源切断，外表面完全干燥时开始计时。每次加压试验后都仔细检查了是否出现渗漏现象（通过电视荧屏观察）。试验表明，未出现泄漏现象。

2）空跑合试验

试验目的：在带压试验之前，充分暴露装配质量问题。试验时，额定冲数为117次/min，运行10h，然后在最高冲数为166次/min下运行6h，各部件完好无损。

3）负载试验

按照逐级加载的原则，缓慢加载至最高压力52MPa和最大功率2237kW，在该状态下连续运行24h，在最大功率运行下，压力一直都稳定在52MPa左右。

4）试验数据测量与计算

试验过程中验证了输入轴转速、输入轴扭矩、活塞杆冲数、排量、排出压力等参数，均满足设计要求，并根据这些测量数据计算了液力端的容积效率和泵的总效率。

2. 100h连续运转试验

实际工作中，钻井泵整机的失效规律一般遵循"失效率曲线"的规律（图5-28）。第Ⅰ区为钻井泵的早期失效阶段，在这一阶段钻井泵失效的概率较大且逐渐降低至某一稳定状态；第Ⅱ区为钻井泵有效而稳定工作期，在此区域内钻井泵工作状态相对稳定，失效率较低；第Ⅲ区为钻井泵的过度磨耗期，失效率随使用时间的增加而急剧上升致使钻井泵寿命达到极限。进行100h连续运装试验的主要目的是为发现并解决钻井泵的早期失效（即图示第Ⅰ区失效）阶段的各种问题，最终使其达到稳定的状态。

将QDP-3000钻井泵运行参数调整至最高压和满功率状态（117次/min、52MPa），连续运行

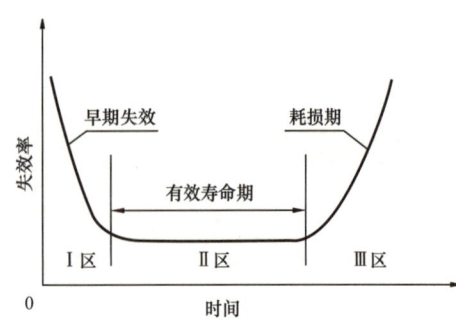

图5-28 失效率曲线

100h。试验过程中，定期检测轴承端盖、十字头导板、液压缸表面等处的温升，测量钻井泵前后左右各处的噪声，并做详细记录。试验表明，轴承端盖、十字头导板、液压缸表面等处的温升均在设计范围之内，泵的噪声也在国标控制范围之内。

3. 安全阀可靠性试验

1）剪销式安全阀的工作原理

如图 5-29 所示为 QDP-3000 钻井泵剪切板结构图。在上下两排孔内相应位置插入 1～2 根剪切销，活塞杆在泵压作用下从剪切板下部 L_0 处向上顶剪切板。当该作用力超过剪切销的承载能力时，剪切销被剪断，钻井泵压力随之释放。

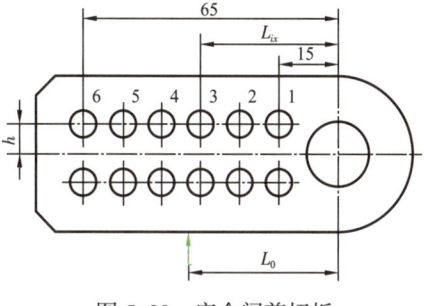

图 5-29 安全阀剪切板

根据力矩平衡关系：

$$\pi \eta D^2 p L_0 = 2\pi d^2 \tau L_i$$

$$L_i = \sqrt{L_{ix}^2 + h^2}$$

式中　D——活塞外径，mm；

　　　p——钻井泵工作压力，MPa；

　　　η——机械效率（$\eta=0.80$）；

　　　d——剪切销外径，mm；

　　　τ——剪切销的剪切强度，MPa，$\tau=355\sim385$；

　　　L_0——活塞杆中心距销轴中心的距离，mm；

　　　L_i——第 i 个剪切销孔中心到转动销孔（最右侧大孔）中心线之间的距离，mm。

由上式可以计算出不同销孔对应的理论放喷压力值（表 5-12），该压力值应与每一级缸套的设计最高压力对应，但允许有 ±10% 的误差。

表 5-12　剪切销理论剪断压力

销孔位置	L_{ix}，mm	L_i，mm	双销 P，MPa	单销 P，MPa
1	15	16.55	17.2	8.3
2	25	25.96	26.3	13.1
3	35	35.69	35.3	18.1
4	45	45.54	43.9	22.6
5	55	55.44	52.0	27.1
6	65	65.38	59.6	30.5

2）影响安全阀可靠性的因素及处理方法

安全阀的可靠性主要指其放喷的灵敏性和放喷压力的准确性。由于影响因素众多，最终使得实际放喷压力与理论计算值存在较大差异，这些影响因素包括零件加工尺寸误差、装配质量差异、因热处理工艺造成的剪切销强度不稳定等。

研究发现，剪切销强度的不稳定对安全阀可靠性影响最大。因此，对同一热处理批次的标准销进行剪切强度检测时，一般随机抽取30件进行检测和统计分析，结果为标准正态分布。用标准正态分布的均值对剪切销直径进行修正，制造厂按修正后的直径加工剪切销。然后再抽取一定数量的产品进行实际工况下的剪切试验，并根据试验结果再次修正剪切销直径，直至达到设计要求为止。

3）剪切压力试验

随机抽取用30件剪切销进行剪切压力试验，统计结果表明剪断压力一般呈标准正态分布。将正态分布的均值与理论剪切压力值进行对比，其误差在 −2% 到 +5.5% 之间，结果见表5-13。

表5-13 剪切销理论与实测剪切压力对比

销孔位置	双销理论压力，MPa	双销实测压力 MPa	误差	单销理论压力 MPa	单销实测压力 MPa	误差
1	17.2	17.7	+3%	8.3	8.6	+4%
2	26.3	27.6	+5%	13.1	13.8	+5.5%
3	35.3	34.6	−2%	18.1	18.2	+0.5%
4	43.9	43.5	−1%	22.6	22.3	−1.5%
5	52.0	54.1	+4%	27.1	27.9	+3%
6	59.6	58.7	−1.5%	30.5	29.9	−2%

4. 型式试验结论

（1）通过型式试验，验证了QDP-3000钻井泵的功率、排量、泵压等基本性能参数均能达到设计的要求，钻井泵运行平稳，最高温升为38℃，最大噪声为93dB，均在国家标准规定的范围内。

（2）根据这些测量数据计算出液力端容积效率大于等于96%，泵总效率大于等于88%（含齿轮减速箱）。

（3）剪切销剪切压力与理论设计值的误差为 −2%~+5.5%，在行业标准规定的 ±10% 的范围内，安全阀的可靠性到达了设计要求。

二、油田工业性试验

受厂内试验条件的限制，型式试验所采用的介质为清水，且试验周期较短，不能试验统计大部分零部件的可靠性（或使用寿命）。为了验证QDP-3000钻井泵在实际钻井工况下基本性能和技术参数，以及检测液力端易损件的使用寿命，进行了为期一年的钻井泵油田工业性试验。

1. 试验基本条件

工业性试验在渤海钻探塔里木钻井分公司的某9000m钻机上进行，该钻机原配备3台F-1600HL高压钻井泵，用QDP-3000钻井泵替代其中一台进行试验。试验前，对原吸入、排出管线等进行简单改造，并配备专门的交流变频控制装置。

试验基本条件：环境温度为 –20～45℃，湿度为 70%～85%（20℃），钻井液密度为 1.8～2.2g/cm³。

如图 5-30 所示为 QDP-3000 钻井泵工业性试验现场。

图 5-30　QDP-3000 钻井泵工业性试验现场

2. 试验结论

（1）钻井泵的功率、排量、泵压等基本性能参数均能达到设计的要求。

（2）在输送钻井液介质时的吸入性能不如清水介质，试验时必须打开灌注泵（在清水试验时经常不开灌注泵）。

（3）钻井泵在高冲次下运行的平稳性比 F-1600HL 泵好。

（4）缸套、活塞、阀总成等易损件的使用寿命较 F-1600HL 泵提高 30% 左右。阀弹簧、吸入胶囊、排出胶囊、安全阀活塞、十字头导板等常用易损件，在试验周期内均未出现损坏。

第五节　工业化应用及技术发展方向

一、工业应用效果

QDP-3000 钻井泵主要针对海洋平台钻机、陆地深井/超深井钻机等场合设计。2013 年 5 月，首台样机在塔里木油田进行工业化应用，现累计运行约 10000h，钻井深度超过 20000m，最高压力达 52MPa，最大冲次达 120 次/分钟。现场应用表明该泵具有如下特点。

（1）排量大、压力高、作业能力强，一台泵大致可替代两台 F-1600HL 泵作业；

（2）排量及压力波动小，整体运行平稳、噪声小；

（3）传动效率高，综合能效提高 7% 左右；

（4）易损件寿命较 F-1600HL 泵提高三分之一左右，缸套活塞寿命的提高尤为明显。

由于使用效果较好，QDP-3000 钻井泵为用户带来了良好的经济效益。与 F 系列泵比较，QDP-3000 钻井泵节省燃油消耗 7% 左右，减少配件消耗 35% 左右。

此外，QDP-3000 钻井泵研究设计的缸套内外表面冷却、十字头与中间拉杆球铰连接、"J"形液力端、带卸荷槽的高压阀座等创新技术，已经开始应用到公司 F 系列高压钻井泵和 F1 系列轻型高压泵，并产生了良好的经济效益和社会效益。

现场问题及改进建议：

（1）齿轮箱润滑油管线接头漏油，且钢制油管线拆换困难，建议改为胶管。

（2）润滑油滤芯距离地面位置较低，摆放位置不合理，不方便更换，建议改为旁通式滤网，且布局在泵底座侧面。

（3）拔排出阀座时，上拔阀器挂座不方便，建议加大排出阀座下方流道空间，以方便使用自动拔阀工具。

二、五缸钻井泵技术发展方向

1. 基本性能和结构发展趋势

随着深井、超深井、高压喷射钻井、大位移水平井、丛式井、海洋平台钻井等现代钻井工艺技术的发展，同时为了延长易损件的使用寿命，钻井泵势必朝着大功率、大排量、高泵压，以及长冲程和低冲次的方向发展。根据近年来油田用户反馈的信息，钻井泵最高压力为 52MPa（7500psi）已经能够满足当前钻井作业的需求。为了提高钻井作业的速度和效率，用户希望具有更大排量的钻井泵。

近年来，国内外钻井泵制造企业开发的多缸泵新产品逐渐增多，且钻井泵的液缸数有增加的趋势。但是，综合考虑性能、成本等因素，采用传统的曲柄连杆机构的单作用钻井泵，其液缸数目从三缸增加到五缸之后，由于下列原因，不宜再进一步增加。

（1）泵组宽度。目前国内外的大功率五缸泵，如 EWECO 公司的 EQ3000、宝石的 QDP-3000、宏华的 5ZB-2500 等，其宽度均已经达到了国家铁路一级运输限制标准，无法再增加。

（2）钻井泵维护和维修频次一般会随着液压缸数目的增加而增加。虽然 QDP-3000 钻井泵通过结构创新设计基本解决了中间缸零部件的拆装和更换问题，但是继续增加液压缸数目仍将会导致维修维护性能下降。

（3）钻井泵的制造成本一般随着液压缸数目的增加而增加。

（4）在单缸零部件可靠性水平没有实质性增加的情况下，钻井泵整体的可靠性将随着液压缸数目的增加而下降。

有些钻井泵采用凸轮或对置式曲柄连杆机构作为传动机构，如 NOV HEX 2540、对置式六缸泵或十缸泵等，其液缸数目最多增加到了十缸，总体宽度仍然不超过五缸单作用泵的水平，但其维修维护性、整体可靠性等一般会随着液缸数目的增加而下降，成本会增加。因此，作为三缸泵的技术性能升级产品，今后很长一段长期内，其研究领域的重点将会放在五缸单作用钻井泵上。

2. 钻井泵的轻量化

QDP-3000 钻井泵所采用的多支点曲柄轴结构已经比常规的偏心轮轴重量轻，剖分式滚动轴承也解决了曲轴与连杆部分拆装的方便性问题。但是，剖分式滚动轴承的体积和重量仍然偏大，与之关联的连杆、十字头、机架等零部件的体积和重量同步放大，最终导致整泵体积和重量偏大。今后，剖分式滚动轴承或可被体积和质量小得多的滑动轴承替代，即连杆大头、小头分别采用轴瓦和衬套。但是，为了保证可靠性，必须解决好以下几方面的问题：

（1）合理设计润滑油路，使滑动轴承部位形成流体动压润滑，避免出现干摩擦或半干摩擦；

（2）设计可靠性高的拉杆密封装置，避免钻井液和水从拉杆密封处进入机架内腔污染润滑油，并防止滑动轴承、滚动轴承、十字头与导板等关键运动零部件异常损坏；

（3）合理设计润滑油温度控制装置，避免润滑油温度过高或过低对滑动轴承润滑油膜的形成造成不利影响。

对于更加高端的钻井泵产品，连杆材料可以采用锻压铝合金。铝合金的密度为合金钢的三分之一左右，可大幅减轻连杆重量。更为重要的是连杆为不平衡运动零件（偏摆与往复运动合成），减轻重量可减小惯性力，有利于提高整泵运行的平稳性。

3. 提高易损件的可靠性

提高易损件可靠性（或使用寿命）始终是钻井泵研究设计最重要的目标之一。

影响易损件使用寿命的因素可以归结为内在可靠性和外部影响因素。内在可靠性指易损件所用材料的强度、耐磨性、耐腐蚀性，零件制造过程中产生的缺陷等，除此之外的均可归结为外部影响因素，如装配后缸套活塞同轴度低导致的偏磨损坏、钻井液压力波动对液缸和阀总成疲劳寿命的影响等。

QDP-3000钻井泵在工业性试验应用中使用了与F-1600HL泵相同的易损件，但统计结果显示QDP-3000钻井泵缸套活塞等易损件的使用寿命提高了约30%，这主要由于排量与压力波动减小、缸套活塞无偏磨等。如果不考虑这些外部因素，在易损件个体可靠性相同的情况下，五缸泵整体可靠性是低于三缸泵的（易损件数量增加导致系统可靠性降低），因此，还应该从内在可靠性的角度研究提高五缸泵易损件的可靠性。具体来说，可对液缸内腔表面进行喷丸处理或超高压自增强处理。可研究设计陶瓷缸套，相同使用条件下，陶瓷缸套的使用寿命一般可达到双金属缸套的3~5倍。

参 考 文 献

[1]江先雄.六角型无脉动钻井泵［J］.石油机械，2003，31（5）：5.

[2]鞠玉修，徐敏.七缸单作用钻井泵的理论分析及改进措施［J］.石油机械，2000，28（5）：46-48.

[3]吴汉川，乔青，秦大鹏，等.轻便型橇装大排量五缸钻井泵机组的设计［J］.石油机械，2005，33（7）：32-34.

[4]沈学海.钻井往复泵原理与设计［M］.北京：机械工业出版社，1990.

[5]朱俊华，站长松.往复泵［M］.北京：机械工业出版社，1991.

[6]曾兴昌，宋志刚，黄悦华，等.大功率钻井泵发展现状与应用［J］.石油矿场机械，2014，43（9）：56-59.

第六章　超深井钻井工具

在深井和超深井钻井时，钻井工具常会钻遇高温、高压、高腐蚀井段，钻压不足、遇卡阻现象时有发生，对机械钻速、钻具寿命和钻井质量都有很大影响。目前，国内部分超深井井下钻井工具依赖于进口。为改变这种现状，打破国外产品的垄断局面，形成自己独有的产品和技术，中国石油工程技术研究院北京石油机械有限公司（以下简称"北石"）自主研发了高温螺杆钻具、耐高温高压随钻震击器和液力推进器等深井、超深井钻井工具。

高温螺杆钻具是在常规螺杆钻具基础上，采用新材料、新工艺解决常规螺杆钻具定子橡胶及其密封件的耐温问题而研发的新产品，在高温中能显著提高钻具的使用寿命，在四川、新疆、吉林等区块的应用中均取得了良好的提速效果和经济效益。耐高温高压随钻震击器从结构设计角度出发，充分考虑超深井井下高温、高压、高扭矩等特点，克服了常规震击器在超深井钻井时寿命短、震击效果差等问题，在现场应用过程中取得良好效果，获得用户一致好评。液力推进器从结构设计、加工工艺入手，有效解决了钻进过程中钻压不易施加等难题，达到了高速、高质量、低成本钻井的目的。现场应用证明，钻井液力推进器可大幅缩短钻井周期，有效延长钻头的使用寿命，创造的经济效益显著，是超深井钻井技术的一次重大变革。

超深井钻井工具的成功研发和应用，大幅提高了中国石油在深井、超深井的机械钻速，降低了复杂情况发生的概率，缩短了处理井下事故的时间、具备了在高温高压井进行钻井作业的能力，对提升深井超深井钻井效率起到了极大的推进作用。

第一节　高温螺杆钻具

螺杆钻具是在 20 世纪 70 年代初发展起来的井下动力钻具，我国第一台 3/4 头螺杆钻具由北石于 1982 年推出。此后，北石引进消化美国 DYNA Drill 公司全套螺杆钻具生产线，形成了常规螺杆钻具的工业化生产。

但对于井深达到 5000m 以上的深井和超深井，地层温度一般都在 130℃至 175℃的范围内，普通螺杆钻具难以满足使用需求，需要配备温度级别更高的螺杆钻具。2007 年，随着四川龙岗气田深井的开发，北石率先开发出 150℃温度级别的高温螺杆钻具。近年又成功研发出 175℃高温螺杆钻具，在塔里木油田 7000m 以上超深井中有广泛应用，其中有亚洲陆地最深水平井之称的塔中 862H 井就采用了这种高温螺杆钻具。

一、主要技术参数

北石高温螺杆钻具有 150℃和 175℃两个温度级别，均已覆盖全部规格钻具产品和井眼系列，常用的超深井多头高温螺杆钻具和单头高温螺杆钻具的主要技术参数见表 6-1 和表 6-2。

表 6-1 超深井常用多头高温螺杆钻具技术参数表

钻具型号	外径		流量	钻头转速	马达压降	最大扭矩	最大钻压	最大功率
	in	mm	L/s	r/min	MPa	N·m	kN	kW
5LZ95×7.0	$3\frac{3}{4}$	95	4.73~11.04	140~320	3.2	1240	40	23.8
C5LZ95×7.0 Ⅱ	$3\frac{3}{4}$	95	5~13.33	140~380	5.2	1920	70	47.8
C9LZ95×7.0	$3\frac{3}{4}$	95	5~13.33	100~250	4	2240	70	36.5
5LZ100×7.0	$3\frac{7}{8}$	100	4.73~11.04	140~320	3.2	1240	40	23.8
7LZ100×7.0	$3\frac{7}{8}$	100	7~12	155~265	3.6	1790	40	31.1
C7LZ102×7.0	$3\frac{7}{8}$	102	5~13.3	105~280	4.8	2400	70	27.5
7LZ105×7.0	$4\frac{1}{8}$	105	7~12	155~265	3.6	1790	40	31.1
5LZ120×7.0	$4\frac{3}{4}$	120	5.78~15.8	70~200	2.5	2275	72	27.23
D5LZ120×7.0	$4\frac{3}{4}$	120	5.78~15.8	70~200	1.6	1485	72	18.85
C5LZ120×7.0	$4\frac{3}{4}$	120	6.67~20	80~240	5.2	4000	100	70.5
C5LZ120×7.0 Ⅰ	$4\frac{3}{4}$	120	6.67~20	110~330	6.0	4000	100	88
C7LZ120×7.0	$4\frac{3}{4}$	120	6.3~18.9	60~180	4.0	4735	100	59.4
7LZ127×7.0	5	127	6.3~18.9	60~180	3.2	3735	100	46.9
5LZ130×7.0	$5\frac{1}{8}$	130	16~24	155~235	3.2	3200	100	49.2
C5LZ135×7.0	$5\frac{5}{16}$	135	16~24	150~230	4.0	4800	100	72.3
C7LZ135×7.0	$5\frac{5}{16}$	135	16~24	125~185	4.0	5280	100	65.7
C4LZ172×7.0	$6\frac{3}{4}$	172	18.93~37.85	150~300	7.0	10110	340	198.55
5LZ172×7.0	$6\frac{3}{4}$	172	18.93~37.85	100~200	3.2	5856	200	76.6
C5LZ172×7.0 Ⅱ	$6\frac{3}{4}$	172	18.93~37.85	100~200	4.5	8240	300	107.8
C6LZ172×7.0 Ⅱ	$6\frac{3}{4}$	172	18.93~37.85	80~160	4.2	9535	300	159.6
7LZ172×7.0	$6\frac{3}{4}$	172	18.93~37.85	85~170	3.2	7505	300	83.4
C7LZ172×7.0 Ⅱ	$6\frac{3}{4}$	172	18.93~37.85	85~170	4	9380	300	106
C7LZ172×7.0 Ⅲ	$6\frac{3}{4}$	172	18.93~37.85	85~170	4.8	11250	300	127
C9LZ172×7.0	$6\frac{3}{4}$	172	18.93~37.85	65~130	3.5	10800	300	93

注：上述各规格都可提供150℃和175℃两种温度级别。

表 6-2 单头高温螺杆钻具技术参数表

钻具型号	外径		流量	钻头转速	马达压降	最大扭矩	最大钻压	最大功率
	in	mm	L/s	r/min	MPa	N·m	kN	kW
LZ100×7.0	$3\frac{7}{8}$	100	4.7~11	280~700	5.17	1300	57	47.65
LZ120×7.0	$4\frac{3}{4}$	120	6.33~15	245~600	4.0	1580	70	50
LZ127×7.0	5	127	9.5~19	345~690	3.1	1424	110	51.5
CLZ172×7.0	$6\frac{3}{4}$	172	15.8~31.6	290~580	5.4	5200	200	156

注：上述各规格都可提供150℃和175℃两种温度级别。

二、结构及原理

螺杆钻具是一种以钻井液（或压缩气体）为动力源的容积式井下动力钻具，是目前油气钻井行业中应用最为广泛的井下动力钻具。工作时，钻井液经钻柱进入螺杆钻具，在钻具的两端形成一定的压力差，推动马达的转子旋转，并将扭矩和转速通过万向轴和传动轴传递给钻头[1]。

高温螺杆钻具的结构及原理与常规螺杆钻具总体相同，区别主要在于高温螺杆钻具定子内橡胶材料选用温度级别更高的橡胶材料或其他弹性材料，马达转子和定子的过盈量也有适当调整。一般普通螺杆钻具定子橡胶的温度级别在120℃以下，高温螺杆钻具橡胶的温度级别为150℃和175℃或更高。除橡胶材料本身性能的区别外，高温螺杆钻具的定转子配合过盈量也区别于普通螺杆钻具，需要为橡胶留出足够的温胀量，防止下井后定子、转子"抱"得过紧，降低机械效率。

1.螺杆钻具结构

螺杆钻具按其结构形式可分为单头螺杆钻具和多头螺杆钻具，按功能可分为直螺杆钻具和弯螺杆钻具。螺杆钻具主要部件包括旁通阀总成、马达总成（主要是转子和定子）、万向轴总成（轴体总成和万向轴直壳体）、传动轴总成（可带稳定器）和马达防掉结构（部分型号带防掉结构）等，如图6-1所示。

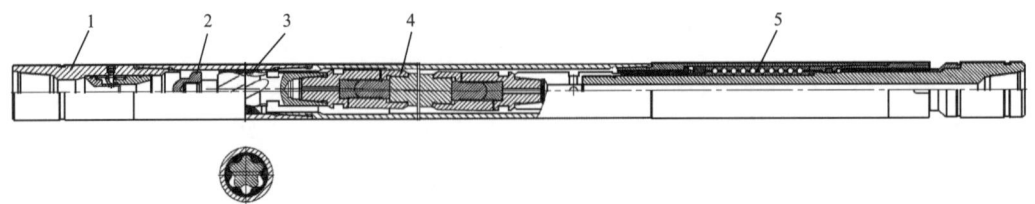

图 6-1 直螺杆钻具结构示意图

1—旁通阀总成；2—防掉总成；3—马达总成；4—万向轴总成；5—传动轴总成

弯螺杆钻具除以上部件，还包括定向接头（可以指定用于各种型号规格的测斜仪器）、弯接头（可以指定在旁通阀上部或下部）、万向轴固定弯壳体（0~3°间的固定角度）、万向轴地面可调弯壳体（部分型号有）、传动轴稳定器（直条、螺旋或对称、非对称等形式）、可换式稳定器（部分型号有）。如图6-2所示为弯螺杆钻具结构示意图。

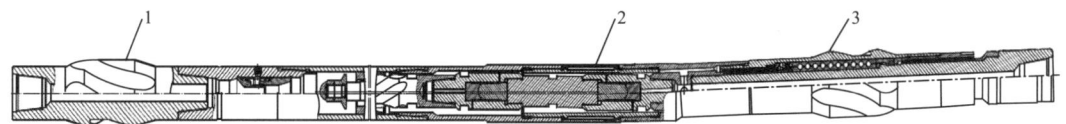

图6-2 弯螺杆钻具结构示意图

1—定向接头（带稳定器）；2—可调弯壳体；3—近钻头稳定器

1）旁通阀总成

旁通阀是螺杆钻具的辅助部件，由阀体、阀芯、阀套、弹簧、阀口等零件组成，结构如图6-3所示。阀芯有两个位置：旁通位和关闭位。它的作用是钻井排量和压力过小或停泵时，旁通阀处于旁通状态，使钻柱内钻井液绕过马达进入环空［图6-3（b）］；正常钻进时钻井液排量和压力达到标准设定值，旁通阀处于关闭状态，此时钻井液流经马达［图6-3（a）］，把压力能转换为机械能。

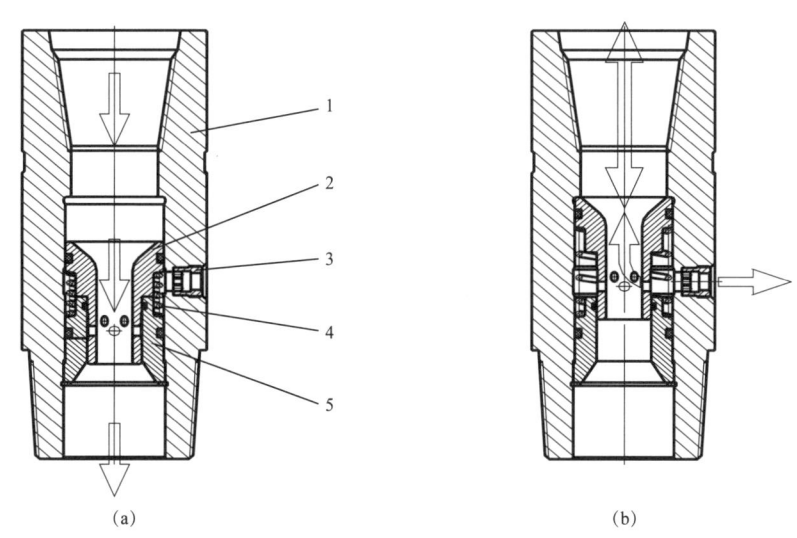

图6-3 旁通阀总成一般结构

1—阀体；2—阀芯；3—阀口；4—弹簧；5—阀套

2）马达总成

马达是螺杆钻具的动力部件，由定子、转子两个零件组成，其结构如图6-4所示。其作用是当具有一定能量的钻井液进入转子、定子形成的封闭腔时，转子在钻井液的驱动下，绕定子轴线旋转，完成压力能向机械能的转化，为钻头提供动力。

3）万向轴总成

万向轴上端连接马达的转子，下端连接传动轴，其作用是将做行星运动的转子和做定轴转动的传动轴连接起来，把马达转子的平面行星运动转化为传动轴的定轴转动，同时把马达的输出扭矩及转速传递给传动轴。

万向轴有几种不同的结构形式，其中使用最广泛的是活瓣式万向轴，其他结构形式还包括挠性轴及球铰万向轴等，如图6-5所示。

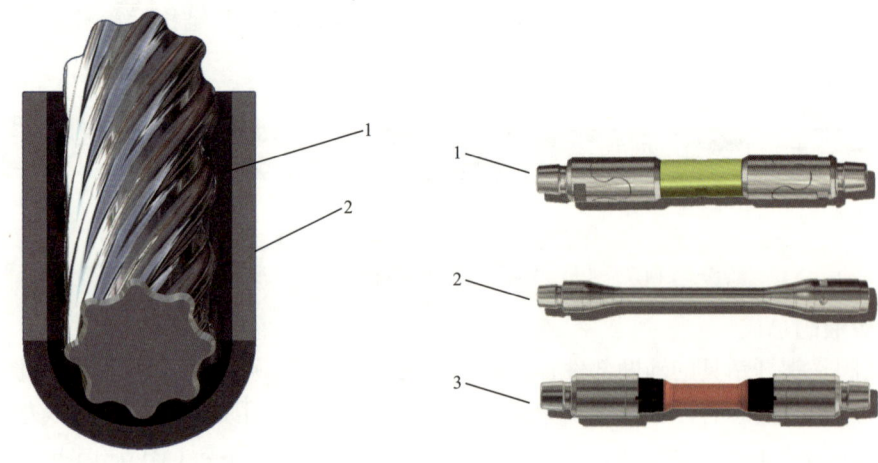

图 6-4　马达总成结构
1—转子；2—定子

图 6-5　万向轴三种形式
1—活瓣万向轴；2—挠性轴；3—球铰万向轴

4）传动轴总成

传动轴总成一般由壳体、水帽、传动轴、推力轴承、径向轴承及其他辅助零件组成，其结构如图 6-6 所示。其作用是将马达的扭矩和转速传给钻头，同时承受钻进时地层作用于钻头的轴向力和径向力。

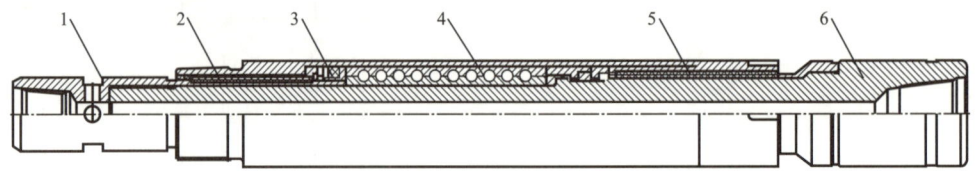

图 6-6　传动轴总成结构
1—水帽；2—上径向轴承组；3—壳体；4—推力轴承组；5—下径向轴承组；6—传动轴

5）马达防掉结构

马达防掉结构一般由定子过渡接头、螺母、卡盘、承拉接头组成，其结构如图 6-7 所示。其作用是当马达以下壳体螺纹脱开时，螺母可以挂在定子上部的防掉台阶上。一旦壳体螺纹脱开，螺母就会堵住水眼，封死钻井液通道，使泵压升高并提示地面操作人员及时发现问题，防止转子以下部件落井。

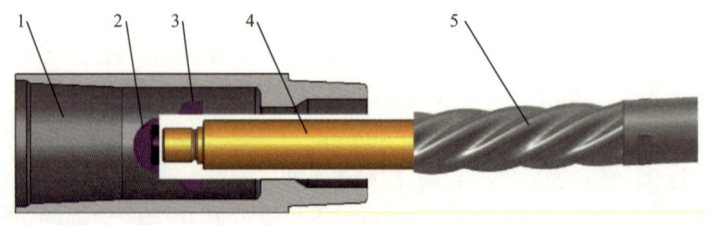

图 6-7　马达防掉结构
1—定子过渡接头；2—螺母；3—卡盘；4—承拉接头；5—转子

2. 高温螺杆钻具基本原理

螺杆钻具是一种容积式井下动力钻具,与其他井下动力钻具一样,马达总成是螺杆钻具的核心部件。螺杆钻具转子和定子曲面可组成空间共轭封闭,形成多个共轭封闭腔来容纳工作介质。也就是说,转子在定子中的任意位置均使马达上端与马达下端互不相通。转子的连续转动能导致共轭密封腔连续沿轴线向下移动,以保证工作介质循序向下推进。在此过程中,转子接受钻井液的水功率而发出机械功,从而构成液马达。

螺杆钻具工作时,钻井泵泵出的钻井液经过钻杆进入螺杆钻具的马达总成,转子和定子相互啮合,通过二者的导程差而形成的螺旋密封线构成密封腔,在马达的两端形成一定压力差,推动马达的转子旋转。随着转子在定子中的旋转,密封腔沿着轴向移动,不断地形成和消失,并将扭矩和转速通过万向轴和传动轴传递给钻头。

三、技术创新

高温螺杆钻具的核心技术主要体现在对定子橡胶的研究上。在高温钻井液动态工作环境下,定子橡胶受高温腐蚀、动态生热、高频剪切等破坏。通过分析定子橡胶在井下作业的动态变化,研究橡胶衬套的热力耦合效应、温度场分布特点、温度变化以及其他因素对橡胶衬套的应力应变影响,找出定子橡胶的失效机理,确定定子橡胶在高温高压井中的最佳配方和加工工艺。

1. 高温定子橡胶的配方技术

马达总成作为螺杆钻具的核心部件,其定子橡胶质量的优劣对螺杆钻具工作性能有很大的影响。设计过程中,应用橡胶滞后生热机理和传热学原理,加入环境温度、压力场、井深、过盈量等对定子橡胶位移分布的影响,采用有限元法分析定子橡胶的热力耦合效应,研究橡胶温升的物理机理及定子橡胶的失效机理。分析定子橡胶的温度场分布特点,研究静压、转子转速、橡胶硬度、泊松比、地层温度和压差等对定子橡胶温升的影响,最终探索出一种适合油田高温螺杆钻具定子工作环境的橡胶材料——氢化丁腈橡胶。

氢化丁腈橡胶(HNBR)是一种高饱和的腈类弹性体,它是将丁腈橡胶(NBR)链段上的丁二烯单元进行有选择的加氢制得的。它不仅具有 NBR 的耐油、耐磨、耐低温等性能,而且具有更优异的耐高温、耐氧化、耐臭氧老化、耐化学品等性能[2,3]。通过对氢化丁腈橡胶开展力学性能和物敏性的试验分析表明,氢化丁腈橡胶综合性能良好,适合作为高温螺杆钻具定子材料。

1) 热空气 175℃ 老化试验

老化试验是指在常压和规定温度的热空气作用下,使橡胶经过一定时间后测定其某项或某几项性能指标,根据相同或不同温度条件下各周期性能指标变化的情况,判断橡胶的热稳定性。

本文所列举的热空气老化对比试验样品为自制橡胶(配方1)与同类进口美国橡胶(样品胶),试验温度分别为常温和175℃,老化时间分别为25h和50h,试验结果如图6-8所示,老化试验橡胶物性变化率对比见表6-3。

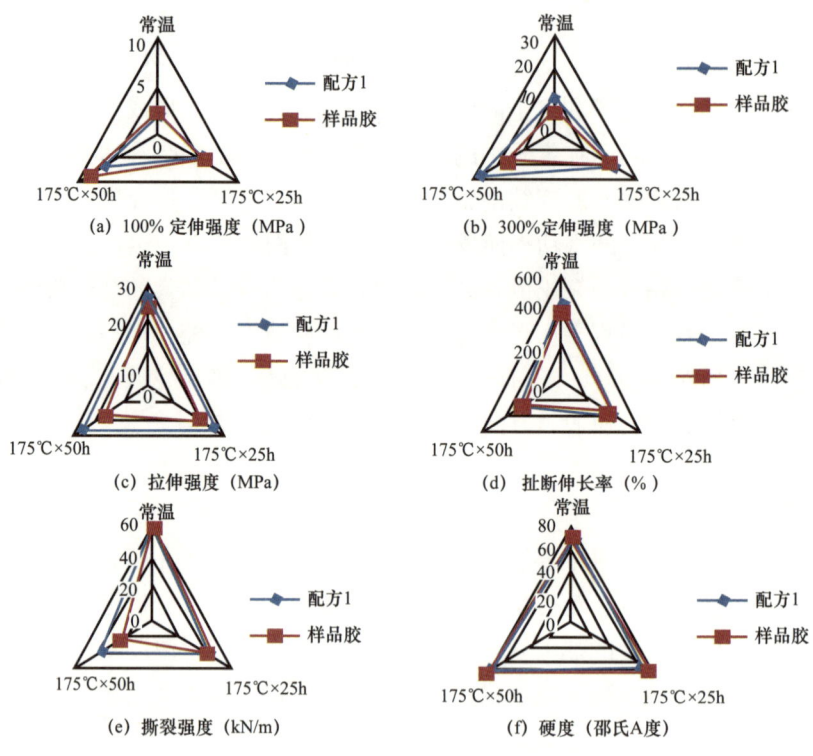

图 6-8 橡胶 175℃高温老化性能对比

表 6-3 物性变化率对比表

175℃ ×25h 变化率，%						
试验样品	100%定伸强度	300%定伸强度	拉伸强度	扯断伸长率	撕裂强度	硬度
配方 1	+114	+97	+2	−11	−19	+3
样品胶	+150	+167	−11	−9	−28	+17
175℃ ×50h 变化率，%						
试验样品	100%定伸强度	300%定伸强度	拉伸强度	扯断伸长率	撕裂强度	硬度
配方 1	+210	+142	+5	−33	−28	+7
样品胶	+295	+142	−28	−21	−57	+21

在175℃的热空气条件下，分别经过25h和50h的老化后，得出橡胶常规物性的变化率值。通过试验数据的对比分析，橡胶经过热氧老化后，微观结构上发生分子链自由基的重排并过度交联，宏观表现出橡胶变脆变硬，而各种物理机械性能发生了不同程度的劣化，对于同一物性的劣化程度，配方1基本都低于样品胶。具体如下：配方1的脆化趋势降低，硬度增加率分别从17%和21%降到3%和7%；定伸强度劣化程度接近，配方1的变化率稍低；配方1的扯断伸长率劣化程度接近，配方1的变化率稍高；配方1的撕裂强度劣化程度低于样品胶，下降率从28%和57%分别变为19%和28%；配方1的拉伸强度在老化后进一步提高，而样品胶拉伸强度是持续下降趋势，拉伸强度方面配方1明显优于样品胶。

总之，老化后的物性变化显示，在以上实验条件下，配方1的耐老化性更优越。

2）压缩生热物性试验

压缩生热物性试验是测试橡胶在给定的试验条件下，测定试样经受恒定应力的形变。试验设备为压缩生热试验机，试验冲程为4.45mm，预应力为1.00MPa，实验环境温度设定为55℃，实验时间为25min。将标样预热30min后，输入厚度，开始试验，记录橡胶温升和形变。

图6-9记录了两种胶样的形变过程曲线和温升过程曲线。定子橡胶在受到往复挤压后，形变量的大小直接影响定子橡胶的密封传动，温升高是造成定子局部聚热而老化掉块的要因，因此橡胶的形变和温升是判定高温定子橡胶性能优劣的主要物性。由图6-9可知，在压缩生热实验中，高温螺杆钻具专用橡胶（标号为4#）优于美国样品胶（标号为6#）温升物性和形变，其中心部位温升为157.3℃，终动变形为19.5%。

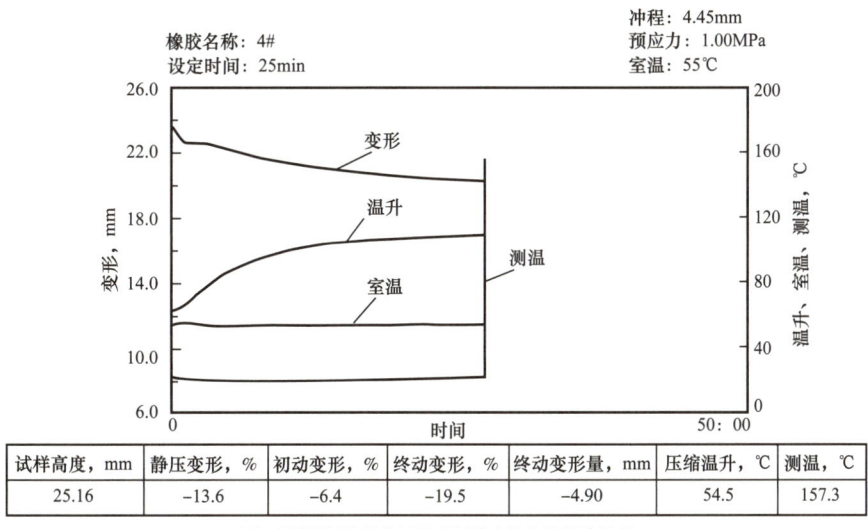

试样高度，mm	静压变形，%	初动变形，%	终动变形，%	终动变形量，mm	压缩温升，℃	测温，℃
25.16	-13.6	-6.4	-19.5	-4.90	54.5	157.3

(a) 高温螺杆钻具专用橡胶压缩生热物性试验结果

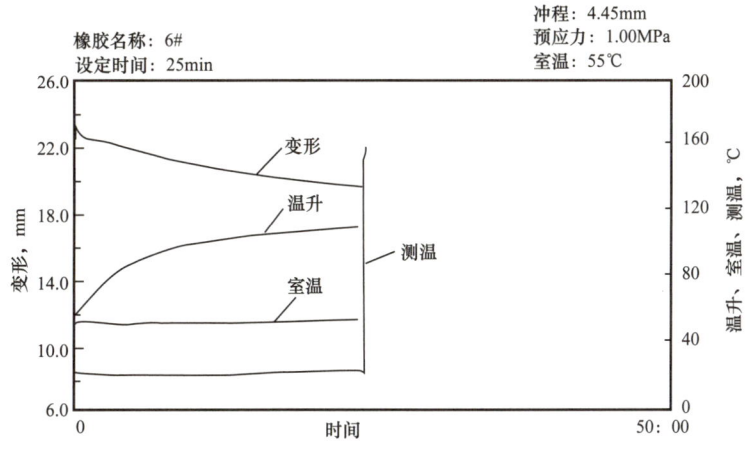

试样高度，mm	静压变形，%	初动变形，%	终动变形，%	终动变形量，mm	压缩温升，℃	测温，℃
25.10	-14.5	-6.9	-21.9	-5.50	56.6	160.1

(b) 美国样品胶压缩生热物性试验结果

图6-9 橡胶压缩生热物性试验对比图

3）介质物性试验

由于定子橡胶在井下作业时要受到高温介质的冲刷和渗透，介质中所含的芳香烃、润滑剂、防塌剂等组分对橡胶有较强的腐蚀作用，单纯依靠热空气老化实验无法准确地模拟橡胶在井下的作业环境。因此，采用钻井液老化试验对井下环境实施进一步的模拟实验，模拟温度分别为常温、135℃和175℃，选取实验时间为25h和50h，试验结果如图6-10所示。

由图6-10可知，在135℃和175℃的两个温度条件下，高温螺杆钻具用橡胶（配方1）的6项物性均优于美国样品胶（样品胶），其中在高温175℃中老化50h后，拉伸强度的变化率为+1.2%。

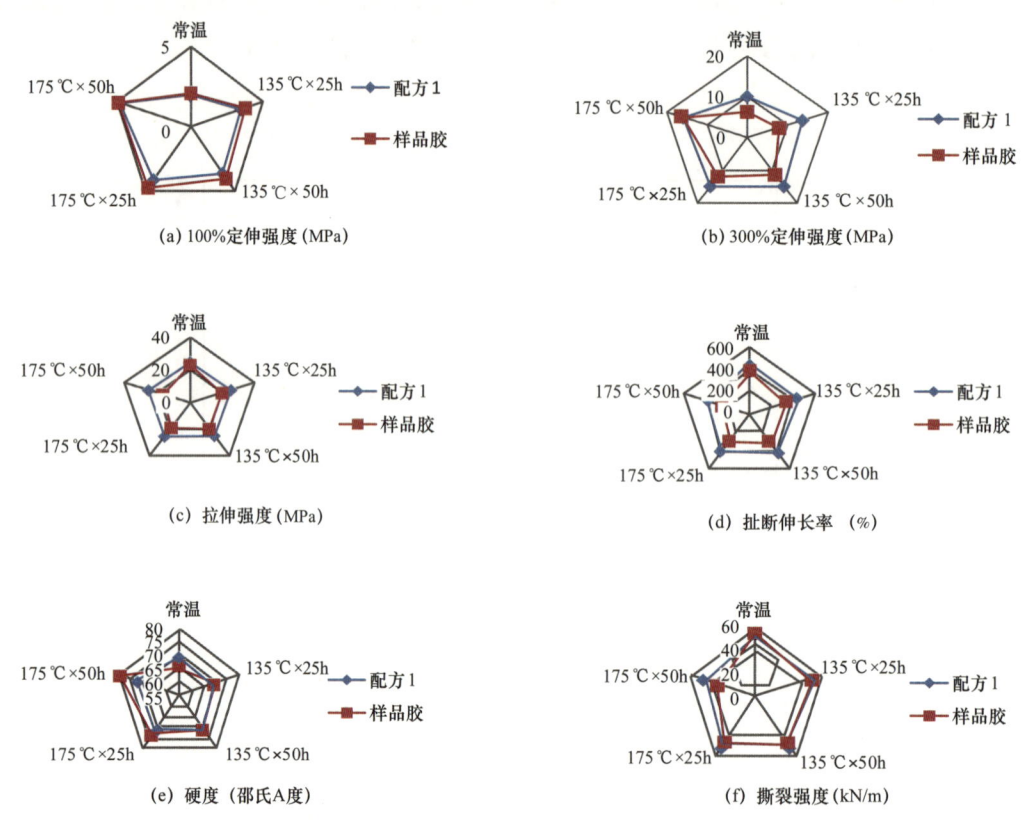

图6-10 介质物性试验

2. 高温定子橡胶的加工技术

考虑到橡胶与各种配合剂的均匀混合，对烘胶、配料、塑炼、加料顺序和各段混炼时间等全过程进行工艺研究，并通过扫描电镜、分散度等进行评价（图6-11），确定高温胶的最优加工技术。

扫描电镜是介于投射电镜和光学显微镜之间的一种微观性观察手段，可直接利用样品表面的材料的物质性质进行微观成像。图6-11中，（a）、（b）两图分别是样品胶在500倍和1000倍放大后的微观结构图，（c）、（d）两图分别是配方1在500倍和1000倍放大后的微观结构图。通过电镜500倍和1000倍的放大显示，配方1的橡胶结构致密性和稳定性较高，微观粒子与橡胶的相容性较好，微观粒子的分散均匀性较高。

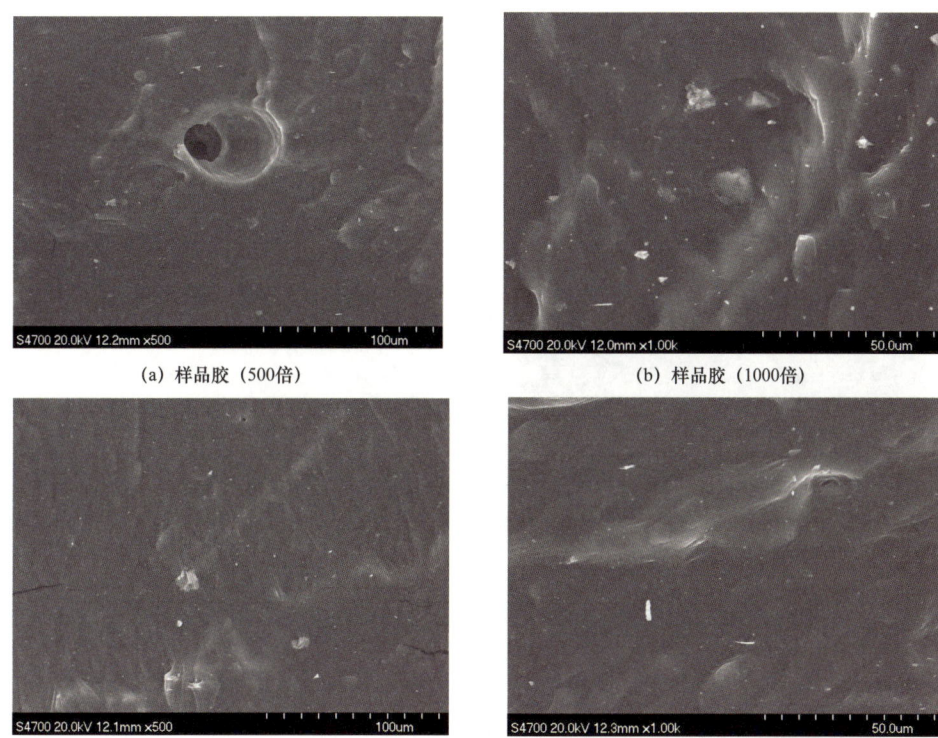

(a) 样品胶（500倍）　　　　　　　(b) 样品胶（1000倍）

(c) 配方1（500倍）　　　　　　　(d) 配方1（1000倍）

图 6-11　电镜扫描图片

炭黑在胶料中的分散状况及分散均匀程度，直接影响橡胶的性能，如橡胶的拉伸强度、撕裂性能、疲劳性能、耐磨耗性能等。如图 6-12 所示，根据橡胶在不同放大倍数的电镜扫描图和胶胶料中炭黑的分散度比对，快速、准确确定并控制混炼工艺。分析结果表明，炭黑的分散度达到 99.78%，对保证螺杆钻具定子橡胶的质量、提高生产效率、节约能源、降低成本都具有重要意义。

四、HSE 设施及措施

螺杆钻具作为钻柱组合内提供井下动力的重要部件，在现场使用过程中应注意以下事项：

（1）螺杆钻具运输过程中包装尽量简约，避免包装拆卸物伤害环境；

（2）吊运过程中配备的提升短节等承载件应经过无损检测；

（3）防止螺杆钻具使用中的误操作造成憋泵、顿钻溜钻、钻压过大、复合钻转速过高等问题；

（4）冬季施工注意螺杆钻具的"防结冰处理"，防止螺杆钻具内部定子转子冻结，钻台试验时可能会憋泵，导致设备损坏；

（5）现场应制订针对螺杆钻具故障判别及事故预防的预案、常见的故障原因分析及解决措施（表 6-4）。

螺杆钻具使用过程中一般事故预防预案如下：

（1）严格按照使用说明书的要求设定钻压、排量等钻井参数；

（2）现场操作过程中，一旦发现立管压力突然升高的情况，第一反应是提钻，将钻具稍提离井底；

（3）提钻过程中注意钻台钻井液的收集，应有相应的防溅工具；

（4）根据故障分析情况，积极采取应对措施。

测试方法：CB_(X,Y)
放大率：100
扫描点数：5
X（小于23μm的白色区域的等级）：7.92（A）
Y（大于23μm的白色区域的等级）：9.96
白色区域的面积比例（%）：1.24
平均颗粒大小：7.68
白色颗粒大小的标准方差：4.40
分散度（%）：99.78
填料体积分数为35%时的分散度（%）：96.45
通过/不通过：通过

测试方法：CB_(X,Y)
放大率：100
扫描点数：5
X（小于23μm的白色区域的等级）：6.75（A）
Y（大于23μm的白色区域的等级）：9.87
白色区域的面积比例（%）：2.38
平均颗粒大小：9.91
白色颗粒大小的标准方差：5.18
分散度（%）：99.59
填料体积分数为35%时的分散度（%）：93.20
通过/不通过：通过

测试方法：CB_(X,Y)
放大率：100
扫描点数：5
X（小于23μm的白色区域的等级）：7.31（A）
Y（大于23μm的白色区域的等级）：9.94
白色区域的面积比例（%）：1.49
平均颗粒大小：8.66
白色颗粒大小的标准方差：4.88
分散度（%）：99.68
填料体积分数为35%时的分散度（%）：95.73
通过/不通过：通过

图 6-12　炭黑分散度测试图片

表 6-4　螺杆钻具常见故障原因分析及解决措施

现象	原因分析	解决措施
泵压升高	将钻头提离井底，如果压力恢复正常，可以判断为钻压过高	减小钻压
	将钻头提离井底，如果压力仍不下降，可以判断为有零件卡死或水眼堵塞	更换螺杆钻具
泵压降低	同时伴随钻井液流量减少，钻井泵流量减少，或钻柱漏失	维修钻井泵或提钻检查钻具并更换问题钻具

续表

现象	原因分析	解决措施
没有进尺	地质情况变化	调整钻井参数
	钻头磨损	提钻更换钻头
	下钻遇阻或脱压	反复提放钻具,适当调整钻压,或者改变导向螺杆钻具结构和钻具组合
	旁通阀不能自动关闭	可以反复启停钻井泵试验
	螺杆钻具磨损或失效	起钻更换螺杆钻具

五、工业化应用效果及前景

1. 工业应用效果对比及分析

高温螺杆钻具的工业试验是在四川龙2井中进行的,该井设计井深为6600m,试验岩层为嘉陵江组的嘉一段、飞仙关组的飞四段及飞三一段,岩性为灰色/深褐色灰岩、鲕状灰岩、泥云岩、石膏、泥岩,井底温度为120～130℃,螺杆钻具钻进的井段为5538～6115m,总进尺为577m,使用时间为155h,纯钻时间为135h。

表6-5为岩性基本一致的同一层位(井深5538m)螺杆钻和转盘钻钻井数据对比结果。结果表明,螺杆钻具钻进的平均钻时为13.2min/m,转盘钻进的平均钻时为22.2min/m,使用螺杆钻具后的机械钻速得到大幅度提升。

表6-5 龙2井钻井数据对比

钻井方式	层位	总进尺,m	总钻时,min	平均钻时,min/m
转盘钻进	嘉一段	17	377	22.2
螺杆钻进		234	3093	13.2

本次工业试验,将螺杆钻具的使用井深由5000m级推进到6000m级,覆盖当前我国大部分深井的井深范围。工业试验结果也表明,与普通螺杆钻具的使用寿命最高仅有70h相比,高温螺杆钻具的使用寿命达到155h,螺杆钻具的使用寿命得到大幅提高。

2. 经济效益分析

高温螺杆钻具能够有效提高超深井的机械钻速、缩短钻井周期、节省设备日费。2009年下半年,高温螺杆钻具在辽河油区共使用92套,平均使用时间为80h,普通螺杆钻具的平均使用时间为10～25h。完成同样的工作量需要的普通螺杆钻具的数量为300～700套,而高温螺杆钻具消耗量仅为常规螺杆钻具的20%左右,使用费用大大降低。粗略估算,2009年,高温螺杆钻具为辽河油区创造经济效益达数千万元。

3. 推广应用效果与前景

高温螺杆钻具在深井、超深井中的推广应用效果显著。近年,随着耐温性能的不断提高,高温螺杆钻具入井深度越来越深,在一系列重点超深井中发挥了巨大的作用,在各区块超深井应用中提高的钻井功效均在30%以上,如四川龙岗10井、四川龙岗11井、新疆大北 3 井、吉林长深平 1 井、大庆徐深 1 平 1 井、塔中 862H 井等。

随着石油行业"寒冬"的降临，各油田在超深井开发上的投入大幅度削减，高温螺杆钻具的市场需求也大幅度放缓。尽管如此，北石仍在积极创造条件继续提高高温螺杆钻具的性能。2015 年，175℃高温螺杆钻具通过了厂内台架试验，并在塔中 862H 井中进行了工业化应用，各项性能指标完全满足 175℃以内井底温度的要求。随着石油行业的逐步复苏，高温高压螺杆钻具的应用前景会更加广阔。

目前国内高温螺杆钻具的应用温度与国外比还有一些差距，例如贝克休斯公司的螺杆钻具工作温度可达到 190℃，明显高出国内水平，这也是目前国内的努力方向。

第二节 耐高温高压随钻震击器

随钻震击器作为部件随钻具一起下井进行钻井作业，在钻进或者起下钻过程中若钻遇卡阻，可以立即活动钻柱使震击器进行上击或下击作业，借助震击瞬间释放出巨大震击力来迫使钻柱解卡，以降低井下卡死钻柱的风险。但在井深 5000m 以上的井中，地层温度一般都会超过 130℃，有的甚至超过 175℃，压力达到 60MPa。而震击器密封件的稳定性受高温高压影响极大，易出现密封早期失效。随钻震击器在此高温高压下经常会失效，导致震击器无法正常工作。

在对世界各主要石油公司如国民油井（NOV）、威德福等大型井下工具供应商同类产品调研时发现，他们的耐高温震击器技术较为成熟，但在结构、维修性等方面尚有待改进。为此，北石在多年来开发震击器基础之上，根据现阶段钻井操作实际需求，研制出了一种适用于高温高压钻井的 QY-AG 型随钻震击器。这种震击器的机械部分采用行程控制的卡瓦式锁紧机构，液压部分采用阀式阻尼延迟机构，把二者有机地组合到一起，可以在温度为 180℃、压力为 60MPa 以上的井中使用。

一、主要技术参数

QY-AG 型耐高温随钻震击器是一种新型的，集上、下击为一体的带机械锁紧的全液压式随钻震击器，其最高工作温度为 180℃，耐受工作压力为 60MPa。

QY-AG 型耐高温高压随钻震击器技术参数见表 6-6。

表 6-6 耐高温高压随钻震击器技术参数表

型号	外径 mm	内径 mm	行程，mm		许用拉力 kN	许用扭矩 N·m	连接螺纹	耐温能力 ℃	耐压能力 MPa	许用释放力 kN	
			上击	下击						上击	下击
QY121AG	121	45	300	300	1100	15	NC38	180	60	400	250
QY159AG	159	57	300	300	1600	25	NC50			700	350
QY165AG	165	57	300	300	2000	25	NC50			700	350
QY172AG	172	57	300	300	2400	30	NC50			800	400
QY178AG	178	57	300	300	2400	30	NC50			800	400

续表

型号	外径 mm	内径 mm	行程，mm		许用拉力 kN	许用扭矩 N·m	连接螺纹	耐温能力 ℃	耐压能力 MPa	许用释放力 kN	
			上击	下击						上击	下击
QY203AG	203	70	300	300	2800	35	6 5/8 REG			1000	500
QY229AG	229	70	300	300	3000	35	7 5/8 REG			1200	600
QY244AG	244	76	300	300	3500	40	8 5/8 REG			1250	650

二、结构和原理

1. 结构

QY-AG 型随钻震击器主要由液压阻尼机构、机械锁紧机构、连接机构、密封机构和打击机构等组成，其结构及主要零部件如图 6-13 所示。

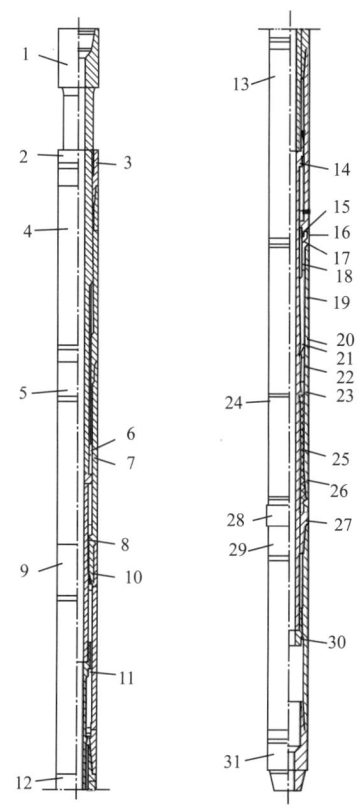

图 6-13 QY-AG 型随钻震击器结构示意图

1—花键心轴；2—扶正体；3—密封组；4—花键筒体；5—上阀筒体；6—背母；7—防掉卡环；8—上阀体心轴；9—液压缸；10—阀体总成；11—下阀体心轴；12—下阀筒体；13—上筒体；14—卡瓦心轴；15—限位块；16—限位孔螺钉；17—调节孔螺钉；18—上击调节螺母；19—弹性机构总成；20—调整套；21—隔套；22—卡瓦套；23—卡瓦；24—中筒体；25—延长心轴；26—下击调节螺母；27—油堵总成；28—连接体；29—下筒体；30—活塞；31—下接头

QY-AG型随钻震击器核心部件为由液压缸体、阀体总成、阀体心轴组成的液压阻尼机构（图6-14）和由卡瓦心轴、卡瓦、卡瓦套、弹性套组成的机械锁紧机构（图6-15）。

1）液压阻尼机构

目前，国内外液压阻尼机构按其结构不同可分为活塞式（图6-16）和阀式（图6-14）两种类型。由于活塞式液压阻尼机构对活塞的密封效果要求极高，活塞配合及密封稳定性受温度影响极大，易导致密封早期失效，因此，QY-AG型随钻震击器选用了阀式液压阻尼机构。

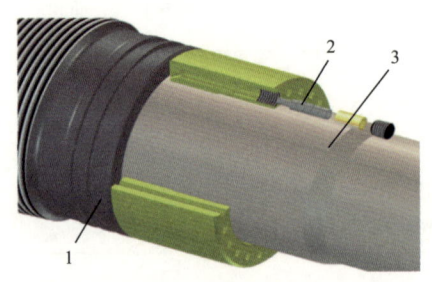

图6-14　QY-AG型随钻震击器液压阻尼机构
1—液压缸体；2—阀体总成；3—阀体心轴

QY-AG型耐高温高压随钻震击器设计的阀式液压阻尼机构，包括液压缸体、阀体总成和阀体心轴等主要零部件。当钻柱的拉力作用于震击器时，带动阀体心轴移动，阀体总成左端面和内孔实现密封。由于液体不可压缩，使阀体心轴上的活塞移动受阻，液压缸体内的液体在压力作用下通过阀体总成内部阀销上的限流槽流出，在此过程中，阀体心轴在拉力的作用下缓慢移动。当拉力足够大，或者拉力保持的时间足够长时，阀体心轴移动到释放位置，打击机构产生震击。

2）机械锁紧机构

目前国内外机械锁紧机构可分为摩擦卡瓦式（图6-17）、弹簧预紧的卡瓦式（图6-18）、行程控制的卡瓦式（图6-19）三种类型。

摩擦卡瓦式机械锁紧机构释放时，需克服较大的摩擦阻力，对摩擦副材料及热处理性能要求极高，受工作原理的局限，摩擦副需经常更换，一旦摩擦表面局部研伤，则很有可能发生黏结烧死，无法震击的后果，存在极大的安全隐患。

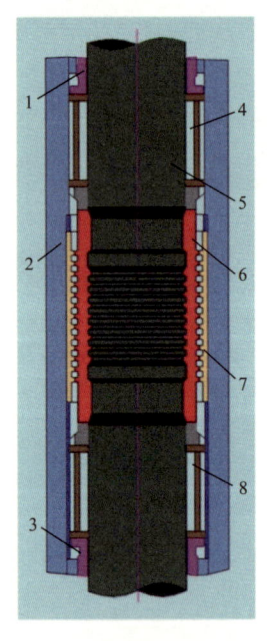

图6-15　QY-AG型随钻震击器机械锁紧机构
1—上击调节螺母；2—外筒体；3—下击调节螺母；
4—弹性机构总成；5—卡瓦心轴；6—卡瓦；
7—卡瓦套；8—弹性机构总成

弹簧预紧的卡瓦式机械锁紧机构结构简单，上、下击一体，长度较短，使用可靠，但其释放力需要在产品组装时通过适当增减调整垫片进行调节，钻井现场不能随意调节，使用上相对不是太方便，维修时也过于烦琐。另外，其锁紧机构元件较多，材料及加工要求很高，一定程度上限制了此类震击器的应用。

行程控制的卡瓦式锁紧机构对摩擦副的强力摩擦较前两种小得多，因此，这种锁紧机构的易损件较少，使用寿命更长，整机结构合理，安全可靠，上、下击一体，上、下击释放力可以在井口分别调节且调节操作简便易行，调值准确稳定，产品性能受高温、腐蚀性介质等工作环境的影响小，适用于各种情况下的随钻工作。

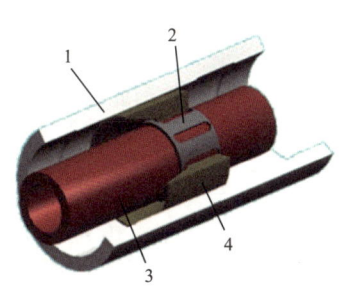

图 6-16　活塞式液压阻尼机构

1—压力体；2—旁通环；3—延长心轴；4—锥形活塞
5—阀体；6—阀销；7—滤芯；8—丝堵

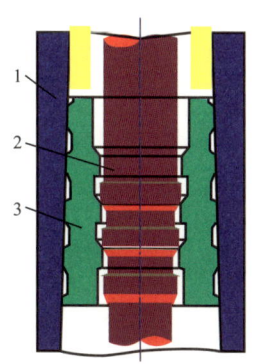

图 6-17　摩擦卡瓦式机械锁紧装置

1—筒体；2—卡瓦心轴；3—摩擦卡瓦

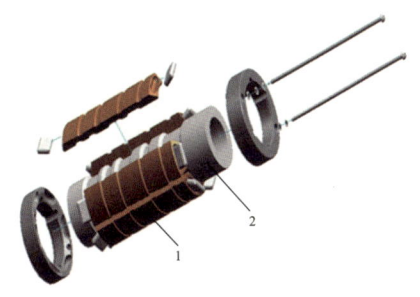

图 6-18　弹簧预紧的卡瓦式机械锁紧装置

1—卡瓦；2—卡瓦心轴

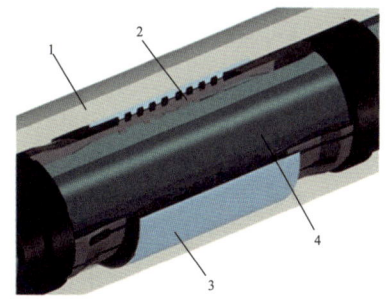

图 6-19　行程控制的卡瓦式机械锁紧装置

1—中筒体；2—卡瓦；3—卡瓦套；4—卡瓦心轴

综上所述，QY-AG 型耐高温随钻震击器的机械部分选用了行程控制的卡瓦式锁紧机构，液压部分选用了阀式阻尼延迟机构，然后把二者有机地组合到一起，实现了预期功能。

3）连接机构

连接机构是实现震击器各筒体类零件之间以及产品与钻柱其他构件的可进行有效连接的重要机构。在钻井作业过程中，震击器承受着轴向和周向的动、静载荷作用，因此，如何保证其在复杂受理情况下的强度是此处设计的关键。

震击器与钻柱其他构件的连接机构采用符合 API SPEC 7-2 规范要求的连接螺纹。根据各筒体的不同作用和其内部结构功能需要，震击器各筒体间的连接机构采用了能满足产品使用要求且强度高的锥螺纹，经对筒体连接机构的螺纹强度进行校核以及现场应用表明，其理想抗弯截面模量 BSR 范围为 1.9～3.2，满足产品使用要求。

4）密封机构

适用于深井、超深井钻井的耐高温高压随钻震击器在研制过程中，筒体间采用了耐高温高压密封设计。外螺纹末端及内螺纹起始端均设计有密封台阶，旋合后，两台阶形成密封腔，腔内配合耐高温密封圈。耐高压密封采用备份设计，保证了高温高压钻井环境下的密封性能。

震击器本体外壁与井眼环空之间采用一组刮泥圈、两组耐高温"Y"形密封及四组耐高温"O"形密封交替均布。其中"Y"形密封采用单向耐高温垫圈,"O"形密封采用双向耐高温垫圈,扭矩传递机构间的密封采用备份设计,确保震击器在高温高压下的正常使用。

震击器水眼通道密封腔采用一组耐高压 J 形车氏密封、两组耐高温"Y"形密封及两组耐高温"O"形密封交替均布。其中"Y"形密封采用单向耐高温垫圈,"O"形密封采用双向耐高温垫圈设计,确保震击器在高温高压下的正常使用。

为满足深井及超深井作业过程中的高温高压环境条件,通过对表 6-7 各种类型的密封材料性能(包括拉伸强度、伸长率、使用温度范围、压缩永久变形、溶胀性等)进行综合分析和比较,选用了其中一种橡胶材料作为耐高温高压震击器的密封件,这种材料的密封性能要能够在 200℃的高温下工作 1000h。根据震击器在井下实际使用工况,对选定的密封材料进行了油介质高温老化试验。

试验对象:产品上各型号密封各一。

加热温度:180℃、190℃、200℃。

加热时长:500h(180℃)、400h(190℃)、240h(200℃)。

试验介质:液压油。

高温后检验:外观检验及回弹性、溶胀系数测试。

试验结果:通过外观检查表面平整无裂纹,溶胀系数及回弹性测试达到使用要求。

表 6-7 各橡胶性能比较表

橡胶类别	拉伸强度 MPa	伸长率 %	使用温度 ℃	压缩永久变形	回弹性	电性能	撕裂强度	耐磨耗性	耐磨口增长	耐水溶胀性	耐酸性
天然橡胶(NR)	6.89~27.56	100~700	−75~90	良	优+	优	优	优	优	优	良
异成橡胶(IR)	6.89~27.56	100~750	−75~90	中	优+	优	优	优	优	优	良
丁苯橡胶(SBR)	6.89~24.12	100~700	−60~100	良	良	中	中~良	优	良	良~优	良
顺丁橡胶(BR)	6.89~20.67	100~700	−100~100	中	优+	良	良	优	中	差	良
氯丁橡胶(CR)	6.89~27.56	100~700	−60~120	良	优	良	良	良	良	良	良
丁基橡胶(IIR)	6.89~20.67	100~700	−60~150	中	中	优	良	优	优	优	优
丁腈橡胶(NBR)	6.89~27.56	100~600	−50~120	良	良	差~中	良	优	优	优	良
乙丙橡胶(EPDM, EPM)	6.89~20.67	100~300	−60~150	中	良	优	差	良	良	优	优
硅橡胶(Q)	3.45~10.34	50~800	−120~280	优	良	优	中	中	中	优	中

续表

橡胶类别	拉伸强度 MPa	伸长率 %	使用温度 ℃	压缩永久变形	回弹性	电性能	撕裂强度	耐磨耗性	耐磨口增长	耐水溶胀性	耐酸性
氟橡胶（FPM）	6.89～16.54	100～350	−50～300	优	中	良～优	中	良	中	良～优	优
聚氨基甲酸酯橡胶（FUR）	6.89～55.12	100～700	−60～80	优	优	中～良	优	优	良	中～良	中
聚硫橡胶（ET、EOT）	3.45～6.81	100～400	−30～80	差	中	良	中	中	差	良～优	中
丙烯酸酯橡胶（ACM）	6.89～15.16	100～400	−30～180	良	良	差～中	中	良	中	差～中	中
氯磺化聚乙烯橡胶（CSM）	6.89～19.29	100～500	−60～150	良	良	良	良	良	良	良～优	优

5）打击机构

打击机构用来将释放端的动能通过打击面的打击转换成震击力，同时还具有冲程限位的作用。

如果震击器锁紧机构突然释放，受拉伸长的管柱就会因弹性势能的作用迅速恢复为原来的长度，钻柱的弹性变形恢复力就会带动心轴及心轴释放端的撞击头以极大的加速度开始运动，经短时间的加速，撞击头与打击面产生强烈撞击，对卡点产生巨大的冲击动能，使卡点松动，起到解卡的作用。

在计算打击面的强度时，取静强度的许用屈服极限代替$[\sigma_j]$进行强度计算。

根据材料的强度校核条件：

$$\sigma_j = \frac{p_d}{A} d \ [\sigma_j]$$

式中 p_d——最大打击力（取 2 倍的释放力）；

A——撞击面积。

A 由下式计算：

$$A = \frac{\pi}{4}\left(d_1^2 - d_2^2\right)$$

式中 d_1——撞击面最大直径；

d_2——撞击面最小直径。

在冲击条件下的许用屈服极限为：

$$[\sigma_j] = [\sigma] = \frac{\sigma_s}{n} \text{MPa}$$

将计算结果 σ_j 与 $[\sigma_j]$ 进行比较,当 $\sigma_j < [\sigma_j]$ 时,安全。

6)适用于高温作业环境的液压油配型及试验

液压油作为液压式震击器的生命线,其良好的耐高温物理性质、黏温特性等液压油性质,保证了震击器在深井、超深井高温高压井下的正常工作性能。为适应深井及超深井作业过程中的高温高压环境条件,液压油选用了专用耐高温液压油,按照供应商提供的液压油技术参数(表6-8),参照超深井钻井井下作业高温工况进行了模拟试验。试验表明,专用耐高温液压油具有良好的黏温性能、高黏度指数,极强的油膜强度等特征,能保证超深井地层高温度下震击器的润滑性能。

表 6-8 耐高温液压油技术参数表

参数名称	运动黏度,mm²/s		黏度指数	闪点,℃	燃点,℃	酸值,mg(KOH)/g	歧管着火实验
	100℃	40℃					
衡量单位	不小于	等于	不小于	不低于	不低于	不大于	通过
参数值	7.00	28.8～35.2	180	270	300	3.0	通过

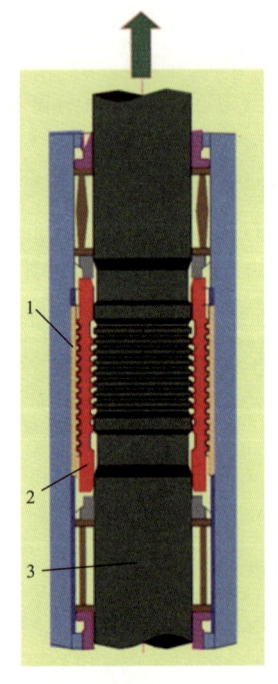

图 6-20 上击解锁过程示意图
1—卡瓦套;2—卡瓦;3—心轴

2. 工作原理

当钻井作业遇卡或遇阻需要震击器进行上击作业时,司钻上提钻柱使震击器的心轴向上运动。一旦拉力达到锁紧机构的上击标定锁紧力,卡瓦就会突然完全张开,并嵌入卡瓦套内,锁紧装置松开,处于解锁状态(图6-20)。机械锁紧装置解锁后,震击器心轴在该拉力的作用下继续向上移动并压缩震击器液压缸内的液压油,在液压缸内形成液压阻尼机构阀体总成上端的高压腔和下端的低压腔。由于高压液压油通过阀体总成中预留的狭长通道进入液压缸体的低压腔,震击器的心轴缓慢向上移动,震击器处于上击液压延迟状态(图6-21)。震击器在预拉力及液压阻力的作用下缓慢拉开,此时司钻可视现场情况提升钻柱动态调节预拉力。当震击器心轴运动到释放位置时失去液压阻尼机构的约束而进入自由打击状态,震击器心轴快速移动与筒体外端面的打击机构发生撞击,打击机构产生的强大上击力通过震击器壳体和钻具组合传递至卡点,在卡点形成向上的震动趋势,完成一次上击。随后,下放钻柱使震击器复位,以备下次震击或继续钻进。

当钻井作业遇卡或遇阻需要震击器进行下击作业时,司钻下放钻柱使震击器的心轴向下运动,一旦压力达到锁紧机构的下击标定锁紧力,卡瓦就会突然完全张开,并嵌入卡瓦套内中,锁紧装置松开,处于解锁状态(图6-22)。机械锁紧装置解锁后,震击器心轴在该压力的作用下继续压缩震击器液压缸内的液压油,在液压缸内形成液压阻尼机构阀体总成下端的高压腔和上端的低压腔。由于高压液压油通

第六章 超深井钻井工具

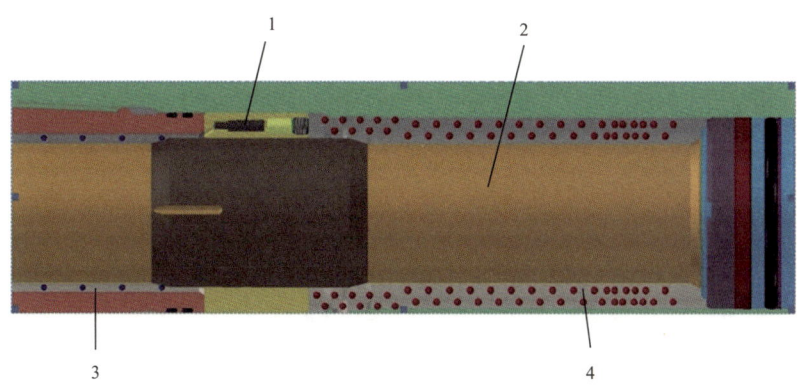

图 6-21 上击液压过程示意图
1—阀体总成；2—心轴；3—低压部分；4—高压部分

过阀体总成中预留的狭长通道进入液压缸体的低压腔，震击器的心轴缓慢向下移动，震击器处于下击液压延迟状态（图 6-23）。震击器在预压力及液压阻力的作用下缓慢闭合，此时司钻可视现场情况下放钻柱动态调节预压力。当震击器心轴运动到释放位置时失去液压阻尼机构的约束而进入自由打击状态，失去约束的震击器心轴快速移动并与筒体内孔端面的打击机构发生撞击，打击机构产生的强大下击力通过震击器壳体和钻具组合传递至卡点，在卡点形成向下的震动趋势。随后，上提钻柱使震击器复位，以备下次震击或继续钻进。

3.QY-AG 型随钻震击器安装位置

QY-AG 随钻震击器在钻柱组合中可以略受拉力或压力，其安装位置也相对较为自由。从震击器使用寿命的角度考虑，理想的安装位置应尽量避免放在钻柱中性点，以安装在钻柱中和性以下，使随钻震击器受到一定的压力，且此压力与随钻震击器所受的开泵力相当为宜。从处理意外事故效果的角度考虑，随钻震击器在钻柱中的位置离可能的卡点越近越有效。同时，安装位置所受的拉力或压力不可过大，以免引起误震。较为典型的安装位置建议如下：

（1）安装在钻具组合的下部（随钻震击器受压）。

这时随钻震击器应装在顶部扶正器以上至少一根钻铤的位置。扶正器和随钻震击器之间的钻铤可增加随钻震击器的安全。例如岩屑沉积不至于卡住随钻震击器。如果钻柱中装有减震器，则随钻震击器应位于减震器之上。

（2）安装在钻具组合的上部（随钻震击器受拉）。

如果预计钻柱将会发生压差黏附卡钻，则应将随钻震击器放置于井下钻具组合中足够高的位置，使随钻震击器始终位于卡点之上。其缺点是如果钻头和扶正器被卡，随钻震击器和卡点之间的距离太大，会降低震击效果。

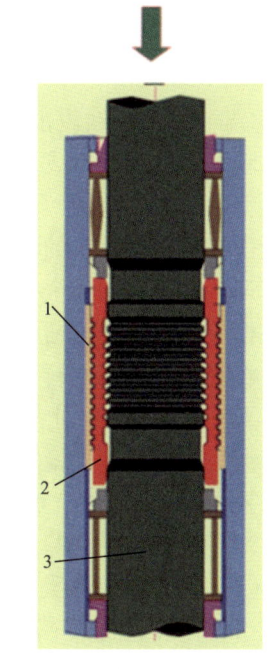

图 6-22 下击解锁过程示意图
1—卡瓦套；2—卡瓦；3—心轴

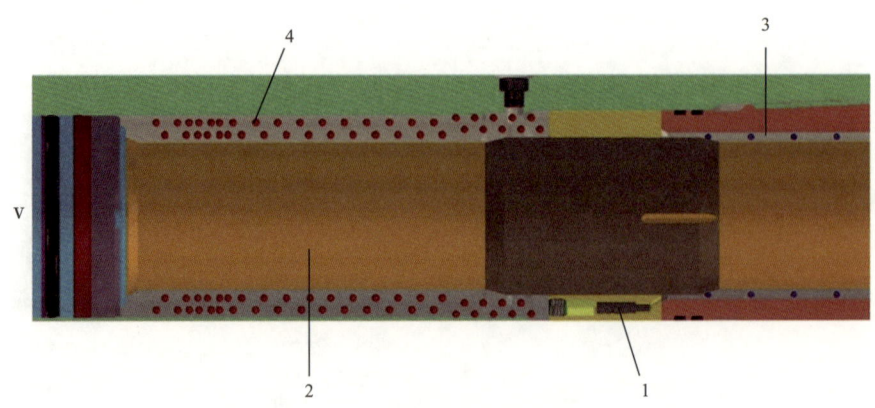

图 6-23　下击液压过程示意图
1—阀体总成；2—心轴；3—低压部分；4—高压部分

三、技术创新

QY-AG 型随钻震击器的上、下击作用均采用液压原理，其内部阀体心轴相对于阀式液压阻尼机构在拉力或压力的作用下缓慢移动。当拉力或压力保持的时间足够长时，阀体心轴移动到释放位置，震击机构产生震击，该时间称为延迟时间。司钻可在此延迟时间内在震击器许用释放力的范围内调整对震击器的拉力或压力，实现对上击力和下击力大小的动态调整。震击器的全密封油浴润滑则减少磨损，提高使用寿命，配备稳定可靠的机械锁紧机构，有效地防止钻进、起下钻、接单根或触井底时发生误震。

将机械部分采用行程控制的卡瓦式锁紧机构，液压部分采用阀式阻尼延迟机构有机地组合到一起，以实现上、下击作用均采用液压原理，实现了司钻对上击力和下击力大小的动态调整。并配备了稳定可靠的机械锁紧机构，有效地防止钻进、起下钻、接单根或触井底时发生误震。

耐高温高压密封件均能够在 200℃高温下和 60MPa 的高压下工作 1000h，具有如下特点：

（1）综合比对各类密封件材料性能，形成了一整套密封件材料选型方法和试验方法，为震击器在高温高压工况下应用奠定了良好基础。

（2）震击器筒体间外螺纹末端及内螺纹起始端均设计有密封台阶，旋合后，两台阶形成密封腔，腔内配合耐高温密封圈，保证了高温高压钻井环境下的密封性能。

（3）震击器壳体与井眼环空之间采用耐高温组合密封。一组刮泥圈、两组耐高温"Y"形密封及四组耐高温"O"形密封交替均布。其中"Y"形密封采用单向耐高温垫圈，"O"形密封采用双向耐高温垫圈，扭矩传递机构间的密封采用备份设计。

（4）震击器的各密封腔采取密封备份形式确保震击器能在 60MPa 的地层压力和循环压力下稳定、可靠、持久工作。

（5）震击器水眼通道密封腔的密封形式为耐高温高压型组合密封。一组耐高温 J 形车氏密封、两组耐高温"Y"形密封及两组耐高温"O"形密封交替均布。其中"Y"形密封采用单向耐高温垫圈，"O"形密封采用双向耐高温垫圈。

（6）适用于高温作业环境的液压油具有良好的黏温性能、高黏度指数，极强的油膜强度等特征，保证了超深井地层高温度下震击器的润滑性能。

(7)震击器在钻柱中的安装位置比较自由,可以置于受拉、中性点、受压等各种位置,操作简单,使用方便。

(8)震击器的结构紧凑,连接螺纹强度高,密封可靠。全密封油浴润滑有利于减少震击器心轴在震击过程中的磨损并可提高使用寿命。

四、HSE 设施及措施

1.HSE 注意事项

随钻震击器作为井下钻柱的重要组件,在现场使用操作过程中主要应注意以下 HSE 事项:

(1)现场服务人员持证上岗,劳保服装穿戴齐全;
(2)随钻震击器运输过程中应有有效包装,且包装尽量简约,不伤害现场环境;
(3)随钻震击器吊运过程中配备的提升短节等必须定期进行无损检测;
(4)现场服务人员详细跟踪指导,防止误操作造成事故。

2.现场常见故障处理方法

随钻震击器使用过程中的常见故障处理方法见表 6-9。

表 6-9 现场故障处理解决方法

现场故障描述	解决方法
上击调节螺母或下击调节螺母调不动	(1)如果上击调节螺母或下击调节螺母能够往一个方向调动,则产品已经处于最大或最小释放力位置。此时上击调节螺母或下击调节螺母不能往另一个方向调节属正常情况。 (2)产品没有完全处于复位状态,此时上击调节螺母或下击调节螺母受压,自然调节不动。请适当下压或上拉花键心轴,使调节螺母不受压力。一般情况下,当刚从上击状态复位时,可稍微压缩花键心轴;刚从下击状态复位时,可稍微提拉花键心轴。 (3)如果因为拨动工具(如一字改锥)太小,调节费劲,请换大号的工具
上提钻柱后没有震击	(1)随钻震击器在钻具组合中的位置不当使其受太大的拉力,或循环钻井液压力高导致随钻震击器的开泵力达到标定锁紧力,随钻震击器已经处于上击后的拉开位置,则可以多释放一些钻柱,使震击器受压力复位后重新上提钻柱。 (2)随钻震击器的上击锁紧力调节得太高或太低,可提出井口,尝试改变随钻震击器的上击锁紧力。 (3)随钻震击器经过多次震击后,锁紧机构卡死,可提出随钻震击器进行检修
下放钻柱后没有震击	(1)随钻震击器在钻具组合中的位置不当使其受太大的压力,随钻震击器已经处于下击后的闭合位置,则可以先上提钻柱,使随钻震击器复位,然后重新下放钻柱。 (2)随钻震击器的下击释放力调节得太高或太低,可提出井口,改变随钻震击器的下击释放力。 (3)随钻震击器经过多次震击后,锁紧机构卡死,可提出随钻震击器进行检修
正常钻进时产生震击(误击)	(1)随钻震击器的锁紧力调得太低,钻柱震动引起误震。可设法减少钻柱的震动,或者调高随钻震击器的锁紧力。 (2)随钻震击器在钻柱组合中的位置不合理,导致随钻震击器在正常钻进时受到过大的拉力或压力。如果向下误击,可以试着减小钻压,或者提高随钻震击器在钻柱组合中的位置。反之,如果向上误击,可以试着增加钻压,或者降低随钻震击器在钻柱组合中的位置

3. 检测手段

为了保证震击器工作的可靠性，QY-AG 型耐高温高压随钻震击器在出厂前都经过全面地功能检测，为此专门设计了井下工具试验装置（图 6-24、图 6-25），检测内容包括随钻震击器的整机台架试验和耐高温、高压性能试验。

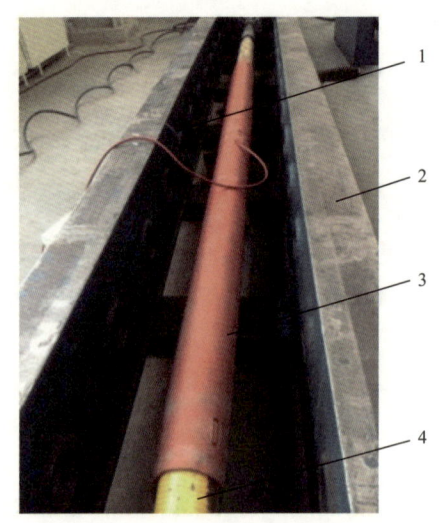

图 6-24　高温台架试验

1—温度传感器；2—试验台架；3—加热装置；4—随钻震击器

图 6-25　部件耐压台架试验

1—部件；2—压力表

五、工业化应用效果及前景

在超高温高压井下钻井工具的研究领域，我国已经取得很大进展，但与美国相比，还有一定的距离。如美国在 2011 年就完成了 4500m 以上深井超深井 3086 口，占总钻井数的 6.8%。近年来，中国石油深井、超深井数量快速增长，2012 年完成 4000m 以上深井 643 口，其中 6000m 以上超深井近 100 口。我国在超高温高压钻井工具研制与应用方面已经积累了许多经验，并取得了较好的效果。如 2014 年，QY121AG、QY165AG 和 QY203AG 耐高温全液压式随钻震击器在华北油田牛东区块随钻具组合入井，期间多次震击，均成功解卡。其中 QY121AG 型震击器在 5108.65~5961.28m 井段处井下温度高达 170~180℃，井下震击器累计震击 310 余次，未发现异常，展现出了良好的应用效果。

随着我国油气勘探开发不断向深层、复杂储层拓展，许多井的井下温度接近 200℃ 或更高，地层压力甚至会超过 100MPa，高温高压给钻井、测井、测试及后续安全生产等作业带来了巨大挑战，这是今后一个时期所需要面临的难题。我们将会不断跟踪国外在高温高压井下震击器领域的新进展和新技术，结合我国国情，开展 200℃ 或更高井下温度、地层压力超过 100MPa 的井下工具的研究，为我国超深井规模化钻探开发做好技术储备。

第三节　油气钻井用液力推进器

随着石油天然气工业的发展，定向井、大位移井、水平井和深井超深井等钻井工艺技术得到了广泛应用和发展。常规钻井依靠钻柱自重施加钻压的方式存在许多弊端，严重影响着机械钻速、井眼轨迹、钻头及钻具寿命，已不能满足超常规钻井的要求。此外，为了控制井眼轨迹，采用改变钻具结构、高速吊打、导向钻井系统、双心钻头和偏轴接头等方法，虽然有一定效果，但都有一定的局限性。在钻井速度和钻井效益越来越受到关注的今天，人们开始研制液力加压器等井下工具来解决上述问题。但是这些工具有的没有调压装置，且对钻头水眼有要求；有的虽有调压装置，但是一般是卡簧固定，拆装不易，影响使用。

针对上述问题，北石依托国家科技重大专项"煤层气水平井、多分枝水平井钻井技术研究"项目，研发出了一种YTJ型液力推进器，有效地解决了钻压不易施加的难题，可为钻头提供稳定的钻压。在提高机械钻速、钻具寿命和钻井质量方面，YTJ型液力推进器实现了钻井技术的一次重大技术变革。

YTJ型液力推进器系列产品已获得国家实用新型专利，并在吉林油田、塔里木油田、长庆油田、新疆油田和西南油田等国内各大油田的直井、定向井、大位移井及水平井的应用中，有效提高了机械钻速和钻头的使用寿命，大幅缩短了钻井周期，井斜控制效果也相当理想。

一、主要技术参数

YTJ型液力推进器系列产品技术参数见表6-10。

表6-10　YTJ型液力推进器技术参数表

型号	外径 mm	水眼直径 mm	行程 mm	许用拉力 kN	许用扭矩 kN·m	活塞面积 cm^2	活塞级数	连接螺纹	长度 m	质量 kg
YTJ79	79	25	300	300	3	84	2	$2\frac{3}{8}$ REG	3.5	107.5
YTJ95	95	32	300	500	4	72	2	$2\frac{7}{8}$ REG	3	138
YTJ121	121	45	500	1000	12	165	3	NC38	5.1	346
YTJ159	159	57	600	1500	14	175	2	NC50	4.2	495
YTJ165	165	57	600	1500	14	175	2	NC50	4.2	545
YTJ172	172	57	600	1600	15	240	2	NC50	4.2	583
YTJ178	178	57	600	1800	15	240	2	NC50	4.2	637
YTJ203	203	70	600	2200	18	300	2	$6\frac{5}{8}$ REG	4.6	865
YTJ229	229	70	600	2500	22	375	2	$7\frac{5}{8}$ REG	4.7	1135
YTJ279	279	76	600	3000	30	575	2	$8\frac{5}{8}$ REG	4.7	1840

二、结构及原理

1. 液力推进器基本结构

YTJ型液力推进器主要由连接机构、活塞机构、扭矩传递机构等部分组成，包括上接头、上筒体、连接体、下筒体、花键体、背母、组合密封和压力心轴、花键心轴等主要零件，其基本结构如图6-26所示。其中，各筒体用于连接钻具并传递扭矩；压力心轴在筒体内滑动、密封并传递压力；花键心轴上、下分别和压力心轴、钻头相连，将液压力传给钻头。

1）连接机构

连接机构（图6-27）由接头、筒体、连接体等零件组成，是实现液力推进器各筒体类零件之间以及推进器与钻柱其他构件的有效连接的重要机构。在钻井作业过程中，液力推进器承受着轴向和周向的动、静载荷作用，因此，如何保证其在复杂受力情况下的强度是设计连接机构的关键。

液力推进器与钻柱其他构件的连接采用符合API SPEC 7-2规范要求的连接螺纹进行连接。连接螺纹采用与耐高温高压随钻震击器相同的设计原则，其设计过程详见本章第二节耐高温高压随钻震击器的相关内容。所有外壳体螺纹均具有密封作用，但为了确保密封效果，在螺纹的前端加装密封机构，以提高密封的可靠性。

2）活塞机构

活塞机构由压力心轴、组合密封及背母等零件组成，其结构如图6-28所示。为满足产品使用工况，简化密封形式，增强密封效果，采用了多层级密封形式，包括刮泥圈、"Yx"形密封圈、"O"形密封圈、密封圈组等。其中，高压端为"刮泥圈+支承环+密封圈组"，低压端为"刮泥圈+"O"形密封圈和挡圈"。刮泥圈以阻止大颗粒钻井液进入液力推进器内部，起到初级密封作用。密封圈组密封应用于活塞部位高压端密封。

3）扭矩传递机构

液力推进器作为钻具组合的一部分需要传递工作扭矩，并作轴向伸缩运动。基于这样的工作特点，扭矩传递机构选用了矩形花键结构（图6-29）。该机构由花键体、花键心轴、密封件等零件组成，并且在保证传递扭矩的前提下，采用大的配合间隙，以防止受力变形而出现花键咬死的情

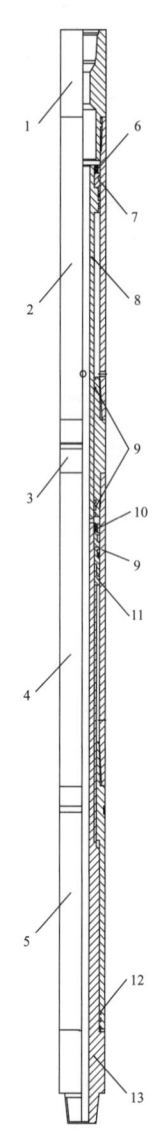

图6-26 YTJ型液力推进器结构示意图
1—上接头；2—上筒体；3—连接体；4—下筒体；
5—花键体；6—背母；7—组合密封1；
8—压力心轴；9—组合密封2；10—背母2；
11—对开卡环；12—组合密封3；13—花键心轴

况。花键部位的密封采用动态密封组合形式,即"刮泥圈+Yx形密封圈和挡圈+O形密封圈和挡圈"。

 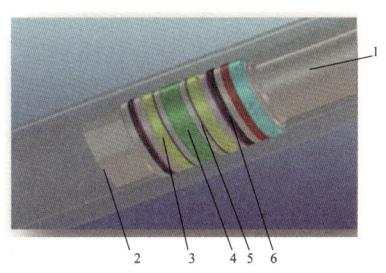

图6-27 连接机构示意图
1—筒体;2—连接螺纹;3—心轴

图6-28 活塞机构示意图
1—压力心轴;2—背母;3—密封圈组;
4—"Yx"形密封圈;5—"O"形密封圈;6—刮泥圈

2. 工作原理

液力推进器主要采用液压原理传递作用力。使用时,随钻具组合入井,钻头接近井底时开泵循环钻井液,钻井液经钻柱由液力推进器上接头进入各级环空。当钻井液从钻头流出时,因钻头喷嘴(或钻具马达)的节流作用,在缸筒内形成压力。该压力作用在液力推进器活塞的端面上,由于环空与液力推进器内的压力差对液力推进器的伸缩部分形成推力(该推力就是钻头所需要的钻压),推动活塞并带动心轴下行给钻头加压,推动钻头钻进,进而实现在行程范围内的自动送钻功能。

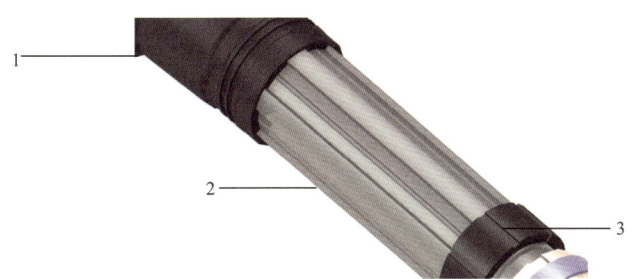

图6-29 扭矩传递机构示意图
1—外筒体;2—花键心轴;3—密封垫

工作时,液力推进器的内部结构将上部钻柱和底部钻具组合隔离开,上部钻柱与筒体相连,所有钻压只施加在液力推进器筒体上,而钻头和马达则与液力推进器心轴相连。液力推进器心轴和筒体之间没有物理连接,其内部充满钻井液,因此钻头和马达产生的纵向震动直接作用在钻井液上而不是作用在液力推进器壳体上,即在其内部将纵向震动,从而与上部钻柱隔开。借助钻井液柔性连接的关系及液体弹性吸收原理,将钻头井底震动与工具上部钻柱分隔开,起到液力减震作用,可有效保护钻具和钻头。当钻完一个行程后,指重表悬重增加,下放钻柱送钻,开始第二个行程。

液力推进器产生的推力计算公式:

$$F = \Delta p \times S$$

式中 S——有效活塞面积;

Δp——总压降。

Δp = 钻头压降 + 螺杆压降 + LWD 压降 + 其他压降。

由上式可知,液力推进器产生推力的大小与活塞的级数及有效工作面积和压降有关。

液力推进器推力值(钻压)的大小主要由钻头压降与工具有效活塞面积决定。其中,钻头压降可通过调节钻井液密度、钻井液排量、钻头喷嘴直径及数量等参数来改变,工具有效活塞面积可通过调节活塞级数来改变,钻井液密度、钻井液排量可以在推进器入井后进行调节,而其余参数只能在推进器和钻头入井之前进行调节。

在满足泵压的条件下,当钻头喷嘴直径最小、泵排量最大时,如果液力推进器产生的钻压仍然达不到钻井设计钻压,可以在液力推进器下端接一定长度钻铤,利用钻铤重量来补偿钻压。

3. 配套应用

1)液力推进器的安装

液力推进器安装时,应尽可能地接在靠近钻头的位置,推进器保持内螺纹端(上接头)朝上,外螺纹端(花键心轴端)朝下,从而更有效地发挥其减震作用。采用该安装法可将钻头的震动和推进器上部钻柱分隔开,减少钻具的纵向震动,同时对钻具的横向震动和扭转震动具有解耦作用,可提高钻具的使用寿命和机械钻速。一般情况下,液力推进器安放位置主要有以下两种方式:

(1)常规转盘钻井作业中,可直接接在钻头上。

典型钻具组合:钻头 + 扶正器 / 或无 + 钻铤 / 或无 + 扶正器 + 液力推进器 + 防斜钻具组合或定向钻具组合 + 钻铤 + 钻杆(图 6-30)。

(2)使用井下动力钻具钻井时,可将液力推进器接在动力钻具上。

典型钻具组合:钻头 + 马达 + 扶正器 / 或无 + 钻铤 / 或无 + 扶正器 + 液力推进器 + 定向或造斜钻具组合 + 钻铤 + 钻杆。

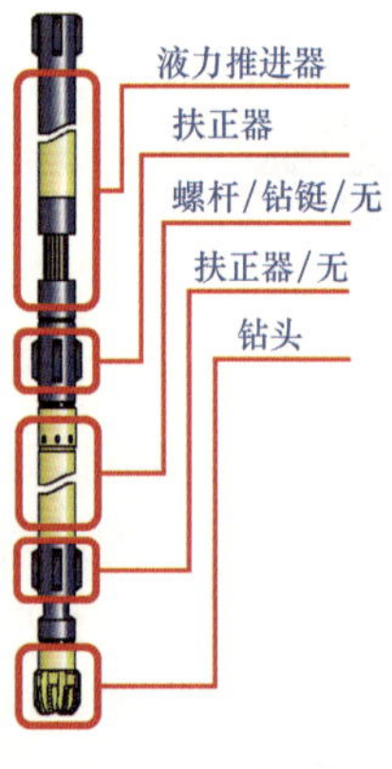

2)液力推进器操作方法

根据实际使用工况,正确安装液力推进器,随钻具组合入井。操作步骤如下:

(1)按常规方法下放钻柱,待钻头接近井底一定距离(2~5m)时,开泵循环钻井液并开动转盘。此时液力推进器的活塞处于工作行程的终点,即"下行极限位置",心轴行程为全伸出状态,大钩悬重为钻柱在钻井液中的悬浮重量。缓慢下放钻柱,钻头接触井底。

图 6-30 YTJ 型液力推进器安装位置示意图
1—液力推进器;2—扶正器;
3—螺杆 / 钻铤 / 无;4—扶正器 / 无;5—钻头

(2)继续下放钻柱,大钩悬重减小,该减少值即为液力推进器的推力值。液力推进器外筒体在工作行程范围内下滑,即活塞上移,直至工作行程起点,即"上行极限位置"。此过程大钩悬重基本无变化。

(3)若继续下放钻柱,大钩悬重会降低,此时应立即刹车。保证活塞处于"悬浮"工作状态,即在工作行程的"上行极限位置"和"下行极限位置"之间。大钩悬重保持不变,使钻压(液力推进器的推力值)处于稳定的选定值上。

(4)通过液力加压,为钻头提供稳定钻压,实现钻进。在液压推力作用下,心轴不断伸出直至工作行程结束,活塞到达"下行极限位置",完成行程范围内自动送钻。此时大钩悬重上升(达到钻柱在钻井液中的悬浮重量),说明行程已完全打开,需要及时送钻。

(5)重复以上步骤,可实现持续钻进。

停止钻进或接单根操作与常规操作一样。

三、核心技术

1. 技术特点

YTJ型液力推进器是一种新型的井下钻压施加工具,可采用液力加压的方式,实现给钻头准确加压及均匀送钻的目的。YTJ型液力推进器不仅能够解决定向井、大位移井、水平井和小井眼难以向钻头施加钻压的问题,而且能有效地减小扶正器以下钻铤的弯曲程度,使钻头偏角减小,有效地控制井斜,是一种新的防斜打直工具。在海洋钻井中,该推进器使用可起到升沉补偿器的作用。其减震效果显著,尤其适用于特殊地层(如砾石层)钻进,可有效防止跳钻,提高机械钻速。

其主要技术特点如下:

(1)液力推进器采用液力柔性加压,可为钻头提供稳定钻压。

(2)改善了钻具的受力状态,降低了底部钻具组合的中性点高度。钻具稳定性和导向性好,在大钻压、高转速下工作仍具有吊打功效,能有效控制井斜。

(3)减震效果实现了质的飞跃。能延长钻头、钻具使用寿命,降低钻井成本,减少井下事故的发生。

(4)具有行程范围内自动送钻功能,不仅可以提高井眼质量,而且还能在一定程度上减轻司钻的劳动强度。

(5)定长的工作行程补偿了失控滑动钻进,防止溜钻事故的发生。

(6)改变水力因素调节钻压大小,只需要保证有液力推进器复位重量所需数量钻铤或加重钻杆即可,可节省钻铤数量、减轻钻机负荷。

2. 技术优势

YTJ型液力推进器项目研究开发期间,通过调研国外液力推进器设计、制造和使用情况,深入现场了解国内钻井对于常规施加钻压及对柔性加压工具的预期,凭借多年生产井下工具的经验,采用三维设计和有限元分析等现代设计方法,对液力推进器的连接螺纹、密封形式、扭矩传递机构、热处理工艺和表面处理工艺等五个主要方面进行了合理选择和优化设计。在细节设计、加工精度和材料热处理等方面,给予高度重视,充分考虑了钻压施加与传递、心轴提升载荷和扭矩传递等关系到液力推进器成败和影响钻井安全及效率的问题。在保证强度的同时,其使活塞面积更大。在相同的压降下,可获得更大的钻压。

1)连接螺纹的设计

连接螺纹是实现液力推进器各零件之间以及与钻头及上部钻铤能有效连接的关键部件。在钻井作业过程中,液力推进器承受着轴向和周向的动、静载荷作用,因此选择了能满足产品使用要求且强度高的锥螺纹作为壳体连接螺纹。同时,为了确保连接螺纹的密封效果,在所有外壳螺纹的前端加装了密封机构,保证液力推进器各相关液压腔体能承受其最大工作压力。

2）扭矩传递机构的设计

钻井过程中，扭矩传递机构将转盘或顶部驱动装置的动力传递给钻头，其性能的好坏直接影响到钻井工作的实现，这也是评价液力推进器水平的一个重要方面。

正常钻井作业时，液力推进器花键心轴的轴向移动频繁，而且花键副需要传递来自转盘的工作扭矩给下面的钻头，达到破碎岩石完成进尺的目的。因此，为避免键齿被压溃和键侧的非正常磨损，在设计过程中必须校核花键工作面的比压 p。其校核公式如下：

$$p = 2M_t / \psi ZhLD_m \leqslant [p]$$

式中　M_t——所传递的最大工作扭矩；

　　　ψ——各齿载荷不均匀系数；

　　　Z——齿数；

　　　h——齿的工作高度；

　　　L——齿的工作（配合）长度；

　　　D_m——平均直径；

如 $p < [p]$，则安全。

3）密封形式的设计

液力推进器的密封对液力推进器的功能发挥至关重要。在不同的井况下，钻井液的成分是不同的。为了保证所选密封材料能适应不同的钻井液，除了对所选密封材料进行反复试验和对比外，还选用了组合式密封。这种组合密封的特点是两端各有一组刮泥圈，中间部位采用密封圈密封、带挡圈的 O 形密封及带有扶正作用的支承环交替均布，通过压紧螺母压紧，保证密封的可靠性，阻止钻井液体及岩石碎屑侵入活塞机构与连接机构的间隙内。

3. 主要创新点

（1）密闭式扭矩传递机构，独立油浴润滑。

在 YTJ 型液力推进器扭矩传递机构的设计满足产品性能参数的基础上，还根据其在井下工作时一直处于钻井液环境中受到高压高流量的钻井液冲刷和工况恶劣等特点，特将传递扭矩部位设计成密封腔体形式，且保持独立油浴润滑，以提高产品使用寿命，增强产品可靠性。同时，为确保其在花键心轴移动过程中始终保持恒压，将花键部位密封腔体密封直径设计成等径结构。

（2）组合式密封机构，耐压更大。

图 6-31　"V"形组合密封

根据 YTJ 型液力推进器的工作特性，其主要的组合式密封采用"V"形橡胶组合油封（图 6-31）。"V"形橡胶组合油封由压环、密封环、支撑环三部分组成，其截面为"V"形，也是一种唇形密封圈。在自由状态下，"V"形圈的唇部外径大于填料腔的内径，唇的内径小于活塞杆的外径，装配后便有一定的变形。由于支撑环的作用，这种变形只发生在唇的尖端，并在其接触部位产生压力，即使不施加压紧力，唇口也能封住一定的内压。由于唇部有"自封"作用，当介质工作压力升高时，"V"形密封圈唇尖的接触形状会发生改变，使接触应力更大，唇部与被密封面贴合得更紧密，密封效果会更好。

（3）对称式呼吸孔的设计，可确保其内外压力平衡，防止单孔堵塞。

液力推进器是利用钻井液压力与环空形成的压力差作用在活塞机构的端面形成的推力，推动钻头钻进的工具。因环形密封面面积大小的不同，压力心轴在往复运动时，其工作效率会受到活塞效应的影响。高速运动时，这种影响显得尤为突出。为了确保形成稳定的推力，最大限度降低这种影响，多级液力推进器设计中增加了对称式压力平衡结构，即在液力推进器筒体的适当位置开活塞呼吸孔（呼吸孔为对称式结构，主要起压力平衡作用）。该结构充分考虑液力推进器工作特点、使用环境，结合流体分析及模拟，根据行程的不同，在适当位置设置不同数目及不同形状的对称呼吸孔，避免单孔堵塞，确保压力心轴处的压力平衡，从而实现压力的高效传导。

四、HSE 设施及措施

1. HSE 注意事项

液力推进器作为钻柱的重要组件，在现场使用操作过程中应注意以下 HSE 事项：

（1）液力推进器运输过程中应有效包装，且包装尽量简约，不伤害现场环境。

（2）液力推进器吊运时所配备的提升短节应定期进行无损检测。

（3）现场服务人员详细跟踪指导，防止由于液力推进器使用不当产生憋泵事故，尤其是平衡呼吸孔堵塞后，更易产生憋泵事故。

（4）冬季施工注意液力推进器的"防结冰处理"，防止液力推进器心轴无法正常伸出或复位。

2. 现场故障处理方案

现场应制订液力推进器故障判别及事故预防的预案。液力推进器使用过程中的常见故障解决办法，见表 6-11。

表 6-11　常见故障处理解决办法

常见故障	解决方法
地层钻进时，易跳钻、减震效果不明显、预留自由行程太小	钻头接触井底后，一次下放距离不大于 300mm，控制下钻速度，保证底部自由段行程不小于 300mm
机械钻速明显低于该地层正常钻进时的经验值	（1）结合钻井参数确认钻具是否正常工作。 （2）结合钻遇地层及使用情况评估钻头状况，确认后起钻更换钻头

3. 检测手段

YTJ 型液力推进器作为一种井下工具，系统全面地对其进行各项功能检测至关重要。为此，专门设计了分项功能检测和系统功能测试的试验台架。

井下工具试验装置（图 6-33）可以进行井下工具的功能测试。液力推进器主要检测项目包括最大工作拉力、最大工作扭矩、整机跑合试验和功能试验等。

五、工业化应用效果及前景

1. 工业应用效果对比及分析

1）塔河油田应用

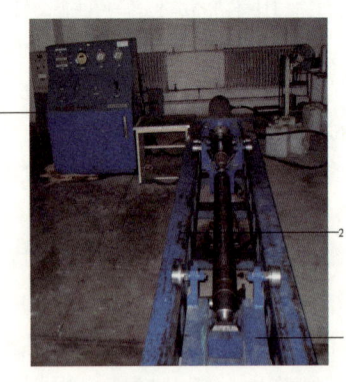

图 6-32 YTJ 型液力推进器试验装置
1—操控台；2—液力推进器；3—试验台

TKxxx 井是阿克库勒凸起西南斜坡构造带上的一口开发井，位于 TK871 南，TK841 井东，平距为 553m，设计井深为 5884m，主要钻遇新生代第四系、新近系、古近系，中生代白垩系、侏罗系、三叠系，古生代二叠系及古生代石炭系等地层，目的层为古生界中—下奥陶统鹰山组（O_{1-2y}）。该井设计井深为 5884m，采用带液力推进器、直螺杆和 PDC 钻头的组合方式，累计入井时长 259h，纯钻 173.9h，钻遇库车组、康村组、吉迪克组、苏维依组、库姆格列木群、巴什基奇克组、巴西盖组、舒善河组、亚格列木组、侏罗系、哈拉哈塘组、阿克库勒组、柯吐尔组、二叠系等，工作平稳，起钻后钻头无掉齿，各齿自锐磨损。

甲方电测数据显示，该井 1513m 之前未使用液力推进器，井斜控制为 0.5°左右。1513m 至 4866m 井段使用液力推进器，仅使用 1 只钻头 1 趟钻即完成该井段的钻进工作。4400m 之前井斜控制在 0.5°以内。4400m 左右开始进入阿克库勒组、柯吐尔组及二叠系顶部，主要岩性为棕褐、深灰色泥岩、浅灰色细粒砂岩等，互层频繁，该井段地层倾角大，为易斜段。进入该井段后，井斜略有上升，最大为 1.03°。

邻井 TKxxx 井施工过程中，1200m 至 4911.06m 井段 4 趟钻完成，共使用 3 只钻头，包括 HAT127 牙轮一只，DS751AB 型 PDC 钻头两只。邻井 TKxxx 井施工过程中，1200m 至 4864.51m 井段 5 趟钻完成，共使用 5 只钻头，包括 HAT127 牙轮钻头 1 只，ATS1605L 型 PDC 钻头 1 只，DS751AB 型 PDC 钻 2 两只及 HJ517G 牙轮钻头 1 只。邻井 TKxxx 井施工过程中，1522.56m 至 4856m 井段 6 趟钻完成，共使用钻头 5 只，包括 FS2563BG 型 PDC 钻头 2 只，HAT127 型牙轮钻头 2 只及 HJ517G 型牙轮钻头 1 只（表 6-12）。

从表 6-12 YTJ 型液力推进器塔河油田应用对比数据可见，液力推力器使用过程中有以下优势：

表 6-12 YTJ 型液力推进器塔河油田应用对比

井号	井段，m	钻头尺 mm	井斜控制（°）	机械钻速 m/h	使用钻头数 只	起下钻趟数	备注
TKxxx	1513～4866	250.8	<0.5	19.28	1	1	使用 YTJ 型液力推进器
TKxxx	1513～4866	250.8	0.8～2.2	15.3	3	4	常规钻具组合
TKxxx	1322～4943	241.3		12.49	5	5	常规钻具组合
TKxxx	1513～4866	241.3		9.1	5	6	常规钻具组合

（1）有效保护了钻头及钻柱，减少了钻头使用量和起下钻趟数；

（2）与相同井眼尺寸和井段的机械钻速相比提高 29% 以上；

（3）液力推进器可在不影响机械钻速的前提下有效地控制井斜，即使在互层频繁的大倾角地层中，同样可以保证井斜角的平稳性。

2）涪陵页岩气应用

焦页 xxx 井是中国石化江汉油田公司在涪陵焦石地区布置的一口非常规油气水平开发井，该井构造位置为川东南地区川东高陡斜褶皱带包鸾—焦石坝背斜带焦石坝构造，目的层为上奥陶统五峰组—下志留统龙马溪组下部页岩气层段。焦石坝上奥陶统五峰组—下志留统龙马溪组为深水陆棚相沉积，邻井焦页 4 井显示为黑色有机质泥页岩，厚度达 83.5m；下部为优质富有机泥页岩段，厚 39.5m。

该井在钻井过程中使用 YTJ203 型液力推进器，共入井两次。第一趟 1763m（14°）至 2474m（46°）使用的钻具组合：PDC+ 螺杆 + 定向仪器 +YTJ203+ 钻铤 + 钻杆。第二趟 2474m（46°）至 2547m（50°）：牙轮 + 螺杆 + 定向仪器 +YTJ203+ 钻铤 + 钻杆。使用期间，消除了因震动、地层互层及加压不稳等原因引起的工具面跳动的现象。

第一趟为 PDC 钻头，入井 119h，完成进尺 713m，钻头使用后仅轻微磨损。而上趟钻，同品牌、同规格全新钻头入井使用仅数小时后便出现五个刀翼主齿全部崩落的情况。

2. 推广应用效果与前景

为适应当今国际能源形势，提速提效已成为当前国内石油钻井作业的发展趋势，改进后的 YTJ 型液力推进器直接迎合了这一需求。液力推进器在吉林油田、塔里木油田、华北油田、长庆油田、西南油气田、江汉油田等国内各大油田的直井、定向井及水平井钻井中的应用表明，液力推进器提高机械钻速最高可达 120%，缩短钻井周期的最大幅度可达 30.7%，同时还能有效延长钻头的使用寿命。

为提高油气产量，适应当今日益增长的能源需求，中国石油天然气集团公司提出了建设西部大庆、新疆大庆的宏伟蓝图，各钻井公司积极响应。为了加快钻井进度，缩短钻井周期，降低钻井成本，各钻井公司纷纷要求井队配备液力推进器，部分油田甚至以下发文件的方式进行推广。按照目前水平井的增加速度，将有望突破 2000 口 / 年，每年每口井使用两根液力推进器进行估算，其市场前景十分广阔。

第四节　冲击式井下工具

一、高频冲击器

旋冲钻井技术的设想始于欧洲 19 世纪后期，其发展历史见表 6-13。早在 20 世纪 50 年代，美国钻井专家威鲁宾斯基就指出："在旋转钻井中增加锤击作用，即使钻压减轻 50%，钻速也可以保持不变，钻头寿命会增加。"旋冲钻井技术就是在旋转钻井的基础上，再增加冲击器产生的高频冲击作用，使钻头在旋转的同时增加周期性的冲击载荷，通过钻头把周期性的冲击载荷作用到地层上，实现冲击载荷与静压旋转联合作用破碎岩石。在钻进过程中施加了高频冲击载荷，使岩石形成体积破碎，可提高钻井速度。

实现旋冲钻井的主要工具是液动冲击器或者空气锤。该工具以钻井液或者空气为动力，直接在钻头上施加冲击能，实现冲击载荷与静压旋转联合破岩。这种旋转加冲击的钻井方法具有结构简单、性能可靠、启动灵活、工作稳定、冲击载荷可调可控、循环压降较小（2MPa左右）等特点（表6-14），其井下工作寿命一般在100h以上。不工作时，其相当于一根短钻铤，可转为转盘钻井继续钻进。

表6-13 旋冲钻井发展历史

发展历史	历史研究进展
1900—1905年	俄国工程师B.沃尔斯基设计了几种石油钻井液动冲击器
20世纪40年代	苏联H.葛莫夫研制出滑阀式正作用液动冲击器 美国巴辛格研制出了活阀式正作用液动冲击器
20世纪50年代	美国艾莫雷研制出了活阀式反作用冲击器 海湾石油公司和壳牌石油公司研制出了各自的液动冲击器
20世纪60年代	美国潘美公司改进了液动冲击器
20世纪90年代	1995年以来，美国、德国共投入700万美元一直在研究超深井中应用旋冲钻井技术，近年来取得了较好的应用效果
21世纪初至10年代	中国多家科研机构和大学研制的旋冲钻井装置（液动冲击器和空气锤），在近年钻井应用中取得良好效果。如中国石油大学、勘探院等单位

表6-14 旋转钻井和旋冲钻井特点对比

旋转钻井	旋冲钻井
钻头在井底的运动除公转和自转外，主要以滑动剪切破碎方式为主，冲击、压碎为辅。机械钻速低，能量损失高	钻头承受高频、交变载荷，主要以周期性轴向冲击破碎方式为主。机械钻速高，能量损失小

冲击钻井比传统旋转钻井在硬地层中机械钻速更快，冲击钻井为石油和天然气工业钻井的发展提供了快捷动力支持。然而，频繁的机械故障在钻井作业和井眼控制领域都限制了它的应用。动态模拟冲击破岩可以促进更有效、成本更低的钻井和硬岩藏勘探的物理机制的基本理解，可建立一个地质力学模型模拟冲击钻井过程。破岩期间，冲击钻井波反射在岩石撞击表面，压缩破坏岩石，循环往复地破岩。通过动态模拟可以获得冲击破岩的理论知识，促进模拟工具的发展，以更好地描述这种前景广阔的冲击破岩技术。

人们早已认识到冲击钻井比传统旋转钻井机械钻速快，特别在一些硬地层如花岗岩、砂岩、石灰岩、白云岩等。例如，在加拿大西部，一般情况下，在相同钻压和转速下，空气锤钻井方法机械钻速比传统旋转钻井方法提高7.3倍。

冲击钻井具有钻压要求低、钻头与岩石之间接触时间短、延长钻头使用寿命、孔偏差小、能够产生较大的岩屑等特点。冲击钻井的一些其他应用近来已经提出，诸如利用锤的振动影响作为地震信号语评估岩石性质，或作为井下旋转装置，或用于井下动力装置等。

二、扭力冲击器

钻头扭力冲击器由加拿大联合金刚石（united diamond）公司开发，命名为TorkBuster，用于辅助PDC钻头钻进，具有延长钻头寿命和提高机械钻速的特点。PDC钻头利用岩石的抗剪切应力大大低于抗拉、抗压应力的特点，采用回转切削方式实现钻进。因此，一般情况下 PDC 钻头具有比牙轮钻头钻速快、效率高的特点。但是，破岩方式决定了 PDC 钻头适用于软到中硬的且比较均质的地层。而在硬地层及研磨性较强，特别是在软硬交错的非均质地层中使用，PDC 钻头的寿命会大大缩短或其机械钻速会过低。

研究表明，制约 PDC 钻头在硬地层及研磨性强或者非均质地层中使用的主要原因包括：

（1）钻具轴向振动、扭转振动、横向振动和涡动等引起的组合冲击载荷使 PDC 钻头呈非线性振动，导致钻头产生黏滑、弹跳及回转，致使切削刃易碎裂，切削效率下降。

（2）高接触压力和高研磨性导致 PDC 切削齿与岩石相互作用面上的温度过高，使 PDC 切削齿强度降低，磨损速度加快。目前提高 PDC 钻头寿命和切削效率的措施一般都集中在调整、优化钻头冠部和切削刃形状、PDC 复合片角度和材料及钻头冠部流场等方面。从现有技术和发展状况来看，采用这些技术模式要达到大幅度提高 PDC 钻头寿命和切削效率的可能性不大。

钻头扭力冲击器的特点是在 PDC 钻头的切削齿上持续施加一定强度且与钻头切削岩石方向相同的扭转冲击能量，可使 PDC 复合片在切削地层时获得稳定的切削动力，达到理想的切入深度，从而提高切削效率。最重要的是钻头扭力冲击器可以随时释放由于 PDC 钻头切削地层积蓄在钻具上的能量，降低甚或消除钻具因此产生的振动，减少钻头的异常回转、弹跳和黏滑，从而提高寿命及切削效率，使 PDC 钻头钻进复杂地层变为现实。据有关资料显示，PDC 钻头配套扭转冲击器已在美国、墨西哥和中东等国家和地区的油田实施，进尺超过 50×10^4m，机械钻速同比提高 100%，单只 PDC 钻头进尺增加 40% 以上。

中国石油大学、西南石油大学、东北石油大学等国内石油高校和中国石油集团工程技术研究院有限公司、中国石化胜利石油工程有限公司等企业对扭力冲击工具均有研制，扭力冲击工具和配套 PDC 钻头的台架试验及现场试验也在进行之中。从国内塔里木、元坝等深井、超深井区块现场试验情况来看，扭力冲击工具冲击效果良好，具有明显的提速效果，但还存在压降过大、关键件寿命偏短等问题。

扭力冲击器的优点：

（1）消除黏滑现象，减少反冲扭力，减少钻柱上的扭力振荡；

（2）对软硬交错的不均质夹层、塑性的岩层有非常好的效果，突破了常规 PDC 无法选型的瓶颈问题；

（3）提供额外的高频周向冲击力，帮助提高 PDC 钻头剪切岩层，大大提高机械钻速；

（4）提高钻头的耐久性并延长钻头的寿命；

（5）消除下部钻具组合以及钻杆的疲劳；

（6）可以与螺杆钻具联合使用。

三、冲击式螺杆钻具

冲击式螺杆钻具（图 6—33）由"马达+可调弯万向轴总成+冲击器"组成。动力总成为钻头提供转速和输出扭矩，冲击器对钻头产生敲击力。工具敲击力与所加钻压相关，提离井底即停止敲击。可使井底钻具产生良性振动，在克服摩阻、旋转的同时产生冲击破岩，提高钻速。以传统螺杆钻具作为动力，配备可调弯壳体，可以通过排量调节转速，可用于深井、超深井的钻进作业，也可用于定向钻井的复合和定向钻进。

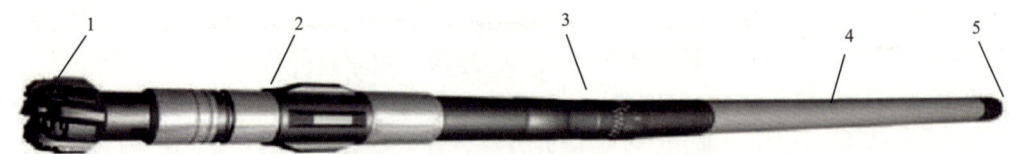

图 6-33 冲击式螺杆钻具结构示意图
1—钻头；2—液力锤机构；3—马达驱动总成+弯角调节套；4—马达；5—上接头

四、冲击式井下工具研究内容

人们早已认识到冲击钻井比传统旋转钻井机械钻速快，特别在一些硬地层如花岗岩、砂岩、石灰岩、白云岩等。

冲击钻井钻压要求低，钻头与岩石之间接触时间短，可延长钻头使用寿命，具有孔偏差小、能够产生较大的岩屑等特点。近年来，国外还在研究冲击钻井的其他优势，诸如利用锤击振动影响作为地震信号源来评估岩石性质，或作为可控钻井设备提供井下旋转，或用于井下动力装置等。

旋冲钻进涉及力学多个方面，需要建立模型，模拟旋冲钻井过程。把旋冲钻井看作整个钻井过程的一个子过程，这个子过程包含四个方面的力学内容：（1）锤热力学；（2）岩石破碎力学或钻头与岩石互作用；（3）钻头和钻柱动力学；（4）冲洗或清除杂物。如图 6-34 所示。

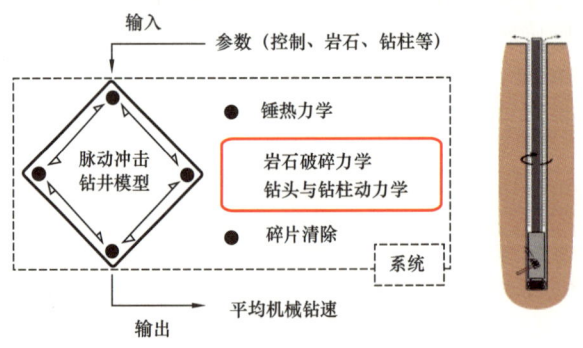

图 6-34 旋冲钻井力学内容

对于旋冲钻井进行研究的主要目标是通过识别影响机械钻速的影响参数，优化参数模型，以最大限度地提高平均机械钻速。即通过实验室的数据建立旋冲钻井模型，优化各钻井参数，在其共同作用下寻找到可获得最大机械钻速的参数均衡点。该点即为旋冲钻井参数的最佳工作点，预计能获得高的机械钻速，明显减少钻井所需时间。

冲击钻井比传统旋转钻井机械钻速更快，尤其在硬地层中，冲击钻井为石油和天然气工业钻井的发展提供了快捷动力支持。由于机械故障频繁，导致其在钻井作业领域的应用受到限制。动态模拟冲击破岩可以促进更有效、成本更低的钻井和硬岩藏勘探的物理机制的基本理解。可基于摩尔—库伦模型建立地质力学模型模拟冲击钻井过程。对破岩期间冲击钻井波反射在岩石撞击表面压缩破坏岩石，循环往复的破岩机理进行研究。通过动态模拟可以获得冲击破岩的理论知识，促进模拟工具的发展，以更好地描述这种前景广阔的冲击破岩技术。

五、冲击式井下工具发展趋势

随着石油勘探开发步伐的加快，岩石硬度高、可钻性差的特点日益突出。旋冲钻井从根本上改变了以往旋转钻井的破岩方式。通过建模研究，引用合理的机械设计方法、流体力学原理、波动理论，可以实现旋转和冲击联合作用下的"体积破岩"，并大大提高机械钻速和钻井效率。但在目前国内旋冲钻井技术应用中，仍存在技术装备配套水平低、关键技术水平不高、钻井工艺方法及其理论研究不足、多工艺综合技术研究薄弱等问题。因此，今后一个时期，冲击式井下工具应朝着下列方向开展研究：

（1）开展钻井工艺多样化及其相应理论的研究，尤其是多工艺综合技术的研究，满足不同地层条件下的钻探要求；

（2）冲击器小型化，并与螺杆钻具结合为有机整体；

（3）加强对其配套钻头（例如牙轮钻头、PDC 钻头和硬质合金钻头）的研究，以适应不同钻井条件的需要；

（4）冲击式井下工具在外形尺寸、冲击功大小以及适用井段深度等方面做到系列化，以提高冲击式井下工具的使用寿命，进一步提高其破岩效率，全面解决深井超深井硬岩地层钻进困难的问题；

（5）进一步研究适用于直井、定向井、大位移井等钻井的冲击式井下工具，以使其应用范围更为广泛；

（6）冲击式螺杆钻具设计研究方面引用计算机模拟仿真系统，可使其结构和参数得到进一步优化。

参 考 文 献

[1] 苏义脑. 螺杆钻具研究及应用[M]. 北京. 石油工业出版社. 2001.

[2] 刘道春. 氢化丁腈橡胶新材料的发展动向探微[J]. 橡塑资源利用，2013（1）：8-14.

[3] 朱景芬，黄光速，李锦山，等. 氢化丁腈橡胶的结构与性能[J]. 合成橡胶工业，2008，31（2）：118-121.

[4] 王树超，王维韬，雨松. 塔里木山前井涡轮配合孕镶金刚石钻头钻井提速技术[J]. 石油钻采工艺，2016，38（2）：156-159.

第七章 钻机管柱自动化处理系统

　　我国钻机的管柱处理设备主要包括常规猫道与坡道，气动绞车、液压钻杆钳以及套管钳等机械化工具，管柱处理作业是在人力辅助配合下完成的，不仅花费大量时间，而且劳动强度大，安全风险高。据 2005 年国际钻井承包商协会统计，30%～50% 的钻井事故发生在起下钻过程中，并因此耽误了大量工作时间[1]。人力辅助简易的机械化工具已不能满足"提速增效"的需求。近年来，国外已出现了一些比较典型的自动化钻机，如德国 Bentec 公司的自动化钻机、英国生产的 RAD 钻机、英国 BP 公司与阿拉斯加技术公司研发的轻型自动化钻井系统（LADS），这些钻机配套的管柱处理设备和钻机集成控制技术已经成熟。

　　经过多年的快速发展，国内的石油装备生产商也已研制出部分自动化工具，主要有四川宏华石油设备有限公司研制的 LM-120 型铁钻工和钻柱输送装置、三一重工股份有限公司的 SPX168 高空智能机械手、中石油勘探开发研究院研制的陆地钻机用二层台管具排放系统、南阳二机石油装备（集团）有限公司的自动甩钻猫道、烟台杰瑞石油装备技术有限公司生产的高空智能排管系统。宝鸡石油机械有限责任公司（以下简称宝石机械）从 2007 年开始动力猫道、铁钻工等单元设备研制，2012 年开始多种单元设备配套应用；到 2015 年先后完成了悬持式、推扶式、举升式、组合式等多种管柱自动化处理系统的成套开发，并陆续在油田现场应用。管柱自动化处理系统涵盖单根、双单根、三单根、四单根钻柱作业模式，包括全液压、电液复合、电驱动等多种驱动类型，可完成 24 in 及以下管柱自动化处理，实现了 1000～12000m 钻机的全系列覆盖，既可全系统配套，也可单元选型配套，满足不同用户需求。

　　在管柱研制方面，宝石机械先后完成了多个国家及集团公司科研项目。2011 年至 2015 年承担了国家科技重大专项"海洋深水工程重大装备及配套工程技术"子课题"深水钻机管子处理系统关键设备研制"；2011 年至 2013 年承担了中国石油天然气集团公司"钻井新装备新工具研制"课题"钻机管柱自动化处理系统的研究与应用"；2014 年至 2016 年主要参与了"四单根立柱超深井钻机研制与现场试验"，重点解决自动化工具的集成应用；2015 年至 2017 年主要参与了中国石油天然气集团公司"5000/7000m 钻机管柱自动化处理系统现场试验"；2016 年至 2018 年承担了中国石油天然气集团公司项目"自动化与高效钻完井新装备新工具研制"课题"3000 米自动化钻机研制与应用"；2018 年宝石机械又承担了中油油服 10 套示范钻机和 10 套自动化钻机管柱处理系统的设计制造，并完成了第二代自动化钻机在中国石油天然气集团有限公司的立项工作。肩负着 2 年一代，6 年 3 代自动化钻机研制的历史使命。

　　宝石机械在管柱方面的研制也得到了行业的认可，并取得了一定的成绩。2016 年获得中国设备管理协会石油技术装备中心颁发的"推扶式管柱处理系统"科技创新一等奖；2017 年获得中国能源研究会颁发的"自动化石油钻机"能源创新三等奖，同年获得陕西省科技厅颁发的"idriller 石油钻机集成控制系统开发与工业化应用"奖。

国内管柱自动化现已从单元设备及控制向局部系统集成、全套管柱自动化集成及控制技术方向发展。国产设备及控制经过工业试验、改进优化，已逐渐完善、成熟、系列化。虽与国外自动化钻机在自动化控制及节省人力方面还存在一定的差距，但国产管柱自动化技术正在引领国内外陆地钻机管柱自动化处理的快速发展。

第一节 概　　述

钻机管柱自动化处理系统是一种新型的钻井装备，目前国产成套管柱自动化处理系统已经应用于在役或新制陆地钻机，部分设备已经应用于海洋钻井平台。管柱自动化处理系统能够完成钻杆、钻铤、套管等钻井管柱的机械化输送，建立根，管柱排放等作业，实现高效、安全、低强度作业的钻具处理作业模式，有效解决了目前陆地钻机上普遍存在的钻具处理劳动强度大、作业危险性高、作业效率低、易发生人身伤亡事故的问题，从而大大提高了钻机的机械化、自动化水平，增强了参与市场竞争的能力。

管柱自动化处理系统有着常规钻机人力处理模式无法比拟的优势，具有较高的经济效益，主要体现在以下几个方面：

（1）减少钻台的操作人员。应用陆地钻机管柱自动化处理系统，预计每个生产班可减少钻工岗位1～2人，可优化劳动力组织结构，降低人工成本。

（2）提高作业安全性。设备可通过遥控手操盒或控制台完成对机械化设备的控制，作业人员可远离高危作业区域作业，同时系统应用了安全互锁设计，有效避免误操作的发生，最大限度地降低了作业风险。

（3）提高管柱处理作业效率。应用陆地钻机管柱自动化处理系统，可通过程序控制实现设备的一键操作，有效提高接立根作业的效率，从而减少整个建井周期，减轻钻工的劳动强度。

应用陆地钻机管柱自动化处理系统，可使大部分的钻具处理作业通过机械化工具来完成，从而大幅降低钻工的劳动强度，体现了以人为本的理念。

如2017年3月宝石机械配套的90DB四单根一立柱钻机管柱自动化处理系统在渤海钻探90009队投入使用。该套管柱自动化处理采用推扶式排放系统，主要配套有拉升式动力猫道、伸缩式铁钻工（Canrig）、二层台推扶式机械手、钻台机械手及idriller司钻控制系统等单元设备，可实现20 in及以下管柱的自动化输送、11in及以下管柱自动上卸扣、$5\frac{1}{2}$in及以下立根自动排放工作。配套管柱自动化处理系统后，平均起下钻杆时效13～14柱/h（四单根），最快15柱/h，起下钻速度较常规三单根立柱钻机高出23.9%，节约2～3人。

钻机管柱自动化处理系统所有单元部件满足铁路运输和公路运输的要求。

一、主要功能

管柱自动化处理系统设备以机构运动为主，不同的设备机构复杂程度不一样。设备的机构运动主要是移动、仰摆、回转等，以实现夹持、推拉、旋转、提升等功能。管柱自动化处理系统采用电、液、气一体化控制系统，通过各种传感器和预先编制程序进行控制。主要设备均有独立的控制PLC，既可单独控制，也可集成控制。管柱自动化处理系统的Idriller司钻集成控制系统具有自动控制、智能防碰、逻辑互锁等功能。

二、主要构成及工作流程

钻机管柱自动化系统主要由管柱输送系统、建立根系统、立根排放系统、司钻集成控制系统等四个部分构成。管柱输送系统主要由动力猫道和缓冲机械手等构成（图7-1），用于完成管柱由地面到钻台面的输送；建立根系统主要由铁钻工、动力卡瓦和动力鼠洞等构成，用于完成管柱由单根钻柱连接成多根立柱；立根排放系统主要由动力二层台、二层台井架工（或二层台机械手）、液压吊卡、钻台推扶臂等构成，用于将立根排放到二层台中；Idiller司钻集成控制系统是钻机的"大脑"，用于控制钻机各个部件（包含管柱的所有设备）的运动，以完成各设备的预定动作，从而实现自动控制、智能防碰、逻辑互锁等功能，以满足自动化作业的需求。

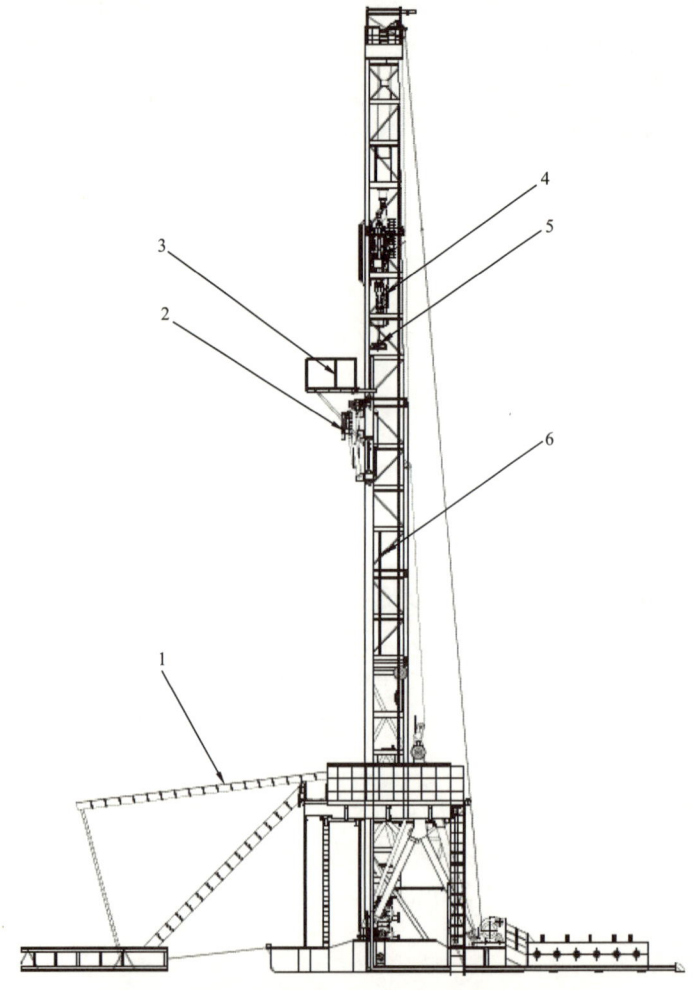

图7-1 配套钻机管柱自动化系统的钻机立面图
1—动力猫道；2—自动井架工；3—动力二层台；4—顶驱装置；5—液压吊卡；6—缓冲机械手

钻机管柱自动化系统的工作流程为：输送系统将位于地面的管柱（钻杆、钻铤和套管）输送到钻台面，然后在铁钻工等建立根系统设备的辅助下，将单根管柱接为立根，最后立根排放系统工作，将对接成的立根排放到二层台中，做好钻井的准备工作。

三、管柱自动化处理系统分类

陆地钻机管柱自动化处理系统按管柱处理方式大体可以分为三类：推扶式管柱自动化处理系统、悬持式管柱自动化处理系统以及复合式管柱自动化处理系统等。这三种陆地管柱自动化处理系统的管柱输送设备和钻台面上卸扣设备功能基本相同，结构原理相似。

海洋钻井平台管柱自动化处理系统是按结构形式进行分类的，可分为柱式管柱自动化处理系统和桥式管柱自动化处理系统。这两种管柱立根的处理方式均为悬持式，而且二者的管柱输送设备和钻台面上卸扣设备功能也基本相同，结构原理相似。

无论是陆地钻机还是海洋钻井平台的管柱自动化处理系统，顶驱和液压起吊装置都是必配的设备。

四、主要技术参数

管柱自动化处理系统主要对钻杆、钻铤、套管等管柱进行机械化、自动化移运、提升、上卸扣等作业。对大多数钻机而言，所使用的管柱规格基本在管柱处理设备能力范围内。不同的管柱自动化处理系统因钻台布置、井架承载能力及结构、用户要求不同而会有所不同。较典型的管柱自动化处理系统设备参数如下：

（1）环境参数根据用户要求确定，一般按照 $-25\sim+50$℃条件下正常工作进行设计制造。海洋钻井平台包含相应工作海域的各种环境参数。

（2）动力猫道输送管柱直径一般在 $2^7/_8$in 至 20in 范围内，最大输送能力为 45kN。

（3）铁钻工按所配管柱规格进行选择，一般在 $2^7/_8$in 至 9 $^3/_4$in 标准设计范围内。

（4）在悬持式排放管柱自动化处理系统中，自动井架工一般按照最大钻铤立根重量 100kN 考虑，处理管柱范围按 $2^7/_8\sim9^3/_4$in 进行标准化设计。在推扶式管柱自动化处理系统中，推扶式二层台机械手按照排放在弹簧指梁内的管柱最大外径考虑，一般按照 $2^7/_8\sim9^3/_4$in 管柱直径范围进行标准化设计。在复合式管柱自动化处理系统中，二层台机械手按照排放在气动指梁内的管柱最大外径和悬持的立根最大重量考虑，管柱直径在 $5^1/_2$in 以上时，考虑采用推扶方式；管柱直径在 $5^1/_2$in 及以下尺寸，采用悬持式处理方式。

（5）钻井液收集盒不考虑钻铤的防喷，一般按照 $2^7/_8\sim5^1/_2$in 进行标准化设计。

（6）动力鼠洞只考虑能在鼠洞建立立根的管柱，以钻杆、钻铤为主，一般按照 $3^1/_4\sim9^3/_4$in 进行标准化设计。

五、管柱自动化排放系统现状

管柱自动化处理系统已经成为新造钻机的重要配置，某些在海外作业的钻机要求必须配置管柱自动化处理系统才能进行作业，很多旧钻机也投入了一定的资金进行管柱自动化处理系统改造。随着人们对 HSE 意识的不断提高和国内相关规范的实施，管柱自动化处理系统已经逐渐被钻井公司所接受，并成为新钻机的重要配套设施。

目前，宝石机械已有 6 套管柱自动化处理系统在油田作业，其中包括 3 套推扶式排放管柱自动化处理系统、两套悬持式排放管柱自动化处理系统以及 1 套复合式排放管柱自动化处理系统，另有多套管柱自动化处理系统处于投标、设计、制造过程中。在海洋钻井平台管柱自动处理系统方面，已有两套管柱处理设备应用在勘察船上，深水钻机管柱自动化处理系统关键设备已试制完成并取得了 CCS 认证。

第二节　陆地钻机管柱自动化处理系统

陆地钻机日费用相对较低，管柱自动化处理系统对设备的可靠性容忍度高。而且陆地管柱自动化处理系统吊机施吊、安装方便，钻机管柱自动化处理系统出现问题产生的经济损失对生产进度的影响相对较小，因此，陆地管柱自动化处理系统的发展和工业化应用非常迅速。为顺应市场需求，宝石机械从 2011 年开始对陆地成套管柱自动化处理系统进行研制，并按用户要求不断改进。经过 6 年多的发展，目前已初具规模，主要设备基本定型。

陆地管柱自动化处理系统多种形式，主要区别在于管柱排放的设备和方式不同，而机械化输送、建立根的方式十分相似。

机械化输送主要由动力猫道将管柱从堆场或钻杆盒输送到钻台面（图 7-2）。不同结构形式的动力猫道，安装方式不同。常见的有钢丝绳拉升式和液压缸举升式动力猫道。前者底座摆放在平整的井场地面上，其坡道通过销轴与焊接在大门两侧的耳板铰接。后者摆放在平整的井场地面上，其底座通过连接架与钻机底座横梁连接。

图 7-2　运行中的动力猫道

建立根主要由铁钻工、动力鼠洞等完成（图 7-3）。不同结构形式的铁钻工，安装方式不同。常见的有伸缩式和轨道式铁钻工。伸缩式铁钻工一般通过法兰固定在钻台面上。而轨道式铁钻工通过滚轮卡在钻台面铺设的轨道上，并在轨道上往复运动。动力鼠洞通过销轴固定在钻机底座原鼠洞位置，能够悬持管柱并承受一定的扭矩。

立根解卡和扣合主要由安装在顶驱吊环下端的液压吊卡来实现（图 7-4）。

图 7-3 铁钻工在鼠洞内建立根作业

图 7-4 顶驱及液压吊卡

一、悬持式管柱自动化处理系统

悬持式管柱自动化处理系统处理立根时采用悬持方式,立根采用近似竖直的排放方式(图 7-5),实现了钻机管柱输送、建立根、管柱排放等作业的机械化,在及二层台无人值守、提高管柱处理作业效率、降低钻工的劳动强度、提高现场作业安全性等。

图 7-5 悬持式管柱自动化处理系统

1—扶正用钳头;2—悬持用钳头

1. 系统构成与原理

悬持式管柱自动化处理系统主要设备构成见表 7-1。系统设备满足防爆安全要求,具有安装、拆卸和维修方便等特点。

表 7-1　悬持式管柱自动化处理系统主要设备

序号	名称	数量
1	动力猫道	1
2	缓冲机械手	1
3	铁钻工	1
4	顶驱	1
5	液压翻转式吊卡	1
6	气动指梁二层台	1
7	自动井架工	1
8	动力卡瓦	1
9	副司控房	1
10	工业电视监控系统	1
11	液压系统	1
12	集成控制系统	1

悬持式管柱自动化处理系统通过自动井架工悬持立根实现立根在井口、指梁之间的传递。悬持式自动井架工安装在气动指梁二层台下。

起钻时，立根通过游吊系统提起来后，自动井架工的夹持钳将立根中间管柱夹持住，扶持钳扶持在立根上段管柱，将立根从井口移至气动指梁内（图7-6）。重复上述动作可完成起钻作业，反向操作可实现下钻作业。

图 7-6　自动悬持立根至气动指梁
1—扶正用钳头；2—悬持用钳头

液压吊卡安装在顶驱吊环上，配合自动井架工进行远程解卡和扣合。副司钻可实现人机远程操作，CCTV视频监控系统安装在二层台指梁、自动井架工本体等位置，便于监控二层台及自动井架工的工作状态。悬持式管柱自动化处理系统二层台指梁为气动指梁，每个管柱之间均有气动挡杆隔离。

管柱上钻台或甩钻时需要用缓冲机械手进行缓冲或推扶（图7-7）。缓冲机械手用螺栓固定在正对大门处的背横梁上。

悬持式管柱自动处理系统在设计初期就考虑了与顶驱装置的配合作业，并应用工业自动化技术、通信技术进行电、气、液一体化设计，通过PLC控制完成液压阀的比例控制，实现钻机管柱输送、建立根、管柱排放等作业的机械化，达到二层台无人值守、提高管柱处理作业效率、降低钻工的劳动强度、提高现场作业安全性的目的。

气动指梁二层台低位安装在井架下段，二层台管柱处理装置附件均先组装在二层台上，再整体安装在卧装好的井架上，并随井架一同起升。井架起升到位后，再通过二层台上方起重架上的液压绞车将自动井架工吊起并高位安装在二层台上。

副司钻控制单元及监控系统安装在副司钻控制房内，用于整个系统的控制和监视；液压系统随部件安装在不同的区域。

图7-7 缓冲机械手

2. 创新点

1）双司钻控制平台

双司钻控制平台采用全新集成控制平台设计，将钻井和管柱处理操作手两个工位操作平台进行有效集成，实现钻井和管柱处理装置操作的集中控制。

2）管柱处理无人化

通过一套完整的管柱处理设备实现管柱处理的无人化、机械化、自动化，大大降低了工人劳动强度、作业风险，综合效益显著。

3）管柱自动化集成控制系统

将工业自动化技术、通信技术进行电、气、液一体化设计，通过PLC控制，实现自动控制、智能防碰、逻辑互锁等。

3. 应用

悬持式管柱自动化处理系统的应用可实现钻机管柱输送、建立根、管柱排放等作业的机械化，实现二层台无人值守，提高管柱处理作业效率，大大降低了井架工、钻工的劳动强度，提高了现场作业安全性。但悬持式管柱自动化处理系统也有一些不足之处，可能会影响其发展，主要体现在以下几方面：

（1）自动井架工相对较重，无法实现低位安装，并随井架一起起升，只能在通过安装在起重架上的液压绞车提升进行高位安装。

（2）悬持较大钻铤时，整体刚性难以保证，排放效果差。

（3）立根采用竖直排放，立根盒占用空间大。

（4）对于旧钻机改造，需要增加立根盒的容量，钻台面改动大。气动指梁二层台、自动井架工及悬持重量对井架受力影响较大，需要进行评估计算才能实施。

悬持式管柱自动化处理系统已有1套在油田作业。钻杆立根排放效果较好，底端不需要人扶正。但在悬持较大重量的钻铤时，由于井架本体、连接固定件、销轴间隙以及自动井架工本体变形等问题，加上悬持式管柱自动化处理系统自动井架工安装位置高，微小的变形都会引起钻铤底部较大的偏移，排放效果不理想。

二、推扶式管柱自动化处理系统

推扶式管柱自动化处理系统在处理管柱立根时采用的是推拉方式，完全模仿人工排放立根的动作（图7-8），可实现钻机管柱输送、建立根、管柱排放等作业的机械化，达到二层台无人值守、提高管柱处理作业效率、降低钻工劳动强度、提高现场作业安全性的目的。

图7-8　推扶式管柱自动化处理系统

1. 系统构成与原理

推扶式管柱自动化处理系统主要设备见表7-2。系统设备满足防爆、安全要求，同时满足安装、拆卸、维修方便的要求。

表 7-2　推扶式管柱自动化处理系统主要设备

序号	名称	数量
1	动力猫道	1
2	钻台机械手	1
3	铁钻工	1
4	顶驱	1
5	液压翻转式吊卡	1
6	简易气动指梁二层台	1
7	推扶式二层台机械手	1
8	动力卡瓦	1
9	副司控房	1
10	工业电视监控系统	1
11	液压系统	1
12	集成控制系统	1

推扶式管柱自动化处理系统通过推扶式二层台机械手和钻台机械手的配合，采用推拉方式实现模仿人工排放立根的功能。推扶式二层台机械手有多种安装方式，常见的有安装在二层台下、二层台上、二层台正上方一定距离等。钻台机械手安装在立根台之间。

起钻时，立根通过游吊系统提升钻柱。待提升至一个立根时，钻台机械手动作，将立根下端推拉至立根盒位置，推扶式二层台机械手扶持立根上端。液压吊卡解卡后，推扶式二层台机械手将立根推拉至指梁内。重复上述动作实现起钻作业，反向操作，实现下钻作业。

液压吊卡安装在顶驱吊环上，配合二层台机械手进行远程解卡和扣合。副司钻房主要用远程人机操作，CCTV 监控系统监控二层台及二层台机械手。二层台指梁采用在指杆端头加气动挡杆的结构形式，受到推扶式二层台机械手钳头宽度的限制，指梁指杆间的距离比普通指梁大。

整个系统在设计时就考虑了与顶驱装置配合作业，并且工业自动化技术、通信技术将电、气、液集成一体，通过 PLC 控制，完成电液比例控制，可完成钻机管柱输送、建立根、管柱排放等作业的机械化，实现二层台无人值守、提高管柱处理作业效率、降低钻工的劳动强度、提高现场作业安全性的目的。

简易气动指梁二层台和推扶式二层台机械手均采用低位安装，可随井架一起起升。副司钻控制单元及监控系统安装在副司钻房内，用于整个系统的控制和监视。液压系统随部件安装在不同的区域。

2. 创新技术

1）模仿并取代人工对钻柱的接、卸与排放

通过分析井架工和钻工操作的方式，推扶式管柱自动化处理系统采用推拉方式，完全模仿人的行为进行立根操作与排放。

2)管柱处理无人化

通过一套完整的管柱处理设备实现管柱处理的机械化、自动化和无人化,大大降低了工人劳动强度、作业风险,将钻台工和井架工从繁重而危险的工作中解放出来,综合效益显著。

3. 应用

无论是新钻机配置管柱自动处理系统,还是旧钻机增设管柱自动化处理系统,推扶式管柱自动化处理系统都有其不可比拟的优势,主要体现在以下几方面:

(1)简易气动指梁对井架受力影响较小,二层台和推扶式二层台机械手重量相对较轻,可在井架起升前安装,并随井架一起起升。

(2)对于旧钻机改造,无须增加立根盒的容量,钻台面改动小。

(3)钻井工人劳动强度大大降低。

(4)系统完善的智能防碰、检测及控制技术使得管柱处理更安全。

推扶式管柱自动化处理系统已有两套在油田作业,效果较好。推扶式管柱自动化处理系统的应用可实现钻机管柱输送、建立根、管柱排放等作业的机械化与自动化,实现二层台无人值守,提高管柱处理作业效率,大大地降低了井架工、钻台钳工的劳动强度,提高现场作业安全性。

三、复合式管柱自动化处理系统

为了解决悬持式管柱自动处理系统悬持重量较重,钻铤立根在悬持排放时使钢结构产生变形,导致气动指梁内出现重复性差的问题,宝石机械将悬持式与推扶式管柱自动处理系统相结合,研发出一种复合式管柱自动化处理系统(图7-9)。这种复合式管柱自动化处理系统的原理是对重量轻的钻杆进行悬持排放,对较重的钻铤进行推拉排放。

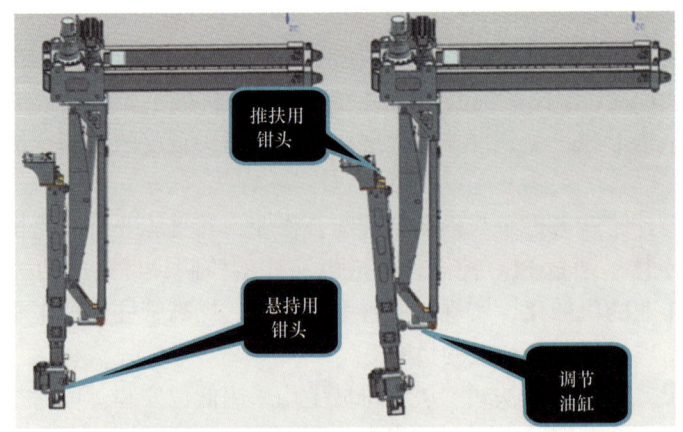

图7-9 复合式管柱自动化处理系统

1—悬持用钳头;2—推扶用钳头;3—调节油缸

1. 系统构成与原理

复合式管柱自动处理系统主要设备构成见表7-3。系统设备满足防爆、安全要求,具有安装、拆卸和维修方便等特点。

表 7-3 复合式排放管柱自动化处理系统主要设备

序号	名称	数量	备注
1	动力猫道	1	猫道自带缓冲机械手功能
2	铁钻工	1	
3	顶驱	1	
4	液压翻转式吊卡	1	
5	弹簧指梁二层台	1	二选一
6	气动指梁二层台	1	
7	复合式自动井架工	1	悬持能力明显降低,具有推扶功能
8	动力卡瓦	1	
9	副司钻房	1	
10	工业电视监控系统	1	
11	液压系统	1	
12	集成控制系统	1	

复合式自动井架工以夹持钳作为悬持钳头。通过调整伸缩臂的角度,安装在伸缩臂上端的推扶钳头可完成较重钻铤的推拉排放。悬持式的推扶位置在指梁下部钻铤部位,而推扶式的推扶位置在指梁上部管柱本体部位。自动井架工采用悬持的方式安装在二层台下。

复合式自动井架工的钻杆起下钻与悬持式管柱自动化处理系统相同,钻铤起下钻与推扶式管柱自动化处理系统相同。

复合式管柱自动化处理系统同样可完成钻机管柱输送、建立根、管柱排放等机械化作业,实现二层台无人值守、提高管柱处理作业效率、降低钻工的劳动强度、提高现场作业安全性的目的。

无论采用弹簧指梁二层台还是气动指梁二层台,二层台均可低位安装在井架下段,随井架一同起升。而复合式自动井架工重量相对较大,只能在高位安装。

复合式管柱自动化处理系统的控制单元及监控系统安装在副司钻房内,用于整个系统的控制和监视。液压系统随部件安装在不同的区域。

2. 创新技术

1)模仿并取代人工对钻柱的上、卸与排放

通过分析井架工和钻台工的操作方式,钻铤起下钻采用推拉方式,完全模仿人进行立根排放,而钻杆起下钻采用悬持方式。

2)管柱处理完全无人化

通过一套完整的管柱处理设备实现管柱处理的机械化、自动化,大大降低了工人劳动强度、作业风险,综合效益显著。

3)保留人工操作舌台

复合式自动井架工安装在二层平台下方,主要用来代替人工进行立根的排放作业(图7-10)。自动井架工故障时,不需拆除即可进行常规人工排放立根作业。

3. 应用

无论是新钻机配置管柱自动化处理系统,还是在旧钻机上增设管柱自动化处理系统,复合式管柱自动化处理系统都有其不可比拟的优势,主要体现在以下几方面:

(1)弹簧指梁二层台和重量较轻的复合式自动井架工对井架起升影响不大,大多数自动井架工可在井架起升前安装,并随井架一同起升。

(2)弹簧指梁二层台和复合式自动井架工重量相对较轻,对所改造旧钻机的井架受力影响不大。

图 7-10 安装在二层台下的复合式自动井架工

(3)钻井工人劳动强度显著降低。

(4)系统完善的智能防碰、检测及控制技术使管柱处理更安全。

(5)融合了悬持式和推扶式两种管柱排放系统的优点。

复合式管柱自动化处理系统已有1套在油田应用,效果较好,另有1套正在设计制造过程中。复合式管柱自动化处理系统的应用,可完成钻机管柱输送、建立根、管柱排放等作业的机械化和自动化,实现二层台无人值守、钻台面无人推扶钻柱的自动化作业,既提高了管柱处理的作业效率,大大降低了井架工和钻台工的劳动强度,又可确保现场作业的安全性。

第三节 海洋钻井平台管柱自动化处理系统

早在2007年,宝石机械就开始研究与海洋钻井平台配套的管柱自动处理系统,陆地钻机管柱自动处理系统是在海洋管柱自动处理系统的基础上发展起来的,只是其发展更加迅速。

海洋平台钻井日费较高,钻机出现问题对生产成本的影响较大,因此,海洋平台对设备的可靠性要求非常高。目前国际上有非常成熟的海洋平台管柱自动处理设备,钻井承包商对完全没有在海洋钻井平台上使用过的管柱自动处理设备持谨慎态度。再加上国内海洋钻井平台的数量有限,这些因素的综合影响,决定了国内海洋平台管柱自动处理系统发展非常缓慢。即便是在这样困难的情况下,宝石仍完成了固定式钻井平台和深水浮式钻井平台成套管柱自动处理系统的设计(图7-11、图7-12)。

图 7-11　固定式平台管柱自动化处理系统　　　图 7-12　成套深水钻机管柱自动化处理系统

一、应用简介

目前,应用在海洋平台的单设备有动力猫道、钻杆盒及鹰爪机(图 7-13)等。另外,轨道式铁钻工即将应用在国内某钻井平台上(图 7-14)。

图 7-13　勘察船鹰爪机　　　　　　　图 7-14　轨道式铁钻工

海洋钻井对设备的要求非常高,而中国石油海洋石油设备的设计制造还处于起步阶段,因此海洋管柱自动处理系统的发展需要国家相关政策和各钻井承包商的大力支持。

二、深水钻机管柱自动化处理系统

宝石机械在"十二五"期间承担了国家科技重大专项子课题"深水钻机管柱自动化处理系统关键设备研制"。该系统能够满足 $2\dfrac{7}{8}$~30in 管柱从堆场至井口间的机械化、自动化输送,同时还可满足 $2\dfrac{7}{8}$~$9\dfrac{3}{4}$in、$13\dfrac{3}{8}$in 管柱建立根及立根排放要求。所研发的主要设备包括抓管吊机、水平动力猫道、轨道式铁钻工、柱式排管机、载人维护篮、动力鼠洞、钻井液盒等,并完成了水平动力猫道、抓管吊机、轨道式铁钻工三个关键设备样机的制造和

CCS取证，另外还研制了一套用于管柱自动化处理系统操作的仿真培训系统。

1. 环境参数

（1）环境温度：−20～+55℃。

（2）湿度：65%（+45℃时）。

（3）环境：海洋高盐雾。

（4）工作风速：20m/s，有义波高为6m。

（5）自存风速：62.76m/s，有义波高为10m。

2. 抓管吊机

抓管吊机用来在管柱堆场与水平移运动力猫道之间吊运管柱，在深水钻机中管柱自动处理装置中应用最为广泛，可以充当起重机，用来吊运平台上的其他设备或部件。抓管吊机的结构主要有基座式、轨道式。基座式结构一般安装在悬臂梁靠近动力猫道侧，随悬臂梁一起移动，而轨道式安装在垂直于管柱排放的方向上。目前，宝石机械试制的抓管吊机（图7-15）为基座式结构，产品取得了CCS认证。

图7-15 试验中的抓管吊机

1）技术参数

（1）最大作业半径：25m。

（2）最小作业半径：3m。

（3）作业半径25m时最大负载：5.5t（不含钳头质量）。

（4）管柱长：最短为3.5m，最长为14m。

（5）管柱直径：$2^7/_8$～30in。

（6）夹持头回转角度：180°。

（7）转动角度：±180°。

（8）最大载荷偏距：±0.5m。

2）主要特点

（1）配有视屏监视系统、照明系统、喊话系统、风速计、航空障碍灯、吊爪、吊具以及辅助起重吊具。

（2）液压系统能够保证任意两个动作以最大速度运动，可明显提高工作效率。

（3）高效的X-Y直线运动。为了提高抓管吊机工作效率，通过程序对抓管吊机的轨迹进行解算控制，吊爪正常工作时可在垂直方向和水平方向做直线运动，吊爪与吊机同步反向旋转。这些都通过程序实现，不需人来回变换操作，操作变得非常简单，设备运行更平稳，管柱抓取效率明显提高。

（4）高效地抓取吊爪。吊爪一次可吊多根$2^7/_8$～$8^5/_8$in管柱至猫道装载板备用，8柱及以上管柱直接吊至猫道输送，可明显提高工作效率，节省能源。为了减少操作时间，吊爪上设计有不同的挡位，可减少操作时间，提高效率。

（5）完善的安全功能。抓管吊机配有称重传感器，当重量超过设计载荷时控制房将显示过载报警，达到一定过载后将无法工作。液压、电气系统出现故障时，可通过手动泵实现主吊臂释放到最低，主回转释放至不影响工作的区域。系统具有液压爆管、断电自锁功能。在设备运行或调试过程中，按下设置在控制箱、液压站、控制房内的任何一个急停按钮即可使设备停止运行。

3. 水平动力猫道

水平动力猫道是集机、电、液一体化的高技术产品，用于海洋钻井平台管柱堆场至钻台区之间管柱的输送，具有自动输送和扶持钻柱的功能。水平动力猫道主要由猫道本体、液压系统、电气控制系统等组成。水平动力猫道下端通过螺栓固定在管子堆场甲板上，前端通过销轴铰接在钻台面上。

1）技术参数

最大运输管柱长度：15240mm（50in）。

最大运输管柱直径：ϕ965.2 mm（38in）。

滑车总成额定载荷：20000kgf。

装载板管柱容量：5 根（5in 钻杆）。

滑车总成最大行程：6m。

小车额定负荷：4000kgf。

机械臂最大导向管径：ϕ762 mm（30in）。

机械臂最大导向管柱质量：6700kg。

机械臂额定工作载荷：2200kgf。

滑车总成最大移运速度：0.4 m/s。

小车最大移运速度：0.5 m/s。

外形尺寸：20300 mm × 3383 mm × 11050 mm。

质量：23255 kg。

液压系统额定压力：25MPa。

液压系统最大流量：160L/min。

2）主要特点

（1）猫道装载板一次可装载多根管柱。滑车总成的一侧并排设计有 4 个尺寸形状完全相同的装载板，装载板的工作通过液压缸来实现。抓管吊机可一次抓取多根钻杆放在装载板上（图 7-16），工作时装载板与卸载板配合实现单根进入 V 形滑道，然后由小车驱动单根钻杆沿 V 形滑道向井口方向移动。

（2）猫道机械臂具有推扶管柱功能。猫道机械臂能够将管子扶正至井口或鼠洞，反之能够从鼠洞、井口拉至动力猫道对管柱进行回收。

（3）可实现一键操作。水平动力猫道（图 7-17）控制系统以可编程控制器为核心，通过便携式遥控装置（自带

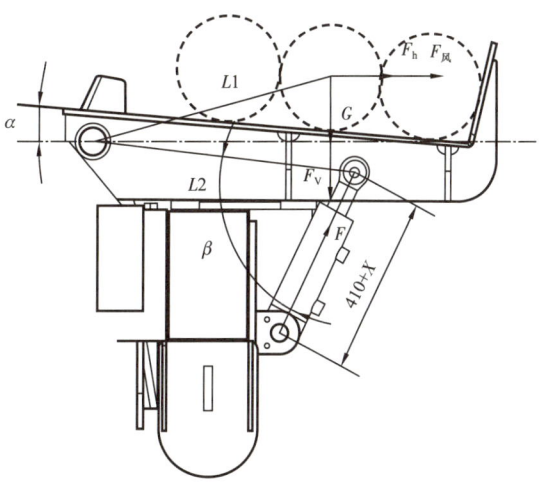

图 7-16 装载板一次可装载多根管柱

电池）或司钻房触摸屏、手柄/开关对动力猫道的远程控制，可实现按预定程序的自动化操作。

4. 轨道式铁钻工

轨道式铁钻工是海洋固定和浮式平台自动化钻机的主要配套设备之一，整体采用电控液方式，通过PLC程序控制设备作业，具有"遥控手操盒"+"本地应急"两种控制方式，能够使铁钻工准确对正井口中心，安全、高效、智能地完成钻具的上卸扣作业（图7-18）。轨道式铁钻工安装在钻台面上，通过滚轮卡在钻台面铺设的轨道上，并在轨道上来回行走。

图7-17 试验中的水平动力猫道
1—抬升臂；2—机械臂

图7-18 安装调试好的轨道式铁钻工

1) 技术参数

适应管径：$3\frac{1}{2} \sim 9\frac{3}{4}$in 范围的钻杆、钻铤的上扣及卸扣作业。

拧紧力矩：140000N·m。

卸扣力矩：200000N·m。

滚轮力矩：4700N·m。

滚轮转速：100r/min。

垂直行程：1200mm。

结构形式：导轨式。

2) 主要特点

（1）夹持范围大、上卸扣扭矩大。

TZG93/4-200GF铁钻工能夹持$3\frac{1}{2} \sim 9\frac{3}{4}$in范围内钻具（无须更换钳牙），上扣扭矩达到140kN·m，卸扣扭矩达到200kN·m。通过与NOV的MPT-200型铁钻工进行对比，该铁钻工的结构和技术参数与NOV产品基本一致，达到了国外同级水平。

（2）可升降的旋扣钳。

用于安装固定旋扣钳的背架上具有"油缸+链轮+起升链+导轨"组成的升降机构，可进行垂直升降运动（图7-19），能够增大作业范围，防止旋扣钳滚轮对钻具固定位置的磨损，延长钻具使用寿命。

（3）可扶持、对正钻具。

冲扣钳安装有扶正器，主要用于扶持上端钻具准确对正下端钻具接头（图7-20），提高效率。

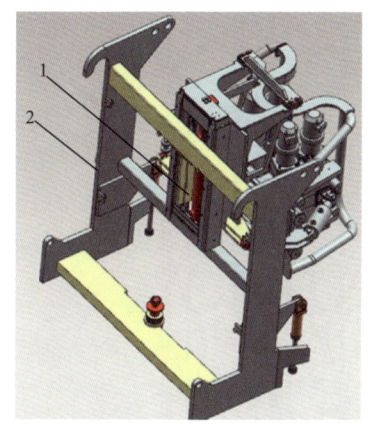

图7-19 可升降的旋扣钳
1—背架；2—升降机构

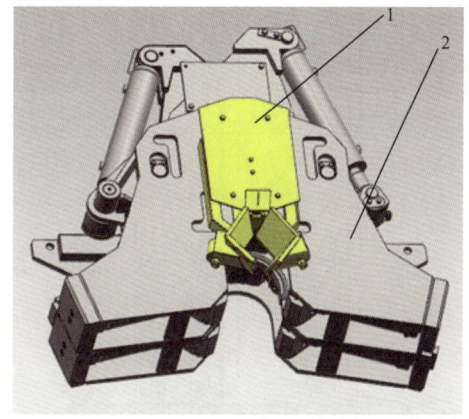

图7-20 具有扶正器的冲扣钳
1—冲扣钳；2—扶正器

5. 虚拟仿真培训系统

针对深水钻机管柱自动化处理系统的控制系统进行设计、验证，并帮助司钻操作人员熟悉和掌握设备的控制。

基于深水钻机配套的一套完整的管柱自动化处理系统，研制出以图形工作站、实际PLC控制站、供配电装置、大屏幕、主副司钻座椅为主虚拟仿真的培训系统（图7-21）。

图7-21 深水钻机虚拟仿真培训系统

三、柱式管柱自动化处理系统

柱式管柱自动化处理系统处理立根的方式采用的是柱式结构（图7-22），该系统主要应用在海洋塔形井架内。柱式排管机运动控制复杂，设备较大，功能齐全，宝石机械已经完成了柱式排管系统的设计。

1. 技术参数

排管直径：$2\frac{7}{8} \sim 9\frac{3}{4}$in，$13\frac{3}{8}$in。

工作范围：0.65~3.925m。

主臂提升高度：15.5m。

回转范围：0~297°。

直线运动速度：0.25m/s。

回转速度：2r/min。

额定载荷：100kN。

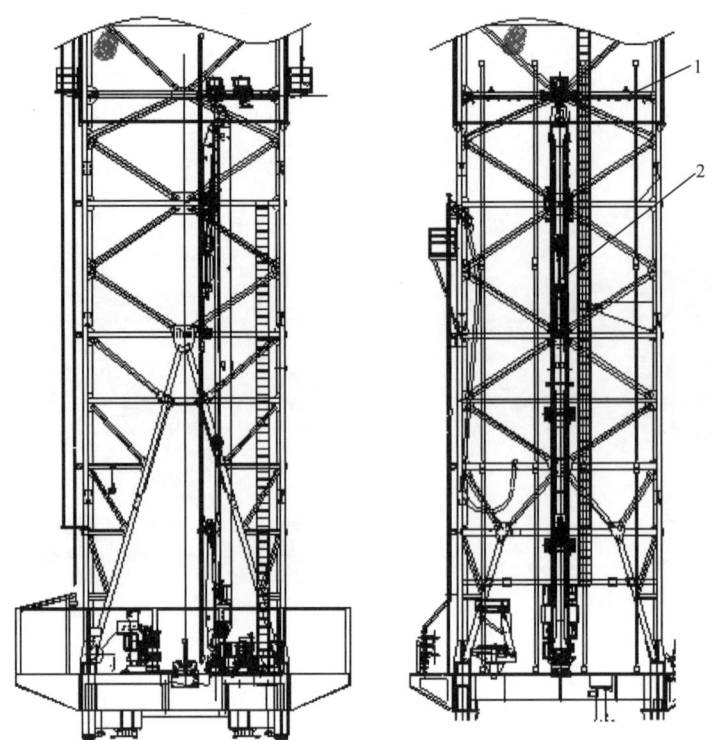

图 7-22 柱式排管系统

1—气动指梁；2—柱式排管机

2. 系统主要组成

柱式管柱自动化处理系统主要设备构成见表 7-4。系统设备满足防爆、安全要求，具有安装、拆卸和维修方便等特点。

表 7-4 柱式排放管柱自动化处理系统主要设备

序号	名称	数量
1	抓管吊机	1~2
2	动力猫道	1~2
3	铁钻工	1~2
4	顶驱	1~2
5	液压翻转式吊卡	1~2
6	气动指梁二层台	1~2
7	柱式排管机	1~2
8	动力卡瓦	1~2
9	副司控房	1~2
10	工业电视监控系统	1~2
11	液压系统	1~2
12	集成控制系统	1~2

3. 创新技术

柱式管柱自动化处理系统是一种多重功能结合在一起的柱式排管机,能够实现在猫道、井口、鼠洞和指梁处吊运和扶正单根,而且能够在鼠洞完成建立根和起下钻作业。柱式排管机采用立式安装,下端通过滚轮卡在钻台面铺设轨道上,上端通过滚轮卡在井架内的轨道上,可来回在轨道上行走。

柱式管柱自动化处理系统不足之处是其结构较大,控制复杂。NOV配套的管柱自动化处理系统现绝大部分是柱式排管系统,而MH和其他厂家配套的管柱自动化处理系统多是桥式排管系统。

四、桥式管柱化自动处理系统

桥式管柱自动化处理系统立根处理方式采用桥式结构的设备,系统主要应用在海洋塔形井架内(图7-23)。其运动控制相对简单,对设备的刚性要求也不高。目前宝石机械已完成固定平台桥式排管系统的设计。

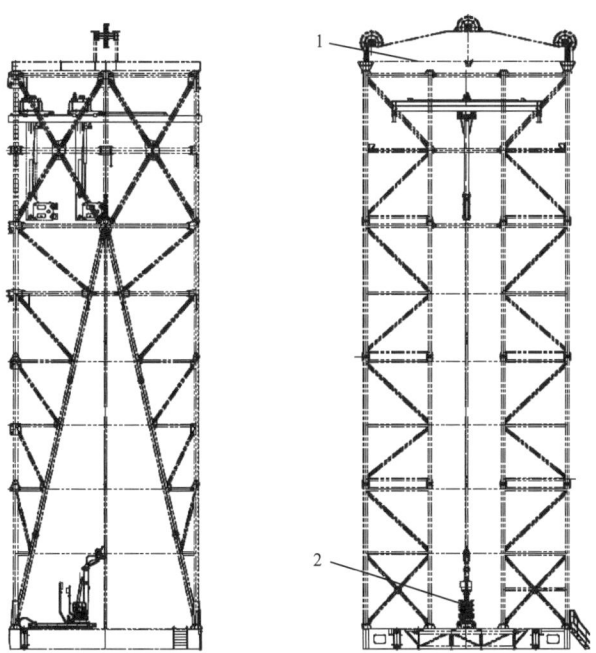

图7-23 桥式排管系统
1—桥式排管机;2—鹰抓机

1. 技术参数

设计工作风速:36m/s,自存风速为51.5m/s。

适应环境温度:−20~+50℃,相对湿度≤90%(20℃)。

提升额定载荷:100kN。

适用管径:73~248mm($2\frac{7}{8}$~$9\frac{3}{4}$in)。

提升高度:2.2m,最大速度为0.2m/s。

小车行走距离:6.5m,最大速度为0.5m/s。

大车行走距离：3.5m，最大速度为0.5m/s。
回转角度：±105°，最高转速为5r/min。

2. 系统构成及原理

桥式管柱自动化处理系统主要设备构成见表7-5。系统设备满足防爆、安全要求，具有安装、拆卸和维修方便等特点。

表7-5 桥式排放管柱自动化处理系统主要设备

序号	名称	数量
1	抓管吊机	1~2
2	动力猫道	1~2
3	鹰爪机	1~2
4	铁钻工	1~2
5	顶驱	1~2
6	液压翻转式吊卡	1~2
7	气动指梁二层台	1~2
8	桥式排管机	1~2
9	钻台机械手	1~2
10	动力卡瓦	1~2
11	副司控房	1~2
12	工业电视监控系统	1~2
13	液压系统	1~2
14	集成控制系统	1~2

桥式管柱自动化处理系统的排管机采用悬持方式进行立根排放，采用X-Y坐标移动，任何一个立根桥式排管机都要通过在X-Y坐标直线运动实现定位。

桥式排管机在夹持管柱过程中，对设备本身及连接固定件产生的扭矩比陆地钻机的推扶式、悬持式小得多，因此其可靠性要高得多。桥式排管机通过滚轮卡在二层台上方的轨道上，因此管柱起下钻时，除悬持管柱外还要对管柱底部进行扶正，此扶正操作由钻台机械手来完成。钻台机械手安装在立根台间或立根台与井口间，采用滚轮卡在钻台面铺设的导轨上。桥式排管机具体安装位置根据二层台指梁结构决定。

桥式管柱自动化处理系统同样可实现钻机管柱输送、建立根、管柱排放等作业的机械化，实现二层台无人值守、提高管柱处理作业效率、降低钻工的劳动强度、提高现场作业安全性的目的。

桥式管柱自动化处理系统一般采用气动指梁二层台，这样更容易实现自动化或一键操作。

3. 创新点

（1）通过坐标方式定位管柱。

桥式排管机通过 X-Y 坐标直线运动实现对管柱的定位，控制简单可靠。

（2）管柱处理完全无人化。

通过一套完整的桥式排管系统可实现管柱立根处理的机械化、自动化，大大降低了工人劳动强度、作业风险，综合效益显著。

第四节　Idriller 集成司钻控制系统

成套钻机的钻探作业离不开司钻的控制，钻机配套的司钻控制系统一般分为三大类。一类是纯机械、液压和气动控制的模式，通过在司钻房内安装各类液压或气动控制手柄、仪表和按钮等实现对钻井设备的监测和操控，此种模式常见于机械驱动型钻机和复合驱动钻机；第二类是目前广泛使用的一对一的物理开关控制模式，即每一个设备均通过一个唯一手柄、手轮、开关或按钮来实现操作，并辅以配套的多个仪表实现对钻井设备的监测，此种模式常见于直流电驱动和交流变频驱动钻机；第三类是集成司钻控制模式，通过配套有多功能手柄、多功能键盘以及触摸屏，并辅以数字化仪表的一体化操控座椅，基于"一键多能，功能复用"的方式实现对钻井设备的监测和操控，此种模式可推广应用于各类钻机。

国外在管柱自动化操作系统方面取得了较为显著的成果，且已经形成了一系列完善设备。目前，在管柱自动化操作系统方面具有世界领先水平的是 National Oilwell Varco 公司和 Aker Kvaerner MH 公司[2]。国产钻机现仍然采用的是上述前两类操作模式，各单元配备有各自独立的控制系统和操作终端，这种积木式拼装模式（图 7-24、图 7-25）存在以下问题：

（1）各设备间缺少统一指挥协调系统，安全性差；

（2）司钻房操作元件过多，无法统一规划；

（3）设备增加到一定程度时该模式已无法满足操控要求；

（4）扩展不便，后期增加设备或子系统时困难；

（5）当配套全套管柱自动化处理设备时，由于设备众多，已无法实现对各个设备的操控要求[4]。

图 7-24　常规电驱动钻机司钻房操控台

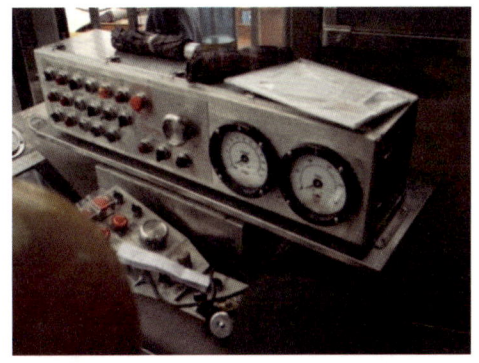

图 7-25　常规钻机司钻房顶驱操控台

集成司钻控制系统有效地解决了上述问题，提高了钻井设备的自动化、智能化、信息化水平和作业效率，优化了钻机操作流程，可确保操作的安全性。

一、设计原则

Idriller集成司钻控制系统是国内首创的石油钻机控制系统。为保证钻机优异性能和市场推广前景，本系统在设计开发过程中遵循以下原则：

（1）在以往石油钻井装备成功研发的基础上，Idriller集成司钻控制系统所有创新性的技术方案需经可靠性验证，确保研制的集成控制系统整体性能和制造质量达到国内领先水平，在油田钻机上的工业性应用稳定。

（2）注重与各设备间接口标准化设计，既能满足新制钻机的配套，又能兼顾老旧钻机的升级改造需求。

（3）遵循标准化设计原则，各部件及控制系统依据API，IEC及其相关规范设计，系统集成接口应与行业内主流通信协议相兼容。

（4）关键技术自主攻关，并充分发挥和利用社会及石油系统内的优势资源，以展示我国石油装备研制的综合实力。

（5）系统软件设计应充分考虑各设备协同作业过程中的安全保护机制，人机界面程序应符合人性化操作需求。

（6）所有元器件选型应满足油田现场恶劣工作环境要求，对高利用率的关键元件应考虑冗余配置方案或设计有应急操作系统。处于防爆危险区域的电气设备，严格按照国家标准选用适用于1区、2区防爆型式的电气元件，电气设备的防护等级按照室内不低于IP22，室外不低于IP56的标准执行。

（7）系统设计应满足钻机快速拆装搬运要求，各设备采用模块化设计，设备和系统间的管线、电缆应考虑使用快速插接装置，以适应石油钻机流动性作业的特点。

（8）产品设计考虑了HSE相关要求，尽量削减危害人身、设备的各种不安全因素，同时充分考虑环保方面的要求，做到无毒、无害和无辐射，并努力达到无污染物排放。

二、技术方案

为了克服常规石油钻机各单元独立控制，控制单元过多，无法满足钻机自动化、智能化集成技术需求的弊端，宝石以常规钻机为基础，结合现场调研，自主研发出我国首套Idriller集成司钻控制系统，并已展开了工业化应用。Idriller的研发成功，填补了我国在该领域的空白，这对提升我国石油装备技术水平起到了一定的推动作用。

（1）在开展管柱自动化处理设备集成控制接口研究的基础上，制订管柱输送、上卸扣、立根排放等作业流程的总体方案，并进行动力猫道、铁钻工、自动井架工等自动化工具的自主研制，解决"自动化"的问题。将钻井过程中原本依靠人工"拖、拉、扛、拽"等体力工作由装备了自动化控制系统的机械化工具来实现，并为一体化司钻预留控制和通信接口。

（2）借鉴国外集成司钻操作工艺，结合现场作业实际需求，制订集成控制网络及一体化司钻操作终端方案，可以规划设备运动轨迹、防碰撞控制、数据自动归档等功能软件。基于WinCC开展人机界面软件设计，并在实验室通过交互式数字样机模拟仿真平台，进行 Idriller 集成司钻成控制系统在起下钻、钻进等钻井模式下的系统联合测试，对关键技术进行等效测试验证。

（3）结合实际工程项目，开展 Idriller 集成司钻控制系统的研制。对变频系统、仪表系统、顶驱系统、视频监控系统、管柱自动化处理系统等各个智能控制单元进行基于实体钻机的功能测试、安全测试（包括防碰撞测试）和作业流程测试、验证后，进入油田现场工业性验证。

三、技术参数

钻机集成控制系统的基本技术参数见表 7-6。

表 7-6 Idriller 集成司钻控制系统技术参数

序号	名称	技术参数
1	适用钻机级别	钻深为 1500～12000m 钻机
2	司钻操作终端站	两套（互为冗余）
3	集成子站数量	50 个（最多）
4	系统通信协议	ETHERNET
5	环网通信形式	MRP
6	环网重构时间	0.2s
7	网络架构方式	C/S 架构
8	系统响应时间	0.15s
9	安全管理机制	三级

四、结构与原理

集成司钻控制系统是成套钻机的控制核心，其工作性能的好坏直接影响着钻井质量、钻井效率以及作业的安全性。随着工业技术和石油装备的更新发展，司钻控制系统也取得了长足的发展，并正朝着自动化、智能化、信息化、网络化方向发展。Idriller 集成司钻控制系统正是在此背景下的产生的。

Idriller 集成司钻控制系统中的"Idriller"是宝石机械为该系统注册的产品商标，其中"I"包含三层含义，即 integrated（集成化）、intelligent（智能化）和 informatization（信息化）；driller 是司钻的含义。Idriller 集成司钻控制系统根据配套内容的不同，又可以分为 Idriller-K 和 Idriller-T 两种型号。

1. Idriller-K 型集成司钻控制系统

Idriller-K 型集成司钻控制系统主要由座椅主体、多功能手柄、多功能键盘、数字键盘、轨迹球、模式选择开关、急停按钮、显示屏及控制软件等组成（图 7-26）。

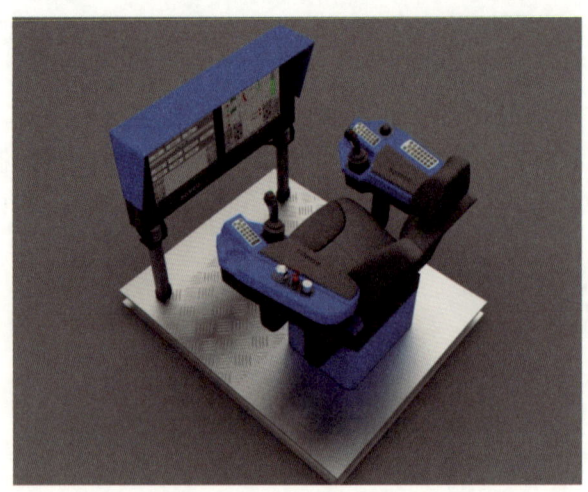

图7-26 Idriller-K型集成司钻座椅

集成司钻座椅主要提供司钻座位和其他电气元件的固定和支撑。

多功能手柄上集成有多个开关量和模拟量控制。每套座椅在左、右两侧扶手配套有多功能手柄各1个,每个手柄上方集成4个按钮,前方集成2个按钮,手柄中间集成有使能按钮。多功能手柄采取功能复用的模式实现对不同工况、不同设备的操作。

每套座椅在左、右两侧扶手上配套有多功能键盘各一个,针对不同的设备可以完成不同的设备动作。

每套座椅的右侧扶手上配套有一个数字键盘,各个键的功能与计算机键盘对应功能一致。

轨迹球鼠标用来定位光标位置,设备上面的两个键等同于光电鼠标的左键和右键。配套在座椅右侧扶手上,方便司钻操作人机界面的显示画面和修改设备参数设定。

模式选择开关用于一体化操控座椅的模式切换,每一种模式对应一种工况。在配套双司钻的系统中,主副司钻的各个控制模式之间具有互锁保护。当一种模式被占用,另一套座椅将无法选择这种模式,可防止两套座椅在同一个模式下造成误操作。同时,为了防止操作中误触动模式开关造成设备误动作,在模式开关上配套有模式锁定钥匙,可以实现模式的锁定,防止非操作人员更改模式和误触发。

急停按钮一般安装在座椅的左侧扶手上。急停按钮独立于系统控制器与服务器,完全是由硬线连接。急停按钮分为三级急停,每级急停对应不同的控制权限,紧急情况下用于关断或终止运动的设备,确保系统和作业的安全。

显示屏用于显示所有被控设备的参数设定、仪表显示、状态参数等,并具有当前座椅手柄、功能键盘控制功能提示功能。一般每套座椅由主、副两个显示屏构成,根据钻机的集成化程度和被控设备的多少,也可以配套单显示屏。

控制软件包含专门为钻机开发的主控制程序和WinCC人机界面程序,通过配套的硬件实现对钻井设备的监视和控制。

2. Idriller-T型集成司钻控制系统

Idriller-T型集成司钻控制系统主要由座椅主体、多功能手柄、模式选择开关、急停按钮、触摸屏及控制软件等组成(图7-27)。

图 7-27 Idriller-T 型集成司钻座椅

座椅主体、多功能手柄、模式选择开关、急停按钮、控制软件等与 Idriller-K 型集成司钻座椅对应功能一致，这里不再赘述。

触摸屏用于显示所有被控设备的参数设定、仪表显示和状态参数等，以及参数设定、控制指令的触发输出。一般每套座椅配套主、副两个显示屏，根据钻机的集成化程度和被控设备的多少，也可以配套单显示屏。

五、主副司钻分工

在实际的钻机配套中，根据钻机的集成化程度不同，可以为钻机配套单集成一体化座椅或双集成司钻一体化座椅（图 7-28、图 7-29）。

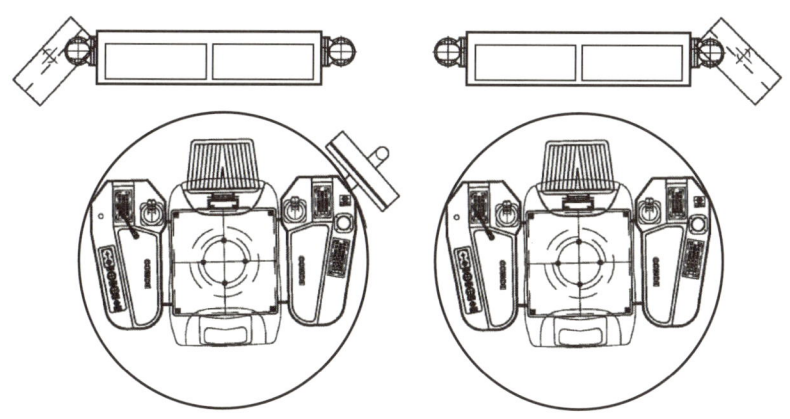

图 7-28 双集成司钻一体化座椅布局图

上述两种形式的集成控制系统均可满足钻机管柱自动化的操作使用。现场实际应用表明，采用双司钻协调配合的方式可有效提高作业效率。工作中，主、副司钻各司其职，主司钻负责与钻井有关的事项，副司钻负责与管柱处理有关的操作。

1. 主司钻操控设备

主司钻主要完成钻井相关的设备控制，包括绞车、顶驱、转盘、钻井泵、MCC、液压盘刹、液压吊卡、液压卡瓦、液压猫头等设备。

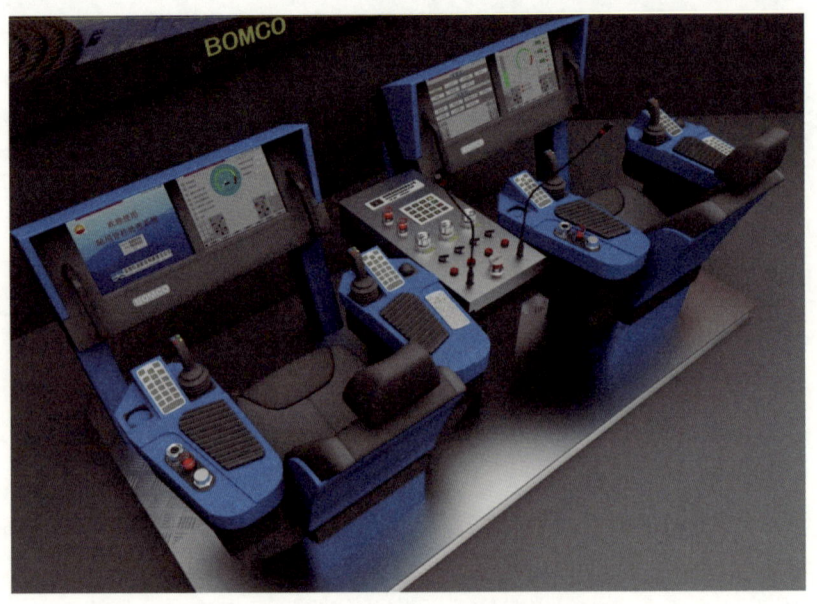

图 7-29 双集成司钻一体化座椅效果图

2. 副司钻操控设备

副司钻主要完成与管柱处理相关的设备控制，包括动力猫道、铁钻工、动力鼠洞、缓冲机械手、钻井液收集盒、自动井架工、气动指梁、液压站等设备。

六、创新点

Idriller 集成司钻控制系统作为国家油气钻井工程技术研究中心三项攻关技术之一——"石油钻机自动化、智能化技术"的核心内容，历经多年的研究开发，最终取得成功，并进行了批量化生产和工业化推广应用。Idriller 集成司钻控制系统的技术水平已达到国内领先、国际先进水平，推广应用前景良好。

Idriller 集成司钻控制系统主要创新点如下：

（1）国内首次研制开发出基于 IPC 和 PLC 的石油钻机环网耦合通信架构，实现了各设备集成化、网络化操控和监视，解决了传统钻机各设备控制独立、缺少统一监管、安全性差的问题。

（2）可互备互换的双司钻集成操作终端将传统基于物理开关和机械式仪表的钻机操控模式变革为全数字化操作和显示，解决了传统钻机操作分散、可靠性差、司钻无法按操作习惯分配任务等问题。在国内首次提出了"一键多能、功能复用"的全新操作理念。

（3）开发了可以规划运动轨迹、防碰撞管理及数据自动归档等功能的智能化软件，提升了钻机安全性和可靠性，同时使钻机具有了"黑匣子"功能，可实现设备故障分析有据可查。

七、国内外同类产品技术比较

石油钻机集成司钻控制系统国内外技术水平比较见表 7-7。

表 7-7 国内外同类产品技术比较

序号	项目	指标	Idriller	国内同类产品	国外同类产品	结论
1	双司钻集成操作终端	通信方式	ETHERNET 环网耦合通信	无	DP FDL 通信	国内领先国际先进
		带宽	100M	无	12M	
		冗余容错	（1）控制站热冗余（2）以太网环网耦合冗余（3）在线诊断	无	（1）DP 环网冗余（2）在线监测	
		互备互换	主副司钻可互为备用	无	主副司钻互为备用	
2	集成控制软件	急停机制	三级急停	两级急停	三级急停	国内领先国际先进
		通信保护	有	有	有	
		防碰保护	具有多设备防碰功能	仅有上碰下砸保护	具有设备防碰功能	
		轨迹规划	有	无	有	
		互锁保护	有	无	有	
		数据存档	有	无	有	

第五节 自动化工具的集成应用技术

一、管柱自动化处理系统的安装

管柱自动化处理系统各部件的安装质量直接关系到整个系统能否正常工作和系统部件的使用寿命，安装时一定要严把质量关，做到平、正、稳、全、牢，确保设备安全运转。

1. 安装前的准备工作

安装前，系统设备的安装及操作人员应仔细阅读使用说明书，明确要求和规定。

（1）安装及操作人员应明确安装要求和规定，熟悉管柱自动化系统总体、配套及各部件结构特性、重量尺寸等，做好前期的各项准备工作。

（2）装卸与安装准备系统的超重、超长等大部件，如动力猫道等，在装车、卸车和安装时，应该使用专用的吊装绳索。这些部件均设有专用吊耳或吊杠，起吊时应将吊绳挂在吊耳上，吊绳长度应适合，吊绳过短会挤坏设备和部件。

（3）管柱自动化处理系统地面设备包括动力猫道总成、液压站等。安放动力猫道和液压站的整个场地应按照钻机基础图的要求建造钢筋混凝土基础，四周无障碍物。动力猫道的基础平面度误差不大于 3mm（0.12in）。液压站的基础可铺设预制水泥条，但必须平整。以井眼中心为基准，划出纵向和横向中心线及所有地面设备位置线。

2. 管柱自动化处理系统的安装

管柱自动化系统各部件的安装相对独立，原则上允许同时安装。除推扶式管柱处理装置在井架起升前安装外，其他管柱自动化处理设备均在井架、底座起升后安装。

3. 管柱自动化系统安装后的检查

(1) 应严格按照布置图的要求摆放，组装部件应安装可靠；
(2) 电、液连接管线排列整齐，连接正确，固定牢靠；
(3) 电、液连接管全部安装就位后，对线路进行全面检查；
(4) 所有部位的连接螺栓应连接可靠，不允许有松动现象。

二、管柱自动化系统的调试与操作

只有机械设备、液压设备和电控系统的安装以及液压系统清洁度等满足各项技术参数的要求后，才能进行试车。

系统各设备的操作使用应当由具有相应资格和经验的并接受过培训的人员进行。在使用系统各设备之前一定要认真阅读系统各设备使用说明书，一定要严格按照正确的操作程序进行作业，否则可能造成设备或人身事故！有关管柱自动化处理系统的安全操作内容请参见本书"钻机安全操作技术"章节。

1. 管柱输送作业

系统可完成 $2\frac{7}{8}$~20in、长度不超过 10m 的钻井管柱由地面管子堆场到钻台面的输送或反向输送带台阶的管柱。

(1) 由液压排管架到钻台面的输送流程。

排放管柱至液压排管架→控制液压排管架向内倾斜，使管柱单根滚至动力猫道→动力猫道倾斜机构向内倾斜，使管柱单根滚入动力猫道中央 V 形槽→小滑车顶紧管柱下端→送钻柱装置带管柱起升至钻台面→小滑车推管柱至小鼠洞或井口附近。

(2) 由钻台面到液压排管架的输送流程。

钻柱由钻台面输送到液压排管架上的输送流程为上述流程的逆过程，只是液压排管架是向外侧倾斜。当管柱回到初始位置时，控制踢出机构将管柱踢出至动力猫道倾斜机构上，再控制倾斜机构向外倾斜，使管柱滚至液压排管架上。

管柱由钻杆排管架到液压排管架的排放作业为手动。将液压排管架水平升起至与钻杆排管架上的管柱等高时，人工将管柱由钻杆排管架滚入液压排管架上，再将液压排管架下降至工作高度。

液压排管架上的管柱下端螺纹应带好护丝，以实现自动输送。

2. 接单根/甩单根作业

系统可完成 $2\frac{7}{8}$~$9\frac{3}{4}$in 钻井管柱单根输送及 $2\frac{7}{8}$~$9\frac{3}{4}$in 钻杆/钻铤的连接作业，大管径套管需配套管液压吊卡。

(1) 接单根作业流程。

动力猫道输送单根管柱至立根台鼠洞→顶驱吊环前倾靠近钻杆、液压吊卡打开并翻转→液压吊卡扣合管柱，缓慢上提顶驱，吊环回倾斜至垂直位→在管柱下端脱离动力猫道前，缓冲机械手前倾并扣合管柱→继续上提顶驱，同时缓冲机械手回倾，使管柱直立在井口上方→缓冲机械手扶正管柱并与井口管柱对扣，此时铁钻工自动移至井口并上扣→缓冲机械手松开并回至初始状态→提升顶驱同时上提卡瓦。

接钻铤单根的流程基本类似，只不过钻铤单根需连接提升短节才可与液压吊卡扣合。

(2) 甩单根作业流程。

甩单根作业流程为接单根的逆过程。

3. 建立根/拆立根作业

系统可完成 $2^7/_8 \sim 9^3/_4$ in 钻杆/钻铤的建立根和拆立根作业。

（1）建立根作业流程。

动力猫道输送第一单根至立根台鼠洞→顶驱上提单根至井口→下放单根入井口并坐放卡瓦，使钻具接头高出钻台面约 1.2m →动力猫道输送第二单根至立根台鼠洞，顶驱上提单根至井口，并使其直立于井口上方→管柱与井口管柱对扣，铁钻工上扣→提升顶驱同时上提卡瓦→下放单根入井口并坐放卡瓦，使钻具接头高出钻台面约 1.2m →动力猫道输送第三单根至立根台鼠洞，顶驱上提单根至井口，并使其直立于井口上方→管柱与井口管柱对扣，铁钻工上扣→提升顶驱同时上提卡瓦→上提顶驱，使立根下端高于钻台面，排放立根入二层台。

（2）拆立根作业流程。

拆立根作业一般在完井时进行，为建立根作业的逆过程。

建立根作业在井口进行，可利用固井候凝或开钻前的时间完成。建钻铤立根的流程与建立根基本类似，只不过每根钻铤单根需连接提升短节才可与液压吊卡扣合，且后两根钻铤连接时需将提升短节卸掉。

4. 立根排放作业

（1）由井口到指梁的立根排放作业流程。

二层台机械手处于初始状态（钳口面向井口）→提升立根至二层台→钻台面操作工将立根下端推入立根台，同时顶驱缓慢下放，将立根立于立根台→二层台机械手到井口中心扶持立根，扶持钳口可靠关闭后，液压吊卡打开→二层台机械手扶持立根至二层台相应位置→二层台气动挡杆关闭，二层台机械手松开扶持钳，回到初始位置。

（2）由指梁到井口的立根排放作业流程。

由指梁到井口的立根排放作业流程为上述流程的逆过程。

5. 起下钻作业

（1）起钻作业流程。

二层台机械手处于初始状态（钳口面向井口）→顶驱将钻柱提升至高于二层台→铁钻工在立根处卸扣→钻台面操作工将立根下端推入立根台，同时顶驱缓慢下放，将立根立于立根台→此时主、副司钻同时作业，将二层台下方的机械手伸至井口中心位置扶持立根，扶持钳口可靠关闭后，液压吊卡打开→二层台机械手扶持立根至二层台相应位置→二层台气动挡杆关闭，二层台机械手松开扶持钳，回到初始位置。当二层台机械手扶持立根进入二层台舌台侧通道后，主司钻控制游车下放，顶驱接近钻台面时控制液压吊卡扣合井口管柱→上提动力卡瓦→上提游车，提出 1 柱立根，刹车→坐放动力卡瓦→操作铁钻工到井口卸开管柱连接扣→稍提游车，使立根下端由管柱母扣中脱出。

（2）下钻作业流程。

下钻作业流程为起钻作业的逆过程。

起下钻作业时，铁钻工由钻台面钻工用手操盒进行控制。

第六节　工业化应用效果及前景

一、工业应用效果对比分析

2012年1月至2017年12月，宝石机械先后研制出了与陆地钻机配套的各种管柱自动化系统，并在新研制或改造的3000m、5000m、7000m、8000m、9000m等系列电传动钻机上使用。该产品已在国内各大钻探公司陆地钻机上使用，包括大庆钻探、川庆钻探、渤海钻探等。尤其是2015年开发的"Idriller集成司钻控制系统"首次用于性能要求更为严苛的海洋钻井市场，具有里程碑的意义，标志着我国国产石油钻井装备技术水平登上了一个新的台阶。

近年来，陆地钻机管柱自动化系统已完成苏14-15-34H1井、磨溪109井、徐深7-平1井等井的钻井作业。现场应用表明，管柱自动化系统满足现场工作要求，配套的"Idriller集成司钻控制系统"不仅实现了绞车、转盘、钻井泵、顶驱、机械化工具、管柱自动化处理设备等钻井装备的集成化控制，同时也实现了视频监控系统、仪表系统等在司钻房的集成化显示和一体化监控，各项性能指标和功能满足现代钻井作业的需求，解决了传统钻机各设备控制相互独立、布局凌乱、操作复杂的问题，大幅提升了钻机的机械化和自动化水平。

在苏里格地区投入使用的系列钻机（配套了陆地管柱自动化系统），每个生产班可减少井架工和钻工2至3人，优化了劳动力结构，降低了人工成本。这套系统中的所有设备通过遥控手动操作盒或司钻控制台进行远程控制，使作业人员远离高危作业区域，最大限度地降低了作业风险。同时，这套系统采用了安全互锁设计，可有效避免误操作，提高作业安全性。作业过程中可通过程序控制实现设备的一键操作，有效提高起下钻等作业效率，缩短钻井周期。

自动化、智能化、集成化是未来钻井作业的发展趋势，配套有管柱自动化系统的钻机将会成为钻井市场的主流钻机，具有良好的经济效益和推广价值。

二、推广应用效果与前景

1. 应用优势

钻机管柱自动化处理系统的工业化应用不仅是管柱自动处理作业方式的一次重大革新，而且在大幅减轻现场作业人员劳动强度、降低人工成本、缩短钻井周期以及在安全和环保方面的效果也十分显著。该系统具有以下优势：

（1）减轻现场作业人员的劳动强度。通过远程操作完成各项钻井作业，把人员从过去需要人拉肩扛的体力劳动中解放出来。

（2）二层台可实现无人值守。没有配备管柱自动化处理系统之前，起下钻时，二层台必须有人协助才能将立柱拉进或推出指梁，现在借助自动井架工，通过弹簧指梁二层台或气动指梁二层台就可远控操作。

（3）节省劳动力。管柱自动化处理系统的应用可实现二层台无人值守，钻台面只需一人手持控制手柄，借助钻台机械手就可完成立根从井口到立根盒或从立根盒至井口的运移，自动猫道代替了场地工，每个班组可节省2~3人。

（4）降污减噪。电控系统的 MCC 单元预留有网电接口，可通过工业电网提供钻井动力，解决柴油发电动机组工作时造成的空气污染和噪声污染。

（5）多重安全防护。Idriller 集成司钻控制系统配置的三级急停、智能防碰、权限互锁等功能实现了对设备和人员的多重保护，大幅提升了现场作业人员和设备的安全性。

这些技术优势、人员优势和安全优势提升了国内各钻探公司的作业能力和钻井质量，为进军国际高端钻井市场提供了装备保障。

2. 推广前景

1981 年，挪威石油局的标准规定作业于挪威领海内的钻机必须配备自动钻杆排放系统。1991 年，挪威石油局对该标准做了修改，规定钻杆排放系统所能操作的管柱范围必须包括钻铤和套管。挪威在 2003 年做的一项调查表明，钻杆自动排放系统在钻井工人安全、健康和工作环境等方面都有了明显的改善[3]。陆地管柱自动化处理系统的成功研制和工业化应用，为国内石油装备的发展开辟了新的方向。在大庆钻探、川庆钻探、长庆钻探、渤海钻探等现场的应用表明，钻机管柱自动化系统性能先进，质量可靠，大大提高了钻井作业的安全和效率。尤其是 Idriller 集成司钻控制系统的成功应用，提高了国产石油钻机自动化、智能化水平，为我国石油钻机装备了"智慧大脑"，实现了国产钻机的集成化操控。

配套有管柱自动化处理系统的钻井装备，通过 Idriller 集成司钻控制系统远程操作，完成各项钻井作业任务，可以把人员从过去需要人拉肩扛的体力劳动中解放出来，降低了工人的劳动强度，使作业人员远离高危作业区域，实现了二层台的无人值守。

管柱自动化处理系统通过程序控制实现设备的一键操作，有效提高接立根作业的效率，从而减少整个建井周期。

管柱自动化处理系统还配套推出了 Idriller 集成司钻控制系统的虚拟仿真平台，借助该仿真平台可为司钻操作技能的快速提升打下坚实的基础，为使用管柱自动化处理系统提前做好人才储备。

3. 影响和意义

管柱自动化处理系统的研制成功彻底打破了国外公司在该领域的技术垄断，解决了以往必须与钻机捆绑才能采购该系统的被动局面，为低价采购国外设备增加了筹码。管柱自动化处理系统的成功应用不仅为我国石油钻机装备了"智慧大脑"，大大提高了作业效率和安全性能，而且还积累了一系列技术成果，带动了国内石油装备制造业的发展和技术进步，为国内钻井服务公司进军国际高端钻井市场提供了装备和技术保障。

参 考 文 献

[1] 蔡文均, 张慧峰, 孙长征, 等. 钻柱自动化排放技术发展现状[J]. 石油机械, 2008, 36(12): 71-74.

[2] 刘平全, 崔学政, 董磊. 钻井平台的钻杆排放方式及其自动化操作系统[J]. 石油机械, 2010, 25(1): 51-56.

[3] 刘文庆, 崔学政, 张富强. 钻杆自动排放系统的发展及典型结构[J]. 石油矿场机械, 2007, 36(11): 74-77.

附录　超深井钻机安全操作技术

石油钻井作业过程是一个多工种协作、多工序交叉和连续作业的系统工程。在钻井施工过程中，石油钻机的安全运行起着重要的作用，钻井人员的操作安全对整个钻井作业起到至关重要的作用。而深井、超深井钻机装备钻井的深度更深，钻机承载的载荷更大，遇到的井况更为复杂，这给钻井的安全作业带来了更多的隐患。为了在整个钻井作业过程中，保障设备的良好性能，降低钻井作业风险，增强作业人员的安全意识，减少人员伤亡、设备损坏和环境伤害等事故的发生，我们根据 IADC、HSE 以及我国石油钻井行业对安全管理的相关资料和要求，针对超深井钻井装备的安装、拆卸、操作、维护保养和钻台作业等方面的安全规定和要求进行了分析和规范，以期引起大家对钻井安全作业的足够重视，更好地实现安全生产。

一、钻前准备的安全操作

为了保障油气井的开发与安全生产，钻井作业前，首先要确定井口周边的环境和井口安全作业位置，为下一步钻井的安全作业做好准备。

1. 井场定位的安全要求

（1）油气井口距高压线及其他永久性设施不小于 75m，距离居民住宅不小于 100m，距铁路、高速公路不小于 200m，距学校、医院和大型油库等人口密集性、高危性场所不小于 500m。

（2）含硫油气田的井，应以使其周围居民不受硫化氢扩散影响为前提，井场应选在较空旷的位置，尽量在前 / 后或左 / 右方向能让风道畅通。

（3）井口距堤坝、水库的位置应根据国家水利部门的有关规定执行。

（4）如果地质勘察发现地理条件不能满足井场技术条件的，移动井口位置或采取其他技术措施，应向有关部门呈报，同意后方可进行井场后续施工作业。

（5）钻前准备的安全作业，要充分考虑井场用水、道路修筑和铺设、钻井液池井场施工条件等因素以及防火、防爆、防硫化氢的布置要求。由于超深井钻机钻井周期长，所需钻井工具与设备较多，井场应能容纳所有的钻井设备、营房、库房和工具房等，一般超深井钻机井场的有效面积应大于 $12000m^2$，同时还应符合钻井施工设计选定的具体钻机设备的占地面积需求。井场布置应考虑井场抢险、防洪、雨季排涝等不利因素的影响。

2. 井场布局安全要求

超深井钻机的安全操作，一般根据相关规定进行钻前准备与布置，具体要求如下：

（1）实施欠平衡钻井作业的井场，两侧分别增加一个不小于 $1000m^2$ 的燃烧池和放喷池。其液池高度应在 2m 以上，池体中心点距井口中心应大于 75m。

（2）在环境敏感地区，如水库、河流等，应在其右侧增加一个专用的体积不小于 $200m^3$ 的放喷池，液池中心距离井口中心应大于 75m。

（3）丛式井应根据钻井设计要求，预留出相应的井场面积。

（4）在人口稠密地区，最小安全使用面积不低于相关标准和技术要求的80%，进行特殊工艺井施工时，应根据施工的特殊性、工程车辆数量等信息，适当增加井场用地面积。

（5）井场大门方向应符合井控管理规定，考虑当地风频、风向。一般大门应背向季节风。

（6）井场道路应从前方进入，大门方向应面向进入井场的道路。

（7）含硫油气井的大门方面，应面向盛行风。

（8）调查井场位置地下埋设管线及电缆情况，防止井场施工对地下设备设施的破坏。

3. 井场基础及道路安全要求

井场基础和道路施工是钻前准备的主要工作，需满足以下安全技术要求：

（1）井场设备基础地基承载能力不小于0.15MPa，遇不良地基应进行加强处理，特别是恶劣天气或地质环境易导致地质灾害的井场基础。

（2）冻土地区实施混凝土基础的基底应埋入冻结线以下250mm，同时设备基础顶面高于场面100mm。

（3）为防止钻机设备基础积水，基础之间的地表应采用适当水泥抹成厚50mm的水泥面，并挖好排水沟。

（4）井场应平坦坚实，能承受大型运输车辆的行驶载重要求。井场中部应略高于四周，有利于排水。如果在雨季或多雨地区作业，井场周围应挖环形排水沟。

（5）在草原、苇塘和林区的油井，布置井场时应按照防火、防爆和防污染等所在地方、国家相关法规执行。在河床、海滩、湖泊、盐田、水库、水产养殖场区域进行钻井作业时，井场应设置防洪、防腐蚀、防污染等安全防护设施。在农田内井场四周应挖沟或围土堤，与毗邻的农田隔开。井场内的污油、污水、钻井液等不得流入田间或浸入地下水系统。沙漠地区还应注意防风、防沙等。

（6）修筑井场道路首先要进行道路地质勘查，避开滑坡、泥石流等不良地质地段。

（7）通往井场的道路，应满足整个钻井周期内各种类型车辆安全通行，特别应考虑满足抢险车辆的通行。主干道公路和单井干道公路应满足国家对相应道路的技术要求。特殊地区（沙漠、草原、海滩等）的井，可修建能满足运输通行条件的道路。

（8）道路以车辆顺利通行为原则，并预留会车台，必要时可以铺垫碎石或废砖头等，铺垫宽度不得小于4m，路面高度视路基而定。对井位较多的干线路，路面铺设宽度不得小于8m，高度不得小于0.3m，拐弯处路面需加宽1～2m，边坡比为1：1.25，路拱坡度一般为3%～5%。

（9）建立良好的井场环保设施。井场内应有良好的清污分流系统，井场应修建钻井液储备池，净化系统一侧应修建废液处理池，配备废液处理装置。如有丛式井、分支井等特殊工艺井应增加容积。钻井液储备池、废液处理池、堆沙坑应采取防渗漏及其他防污染措施。

（10）井场应配备必要的安全警示标识。

二、钻机安装及井架底座起放作业安全

钻机安装前，应对所有设备的制造商或者修理厂出厂质量合格证等技术文件进行检查核实，所有设备应符合钻井工程设计对钻井设备选用的技术要求。安装所使用的各类工具

或设备应齐备，并有良好的安全操作性能，在用的计量器具应在有效的计量周期内。

1. 钻机安装通用性安全要求

（1）钻机安装前，钻井队队长组织相关人员和安全监督进行工作前安全分析，共同识别各环节存在的风险，研究制订具体防范措施，办理作业许可证。

（2）钻井队现场负责人组织召开全队员工大会，指定区域安全负责人，明确具体工作任务、人员分工和安全注意事项，并对安装中涉及的相关方的风险进行提示和HSE告知。

（3）高空安装作业人员，一定要佩戴好安全带、防坠落装置或助爬器等安全设备，所有高空使用的安装工具应有安全绳或相关安全措施，防止工具高空坠落。禁止在雨、雪、六级以上大风等恶劣天气进行现场高空作业。

（4）锤击作业的锤击、扶正人员站位合理、使用扶正绳、佩戴护目镜，其他人员处于安全区域。检查敲击工具，严禁使用管钳、扳手等非专用工具进行敲击作业。使用游锤等多人配合作业时必须专人指挥。

（5）钻机设备吊装作业，应准备标准吊装绳索和所需工具，严格按照吊装作业相关规定或内部吊装作业管理要求进行作业，严禁违章吊装作业。

（6）安装操作为多工种协同作业，各工作区应保持足够安全距离。

（7）运输车辆到达卸车位置并停稳后，方可拆除所载重物与车辆间的固定连接。

（8）设备、设施安装到位后，应及时摘除吊索具并安装紧固，及时安装安全防护设备或设施。

2. 钻井设备安装的安全操作

1）底座、井架

（1）钻机主机底座、井架安装应按原始设备制造商推荐安装顺序逐件安装，避免部件错误安装导致后续结构件不能安装或操作人员作业困难，诱发安全事故。

（2）底座和井架的安装均涉及操作人员高空作业，设备吊装等特殊作业工序，应按照相关作业规程，注意作业过程中人员操作安全和设备吊装安全等，避免因违规操作造成人员伤害。

（3）9000m四单根钻机二层台安装，应利用吊车抬高卧装的井架，用高支架替换掉低支架，然后将在地面上已组装好的二层台（包括气动绞车）、二层台机械手、油管台安装到井架体上，穿好销子、安全别针。

（4）底座和井架所有螺栓连接处必须有防松措施，单螺母处必须装弹簧垫圈，高于作业人员头顶2m位置的紧固件连接螺栓或连接销还需要采取防坠落措施。

2）天车

（1）天车和井架相连接处必须用高强度螺栓（8.8级或10.9级）连接和固定。

（2）天车防碰木和所有辅助滑轮及防坠落措施在地面完成装配，且固定牢靠，同时还需采取二次防坠落保护措施。

3）游车、大钩

（1）安装大钩时，拆掉游车上提环的提环销，挂上大钩提环，再装上提环销并用螺母上紧，穿上保险销。

（2）使用前，滑轮轴承、大钩应注满润滑脂或液压油，检查轴承、大钩的转动应正常、灵活，无异常声音。

4）绞车

（1）绞车电动机、减速箱、自动送钻安装在一个小底座上，构成一个独立的运输单元。绞车减速箱与滚筒轴同轴度控制在0.25mm之内，齿式联轴器内齿圈用螺栓紧固，并紧固小底座与水箱上的所有连接螺栓。

（2）油、气管线连接时应按相应的流程进行，同时要求连接牢固，密封可靠，以免造成漏油、漏气现象。

5）司钻控制房

（1）吊装前，司钻控制房内未固定物体（座椅等）应移去或加以固定，并锁好所有门。

（2）吊装司钻控制房，应保持房体水平，过度倾斜易导致室内活动或旋转设备移动，损坏室内其他仪器设备。

（3）吊装时应轻提轻放，避免损坏司钻控制房及房内设备。

（4）将司钻控制房运输至钻机底座左侧，用吊车轻放于钻台铺台上，拆除吊具，并用不少于3个的限位块来限位司钻控制房，减少钻台面振动对司钻房仪表指示的影响。

（5）按照接口板上标识牌指示连接好司钻控制房所有的动力电缆、信号电缆、气管线等，并在气管线安装前用清洁的压缩空气清扫管道，避免堵塞阀件。

6）转盘及其驱动装置

（1）转盘通常安装于钻机钻台底座的转盘梁上，转盘中心应与钻机的井口中心对正，转盘面应保持水平，上盖与台面平齐，就位找正后，采用定位块及螺栓固定。

（2）连接转盘驱动箱与转盘之间的万向轴，安装时应保证万向轴两法兰端面平行，误差不超过1mm，万向轴倾斜角度不超过3°～5°。齿式联轴器传动的快速轴与传动装置输出轴的同轴度小于1.5mm。

（3）交流电动机与输入轴通过万向轴连接两法兰的平行度应达到0.3mm，找正后即用定位块将电动机固定。

（4）按钻机气路接线图要求安装转盘惯刹离合器进气管线，接反将导致转盘无法启动或惯刹功能失效。

7）动力及电控系统

（1）安装柴油机消声器，将房子之间的防雨板搭接好。

（2）连接电控房与发电房、电控房与绞车、电控房与司控房、电控房与液压站之间的动力电缆与控制电缆。按照电缆标识对应插接或安装，确保动力电缆相序、接线端子以及控制电缆控制对象准确无误。

（3）电控系统在正常运行时，房门要关闭，以维持房内温度恒定，同时防止灰尘进入房内。但房门不得紧锁，以便电气维护人员逃生。

（4）系统运行时，切勿随意打开对外接线板的内、外门和制动电阻室的百叶窗，以防意外事故发生。

（5）控制柜箱体应具有隔离危险源和阻断干扰的功能。在通电情况下变频柜内有高压，切勿打开柜门或对柜内进行其他操作。

（6）温度大于40℃，湿度大于85%或有凝露时，必须先启动空调机和干燥机降温、除湿，在房内温度、湿度满足要求或凝露消失后，再启动变频器和其他控制电源。

（7）系统主电源意外断电半小时以上重新上电时，必须确认电气控制柜内无凝露。

（8）电控房、电控柜系统接地措施需可靠、完善，应满足相应的电工标准要求。房体接地电阻不大于 4Ω，接地桩不小于 70mm^2；柜体接地电阻不大于 1Ω，接地线不小于 2.5mm^2。

8）钻井泵

（1）调整轴承座与底座或电动机与底座间的垫片，保证联轴器的两端处于水平，用定位销定位后再用连接螺栓紧固。

（2）将传动装置就位，装好调节丝杠总成，调整大小皮带轮共面度，调整皮带的张紧力，安装好皮带防护护罩。

（3）所有吸入管线应牢固地支撑在泵组底座上，避免管线悬空，降低管线承受不必要的应力和振动。

（4）安装安全阀、放喷管线和钻井泵排出滤网等。钻井泵安全阀放喷管线要以一定倾角连接到钻井液罐，管线出口一定指向罐内，以实现钻井液放喷后自动回流到罐内，避免放喷管线堵塞发生憋管事故。

9）固控系统

（1）根据钻机固相控制系统井场布局要求，钻井液罐摆放在井架右侧，罐与罐之间，前后左右的距离必须符合固控系统平面图要求，安装后误差不得大于 25mm，各罐之间通过伸缩联通管连接。

（2）安装罐与罐之间的走道、罐面栏杆和落地梯子。罐间的走道为翻转搭接到相邻罐面，搭接尺寸不得小于 30mm，以保证搭接走道有足够的支撑强度。

（3）药品罐安装在罐面上，用螺栓固定好后，将药品罐的出口端伸进罐内的钻井液液面以下，使钻井液流入罐内，最后将加水口与水源接通。

（4）振动筛平行固定在 1 号钻井液罐的沉砂仓仓面上，高架管与分流槽连接，各振动筛出口与排砂滑槽对准。

（5）将振动筛四角垫实，用压板螺栓将振动筛底座固定牢靠，防止工作时产生不正常的振动和噪声。

（6）振动筛必须在左、右两个方向上保证水平，以确保钻井液分布均匀。

（7）当振动器安装完工并接线后，不得在筛箱上进行焊接，以防损坏振动器绕组和轴承。

（8）两法兰联结时，应在其中间加入密封垫圈，防止漏气。

（9）两台离心机应分别安装在不同的离心机仓的仓面上。离心机支架的 4 条腿应固定在罐面刚性好的地方，便于离心机与罐仓管线的连接和检修。

离心机运转前，要检查传动皮带松紧度是否符合设备制造商安装要求，点动检查主辅电动机和供液泵旋转方向，防止离心机反转造成设备损坏。禁止离心机在限位器状态下运转。具有自动延时启动或停止功能的离心机，要注意电动机突然启停，避免发生伤人事故。

如离心机运转过程中存在异常，应先停主驱动电动机，然后再停止辅助驱动电动机，否则会造成离心机机械部件损坏。

（10）在井口、钻台面和振动筛处安装硫化氢和可燃气体探测仪，及时监控返出钻井液是否含有硫化氢和可燃气体，避免发生硫化氢中毒和可燃气体聚集。

10）其他设备

（1）安装好井架内外护板及飘台、钻台偏房支架、偏房，并固定牢靠，钻台偏房支撑架及连接固定销子连接紧固。

（2）安装好上钻台梯子及大门坡道防爆灯，连接好钻井液管汇并固定牢靠。

（3）安装气动绞车并固定牢靠、气动绞车吊钩应与绞车额定提升工作载荷一致，一般为50kN以上并带有保险装置。吊钩固定牢靠，刹车装置可靠。

（4）安装B型吊钳，并将钳尾绳固定牢固。13～16mm钳尾绳固定绳卡数为3个，19mm和22mm的钳尾绳绳卡数为4个，绳卡间固定的距离为绳直径的6倍，同时绳卡的紧固扭矩一定满足标准的扭矩要求，以防钳尾绳在使用过程中滑移或滑脱。

（5）安装钻井液的高架槽，两端连接紧固牢靠，密封良好，坡度不小于3°，以减少高架钻井液槽泥沙沉积。

3. 钻井设备的安全检修

1）钻机运行前的准备工作

（1）各润滑点按规定加注足够的润滑油脂。

（2）各设备按规定加注润滑油、燃油、液压油及冷却水。

（3）清理设备附近的杂物，检查管线连接、电缆密封等是否正确可靠。

（4）按各设备使用操作规程要求进行运转前的检查。

2）电气及动力系统

（1）发电机组及气源系统：

① 检查柴油机供气管线及发电机组与电控系统、控制电缆连接，否则错误的电气连接易将下游的电气设备烧坏。正确无误后方可启动气源及气源净化系统，并使储气罐压力达到0.8MPa左右。

② 检查机组并网后运转及并网装置指示是否正常，随时观察设备运行报警指示灯，及时排除设备故障，防止设备损坏。

③ 严格按照动力系统维护保养说明书进行设备检修，检修时一定要做好能量隔离、静电预防和挂牌上锁等安全措施，防止人员误操作引发伤亡事故。

④ 设备运行和检查过程中，应注意动力设备噪声伤害。操作人员在设备运行和检查期间，应佩戴听力保护设备。

（2）电气控制及传动系统：

① 检查电控房与电动机、司钻操作台、液压盘式刹车、照明系统、固控系统等用电设备动力电缆、控制电缆连接情况，防止错误连接造成人身伤亡和设备损坏事故。

② 柴油发电机组向电控房供电，按其说明书要求，调试各功能开关控制对象是否正确，仪表显示、参数设置是否符合要求，设备运转是否正常。

③ 分区供电。检查各分区电气设备运转是否平稳、无异常，各运行指示灯是否工作，断路器、开关灯工作是否可靠。

④ 电气设备连接松动检查。电控系统本身不会产生振动，然而来自运输、吊装可能会导致连接松动和绝缘损坏。通过电气设备连接点温度检查，防止振动导致电气虚接损坏设备。

⑤防尘。由于静电灰尘被吸附到电气设备表面，可能引发静电聚集而导致变频设备电路板短路。

⑥防潮。潮湿会引发电气设备绝缘阻值降低，电气设备工作时易诱发绝缘层击穿从而引起人身伤亡和设备损坏事故。潮湿也易导致设备锈蚀增加线路阻值，进而导致线路压降过大。

⑦检修电控传动系统时，一定要将设备上游动力控制开关断开，并挂牌上锁，再进行设备检修、维护或更换工作。检测过程中一定要预防静电电击事件。

3）液压源、气源净化设备

（1）分别启动Ⅰ号、Ⅱ号电动螺杆压缩机组并按其操作规程要求调试到工作状态。检查各安全阀检定是否在有效日期范围内，确保气源系统运行安全，不超压。

（2）检查液压源和气源净化设备工作情况，不得有漏气、漏油现象。

（3）启动液压泵，并将系统压力设定到规定值。机具液压站的系统压力为16MPa，盘刹液压站的系统压力为8MPa，检查工作状态是否正常。

（4）运转液压站2h，检查各部件运转是否正常，无异常响声；管路无泄漏；用红外线测温仪检测各轴承温升不大于35℃。

（5）钻机使用液压源和气源压力均属于高压，为了保证检修和操作人员的安全，应将设备断电，释放全部压力才能实施检修作业，防止液压背压或气罐剩余压力诱发安全事故。

4）绞车及刹车系统

（1）液压盘刹装置：

①启动盘刹液压站电动机，仔细检查电动机、油路有无异常声响、滴漏等。

②观察液压站系统压力是否达到8MPa。

③检查工作制动、驻车制动以及紧急制动手柄是否工作正常，对应压力表的压力指示是否符合设备制造商推荐的压力范围值。

④检查所有刹车块与刹车盘的接触面积和间隙值，接触面积应大于75%，单边间隙值不大于0.5mm。

⑤定期检查液压盘刹刹车片与刹车盘之间的间隙不超过1.0mm。应及时调整刹车钳弹簧或碟簧，并定期观察和测量刹车盘和刹车片的磨损量以及其接触面积，超过制造商推荐使用值时，应及时更换，防止发生影响刹车制动性能而导致溜钻等事故发生。

（2）绞车：

①检查并确保护罩装配齐全，管线连接正确、牢靠。各润滑点应加注足量的润滑油、润滑脂。

②检查绞车控制屏幕和电控系统状况显示正常，无误报警出现。

③检查并确认绞车主电动机和自动送钻电动机的旋转方向，保证滚筒的旋向正确。

④检查绞车左、右减速箱高、空、低各挡位挂合情况，触摸屏显示是否与实际挂合状态一致。

⑤检查绞车左、右自动送钻挂合、脱开情况，触摸屏显示是否与实际挂合状态一致。

⑥检查绞车换挡互锁功能，如果左主减速箱挂Ⅰ挡位，右主减速箱挂Ⅱ挡位，主电动机不会启动；左主减速箱挂Ⅱ挡位，右主减速箱挂Ⅰ挡位，主电动机也不会启动。

⑦ 检查绞车主电动机和自动送钻电动机的互锁。自动送钻挂合时，主电动机不能启动；主电动机挂合时，自动送钻电动机也不能挂合，即主电动机和自动送钻电动机互锁。

⑧ 检查绞车主电动机与主电动机风机的互锁。绞车主电动机启动前，如果主电动机的风机不运转，电动机不会启动，这样可以保证主电动机不会因冷却不够而烧坏。

⑨ 检查润滑油泵与主电动机的互锁。润滑油泵不工作，主电动机也不会启动，可以保护齿轮和绞车润滑部位得到充分润滑。

⑩ 启动绞车提升和下放 5～10 次，确认绞车是否能平稳加、减速及刹车，确保操作控制稳定。观察钻井钢丝绳的缠进和退绳，无乱绳现象，且与井架无干涉现象。

⑪ 测试绞车紧急刹车。电动机以低速运行，按下紧急刹车按钮，检查工作钳和安全钳是否同时抱死刹车盘。如是，则紧急工作刹车正常。复位紧急刹车按钮，绞车正常工作，检查确认是否所有报警信息被清除并显示正常。

⑫ 测试报警功能。依次关掉每一台电动机风机，确保绞车主电动机停止运行，且发出警报。关掉润滑泵，确保绞车主电动机也停止运行，且发出警报。

⑬ 运行绞车时，用手扳动过卷阀的阀杆，检查防碰装置工作是否正常。如正常，工作钳和安全钳应同时抱死刹车盘。

⑭ 检查绞车运转过程中有无磨、碰、蹭等现象，各齿轮运转噪声不得高于85dB，机油压力稳定，润滑良好。

⑮ 模拟上碰、下砸信号失效，检查司钻控制屏幕是否发出警告。检查绞车是否停止运转，直到故障被排除。

⑯ 定期检查绞车控制气路、油路有无泄漏，保证各控制操作可靠、快捷。

⑰ 应根据设备制造商要求定期进行设备维护保养和检修。检修或临时检查过程中，严格执行能量隔离或挂牌上锁制度，以保证人员的人身安全。

（3）刹车水冷却系统：

① 检测冷却水泵启动和停止是否正常。

② 启动冷却泵，运转 2h。检查各部件是否运转正常，无异常声响；散热器和各管道无泄漏；用红外线测温仪检测各轴承温升不大于 35℃。

③ 定期检查刹车水冷系统水压和水温，防止冷却水流量不足导致刹车热衰减效应。

（4）调试天车防碰装置：

① 调试绞车滚筒上边的防碰天车时，一定要把绞车的动力摘掉或绞车停止工作。

② 为防止测试过程顶天车，调试重锤式防碰装置时，应安排人员在二层台进行观察。

③ 调试防碰天车时，司钻必须在司钻操作室内，与调试无关的人员要离开钻台工作区域。

5）转盘及其驱动装置

（1）运转前检查转盘锁定装置，确认转盘没有被锁住。

（2）启动转盘低速旋转 2～5min 后，启动转盘惯刹紧急制动，转盘应停止转动（转盘紧急制动与转盘电动机互锁）。

（3）测试电动机锁定开关功能。打开锁定开关，电动机自锁，不能被启动。

（4）在转盘主电动机启动前，模拟风机不运转、润滑油泵不工作中的任何一种状况，证实转盘主电动机不能被启动。

（5）在电控房内分别断开转盘的每一个辅助动力（主电动机风机、润滑油泵等），检查转盘控制屏幕的显示页是否有提示与报警。

（6）启动转盘低速正、反转各 5min，转盘在正、反转运转状态下运转正常。

（7）启动转盘运转 2h，转盘及传动箱运转正常，无异常声响和振动，用红外线测温仪检测各轴承温升不大于 35℃。

（8）转盘运行过程中，禁止最大扭矩超过其额定扭矩。转盘旋转区域禁止人员进入。转盘停车后应操作手轮回零。

（9）转盘及传动装置在维护保养和检修过程中，应将转盘进行机械和电气锁定，进行能量隔离，防止误操作导致事故发生。

6）司钻控制系统

（1）高压管汇钻井液压力传感器：在钻井泵的测试中，确认立管压力和泵仪表显示一致。

（2）转盘转速传感器：转盘在不同转速下运转，并进行转速测试，确认实际转速与仪表显示一致。

（3）绞车转速和井深传感器：绞车在不同转速下运转，并进行测试，确认实际转速参数与仪表显示一致。

（4）在司钻控制房内操作每个控制按钮，工作正常，动作到位，管线无泄漏。

（5）检查司钻控制房内空调、照明灯、应急灯、烟雾报警器等功能正常。

7）钻井液系统

（1）逐一启动每台钻井泵的风机、润滑泵，确认各泵的主电动机与风机和润滑泵的互锁功能是否正常。

（2）分别停止每台主电动机的风机、润滑油泵电动机，看看是否报警，以确认钻井泵电控系统的互锁保护功能是否有效。

（3）启动润滑油泵，检查油压和对轴承及十字头的供油状况良好。

（4）核实钻井泵空气包的氮气压力为 4.5MPa，并确认截止阀已关闭，禁止空气包充入氧气或易燃气体。

（5）启动主电动机，让泵低速运转，检查钻井泵是否有异常噪声和振动。

（6）将泵冲次逐渐加速到 $100\sim120\text{min}^{-1}$ 后，将压力缓慢地提高到 28MPa，仔细检查泵和高低压管汇系统的工作状况。试验完成并停泵后，立即检查主电动机、钻井泵、润滑泵、喷淋泵、灌注泵等各部位轴承温升应不大于 40℃。

（7）钻井泵运转前，确认安全阀压力等级设置与所选取的缸套直径最高压力等级是否相符，以保证钻井泵及整个钻井液管线运行安全。

8）其他设备

（1）工业监视器最少能连续工作 4h，其功能正常。

（2）套管扶正台：

① 在 1.25 倍工作载荷下对套管扶正台做静载荷试验，套管扶正台不得有任何的滑移，锁紧机构锁紧状态正常。

② 在最大工作载荷下，套管扶正台在全行程内上、下移动数次，验证其在工作过程中的平稳性及可靠性，并能在各不同位置安全停靠，锁紧机构锁紧状态正常，不得有任何

的滑移。

③ 检查操作高度范围是否合适。

④ 滑道底部的锁块牢固、可靠。

⑤ 将扶正台上升到上止位和下降到下止位，检查限位阀限位功能是否有效。

（3）井口机械化工具：

① 空载运转左右液压猫头，伸缩应正常。

② 空载运转液气大钳，各向运动及动作应正常。

③ 液压猫头拉力试验。将上扣猫头绳头固定，依靠测压元件和仪表对上扣猫头进行拉力试验，试验载荷为上扣猫头的额定工作值，拉力试验正常；将卸扣猫头绳头固定，依靠测压元件和仪表对卸扣猫头进行拉力试验，试验载荷为卸扣猫头的额定工作值，拉力试验正常。

（4）5t 气动绞车：

① 空载运转气动绞车，正、反转功能正常，无漏气现象。

② 提升试验，试验载荷为气动绞车的安全工作载荷，检测气动绞车提升、下放、刹车是否平稳，工作气压是否正常。

（5）吊索具：

吊索具包括合成纤维吊装带、钢丝绳套、吊钩、卸扣、提丝等。这些吊装或拖拽设施是否安全可靠，对现场安全起到至关重要的作用。其在日常和定期检修活动中是最容易被忽视的，必须引起足够的重视。

吊索具应防火、防化学腐蚀，避免影响设备性能。检查所有安装的钢丝绳以及吊索具是否与承载重物匹配，钢丝绳是否有断丝，钢丝绳压制处是否有滑移或裂纹等缺陷，这些都会影响钢丝绳的承载能力。

卸扣、吊钩、提丝的磨损量，吊钩的开口度等都会影响其安全使用性能。如金属吊具的磨损量超过 10%，应进行更换。吊扣、卸扣等提升设备的开口度超过原设计的 15%，也应及时进行更换。

4. 井架、底座的起放安全操作

1）井架的起升

（1）井架起升前注意事项：

① 起、放井架和底座必须在白天进行。

② 当最大风速超过 7.9m/s（相当于 5 级风），能见度为 100m 以下时，严禁起、放井架和底座。当气温低于 4℃时，应按低温作业的推荐作法进行操作。

③ 井架起升作业应由司钻来操作，必须专人指挥，专人观察，最少 5 人，并在技术安全部门的监督下进行。

④ 井架穿好绳后，应将每个滑轮上的挡绳杆安装到位，防止起升大绳跳槽。

⑤ 为保证起升安全，应至少有两部发电机并网。

⑥ 检查绞车各挡运行情况，液压盘刹刹车、控制气路和指重表是否可靠、准确。起升井架时绞车滚筒上第一层、第二层缠满，第三层缠 10～16 圈的钢丝绳。

⑦ 做好起升前安全检查工作，非相关人员撤离到安全区。

（2）井架起升安全操作：

① 启动绞车，逐渐拉紧钻井大绳。井架离开支架100～200mm后，进行预起升，停顿3～5min，检查是否有异常，各重要焊接部位是否有裂纹等，然后将井架放回支架上。检查完毕，再以低于0.2m/s的起升速度缓慢将井架匀速起升到15°左右，停下来再次进行检查，发现异常停止起升，中途无特殊情况不应刹车。

② 井架接近缓冲缸前降低起升速度，液压缸应随井架的起升而随动，缓慢就位。

③ 起升就位后，绞车应保持300kN拉伸力，停掉缓冲缸液压源。及时用U形螺栓、压板将井架与人字架连接、固定。

④ 应在底座起升后进行井架调试找正，校正后井架顶部的天车中心应与转盘中心对正，尺寸偏差应小于20mm。

2）底座的起升

① 检查底座各个构件的连接是否牢靠，销轴是否穿上别针，紧固件是否拧紧，且参与起升的各旋转构件无卡阻现象。

② 检查起放底座专用钢丝绳，起升大绳无明显缺陷，无打扭现象，穿绳正确，挡绳装置齐全，且底座的液压系统工作正常。

③ 起升底座时，应采用绞车最低挡，以最低速度起升，使电动机提供最大扭矩以保持底座起升过程的平稳、安全。

④ 将连接上座与基座间的销轴退掉，然后利用绞车拉动游车大钩，使起升大绳绷紧。

⑤ 当上座离开基座约100mm时，刹车并检查起升大绳及相关设备是否有干涉，焊缝处是否有裂缝等。

⑥ 在底座起升过程中，将缓冲油缸活塞杆伸出约600mm，可使底座平稳就位。当底座起升到工作位置时，在左、右斜片架的下端用销子和别针与左、右中基座相连。在井架前腿上端与上座间穿入井架销轴固定。用销子和别针固定左、右后立柱。

3）井架、底座的下放

井架下放安全操作原则上与井架起升操作相反，此处不再赘述。

三、钻台区的安全操作

超深井钻井井深一般都在6000m以上，虽然四单根立柱9000m钻机与常规钻井的钻井工艺有所不同，但都是通过转盘或顶驱的旋转钻进在钻台面来完成的，因此，钻机在钻井作业过程中存在的安全风险大多数都是类似的。本节针对钻台面的典型作业风险进行分析，提出了相应的操作风险与安全要求。

1. 钻台区主要设备的安全操作

1）井架

（1）每班检查井架及附件，补全丢失的安全别针、螺栓、螺母、开口销或销子等，防止高空坠落风险的发生。

（2）每次操作之前检查二层台，钻杆指梁要保持笔直，并用安全链固定牢固，固定指梁的销子和安全别针无缺失，避免潜在的高空落物风险。

（3）在井架上作业的操作人员必须系安全带，避免高空坠落造成严重的伤害。

（4）钻具被卡、上提或震击作业时，操作人员不能上井架，防止操作人员高空坠落。

（5）在钻井作业时应尽量避免突然加载，特别是在较大的载荷情况下，如钻进最大井深、下技术套管以及处理井下卡钻事故时,应缓慢加载和卸载,防止产生过大的冲击负荷而损伤井架。

(6)在钻井作业时应尽量避免紧急刹车,防止产生过大的冲击载荷而损伤井架。

(7)在钻井作业时应根据井架铭牌上的钩载、风速及二层台立根靠放量的函数曲线图,确保指重表的读数不超过曲线图示意的钩载范围,防止损伤或毁坏井架。

2)绞车

(1)只有司钻或指定的人员才能操作绞车,防止误操作损坏设备。

(2)作业时,绞车上的全部护罩都应当就位完好,防止旋转部件伤人。

(3)更换损坏的加油嘴,避免因润滑不足导致轴承损坏。

(4)司钻离开操作台时应用链子绑住刹把或锁定液压盘刹安全制动,防止溜钻损坏设备(钻进时,如果用了自动送钻除外)。

(5)绞车运转时,绞车顶部禁止站人,防止人员受到伤害。

(6)操作绞车要平稳,尽量避免高速提升负荷或突然加载,以免发生大绳断丝或过早失效。

3)转盘

(1)转盘运转前,应将不用的胶管、绳索及工具从转盘区移走,避免转盘带动工具伤人。

(2)转盘运转前,应开启转盘锁紧装置,防止转盘启动时损坏。

(3)作业时,及时调整转速和钻压,防止超过额定扭矩损坏转盘。

(4)钻进或划眼时,如果扭矩接近限定值,应停止使用自动送钻,防止损坏设备。

(5)转盘运转时,转盘区禁止站人,以免受到伤害。

(6)转盘处于制动状态时,应避免直接启动转盘,防止损坏设备。

4)钻杆钳和吊钳

(1)随时检查吊绳和尾绳的安全可靠性,防止绳索断裂伤人。

(2)钻杆钳的钳头安全活门关闭后,才可以转动缺口齿轮,以免操作者的手或其他部位进入缺口造成伤害。

(3)液压动力装置应遮盖良好,防止进水烧坏柱塞泵电动机。

(4)启动液压动力装置的电动机和接通气源前,必须将钻杆钳上所有液、气控制阀置于中位,防止钻杆钳突然启动造成人员伤害和设备损坏。

(5)B型吊钳尾部安全绳一定要连接在尾绳桩上,防止吊钳打滑意外崩脱时,击伤人员,损坏设备。

(6)操纵移动气缸双向气阀使钻杆钳送到井口时要平稳,严禁一次合上气阀,导致钻杆钳快速向井口运动造成撞击而损坏设备。

(7)钻杆钳上、下定位堵头螺钉必须同时接触钻具的内、外螺纹接头,以防止损坏牙板口锷板。

(8)使用钻杆钳时,夹紧气缸必须夹紧下接头,以防移送气缸活塞杆弯曲或断裂。

(9)在上、卸扣作业时,钻台操作人员应避开转盘区和大钳钳尾绳工作路径,防止人员受到伤害。

(10)钻杆钳的钳尾绳受力时,应尽可能让上、卸扣受力方向保持水平,使上、下钳两个定位堵头螺钉同时分别与钻杆内、外螺纹接头贴合，防止因上、下钳不平打滑损坏设备。

（11）钻杆钳在不使用时，应调离转盘区并固定，避免绊倒伤人。

5）吊卡和卡瓦

（1）当转盘或顶驱在运转时，操作人员的手、脚以及锁链、绳索等应远离运动中的吊卡，避免伤人。

（2）卡瓦不使用时，应放置在钻台面合适的位置，避免人员绊倒。

（3）操作人员只能通过卡瓦手柄上提或下放卡瓦，且手心应向上握手柄。应正确将卡瓦放入转盘补芯，不能用脚将卡瓦踢入补芯。上提卡瓦时，应由两个人配合作业，避免单人上提卡瓦时，卡瓦与转盘补芯不同轴，导致上提失败，影响正常作业。

（4）操作人员在作业过程中，禁止用手抓吊卡或提环的吊环耳区域，防止手指被夹伤。

（5）除紧急情况外，禁止井架工骑在吊卡上上、下井架。

6）钻井液防喷盒

（1）操作人员使用气动绞车钢丝提升钻井液防喷盒到合适高度时，应将钻井液导流管接入防喷盒钻井液排出接口，另一端接至钻井液回收专用管线接口处，并固定牢固，防止钻井液喷出伤害环境。

（2）司钻用顶驱或方钻杆卸扣器卸松钻杆时，两钻工应配合协调，一人操作气动绞车将钻井液防喷盒提升至钻柱接头合适高度，另一人将钻井液防喷盒打开，并扣在钻柱结合部位。操作过程中不要触碰气动绞车提升钢丝绳，以免防喷盒未扣正，钻井液喷到钻台上。

（3）司钻上提钻杆立柱的高度以使钻杆内钻井液完全从钻柱内流出为宜。待钻井液通过导流管全部流入到钻井液回收管后，钻工才可将防喷盒打开，挪回原位固定好。

7）猫头

（1）修理或更换磨损、损坏或有过度沟槽的猫头和导向滑轮，以防猫头和导向轮破裂砸伤人员。

（2）禁止使用有对接的绳索作猫头绳，对接的钢丝绳不能保证原设计提升载荷的强度，避免绳索断裂伤人。

（3）禁止使用猫头绳吊装人员，以防人员受伤。

（4）当猫头操作人员不能观察到吊装物体提升或下放时，应有辅助人员利用对讲机进行辅助指挥。

8）气动绞车

（1）气动绞车都应配置滚筒护罩和导绳器，防止钢丝绳乱绳伤人和乱绳后影响正常作业。

（2）定期检查气动绞车钢丝绳。气动绞车提升钢丝绳不应与井架上任何部件有接触，以防磨损钢丝绳或井架部件，产生高空坠落风险。

（3）气动绞车的提升重量不能超过设备制造商推荐的额定载荷，同时绞车的额定载荷应醒目标识在气动绞车上，避免超载发生刹车失灵或坠落风险。

（4）操作气动绞车过程中，钻台人员应远离吊装物，防止高空坠落砸伤人员。

（5）气动绞车具有悬停功能，但在悬停期间，操作人员不得离开气动绞车，防止刹车失灵造成高空坠落。

（6）气动绞车禁止用于载人，必须使用专用载人绞车。

2. 钻台区作业安全

1）切滑大绳和倒大绳

（1）钻柱在裸眼井段或井内无钻柱时，不能进行滑大绳或倒大绳作业。与作业无关的人必须离开钻台。

（2）对预滑切的大绳质量以及悬吊绳进行目视检查，避免钢丝绳存在缺陷或损伤。操作人员要对快绳卡子、吊带等所有的悬吊工具进行检查，并确保尺寸正确、无损伤、无缺陷。

（3）倒完大绳之后，当吊卡处在转盘面上时，绞车滚筒至少要缠满9圈大绳。

（4）在顶驱或游车上安装悬吊绳的作业人员必须系安全带和防坠落装置，防止高空坠落。

（5）在下放或拆卸顶驱系统之前，要保证绞车滚筒上留有足够的大绳。

2）接卸钻具

（1）钻台工作区必须保持干净，逃生路线（大门、梯子等）任何时候都要畅通，不允许有管线、工具等障碍物妨碍逃生。

（2）转盘和小鼠洞不用时要盖好，防止人员踏空或绊倒。

（3）钻柱下部钻具通过转盘时，转盘必须停止运行，以便让钻工把转盘大方瓦取出来，让大尺寸工具（扶正器等）顺利通过。

（4）在钻具坐卡瓦时，要慢慢地下放管具以减小冲击负荷，避免损坏设备。

（5）卡瓦和方瓦之间一定要放到位，不然产生的不均衡载荷会损坏卡瓦和管具。

（6）绝不允许用倒转转盘的办法进行钻铤或其他钻具的上扣作业，防止损坏设备。

（7）从锚道上起吊任何大型或大载荷钻具前，一定要核查气动绞车额定载荷是否与吊装物重量匹配。

（8）从锚道上往钻台上吊钻杆时，一定要避免同时下放游车，避免交叉作业造成人员受伤或设备损坏。

（9）接PDC钻头时，要用软垫、木头或类似材料垫着，同时钻台上必须准备好合适尺寸和型号的钻头盒，避免损坏钻头。

（10）钻进、接单根或起下钻时，为了防止发生井涌，钻台上必须配备一个方钻杆下旋塞（含开关扳手）、一个钻杆内防喷盒（回压阀或相当的工具）、一个循环接头及配合接头。

3）起、下钻作业

（1）严寒季节，起、下钻之前，要排尽水龙带、立管和钻井液出口管的液体，防止结冰影响正常作业。

（2）每次起、下钻之前，应检查绞车刹车系统，确保刹车系统处于良好状况。检查指重表和记录仪，确保功能正常，并测试天车防碰装置。还应检查钻井液罐液面、流量计和记录仪，并确保所有报警装置的功能正常。

（3）每次起、下钻之前，必须检查井架工逃生钢丝绳和逃生装置，检查逃生绳两端是否固定良好，逃生装置刹车功能是否灵敏、可靠，逃生处是否有障碍等，避免意外情况发生时影响井架工逃生。

（4）起、下钻时，不能将单根留在小鼠洞里，否则易导致钻台工绊倒或影响井口作业。同时在起下、钻作业过程中还应当把小鼠洞盖上，防止踏空或绊倒伤人。

（5）起钻时，应按相关作业程序保持连续往井内补给钻井液。起、下钻时，应连续监测钻井液液面，以便计算增减量。最好使用喇叭口上的管线补给钻井液，同时必须连续使用井控监测罐来监测井内返出或灌入的钻井液量。为了监测溢流，起钻时，不应当把监测罐打满钻井液。

（6）起、下钻时，尽可能缩短空井时间。如果需要处理其他工作，必须先接上钻头，把钻具下到套管鞋处，然后关上防喷器。这样在继续下钻或钻进之前，该井会处于较安全的状态。

（7）起、下钻时，要用安全卡瓦卡好下部钻具组件中每柱钻具。坐卡瓦之前，必须先刹车使钻柱停稳，然后再放卡瓦，不许投放或踢放卡瓦。上、卸钻铤安全卡瓦时，必须把钻柱提紧，防止损坏设备。

（8）起、下钻时，禁止挡住司钻查看井口的视线，避免因司钻视线受阻发生事故。

（9）将钻杆安全阀（球阀）、扳手、钻杆内防喷器、配合接头放置在钻台合适位置，以便紧急情况下方便获取并迅速安装到位。

（10）在立柱下放时，内外钳工应防滑站稳，禁止脚处在立柱下方及用肩膀扛、推、拉立柱，防止发生人员伤害事故。

4）用方钻杆接单根

（1）司钻下放钻柱至接单根高度，钻工把卡瓦坐在转盘上，绝不能在钻柱运行过程中放卡瓦，否则易导致人员伤害事件发生。

（2）如果钻杆内返出的钻井液较多，一定要在单根的外螺纹上适当地涂些螺纹脂，同样在方钻杆的保护接头上也要涂螺纹脂，以保护螺纹。

（3）启动方钻杆旋扣器，或让钻工用链钳"旋转"上扣接方钻杆时，大钳一定要处于与钻杆垂直的位置，防止因受力不均损坏设备。

（4）卡瓦从井口提出来后，应放到距转盘适当的位置，防止卡瓦绊倒操作人员或转盘旋转甩出卡瓦。

5）顶驱接单根或立柱

（1）司钻将钻具下放到接单根的高度，只有在钻柱停止运行后，钻工才可以把卡瓦坐在转盘内，防止伤及钻台人员。

（2）钻工把立柱扶向转盘时，司钻应缓慢启动绞车上提立柱，防止速度过快而伤人。

（3）接单根结束后，应把大钳卸掉，合上钳头，把大钳放置到钻台面合适的位置，防止绊倒伤人。

（4）司钻上提钻具时，要注意悬重，避免因钻柱卡阻后，拉力超载而损伤设备。

（5）卡瓦从井口提出来后，请放置到钻台面合适的位置，防止绊倒伤人。

（6）在下放钻具之前，司钻要注意转盘负荷和钻柱扭矩，避免因超载而损坏设备。

（7）如果井下出现压差卡钻、井壁坍塌等复杂情况，除了正在上、卸扣之外，卡瓦内的钻柱必须用低速连续转动，防止井下复杂情况继续恶化。

6）吊单根

（1）吊单根作业时，在钻杆上要拴一根游绳，以防钻杆从锚道提升到坡道大门时左右摆动而损坏设备或伤人。

（2）钻杆外螺纹护丝卸掉后，应放置到钻台面合适的位置，防止绊倒伤人。

7）甩单根

（1）如果使用顶驱甩单根，钻杆卸开后司钻应用倾斜机构把单根放到小鼠洞内。单根落稳后，打开吊卡，注意控制吊卡在钻台上摆动，以防碰伤钻台人员。

（2）在推拉钻杆出大门时，缓慢地将钻杆从钻台大门处放下，此时禁止锚道上站人，防止钻杆下放时伤人。

（3）当大量的钻杆下井或甩下钻台时，要注意钻台面井口周围的人员，防止造成人员伤害。

（4）不用小鼠洞后，应及时盖上小鼠洞，防止人员踏空或绊倒。

3. 二层台安全操作

（1）井架工到二层台区进行起、下钻作业，登梯过程中一定要佩戴登梯助力器或防坠落装置，防止发生人员坠落。

（2）在二层台上作业时，应随时将安全带挂接到二层台防坠落装置上，防止人员在作业过程中意外坠落。

（3）二层台所有辅助工具均应有安全绳，防止工具在使用过程中坠落砸伤钻台面操作人员。

（4）司钻观察井架工拉立柱进指梁后，下放顶驱。此时井架工要注意观察，发现异常及时提示，身体及头部禁止探出猴台前端，防止被碰伤。

（5）钻具进入指梁时，要注意气动绞车绳套走向（导向轮位置正确），两名井架工要配合操作。一人打开吊卡后迅速离开，另一人方可操作气动绞车，避免气动绞车带动的吊钩甩出伤人。

4. 钻台区自动化设备安全操作

钻台区自动化系统包括二层台机械手、液压翻转吊卡、铁钻工、钻台面机械手、动力卡瓦和动力猫道等自动化钻杆处理装置，这些自动化系统能够完成钻杆、钻铤、套管等管柱的机械化输送、建立根、管柱排放等作业，实现高效、安全、低作业强度的钻具作业，有效解决陆地超深井钻机上普遍存在的钻具处理劳动强度大、作业危险性高、作业效率低、易发生人身伤亡事故等问题。

1）二层台机械手

（1）作业时，二层台运行区域下方的钻台面上不允许有无关人员靠近、逗留。

（2）机械手各执行机构为液压直接控制，没有电控程序的逻辑互锁及保护等功能，操作者应严格控制滑车及扶持臂的运行速度，不宜过快。当滑车运行到轨道两端的极限位置前，应提前减速，以避免因滑车冲撞轨道端头的机械限位装置造成部件损坏。

（3）机械手只能用于规定的用途，适用范围为 5in 和 $5\frac{1}{2}$in 钻杆，同时不能超出其规定的承载能力范围。排放大于 $5\frac{1}{2}$in 立根或二层台辅助机械手故障时应采用常规人工立根排放作业，避免超载损坏设备。

（4）立根上端在吊卡和二层台机械手扶持钳相互交接时，吊卡或扶持钳必须可靠固定立根后，另一设备钳口才允许打开，否则立根会倾倒而发生事故。

（5）二层台配套有固定立根的弹簧指梁或气动挡杆，在立根进、出指梁前必须打开相应的气动挡杆（操作手柄位于二层台机械手两侧）。较长时间不使用某指梁区域的立根或发生较大晃动时，必须将气动挡杆放下，防止立根倾倒而发生事故。

（6）二层台机械手不论在调试状态，还是作业状态，所有操作手柄在启动时必须缓慢平稳地加、减速，否则会造成较大的机械冲击而损坏设备。

2）液压翻转吊卡

（1）液压翻转吊卡移动到钻台大门口接动力猫道上的钻柱时，液压吊卡的活门应处于打开状态，避免活门跟钻具发生碰撞。

（2）液压吊卡的翻转是在随动或空载状态下进行的，在带钻具的状态下不得主动翻转吊卡，以防憋坏吊卡和钻具。

3）钻台机械手

运行前，对设备进行检查，以确认安装正确无误。控制柜通电前应确保控制柜所有开关、手柄、旋钮都处于非工作位。通过俯视钻台面来判断机械手回转是顺时针还是逆时针，以免操作失误造成设备及人员损伤。在检查时发现急停被激活，一定要在拔出前确认何时因何原因被谁激活，危险是否已经排除。

钻台机械手操作模式分为本地应急控制模式和遥控操作模式两种。

（1）本地应急控制模式没有完善的逻辑互锁、保护等功能，操作者应严格控制钳头、旋转座、伸缩臂等机构的运行速度，不宜过快。过高的工作速度易引发不安全事故，且严禁非厂家专业技术人员擅自调高工作速度。

（2）遥控操作模式属于远程控制，操作者远离设备，需通过工业监控及其他方式密切关注设备的运行状况。

4）铁钻工

（1）铁钻工具有 HS 重写功能。如果位置传感器受损并且无法操作，则可以使用 HS 重写功能。如果激活该装置，则仅可以在低速、手动定位模式中移动该装置。如果选择 HS 重写按钮，则位置信息无法反馈到 PLC，该装置必须放置于可视位置。

（2）在伸出和缩回装置时，必须十分小心，以免装置受损和伤及人员。

（3）禁止在铁钻工钳体未处于钻具中心位置的情况下操作铁钻工，避免上钳和下钳的支承环、衬套和旋转驱动装置过早磨损。

（4）铁钻工伸缩、旋转时，确保其钳口未夹持管柱。同时旋转半径内无障碍物，避免损坏设备或伤人。

（5）在铁钻工上扣前，需根据不同钻具规格设定适当的上扣扭矩。过高的上扣扭矩会损坏管柱螺纹，可能引起粘扣，使得下次卸扣困难。过低的上扣扭矩则不能上紧管柱螺纹。

（6）在铁钻工卸扣时，需将钻柱中心置于钳口中心，否则可能引起卸扣打滑现象。

（7）在铁钻工夹持管柱时，应使钳牙夹持在管柱比较光滑的部位，不能夹持在有螺旋角、堆焊环等表面有明显凹凸槽的部位，以保证可靠的夹持。

5）动力猫道

（1）操作动力猫道时，为保证人身安全，猫道两侧 5m 内不允许无关人员靠近。

（2）严禁动力猫道底座同一侧的内倾斜机构与外倾斜机构同时伸出，避免损坏设备。

（3）当送钻柱装置两侧安全销未伸出时，禁止执行送钻柱装置的上升与下降动作，避免损坏设备。

（4）操作送钻柱装置上升到坡道限位位置时，禁止绳双动绞车继续上升，且必须预留一定的安全距离。操作送钻柱装置下降到坡道底端时，禁止绳双动绞车继续下降，避免损坏设备。

（5）严禁带电插拔动力猫道电控系统中的电气设备，特别是PLC上的存储卡，避免损坏设备或数据丢失。

（6）当动力猫道送钻柱装置未达到钻台面时，不得控制小滑车推移管柱。

（7）当动力猫道回送管柱至排管架时，应在送钻柱装置处于较大倾斜状态时，用小滑车后拉管柱至适当位置。否则当送钻柱装置下放到位后，处于水平状态，小滑车无法拉动管柱后退。

（8）当动力猫道送钻柱装置内有管柱时，应控制小滑车顶住管柱后端，防止其后退。

四、钻井设备维护安全作业

钻井设备长期处于应力和振动的工作环境中，合理的钻井设备维护可以预防缺陷设备的运行故障，降低设备损坏事件的发生几率。但是在设备维护保养过程中，往往涉及高空坠落、运转部件以及电、气、液对人体的伤害等，因此，在维护保养过程中的安全作业也是安全钻井作业的一个重要组成部分，必须引起足够的重视。

钻台设备的保养是整个钻井过程中，使用最频繁的设备区域，包括绞车、转盘、液压猫头、钻杆钳、气动绞车等钻台工具以及设备安装用工具和索具等。

钻台区经常放置各种井口工具，钻井液、油污有时得不到及时清理。在设备维护过程中存在滑倒、绊倒、拉伤、扭伤和坠落等风险。同时设备检修过程中，有时需要动态地观察设备运行状况，以防存在被旋转设备碰伤、夹伤等风险。

1. 钻台面设备的安全维护

钻台面设备维护操作，主要涉及井队人员对维护保养设备的拆卸、搬运、检修和安装等工作。为了降低这些过程的安全风险，维护人员工作时应采取以下安全措施：

（1）穿戴合适的个人防护设备，如安全帽、手套、工作鞋和护目镜等，做好个人安全防护。

（2）在钻台面进行设备检修维护工作时，应注意滑倒和被设备绊倒等风险。

（3）保持钻台面所有工作区域整洁，无油污和杂物，井口工具应摆放整齐。

（4）钻台工作区和设备检修区使用防滑铺台，降低人员滑倒风险。

（5）合理使用设备挂牌上锁程序，降低因设备检修期间导致的安全事故。

（6）使用钻台设备或工具搬运护罩、盖板等移动困难的重物时，要避免伤到钻台人员。

2. 游吊设备的安全维护

游吊系统设备维护包括天车、游车、水龙头或顶驱的润滑，磨损滑轮的检查、更换，以及冲管密封圈的更换等工作。由于游吊设备均高于转台面1.8m，所有的检修作业均在高空实施，因此存在被设备夹伤或碰伤，高空坠落和高空落物伤害等风险。

（1）在合理使用挂牌上锁程序的同时，有些设备还需要有人值守，以防人员误操作造成检修人员伤害。

（2）在检修维护时，保证高空作业的安全，防止高空坠落风险的发生。

（3）所有高空使用的工具应有防坠落措施，防止高空落物伤及钻台人员。

（4）最大限度地减少游吊设备检修作业，非相关人员应撤离到安全区。

3. 钻井钢丝绳安全检修

钻井钢丝绳（钻井大绳）通过天车和游车滑轮组，提升和下放井筒内钻柱和套管。由于使用频繁，钢丝绳极易磨损，因此需要定期进行滑切钻井钢丝绳作业。现场滑大绳作业过程中，钢丝绳一般采用火焰切割或者机械切割，这会导致操作人员面部或眼睛伤害。钻井钢丝绳切割时需要移动或固定，稍不注意就有可能会被钢丝绳碰伤、绊倒的风险。

为了降低滑大绳作业和绳索具检修作业过程中的安全风险，规范化定期检查和维护可以降低作业过程中的事故几率。

（1）对影响钻井钢丝绳滑切作业的动设备进行挂牌上锁，防止人员误操作带来的安全事故。

（2）在滑大绳期间，司钻房内的绞车操作手柄应放置警示标志，警示司钻正在进行滑大绳作业，天车防碰装置已经关闭或未激活。

（3）切割旧大绳前，应将切割点的大绳进行捆绑，防止松股。

（4）气割绳索时，穿戴合适的个人防护设备。

（5）切割绳索时，应将绳索固定牢固，且要防止切割过程铁屑飞溅伤人。

4. 钻井液循环系统安全检修

钻井液循环系统检修主要是系统设备检查、调整和修理等工作，检修设备包括钻井泵组、钻井液软管、管线及接头、安全阀、振动筛、真空除气器、离心泵、皮带和护罩等。

钻井液循环系统在检修过程中易发生人员被设备夹伤或碰伤等事故。钻井液罐面离地面较高以及罐面网格板存在人员坠落、滑倒以及绊倒等风险。眼睛易受到钻井液或化学添加剂伤害。搬运化学原料存在扭伤、灼伤等事故。在钻井液罐受限空间内检修存在各种安全风险，应注意：

（1）在罐内受限空间作业和动设备检修时，应使用合适的挂牌上锁和罐面派人值守的作业许可程序，防止人员误操作或罐内有毒有害气体对检修人员造成伤害，必要时应穿戴正压式呼吸设备。

（2）穿戴合适的个人防护设备进行作业。特别是对钻井液和化学材料处置时，一定要防止腐蚀性物质对人体造成伤害，应穿戴橡胶手套、口罩、围裙和护目镜等个人防护设备。

（3）在钻井液罐区作业时，注意观察罐仓检查门是否关闭，注意滑倒和坠落隐患。

（4）钻井液罐配备护栏和合适防护设施，防止人员坠落。

5. 发电机组、电动机及电控系统的安全维护

对电动机、发电机和开关等进行操作维护时，易发生电击事故。同时电气设备高速旋转时，如没有合理防护措施，人员一旦接触到旋转部位，易发生人生伤亡事故。因此电气设备检修维护时，应注意：

（1）禁止用水清洗发电机、电动机和断路器等电气设备，避免损坏设备。

（2）进行电气作业时，不要穿戴金属和珠宝饰品，避免触电事故的发生。

（3）操作断路器或电气开关时，不要直接站在开关正前方，防止操作时产生电弧击伤。

（4）在控制面板和断路器柜前的地面上铺设绝缘橡胶垫，避免发生触电事故。

（5）电气设备检修维护时，应严格执行挂牌上锁制度，防止误操作造成检修人员伤害。

（6）电气设备维护检修时，应穿戴合适个人防护设备，如绝缘手套和绝缘鞋等。

（7）对所有电气设备暴露的旋转部位，如皮带、柔性驱动、发电机、联轴器和其他旋转设备等，应提供合适的防护措施，防止人员意外接触旋转部位而发生事故。

6. 柴油机的安全维护

柴油机应根据原始设备制造商的使用维护要求，定期进行设备维护保养以保证设备的正常运行。在柴油机日常维护检修过程中，柴油机的高温部件或涡轮排气管存在遗漏燃油燃烧或高温烫伤，以及被夹伤或割伤的风险。因此，对柴油机及其动力设备检修时，应注意：

（1）进行设备检修前，应让柴油机完全冷却到室温，再进行相关作业，防止烫伤。

（2）合理使用挂牌上锁程序，防止人员误操作造成检修人员伤害。

（3）所有柴油机旋转部位应采取合适的防护措施，防止旋转部位伤人。

（4）检修柴油机时，要及时回收产生的废水、废油，防止伤害环境。

五、应急操作安全

钻井过程中，会突然出现一些紧急情况，如溢流、硫化氢、绞车故障、游动系统存在异常声响、井架偏移、底座下沉、柴油机突然熄火等。为了防止遇到这些情况后能及时应对，避免发生重大事故，本文对一些不常见的故障，但一旦出现可能会导致重大事故的应急措施做了重要提示，以期引起相关管理人员和现场人员的高度重视。

1. 溢流的总体要求

如果井口出现溢流要尽快关井，把增量和关井压力控制在最低限度，然后通知现场监督。注意：有些套管下深很浅的井，在溢流的情况下，不能把井关死，必须立即打开分流阀进行分流。

（1）保持环空压力低于井控表上给出的防喷器的最大允许工作压力，要仔细观察节流压力并及时调整节流管汇压力。

（2）当防喷器处于关闭状态时，必须在司钻室悬挂"防喷器已关"的警示牌醒司钻在起下钻之前打开防喷器。

（3）如果遇到快钻或者放空，要注意钻井液增量报警，随时做好井控准备工作。

（4）进行表层钻进或下完套管钻水泥塞之前，必须装好防喷器、节流管汇、所有闸门、防喷和放喷管线，并进行压力测试。

（5）关闸板防喷器时，要确认方钻杆或接头已离开闸板并处在适当位置。

（6）每班坚持检查井控系统中所有闸门所处的状态，确认防喷器的开关状态是否与节流管汇的闸门相对应。

（7）钻进时要关好井口四通两边的闸门以防堵塞通往节流管汇的管线和压井管线。在通往节流管汇的管线上，如果靠近井口的闸门是手动的，而外侧为液动闸板阀，应打开手动闸板阀，关闭液动闸板阀。

（8）在打开防喷器之前，应先打开节流阀放掉井内可能产生的压力。如果测井或长时间停工，要随时注意观察井口是否有溢流或产生的压力。

（9）每天都要检查方钻杆上下旋塞和钻杆安全阀，确保这些安全阀开关灵活。

（10）当更换钻杆闸板、安装测井防喷盒或维修防喷器时，应将闸板防喷器的盲板关上。如果更换防喷器，应在套管内打水泥塞或下可回收桥塞。

（11）防喷器试完压或防喷演习结束，一定要把防喷器两边的闸门关好。冬天为了防冻，节流管汇及管线要用空气吹扫干净或用柴油把钻井液替出来。同时在节流管汇旁边放上备用的节流阀和扳手。

2. 溢流设施的安全检查

（1）经常检查钻井液返浆流量计工作是否正常，它是最好的井涌显示器，也是检测井内溢流增量的主要观测点。

（2）装在钻井液返浆管线上的浮动板经常淤积钻井液，因此要经常检查、清理和保养浮动板，使其保持足够的灵敏度。

（3）检查并确保井控设备（防喷器、防喷器控制单元以及远程控制台等）设备正常、运行良好和操作准确可靠。检查远程控制单元液压油箱油位是否在推荐范围内，检查回压阀和匹配的循环头、与顶驱相连接短钻杆、方钻杆旋塞阀等。

（4）检查防喷器闸阀位置指示、钻井液罐和井控监测罐的液面显示是否准确，司钻操作台上的报警器是否处于正常工作状态，井控报警装置的开关要始终处于打开状态。

（5）严格按照井控标准操作程序和甲方井控程序要求，将防喷器、防喷管线、节流和压井管汇上的所有闸阀处于规定的开关位。

（6）钻台面要时刻保持干净，逃生路线无障碍，如发生井涌，能安全快速地逃离。

（7）定期对井队所有人员进行井控操作培训，熟悉关井程序和安全操作要求。

3. 钻进关井的安全操作

一旦发现或疑似溢流，必须尽快实施关井程序。在这最关键的时刻，井控的成功与否，取决于井队人员的应急反应。

（1）停止钻进，包括停止转盘或顶驱，上提方钻杆或顶驱，上提钻柱，使钻柱接头避开环形防喷器和防喷器的闸板部位。在使用方钻杆的情况下，要把方钻杆下旋塞提到转盘面以上。逐步将泵停掉。由于环空中流动钻井液的摩擦损失，对地层产生了一定回压，逐渐地停泵，可以抵消上提钻具时的抽吸作用，减少地层流体进一步流入井内的可能性。

（2）停泵观察井口溢流情况，打开通往节流管汇的液动阀。

（3）关闭适当的防喷器（可以关闭顶部闸板或环形防喷器）。关闭闸板防喷器时，要注意钻柱接头与闸板的位置关系。如果不能确定钻柱的接头位置或者钻杆上装了胶皮护箍，就应当关环形防喷器。

（4）关闭通往节流管汇的液动闸板阀。在关井状态下，观察套压和立压并记录钻井液增量。填写IWCF压井施工单，准备实施压井。

4. 其他应急安全操作

（1）钻进过程中，突然发现绞车传动轴出现异常声响时，应立即停止作业并进行检查。

（2）钻进过程中，发现钻井钢丝绳有断股或断丝现象，应立即停止作业，将钻具坐上卡瓦，更换大绳。

（3）钻进过程中，发现井架有偏移现象时，应立即停止作业，根据原始设备制造商的相关规定进行处理或咨询原始设备制造商，然后进行井架检查。

（4）钻进过程中，发现底座基础有下沉情况时，应立即停止作业，根据相关规定进行处理。

（5）钻进过程中，发现游动系统存在异常声响时，应立即坐上卡瓦进行游动系统设备检查。

（6）钻进过程中，发现传动系统的链条断裂时，应立即刹车，转盘坐上卡瓦进行紧急处置。

（7）钻进过程中，发现柴油机突然熄火或者柴油机不能并车等意外情况时，应立即刹车，钻柱坐卡并进行相关问题的处理。

（8）出现井喷及井喷失控、硫化氢中毒、人员伤亡、火灾、触电、人员落水、龙卷风、暴风雪、海啸、洪涝、台风、泥石流、地震等突发事件时，必须根据现场情况，按照QHSE相关规定和相关应急预案进行操作。所有紧急情况下操作原则是以人员生命为第一位，做到先抢救人员、保护环境，后抢救生产设备。